'레 바캉스' 가이드 북 컬렉션

FRANCE

LES VACANCES

PROLOGUE

본 가이드 북에는 현지에서 꼭 소지하고 있어야 할 정보를 담아 두었습니다. 특히 레스토랑, 카페, 호텔, 쇼핑 정보의 경우, 꼭 가 보아야 할 곳만을 엄선하여 리스트를 제공합니다. 현지에서 레 바캉스 웹사이트를 이용하면, 각 도시에 대한 더 많은 레스토랑, 카페, 호텔, 쇼핑 정보를 추가로 얻을 수 있습니다.
www.lesvacances.co.kr

변화가 많은 현지 사정으로 인해 간혹 가이드 북에 실린 정보 업데이트가 늦어지는 경우가 있습니다. 특히 축제, 이벤트 정보는 수시로 바뀌기도 하지만, 출판 일정과 프로그램 진행 일정이 동일하지 않은 관계로 많은 정보를 제공할 수가 없는 실정입니다. 세계 각국의 현재 뉴스와 축제, 이벤트 정보를 실시간으로 업데이트하는 레 바캉스 웹사이트를 이용하면 보다 정확하고 다양한 정보를 얻을 수 있습니다.

현지 사정이나 레 바캉스의 귀책사유가 되지 않는 사유로 인해 발생한 직접적 또는 간접적 손해에 대해 레 바캉스는 법적 책임을 지지 않음을 밝힙니다. 이는 본사에 정보를 제공하는 관광청, 관광공사, 관광사무소 등 비영리 기관에도 적용됩니다.

[프랑스 전도]

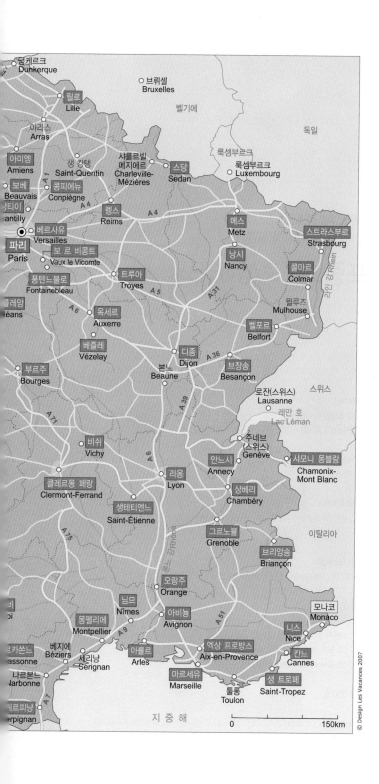

덩케르크
Dunkerque

브뤼셀
Bruxelles

릴르
Lille

벨기에

독일

아라스
Arras

생 캉탱
Saint-Quentin

샤를르빌
메지에르
Charleville-
Mézières

스당
Sedan

룩셈부르크
Luxembourg

룩셈부르크

아미엥
Amiens

보베
Beauvais

콩피에뉴
Conpiègne

티이
antilly

렝스
Reims

메스
Metz

스트라스부르
Strasbourg

베르사유
Versailles

파리
Paris

보 르 비콩트
Vaux le Vicomte

낭시
Nancy

콜마르
Colmar

퐁텐느블로
Fontainebleau

트루아
Troyes

라인 강 Rhein

클레앙
léans

옥세르
Auxerre

뮐루즈
Mulhouse

베즐레
Vézelay

디종
Dijon

벨포르
Belfort

부르주
Bourges

본느
Beaune

브장송
Besançon

스위스

로쟌(스위스)
Lausanne

레만 호
Lac Léman

비쉬
Vichy

주네브
(스위스)
Genève

샤모니 몽블랑
Chamonix-
Mont Blanc

클레르몽 페랑
Clermont-Ferrand

안느시
Annecy

리옹
Lyon

상베리
Chambéry

생테티엔느
Saint-Étienne

이탈리아

그르노블
Grenoble

론 강 Rhone

브리앙송
Briançon

오랑주
Orange

님므
Nîmes

모나코
Monaco

몽펠리에
Montpellier

아비뇽
Avignon

니스
Nice

비
oi

카쏜느
assonne

베지에
Béziers

세리냥
Serignan

아를르
Arles

엑상 프로방스
Aix-en-Provence

칸느
Cannes

나르본느
Narbonne

마르세유
Marseille

툴롱
Toulon

생 트로페
Saint-Tropez

르피냥
erpignan

지 중 해

0   150km

© Design Les Vacances 2007

LES VACANCES
레 바캉스 가이드 북 컬렉션

프랑스 FRANCE

2007년 11월 06일 초판 1쇄 인쇄
2007년 11월 13일 초판 1쇄 발행

Editorial
편집장 Editor-in-Chief | 정장진
편집 Editor | 김지현 신기연 권윤진 문정혜 표영소 김수희 외 30명

Photography
레 바캉스 자료 사진

Book Design
북 디자인 Designer | 김미연 김미자 김효정 외 5명
(주)초이스

Map Design
지도 디자인 Designer | 정명희 이연희 외 20명

펴낸 곳
(주)레 바캉스
주소 서울시 강남구 논현동 70-10 구산빌딩 7층
전화 02 546 9190 / 팩스 02 569 0408
웹사이트 **www.lesvacances.co.kr**

인쇄 연미술

레 바캉스 Les Vacances / 상표 출원번호 20037359 서비스표 출원번호 20033363

CONTENTS

LES **VACANCES**

CONTENTS

CONTENTS

프랑스 지도 이용법

주요 명소	관광안내소	시장	
명소 중요도 ★★★	항구	백화점	
지하철 Ⓜ	선착장	고속도로 580 (A 580)	
RER	버스터미널	국도 152 (N 152)	
기차역	공항	지방도 751 (D 751)	
박물관	레스토랑(R) 1	철도노선	
대학	카페(C) 1	트램노선	
극장	바/나이트(N) 1	묘지	
우체국	호텔(H) 1	좌표 A - Z, 1 - 11	
전화국	쇼핑(S) 1	녹지	
성당	뷰티(B) 1	방위 N	
주차장 Ⓟ	극장/공연장(T) 1		
병원	스포츠(Sp) 1		

주요 도시간 거리 〈km〉

	바이욘느	보르도	브레스트	캉	카오르	칼레	샹베리	셰르부르	클레르몽 페랑	디종	그르노블	릴르	리옹	마르세유	낭트	니스	파리	페르피냥	스트라스부르	툴루즈
보르도	184																			
브레스트	811	623																		
캉	764	568	376																	
카오르	307	218	788	661																
칼레	164	876	710	339	875															
샹베리	860	651	120	800	523	834														
셰르부르	835	647	399	124	743	461	923													
클레르몽 페랑	564	358	805	566	269	717	295	689												
디종	807	619	867	548	378	572	273	671	279											
그르노블	827	657	1126	806	501	863	56	929	300	302										
릴르	997	809	725	353	808	112	767	476	650	505	798									
리옹	831	528	1018	698	439	755	103	820	171	194	110	687								
마르세유	700	651	1271	1010	521	1067	344	1132	477	506	273	999	314							
낭트	513	326	298	292	491	593	780	317	462	656	787	609	618	975						
니스	858	810	1429	1168	679	1225	410	1291	636	664	337	1157	473	190	1131					
파리	771	583	596	232	582	289	565	355	424	313	571	222	462	775	384	932				
페르피냥	499	451	1070	998	320	1149	478	1094	411	640	445	1081	448	319	773	476	857			
스트라스부르	1254	1066	1079	730	847	621	496	853	584	335	551	522	488	803	867	804	490	935		
툴루즈	300	247	866	865	116	991	565	890	890	727	533	923	536	407	568	564	699	205	1022	
투르	536	348	490	246	413	531	611	369	369	418	618	463	449	795	197	952	238	795	721	593

© Design Les Vacances 2007

[프랑스 주요 도시간 거리]

• 레 바캉스 시리즈, 〈프랑스〉 편 참고문헌

단행본

Bernard Champigneulle, *Paris, architectures, sites et jardins*, Paris, Seuil, 1973. 640쪽.

Sous la direction de Francois Jean-Robert Masson, *Guide de Paris mystérieux*, Paris, Tchou, 1985. 764쪽.

Germain Bazin, *La Peinture au Louvre*, Paris, Somogy, 1957. 278쪽.

Le Savour Club, *Vins et Vignobles de France*, Paris, Larousse, 1997. 640쪽.

Ron Kalenuik, *Les Plaisirs de la Bonne Table 2*, Paris, Magnanimity, 1994. 800쪽.

Robert Rosenblum, *Les Peintures du Musée d'Orsay*, Paris, Éditions de La Martinière, 1995. 680쪽.

Lawrence Gowing, *Les Peintures du Louvre*, Paris, Éditions de La Martinière, 1995. 686쪽.

Laurence Madeline, *100 chefs-d'œuvre impressionnistes*, Paris, Scala, 1999. 144쪽.

Misnistere de la Culture et de la Communication, *Le Louvre, 7 visages d'un musée*, Paris, RMN, 1986. 368쪽.

Le Louvre, numéro spéciale de Connaissance des Arts, Paris, RMN, 1997. 122쪽.

André Chastel, *L'Art Français, Temps Modernes 1430-1620*, Paris, Flammarion, 1994. 336쪽.

J.M. Larbodière, *Reconnaître des façades, du moyen âge à nos jours à Paris*, Paris, Massin, 2000. 206쪽.

Valerie Bougault, Paris, *Montparnasse*, Paris, Terrail, 1996. 208쪽.

Pierre Francastel, *Histoire de la peinture française*, Paris, Denoel, 1955, 1990. 476쪽.

로저 프라이스, 혁명과 반동의 프랑스사, 김경근, 서이자 역, 서울, 개마고원, 2002.

벌핀치, 그리스 로마 신화, 이윤기 편역, 창해, 서울, 2002.

사전

Sous la direction de Jean-Loup Passek, *Dictionnaire du cinéma 1,2*, Paris, Larousse, 1996.

Sous la direction de Michel Laclotte, *Dictionnaire des grands peintres 1,2*, Paris, Larousse, 1988.

Sous la direction du professeur Roger Brunet, *L'Art religieux, abbayes, églises et cathédrales*, Paris, Larousse, 1978.

Le Petit Robert 2, Dictionnaire des noms propres, Paris, Le Robert, 1996.

월간미술, 세계 미술 용어 사전, 월간미술, 서울, 1998.

안연희, 현대 미술 사전, 미진사, 서울, 1999.

기타

Dictionnaire du Cinéma Larousse / Zodiaque Glossaire / Capital / L'expansion / Changer tout / Châteaux Forts Patrimoine Vivant Desclee de Brouzer / Gault Millau / Les Guides de L'Editions de Minuit / Paris-Banlieu Architectures domestiques 1919-1939 Dumod / Le nouvel Observateur Atlaseco 227 pay étudiés

• Contributors (알파벳순, 관광청 담당자 이름은 생략)

Château Royal d'Amboise
Office de Tourisme d'Ajaccio
Office de Tourisme d'Albi
Office de Tourisme d'Alsace
Office de Tourisme d'Amiens
Office de Tourisme d'Andorra
Office de Tourisme d'Annecy
Office de Tourisme d'Aquitaine
Office de Tourisme d'Arles
Office de Tourisme d'Auxerre
Office de Tourisme de Biarritz
Office de Tourisme de Bordeaux
Office de Tourisme de Bretagne
Office de Tourisme de Caen
Office de Tourisme de Calais
Office de Tourisme de Chambéry
Office de Tourisme de Colmar
Office de Tourisme de Dijon
Office de Tourisme de Honfleur
Office de Tourisme de Lille
Office de Tourisme de Lourdes

Office de Tourisme de Lyon
Office de Tourisme de Marseille
Office de Tourisme de Metz
Office de Tourisme de Monaco
Office de Tourisme de Mont St-Michel
Office de Tourisme de Montauban
Office de Tourisme de Montpellier
Office de Tourisme de Mulhouse
Office de Tourisme de Nantes
Office de Tourisme de Nice
Office de Tourisme de Nîmes
Office de Tourisme de Normandie
Office de Tourisme de Périgueux
Office de Tourisme de Perpignan
Office de Tourisme de Rennes
Office de Tourisme de Rouen, Normandie
Office de Tourisme de Senlis
Office de Tourisme de St-Malo
Office de Tourisme de Toulouse
Office de Tourisme de Tours
Ville de d'Avignon-JP Campomar

문화와 예술 그 이상을 가진 나라,
프랑스를 찾아서

세계 6위의 자동차 생산국은 어디일까? 전기의 80%를 원자력으로 생산해 인근 국가에 수출까지 하는 나라는? 핵무기를 갖고 있는 것은 물론 핵연료까지 수출하는 국가는? 정답은 프랑스다. 물론 우리에게는 미라주, 라팔 같은 첨단 전투기 산업에서 세계 최고의 기술력을 갖고 있는 프랑스보다는, 바게트나 달팽이 요리, 포도주의 나라인 프랑스로 더 많이 알려져 있다.

이런 이미지는 편향된 것이긴 하지만 전적으로 틀린 것만은 아니다. 프랑스의 오트 쿠튀르(고급 기성복)는 화장품과 함께 세계 제1위의 매출과 명성을 갖고 있고, 포도주를 포함한 프랑스 요리 역시 엄청난 수익을 내는 산업 분야이다. 자신이 운영하는 레스토랑의 평가 등급이 떨어졌다고 자살한 요리사나, 숨을 거둔 빵집 주인에게 조화를 바치기 위해 몰려드는 사람들은 프랑스에서만 볼 수 있는 모습이다.

프랑스는 예술의 나라다. 미술 용어의 70%가 프랑스 어다. 프랑스에서 태어나지 않았더라도 예술가들은 프랑스로 모여들었고, 파리의 분위기에 몸을 적셨다. 반 고흐는 네덜란드 인이고 피카소는 스페인 사람이다. 칸딘스키는 러시아, 모딜리아니는 이탈리아 출신이다. 그들이 빠져들었던 프랑스의 예술적 분위기는 샤넬, 크리스찬 디오르, 이브 생 로랑, 피에르 가르뎅을 만들어 낸 토양이기도 하다.

예술은 논리로 설명할 수 없다. 다양함과 모순이 예술을 설명한다. 예술의 국가 프랑스도 그렇다. 엄청난 식민 지배와 만민 평등을 부르짖는 계몽사상의 전통이 모순 속에서 공존하는 나라, 예술과 외인부대가 함께 있는 나라가 프랑스다. 세계에서 법정 노동시간이 가장 짧은 나라, 최소 여름 한 달은 유급 휴가를 즐기는 것이 법으로 보장된 나라가 프랑스이다. 그러면서도 심리 안정제의 세계 최대 소비국이 다름 아닌 프랑스이다. 프랑스 인들도 자신들이 누구인지 잘 모르겠다고 한다. 그럴 수밖에 없을 것이다. 드골은 "360가지 치즈를 먹는 제각각의 사람들이 모여 있는 나라를 어떻게 통치할 수 있겠느냐?"고 말했다.

이제 레 바캉스 가이드 북 컬렉션의 〈프랑스〉 편을 들고 다양성과 모순의 나라 프랑스로 떠나보자. 〈프랑스〉 편은 총 3개의 섹션으로 구성된다. 〈Information〉에는 프랑스의 지리, 정치, 사회 및 프랑스를 여행하는 데 필요한 실용적인 정보가 들어 있다. 교통, 숙박에 대한 정보는 물론이고 환전, 긴급 연락처, 관광안내소 등도 함께 제공한다. 〈Special〉에서는 프랑스의 풍부한 문화와 예술, 역사에 대해 소개한다. 여행을 준비하며, 혹은 여행 중에 틈이 날 때 읽으면 알찬 여행에 도움이 될 것이다. 〈Sights〉는 프랑스의 각 지방 및 도시와 관광 명소에 대한 안내다. 주요 도시의 자세한 지도는 물론이고, 호텔, 레스토랑, 쇼핑, 각종 공연에 대한 정보도 곁들여져 있다.

옹플뢰르

FRANCE
INFORMATION

LES VACANCES

지리 · 기후

[넓고 비옥한 땅을 가진 프랑스는 포도를 비롯한 각종 농사가 활발하다.]

프랑스의 위치 · 지형

위도 42°에서 51° 사이에 자리하고 온대 기후대에 속해 있는 프랑스는 기름진 너른 땅과 대서양, 지중해를 동시에 끼고 있는 지구 상의 축복받은 나라 중 하나다. 지정학적으로 프랑스는 영국, 독일, 스페인, 이탈리아의 4개 국가를 연결하는 중심에 위치해 있어 다양한 문화가 교차하는 지역이다. 섬나라인 영국과 지중해를 연결하고 있으며, 북구와 이베리아 반도의 스페인을 연결하고 있다. 러시아를 포함한 동구권과 대서양을 연결하는 지역도 프랑스이다. 이러한 지정학적 위치로 인해 프랑스는 예부터 교역과 전쟁도 빈번하게 일어났다.

프랑스는 전체적으로 육각형 모양이어서 프랑스 인들은 자신들의 조국을 육각형을 뜻하는 에그자곤Hexagone이라고 부르며 북단에서 남단까지의 길이는 대략 1,000km 정도 된다. 국경은 라인 강, 알프스 산맥과 피레네 산맥 그리고 도버 해협 등으로, 대부분 17세기 루이 14세 때 결정된 자연 국경을 따르고 있다.

프랑스의 면적은 유럽에서 가장 넓은 동시에 한반도의 약 2.5배에 달하는 55만 1,700km²이고, 국토의 3분의 2 정도가 농사를 지을 수 있는 평야 지역이다. 수많은

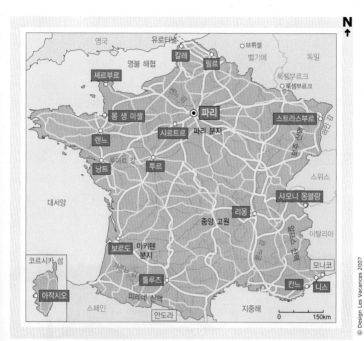

[프랑스의 위치와 지형]

전쟁, 혁명, 내란에도 불구하고 신속하게 국력을 회복할 수 있었던 것도 넓고 비옥한 땅이 있었기 때문이다. 섬은 몇 개 되지 않고 지중해 상의 코르스(이탈리아 식으로 흔히 코르시카로 불림)가 가장 크다. 코르스 섬의 면적은 제주도의 약 4.7배에 달한다.

유럽 대륙에 속한 육각형의 국토 이외에 프랑스는 4개의 해외 도와 기타 해외 영토를 갖고 있다. 프랑스에서는 이들 해외 국토를 동통DOM-TOM(Département d'Outre-Mer와 Territoire d'Outre-Mer)이라고 줄여서 부른다.

프랑스는 해발 3,000m 이상의 알프스와 피레네의 산악 지방, 지중해 지방, 마시프 상트랄이라고 불리는 중앙 고원, 브르타뉴 지방의 고원 지대, 그리고 파리를 중심으로 하는 파리 분지와 보르도 인근의 아키텐 분지 등을 비롯해, 유럽에서 가장 다양한 지형을 갖고 있는 나라이다. 하지만 예부터 남프랑스와 북프랑스 두 지방으로 크게 나뉘어 서로 다른 문화를 발전시켜 왔다. 프랑스 중부 지방을 가로지르는 루아르 강을 중심으로 이루어진 이 구분은 언어학적 구분이기도 하고 법률적 구분이기도 하다. 북프랑스에서는 긍정을 뜻하는 '예'를 '오일Oil'이라고 했고 남프랑스에서는 '오크Ock'라고 했기 때문에 이를 기준으로 오일 지방과 오크 지방으로 나뉘어져 있었다. 그리고 오일 지방은 관습법을 따랐던 반면 오크 지방은 성문법적 전통을 갖고 있었다.

프랑스에는 4개의 큰 강이 있다. 파리 중심부를 관통해 북해로 흘러드는 가장 온순한 센느 강, 프랑스 중앙부를 거쳐 북대서양으로 흘러드는 가장 긴 루아르 강, 피레네 산맥에서 발원해 남서부의 아키텐 지방을 적신 후 보르도를 통해 대서양으로 흘러드는 가장 물결이 센 가론느 강, 그리고 남동부의 리옹 일대를 거쳐 지중해로 흘러드는 론 강이 프랑스의 4대 강이다. 이외에 프랑스와 독일의 국경 지대에 위치해 엄청난 전기를 생산하는 라인 강 역시 프랑스의 강에 포함시켜야 할 것이다.

도표로 보는 프랑스

[파리를 가로질러 흐르는 센느 강. 루아르 강, 가론느 강, 론 강과 함께 프랑스의 4대 강으로 꼽힌다.]

면 적	547,030km²
인 구	약 6,400만 명
인 종	골 족을 중심으로 기타 민족이 혼합
언 어	프랑스 어
수 도	파리
정부 형태	이원집정제
연간 관광객	약 8,000만 명
주요 산맥	알프스 산맥, 피레네 산맥
1인당 GDP	약 31,100 US달러 (2006년 기준)
종 교	가톨릭
화 폐	유로 € (예전에는 프랑 사용)
행정 구역	22개의 주와 96개의 도
해외 도	과들루프, 마르티니크, 기아나, 레위니옹
해외 영토	폴리네시아, 뉴칼레도니아, 왈리스와 푸투나, 마요트, 생 피에르 에 미클롱

프랑스의 기후

프랑스 기후는 지형만큼이나 다양하다. 전체적으로는 지중해 인근의 온화한 해양성 기후를 제외하면, 대체적으로 사계절이 존재하는 대륙성 기후를 보인다. 대륙성 기후라고는 하지만 여름에 장마철은 없고 오히려 가을과 겨울에 비가 많이 내린다. 또한 극히 일부 지역을 제외하면 여름의 혹서기나 겨울의 혹한기도 없다. 지역별 특징을 살펴보면, 북부의 겨울은 온난하지만 비가 자주 내리고 동부의 겨울은 매우 춥고 눈이 온다. 대신 동부의 여름은 건조하고 따뜻한 편이다. 지중해성 기후를 보이는 남부에서는 비는 자주 오지 않는다.

[프랑스는 대체적으로 사계절이 존재하는 대륙성 기후를 보인다.]

＊ 프랑스 및 세계 각국 도시들의 '실시간 날씨', '7일간 날씨' 및 '10년 평균 기후'
⇨ 레 바캉스 웹사이트 참조

가는 방법

[릴르의 기차역. 런던-브뤼셀 간을 운항하는 유로스타가 릴르에서 정차한다.]

© Photo Les Vacances 2007

프랑스로 가는 방법

한국에서 가기

대한항공과 에어프랑스가 파리까지 가는 직항편을 운항 중이며, 아시아나 항공은 2008년부터 직항편을 운항한다. 루프트한자, 네덜란드 항공 등을 이용하면 각각 프랑크푸르트와 암스테르담을 경유해 파리나 기타 프랑스 주요 도시로 입국할 수 있다. 유럽 계 항공사 이외에 다른 항공사들을 이용해서 1~2회 갈아타고 파리로 입국할 수도 있는데, 이런 경우에는 직항편보다 항공료가 저렴하다. 한국에서 파리까지는 직항편으로 약 11시간 소요된다.

항공사별 연락처

■ **대한항공** • ☎ 1588-2001 • kr.koreanair.com

■ 에어프랑스 • ☎ (02)3483-1033 • www.airfrance.co.kr
■ 아시아나 • ☎ 1588-8000 • flyasiana.com
■ 루프트한자 • ☎ (02)3420-0400 • www.lufthansa-korea.com
■ 네덜란드 항공 • ☎ (02)3483-1231 • www.klm.co.kr

영국에서 가기

영국에서 프랑스로 이동하는 가장 손쉬운 방법은 런던에서 유로스타를 타고 파리 북역Gare du Nord에서 내리는 것이다. 항공편을 이용하면, 파리 북쪽에 있는 샤를르드골Charles de Gaulle 공항이나 남쪽의 오를리Orly 공항으로 들어오게 된다. 유럽 내에서 기차를 이용해 파리로 이동하는 관광객들은 여섯 개의 파리 기차역을 통하게 된다. 파리로 들어오는 거의 모든 버스는 국제선이든 국내선이든, 파리 시 동쪽 끝에 위치한 갈리에니 유로라인 버스 터미널로 들어온다.
• 28, avenue du Général de Gaulle • 지하철 3호선 갈리에니Gallieni 역

항공편

일반적으로 영국에서 프랑스로 가는 가장 저렴한 항공노선은 런던-파리 구간을 이용하는 것이며 고속철도인 유로스타의 운임보다 저렴한 가격에 이용할 수도 있다. 에어프랑스, 브리티쉬 항공과 브리티쉬 미들랜드는 영국에서 프랑스로 여행할 때 주로 이용하는 항공사다. 이외에도 이지젯Easy Jet, 라이언 에어Ryan Air 등 저가 항공사에서도 프랑스 행 노선을 운항하는데, 티켓을 빨리 발권할수록 더 저렴한 가격에 구입할 수 있다. 에어프랑스의 파리 행 항공편은 히드로 공항에서 하루 10~13회 정도 운항한다. 그 밖에도 맨체스터에서는 하루 5회, 버밍엄에서는 5~6회, 에든버러에서는 3회, 글래스고 공항에서는 10~12회 정도 파리 행 항공편을 운항하고 있다. 파리만이 아니라 프랑스 지방 도시들인 리옹, 니스와 툴루즈로 가는 직항편도 운항한다.

기차편 (유로스타)

유로스타는 해저 터널을 통해 런던-파리(또는 브뤼셀)를 오가는 초고속 열차이다. 시속 300km의 속도로 런던-파리 구간을 약 2시간 40분 만에 주파하며, 매일 약 20회 파리 북역까지 운항하고, 그중 약 절반 가량이 영국 남동단에 있는 켄트 주의 애쉬포드Ashford(런던으로부터 1시간 거리) 역에 정차한다. 운행되는 열차 가운데 칼레 프레튠Calais-Fréthun(1시간 30분 소요)이나 릴르Lille(2시간 소요)에 정차하는 열차도 있다. 이와는 별도로 5~7편의 릴르 행 직행열차가 운행된다. 런던-브뤼셀 구간은 매일 10~12회 정도 운항하고 릴르에서 정차한다.

이 밖에 파리 인근의 디즈니랜드(3시간 소요)로 운행하는 직행 열차가 매일 있고, 스키 시즌에는 워털루Waterloo/애쉬포드Ashford에서 프랑스 알프스의 무티에르 살램 Moutiers-Salin과 생 모리스St. Maurice까지 운행하는 열차가 주 2회(12월 중순~4월, 8시간 소요, 스키 장비 무료 운송) 운행된다. 출발 시간 최소 30분 전에 도착해 수속을 해야 탑승 가능하다.

• www.eurostar.com

버스편 (유로라인)

런던 빅토리아 코치 역Victoria Coach Station에서 프랑스의 60여 개 도시로 운행하는 유로라인Eurolines을 이용하면 기차로 여행하는 것보다 저렴하다. 성인 편도 요금은 파리까지 60유로 선, 릴르까지는 56유로 선, 리옹까지는 96유로 선, 그리고 보르도와 툴루즈까지는 106유로 선이다. 런던에서 파리까지 매일 10회 정도 운행하고 있다. 유로라인에서는 유럽 전역의 패스를 판매하고 있는데, 15일, 30일 권 등의 유로라인 패스를 구입하면 해당 기간 동안 유럽 전역에서 자유롭게 버스를 이용할 수 있다. 승차권은 유로라인 사에서 직접 구매해도 되고, 한국 내 여행사에서도 구매할 수 있다.

• www.eurolines.com

■ 유로라인 패스 요금

Pass		비수기 (1/8~3/31, 11/4~12/17)	일반 (4/1~6/22, 9/11~11/3)	성수기 (1/1~7, 6/23~9/10, 12/18~31)
15일	26세 미만	169유로	199유로	279유로
	26세 이상	199유로	229유로	329유로
30일	26세 미만	229유로	259유로	359유로
	26세 이상	299유로	319유로	439유로

선박편

야간선박을 이용해 1박을 해결할 수 있다는 장점이 있어 배낭여행객들이 많이 이용한다. 영국의 여러 항구와 유럽 각국을 연결하는 페리는 일일이 나열하기 어려울 정도로 다양하다. 가장 가까운 길은 영국의 도버와 프랑스의 칼레를 잇는 길이다. 쾌속선 호버크라프트는 일반 페리보다 소요되는 시간이 적은 편이나 대신 요금이 약간 비싸다. 도버Dover에서 칼레Calais 구간은 1시간 간격으로 페리가 운항되며, 90분 정도 소요되고, 편도 요금은 28유로 정도이다.

• www.aferry.to / www.ferrysmart.co.uk

자동차편

영국에서 자동차를 이용해 프랑스로 가기 위해서는 두 가지 방법이 있다. 첫째, 영국

INFORMATION

의 도버나 포크스톤에서 해협을 횡단하여 프랑스 불로뉴나 칼레로 향하는 카 페리를 타는 것이고 둘째, 해저 터널을 운행하는 기차에 차량과 함께 타는 것이다. 이 기차를 르 셔틀Le Shuttle이라고 하는데, 중소형 승용차뿐만 아니라 전세버스, 택시, 오토바이 등도 실을 수 있다. 르 셔틀은 1년 365일 하루 24시간 운행하며 교통량이 많을 때는 매 15분마다, 야간에는 한 시간에 한 번 왕복하고 있다. 르 셔틀은 카 페리를 이용할 때 생길 수 있는 문제점(지연 도착이나 배멀미)을 극복할 수 있다. 통행료를 낸 후 한번에 프랑스와 영국 두 나라의 출입국 수속을 마친다는 것도 편리한 점이다. 르 셔틀 요금은 시즌에 따라 달라지는데 일반적으로 왕복 요금 기준으로 승

© Photo Les Vacances 2007

[파리 샤를르 드골 공항. 한국에서 파리까지는 직항편으로 약 11시간 소요된다.]

용차 1대당(동승자 포함) 220유로 정도 든다. 칼레와 포크스톤의 르 셔틀 터미널에는 면세점, 레스토랑 등의 편의시설이 있다.

[CHECK]

주행 방향 주의

유럽 대륙과 영국은 차량 주행 방향이 다르고(영국은 왼쪽, 대륙은 오른쪽 주행), 이에 따라 운전석 위치(영국은 오른쪽, 대륙은 왼쪽)도 다르다. 우리나라 운전자는 유럽 대륙식에 익숙하므로 대륙에서 차량을 렌트한 후 영국으로 이 차를 몰고 들어가는 것은 위험하다. 이런 문제를 해결하기 위해 Hertz 등의 렌터카 업체에서는 해저 터널 양쪽에서 차량을 교체해 주는 서비스를 제공하고 있다.

＊ 그 밖에 유럽, 미국 등에서 프랑스로 가는 방법 / '항공권 구입' 및 '항공권 보는 방법' 등에 대한 더 자세한 정보 ⇨ 레 바캉스 웹사이트 참조

공항에서 시내 가기

파리

파리에 있는 국제공항은 두 곳으로 파리 북쪽 23km 거리에 있는 루아시 샤를르 드 골 공항Roissy-Charles de Gaulle(☎ (01)4862-2280)과 남쪽으로 14km 떨어진 지점에 있는 오를리 공항Orly(☎ (01)4975-1515)이다.

드골 공항에는 두 개의 터미널이 있고 2번 터미널CDG2 역에서 초고속 열차인 TGV가 보르도, 브뤼셀, 릴르, 낭트, 마르세유와 렌느를 연결한다. 도심까지는 RER-B 노선인 루아시레일Roissyrail, 에어프랑스에서 운영하는 리무진 버스인 루아시버스Roissybus 또는 택시를 이용하여 갈 수 있다. 택시를 제외하고는 10유로 정도 예상하면 된다.

오를리 공항도 드골 공항과 마찬가지로 터미널이 두 개로 국제선 터미널인 남쪽 터미널Orly Sud과 국내선 터미널인 서쪽 터미널Orly Ouest이 있다. 공항 셔틀버스가 RER C선 퐁 드 렁지스Pont de Rungis 역까지 운행한다. 그 외 에어프랑스 버스나 오를리 버스도 운행하고 있다. 택시비는 드골 공항과 오를리 공항 모두 40~55유로 정도 든다.

리옹

리옹 공항은 도심 동쪽으로 25km 거리에 있으며 공항에서 도심까지 가는 버스가 매 20분 간격으로 있다. 편도 요금은 9유로 정도다. 파리에서 리옹 생텍쥐페리Lyon St. Exupéry 공항(☎ (04)2600-7007)까지는 45분 정도 소요된다.

마르세유

마르세유 프로방스 공항(☎ (04)4214-1414)은 마르세유 시내 북서쪽 28km 거리에 있으며 국내 노선뿐 아니라 유럽 내 주요 도시에서도 정기 노선이 많이 있다. 공항에서 마르세유 구 항구Vieux Port 근처 생 샤를르Saint Charles 기차역까지 미니 밴이 운행되고 있다(편도 요금 9유로 선, 매일 20분 간격으로 06:20~22:50까지 운행).

니스

니스 코트 다쥐르Nice Côte d'Azur 공항(☎ 0820-423-333)에서 니스 기차역까지 99번 버스가 직행 노선으로 운행되고 있다(편도 4유로, 매일 08:00~21:00). 니스 시내까지는 생 모리스Saint Maurice 행 23번 버스를 이용하면 된다. 택시를 이용할 경우, 20~30유로 정도를 예상하면 된다.

보르도

런던이나 뉴욕 등에서도 정기 노선이 운행되고 있는 보르도 메리냐크Bordeaux-
Mérignac 공항(☎ (05)5634-5050)은 보르도 시내에서 서쪽으로 10km 거리에 있
다. 공항 셔틀버스가 공항과 기차역인 생 장Saint Jean 역을 매 40~50분 간격으로
운행하고 있다(편도 7유로 선, 40분 소요, 07:45~22:45).

스트라스부르

도심 남서쪽 12km 지점에 있는 스트라스부르 안츠하임 공항Strasbourg-
Entzheim(☎(03)8864-6767)은 잘 정비된 셔틀버스와 트램으로 시내와 연결되어 있
다. 셔틀버스는 20분 간격으로 운행하며 트램 A라인 정류장과 연결된다. 셔틀버스
편도 요금은 5.10유로다.

국내 교통

[스트라스부르 기차역. 파리에서 스트라스부르까지는 TGV로 2시간 20분 소요된다.]

항공

국내선의 경우, 대부분 승객 1인당 휴대 수화물은 한 개로 제한되며, 탁송화물의 경우에는 23kg까지 보낼 수 있다. 에어프랑스의 경우, 20kg 초과 시에는(자전거나 스키장비 포함) 1kg당 편도 요금의 1%에 해당하는 추가 요금을 부담해야 한다.

일반적으로 7~14일 이전에 항공편을 예약하면 항공권를 더 저렴하게 구입할 수 있다. 단, 저렴한 항공권의 경우에는 여러 가지 제한사항이 있다는 것을 유념해 둘 필요가 있다. 가령, 날짜 변동이 불가능하다든가, 환불이 불가능한 경우가 있으므로, 구입 시 확인해 두어야 한다. 연령에 따라 다양한 할인 제도를 두고 있으므로 잘 알아보고 구매하도록 한다.

철도

프랑스 국영철도인 SNCF(Société Nationale des Chemins de Fer Français)에서는 프랑스 전역을 운행하는 철도와 버스 노선을 운영하고 있다.

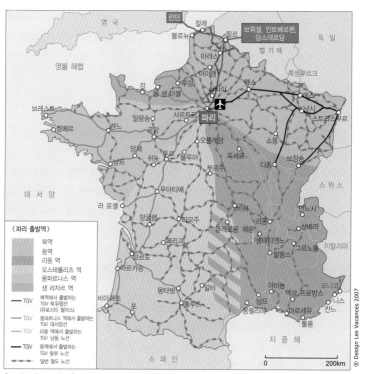

[프랑스 철도 노선도]

프랑스 국영철도는 매우 빠르고 현대적인 열차로 이용이 편리하다.

시속 300km의 TGV는 매우 빠르고 편리하게 목적지까지 갈 수 있다는 장점이 있다. 철도망은 동쪽의 마르세유와 지중해 지역, 서쪽의 보르도와 스페인 국경까지 이어진다. 지선은 브르타뉴, 노르망디, 알프스, 피레네와 쥐라 산맥까지 뻗어 있다. TGV를 제외한 일반 열차 노선은 'Corail' 또는 'TER(Train Express Régional)'로 부른다.

TGV는 일반 기차와 비교가 안될 정도로 빠르지만 대신 TGV를 이용하려면 예약금을 내야 한다. 승객이 많은 시간대에는 추가 요금을 내야 하며 티켓 구입은 각 역의 창구와 별도로 설치된 자동화 기기, 그리고 SNCF 전문 티켓 판매소인 'Boutique SNCF'에서 할 수 있다. 자동화 기기는 터치 스크린 방식에 영어로도 안내가 되며 여러 기차구간의 요금과 시간을 정확하게 확인할 수 있어 편리하다.

열차에 오를 때 개찰관이 따로 있는 것은 아니지만 플랫폼 통로나 입구에 있는 오렌지색의 각인기에서 표에 날짜를 각인하는 것을 잊지 말도록 하자. 이를 '콩포스테 Composter' 한다고 하는데, 표를 각인하지 않고 탔을 경우 티켓 요금의 2~3배에 해당하는 벌금을 물 수도 있다. 한번 각인된 표는 24시간 동안 유효하며, 그 범위 내에서라면 도중 하차도 가능하다.

야간열차는 추가 요금을 지불하면 침대칸을 사용할 수 있다. 모든 역에는 카페와 레스토랑, 은행과 환전소 등 각종 편의시설이 구비되어 있고 파리 북역과 파리 리옹 역에는 관광안내소가 설치되어 있다.

TGV 노선

남동노선 TGV Sud-Est & TGV Midi-Méditerranée

파리에 있는 리옹 역Gare de Lyon에서 출발하여 프랑스 남동지역으로 운행되는 노선으로 디종, 리옹, 제네바, 아비뇽, 마르세유, 니스, 몽펠리에 등을 지난다. 파리-리옹 간 427Km 거리를 2시간만에 주파하며, 리옹 선에서 갈라진 노선은 스위스의 로잔, 베른과 주네브까지 연결된다. 2001년 6월 TGV 지중해 노선이 개통되면서 기존의 파리-리옹 간 노선은 마르세유까지 250km가 연장되었다. 이로 인해 파리에서 마르세유까지 운행 시간이 기존의 4시간 20분에서 3시간으로 크게 줄어들게 되었고, 덕분에 니스, 칸느 등 지중해 도시로의 여행이 편리해졌다.

대서양선 TGV Atlantique Sud-Ouest & TGV Atlantique Ouest

파리 몽파르나스 역Gare de Montparnasse을 출발하여 프랑스 서부 및 남서부 지방으로 운행되는 노선, 그리고 자동차 레이스로 유명한 르망과 교육도시인 투르로 가는 노선의 두 개 노선이 있다. 투르 행 노선은 스페인의 마드리드, 바르셀로나로 연결된다. 프랑스 루아르 강 주변 고성 투어를 하고자 하는 이들은 투르를 기점으로 여행을 시작하는 것이 좋다.

북유럽선 TGV Nord, Thalys & Eurostar

파리 북역Gare du Nord에서 출발하여, 프랑스 북부 지방으로 운행되는 노선. 아라스, 북부 공업도시인 릴르, 칼레, 벨기에 브뤼셀, 네덜란드 암스테르담, 독일 쾰른으로 연결되며, 영불 해저 터널을 지나 애쉬포드, 런던까지 운행된다.

* 2007년 6월에는 TGV 동부 노선TGV Est이 개통되어 파리와 스트라스부르를 2시간 20분만에 연결하고 있다.

[CHECK]

탈리스 Thalys

TGV 철도 네트워크 중 하나인 탈리스는 벨기에 브뤼셀을 기점으로 하여, 네덜란드 암스테르담, 프랑스 파리, 독일의 쾰른 등을 연결하는 초고속 열차를 말한다. 최고 시속이 300km에 이르는 이 열차는 일반열차로 3시간이 넘게 걸렸던 파리-브뤼셀 구간을 1시간 20분 남짓으로 단축시켰다. 그 외에도 파리-암스테르담 간은 약 2시간 반, 브뤼셀-쾰른 간은 약 2시간 20분만에 연결한다.

버스

전국적으로 발달해 있는 TGV와 국철 때문에 지방 간 운행되는 버스 노선은 다소 불편한 편이다. 버스는 작은 소도시 간을 연결하거나, 브르타뉴 지방과 노르망디 지방 등 철도 노선이 부실한 지역에서 많이 운행된다. 기차표를 소지한 사람은 SNCF 에서 운행하는 버스 노선을 무료로 이용할 수 있다.

■ **SNCF 버스 정보** • ☎ 0892-35-3535 • www.sncf.com

프랑스에서 운전하기

파리 → 기타 도시	고속도로 이용 시 소요 시간
파리 → 보르도	4시간 30분
파리 → 오를레앙	55분
파리 → 리옹	3시간 30분
파리 → 스트라스부르	3시간 40분

유럽 국가 중 도로망이 가장 조밀한 나라가 프랑스다. 총 길이 110만km에 달하는 국도 및 지방도는 9,500km에 육박하는 고속도로와 연계되어 프랑스를 하루 생활권으로 묶어 놓고 있다. 고속도로는 향후 몇 년간 총 연장 12,000km로 늘어날 예정이다.

프랑스에서는 고속도로를 오토루트Autoroute의 이니셜을 딴 A로 표시하고 그 다음에 아라비아 숫자를 붙여 구분한다. 이 중 가장 유명한 고속도로는 일명 태양의 고속도로로 알려진 파리-지중해 간 A6번 도로다. 가장 넓고 가장 길이 막히는 도로 중 하나다. 국도는 N, 지방도는 D자를 사용해 표시한다.

프랑스를 제대로 보려면 국도와 지방도를 이용하는 것이 가장 좋은 방법이다. 다양한 자연 풍경과 역사 유적지들이 어울려 있는 모습은 프랑스 인들조차 놀라게 할 정도다. 산악 지방, 고원 지대, 해안 지역, 고대 로마 유적, 중세 수도원과 르네상스 고성들, 고전주의 시대의 왕궁과 18세기 귀족들의 성 사이사이로 호수와 늪지 그리고 숲과 평야가 드문드문 펼쳐지는 모습은 몇 시간 드라이브를 해도 지루함을 느끼지 못하는 풍경들이다.

숙 박

['호텔'은 원래 큰 저택이나 공공건물을 뜻하는 말이었다.]

© Photo Les Vacances 2007

프랑스 말로는 '오텔Hôtel'이라고 하는 호텔은 원래는 지금처럼 숙박시설을 가리키는 말이 아니었다. 옛 귀족 저택의 집사를 매트르 도텔Maître d'Hôtel이라 부르고 또 지금도 시청 등 중앙 관공서를 오텔이라고 부르는 것에서 알 수 있듯이 원래는 큰 저택이나 공공건물을 뜻했다.

프랑스에서의 숙박은 크게 세 가지 유형으로 나뉜다. 첫째는 프랑스 어로 샹브르 도트Chambre d'Hôte라고 부르는 민박이고, 두 번째는 유스호스텔인 오베르주 드 죄네스Auberge de Jeunesse, 세 번째가 일반 호텔이다. 프랑스는 전국적으로 캠핑장 시설이 많으며 유럽 내에서도 가장 편리하고 시설이 뛰어난 것으로 정평이 나 있다. 대도시인 파리 근교에도 캠핑장이 여럿 있어 이를 이용할 수 있다. 캠핑장에 대한 정보는 시내 어느 서점에서나 판매하는 지도에서 쉽게 확인할 수 있다. 캠핑장에도 등급이 있어 전기 담요를 이용할 수 있는 전기 시설이나 샤워장까지 갖추고 있는 대규모 캠핑장에서부터 민간인이 작은 규모로 운영하는 곳도 있다.

프랑스의 호텔은 대부분 국가에서 정한 기준에 따라 등급과 가격이 정해진다. 등급은 5단계로 나뉘며, 별이 없는 것이 가장 저렴한 호텔, 별 4개 등급이 최고급 호텔이다. 예약은 전화 또는 웹사이트를 이용해 해당 숙소에 직접 연락을 하거나 여행사를 통해서 할 수 있다. 각 지역 관광안내소에서도 숙소 예약에 관한 정보 및 안내를 받을 수 있다. 체크인은 늦어도 저녁 7시에서 밤 10시 사이에는 해야하며, 호텔 측에 미리 도착 예정 시간을 일러두는 편이 안전하다. 특히 사전에 예약비를 선금으로 지불하지 않은 경우, 저녁 7시 이후에는 자동으로 예약이 취소되므로 주의한다. 체크아웃은 일반적으로 오전 12시 이전에 마쳐야 한다.

© Photo Les Vacances 2007 / Office de Tourisme de Lyon

[리옹 근처의 고성 호텔인 샤토 페라슈. 프랑스에는 고성을 개조해 호텔로 사용하는 곳이 많다.]

대부분의 호텔에서는 아침식사 비용을 별도로 지불해야 한다. 숙박 요금에 아침식사 가격이 포함되어 있을 경우 '프티 데죄네 콩프리Petit Dejeuner Compris'라고 쓰여있다. 아침식사는 체크인할 때 예약을 할 수도 있고, 식사 후 별도로 지불할 수도 있다. 대부분 별 두 개 이상의 호텔은 체크인 할 때 미리 고객에게 조식 여부를 묻는다. 대부분의 호텔에는 애완동물을 데리고 들어갈 수 없으며, 애완동물을 받는다 해도 추가 비용을 받는 곳이 많다.

파리를 제외한 프랑스의 호텔은 한국 호텔과 달리 나이트 클럽 같은 유흥 시설이 거의 없다. 있다 해도 간단한 바 정도가 고작이다. 특급 호텔을 제외하면 사우나 시설은 기대하지 않는 것이 좋다. 그리고 대개 호텔 방이 한국보다 몇 도 정도 실내온도가 낮게 조정되어 있어 춥게 느껴질 수 있다. 어린아이용 보조 침대는 별도 비용을 내야 한다.

레스토랑 · 카페

[대부분의 레스토랑은 점심과 저녁 사이에는 영업을 하지 않는다. 이 시간에는 카페를 이용하면 된다.]

레스토랑

패스트푸드점을 제외하면 대부분의 프랑스 레스토랑은 점심은 12:00~14:30까지, 저녁은 19:00~22:30까지만 영업을 한다. 따라서 오후 한동안에는 레스토랑을 이용할 수 없다는 점을 유의해야 한다. 고급 식당일수록 예약은 필수이며, 아침이나 레스토랑이 문을 닫는 시간에는 카페에서 샌드위치나 오믈렛 같은 간단한 요리만 먹을 수 있다. 치즈를 덮은 토스트인 '크로크 무슈'를 주문하면 간단한 요기를 할 수 있다.

파리에는 세계 각국의 사람들이 모여 있는 만큼 프랑스 요리뿐 아니라 전 세계의 다양한 요리를 맛볼 수 있다. 한식과 일식은 물론이고 태국이나 베트남, 그리고 아프리카 요리 등을 파는 레스토랑들을 많이 볼 수 있는데, 특히 중국 식당은 거의 골목마다 한두 개씩 있다고 보면 된다. 볶음밥이 먹고 싶을 때에는 아무 중국 식당이나 들어가 간단한 수프 한 접시와 '리 캉토네Riz Cantonné(광동식 밥이라는 뜻)'를 주문하면 된다.

지방에서는 파리에서 볼 수 있는 세련된 레스토랑이나 누벨 퀴진Nouvelle Cuisine 스타일의 새로운 요리를 하는 곳을 찾아보기 어렵지만, 마르세유의 대표적인 생선 요리인 부이야베스Bouillabaisse나 절인 양배추 요리인 알자스 지방의 슈크루트 Choucroute처럼 지방의 특색 있는 요리를 푸짐하게 담아내는 유명한 레스토랑이 마을마다 몇 개씩 있다. 인구 20만 이상의 도시에는 베트남 쌀국수 전문점이 많아 더운 국물이 먹고 싶을 때 이용할 수 있다.

대개 레스토랑이나 카페에서는 '플라 뒤 주르Plat du Jour(오늘의 요리라는 뜻)' 라고 하는 점심 세트가 있는데, 뭘 먹어야 좋을지 모를 때는 이 플라 뒤 주르를 주문

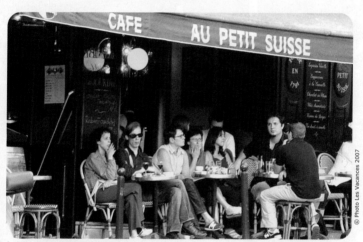

[카페는 프랑스 인들에게 일상의 공간이다.]

하면 된다. 대개 감자튀김과 함께 나오는 쇠고기 스테이크가 주 메뉴이며, 애피타이저나 후식, 또는 커피가 포함된 가격으로 제공된다. 물론 특별한 경우를 제외하고는 와인은 별도이다. 와인은 잔으로 팔기도 하며 1/4리터, 1/2리터 병에 담아 팔기도 한다. 물은 별도로 사서 마셔야 하는데, 식당에서는 병에 담긴 물 즉, 생수만 판매하게 되어 있다. 생수를 사서 마시지 않고 무료인 수돗물을 마실 경우에는 '윈느 캬라프 도, 실 부 플레Une carafe d'eau, s'il vous plaît' 라고 하면 수돗물이 담긴 작은 물병을 하나 갖다 준다. 하지만 가급적 생수를 마시는 것이 안전하다.

패스트푸드점이 아닌 경우에는 물이나 술을 사 가지고 들어가는 것은 피해야 한다. 최고급 만찬이 아닐 경우 복장은 그리 문제가 될 것이 없지만, 고급 레스토랑에서 저녁을 먹을 때에는 반바지 차림이나 슬리퍼는 삼가는 것이 좋다. 요즘에는 프랑스 지방 도시나 국도변에 패스트푸드점이 많이 생겨 이동 중에도 쉽게 요기를 할 수 있다. 햄버거 대신, 프랑스 어로 상드위치라고 하는 프랑스 식 샌드위치를 먹어보는 것도 좋은 경험일 것이다. 딱딱한 바게트 반 토막을 옆으로 갈라 그 사이에 야채,

파리의 레스토랑, 바를로티

햄, 소스 등을 넣어 준다. 들고 다니며 먹을 수 있지만 가급적 공원이나 시내에 흔히 볼 수 있는 벤치 같은 곳에 앉아서 먹는 것이 좋다. 단, 잔디가 많은 곳에 들어가 앉아 상드위치를 먹을 때는 개똥을 밟지 않도록 주의하는 것이 좋다.

카페

프랑스 어느 곳에서나 볼 수 있는 카페는 프랑스 전국에 수만 개, 파리에만 만여 개가 넘는다. 지방 도시도 거리에 따라서는 서너 개의 카페가 서로 붙어 있는 곳도 있

[프랑스에 있는 대부분의 카페는 야외 테라스를 따로 마련해 두는데, 테라스에서 차를 마시면 실내에서 마시는 것보다 가격이 높다.]

다. 거의 모든 카페들이 보도에 테이블을 내놓아 일광욕을 즐기며 차를 마실 수 있도록 해 놓았다. 이를 카페 테라스라고 하며, 테라스에 앉아 차를 마시면 실내 테이블보다 가격이 올라간다. 한 카페 안에서도 카페 실내에 있는 바에 서서 마시는 것이 가장 저렴하다.

카페는 커피를 뜻하기도 하고 커피를 마시는 장소를 뜻하기도 한다. 프랑스의 카페는 단순히 커피나 차만 마실 수 있는 곳이 아니라 술을 포함한 모든 종류의 음료와 아침, 점심식사까지 할 수 있다. 단, 저녁식사는 할 수 없다는 것이 레스토랑과 다른 점이다. 일상적인 장소인만큼 자연히 사람들이 많이 모이는 곳이고, 동네 소문의 진원지이자 각종 토론이 오가는 곳이기도 하다. 많은 카페들이 담배를 팔기도 하고 간단한 아스피린(프랑스에서는 돌리프란이라고 함)도 구할 수 있으며 공중전화도 사용할 수 있다. 카페 화장실을 이용하려면 차를 한 잔 마셔야 한다. 한국에서도 개봉되었던 영화 〈아멜리에〉에 나오는 몽마르트르 언덕의 카페는 파리나 프랑스 전역 어디서나 볼 수 있는 전형적인 프랑스 카페다.

축제 · 이벤트

[와인의 나라 프랑스에서는 곳곳에서 와인 축제가 열린다. 사진은 보르도 와인 축제.]

프랑스의 작은 마을에서 열리는 축제만큼 관광객을 즐겁게 해주는 것은 없다. 거리는 국기와 장식으로 뒤덮이고, 광장에서는 밴드 연주가 울려 퍼지며 마을 전체 주민이 수호성인 축제를 즐기기 위해 거리로 나와 환호한다. 프랑스 혁명 기념일(7월 14일) 말고도 성모 승천 대축일(8월 15일)과 전통 민속 축제가 브르타뉴와 남부 전원 지역에서 열리고, 그 밖에 영화와 재즈, 민속 음악에서부터 락과 클래식에 걸쳐 다양한 음악 축제가 있다.

가톨릭은 프랑스 전원 지역에 깊게 스며들어 있는 문화로서, 종교적인 축제일이 되면 프랑스 인들은 아름답게 차려 입고 미사를 드리곤 한다. 이런 종교 행사와 와인 축제 등은 매우 오래 전부터 내려온 전통 축제로 관광객에게 추천하는 여행 코스이기도 하다.

대표적인 전통 축제로는 전통 춤과 음악이 어우러지는 켈트 족들의 만남의 장, 로리앙 켈트 족 페스티벌Lorient Festival Interceltique(8월)과 집시들의 순례여행Les Stes Maries de la Mer이 있다.

개최 월	개최 도시	내 용	웹사이트
2월	제라르메르 Gerardmer	괴기 영화제	www.gerardmer-fantasticart.com
	클레르몽 페랑 Clermont-Ferrand	국제 단편 영화제	www.clermont-filmfest.com
	니스 Nice	카니발	www.nicecarnaval.com
5월	칸느 Cannes	국제 영화제	www.festival-cannes.fr
	에비앙 Évian	국제 음악제	
6월	디본느 레 뱅 Divonne-les-Bains	실내악 축제	www.ain.fr/festivalsdelain/divonne.html
	르망 Le Mans	르망 24시 자동차 경주	www.lemans-series.com
	샹보르 Chambord	국제 게임 페어 (낚시, 사냥 대회)	www.gamefair.fr
	보르도 Bordeaux	와인 축제	www.bordeaux-fete-le-vin.com
7월	엑상 프로방스 Aix-en-Provence	국제 오페라 페스티벌	www.festival-aix.com
	아를르 Arles	국제 사진전	www.rencontres-arles.com
	아비뇽 Avignon	국제 연극제	www.festival-avignon.com
	쇼몽 쉬르 루아르 Chaumont-sur-Loire	국제 정원 경연 대회	www.chaumont-jardin.com
	강나 Gannat	국제 문화 축제	www.gannat.com
	쥐앙 레 팽 Juan-les-Pins	국제 재즈 페스티벌	
8월	라 셰즈 디외 La Chaise-Dieu	음악제	www.chaise-dieu.com
	마르시야크 Marciac	재즈 페스티벌	www.jazzinmarciac.com
9월	도빌 Deauville	미국 영화제	www.festival-deauville.com
	리모주 Limoges	불어권 예술제	www.lesfrancophonies.com
	브장송 Besançon	국제 청년지휘자 콩쿠르	www.festival-besancon.com
	리옹 Lyon	발레(짝수년), 현대 미술(홀수년)	

* 프랑스를 비롯한 세계 각 국가, 도시의 최신 뉴스 및 이벤트 정보 ⇨ 레 바캉스 웹사이트 참조

실용정보

[파리 시내의 키오스크. 키오스크는 지도와 신문, 잡지 등을 판매하는 곳이다.]

긴급 상황 발생 시 연락처

긴급 전화

동전이나 전화카드 없이 통화할 수 있는 번호다.

SAMU(의료/앰뷸런스 서비스) ☎ 15
경찰 ☎ 17
소방서 ☎ 18
여러 언어를 사용하는 유럽 긴급 전화 ☎ 115
성폭행 긴급 전화 ☎ 0800-05-9595

긴급 의료

유럽연합 소속 국가 국민들은 일정한 요건 하에 프랑스 국민과 동일한 의료 서비스를 받을 수 있지만, 대한민국 국민 같은 비유럽연합 여행자들은 출발 전에 해외여행보험 등에 가입해 만일의 사태에 대비하는 것이 바람직하다. 프랑스는 유럽에서도 가장 안전한 여행을 할 수 있는 곳으로 여행 전에 특별히 예방 접종을 해야 할 사항은 없다. 수돗물도 안전하지만 석회수 때문에 미덥지 못하다면 돈이 들더라도 생수를 사 마시는 게 좋다. 에비앙Evian, 볼빅Volvic 등의 생수를 가장 쉽게 볼 수 있는데, 한국인 입맛에는 대체로 볼빅이 맞고 가스가 들어있는 페리에Perrier는 소화에 도움을 준다.

프랑스의 약국

파르마시Pharmacie라고 하는 프랑스 약국에서 간단한 의약품을 구입할 수 있다. 영업시간은 일반 상점이나 가게와 같지만 적어도 지역에서 한 곳의 약국은 24시간 문을 연다. 그날의 철야 약국의 위치는 다른 약국 문에 붙어 있고, 경찰서에 가도 알려준다. 연고나 소화제와 같은 일반 의약품이 아닌 특수 의약품은 반드시 의사의 처방전이 필요하고, 의사 소통에 있어서는 약사들 대부분이 기본적인 영어를 하기 때문에 큰 문제는 없다.

프랑스의 병원

작은 마을에 가더라도 최소한 하나 정도는 있다. 사고 등을 당해 부상을 입은 경우는 급히 15번에 전화하여 응급차를 부르거나 응급조치를 받을 수 있다. 주요 기차역이나 공항에는 의사들이 상시 대기 중이므로 응급조치를 신속하게 받을 수 있다.

신용카드 분실 시

아메리칸 익스프레스 American Express ☎ (01)4777-7000
마스터 카드 Master Card ☎ 0800-90-1387
비자 카드 Visa Card ☎ 0800-90-1179
다이너스 클럽 Diners Club ☎ 0810-314-159

신용카드 분실 시에는 현지의 카드 회사뿐 아니라 한국의 카드 발급처와 가족들에게 연락을 취해 이중으로 도난 및 분실 신고를 하는 것이 안전하다.

카드사별 한국 연락처

■ 아메리칸 익스프레스 American Express
- ☎ 1588-8300 • www.americanexpress.co.kr
■ 마스터 카드 Master Card
- ☎ (02)398-2200 • www.mastercard.com/kr
■ 비자 카드 Visa Card
- ☎ 00798-11-908-8212 • www.visa-asia.com
■ 다이너스 클럽 Diners Club
- ☎ 1577-6200 • www.dinersclub.com

외교통상부 영사콜센터

해외에서 발생한 사고 신고 및 접수 등을 위해 24시간 비상 체제로 운영한다.
- ☎ 국제전화 접속번호 + 800-2100-0404(무료) / 800-3210-0404(유료)

대사관 연락처

주한 프랑스 대사관

- 서울시 서대문구 합동 30번지 • ☎ (02)3149-4300 / F (02)3149-4310
- www.ambafrance-kr.org • 지하철 충정로역(3번 출구)

주프랑스 대한민국 대사관

- 125, rue de Grenelle 75007 Paris • ☎ (01)4753-0101 / F (01)4753-0041
- www.amb-coreesud.com • 지하철 Varenne 역
- 월~금요일 09:30~12:30, 14:30~18:00

* 기타 '해외 주재 프랑스 대사관' 및 '프랑스 주재 해외 대사관'에 대한 정보
    ⇨ 레 바캉스 웹사이트 참조

관광안내소

지방별 관광안내소

지방(도시)	주소	전화번호 / 팩스	웹사이트
알자스 (스트라스부르)	6, avenue de la Marseillaise BP 219 67005 STRASBOURG Cedex	☎ (03)8825-3983 / F (03)8852-1706	www.tourism-alsace.com
아키텐 (보르도)	23, Parvis des Chartrons Cite Mondiale 33074 BORDEAUX Cedex	☎ (05)5601-7000 / F (05)5601-7007	www.crt.cr-aquitaine.fr
노르망디 (캉, 루앙)	14, rue Charles Corbeau 27000 EVREUX	☎ (02)3233-7900 / F (02)3231-1904	www.normandy-tourism.org
상트르 (오를레앙)	37, avenue de Paris 45000 ORLEANS	☎ (02)3879-9500 / F (02)3879-9510	www.visaloire.com
미디 피레네 (툴루즈)	54, boulevard de l'Embouchure BP 52166 31022 TOULOUSE Cedex 2	☎ (05)6113-5555 / F (05)6147-1716	www.tourisme-midi-pyrenees.com
프로방스 알프 코트 다쥐르 (마르세유)	Les Docks, 10, place de la Joliette, Atrium 10.5 B.P. 46214 13567 MARSEILLE Cedex 2	☎ (04)9156-4700	www.crt-paca.fr
론느 알프 (리옹)	104, route de Paris 69260 CHARBONNIERES LES BAINS	☎ (04)7259-2159 / F (04)7259-2160	www.rhonealpes-tourisme.com
일 드 프랑스 (파리)	25, rue des Pyramides 75001 PARIS	☎ 0892-68-3000	www.parisinfo.com

전화

국제전화

프랑스에서 한국으로 전화하기

00(국제전화 접속번호) + 82(한국 국가번호) + 0을 뺀 지역번호 + 상대방 전화번호

■ 콜렉트 콜 (수신자 부담)

· KT ☎ 080-099-0082
· 데이콤 ☎ 080-099-0182

한국에서 프랑스로 전화하기

국제전화 접속번호 + 33(프랑스 국가번호) + 0을 뺀 지역번호 + 상대방 전화번호

공중전화

공중전화기는 지하철역이나 버스 정류장, 카페, 번화가에서 찾기 쉽고 국내 및 국제 전화 모두 가능하다. 파란 로고로 링벨Ring-Bell이라고 쓰여 있는 전화는 받을 수 도 있다. 요즘은 동전 식 공중전화가 사라지고 대부분이 카드 식 공중전화로 교체 되었다. 전화카드는 50위니테(8유로)와 120위니테(15유로)짜리가 있는데, 1위니테 Unité는 파리 시내 1통화 기준이다. 전화카드는 담배가게Tabac, 신문 가판대 Kiosque, 노란 바탕에 깃털 펜이 그려진 'Presse' 간판이 달린 주택가 신문 가게, 우체국, 관광안내소 등에서 구입할 수 있다. 50위니테 전화카드로는 한국까지 5분 정도 통화할수 있고, 120위니테 카드를 구입하면 10~15분 정도 통화 가능하다. 신 용카드로 전화를 걸 수 있는 공중전화도 많이 있다. 동전만 사용 가능한 공중전화 는 카페, 바, 호텔 로비 등에서 찾을 수 있다. 수화기를 들고 동전을 넣은 후 다이얼 을 누르면 된다.

프랑스 내의 전화는 시내 및 장거리 전화 모두 10자리 숫자를 누르도록 되어 있다. 0800, 0804, 0805, 0809로 시작하는 전화번호는 무료전화이고, 그 밖에 08로 시 작하는 번호들은 1분에 0.12~1.20유로의 프리미엄 요금이 붙는다. 이동전화(불어로 텔레폰 포르타블Téléphone Portable)는 06으로 시작한다.

[**CHECK**]

공중전화는 어떻게 사용하면 될까?
1. 액정판에 Décrocher(데크로셰) 사인이 떠 있으면 수화기를 든다.
2. 전화카드를 카드 투입구에 넣는다. 카드에 남아 있는 통화 가능 횟수(위니테 단위)가 표시된다.
3. Numéroter(뉘메로테)라는 글자가 뜨면 전화번호를 누른다.
4. 통화가 끝나면 수화기를 내려놓고 카드를 꺼내면 된다.

인터넷

인터넷 카페나 이와 유사한 시설은 어느 정도 규모의 마을에 적어도 하나씩은 있 다. 가격대는 시간당 3~10유로 정도다. 파리 시내의 80개 우체국에서도 유료로 인 터넷 이용이 가능하다.

우편

우체국을 찾으려면 푸른 제비 모양의 마크와 '라 포스트La Poste' 사인을 찾으면 된다. 일반적으로 업무시간은 월~금요일 09:00~19:00, 토요일 09:00~12:00다. 그러나 지방에 따라 차이가 있어서 작은 마을의 경우 점심시간보다 더 일찍 닫을 수도 있다. 반면에 파리 중앙 우체국의 경우에는 24시간 이용할 수도 있다.

우표는 타바Tabac라 불리는 담배가게에서도 구입할 수 있다. 한국으로 보낼 경우 엽서 한 장에 1유로 정도 예상하면 된다. 대부분의 우체국에는 노란색의 자동 우표 발행기가 있어서 서한이나 소포 무게를 재고 그 무게에 해당하는 우표를 구입할 수 있도록 되어 있다. 작동법은 영어로 설명되므로 그다지 어렵지 않으나 이것이 어렵다면 직접 창구에서 구입하도록 한다. 담당 직원에게 보낼 서한이나 소포를 주고,

[우체국을 찾으려면 푸른 제비 마크를 찾으면 된다.]

보내고자 하는 도시가 서울이라면 다음과 같이 이야기하도록 한다. "뿌르 세울, 코레 뒤 쉬드. Pour Séoul, Corée du Sud." 대구라면 "뿌르 대구, 코레 뒤 쉬드. Pour Daegu, Corée du Sud."라고 하면 된다. 작은 우체국에서는 국제우편을 취급하지 않을 수도 있다.

환전 · 은행

화폐 단위 – 유로 (€)

지폐는 5부터 10, 20, 50, 100, 200, 그리고 500유로가 있으며 이 7가지의 지폐 양면은 유로 사용국이 모두 동일한 디자인으로 사용하게 된다. 동전은 1센트를 비

롯해 2, 5, 10, 20, 50센트와 1유로 그리고 2유로짜리 동전이 있다. 이 8가지 동전의 앞면은 유로 사용국이 모두 동일하지만, 뒷면은 나라별로 각각 다른 디자인을 사용한다.

* 환율 : 1유로 = 한화 약 1.310원 (2007년 11월 기준)
* 세계 각국의 '환율 조회' 및 다른 국가 통화로의 '환율 변환' ⇨ 레 바캉스 웹사이트 참조

현금 인출기

대부분의 은행들이 24시간 현금 인출기를 운영하고 있다. 신용카드도 해외용에 'Visa', 'Master' 등 제휴사 마크가 있듯이 현금을 인출하려면 인출기에 반드시 'Maestro', 'Cirrus' 등의 마크가 그려져 있어야 한다. 제휴사의 마크가 붙어 있는 현금 인출기에서는 예금의 잔액 범위 내에서 이용이 가능하다.

해외 이용은 외국환 관리 규정에 의거하여, 신용한도 및 예금 잔액 범위 내 이용을 합하여 월간 사용 제한이 있음을 유의하여야 한다. 따라서 해외 여행을 하기 전에 자신의 거래은행과 신용카드 발급처를 통하여 자신의 신용카드 사용한도 범위와 유럽 현지에서 인출 가능한 현금 규모를 확인해야 한다. 현금 인출기를 제대로 활용하기 위해서는 출국하기 전 개인비밀번호PIN를 잘 확인해야 할 것이다. 비자, 마스터 카드, 아메리칸 익스프레스, 다이너스 클럽 카드 소지자는 어떤 은행에서건 돈을 인출할 수 있다.

[CHECK]

주 의

유럽에서 발급된 신용카드는 현금 인출기 사용 시 4자리 숫자의 비밀번호를 입력해야 한다. 하지만 몇몇 유럽 지역의 일부 인출기는 신용카드의 비밀번호 조회 없이 현금 인출이 되는 경우도 많다. 신용카드는 숙소는 물론 그 어느 곳에도 함부로 두어서는 안되며 항상 소지하고 다녀야 한다. 식당, 역, 현지 여행사 등에서의 신용카드 사용 시에는 카드를 건네준 이후에 한눈을 팔지 않도록 한다.

현금 인출기를 사용할 때에는 주위에 수상한 사람은 없는지 잘 살피도록 한다. 주위에 아무도 없다가 비밀번호를 입력할 때에 갑자기 사람이 나타날 수도 있으니 주의한다. 또한 현금 인출기 사용 시 나오는 영수증에는 16자리의 카드번호가 고스란히 남기 때문에 함부로 버리지 않도록 한다.

인출기를 사용할 때 비밀번호 입력이 3번 틀리면 기계가 자동으로 신용카드를 삼켜버려 다시 돌려받을 수 없다. 평소 잘 알던 비밀번호라도, 인출기 주위에 사람이 많을 때 혹은 소매치기가 많은 관광명소에 있는 인출기를 사용할 때 등 긴장하거나 당황하면 간혹 이런 실수를 하는 경우가 많다.

신용카드 분실 시 필수적으로 알아야 할 16자리의 카드번호는 다른 곳에 메모해 두는 것이 좋다. 신용카드 분실 시 연락해야 할 전화번호와 한국의 연락처 등의 정보도 별도로(당황하면 가이드 북 내의 전화번호도 쉽게 찾기가 어렵다.) 메모해 두도록 한다. 여권과 신용카드를 하나의 가방이나 지갑에 함께 소지하는 것은 위험하니 분산해 보관하는 것이 바람직하다.

신용카드

신용카드는 거의 모든 상점에서 받고 있지만, 상점의 창에 붙은 스티커를 확인할 필요가 있다. 비자Visa는 프랑스에서 카르트 블뢰Carte Bleue('파란 카드'라는 뜻)로 통하고, 가장 많이 사용되고 있다. 마스터 카드는 유로 카드라고 불리기도 하며, 아메리칸 익스프레스 카드도 비자나 마스터 카드만큼은 아니지만 많이 쓰인다. 먼저 본인이 묵을 호텔이나 유스호스텔이 소지한 카드로 결제되는지를 확인하는 습관을 갖도록 하자. 신용카드로 은행과 현금 인출기에서 현금 서비스를 받을 수도 있다. 단, 수수료는 국내의 수수료보다 훨씬 비싸다는 것을 염두에 두어야 한다. 모든 현금 인출기는 불어나 영어로 안내되며 비자 카드의 경우에는 우체국에서 현금 서비스를 받을 수 있다. 직불 카드도 현금 인출기나 비자 카드 마크나 'EDC' 사인이 있는 상점에서 사용 가능하다. 참고로 신용카드로 현금 인출 시 매번 수수료가 붙기 때문에 소액을 자주 인출하기보다는 한번에 적당한 금액을 인출하는 것이 유리하다.

은행 업무시간

은행 업무시간은 월~금요일 09:00~17:00 또는 18:00까지다. 은행에 따라서는 점심시간에 잠시 문을 닫기도 하고(12:30~14:00/14:30), 토요일에 09:00~12:00까지 영업하는 곳도 있다. 일요일과 공휴일은 휴무다.

환전소

환전소(뷔로 드 샹주Bureaux de Change)는 모든 프랑스 공항과 주요 도시의 기차역에 있고, 마을 중심에도 한두 개가 있다. 파리 같은 대도시에는 큰 길에 서너 개씩 있다. 이들 환전소는 은행보다는 늦게까지 영업하며, 또한 자동 환전기가 공항과 기차역, 환전소 바깥 등에 설치되어 있어서 급할 때 사용할 수 있다. 한국에서 미리 유로화를 준비해 가면 그만큼 수수료를 아낄 수 있다.
환율과 수수료는 은행마다 다르므로 두 군데 이상 가보는 것이 좋다. 일반적으로 여행자수표는 1~2%의 수수료가 붙고 현금 환전은 균일 요금이 붙는다. 수수료를 받지 않는 은행이라고 다 좋은 것은 아니다. 이런 은행들은 종종 환율을 은행 임의로 조정하는 경우가 있으므로 유의하도록 한다.

영업시간

일반적으로 상점의 영업시간은 08:00/09:00~12:00/13:00, 14:00/15:00~18:30/19:30이다. 작은 식료품점은 점심시간에 문을 닫았다가 오후 서너 시가 되어야 다시 영업하여 19:30이나 20:00, 또는 저녁식사 바로 전까지만 영업한다. 기본적인 휴무일은 일요일 또는 월요일이다. 대부분의 상점은 주변 상점과 교대로 휴업한다(일요일에 영업한 제과점은 월요일 오전에만 영업을 한다). 도시의 은행은 월~금요일 09:00~17:00/18:00까지이고, 이 때문에 많은 관광객들이 영업 외 시간에 호텔에서 높은 수수료를 내고 환전하는 경우가 많다. 박물관의 개관시간은 09:00/10:00~17:00/18:00이고, 12:00~14:00/15:00 사이는 점심시간이다. 파리를 비롯한 대도시의 박물관들은 대부분 점심시간에도 쉬지 않는다.

휴관일은 주로 월요일이나 화요일이고 이틀 모두 휴관하는 곳도 있다. 많은 국립 박물관은 일일 입장료가 있지만, 학생이거나 26세 미만, 또는 60세 이상일 경우는 할인이 된다. 단, 할인을 받으려면 국제학생증 등의 신분증을 소지해야 한다. 성당은 거의 매일 개방되어 있고, 지하 납골당과 수도원 관람 시에는 옷차림을 단정하게 해야 한다. 교회는 개방 시간이 조금 엄격하다. 일요일 오전에는 예배에 참여해야만 내부에 들어갈 수 있는 곳도 있다.

VAT 환급 절차

프랑스에서는 대부분의 재화와 용역에 대해 19.6%의 부가가치세를 부과하고 있다. 그러나 비유럽연합 국민들은 한 상점에서 175유로 이상을 지출한 경우는 3개월 이내에 부가가치세를 환급받을 수 있다. 환급을 받으려면 우선 상품을 구입할 때 환급증명서를 받아둔다. 그리고 출국 시 공항 세관에서, 구입한 상품을 제시하고 환급증명서에 확인 도장을 받는다. 이후 공항 내의 환급 창구에서 바로 환급받거나, 우편을 이용해 해당 상품을 구입한 상점에 환급증명서를 발송하고 환급을 기다리면 된다. 그러나 프랑스에서 바로 한국으로 가는 것이 아니고 다른 유럽 국가를 돌아볼 예정이라면 한국으로 가는 비행기를 타는 최종 공항에서 이런 절차를 밟아야 한다. 부가가치세 환급 혜택을 받을 수 있는 상점 앞에는 스티커로 'Tax Free for Tourists'라고 표기되어 있다.

✳ 자세한 'VAT 환급 절차' 및 '환급 시 주의사항' ⇨ 레 바캉스 웹사이트 참조

팁

프랑스 국내법 상 레스토랑 등의 요금 청구서에는 봉사료가 포함되어야 하므로 팁은 원칙적으로 주지 않아도 무방하다. 그러나 호텔 포터, 객실 청소부 등에게는 1회 1~1.50유로 정도의 팁을 주는 것이 관례다. 택시의 경우, 요금의 5~10%를 주면 되고, 안 주어도 무방하다.

시차

유럽과 한국 사이에는 시차가 존재하며 이 시차는 국가에 따라, 그리고 서머타임의 적용 여부에 따라 조금씩 차이가 난다. 프랑스를 비롯한 대부분의 유럽 국가는 한국보다 8시간 늦다. 단, 서머타임 기간인 3월 말~10월 말에는 한 시간 줄어든 7시간의 시차를 보인다.

＊ 세계 각 국가 및 도시들의 현재 시간 ⇨ 레 바캉스 웹사이트 참조

전압

프랑스의 전압은 220V, 50Hz에 플러그 핀이 2개이다. 우리나라 가전제품을 가져가서 그대로 사용할 수 있다. 단, 우리나라 제품 중에 60Hz로 되어 있는 것은 50Hz로 바꿔주어야 한다.

화장실

대부분의 공중화장실은 유료이며, 요금은 0.5~1유로 정도이다. 박물관, 미술관이나 카페, 레스토랑 이용 시 화장실에 다녀오는 것도 방법이다. 기차역이나 큰 공원 등 공공장소에서도 화장실 앞에서 요금을 받는 사람을 볼 수 있다.

공휴일

공휴일에는 대부분의 상점과 박물관이 문을 닫는다. 5월에는 특히 국경일이 많으므로 여행 시에 주의하도록 한다.

＊ 는 매년 날짜가 바뀜

1월 1일	새해 첫날 Jour de l'An
3~4월	부활절 Pâque.＊ 춘분 후 만월(음력 15일) 다음 첫 일요일
5월 1일	근로자의 날(노동절) Fête de Travail
5월 8일	2차대전 승전기념일 Victoire 1945
부활절 후 40일	예수 승천일 Ascencion＊
부활절 후 7번째 주일	성령강림일 Pentecôte＊
7월 14일	혁명 기념일 Fête Nationale
8월 15일	성모 승천 대축일 Assomption
11월 1일	만성절 Toussaint
11월 11일	1차대전 종전기념일 Armistice 1918
12월 25일	크리스마스 Noël

정치 · 경제 · 사회

[프랑수아 1세는 전설 속의 불도마뱀을 나라의 상징으로 삼았었다.]

프랑스의 국가 상징

프랑스 국기(國旗)

프랑스 국기는 청, 백, 적으로 이루어진 삼색기이다. 프랑스에서는 흔히 삼색기를 뜻하는 트리콜로르Tricolore라는 말로 부른다. 가운데 백색은 프랑스 왕가를 상징하는 색이며 백색을 둘러싸고 있는 청색과 적색은 파리를 상징한다. 이는 왕가와 인

민의 결합을 상징하는 의미를 지니고 있다. 바스티유 감옥이 점령된 지 3일 후인 1789년 7월 17일 루이 16세가 파리 시청에 도착해 국민 방위군 사령관인 라파이예트 장군으로부터 증정받은 이후 중요 행사 때마다 사용된다.

© Photo Les Vacances 2007

프랑스 국가(國歌) 〈라 마르세예즈 La Marseillaise〉

프랑스 대혁명의 와중에서 일어난 주변국과의 전쟁을 위해 작곡, 작사된 곡으로 상당히 호전적이며 심지어는 잔혹하다는 평도 듣고 있는 곡이다. 프랑스 장교 루제 드 릴이 작사, 작곡했다. 1792년 4월 프랑스와 오스트리아 간의 전쟁이 발발했을 때, 스트라스부르의 군 막사에서 하룻밤 사이에 작곡과 작사를 완성했다고 한다. 정식 국가로서 채택된 것은 1879년이다. '라 마르세예즈'라는 노래 제목은 당시 전국에서 파리로 모여든 의용군 중 마르세유로부터 온 일군의 의용병이 이 노래를 부르면서 파리로 올라왔기 때문에 붙여진 이름이다. 샹젤리제 가 끝에 우뚝 서 있는 나폴레옹의 개선문에는 이 국가를 기념하는 뤼드의 조각이 새겨져 있다. 프랑스 국가 〈라 마르세예즈〉가 가장 감동적으로 묘사된 영화는 험프리 보가트와 잉그리드 버그만이 출연한 영화 〈카사블랑카〉인데, 마지막 장면에서 모든 인물들이 〈라 마르세예즈〉를 합창한다.

조국의 아들들이여, 나가자,
영광의 날이 왔도다.
들리는가 저 압제의 잔인한 병사들이
피 묻은 발을 앞세우며
우리의 품 속까지 밀려와
우리의 친구와 아들들을 죽이는 소리를.
무기를 들어라.
불순한 피가 우리의 산하를 물들이는구나,
무기를 들고 다 함께
나가자, 나가자!

Allons enfants de la Patrie
Le jour de gloire est arrivé
Contre nous, de la tyrannie
L'Étandard sanglant est levé
L'Étandard sanglant est levé
Entendez-vous, dans la compagnes
Mugir ces farouches soldats
Ils viennent jusque dans nos bras
Egorger vos fils
Vos compagnes
Aux armes citoyens!
Formez vos bataillons
Marchons, marchons!

프랑스 국조(國鳥)

어느 나라나 국조가 다 있는 것은 아니지만, 많은 국가에서 의미 있는 동물을 선택해 상징으로 삼고 있다. 이런 경우는 특히 옛날에 많이 볼 수 있었는데, 예부터 동양에서는 주로 용이나 봉황 등 전설 속의 동물을 사용해 왕의 권위를 상징하곤 했다. 프랑스의 경우도 비슷해서, 16세기의 프랑수아 1세는 살라망드르라는 전설 속의 불도마뱀을 상징으로 삼았다. 나폴레옹은 그리스 로마 신화에서 제우스를 상징하는 독수리를 상징으로 삼았다.

프랑스를 상징하는 동물은 수탉이다. 로마 사람들이 현재의 프랑스 쪽 땅에 살고 있는 사람들을 수탉을 의미하는 갈루스라고 불렀고 이 말에서 골Gaul 족이라는 말이 유래하게 된다. 이후 수탉은 프랑스를 상징하는 동물이 되어 요즈음도 프랑스 국가 대표팀의 유니폼에는 수탉 문장이 들어가 있다. 하지만 닭고기가 금기 식품은 아니다.

프랑스 국화(國花)

프랑스를 상징하는 국화는 없다. 옛날 왕정 치하에서는 흰 백합이 부르봉 왕가를 상징하는 문장이었지만, 현재는 이렇다 할 국화가 없다. 참고로 사회당은 전통적으로 붉은 장미를 앙블렘으로 선택하는데 프랑수아 미테랑 대통령이 붉은 장미 한 송이를 들고 팡테옹에 입장하는 사진은 많은 사람들의 뇌리에 남아 있는 명장면 중 하나다.

프랑스의 국가 체제

정치

헌법

1789년 7월 14일 바스티유 감옥을 점령함으로써 시작된 프랑스 대혁명 이후 권력의 궁극적 출발점을 신에게 둔 권력 세습의 왕정은 막을 내리고, 대신 권력의 근거를 국민에게 둔 공화정이 수립되어 나간다. 프랑스는 이후 혁명 당시 공포된 인권선언에 명시되어 있는 자유, 평등, 박애라는 세 가지 원칙을 지키며 이 관념을 구현하기 위해 향후 1세기 동안 투쟁을 계속한다. 프랑스 혁명에 의해 명문화된 헌법이 존재하지 않았던 왕정이 폐지된 이후, 프랑스는 170년 동안 무려 15번의 개헌을 경험했고 이로 인해 종종 정치적 불안정을 겪어야만 했다.

대통령 중심제, 양원제

현재 프랑스는 1958년 공포된 제5공화국 헌법에 의거 대통령 중심제를 택하고 있으며 의회는 상하 양원제로 되어 있다. 대통령 선거는 직선제이며 국회는 5년 임기에

577석인 하원만 직선제이고 9년 임기에 306석인 상원은 간선제이다. 여성에게 참정권이 주어진 것은 2차대전 후인 1945년부터다. 아울러 투표권은 18세 이상의 성인에게 주어진다. 하원 선거에서 유권자들은 선출된 의원의 유고 시 그를 대신할 후임자까지 함께 선거하며 이 사람마저 유고를 당할 경우 보궐선거를 치른다. 상원 선거는 하원 의원, 도의회 의원 및 인구에 비례해 지정된 시의회 의원들 등으로 구성된 선거인단에서 투표해, 전체 인원 중 3분의 1을 3년마다 갱신한다. 인구 비례에 따라 지역의 중요성을 반영한 결과다. 상원은 법안의 제안 및 심사권을 가지나 하원과의 충돌 시 최종 결정권은 하원이 갖는다.

이원집정부제
직접 선거로 선출되는 대통령의 임기는 5년이다. 대통령은 하원 선거에서 다수 의석을 차지한 당의 총재를 총리로 지명해야 하며, 총리는 내정 전반에 걸쳐 권한을 갖는다. 이를 이원집정부제라 하는데 가장 전형적인 프랑스의 정치 시스템이다. 유럽 정상 회담 등에 프랑스 대통령과 수상이 함께 참석하는 것을 종종 볼 수 있다.

행정

지방자치 행정단위
프랑스는 정치 체제를 가리지 않고 역사적으로 전통적인 중앙집권 체제의 정부 형태를 갖고 있었다. 1960년대 들어 인구의 증가와 지역 경제의 발전으로 인해 이러한 정부 시스템에 의문이 제기되고 최초로 개혁이 시작된 것은 20세기 후반 들어서인데, 마침내 1982년 지방 자치법이 공포되어 중앙 정부의 많은 권한이 지역 대표 기관으로 이양되기 시작한다. 프랑스가 프랑스 어로 레지옹Région이라 불리는 22개 주로 나뉘어진 것은 1960년 이후지만 본격적으로 세분화되어 22개의 주가 확정된 것은 1982년 이후의 일이다. 이름은 도의 이름을 갖고 있지만 4개의 해외 도는 일반적으로는 주로 간주한다. 따라서 프랑스는 대륙과 해외 국토 모두를 합쳐 26개의 주를 갖고 있다고 볼 수 있다.
주 밑에는 96개의 도가 있다. 이 도가 나폴레옹 황제 때부터 전통적으로 프랑스의 지방 행정단위였다. 나폴레옹은 프레페Préfet라 불리는 도지사를 임명해 도를 관할하도록 했다. 이후 도는 지방 분권이 이루어지기 전까지 프랑스 지방 행정에서 중심적 역할을 했다. 도 밑에는 흔히 시라고 불리는 코뮌Commune이 있다. 이 코뮌 수는 무려 3만 6,000여 개를 헤아린다. 도와 코뮌 사이에는 캉통Canton이라는 행정 단위가 있으나 이는 선거구 개념으로 행정 단위의 성격은 약하다.
프랑스의 지방 행정은 96개의 도를 중심으로 이루어진다. 96개의 도에는 알파벳순으로 번호가 부여되어 있으며 이 번호는 우편번호, 자동차 등록번호 등에 동시에 사용된다. 따라서 엥Ain 도가 01번이며 파리 인근의 발 두아즈Val d'Oise가 95번이다. 96번이 없는 것은 코르시카 섬이 남북의 20A와 20B로 나뉘어져 20번이 두 번 사용되었기 때문이다. 주, 도, 시 사이의 권한 배분은 상당히 복잡하다. 자율적으로 시행할 수 있는 교육의 예를 보면 대략적으로 설명이 될 수 있을 것이다. 초등학교 증축은 시에서, 중학교 증축은 도에서, 고등학교 이상의 증축은 주에서 자율적으로 시행할 수 있다. 각 단위의 지방자치단체에는 의회가 있고 행정 책임자인 시장, 도지사, 주지사가 있다.

공무원

프랑스 공무원은 약 260만 명이다. 정규직이 190만 명, 임시직이 37만 명이며 직업 군인이 약 32만 정도 된다. 프랑스 공무원은 크게 세 가지 부류로 나눌 수 있다. 일반 공무원이 가장 많으며 국립 행정 학교ENA 출신이 대부분인 만여 명의 고급 공무원, 그리고 프랑스 어로 그랑 코미Grands Commis로 불리는 장차관급의 고위 공직자로 나눌 수 있다. 현재 프랑스 유력 정치가들과 고위 행정 관료들은 물론이고 대기업과 언론사 등의 간부들은 대개 국립 행정 학교 출신들로 구성되어 있다.

[CHECK]

국립 행정 학교 ENA (École Nationale d'Administration)

1945년 드골이 이끄는 임시 정부에 의해 설립된 기관으로서 프랑스 고급 행정 관료를 양성하는 교육 기관이다. 이 결정으로 전후 프랑스 행정 조직은 일대 혁신을 맞게 된다. 설립 목적은 미래의 고급 행정 관료가 될 인재들에게 행정 전반에 필요한 광범위한 이론과 행정 실무를 교육해 국가를 이끌고 갈 고위 공직자를 양성하는 데 두고 있다. 수학 기간은 27개월로, 전반기 12개월은 현장 실습 및 견습이며 후반기 15개월(스트라스부르 8개월, 파리 7개월)은 강의로 이루어져 있다. 현장 실습은 도청에서 7개월을 받고 이후 5개월은 외교 관련 기관이나 국제 기구 등에서 이루어진다. 스트라스부르와 파리에서 나누어 진행되는 후반기 15개월의 강의는 케이스 스터디, 현장 조사, 세미나, 개인 및 그룹 스터디 형태로 진행된다. 모든 교육은 특정 부처에서 필요한 교육을 제공하는 데 있지 않고 어느 부서에서도 업무를 수행할 수 있는 다재다능한 고위 관료 양성에 초점이 맞추어져 있다. 경제, 유럽연합 문제 및 국제 문제 등이 주요 강의 내용이다. 이와 더불어 실무에 필요한 언어, 예산 집행 요령, 세무 행정, 인력 개발, 정보화 교육, 협상 능력 등도 강의한다. 이를 통해 특히 미래의 고급 관료들이 스스로 문제를 파악하고 정책을 결정하는 판단 능력을 함양하는 것이 최종 목표다.

1945년 개교 이후 현재까지 외국인들에게도 문호를 개방해 약 2,000명의 외국 학생 및 관료들이 교육을 이수했다. 또 기존 공무원의 재교육도 담당한다. 1945년 개교 시에는 파리에 있었으나 1991년 스트라스부르로 이전했고, 1993년부터는 스트라스부르와 파리에서 전반기와 후반기 교육을 진행하는 이원 체계로 운영되고 있다. 국립 행정 학교의 스트라스부르 이전은 프랑스 지방 도시 육성 계획의 일환으로 이해할 수도 있지만, 스트라스부르가 유럽연합의 행정적 수도로 변신 중인 것이 반영된 결과다.

최근 들어 국립 행정 학교의 위상이 높아지면서 행정 학교가 아니라 권력 학교라는 비난을 받기도 하며, 이에 따라 개혁을 모색 중이다. 가장 크게 대두되는 비판이 이른바 에나르크Énarque로 불리는 이곳 출신의 집단화와 권력화였고, 다음으로는 교육과 출신 관료들의 경영 마인드 부족이 꼽혔다. 하지만 전체 프랑스 인들의 70%가 이 학교에 대해 자랑스럽게 생각하고 있으며 폐지보다는 개혁을 원하고 있는 것으로 나타났다. 정치와 행정은 국립 행정 학교 출신에게 맡겨야 하며, 기업의 CEO가 되기 위해서는 또 다른 특수 학교인 에콜 폴리테크니크를 나와야만 한다고 프랑스 국민들은 굳게 믿고 있다. 입학은 외부 콩쿠르, 내부 콩쿠르, 제3콩쿠르 등 세 가지 유형의 시험을 통해 이루어진다. 외부 콩쿠르는 일반 대학생들, 내부 콩쿠르는 현직 공무원이나 기타 공공기관의 직원, 제3콩쿠르는 지자체 의원이나 8년 이상 민간 기업에서 종사한 사람을 상대로 한 시험이다.

프랑스의 산업

프랑스는 G7에 들어가 있는 강대국으로 산업 구조도 강대국형이다. 다시 말해 무기, 항공, 에너지, 철도, 핵연료 등도 수출하는 나라다. 이 분야는 정확한 통계를 접

© Photo Les Vacances 2007

[관광 대국 프랑스는 연 8,000만 명에 달하는 관광객을 끌어들이고 있다.]

하기가 어렵다. 프랑스 산업의 또 다른 특징을 꼽자면, 전 세계 시장에서 생산품의 다양성으로 주목받고 있다는 점이다. 세계 수출 시장의 주요 품목에서 프랑스 제품들이 차지하는 비중을 보면 이는 쉽게 확인된다. 프랑스는 이러한 특성으로 어느 나라보다 경기의 부침을 덜 겪는다. 특히 500억 유로에 달하는 관광 수입은 산업 자체로서도 엄청난 부가가치를 올리지만 국가 이미지 홍보라는 눈에 보이지 않는 효과도 내고 있다.

프랑스는 와인의 나라답게 전 세계 와인 수출의 40% 정도를 차지하고 있다. 향수 역시 프랑스가 전 세계 시장의 39%를 차지한다. 이러한 농화학 혹은 농가공 산업의 약진은 프로마주 즉, 치즈에서도 그대로 이어져 전 세계 프로마주 수출 물량 중 5분의 1을 프랑스 제품들이 차지하고 있다. 프랑스 향수를 뿌리고, 프랑스 요리를 먹고, 프랑스 프로마주와 프랑스 와인을 마시는 사람들이 세계적으로 엄청난 수에 달한다는 이야기다. 그 다음으로 프랑스가 세계 수출 시장에서 큰 비중을 차지하는 품목은 의약품과 여성 의류로 각각 9~10% 정도를 차지한다. 그 다음은 자동차, 가

구, 가전, 신발, 남성 의류 등으로 각각 5~6% 정도의 점유율을 보인다. 프랑스는 세계 5위 안에 드는 경제 대국이다.

프랑스의 노조 · 근로 조건

노조

현재는 상당히 약화되어 있지만 프랑스 노조 운동의 역사는 뿌리가 깊다. 현재는 전체 노동자의 약 10% 정도만이 노조에 가입된 노조원일 뿐 나머지는 비 노조원들이다. 비 노조원들의 비율이 높다는 것은 현재 프랑스 노동자들이 자신들이 누리는 혜택이나 근로 조건들에 만족하고 있다는 표시일 수도 있고, 한편으로는 계속해서 9%대를 유지하고 있는 높은 실업률이 반영된 결과라고도 볼 수 있다.

근로 조건

주당 근로 시간

1831년, '11살 미만의 아동들에게 하루 8시간 이상의 노동을 시킬 수 없고, 12세에서 16세까지는 12시간 이상, 성인에게는 16시간 이상 일을 시킬 수 없다.'는 법이 공포된다. 이 가혹한 노동 조건은 그 이후 갈수록 개선된다. 한 세기 후인 1936년에는 인민 전선Front Populaire 파에 의해 주당 40시간 노동이 입법화되며, 2시간 이상의 추가 근무 시 수당 지급도 규정된다. 그러나 전후 다시 주당 60시간으로 노동 시간이 늘어났으며 1979년에 50시간으로, 1982년에 39시간으로 줄어들었다. 현재 법정 근로 시간은 주당 35시간이다.

휴가

연속해서 24시간 휴식을 취한다는 법률이 공포된 것이 1906년이다. 이후 오늘날은 주 5일 근무제가 전국적으로 시행되고 있으며 주 4일 근무제를 시행하는 기업체도 있다. 1936년 유급 휴가제가 처음 도입되어 노동자들은 연 2주 유급 휴가를 즐기게 된다. 1956년 유급 휴가 일수는 3주로 늘어나며 1969년에는 연중 유급 휴가 일수가 4주로 확대된다. 1982년에는 마침내 5주 즉, 한 달간의 유급 휴가가 시행된다. 프랑스 노동자들은 세계에서 가장 긴 유급 휴가를 즐기는 노동자들이다. 5주간의 유급 휴가 이외에 프랑스 노동자들은 연 10일 정도의 법정 공휴일과 가족 행사 및 자녀 교육에 필요한 특별 휴가를 낼 수 있다. 42시간 이상 일을 했을 경우, 초과한 시간의 5분의 1에 해당하는 시간만큼 휴가를 요구할 수 있다. 이런 상황은 프랑스 노동자들의 생산성이 월등하기 때문에 가능했다.

[CHECK]

근로 조건 관련 주요 연표

1945년	사회 보장제 시행
1946년	노동자 의료 검진 의무화
1950년	최저 임금제 도입
1956년	연 3주 유급 휴가 도입
1963년	국가 고용 기금 창설
1968년	기업 내 노조 활동에 대한 법률 통과
1969년	연 4주 유급 휴가 도입
1970년	최저 임금 조정. 물가 인상률 연동 최저 임금제 도입. 월급제 도입
1971년	평생 교육법 통과
1974년	파산 기업의 노동자 보상 기금 창설
1981년	최저 임금 월 500유로 정도로 고정
1983년	퇴직 65세 정년을 60세로 조정. 현재는 59살이 정년

프랑스의 언어

프랑스 어는 라틴 어에서 파생된 언어로, 이탈리아 어, 스페인 어, 포르투갈 어, 루마니아 어 등과 함께 로망스 어군을 이룬다. 프랑스 어는 현재 프랑스와 모나코의 공식 언어인 동시에 벨기에, 스위스, 캐나다, 룩셈부르크 등의 유럽 지역에서 쓰이고 있으며, 라틴 아메리카의 아이티, 기아나, 그리고 북아프리카의 마그레브 지역, 중부 아프리카의 가봉, 세네갈, 코트디부아르(아이보리 코스트) 등지에서도 사용되고 있다. 뿐만 아니라 인도차이나 반도에서도 한때 사용된 적이 있다. 이는 19세기부터 가속화된 식민지 정복 정책에 기인한 현상이다.

프랑스 어는 프랑스가 유럽에서 차지하고 있던 국제적, 문화적 위상에 따라 르네상스 이후 궁정의 외교 및 사교 언어로서 자리를 지켜왔다. 모든 왕족과 귀족들은 프랑스 어 교습을 받았으며 프랑스 어를 비교적 자유롭게 읽고 쓸 줄 알아야만 했다. 지금도 국제연합이나 각종 국제 기구에서 영어 다음으로 많이 쓰이고 있다. 18세기 독일의 궁정 생활어였고, 18세기에서 19세기 초엽까지는 러시아 지식계급인 인텔리겐차의 통용어이기도 하였다. 도스토예프스키 등 러시아 작가들의 작품에 프랑스 어가 자주 등장하는 이유가 여기에 있다.

18세기 유럽을 편력했던 이탈리아의 카사노바가 자신의 자서전을 프랑스 어로 썼다는 사실은 당시 프랑스 어의 국제적 위상을 잘 일러주는 대표적 사례다. 17세기에서 20세기 초엽까지 이렇게 프랑스 어가 유럽 전역에서 국제어로 통용될 수 있었던 것은 정치적인 이유에서뿐만이 아니라 언어 자체의 장점에서 찾아보아야 할 것이고 프랑스 어를 옹호하고 지키려고 하는 의지 역시 한 몫을 했다. 프랑스 어의 가장 뚜렷한 특성으로 많은 이들이 발음과 표현의 명석함을 들고 있다.

적지 않은 이들이 프랑스 어와 영어의 어휘가 유사하다는 것에 놀라움을 나타내곤 한다. 실제로 두 언어의 어휘는 대략 75% 정도가 동일하다. 타블르Table는 영어로 테이블이고 나시옹Nation은 네이션이다. 관념이나 감정을 나타내는 말도 유사하기는 마찬가지여서 영어 이모션은 프랑스 어로 에모시옹Émotion이고 익스피어리언스는 엑스페리앙스Expérience다. 이 놀라운 유사성에는 이유가 있다. 9세기경부터 프랑스 북부 지방은 약탈을 일삼던 노르만 인들 때문에 시달림을 당했다. 프랑스 왕은 마침내 대항을 포기하고 그들에게 영토의 일부를 할애하며 아예 정착해서 살도록 배려했다. 이 북부 지방이 오늘날 노르망디로 불리는 땅이다. 켈트 족이었던 노르만

[파리의 거리에 있는 표지판들. 프랑스 어는 아름다운 발음과 풍부한 어휘가 장점이다.]

족은 상급 문화를 가지고 있던 프랑스의 말과 문물에 동화되어갔고 1066년에는 노르망디 공의 지휘 하에 영국을 정복한다. 이후 영국의 조정이나 귀족 사이에서는 물론, 일반 서민들까지도 이들 노르만 인이 사용하던 프랑스 어를 쓰게 되었고, 그로부터 약 300년 동안 영국인들은 게르만 어의 일종이었던 고유의 언어 대신 프랑스 어를 쓰게 된다. 일반인은 물론이고 의회나 법정, 그리고 행정 관서 등에서도 표현력과 어휘량에서 우수한 프랑스 어를 공용어로 사용하였다.

프랑스 어의 이러한 지위는 1362년, 영국과 프랑스 사이의 백년전쟁 당시 영국 측 주역이었던 에드워드 3세가 칙령을 내려 프랑스 어 사용을 금지시키게 되면서 급속하게 약화된다. 하지만 언어는 인간보다 생명이 질긴 법이고 특히 행정이나 법률 용어의 경우 사용자의 권위와 직결되기 때문에 배척하기 어려웠다. 법정에서는 18세기에 들어와서야 프랑스 어 사용이 금지된다. 따라서 무려 700년간 계속해서 프랑스 어를 사용한 셈이다. 영국인들은 오랫동안 프랑스 어를 사용하는 과정에서 이 프랑스 어를 영어식으로 개조해 본토의 프랑스 어와는 상당히 다른 앵글로 노르망 어로 만들어 놓았다.

이는 자연스러운 현상으로 비단 영국만의 현상은 아니다. 우리나라에 콩글리쉬가 있듯이 프랑스에 들어와 프랑스 식으로 바뀐 영어를 프랑글래라고 한다. 현대 영어에서 거의 75%에 가깝게 프랑스 어와 유사한 단어들을 보게 되는 까닭이 바로 여기에 있는 것이다. 중앙 아메리카의 아이티 등에서 쓰이는 이른바 크레올 프랑스 어는 원주민어와 스페인 어, 포르투갈 어 등이 뒤섞인 특수 언어를 형성하고 있다. 미국 루이지애나 주에서 쓰이는 프랑스 어도 약간 이질적이기는 하나 프랑스 어이고, 캐나다에서 상용되는 프랑스 어 역시 영어가 섞여 약간의 차이는 있지만 이해가 어려운 정도는 아니다. 현재 국제어로서의 프랑스 어는 제2차 세계대전 이후 급부상한 영어에 밀려 쇠퇴의 길을 걷고 있다. 하지만 아직도 여전히 UN, FIFA, IOC, UNESCO 등 국제 기구나 국제 회의에서 프랑스 어는 영어 다음으로 사용 빈도가 높은 제2위의 자리를 지키고 있다.

[CHECK **]**

영어로부터 프랑스 어를 지키려는 프랑스 인들의 노력

프랑스 어 용어 심사위원회는 이메일 주소에 이용되는 @을 아로바즈Arobase로 부르기로 결정했다. 아로바즈는 이베리아 고대 반도에서 측량 단위로 쓰이던 말로, 어원은 아랍 어의 Ar-rub에 있다. 이에서 파생된 아로베에서 온 아로바즈는 프랑스에서는 엥테르노트Internaute라 불리는 네티즌들 사이에서는 이미 오래 전부터 사용되고 있었다. 이 결정으로 공식화된 셈이다. 용어 심사 위원회에서는 이밖에도 웹사이트를 시트Site로 포탈을 포르타이Portail로 하기로 했고 동일한 주제의 웹사이트를 묶어주는 상위 카테고리인 웹링크를 아노 데 시트Anneau des Sites로 부르기로 했다. 문명의 반영물인 언어는 테크놀로지가 확산되면 자연스럽게 테크놀로지가 발생한 지역의 언어를 따르게 마련이지만, 프랑스의 경우 프랑스 어에 대한 애착이 대단하다는 사실을 이번 결정으로 다시 한번 확인시켜주었다. 하지만 어느 정도까지 지켜질지는 미지수이다. 이전에도 컴퓨터를 오르디나퇴르로, 소프트웨어를 로지시엘로 각각 불렀지만 별로 사용되지 않고 있는 것이 현실이다.

프랑스의 인종 · 주민 현황

인구

현재 프랑스 인구는 6,400만 명 정도이며, 인구 밀도는 km²당 약 113명이다.

[CHECK **]**

증가세로 돌아선 프랑스 인구

2차 세계대전 후의 베이비 붐 이후 프랑스는 심각한 인구 감소를 우려해 각종 정책을 통해 출산을 장려해 왔다. 이른바 알로카시옹 파밀리알Allocation Familiale이라는 제도인데, 임신이 인정되는 순간부터 주택 보조, 의료 보조, 육아 보조금 등이 지급되고 아이들이 많으면 누진 적용되기도 한다. 하지만 이 혜택은 그동안 이민자들이 누려온 것이 사실이다. 프랑스에 유학하고 있는 많은 한국 학생들도 이 제도의 혜택을 보았다. 어떻든 프랑스는 이러한 제도 덕택에 일인당 평균 출산율이 1.9명으로 늘어났다. 자녀 4명을 둔 부부는 소득세를 내지 않는 것은 물론이고 주택 보조금도 받고 있으며 대중교통도 40%나 할인을 받고 있다. 아이를 낳을 때마다 육아 휴가를 쓰지만 그렇다고 직장을 잃을 염려도 없다. 몇 해 전에는 사무실과 상가만 밀집해 있는 파리 8구(샹젤리제 가)에 오랜만에 신생아가 태어나는 바람에, 구청에서는 그동안 아이가 태어나지 않아 없애버렸던 출생 신고계를 새로 만들기도 했다.

민족

프랑스는 단일 민족으로 구성된 나라가 아니다. 노르만 족의 일부가 북부 지방에 살고 있었고 남부에는 수렵 생활을 하는 유랑 민족인 지중해인, 그리고 산악 지대에는 알핀 족이 살고 있었다. 이 다양한 선사 인종들이 후일 켈트 족을 형성하는데 이들이 정치, 문화적으로 단일 체제 속으로 편입된 것은 약 500년 이상 지속된 로마 점령기 때이다. 이를 프랑스에서는 갈로 로맹Gallo-Romain 이라고 부른다. 이어 게르만 족의 이동 시 프랑크 족이 내려와 프랑크 왕국을 건설했으며 이어 노르만 족, 사라센 족 등의 침입이 잇따랐다. 하지만 지형적으로 외세의 침입이 드물었던 일부 지방은 지방색 짙은 고유의 문화를 간직해 전하고 있다. 이런 지방으로는 브르타뉴, 카탈로니아, 알자스, 바스크 등이 있다. 교역과 전쟁이 있을 때마다 다양한 인종의 피가 섞여 들었고, 18세기 이후에는 아프리카, 아랍, 아시아 등지에 식민지를 개발하면서 이들이 프랑스에 유입되어 흑인, 아랍 인, 아시아 인들까지 들어와 살고 있다.

프랑스는 역사적으로 한 번도 외국인의 이주를 금지한 적이 없는 나라였다. 이런 개방성으로 인해 16~17세기에는 스페인 인이 대거 유입되었고 18세기에는 폴란드 인이, 19세기에는 러시아 인, 20세기 들어서는 포르투갈 인, 이탈리아 인의 유입이 두드러졌다. 유배당한 지식인들, 망명한 사상범이나 정객들이 자유를 찾아 파리로 몰려왔으며 프랑스는 이들을 따뜻하게 맞아 주었다. 가장 인종 차별이 덜한 나라가 프랑스라고 할 수 있다. 이는 프랑스 대혁명의 이념이기도 하다. 속혈주의가 아닌 속지주의로 국적을 결정하는 것도 프랑스다. 하지만 인종 차별이 없는 것은 아니다. 인종 차별이 사회적, 역사적으로 인권에 반하는 행위임이 천명되었지만 극우파는 여전히 존재하며 극히 일부이지만 근거 없는 편견에 사로잡힌 이들도 있다.

[**CHECK**

프랑스 사람들의 재미있는 이름과 지명

프랑스 사람들의 이름은 나름대로 독특하고 흥미로운 기원을 갖고 있다. 지형과 관련된 이름으로는 라퐁텐느(샘), 몽테뉴(산), 뒤퓌(우물), 뒤부아(숲)가 있고, 포미에(사과나무), 들로름므(너도밤나무), 뒤셴느(참나무), 시트로엥(레몬) 등은 나무와 관련된 이름들이다. 이들 이름은 그들의 먼 조상이 살았던 장소나 직업을 일러준다. 뿐만 아니라 프랑스 인들의 이름에는 로마, 그리스, 히브리 민족에서 유래한 것들도 있다. 가령 아당이나 마티유, 다비드 등은 히브리 식 이름이며 오귀스트, 앙투안느, 마르탱, 뱅상 등은 로마 식 이름이다. 앙드레, 필립은 그리스 식이다. 이외에 사람의 체형을 엿볼 수 있는 이름도 있어 흥미롭다. 르그랑은 키가 큰 사람, 프티는 작은 사람, 르블롱은 금발, 카뷔는 납작코 그리고 보쉬에는 꼽추 등을 나타내는 어원을 갖고 있는 이름들이다.

이름만이 아니라 지명에도 유래가 있어 흥미로운 것이 많다. 남프랑스 지중해 지방의 니스는 그리스어로 승리를 뜻하는 니케에서 유래한 이름이며 마르세유 역시 마살리아에서 유래했다. 반면 프랑스 북부 지방의 이름에는 옛 켈트 족의 흔적이 남아 있다. 파리는 파리지에서 유래했고 쥐라나 이제르는 각각 고원을 뜻하는 쥬리스와 성스럽다는 뜻의 이자르라는 켈트 어에서 왔다.

상당수의 지방과 도시 이름은 로마 점령 시 붙여진 이름들에서 유래했다. 오를레앙은 아우레리아눔에서, 그르노블은 그라티아노폴리스에서 왔다. 11세기 들어 기독교식 이름이 붙은 도시들도 많이 생겨난다. 몽트레유는 수도원을 지칭하는 모나스테르에서 왔으며 성자를 뜻하는 생Saint이 붙은 생 장, 생 마르탱 등의 도시들은 대부분 중세 때 생긴 도시들이다. 보르도 인근의 아키텐 지방에는 유독 어미에 ac가 붙은 지명이나 인명이 많다. 예를 들어, 보르도 인근의 공항인 메리냐크, 브랜디로 유명한 코냐크, 유명한 소설가 모리악 등등. 이들 이름 역시 중세에 생긴 것으로 영주의 땅과 관련된 것들이다.

프랑스의 언론

AFP (Agence France-Presse)

전 세계 165개국에 지사를 두고 있는 AFP는 1835년, 샤를르 루이 하바스Charles-Louis Havas에 의해 설립된 통신사를 모태로 하고 있다. 1852년에는 광고사를 겸하게 된다. 7년 후인 1859년에는 로이터, 볼프 등 유럽의 다른 통신사들과 '세계 분할' 즉, 각자의 지역을 정하는 조약을 맺는다.

이렇게 발전한 AFP는 2차대전 때 비쉬 정권에게 2,500만 프랑에 팔려 국가 소유가 된다. 해방 직후 AFP는 레지스탕스에 의해 OFI(Office Français de l'Information)로 개칭되었다가 현재와 같은 AFP로 다시 태어난다. 현재 전체 직원은 약 2,000명이며 이중 기자가 약 1,250명에 사진기자가 약 250명이다. 이외에 약 2,000명에 달하는 기고가를 갖고 있다. 3년 동안 재임이 가능한 사장은 15인 집행 위원회가 외부 인사들 중에서 선임한다. 15인 집행 위원회는 일간지 사장 8명, 텔레비전 및 라디오 사장 2명, AFP로부터 정보를 제공받는 공공기관의 인사 3명, 그리고 내부 직원 중 기자 1명과 직원 1명 등으로 구성된다.

최대 언론 재벌, 아셰트 Hachette

1826년 루이 아셰트에 의해 창립된 아셰트 사는 1945년 여성 잡지 〈엘르ELLE〉를 창간함으로써 언론계에 뛰어든다. 1980년에는 그룹 전체가 마트라 사에 매각되고 1992년에는 마트라와 합병된다. 그 이전인 1985년, 아셰트는 아셰트 를레Hachette Relais라는 로고를 창안해 서적 및 언론 유통 사업에 본격적으로 뛰어들어 모든 기차역과 공항 매장을 독점했다. 1994년 마트라 아셰트는 라 갸르데르에게 매각된다.

1997년 라 가르데르가 34%의 지분을 소유한 HFM이 지주회사가 되어 1962년 창립된 필리파치 메디아와 아셰트의 도서 출판 언론 미디어 부문이 통폐합된다. 현재 HFM에는 다음과 같은 매체들이 포진해 있다.

〈ELLE〉, 〈France-Dimanche〉, 〈Ici Paris〉, 〈Le 3 Journal du Dimanche〉, 〈Pariscope〉, 〈Paris Match〉, 〈Télé 7 Jours〉, 〈Zurban〉, 〈Auto-Moto〉, 〈Premiére〉, 〈L'Echo des Savants〉, 〈Elle Décoration〉, 〈Jeune et Jolie〉, 〈Onze Mondial〉, 〈Parents〉, 〈Photos〉, 〈Télé 7 Jeux〉, 〈Union〉, 〈Isa〉, 〈Mon Jardin & Ma Maison〉, 〈Campagne Décoration〉, 〈Le Journal de la Maison〉, 〈Bon Voyage〉.
이외에 게임지, 여성지, 지방 신문 등에도 상당한 지분을 소유하고 있다. 뿐만 아니라 PMI(Presse Magazine Internationale)를 통해 33개국에서 165개의 각종 잡지를 발행하고 있다.

여행에 유용한 잡지들

전시회, 콘서트, 극장 등 문화 행사나 볼거리가 궁금할 때에는 〈파리스코프 Pariscopes〉, 〈로피시엘 데 스펙타클L'Officiel des Spectacles〉, 〈쥐르방Zurban〉 등을 사면 일주일 단위로 거의 모든 문화 행사들을 알아볼 수 있다. 이 세 잡지는 수요일에 발매된다. 유일한 월간지인 〈파리 카피탈Paris Capitale〉은 선별된 주소와 논평을 곁들이고 있다. 이외에 〈메트로Métro〉, 〈20minutes〉 등의 신문이 있다. 신문이나 잡지는 지하철역이나 거리에 있는 키오스크라고 불리는 판매대 등에서 살 수 있다. 키오스크에서는 관광 엽서나 간단한 지도도 살 수 있다.

방송

프랑스 방송 위원회는 1989년 법률을 통해 기존의 제도를 확대 개편한 CSA(Conseil Supérieur de l'Audiovisuel)를 구성한다. CSA는 대통령이 임명하는 임기 6년의 위원들로 구성된다. 위원들은 임기 내 어떤 공직이나 개인적 직업에 종사할 수 없다. 뿐만 아니라 출판, 언론, 영화, 광고사 등의 주식도 소유할 수 없다. CSA는 막강한 권력을 갖고 있다. 주요 공영 방송사의 대표, 연구 기관의 장 등을 임명한다. 뿐만 아니라 선거 방송 시에는 방송 원칙을 정하고 민간 방송의 전파를 배정하는 권한도 갖는다. 프랑스에는 TDF, INA 등 방송 관련 연구 기관들이 있다.

라디오
프랑스 라디오는 지역 방송이나 소수 민족 방송을 제외한 전체 방송이 메종 드 라디오 프랑스Maison de Radio France라는 국영 라디오 체제로 운영된다. 여기에는 France-Inter, France-Culture, France-Musique, France-Info, France-Bleue

등이 있다. 국제 방송으로는 Radio France Internationale가 있다. 민간 라디오 방송에는 지역 인구, 상업성의 정도, 국영 방송 프로그램 편성 비율 등에 따라 A에서 E까지 5개 카테고리가 있다. 프랑스 라디오 방송은 1994년 법률에 의거해 오전 6시 30분에서 밤 10시 30분까지 의무적으로 전체 가요 중 40%를 프랑스 어로 된 가요로 방송해야 하며, 그중 50%를 음반 판매수가 20만 장 미만인 노래에 할애하거나 프랑스 어나 지방어로 작사한 신곡에 할당해야 한다.

텔레비전
프랑스 텔레비전 역시 TF1을 제외한 거의 모든 방송이 국영이다. France 2, 3, 5, Arte France 등의 방송국이 있다. 프랑스에서는 TV Sports France, Eurosport, Canal +, Canal France International, Ciné-cinéfil, Ciné-cinéma, Planète, Arte 등이 위성 방송을 한다.

프랑스의 교육

프랑스 교육의 모든 기초는 1789년 프랑스 대혁명 헌법에 의해 마련된다. 헌법은 모든 시민에게 공통된 교육을 베푼다는 점을 명확히 하고 있으며 1793년 행정령에서는 교육을 초등, 중등, 고등 교육 세 등급으로 분류했다. 이후 나폴레옹 황제 때 교육을 전적으로 국가가 관장해야 한다는 원칙이 만들어지며, 7월왕정 때인 1833년 기초 법률에 의거해 각 시에 초등학교를 하나씩 세우게 된다. 1850년에는 팔루 법안을 통해 중등교육의 자유가 선포되어 종교 단체가 사립학교를 세울 수 있게 허락되었다.

프랑스 대혁명 때 마련된 교육 이념이 구체적으로 실현되는 것은 제3공화국 당시 쥘르 페리에 의해 초등교육의 의무화, 무료화, 비종교화라는 세 가지 원칙이 시행되면서부터이다. 초등교사를 양성하는 사범학교가 세워진 것도 이때다. 당시는 교육 문제를 놓고 전 국민이 열띤 토론을 벌일 정도로 교육이 최대의 주제였다. 마을마다 교육을 맡고 있던 사제와 새로 부임한 학교 선생과의 알력이 불거지곤 했다. 또 당시에는 초등학교만 졸업한 사람과 중등교육을 마친 사람 사이의 알력도 대단했다.

1881년 쥘르 페리 시대부터 초등교육은 무료화가 시행되었다. 중등교육의 무료화는 1933년에 시작되었고, 고등교육인 대학은 일부 특수 상업 학교를 제외하고는 거의 무료에 가까워서 저렴한 등록금만 지불하도록 되어 있다. 유치원, 초등학교, 중학교, 고등학교 2학년까지는 교과서 역시 무료로 지급된다. 1882년 13살까지의 의무교육이 법률로 공포되었고 1936년 14세로 늘어났으며 1959년 16세로 다시 확대된다.

독점적으로 교육을 공급하던 국가는 1959년 드브레 법률에 의거해 개인, 단체, 종교 법인 등이 사립학교를 설립하도록 허가했다. 하지만 교과과정에 대한 검열과 그에 상응하는 국가의 재정 지원이 뒤따른다. 사설 학교와 국가는 계약을 맺어 검열과 재정 지원 정도를 선택할 수 있다. 국가의 재정 지원을 받지 않는 사립학교도 학생의 보건 위생, 도덕 교육 등에서는 통제를 받는다.

국가와 일정한 계약을 맺은 사립학교의 교원은 국가 공무원 신분을 유지할 수 있다. 또한 계약에 따라 학교 운영 자금 역시 지원된다. 교육은 비종교 교육이며 종교 문제에 있어 중립을 유지해야 한다. 따라서 종교 학교인 경우에도 정규학과 시간이 끝난 이후 별도의 시간에만 종교 교육을 실시해야 한다. 모든 등급과 학위는 국가가 수여한다.

초등학교는 5년, 콜레주Collège라 불리는 중학교는 4년, 리세Lycée라 불리는 고등학교는 2년이며 대학 입학 자격시험인 바칼로레아 합격 후 그랑 제콜Grandes Écoles에 들어가기 위해 1년이나 2년을 더 공부할 수 있다. 프랑스 대학은 바칼로레아를 통과한 후 2년의 일반 과정DEUG을 이수해야 한다. 이후 1년 혹은 2년간 한국의 학사와 석사에 해당하는 과정을 이수한 후 박사 과정에 입학할 수 있다. 박사 과정에서는 DEA나 DESS 등 박사 예비 과정을 거친 후 논문을 제출해 학위를 취득한다. 교수나 고등학교 선생이 되기 위해서는 교수 자격 시험을 치러야 한다. 박사 학위는 자격 시험과는 직접적인 관계가 없다.

프랑스 최고의 학위는 독토라 데타Doctorat d'État로 불리는 국가 박사로, 이 학위를 마치면 비록 정교수가 아니더라도 논문 지도를 할 수 있는 등 특혜가 주어진다.

대학 이외에 그랑 제콜이라 불리는 각 분야별 국립 학교에 들어가기 위해서는 바칼로레아에 합격한 후 별도의 입시반에서 공부를 해 응시해야 한다. 대표적인 그랑 제콜이 국립 행정 학교인 ENA, 에콜 폴리테크니크, 고등 사범학교인 ENS, 국립 항공학교, 국립 미술 학교, 국립 토목 학교 등이다.

프랑스는 교육 공화국이라고 할 정도로 교육의 국립화가 이루어져 있는 나라이다. 약 130만 명의 교육 공무원이 있으며, 매년 국가 예산의 16~17%를 교육 부문에 사용한다. 교육부 장관 밑에는 26개의 교구장이 있으며 각 도에는 대통령이 임명하는 교육감이 있다. 교육감이 임명하는 초등학교장을 제외한 중고등학교 교장은 교육부 장관이 임명한다.

[CHECK]

그랑 제콜 Grandes Écoles

그랑 제콜은 대학과 무엇이 다른가? 그랑 제콜은 분야별 최고의 전문가를 양성해 프랑스의 국가 경쟁력을 세계적 수준으로 유지하기 위한 국립 교육 기관이다. 국가의 장래를 이끌어갈 엘리트를 선발하고 교육시켜 고급 관료를 양성하겠다는 프랑스 정부의 의지가 집약된 특수 교육 기관으로 이해할 수 있는데, 분야와 전공별로 구분되어 있다. 고급 행정 관료를 양성하는 국립 행정 학교인 에나ENA, 고등 사범학교인 엔스ENS도 그랑 제콜이며, 에펠 탑으로 유명한 에펠도 토목 공학 그랑 제콜 출신이다. 경영과 경제는 HEC, ENPC, ESC 등 다양하며 건축은 전국에 9개의 그랑 제콜이 있다. 우주 항공 분야에도 그랑 제콜이 있으며 학교는 몇 개의 지역에 분산되어 있다. 가장 대표적인 그랑 제콜은 에콜 폴리테크니크École Polytechnique이며 프랑스 100대 기업의 CEO와 경영진 대부분이 이 학교 출신이다.

프랑스의 MBA

유럽에서는 1972년 영국의 런던과 맨체스터에서 처음으로 MBA 과정이 개설되었으며 프랑스는 그랑 제콜로 인하여 사실상 선진국 중에서는 MBA가 늦게 시작된 곳이다. 그렇지만 현재, 프랑스 INSEAD(퐁텐느블로 소재)는 영국의 LSB(런던 비즈니스 스쿨), 스페인의 IESE와 더불어 미국 이외의 지역에서 가장 권위 있는 대표 MBA 과정으로 인정받고 있다. 프랑스의 MBA는 남자들만 모인다는 평가를 받고 있다. 실제로 여학생은 전체 수강 학생의 20%를 넘지 못하고 있다. 이를 염두에 둔 MBA에서 간혹 여학생에게 특혜를 베풀어 물의를 일으키기도 한다.

MBA마다 차이는 있지만, 보통 프랑스의 MBA는 자국 엘리트들보다는 외국 학생이나 기업 간부들을 대상으로하는 3~9개월 단기 코스 위주의 프로그램으로 구성되어 있고, 학비도 평균 1만 5천 유로에서 4만 유로에 이른다. 최근 들어 프랑스의 대표적인 그랑 제콜들이 별도의 MBA 코스를 신설해 본격적인 MBA 시대가 열리고 있는데, 국립 토목 학교 등이 이에 해당한다. 유명한 MBA로는 ENPC, MIB(Group ESC), ESCI, ESCP, ISA MBA(HEC에서 주관) 등이 있다.

사치 산업품, 유명 브랜드 관련 MBA로는 Group ESSEC(파리 근교 Cergy-Pontoise, ☎ (01)3443-3224, www.essec.fr)가 운영하는 MBA in International Luxury Brand Management가 있다. IT 관련 MBA는 프랑스의 실리콘 밸리인 칸느와 니스 중간에 위치한 소피아 앙티폴리스Sophia-Antipolis의 Theseus MBA가 있다(www.theseus.edu).

프랑스에서 한국인이 받을 수 있는 가장 훌륭한 교육은 자신의 전공과 관련된 그랑 제콜에 입학하는 것인데, 그랑 제콜로 바로 입학하기 위해서는 어려운 콩쿠르를 거쳐야 한다. 따라서 입학시험을 준비하는 것보다는 프랑스 대학에서 석사 과정이나 박사 준비 과정(DEA 또는 DESS)을 1~2년 마친 후 그랑 제콜에 편입하는 방법이 좋은 방법이라고 할 수 있다. 프랑스 대학은 연간 학비가 20~30만원 정도로 저렴하며, 일부 그랑 제콜은 학비가 없고 용돈도 두둑하게 받을 수 있다. 물론 학업을 마친 이후 프랑스 대기업이나 전문 기업에서 9개월~1년간의 실습 생활을 해야 한다.

프랑스의 국방

프랑스 군은 육군, 해군, 공군, 장다름므 등 크게 4개 군으로 나뉜다. 육군은 26만 명, 해군은 8만 5,000명, 공군은 6만 8,000명 정도이며, 주요 군 및 민간 시설 경비와 치안 업무를 담당하는 장다름므는 약 9만 5,000명이다. 프랑스는 대혁명 이후 의무 복무를 하고 있으며 복무 연한은 10개월이다. 군복무 대신 해외나 기타 지정된 지역에서 16개월 간 프랑스 어 교사나 기술 지원병 등으로 대체 근무를 할 수 있다. 18세부터 입영이 가능하며 대학생은 입영을 연기할 수 있다. 프랑스 군은 국가 전체 예산의 16~20% 정도를 사용한다. 프랑스는 전쟁 억제 전략으로 핵을 운용하는 나라다. 장교 교육은 육군의 경우 에콜 폴리테크닉, 특수 군사 학교, 포병 학교, 보병 학교, 기갑 학교 등에서 이루어지며 해군은 해군 학교, 공군은 국립 고등 항공 학교, 공군 학교, 공군 기술 학교 등에서 이루어진다. 프랑스 최고의 훈장은 나폴레옹 때 만들어진 레지옹 도뇌르Legion d'Honneur이며 이 훈장은 군인과 민간인에게 함께 수여된다. 외국인의 경우도 수상할 수 있으며 수상자는 각 부처의 장관이 추천한다. 무공 훈장으로는 레지옹 도뇌르 밑에 대십자 훈장, 대사관 훈장이 있으며 그 밑으로 3개 등급이 있다.

Talk

간단한 프랑스 어 회화

여행 중에 알아두면 좋을
프랑스 어 / 영어 표현

프랑스 어는 프랑스와 모나코의 공식 언어일뿐 아니라
벨기에, 스위스 등의 유럽 지역 및 북미의 캐나다,
또한 아프리카 지역에서까지 쓰이고 있다.
폭넓게 쓰이는 프랑스 어 중 여행에 도움이 될 만한
표현을 소개한다.

일반적인 표현

한국어	영어	프랑스 어
안녕하세요(아침, 점심 인사).	Good morning(afternoon).	Bonjour. (봉쥬르.)
안녕하세요(저녁 인사).	Good evening.	Bonsoir. (봉수아르.)
안녕히 가세요.	Goodbye.	Au revoir. (오 르부아르.)
안녕.	Hi.	Salut. (살뤼.)
수락할 때	O.K.	D'accord. (다코르.)
예.	Yes.	Oui. (위.)
아니오.	No.	Non. (농.)
어떻게 지내십니까?	How are you?	Comment allez-vous? (꼬멍 딸레 부?) Vous allez bien? (부 잘레 비앙?)
잘 되갑니까?	How's it going?	Comment ça va? (꼬멍 사바?)
남성 존칭	Sir / Mr.	Monsieur (므시유)
여성 존칭(기혼)	Madam / Mrs.	Madame (마담)
여성 존칭(미혼)	Miss	Mademoiselle (마드무아젤)
제발(청유)	Please	S'il vous plaît (실 부 플레)
고맙습니다.	Thank you.	Merci. (메르시.)
감사드립니다.	Thank you very much.	Merci beaucoup. (메르시 보쿠.)
죄송합니다.	I'm Sorry.	Pardon. (파르동.)
실례합니다.	Excuse-me.	Excusez-moi. (엑스큐제 무아.)
영어 하실 수 있습니까?	Do you speak English?	Parlez-vous anglais? (빠흘레 부 장글레?)
불어 못합니다.	I don't speak French.	Je ne parle pas français. (즈 느 빠흘르 빠 프랑세.)
무슨 말인지 모르겠습니다.	I don't understand.	Je ne comprends pas. (즈 느 꽁프렁 빠.)
조금 천천히 말씀해 주시겠습니까?	Speak more slowly, please.	Parlez plus lentement, s'il vous plaît. (빠흘레 플뤼 렁트멍, 실 부 플레.)

한국어	영어	프랑스 어
성함이 어떻게 되십니까?	What is your name?	Comment vous appelez-vous? (꼬멍 부 자플레 부?)
제 이름은 ~입니다.	My name is ~.	Je m'appelle ~. (즈 마펠 ~.)
만나서 반갑습니다.	I'm pleased to meet you.	Enchanté(e). (엉성테.)
나이가 어떻게 되십니까?	How old are you?	Quel âge avez-vous? (켈 아쥬 아베 부?)
~살입니다.	I'm ~ years old.	J'ai ~ ans. (제 ~ 엉.)
어디서 오셨습니까?	Where are you from?	De quell pays êtes-vous? (드 켈 페이 에트 부?)
한국에서 왔습니다.	I'm from Korea.	Je viens de Corée. (즈 비엥 드 코레.)

교통 (좌석 예약 · 기타 문의)

한국어	영어	프랑스 어
~에 가고 싶습니다.	I want to go to ~.	Je voudrais aller à ~. (즈 부드레 알레 아 ~.)
~로 가는 좌석을 예약하고 싶습니다.	I'd like to book a seat to ~.	Je voudrais réserver une place pour ~. (즈 부드레 헤제르베 윈느 플라스 뿌르 ~.)
비행기(버스, 인터시티 버스, 페리선, 기차)가 몇 시에 출발합니까 (도착합니까?)?	What time does the aeroplane (bus, intercity, ferry, train) leave(arrive)?	A quelle heure part(arrive) l'avion(l'autobus, l'autocar, le ferry, le train)? (아 켈 뤄르 파르[아리브] 라비옹 [로토뷔스, 로토갸르 르 페리, 르 트랭]?)
버스 정거장(지하철역, 기차역, 매표소)이 어디에 있습니까?	Where is the bus stop (metro station, train station, ticket office)?	Où est l'arrêt d'autobus (la station de métro, la gare, le guichet)? (우 에 라헤 도토뷔스[라 스타씨옹 드 메트로, 라 갸르, 르 기쉐]?)
편도 승차권 (왕복, 1등석, 2등석)으로 주십시오.	I'd like a one-way (return, 1st class, 2nd class) ticket.	Je voudrais un billet aller-simple (aller-retour, première classe, deuxième classe). (즈 부드레 엥 비이에 알레 생플르 [알레 르투르, 프르미에르 클라스, 두지엠므 클라스].)

한국어	영어	프랑스 어
소요 시간이 얼마나 걸립니까?	How long does the trip take?	Combien de temps dure le trajet? (콩비엥 드 텅 듀르 르 트라제?)
기차가 연착합니다 (정시에 도착합니다, 일찍 도착합니다).	The train is delayed(on time, early).	Le train est en retard (àl'heure, en avance). (르 트랭 에 텅 르타르 [아 뤄르, 언 아벙스].)
제가 기차를 환승해야 합니까?	Do I need to change trains?	Est-ce que je dois changer de train? (에스크 즈 두아 샹제 드 트랭?)
수화물 보관 로커	Left-luggage locker	Consigne automatique (콩시느 오토마티크)
플랫폼	Platform	Quai (케)
스케줄표	Timetable	Horaire (오레르)
자전거(자동차)를 렌탈하고 싶습니다.	I'd like to hire a bicycle (a car).	Je voudrais louer un vélo(une voiture). (즈 부드레 루에 엥 벨로 [윈느 부아튀르].)
공항 도착층	Arrival	Niveau Arrivée (니보 아리베)
공항 출발층	Departure	Niveau Départ (니보 데파르)
입국 심사	Immigration	Contrôle des Passeports (콩트롤 데 파스포르)
수하물 찾는 곳	Baggage claim	Livraison de Bagages (리브레종 드 바가즈)
셔틀버스	Shuttle bus	Navette (나베트)
렌터카	Rental car	Voitures de location (부아튀르 드 로카씨옹)
엘리베이터	Elevator	Ascenseur (아썽쐬르)

파리의 방돔 광장

관광

한국어	영어	프랑스 어
은행 (환전소, 한국 대사관, 병원, ~호텔, 경찰서, 우체국, 공중 전화, 화장실, 관광안내소)을 찾고 있습니다.	I'm looking for a bank (exchange office, Korea embassy, hospital, ~Hotel, police station, public phone, toilet, visitors information centre).	Je cherche une banque (un bureau de change, l'Ambassade de Corée du sud, l'hôtel ~, la police, une cabine téléphonique, les toilettes, l'office de tourisme). (즈 쉐르슈 윈느 벙끄[엉 뷰로 드 셩 즈, 렁바사드 드 코레 뒤 쉬드, 로텔 ~, 라 폴리스, 윈느 캬빈느 텔레포니 크, 레 투알렛, 로피스 드 투리즘므].)
대성당 (다리, 궁전, 광장, 성) 이 어디에 있습니까?	Where is the cathedral (bridge, palace, square, castle)?	Où est la cathédrale (le pont, le palais, la place, le château)? (우 에 라 카테드랄[르 퐁, 르 팔레, 라 플라스, 르 샤토]?)
몇 시에 개관(폐관) 합니까?	What time does it open(close)?	Quelle est l'heure d'ouverture (de fermeture)? (켈 에 뤄르 두베르튀르 [드 페르므튀르]?)
전화를 하고 싶습니다.	I'd like to make a telephone call.	Je voudrais téléphoner. (즈 부드레 텔레포네.)
환전하고 싶습니다.	I'd like to change some money.	Je voudrais changer de l'argent. (즈 부드레 셩제 드 라르정.)
여행자수표를 바꾸고 싶습니다.	I'd like to change traveller's check.	Je voudrais changer des chèques de voyage. (즈 부드레 셩제 데 셰크 드 부아야주.)
~에 가려면 어떻게 해야 합니까?	How do I get to ~?	Comment dois-je faire pour arriver à ~? (꼬멍 두아 즈 페르 뿌르 아리베 아 ~?)
가깝습니까? (멀리 떨어져 있습니까?)	Is it near(far)?	Est-ce près(loin)? (에스 프레[루엥]?)
지도상에서 어디인지 알려주시겠습니까?	Can you show me on the map?	Est-ce que vous pouvez me le montrer sur la carte? (에스크 부 푸베 므 르 몽트레 쉬르 라 캬르트?)
직진하세요.	Go straight ahead.	Continuez tout droit. (콩티뉴에 투 드루아.)
좌측으로 돌아가세요.	Turn left.	Tournez à gauche. (투르네 아 고쉬.)

한국어	영어	프랑스 어
우측으로 돌아가세요.	Turn right.	Tournez à droite. (투르네 아 드롸트.)
신호등에서	At the traffic lights	Aux feux (오 프)
다음 모퉁이에서	At the next corner	Au prochain coin (오 프로셍 쿠앵)
뒤편에	Behind	Derrière (데리에르)
앞편에	In front of	Devant (드벙)
반대편에, 맞은편에	Opposite	En face de (엉 파스 드)
북	North	Nord (노르)
남	South	Sud (쉬드)
동	East	Est (에스트)
서	West	Ouest (우에스트)

숙소 예약

한국어	영어	프랑스 어
유스호스텔(캠핑장, 호텔)을 찾고 있습니다.	I'm looking for the youth hostel(the campground, a hotel).	Je cherche l'auberge de jeunesse(le camping, un hôtel). (즈 쉐르슈 로베르즈 드 주네스 [르 컴핑, 엥 오텔].)
저렴한 호텔이 어디에 있을까요?	Where can I find a cheap hotel?	Où est-ce que je peux trouver un hôtel bon marché? (우 에스크 즈 프 투르베 엥 오텔 봉 마르쉐?)
주소가 어떻게 됩니까?	What's the address?	Quelle est l'adresse? (켈 에 라드레스?)
종이에 써주시겠습니까?	Could you write it down, please?	Est-ce vous pourriez l'écrire, s'il vous plaît? (에스 부 푸리에 레크리르, 실 부 플레?)
방 있습니까?	Do you have any rooms available?	Est-ce que vous avez des chambres libres? (에스크 부 자베 데 셩브르 리브르?)

한국어	영어	프랑스 어
싱글룸(더블룸, 샤워시설과 화장실이 있는 룸)을 예약하고 싶습니다.	I'd like to book a single room(a double room, a room with a shower and toilet).	Je voudrais réserver une chambre pour une personne (une chambre double, une chambre avec douche et toilette). (즈 부드레 레제르베 윈느 셩브르 뿌르 윈느 페르손느[윈느 셩브르 두블르, 윈느 셩브르 아벡 두슈 에 투알렛].)
하루 숙박료가 어떻게 됩니까?	How much is it per night?	Quel est le prix par nuit? (켈 에 르 프리 파르 뉘이?)
숙박료에 아침식사가 포함되어있습니까?	Is breakfast included?	Est-ce que le petit déjeuner est compris? (에스크 르 프티 데줘네 에 콩프리?)
방을 좀 볼 수 있습니까?	Can I see the room?	Est-ce que je peux voir la chambre? (에스크 즈 프 부아르 라 셩브르?)
화장실이 어디에 있습니까? (화장실이 별도로 떨어져 있는 경우)	Where is the toilet?	Où sont les toilettes? (우 송 레 투알렛?)
하루(일주일) 머무를 예정입니다.	I'm going to stay one day(a week).	Je resterai un jour (une semaine). (즈 헤스트레 엥 쥬르[윈느 스멘느].)

쇼핑

한국어	영어	프랑스 어
얼마입니까?	How much is it?	C'est combien? (세 콩비엥?)
너무 비쌉니다.	It's too expensive for me.	C'est trop cher pour moi. (세 트로 쉐르 뿌르 무아.)
그냥 둘러보려고 합니다.	I'm just looking.	Je ne fais que regarder. (즈 느 페 크 흐갸르데.)
신용카드 결제 가능합니까?	Do you accept credit cards?	Est-ce que je peux payer avec ma carte de crédit? (에스크 즈 프 페이예 아벡 마 캬르트 드 크레디?)

한국어	영어	프랑스 어
여행자수표 결제 가능합니까?	Do you accept traveller's cheques?	Est-ce que je peux payer avec des chèques de voyages? (에스크 즈 프 페이예 아벡 데 셰크 드 부아야주?)
너무 큽니다(작습니다).	It's too big(small).	C'est trop grand(petit). (세 트로 그랑[프티].)
싼	Cheap	Bon marché (봉 마르쉐)
잔돈 있습니까?	Have you got change?	Avez-vous de la monnais? (아베 부 드 라 모네?)

시간 · 날짜

한국어	영어	프랑스 어
몇 시입니까?	What time is it?	Quelle heure est-il? (켈 뢰르 에틸?)
두 시입니다.	It's two o'clock.	Il est deux heures. (일 에 두 쥐르.)
언제	When	Quand (컹)
오늘	Today	Aujourd'hui (오쥬르듀이)
오늘밤	Tonight	Ce soir (스 수아르)
내일	Tomorrow	Demain (드맹)
내일 모레	Day after tomorrow	Après demain (아프레 드맹)
어제	Yesterday	Hier (이예르)
하루 종일	All day	Toute la journée (투트 라 쥬르네)
아침에	In the morning	Du matin (뒤 마탱)
오후에	In the afternoon	De l'après-midi (드 라프레 미디)
저녁에	In the evening	Du soir (뒤 수아르)
월요일	Monday	Lundi (랭디)
화요일	Tuesday	Mardi (마르디)
수요일	Wednesday	Mercredi (메르크르디)
목요일	Thursday	Jeudi (쥬디)
금요일	Friday	Vendredi (벙드르디)
토요일	Saturday	Samedi (삼디)
일요일	Sunday	Dimanche (디망쉬)

한국어	영어	프랑스 어
1월	January	Janvier (장비에)
2월	February	Fevrier (페브리에)
3월	March	Mars (마르스)
4월	April	Avril (아브릴)
5월	May	Mai (메)
6월	June	Juin (쥬앵)
7월	July	Juillet (쥬이예)
8월	August	Août (우트)
9월	September	Septembre (셉텅브르)
10월	October	Octobre (옥토브르)
11월	November	Novembre (노방브르)
12월	December	Décembre (데상브르)

숫자

수	프랑스 어	수	프랑스 어
1	Un (엥)	11	Onze (옹즈)
2	Deux (두)	12	Douze (두즈)
3	Trois (트루아)	13	Treize (트레즈)
4	Quatre (카트르)	14	Quatorze (카토르즈)
5	Cinq (쌩크)	15	Quinze (캥즈)
6	Six (시스)	16	Seize (세즈)
7	Sept (세트)	17	Dix-Sept (디세트)
8	Huit (위트)	18	Dix-Huit (디즈위트)
9	Neuf (너프)	19	Dis-Neuf (디즈너프)
10	Dix (디스)	20	Vingt (뱅)
100	Cent (썽)	1000	Mille (밀)

표지판 사인

한국어	영어	프랑스 어
입구	Entrance	Entrée (앙트레)
출구	Exit	Sortie (소르티)
영업 중(개관)	Open	Ouvert (우베르)
준비 중(폐관)	Closed	Fermé (페르메)
방 있음	Room available	Chambres libres (셩브르 리브르)
방 없음	No vacancies	Complet (콩플레)
금지	Prohibited	Interdit (앵테르디)
경찰서	Police station	Commissariat de police (코미사리아 드 폴리스)
화장실	Toilet	Toilettes (투알렛)
남자	Men	Hommes (옴므)
여자	Women	Femmes (팜므)
지하철	Subway	Métro (메트로)
버스	Bus	Autobus (오토뷔스)
택시	Taxi	Taxi (탁시)
지방도	Secondary road	Route départementale (루트 데파흐트멍탈르) [지도상에는 'D' 라고 표시]
국도	National highway	Route nationale (루트 나씨오날) [지도상에는 'N' 으로 표시]
고속도로	Highway	Autoroute (오토루트)
환승역	Interchange	Correspondance (코레스퐁덩스)
출입금지	Off limits	Défense d'entrer (데펑스 덩트레)
금연	No smoking	Défense de fumer (데펑스 드 퓨메)
진입금지	No entering	Sens interdit (성스 앵테르디)
주차금지	No parking	Défense de stationner (데펑스 드 스타씨오네)
기차역	Railway station	Gare (갸르)

한국어	영어	프랑스 어
대합실	Waiting room	Salle d'attente (살 다떵트)
계산대	Counter	Caisse (케스)
세일 중	Sale	Soldes (솔드)
매표소	Ticket office	Guichet (기셰)
미세요	Push	Poussez (푸쎄)
당기세요	Pull	Tirez (티레)
프랑스 국철		SNCF (에스엔쎄에프)
수도권 고속 전철		RER (Réseau Express Régional) (에흐으에흐)
공항	Airport	Aéroport (아에로포르)
세관	Customs	Douane (두안느)
우체국	Post office	Bureau de poste (뷰로 드 포스트)
병원	Hospital	Hôpital (오피탈)
공원	Park	Parc (파르크)
궁전	Palace	Palais (팔레)
박물관	Museum	Musée (뮤제)
성당	Church	Église (에글리즈)
묘지	Cemetery	Cimetière (시므티에르)
성	Castle	Château (샤토)

긴급 상황

한국어	영어	프랑스 어
도와주세요.	Help.	Au secours. (오 스쿠르.)
의사를 불러주세요.	Call a doctor.	Appelez un médecin. (아플레 엥 메드셍.)
경찰을 불러주세요.	Call the police.	Appelez la police. (아플레 라 폴리스.)
도둑맞았습니다.	I've been robbed.	On m'a volé. (옹 마 볼레.)
길을 잃어버렸습니다.	I'm lost.	Je me suis égaré(e). (즈 므 쉬 에갸레.)

파리 콩코드 광장

FRANCE
SPECIAL

LES VACANCES

요 리

[프랑스 인들은 자국의 요리를 자랑스런 문화유산으로 여기고 있다.]

프랑스 요리의 발전

프랑스는 예부터 '잘 먹고 잘 사는Bien Manger et Bien Vivre' 나라로 유명했다. 요리, 패션, 건축, 실내 장식 등이 어느 나라보다 앞서 발달하고 최고 수준에 도달한 것은 당연한 일이다.

요리가 발달한 것은 우선 다양한 음식 재료를 제공할 수 있는 프랑스의 자연 덕분에 가능한 일이었다. 파리와 보르도 인근의 너른 평야 지대와 남프랑스의 고원, 곳곳에 널려있는 구릉 지대와 알프스, 피레네 일대의 고산준령, 그리고 프랑스 전역을 적시고 바다로 흘러들어가는 4대 강과 북해, 대서양, 지중해 등의 바다로 이루어진 다양한 자연 환경은 물론이고 해양성 기후와 대륙성 기후를 함께 지니고 있는 나라가 프랑스이다.

하지만 이러한 자연 환경은 프랑스 요리가 섬세하게 발달해 온 이유를 충분히 설명해 주지는 못한다. 요리가 단순한 식사가 아니라 하나의 문명화 과정으로 발달하게된 배후에는 정치 경제적 환경의 변화가 자연 환경적 요소보다 훨씬 더 강한 영향을 미쳤기 때문이다. 요리는 음식만의 문제가 아니라 식사 예절이나 식음 절차 그리고 사용하는 식기류 등과 밀접한 관계를 맺고 있는 사회적 의례의 일종이고 이는 자연히 궁정 생활과 관련을 맺고 있다. 따라서 프랑스 요리는 프랑스 사회사의 작은 축소판이라고 볼 수 있다. 이 분야에 최초로 학문적 접근을 시도한 사람은 일련의 문명 연구 연작을 집필해 후일 심성사 연구에 영향을 준 독일 역사학자 노르베르트 엘리아스이다.

프랑스는 옛날 골 족이 살던 땅이다. 이곳은 대부분의 유럽 지역처럼 로마의 정복을 받았고 이어 프랑크 족이 이동해 재정복당한다. 따라서 당시 포도 재배와 포도주 제조가 일러주듯 음식법 역시 로마의 영향을 받았다. 프랑크 족은 문화가 빈약해 언어, 제도는 물론이고 음식에서도 거의 로마를 따라갔다.

고대 로마 시대에 이미 인간이 생각할 수 있는 온갖 재료와 요리법이 연구되고 있었음은 높은 수준의 로마 문화를 염두에 둘 때 충분히 짐작이 가는 일이지만, 아피큐스의 〈요리법〉이나, 아테나이오스의 〈학자의 향연〉 등을 통해서도 확인할 수 있다. 중세 시대에는 전쟁과 질병, 그리고 무엇보다 끊이지 않고 찾아온 흉작과 기근으로 인해 프랑스 요리는 대부분 수도원을 중심으로 개발되거나 보존되곤 했다.

프랑스에서 요리라고 부를 수 있는 음식 문화가 본격적으로 탄생한 것은 16세기 초 프랑수아 1세 치하를 전후해 여러 차례 진행된 이탈리아 원정으로 이탈리아 풍습들이 프랑스에 유입되면서부터다. 특히 프랑수아 1세의 며느리이자 이탈리아 메디치 가의 딸인 카트린느 드 메디시스가 섭정을 펼 때 본격적으로 요리 문화가 자리잡는다. 이 왕비는 당시의 선진국이었던 이탈리아에서 프랑스로 건너오면서 요리법과 함께 다수의 요리사 및 신기한 재료들을 프랑스에 가져왔다. 셔벗 형태의 아이스크림이 도입된 것도 이때고 음식을 덜 때만 사용되던 포크의 크기를 줄여 개인용으로 사용하기 시작한 것도 이때다.

카트린느 드 메디시스 때는 종교전쟁의 와중에서 왕권이 취약할 때여서 정적들을 포섭하기 위해 축제와 만찬이 자주 열렸다. 자연히 권위를 드러내기 마련인 이러한 행사에서 요리 및 그에 관련된 각종 에티켓은 고도의 상징적 의미를 띠게 되었다. 16세기 인문주의자였던 네덜란드 출생의 에라스무스가 1530년에 소책자 〈소년들의 예절론〉을 펴낸 것도 이 시대에 요리와 식탁 예절이 신분과 교양 정도를 나타내는 지표였음을 일러준다. 여러 나라의 언어로 번역된 에라스무스의 이 책이 출간된 이후 헤아릴 수 없을 정도로 많은 모방 작품들이 그 뒤를 이었다. 이 책을 보면 "술잔과 깨끗하게 닦은 나이프는 오른쪽에, 빵은 왼쪽에 놓아야 한다."는 대목이 나온다. '깨끗하게 닦은 나이프'라는 말을 통해 당시에는 각자가 나이프를 소지하고 다녔음을 알 수 있다.

이후 이러한 예법은 17세기의 절대 왕정기에 들어와 그 형식과 내용면에서 큰 변화가 일어난다. 베르사유 궁이 문화사적으로 의미를 지니는 것은 바로 이 때문이다. 베르사유 시절은 태양왕 루이 14세가 파리 시민과 귀족들 사이의 대립 관계를 이용해 왕권을 강화시켜나가던 때이다. 당시 프랑스에서는 일반인도 국가의 정무를 담당하는 관직에 오를 수 있었고, 이는 곧 귀족 문화와 부르주아 문화가 독일 만큼 분명한 차이를 보이지 않게 되는 결과를 초래한다. 따라서 외관을 중시하는 천박한 귀족들과 달리, 독일 부르주아들은 비록 정치에서 소외되었지만 자신들이 순수하게 정신적인 것을 추구한다고 믿었다. 그리고 이를 통해 관념적인 성격의 문화 개념을 만들어 내게 된다.

이에 비해 얼마든지 정치에 관여할 수 있었던 프랑스 부르주아들은 귀족 문화를 모방하며 실질적인 규범으로써 문화를 이해하게 된다. 베르사유 궁은 모든 파리 시민들에게 개방되었다. 심지어 왕족들의 식사 장면을 일반 시민들이 볼 수도 있었으며 루이 15세는 소매치기에게 시계를 잃어버리기도 할 정도였다. 후일 프랑스 대혁명

© Photo Les Vacances 2007 / Office de Tourisme de Nice

© Photo Les Vacances 2007

[프랑스에서 요리는 단순한 식사가 아니라 하나의 문명화 과정으로 발달해 왔다.]

이 끝난 후에도 정신적으로는 개혁을 외쳤지만 실생활에서는 귀족들의 행태를 반복하게 되는 것도 이런 이유에서였다. 부르봉 왕가의 세기였던 17, 18세기 프랑스 요리는 무엇보다 만찬과 축제용 요리로써 화려함을 주된 요소로 삼았다. 이런 경향은 루이 14세가 숨을 거둔 후의 섭정기 때 들어 절정에 달한다.

그 다음 시대에 프랑스 요리의 진정한 창시자라고 할 만한 카렘Marie-Antoine Carême(1784~1833)이 나타난다. 카렘에 와서 요리는 이제 예술의 영역으로까지 인식되기 시작한다. 여러 유럽 황제들의 요리사를 역임하며 특히 당과 제조에 일가견을 갖고 있던 그는 이론가이기도 해서 〈나폴레옹 황제의 점심식사〉, 〈피토레스크한 당과〉, 〈프랑스 요리 장인과 고대 및 현대 요리사들〉 등의 저서를 남기기도 했다. 지나치게 엄격한 규칙을 내세워 프랑스 요리의 풍요로움을 없앴다는 비난을 받기도 했다. 프랑스 대소설가인 알렉상드르 뒤마 역시 유명한 식도락가로 〈요리 사전〉을 냈다.

다음으로 프랑스 요리 발전에 큰 발자취를 남긴 인물은 에스코피에Auguste Escoffier(1846~1935)다. 에스코피에는 요리에서 먹을 수 없는 장식을 제거하고 실

제적인 목적으로 요리에 접근함으로써 요리를 근대화시킨 인물이다. 그의 저술에는 현대 프랑스 요리의 규범으로 알려진 〈요리 지침Le Guide Culinaire〉이 있으며, 오늘날에도 세계 각국의 요리 전문가들이 애독하고 있다. 런던의 사보이, 칼튼 호텔 등에서 주방장을 역임하며 프랑스 요리를 전 세계에 알렸다. 그가 파리 오페라에서 노래를 부르며 방돔 광장의 리츠 호텔에 머물던 호주 태생의 여가수 멜바를 위해 만든 과일 아이스크림은 아직도 '멜바의 복숭아' 라는 이름으로 전설이 되어 있다. 스위스 호텔업자인 세자르 리츠는 이 유명한 요리사 에스코피에가 없었다면 아마도 자신의 사업을 크게 확장할 수 없었을 것이라고 극찬하기도 했다.

하지만 현대 프랑스 요리의 아버지로 일컬어지는 에스코피에의 요리도 재료비를 생각할 경우 거의 조리가 불가능한 고급 요리에 속한다. 이후 프랑스 요리는 더욱 간소화를 지향하게 되며 관광 산업의 발달과 더불어 지방의 토속적인 요리가 다시 각광을 받았다. 특별한 조리법보다는 다양성을 특징으로 하고 있어 그만큼 요리사의 상상력이 중요시되는 시대가 되었다. 프랑스의 유명 가이드 북인 미슐랭에서 평가, 부여하는 식당 등급은 프랑스만이 아니라 세계적인 등급으로 인정을 받고 있다.

미국식 패스트푸드가 범람하고 비만을 비롯한 건강에 대한 관심이 날로 증가해 가는 오늘날 프랑스 요리 역시 지방이 적은 음식 쪽으로 흐르고 있다. 그리고 대부분의 프랑스 인들은 프랑스 요리를 자국의 가장 자랑스러운 문화유산으로 여기고 있다.

[CHECK]

프랑스 요리를 다룬 영화, 〈바베트의 만찬〉(1987)

영화 감독 : 가브리엘 액셀, 주연 : 스테판 오드란, 비비 안데르센, 보딜 쿠어, 잘 쿨레

바닷가 작은 마을에 목사인 아버지와 아름다운 두 자매 필립파와 마티나가 살고 있다. 세속적인 모든 것을 허황된 꿈으로 여긴 아버지의 뜻대로 두 자매는 젊은 시절 받았던 청혼을 물리치고 늙도록 독신으로 산다. 그러던 어느 날, 바베트라는 여인이 두 자매를 찾아온다. 보불 전쟁에 이어 일어난 파리 코뮌으로 가족과 재산을 잃고 생명마저 위험에 처한 바베트는 두 자매와 살게 된다. 바베트는 사실은 유명한 파리 레스토랑의 요리사였다. 깊은 신앙심과 사랑으로 화목하던 마을 사람들이 사소한 다툼으로 갈라서게 되자, 바베트는 복권에 당첨된 돈으로 프랑스 정식 요리를 마련해 동네 사람들을 만찬에 초대한다. 만찬을 위해 바베트는 살아 있는 거북, 메추리, 코냑, 샴페인 등 모든 재료들을 프랑스에서 직접 구입해 온다. 프랑스 요리가 차려진 이 만찬으로 동네 사람들은 다시 화해한다.

〈바베트의 만찬〉은 칸느 영화제 사상 유일하게 세계 가톨릭 상을 수상한 덴마크 영화이다. 이 영화는 메릴 스트립과 로버트 레드포드가 주연한 영화 〈아웃 오브 아프리카〉의 저자 아이작 드네센이 쓴 소설을 덴마크 감독인 가브리엘 액셀이 각색, 감독한 것이다. 아카데미 최우수 외국어 영화상을 수상하였을 뿐만 아니라, 3년 여에 걸쳐 수많은 영화제에 출품되어 작품상을 수상했다. 그녀를 걱정하는 주인 자매에게 바베트는 이렇게 말한다. "예술가는 가난하지 않아요. 예술가의 마음속에서 우러나는 절규는 '내게 최선을 다할 수 있는 기회를 다오' 라는 거예요."

〈바베트의 만찬〉 덕분에, 이 영화에서 나오는 카일 사쿠바즈라는 요리와 샴페인, 코냑을 맛보고자 프랑스를 찾는 외국인 관광객이 늘었다고 한다. 또한 영화에 나오는 요리를 하는 레스토랑이 세계 곳곳에 생기는 등 프랑스 인의 자존심을 만족시켜 준 영화로도 손꼽힌다.

와 인

[와인은 그리스 신화와 이집트 유적에 등장하듯, 인류와 오랜 역사를 함께 해 왔다.]

영어로는 와인Wine, 프랑스 어로는 뱅Vin이라고 하는 포도주의 역사는 그리스 신화가 일러주듯 인류의 역사와 함께 했다고 할 정도로 오래되었다. 이집트 유적지에서도 포도주 벽화가 출토되었다. 아마도 포도주를 발견한 것은 유사 이전으로까지 거슬러 올라갈 것이다.

그리스에서는 디오니소스가 포도주의 신으로서 숭앙 받았으며, 로마에서도 시인들이 미사여구를 동원해 포도주를 찬미했다. 디오니소스 혹은 바쿠스는 르네상스 이래 보티첼리, 미켈란젤로, 카라바조 등 수많은 화가와 조각가들에 의해 묘사되어 그 수를 헤아릴 수 없을 정도다. 또 현재의 프랑스 보르도, 샹파뉴, 부르고뉴, 루아르 등의 지역도 로마 식민지시대부터 이미 와인 산지로 명성을 떨쳐왔다. 특히 로마인은 정복지역에 포도 재배를 장려하였으며, 이것이 오늘날의 유럽의 와인 생산의 기반이 되었다.

와인의 종류

와인은 크게 레드 와인과 화이트 와인으로 나뉜다. 레드 와인은 검은 포도를 껍질과 함께 으깨어 주조한 것이며, 화이트 와인은 포도액만으로 만든다. 레드 와인과 화이트 와인은 단지 색깔만 다른 것이 아니다. 껍질로부터 타닌산 등의 화학적 성분이 침출되어 나오기 때문에 맛과 향에서도 차이를 보이고 어울리는 음식도 다르다. 최근에는 적색과 백색의 중간색인 로제Rosé라는 분홍색 포도주도 제조된다. 이술은 레드 와인을 발효 도중에 짜서 과피를 제거한 뒤 다시 발효를 진행시켜 만든 것이다. 레드 와인과 화이트 와인을 혼합해 만들기도 한다. 와인에 발포성을 갖게

[와인 주요 산지를 표시한 안내판]

© Photo Les Vacances 2007 / Office de Tourisme d'Alsace

[포도 수확은 예로부터 풍요의 상징이었다.]

하거나 블렌딩을 가해 다른 술을 만들기도 하는데, 대표적인 것이 바로 샴페인이다.

와인의 제조

수확한 포도는 곧 큰 통이나 기계에 넣어 으깬 후 발효시킨다. 사람이 발효통에 직접 들어가 발로 포도를 으깨곤 했지만, 요새는 기계를 사용한다. 포도에는 원래 효모가 붙어 있으나, 현재는 별도로 배양한 효모를 첨가한다.

발효의 생명은 온도에 있는데, 수확이 끝나는 가을 기온이 가장 적당한 온도다. 발효가 완료되기까지는 온도나 이스트의 종류 등에 따라 보통 3일에서 3주일 정도 걸린다. 발효가 완료되면 통의 마개를 빼 자연스럽게 흘러 나오도록 한다. 이렇게 해서 추출해낸 술이 상품 와인이 된다. 다음에는 통 속에 담은 찌꺼기를 압착하여 짜내는데, 이것을 '뱅 드 프레스Vin de Press' 라 하며 상대적으로 질이 떨어진다.

식사할 때 식탁에 두고 물처럼 마시는 저렴한 와인인 뱅 드 타블르Vin de Table가
이에 속한다. 숙성시키지 않은 새 술을 참나무통에 넣어 저장하며, 저장하는 동안
몇 번은 사이펀이라는 도구를 사용해 빈 통에 옮겨 침전물을 제거하여 숙성시킨다.
와인은 1~2년간 저장하였다가 병에 넣어 저장한다. 이를 '미장 부테이유Mis en
Bouteille'라고 하며 품질 보증의 가장 중요한 요소다. 병에 넣었다고 해도 생물인
효모균은 숙성을 계속하기 때문에 저장할 때는 될 수 있는 대로 햇빛이 들지 않는
상온의 지하 저장소에 옆으로 뉘어 두고, 공기가 들어가지 않도록 해야 한다. 지나
치게 장시간 병을 세워두는 것은 좋은 보관법이 아니다.

© Photo Les Vacances 2007 / Office de Tourisme d'Alsace

[와인은 참나무통에 1~2년간 저장하였다가 병에 넣는다.]

유명 와인

와인의 특징이나 품질은 포도밭의 자연 조건과 지질에 따라 결정된다. 와인 이름에
는 자연히 지방명이 그대로 쓰이는데, 이는 와인의 특징을 일러주는 중요한 지표가
된다. 이른바 원산지 표시인데, 프랑스에서는 특별한 법률을 제정하여 명칭에 해당
하는 지역을 한정하고, 지역 외의 술이 부당하게 그 이름을 사용하는 것을 금지하
고 있다. 이 규제 명칭을 아펠라시옹 도리진 콩트롤레AOC(Appellation d'Origine
Contrôlée, 원산지 표시 통제)라고 하여 상표에 명기한다.

오늘날 가장 권위 있는 와인의 등급은 1855년 파리 만국박람회 때 매겨졌다. 와인
을 다섯 등급으로 나눈 이 시스템은 당시 메독 지방의 60개 샤토와 그라브 지방의
오브리옹에만 적용된 것이었다. 이는 와인 도매상인들과 중개인들이 만든 것으로
와인의 품질보다는 주로 가격이 기준이었다. 등급 판정에 대한 많은 비난에도 불구
하고 이 제도는 오랫동안 유지되어 왔다. 포도 재배지 중 유일하게 유네스코가 지
정한 세계문화유산으로 등재되기도 한 생테밀리옹에서는 1955년이 되어서야 이 등
급이 적용되었다.

와인 등급은 10년마다 조정된다. 요즘 소비자들과 판매 담당자들 사이에서는 비평가들이 주는 평가 점수를 더 신뢰하는 경향이 나타나고 있다. 이 평가들은 수십 종에 이르는 와인 관련 잡지와 각 매체의 특별기사 등에 실려 누구나 참고할 수 있다. 이와 병행하여 1935년 설립된 국립 원산지 명칭 통제기구INAO가 특정 산지 제품이 진품임을 보증하기 위하여 AOC라는 표시와 AOC보다는 아래 등급이지만 고급 품질로 추후 AOC로 승격될 수 있음을 의미하는 VDQS(Vins Délimités de Qualité Supérieure) 표시를 사용하도록 했다.

와인은 프랑스가 질이나 양에 있어 세계 제일이며, 그중에서도 보르도와 부르고뉴 지방의 와인을 으뜸으로 친다. 보르도 산 레드 와인은 선홍색을 띠고 있으며 담백한 맛이 일품이다. 반면 부르고뉴 산 레드 와인은 암적색으로 감칠 맛이 난다. 보르도에서는 화이트 와인도 생산하는데, 특히 소테른Sauternes 지역의 것은 포도를 오래도록 따지 않고 덩굴에 매달아 두었다가 반 정도 건조된 감미로운 포도로 주조해 달콤한 맛이 유명하다. 부르고뉴 화이트 와인은 세크한, 다시 말해 드라이한 맛이 일품으로 독일 모젤 강 인근의 화이트 와인과 맛이 유사하다.

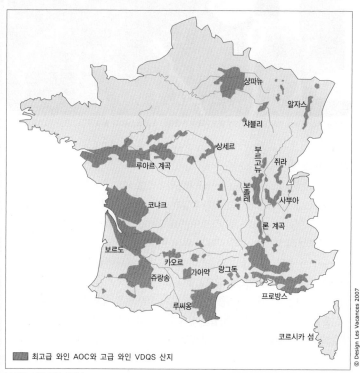

상파뉴
알자스
샤블리
상세르
부르고뉴
쥐라
루아르 계곡
보졸레
사부아
코냑
론 계곡
보르도
카오르
쥐랑송
가이약
랑그독
루씨옹
프로방스
코르시카 섬

© Design Les Vacances 2007

▨ 최고급 와인 AOC와 고급 와인 VDQS 산지

[프랑스 와인 주요 산지]

와인 마시는 법

와인은 주로 식사와 같이 식탁에 놓아 두고 마시는 술로, 드라이한 맛의 화이트 와인은 어패류 요리에 맞으며 차게 냉각시켜서 마신다. 레드 와인은 육류나 치즈와 잘 어울리며 실온 정도로 마시는 것이 원칙이다. 레드 와인은 덥게 데워서 마시는 경우는 있어도 절대로 얼음을 넣어서 마시는 법은 없다. 18세기까지만 해도 와인이 사람의 몸 속에 들어가면 피가 된다고 믿었으며 산후 조리, 노화 방지, 역병 예방 등 대용품으로 사용하기도 했고 데워서 약으로 먹기도 했다. 이를 뱅 쇼Vin Chaud 라고 하는데 말 그대로 데운 와인을 가리키며, 겨울에 스키장이나 골프장 같은 곳

[와인을 마실 때에는 받침대와 손잡이가 있고 가운데가 볼록한 잔을 쓰는 것이 좋다.]

에서 잔으로 팔기도 한다.

받침대와 손잡이가 있는 잔을 사용해 체온의 전도를 막고 가능한 한 가운데가 볼록한 잔을 쓰는 것이 좋다. 이는 향기가 날아가지 않도록 하기 위한 것이기도 하지만 색과 향과 맛을 순서대로 음미하기 위한 조치이며, 술은 대개 잔의 볼록한 부분에 약간 못 미치게 따르는 것이 관례다. 약간 흔들어 유리잔에 묻은 술이 자연스럽게 향을 내도록 한다. 잔을 돌려 소용돌이를 일으켜도 넘치지 않아야 하며, 향이 충분히 퍼져 나갈 수 있을 정도로 넓어야 한다.

향을 맡을 때는 세 가지 단계를 거친다. 먼저 향을 맡은 다음에 와인 잔을 흔들어 소용돌이를 만든 뒤 다시 향을 맡는다. 포도 품종이 가진 고유의 향이 첫 번째이고 양조 과정에서 덧붙여진 향이 두 번째로 나타난다. 마지막 단계로 입에 넣고 아주 천천히 음미하면서 동시에 향을 맡는다.

마개를 딴 술은 그 자리에서 모두 마시는 것이 좋다. 병에서 직접 따라 마시기도 하지만 샹브레한 후 즉, 실내 온도에 적응시키고 공기 중의 산소와의 접촉을 늘이기 위해 마개가 없는 카라프라고 하는 주둥이가 넓은 별도의 포도주 병에 옮겨 담아

마시는 경우가 많다. 론 강이나 부르고뉴 지방에서 생산한 와인들은 14~16도 사이에 마시는 것이 좋고 보르도 와인은 16~18도가 가장 적당하다.

와인은 요리와 함께 곁들여 마시는 것이 보통인데, 종류에 따라 어떤 것은 음식과의 비슷한 성질 때문에, 어떤 것은 상반된 성질 때문에 서로 조화를 이룬다. 어떤 음식에 어떤 와인이 잘 어울리는지 모르겠으면 지방 특산 음식에 같은 지방 와인을 곁들이는 것이 가장 안전하다.

그러나 무엇보다도 중요한 것은 개인의 입맛이다. 한번쯤 새로운 시도를 해 보는 것도 요리의 즐거움을 배가시키는 방법이 될 것이다. 선입견을 버리는 것도 중요하

© Photo Les Vacances 2007 / Office de Tourisme d'Alsace

[프랑스는 와인 생산의 질과 양에 있어 세계 최고로 꼽힌다.]

다. 보통 알고 있는 것과는 다르게 생선요리는 연한 레드 와인과도 잘 어울린다. 대부분의 치즈들은 화이트 와인과 조화를 잘 이루며, 디저트에 샴페인을 곁들일 때는 반드시 드미 세크 즉, 약간 드라이한 것을 고르고 다른 종류는 피하는 것이 좋다.

라벨 보기

도멘Domaine, 클로Clos, 샤토Château. 모두 포도 재배지를 뜻하는 말이지만 어느 것이 우수하다고 할 수는 없다. 클로는 닫혀 있다는 뜻으로 중세 때 수도원의 담장을 두른 포도밭을 가리켰다. 미사 때 제주로 쓰기도 했던 양질의 와인을 공급하던 포도나무들을 보호하기 위해 둘레에 담을 쌓기 시작한 것이 클로의 시작이었다. 하지만 지금은 라벨에 붙이는 상표명일 뿐 전혀 그런 의미를 갖고 있지 않다.

성이나 귀족의 대저택을 뜻하는 샤토라는 명칭은 보르도 와인에서 시작되었다. 1983년에는 샤토라는 이름이 붙은 농장만 해도 4천 개가 넘었는데, 이는 샤토라는 말이 풍기는 귀족적 느낌 때문이다. 샤토라는 이름을 남용한 이들은 술 도매상들이

었다. 따라서 이 말도 현재는 클로와 마찬가지로 믿을 것이 못 된다.

이밖에 영역이나 영토를 뜻하는 도멘이라는 이름을 붙인 와인들이 있는데, 이 이름의 뿌리는 명확하지 않으며 특정한 제품에만 붙이도록 규정되어 있는 것도 아니다. 따라서 이것 역시 믿을 것이 못 된다. 라벨에는 최소한 산지의 지명이나 제조업체, 병입업체를 표기해야 하며 병 용량과 알코올 도수도 꼭 표기해야 한다. 주로 병목 둘레 라벨에 표시하는 생산 연도는 와인이 만들어진 연도를 말한다. 기초적인 것만 확인하는 수밖에 없다.

요즘 들어서는 와인의 품질과는 무관한 라벨의 문구들이 점점 늘어나고 있다. 예를

[샤토는 성이나 귀족의 저택을 뜻하는 말이다. 와인 라벨에 붙어 있는 '샤토'라는 명칭은 어감이 주는 귀족적인 느낌 때문에 사용되기 시작했다.]

© Photo Les Vacances 2007

들어 '명품 와인Grand Vin', '오랜 포도나무로 만든Vieillies Vignes', '거르지 않은 와인Vin Non Filter', '무공해 와인Vin Biologique' 등이 그것이다. 내용이 없는 허사에 지나지 않는다. 이런 표시들은 때로 와인에 대해 정말 알아야 할 정보를 가리기도 한다. 그래서 라벨 뒷면의 참고 사항들이 오히려 와인의 진실을 말해 줄 때가 있다. 라벨 뒷면에는 주로 포도를 수확한 날짜와 그 당시의 기후 조건, 숙성 방법, 함께 즐길 수 있는 요리 등의 음용 방법이 적혀 있어 소비자들에게 유용한 정보를 제공한다.

보졸레 Beaujolais

이 고장이 세계적인 명성을 얻게 된 것은 순전히 매년 11월 셋째 목요일에 출시되는 '보졸레 누보Beaujolais Nouveau' 덕분이었다. 수확한 지 두 달 안에 와인을 만들고 병에 넣어 세계 곳곳에 유통시키는 이 기발한 마케팅 전략은 큰 성공을 거두었고 수확된 포도의 절반이 해가 가기 전에 모두 소비될 정도의 인기를 얻었다.

매년 11월 셋째 목요일만 되면 프랑스 전역의 카페에서는 보졸레 한 잔을 마시는 것이 관례인데, 발 디딜 틈이 없을 정도로 붐빈다. 기독교가 쇠퇴한 오늘날 일종의 세속적인 추수 감사 축제 역할을 한다고 볼 수 있다.

보졸레는 순하고 타닌이 거의 들어 있지 않은 순 과일향의 와인이지만, 짧은 기간 밀봉된 통에 통째로 포도를 담가 두기 때문에 마시고 나면 종종 머리가 아프다. 투명한 포도액이 특징인 가메 누아 한 품종만으로 만든다. 이 지방에서 흔히 볼 수 없는 화이트 와인은 샤르도네와 알리고테 품종을 주로 사용하여 만든다. 포도밭은 약 2만 2천ha에 이르며 보통 3개 지역으로 나뉜다. 그 가운데 서쪽 지방이나 남쪽 지방의 점토 석회질 퇴적층에서 나는 와인을 '보졸레' 라 한다. 물랭 아방이 장기 보관용 와인으로 보졸레 제품 가운데 가장 뛰어나다. 보졸레는 보통 고기류나 치즈에 곁들여 간단하게 마실 수 있는 술로 알려져 있다.

역사

[베르사유 궁에 있는 루이 14세의 기마상. 루이 14세 치하에서 프랑스는 유럽의 맹주로 떠올랐다.]

프랑스 역사는 선사시대, 로마 점령기, 메로빙거 왕조, 카롤링거 왕조, 카페 왕조, 발루아 왕조, 부르봉 왕조, 대혁명, 나폴레옹 제국, 왕정복고, 제2제정, 제3공화국, 20세기의 제4, 5공화국의 순으로 전개되었다. 프랑스를 보다 잘 이해하고 많은 역사 유적지와 유물들을 즐기기 위해서는 어느 정도 역사적 지식이 필요한 것은 사실이나, 여행과 관광을 하는 데는 지나치게 자세한 역사가 오히려 짐이 될 수도 있다. 이런 이유로 '레 바캉스' 가이드 북 컬렉션의 〈프랑스〉 편에서는 대략적인 연대기와 중요한 사건에 대한 간단한 설명을 통해 여행객들의 지적 호기심과 관광에 필요한 지식만을 제공하고자 한다.

프랑스 역사의 시기별 특징

선사시대

프랑스 북부 브르타뉴 지방의 카르나크Carnac와 코르스(코르시카) 섬에 있는 거석
유적지들은 기원전 4700여 년 전의 것들로 추정되며, 이들 선사 문명은 약 2,500년
정도 지속되었다. 이들까지 프랑스 역사에 포함시킬 수 있을지는 의문이지만 현재의
프랑스 지역에 구석기 시대인들이 살았던 것만은 확실하다. 라스코 동굴 벽화 역시
선사 문명의 존재를 일러준다. 기원전 8세기경 중부 유럽의 켈트 족이 현재의 프랑
스 땅에 들어와 살기 시작했는데, 이들이 바로 프랑스 인의 선조인 골 족이다. 지중
해 인근의 남쪽에서는 페니키아, 그리스 인들이 차례대로 식민 도시를 개발했다. 마
르세유, 니스 등이 이 당시 생긴 도시들이며 도시 이름의 어원도 그리스 말에 있다.
기원전 2세기경에는 로마 인들이 스페인으로 향하는 식민지를 남프랑스에 건설했
고, 이어 기원전 1세기 중엽에는 카이사르가 이끄는 로마 군이 현재의 프랑스 지역
은 물론이고 영국, 독일 일대를 모두 점령해 로마 제국 시대가 시작된다.

로마 점령기 (기원전 52~498)

갈로 로맹 기인 로마 점령기에 남프랑스의 아를르, 님므, 오랑주 등지에 원형 극장, 개
선문, 수도교 등이 건설되어 일대는 로마 제국 못지않은 번영을 구가했다. 이 건물과
시설들은 지금도 남아 있고 대부분 유네스코가 지정한 세계문화유산에 등록되어 있다.

메로빙거 왕조 (498~751)

갈로 로맹 기인 로마 점령기는 기원전 52년 카이사르가 파리 시 일대를 점령한 이
후 일대를 루테시아로 부르던 때에서 시작해, 서로마 제국이 멸망한 476년까지 지
속된다. 메로빙거 왕조 시기는 서기 498년 게르만 족의 이동 당시 프랑크 족의 수
장 클로비스가 렝스 성당에서 세례를 받고 파리 일대에 정착할 때부터, 751년 페팽
르 브레프Pépin le Bref가 교황 스테파누스 2세(재위 752~757)에게 대관식을 받아
카롤링거 왕조를 세울 때까지를 일컫는다. 이 당시 가장 중요한 사건은 이베리아 반
도를 점령하고 북진하는 사라센 족을 샤를르 마르텔이 732년 푸아티에 인근에서 격
퇴한 것이다. 만일 사라센의 북진을 저지하지 못했다면, 세계사는 많이 달라졌을 것
이다. 서기 451년에는 파리 수호성녀인 생트 주느비에브의 가호로 프랑크 족의 수장
메로베가 이끄는 군대가 아틸라가 이끄는 훈 족의 침입에서 파리를 구해낸다. 메로
빙거 왕조 혹은 프랑스 말로 메로뱅 왕조라는 이 이름은, 이 왕조의 초대 왕이었던
클로비스의 조부인 메로베의 이름에서 유래한다. 노트르담 성당 뒤의 다리에는 생트
주느비에브 조각상이 서 있다. 이후 골 지역은 여러 이민족의 침입을 받는다.

카롤링거 왕조 (751~986)

서기 800년, 샤를르마뉴는 로마의 성 베드로 성당에서 동로마 제국의 황제로서 대관식을 치른다. 샤를르마뉴 왕국은 843년, 베르덩 조약에 의해 제국이 삼분될 때까지 명맥을 유지한다. 중제국은 대를 잇지 못해 멸망하고, 동프랑크는 후일 독일 왕국이, 서프랑크는 프랑스 왕국이 된다. 결국 유럽은 하나의 나라에서 파생된 셈이다. 따라서 프랑스 왕국 시기이자 역사학에서 고중세로 분류하는 이 시기는 유럽의 역사이자 프랑스 역사이기도 하다. 샤를르마뉴 대제 역시 파리를 버리고 벨기에와 독일의 국경 지대인 아헨(프랑스 이름은 엑스 라 샤펠)으로 이주하기 때문에 파리 역시 클로비스 시대 즉, 메로빙거 왕조 당시의 영화를 잃어버리게 된다. 하지만 프랑스인들은 클로비스를 프랑스 초대 왕으로 숭상하고 있다. 그가 세례를 받은 렝스 성당은 이후 고딕 양식으로 다시 지어지면서 역대 프랑스 왕들의 대관식이 행해지는 성당으로 자리잡게 된다. 프랑크 왕국 당시 가장 주목할 만한 현상은 프랑크 족이 로마의 지배를 받고 있던 골 족을 침입해 왕국을 건설했지만 문화적으로, 특히 언어적으로 게르만 어를 버리고 골 족이 사용하던 속화된 라틴 어를 사용하게 된다는 점이다. 이 속화된 라틴 어를 로망스 어라 부르는데, 프랑스 어도 로망스 어 계열의 한 언어다. 이 속화된 라틴 어는 지역에 따라 차이를 보여 남프랑스는 오크 어(랑그 도크)를, 북프랑스는 오일 어(랑그 오일)를 사용했다. 오크와 오일은 긍정을 나타내는 "예"라는 말이다.

카페 왕조 (987~1328)

카롤링거 왕조 말기에는 바이킹 족이 센느 강을 거슬러 올라와 자주 침입했다. 뿐만 아니라 수많은 비적이 출몰하고 전쟁이 일어나게 된다. 농민들은 지방의 힘있는 영주들에게 안전을 부탁하게 되고, 이것이 봉건제도를 낳는다. 당시 이러한 혼란 속에서 정권을 쥐게 된 위그 카페는 987년 파리를 중심으로 한 서프랑크 왕국의 왕에 오른다. 하지만 당시 그가 소유한 땅은 파리 시 일대가 전부였다. 카페 왕조는 이후 14세기 초까지 끊임없이 영토를 확장해 중세 프랑스의 기반을 마련한다. 이 시기에 파리는 확고한 프랑스 수도로서의 면모를 갖추게 된다. 당시 파리에서 일어난 중요한 사건을 보면, 노트르담 성당의 건립, 필립 오귀스트에 의한 파리 요새 구축과 루브르 성 건립, 파리 대학 창설, 성 루이 대왕의 십자군 원정 등을 들 수 있다.

[CHECK

성 루이 왕 (루이 9세, 1214~1270, 재위 1226~1270)
프랑스 인들에게 성 루이 왕으로 알려진 루이 9세는 십자군 원정을 통해 성자의 명성을 얻게 된다. 깊은 신앙심과 용맹함을 겸비한 그는 현재 노트르담 성당에 있는 십자가 조각 등을 예루살렘에서 직접 가져온 장본인이다. 하지만 그의 통치가 항상 순조로웠던 것은 아니었다.

12살의 어린 나이에 등극한 루이 9세는 왕권에 도전하는 브르타뉴, 불로뉴 등지의 영주들을 굴복시킨 어머니 블랑슈 드 카스티유의 섭정(1226~1242)으로부터 이전보다 강화된 왕권을 물려받을 수 있었다. 하지만 루이 9세 역시 영국의 지지를 받은 아키텐 지방의 반란을 진압해야만 했다. 처음으로 법관들을 동원해 궁정에서 재판을 하도록 했고, 이것이 후일 파리 고등법원으로 발전하게 된다. 성 루이 왕은 개인적인 결투 등 민간인끼리의 싸움을 전면 금지시켰고, 또 경제 면에서는 왕립 화폐를 전국에 보급해 통용시켰으며, 소르본느 대학의 설립을 공식적으로 인가하기도 했다. 당시는 프랑스가 처음으로 지적이고 예술적이면서도 윤리적인 국가로 일대 융성기를 맞이한 시기이다. 유럽의 다른 나라에 분쟁이 생기면 성 루이 왕에게 중재를 요청할 정도였다. 외교도 활발해 멀리 몽고까지 사신을 파견할 정도였다. 하지만 불행하게도 성 루이 왕은 제8차 십자군 원정에 나섰다가 그만 페스트에 걸려 숨을 거두고 만다. 프랑스에서는 성 루이 왕을 둘러싼 전설이 많다. 뱅센느 숲의 참나무 밑에서 가난한 백성들을 보살폈다는 전설은 프랑스 초등학교 교과서에도 나오는 일화다. 1297년 교황 보니파키우스 8세에 의해 성인으로 시성(諡聖)된다.

발루아 왕조 (1328~1589)

카페 왕조의 왕들은 계속해서 후사를 얻지·못해 왕권 세습과 왕위 계승으로 인한 싸움에 휘말린다. 방계인 발루아 가문의 필립 6세에게 왕권이 넘어간 것도 이런 사정 때문이었다. 하지만 왕권은 강력하지 못했고, 1358년 파리 일대의 상인 조합의 우두머리이자 파리 시의 시장 역할도 맡고 있던 에티엔느 마르셀이 파리 시의 성문을 영국과 나바르 가문에게 개방하기 위해 반란을 일으킨다. 이후 샤를르 5세 때에 들어 왕권은 다시 강해져 새로 건축된 성을 통해 도시를 확장하며 인구도 15만을 헤아리게 된다. 바스티유, 뱅센느 성 등이 이때 지어진다. 하지만 이때부터 프랑스 발루아 왕조는 영국과의 백년전쟁에 들어가 오랫동안 재앙의 시기를 거치게 된다. 이때 기적과 같이 등장해 샤를르 7세의 축성식을 거행하고 영국으로부터 프랑스를 구한 여걸이 잔 다르크이다.

발루아 왕조의 전성기는 흔히 프랑스 르네상스의 아버지로 불리는 프랑수아 1세 때이다. 이탈리아 원정을 통해 이탈리아 르네상스를 받아들이고, 프랑스 어로 공문서를 작성하도록 했으며 콜레주 드 프랑스를 창설했다. 퐁텐느블로 성을 짓고 루브르를 개축했으며 루아르 강 일대를 프랑스 르네상스의 본거지로 만든 이도 프랑수아 1세다. 그 유명한 〈모나리자〉를 레오나르도 다 빈치로부터 구입한 사람도 프랑수아 1세였다. 프랑수아 1세와 신성로마제국 황제를 칭하던 카를 5세와의 오랜 전쟁은 당시 유럽 일대를 뒤흔든 가장 큰 역사적 사건이었다. 로마는 이 전쟁으로 인해 많은 피해를 보았다.

발루아 왕조 말기는 종교전쟁으로 혼란스러운 시대였다. 프랑수아 1세의 뒤를 이은 앙리 2세 이후 프랑수아 2세, 샤를르 9세, 앙리 3세 등은 모두 병약해 실질적인 권력은 이탈리아 메디치 가에서 시집 온 모후인 카트린느 드 메디시스가 쥐고 있었다.

이 당시 중요한 사건으로는 1572년 성 바르톨로메오 대학살을 들 수 있다. 영화 〈여왕 마고〉를 통해 소개된 바 있는 종교전쟁의 대참사로 인해 파리와 왕궁은 가톨릭 편을 들게 되고, 파리에서 권력을 잡지 못하면 프랑스 국왕이 될 수 없다는 불문율이 생겨나게 된다. 앙리 4세는 이러한 당시 파리 정치 분위기의 희생물이 된다.

[CHECK]

잔 다르크 Jeanne d'Arc

[성인으로 추앙받고 있는 잔 다르크의 동상]

프랑스 중부를 관통해서 흐르는 루아르 강 인근에 중세식 요새인 쉬농 성이 있다. 영국과의 백년전쟁이 한창이던 1429년, 수백 개의 촛불이 불을 밝히고 있는 쉬농 성의 대접견실에 화려한 옷을 걸친 300명의 고관 대작들이 모였다. 시종장이 한 젊은 시골 소녀를 데리고 들어왔다. 잔 다르크였다.
로렌 지방의 동레미라는 작은 마을에서 태어난 18살의 시골 처녀는 자신이 13살 때부터 천사들의 메시지를 들었고, 조국 프랑스를 영국으로부터 구출하라는 사명을 받았노라고 했다. 하지만 아무도 믿지 않았다. 대신들은 이 소녀를 시험해 "자, 여기 300명의 대신들이 모여 있다. 우리들 중에는 왕세자도 계시다. 어느 분이 왕세자인지 가려내거라." 잔 다르크를 시험하려 왕세자 역시 같은 귀족 복장을 하고 300명 중에 숨어 있었다. 하지만 잔 다르크는 단번에 왕세자를 알아보고 달려가 그의 무릎에 입을 맞추었다. "왕이시여, 저는 잔 라 퓌셀입니다. 하늘에 계신 왕이 저를 통해 당신을 렝스 성당으로 데리고 가 왕관을 씌워주라 합니다." 프랑스에서 폐하라는 극존칭은 16세기 말에나 쓰였고, 게다가 일자 무식이었던 잔 다르크는 아주 쉬운 말로 자신이 왜 왔으며 어떻게 왔는지를 설명했다. 하지만 왕세자를 비롯해 대신들은 시험을 통과한 시골 처녀를 다시 푸아티에로 보내 그녀가 한 말과 신의 계시가 진실인지 아닌지를 판단하도록 했다. 모든 시험을 통과한 잔 다르크는 마침내 오를레앙을 해방하고 왕세자를 데리고 렝스 성당으로 가 대관식을 거행한다. 하지만 잘 알려져 있다시피 이 '오를레앙의 처녀'는 소르본느에서 보낸 신부의 모함을 받아 마녀로 몰려 루앙의 옛 성당 광장에서 화형을 당하고 만다. 당시 파리와 부르고뉴 등은 영국과 동맹을 맺고 있어서 잔 다르크를 동포로 여기기보다는 적으로 간주하고 있었다. 잔 다르크가 화형을 당한 루앙의 광장에는 지금 작은 성당이 세워져 있다. 잔 다르크가 성인이 된 것은 1920년으로 화형을 당한 지 약 500년이 지난 다음의 일이었다.

프랑수아 1세 François I (코냐크 1494~랑부이에 1547, 재위 1515~1547)

흔히 프랑스 르네상스의 아버지로 일컬어지는 프랑수아 1세는 1514년 국왕 루이 12세의 공주 클로드와 결혼했다. 사위였지만 루이 12세에게 후사가 없었기 때문에 왕위에 즉위할 수 있었다. 그는 성격이 활달하고 낙천적이었으며, 무인다운 호방함을 지니고 있으면서도 예술을 애호해 많은 예술인들을 후원하기도 했다. 왕위에 오르자마자 선대왕들처럼 이탈리아 원정을 시작해 밀라노를 손에 넣었다. 신성로마제국의 황제가 되기 위해, 당시 유럽 최대의 권력가인 독일 황제 카를 5세와 여러 번 전투를 벌였으나, 매번 패배해 꿈을 이루지 못했다. 당시 이 두 사람의 다툼은 16세기 이탈리아 지배를 둘러싸

[프랑스 르네상스의 아버지 프랑수아 1세]

고 1521년에 시작된 제1차 전쟁에서 1544년에 끝나는 제4차 전쟁에 이르기까지 계속된 유럽 근세사 최대의 외교적 갈등이었다. 프랑수아 1세는 네 차례에 걸친 이탈리아 원정을 통하여 고대의 학문과 예술에 심취, 프랑스 중부의 루아르 강 인근에 르네상스 양식의 성을 세우고, 고전학자들과 예술가들을 초청하여 프랑스 르네상스와 인문주의 발전에 힘을 기울였다. 레오나르도 다 빈치를 초청한 왕도 프랑수아 1세였다. 또한 프리마티치오, 로쏘, 벤베누토 첼리니 등 이탈리아 예술가들을 파리 남쪽의 퐁텐느블로 성에 초청해 르네상스 풍의 성을 짓고 프랑스 예술가들과 함께 생활하도록 했다.

부르봉 왕조 (1589~1789)

앙리 4세는 자신이 가톨릭으로 개종을 하는 대신 개신교도들에게 예배의 자유를 허락하는, 이른바 '낭트 칙령'을 공포한 왕이다. 앙리 4세가 암살된 후 부르봉 왕조는 루이 13세, 14세, 15세, 16세를 거치면서 프랑스 절대 왕정을 확립시킨다. 이 시기는 또한 근대 프랑스의 모든 초석이 놓여진 시기이기도 하고, 베르사유 궁을 지은 태양왕 루이 14세 때에는 정치, 경제, 문화, 예술 모든 면에 걸쳐 프랑스가 유럽의 맹주

로 떠오르는 시기이기도 하다. 현재와 같이 피레네 산맥, 라인 강, 도버 해협, 알프스 산맥 등에 의한 자연 국경이 형성되기도 한다.

베르사유 궁이 완공되면서 1682년 루이 14세는 파리를 떠나 베르사유로 천도를 한다. 베르사유가 정치·행정의 중심지가 되고 파리는 상업적 기능을 한층 강화하게 된다. 이런 이유로 현대 도시 계획자들에게 베르사유는 최초로 행정 수도 개념을 제공한 궁으로 꼽힌다. 당시 약 20만의 인구가 살고 있었던 파리는 유럽 최대의 도시였다. 루이 14세는 파리를 떠나 베르사유에 머물렀는데, 결코 파리를 버리는 우를 범하지 않았다. 다시 말해 베르사유는 역설적으로 파리를 감시하고 관리하기 위해

[프랑스 절대 왕정을 확립한 루이 14세]

지어진 성이기도 했다. 루브르 궁, 빅투아르 광장, 앵발리드 군사 병원, 방돔 광장 등 파리에 있는 유명 건축물들은 모두 루이 14세의 명령에 의해 지어진 건물들이다. 베르사유는 귀족들을 불러 경쟁을 시키고 매너와 예절을 지키도록 하면서, 왕권을 강화시켜 나갔던 고도의 정치성을 띤 공간이었다.

55년간의 긴 통치를 끝내고 1715년 루이 14세가 죽자 이미 계몽주의로 접어들어 왕정 자체를 문제삼고 인권을 운운하는 시대가 빠른 속도로 다가오고 있었다. 파리는 당시 모든 자유주의 사상의 근원지 역할을 하고, 카페, 공원, 귀부인들의 살롱은 갈수록 정치색을 띠어간다. 1715년에서 1774년까지 통치(즉위 당시 5살이었기 때문에 1743년까지 필립 도를레앙 등의 섭정 기간이 있었다.)를 했던 루이 15세 당시에는 현재 소르본느 인근의 팡테옹과 에펠 탑 뒤에 있는 군사 학교 등이 건립된다. 콩코드 광장이 재정비되고 도로가 개설된 것도 이 당시다. 부르봉 왕가의 마지막 군주였던 루이 16세는 프랑스 대혁명을 맞은 비운의 왕이었고, 1793년 1월 21일 콩코드 광장에서 단두대의 이슬로 사라진다.

[CHECK]

태양왕 루이 14세 Louis XIV
(생 제르맹 앙 레 1638~베르사유 1715, 재위 1643~1715)

태양왕 루이 14세는 절대 왕정을 확립한 가장 강력한 군주였다. 역대 프랑스 왕들 중 가장 긴 55년의 재위 기간을 통해 근대 프랑스의 기초를 다졌고, 그의 시기에 프랑스는 고전주의라는 프랑스 문화의 황금기를 맞는다. 섭정이 이루어지던 재위 초기에는 귀족들의 반란인 이른바 프롱드의 난이 일어나는 등 왕권이 심각한 위협을 받던 때였다. 심지어 왕이 파리를 떠나 모후와 함께 각지로 유랑하며 마구간 같은 곳에서 잠을 자는 등 고난을 겪었다. 이로 인해 루이 14세는 오랫동안 파리에 대해 불쾌한 기억을 간직하게 되고 등극한 지 20년이 지난 1682년 왕궁을 베르사유로 옮기게 된다.

재상 마자랭이 1661년에 죽자, 루이 14세는 재상제를 폐지하고 직접 고문관 회의를 주재하며 친정을 편다. 동시에 정부의 한시적인 특사 성격을 띤 앵탕당Intendant이라는 행정관의 직무를 확대하여 각지에 상주시킴으로써 전국적인 관료 조직망을 구축한다. 또 파리 고등법원으로부터 칙령 심사권을 박탈하여 법원을 단순한 최고 재판소로 격하시킨다. 그 결과 약화되었던 왕권은 예를 찾아볼 수 없을 정도로 강력해졌고, 마침내 "짐이 곧 국가다."라는 선언과 함께 왕권은 신으로부터 내려온 것이라는 왕권신수설을 주장하기에 이른다. 절대주의 시대가 문을 연 것이다.

루이 14세는 중상주의를 폄으로써 보호관세에 의한 무역의 균형을 꾀하는 한편 산업을 육성한다. 이로 인해 당시 이탈리아에서 주도권을 쥐고 있던 양탄자, 자기, 크리스털, 가구, 유리 산업 등에 걸쳐 프랑스가 주도권을 쥐게 된다. 외교적 측면에서는 많은 장군과 신하를 거느리며 유럽의 열강을 상대로 플랑드르 전쟁(1667~1668), 네덜란드 전쟁, 스페인 왕위 계승 전쟁을 수행해 유럽의 주도권을 장악한다. 파리 교외에 지은 베르사유 궁전은 유럽 문화의 중심이 되었을 뿐만 아니라, 바로 이러한 내치와 외치를 이루어 나가는 정치의 중심이 되었다. '하나의 국가에 하나의 종교'라는 원칙을 공표하면서 이에 따라 1685년에는 낭트 칙령을 폐지하고, 신교도와 엄격한 계율을 따르는 장세니스트를 이단으로 규정하여 탄압한다. 이로 인해 상공업에 종사하던 신교도들이 네덜란드 등 국외로 이주함으로써 프랑스 산업은 타격을 받게 된다. 또한 치세 말기에 치러야 했던 스페인 왕위계승전쟁 등 여러 차례의 대외 전쟁과 화려한 궁정 생활로 인해 재정이 결핍되면서, 심지어 왕이 사용하던 은제 의자 등을 팔아야 하는 지경에 이르게 된다. 이렇게 해서 루이 14세는 재정적으로 허약해진 국가를 남기고 1715년 숨을 거둔다.

프랑스 대혁명 (1789~1799)

루이 16세의 통치 기간에는 혁명이 일어날 수밖에 없는 몇 가지 환경들이 형성되고 있었고, 이를 위기로 받아들이지 못한 궁정은 급기야 대혁명을 맞고 만다. 심각한 재정 적자는 미국 독립전쟁에 참여하게 됨으로써 더욱 가중되어 갔다. 조세 부문의 개혁들을 시도했지만 번번히 특권층에 밀려 허사로 돌아갔다. 특권층은 개혁을 제안한 대신들을 자리에서 밀어내는 등 강력한 반발을 보였다. 게다가 몇 년 동안 계속된 기근으로 국가 전체의 경제 사정도 악화일로를 걷고 있었기 때문에 귀족, 성직자로 이루어진 특권층의 반개혁적 성향은 심각한 상황을 예고하고 있었다. 혁명 직전인 1788년은 큰 흉년이 들었고 실업자들은 각 도시에서 크고 작은 소요를 일으키고 있었다. 루이 16세는 마침내, 1614년 이후 170여 년만에 처음으로 삼부회를 소집하기에 이르렀고 이 삼부회는 혁명의 시발점이 되고 만다. 1789년 6월 17일 소집된 삼부회에서 평민들로 구성된 제3신분은 회의에 실망한 나머지 이른바 '테니스장의 언약'을 통해 아쌍블레 나시오날이라는 국회를 선언하고 만다. 1789년 7월 14일 파리 시민들은 앙시엥 레짐Ancien Régime 즉, 구 체제의 상징이었던 바스티유 감옥을 점령하고 이로써 혁명은 걷잡을 수 없이 확산되기에 이른다. 1789년 8월 국회는 앙시엥 레짐의 해체를 공식 선언한다. 재정 문제를 해결하기 위해 국회는 성직자들의 재산을 국고로 귀속할 것을 결정하고 왕도 이에 동의한다. 하지만 루이 16세는 1791년 6월 동쪽 국경 지역인 바렌느로 탈출을 시도하다가 실패해 파리로 끌려온다. 동시에 혁명의 물결이 확산되는 것을 두려워한 인근 국가들 중 가장 먼저 오스트리아와 전쟁을 벌이게 된다. 루이 16세를 보호하겠다는 명분은 파리 시민들을, 특히 평민 계급으로 귀족의 상징이었던 짧은 바지 대신 긴 바지를 입어 상 퀼로트Sans Culotte로 불리던 이들을 격분케 했다. 이들은 먼저 루이 16세를 왕위에서 폐위시켰고 자연히 잠시 동안 유지되었던 입헌군주제 역시 사라졌다. 보통 선거로 선출된 첫 의회인 국민 의회(콩방시옹Convention)는 1792년 공화국을 선포한다. 하지만 의원들 내부에 혁명의 미래에 대해 의견이 엇갈리며 당파가 생겨나 서로 대결하게 된다.

지롱드 파는 혁명이 끝났다고 본 반면, 항상 높은 의석에 앉아 산악당Montagnards으로 불렸던 의원들은 평민들을 동원해 혁명을 더 밀고 나가야 한다고 주장했다. 1793년 루이 16세를 비롯한 왕족들이 참수를 당하면서 혁명은 이제 전 유럽 국가와 프랑스라는 양자 대결 구도를 띠게 된다. 뿐만 아니라 프랑스 국내의 왕당파 역시 곳곳에서 격렬하게 반발하게 된다. 이런 상황에서 온건파인 지롱드 파는 제거되고 기타 매파 의원들은 공포정치를 실시한다. 이 당시 주요 인물이 로베스피에르이다. 하지만 마지막 정적까지 제거하려다 그만 로베스피에르 자신도 단두대에 서고 만다. 테르미도르Thermidor 즉, 혁명력으로 열월(熱月)인 1794년 7월 로베스피에르를 처단한 부르주아 계층은 공포정치를 끝내고 총재 정부Directoire를 세운다. 자코뱅 파와 왕당파 양쪽으로부터 위협을 받게 된 총재 정부는 그동안의 전승으로 얻은 이익을 통해 재정 위기에서 어느 정도 벗어나 있었고, 이로 인해 장군들이 갈수록 발언권을 얻어가고 있었다. 그중 한 인물이 바로 나폴레옹 보나파르트다.

나폴레옹 1세, 제1제정 (재위 1804~1815)

나폴레옹은 유럽이 아니라 우선 파리를 점령해야만 했다. 그는 온갖 정치적 상징 조작을 동원한다. 일반인들에게 생소하기만 하던 잔 다르크가 민족의 영웅으로 떠오른 것도, 루브르가 증축되고 개선문이 건립된 것도, 또한 카루젤 개선문이나 방돔 광장의 승전탑이 세워진 것도 모두 정치적 상징 조작에 의한 것이었다. 처음으로 가스등이 사용되는 시기도 나폴레옹 때부터다. 무엇보다 나폴레옹 시대는 끊임없이 계속되는 전쟁의 시기였다. 유럽 각국은 나폴레옹에 맞서 수차례 걸친 대불 동맹을 결성해 대항했다. 오스트리아, 프러시아, 러시아, 영국, 스페인 등의 다국적군에 대항하기에 나폴레옹은 역부족이었다. 러시아 원정은 치명적이었고 백일천하의 기회마저 워털루의 패전으로 끝나고 만다.

[CHECK]

[자크 루이 다비드 〈알프스를 넘는 나폴레옹〉]

나폴레옹 Napoléon
(코르시카 아작시오 1769~세인트 헬레나 1821, 재위 1804~1814/1815)

이름은 나폴레옹 보나파르트Napoléon Bonaparte로 지중해 코르시카 섬 출생이다. 프랑스 혁명의 사회적 격동기 직후의 안정을 원하는 분위기를 틈타 제1제정을 건설했으며, 군사 정치적 천재로서 서구 역사에서 알렉산더 대왕, 카이사르와 비견되는 영웅이다. 1784년 파리 육군 사관 학교에 입학, 졸업 후 포병 소위로 임관하여 지방 연대에 부임하였다. 1789년 프랑스 혁명 때는 코르시카로 귀향하여, 파올리 아래서 코르시카 국민군 부사령관에 취임하기도 했다. 1793년 가을 영국군의 수중에 들어간 툴롱 항을 포위, 항구를 탈환하는 여단 부관으로 복귀하여 최초의 무훈을 세웠다. 이듬해 이탈리아 원정군의 포병대 지휘를 맡았으나, 혁명력으로 테르미도르의 반동 쿠데타가 발생하자 자코뱅 파로 몰려 체포된다. 하지만 곧 풀려난 나폴레옹은 1795년 10월 5일(방데미에르 13일), 파리에 왕당파의 반란이 일어나 국민공회가 위기에 직면하자 바라스로부터 구원을 요청받고 포격으로 폭도들을 물리친다. 이 기민한 조치로 재기의 기회를 포착하여 내륙군 총사령관에 임명된 보나파르트는, 1796년 3월 보아르네 장군의 미망인이자 바라스의 정부로 사교계의 꽃이던 조제핀과 결혼하고, 이후 총재 정부로부터 이탈리아 원정군 사령관으로 임명된다. 이탈리아에서 오스트리아 군을 격파하여 5월에 밀라노 입성, 1797년 2월에는 만토바를 점령하는 전과를 올린다. 이 전투는 이른바 작전가로서 나폴레옹의 재능을 유감없이 드러낸 전투였다. 10월 오스트리아와 캄포포르미오Campoformio 조약을 체결하여, 이탈리아 각지에 프랑스 혁명의 이상을 도입한 공화국을 건설하였다. 그의 명성은 프랑스에서도 한층 높아졌고 하루 3시간만 잔다는 등 서서히 전설 같은 소문이 떠돌기 시작한다. 이러한 나폴레옹의 대중적 인기를 두려워한 총재 정부는 그를 제거하기 위해 군사적 재능을 높이 사는 척하며 1798년 5월 5만 명의 병력을 이끌고 이집트를 원정에 나서도록 한다.

귀국 직후 나폴레옹은 시예스, 탈레랑, 푸셰 등의 도움을 받아 쿠데타를 일으켜 총재 정부를 제거한다. 1799년 11월 9일(브뤼메르 18일) 군을 동원, 500인회를 해산시켜 원로원으로부터 제1통령으로 임명되고, 군사독재를 시작한다. 그는 평생 코르시카 인의 투박함과 솔직함을 잃지 않아 농민 출신 사병들로부터 인기를 얻었으나, 동시에 정복자로서 도덕성이 결여된 행동의 주인공이기도 했다. 광대한 구상력, 현실의 핵심을 파악해 내는 명민한 지적 능력, 포기할 것과 얻을 수 있는 것을 판단해 즉각 실천에 옮기는 신속한 행동은 마력적이라고 할 정도였다.

이처럼 사상 유례 없는 개성이 혁명 후의 안정을 지향하는 과도기의 사회 상황에서 보나파르티즘이라는 나폴레옹의 정치 방식을 확립했다. 제1통령으로서 프랑스 은행을 설립, 국가의 재정을 정비하고 법전을 편찬하는 한편 행정 제도를 다듬었다. 현재 고등학교인 리세를 설립한 것도 이때다.

한편 오스트리아와의 결전을 서둘러 1800년 알프스를 넘어 이탈리아에서 전승을 거둔다. 이 당시 알프스를 넘는 나폴레옹을 그린 그림이 자크 루이 다비드의 그 유명한 〈알프스를 넘는 나폴레옹〉이다. 1804년 12월 인민 투표로 황제에 즉위하여 제1제정을 폈다. 대관식은 1804년 12월 2일 혹독한 겨울, 파리 노트르담 성당에서 거행되었다. 영국을 최대의 적으로 간주하던 그는 대륙 봉쇄령을 내리는 등 다양한 전술을 구사했지만 효과가 없었다. 이 당시 나폴레옹은 현재의 도버 해협 지하로 터널을 놓을 구상까지 했었다. 1809년 아이를 낳지 못하던 조제핀과 이혼하고 이듬해 오스트리아 황녀 마리 루이즈와 재혼하였다. 그러나 1812년 러시아 원정이 실패하면서 나폴레옹은 급격하게 쇠퇴의 길을 걷게 된다.

1814년 3월 영국, 러시아, 프러시아, 오스트리아 군에 의해 파리를 점령당하고 그는 엘바 섬으로 유배된다. 이듬해인 1815년 3월 다시 파리로 들어가 백일천하는 전설을 다시 한번 창조하지만 6월 워털루 전투에서 웰링턴에게 패하여 영국에 항복하였다. 대서양의 세인트 헬레나 섬에 유배되어 1821년 그곳에서 죽었다. 독살 등 갖가지 소문이 돌았으나 위암으로 사망한 것으로 판명되었다.

왕정복고 (1815~1830)

백일천하 이후 프랑스는 다시 돌아온 부르봉 왕가의 두 명의 군주에 의해 통치된다. 루이 16세의 동생들이었던 루이 18세와 샤를르 10세가 그들인데, 왕정은 왕정이었지만 입헌군주제였다. 하지만 이들은 보수적인 정책으로 파리 시민들의 원성을 샀고 급기야 1830년 그 유명한 바리케이드 혁명 즉, 1830년 7월혁명이 일어나 루이 필립이라는 시민 왕이 왕위에 오른다. 루브르에 있는 유명한 그림 으젠 들라크루아Eugène Delacroix의 〈민중을 이끄는 자유의 여신〉이 그려진 것도 이때다. 바람둥이였다가 나이가 들어 개종한 인물인 샤를르 10세는 전혀 시대의 흐름을 못 읽었고 옛 프랑스 왕들처럼 행세하려고 했다. 렝스 성당에서 대관식을 하면서 기적을 통해 환자를 고치는 연극을 했을 정도였다. 또 왕당파의 친위 쿠데타를 기대하며 언론을 억압하기도 했다. 자신의 큰형이 왜 단두대의 이슬로 사라졌는지를 이해하지 못하고 있었던 어리석은 왕은 쫓겨나야만 했다.

7월왕정 (1830~1848)

1830년 7월에 일어난 혁명이 진행된 3일간을 프랑스 인들은 '영광의 3일' 이라고
부른다. 7월 26~28일 3일 동안 피비린내 나는 시가전을 치른 후 마침내 시민군은
승리를 거두고 루이 필립이 시민 왕으로 등극한다. 왕족이면서도 1790년 혁명군에
서 활동을 하기도 했던 오를레앙 대공 루이 필립은 부르주아 군주로서 왕당파와 공
화파 사이에서 통합을 이끌어낼 수 있다는 생각을 하고 있었다. 실제로 그는 성당
에서 기적을 행하는 연극을 한 샤를르 10세와는 전혀 다른 사람으로 손수 우산을

[들라크루아의 작품 〈민중을 이끄는 자유의 여신〉의 일부. 7월혁명을 주제로 한 작품이다.]

들고 다닐 정도로 열린 생각을 갖고 있었던 근대인이었다.
루이 필립이 통치하던 당시 일어난 최대의 사건은 콜레라였다. 1832년 파리 시민
약 2만 명이 사망한다. 또한 1837년에는 산업혁명의 상징이었던 기차가 처음으로
파리와 생 제르맹 사이에 놓이게 된다. 루이 필립 통치 말년에 총리직을 맡은 티에
르는 파리 일대에 이중의 성벽을 건축한다.
당시 선거는 지주와 세금을 많이 내는 부르주아들에게만 투표가 허락되는 제한선거
였다. 하지만 갈수록 더 많은 자유를 요구하는 파리 시민들의 바람을 다 들어줄 수
없었던 루이 필립은 선거권 확대를 요구하던 단순한 집회를 금지하다, 그만 혁명을
맞게 되고 그 즉시 퇴위한다.

나폴레옹 3세의 제2제정 (1848~1870)

제2공화국이 잠시 선포되었지만, 파리 노동자 빈민들의 지지를 받는 사회주의자 루

이 블랑의 정책은 적색 공포를 불러 일으켰고 전국의 온건 보수파를 집결시키는 계기가 된다. 당시 많은 빈민들을 도와주기 위해 공공 작업장이 열렸지만 1848년 6월, 이 작업장이 폐쇄되자 봉기가 일어나고 만다. 갑자기 정치는 우경화되기 시작했다. 이는 남성들에게만 주어진 보통선거 덕택에 가능한 일이었다. 25만 명에 불과했던 유권자가 900만 명으로 늘어났다. 보수적인 농민들은 나폴레옹의 전설에 향수를 갖고 있었고, 이에 나폴레옹의 조카인 루이 나폴레옹이 대통령으로 선출된다. 하지만 당시 임기는 4년이었다. 루이 나폴레옹은 자신의 임기가 끝날 무렵 1951년 12월 2일, 삼촌이 대관식을 했던 바로 그날, 쿠데타를 일으켜 황제 자리에 오른다. 위장된 자유주의, 정경 유착, 안정을 바라는 계층의 욕구를 충족시켜주는 무자비한 탄압, 그리고 무엇보다 나폴레옹 황제의 후광을 이용한 상징 조작과 식민지 개발로 인한 이익에서 비롯된 경제 발전 등이 그의 황제 자리를 안전하게 해 주었다. 그는 나폴레옹의 아들이 후사 없이 죽자 스스로를 나폴레옹 3세로 칭했다.

행운이 따라서 나폴레옹 3세 때 프랑스는 급속한 경제 도약을 이룩하게 된다. 전국에 뚫린 철도망은 1860년대 후반 이미 교역량의 50% 이상을 수송하게 되었고, 당시 인가된 크레디 리요네, 소시에테 제네랄, 크레디 퐁시에 같은 은행은 금융 시스템을 형성했다. 이는 개인 금융을 억제했고 개인 자산이 금융 시스템 속으로 유입되도록 했다. 이때가 바로 보들레르의 〈악의 꽃〉, 플로베르의 〈마담 보바리〉 등이 출간되어 물의를 빚었던 때이고, 살롱 전 같은 미술 전람회에서 마네의 〈풀밭 위의 식사〉나 〈올랭피아〉가 스캔들을 일으켰던 때이다. 나폴레옹 3세는 외교 면에서는 계속해서 악수(惡手)를 두었다. 비록 인도차이나 반도, 북아프리카 식민지는 두 배로 확장되었고 수에즈 운하 역시 그의 업적이었지만, 영국과의 경쟁에서 패배하고 만다. 그 예가 멕시코 제국 계획의 실패다. 이어 독일에서 일어난 민족주의를 간과해 보불전쟁을 맞게 되고 스당Sedan에서 포로가 되어 다시는 프랑스에 돌아오지 못하고 만다.

[CHECK]

나폴레옹 1세와 3세는 있는데, 나폴레옹 2세는 어디에?

역사에서 나폴레옹 1세와, 그의 조카로 쿠데타를 일으켜 제2제정의 황제를 지낸 나폴레옹 3세는 자주 언급되는 반면 1세와 3세 사이에 있어야 할 나폴레옹 2세는 단 한번도 언급이 되지 않는다. 어디로 간 것일까? 나폴레옹 2세는 존재하기는 하는 것일까?

물론 존재했다. 나폴레옹 2세(파리 1811~쇤브룬 1832)는 나폴레옹 1세와 오스트리아 공주로 나폴레옹의 두 번째 부인이 된 마리 루이즈 사이에 태어난 아들로, 이름은 프랑수아 샤를르 조제프 보나파르트François Charles-Joseph Bonaparte이다. 출생과 함께 로마 왕으로 명명되었지만, 아버지인 나폴레옹 1세의 퇴위 후 1814년 4월 연합국 측에 의해 외조부인 오스트리아의 프란츠 2세에게 맡겨졌다. 나폴레옹 2세의 이름이 부여된 것은 1815년 백일천하 때이지만, 프랑스에는 돌아오지 못했다. 어머니 마리 루이즈는 그를 빈 교외에 있는 쇤브룬 궁에 홀로 남겨뒀고, 나폴레옹 2세는 21살의 나이에 결핵으로 사망했다. 오스트리아 쇤브룬 궁에 가면 흔적을 볼 수 있다.

제3공화국 (1870~1940)

프러시아와의 전쟁에서의 패배와 파리 코뮌이라는 전대미문의 동족 간 전쟁을 치르며 수만 명이 죽은 이후 프랑스는 가까스로 공화정을 유지시켜 나간다. 1879년 헌법이 승인되고 베르사유에 있던 양원이 돌아와 상원은 뤽상부르 궁으로, 하원은 콩코드 광장 인근의 부르봉 궁으로 들어온다. 제3공화국 당시 몽마르트르 언덕에 사크레 쾨르 성당이 건립된다. 이어 터진 1차대전 동안 정부는 파리를 버리고 보르도에 자리를 잡는다. 전후 제3공화국은 파리의 옛 성들을 허물고 현재와 같은 파리시 경계를 확정한다. 1930년대는 세계적인 불황으로 파리 역시 위기에 처하고, 독일과 이탈리아에서 군국주의의 망령이 되살아나는 시기였으며 곧 2차대전이 터지게 된다.

독일 점령기 (1940~1945)

〈금지된 장난〉 같은 영화와 베르코르의 짧은 소설 〈바다의 침묵〉 등이 묘사한 것처럼 프랑스 인들에게 이 기간은 가혹한 시기였다. 하지만 파리는 2차대전 중 폭탄 한 발 떨어지지 않은 채 거의 완벽하게 살아 남았다. 수백 만의 유태인들을 가스실로 보낸 히틀러였지만, 그는 또한 파리를 사랑한 독재자이기도 했다. "자네는 내가 얼마나 파리를 보고 싶어했는지 모를 걸세……." 친구이자 부하였던 한 장군에게 히틀러가 한 말이다. 메르세데스에 몸을 실은 아돌프는 그 길로 가장 먼저 파리 오페라를 찾아가 휘하 장군들에게 직접 가이드를 하며 자신의 예술적 감성을 뽐냈다. 수만 점의 그림들을 훔쳐가기 시작한 것도 이때부터다.

제4공화국 (1946~1958)

파리는 다른 프랑스 도시들, 특히 북프랑스의 도시들과는 달리 2차대전 중 거의 파괴되지 않은 채 남아 있었다. 따라서 특별히 전후 복구가 필요 없었고 신속하게 옛 모습과 정치적 영향력을 회복하게 된다. 1946년 10월 제4공화국이 선포된다. 제4공화국은 인도차이나 전쟁과 알제리 전쟁으로 인해 모든 국력을 그곳에 쏟아야만 했다. 그럼에도 경제는 마셜 플랜에 의한 미국의 원조로 급속하게 회복되었다.

[CHECK]

샤를르 드골 Charles de Gaulle (릴르 1890~콜롱베 레 되 제글리즈 1970)

자유주의적이고 교양 있는 가톨릭 집안에서 태어나 생시르 육군 사관학교를 졸업했다. 그 후 제1차 세계대전에 참전하여 여러 번 포로가 되었다가 탈출했다. 1922년 모교에서 전쟁사 교관을 지낸 후 페탱 원수의 부관으로 근무했다. 일찍이 기갑부대의 창설을 주장했지만 당시 군인들로부터 이해를 얻지 못했다. 제2차 세계대전이 발발하자 드골은 기갑사단장직을 맡아 항전을 계속할 것을 주장했지만, 페탱 원수의 항복 소식을 접하자 1940년 6월 영국으로 건너가 항전을 촉구하는 유명한 '6월 18일 호소'를 발표한다.

이어 자유 프랑스와 연대해 국내외에서의 항독 운동을 조직하게 된다. 이로 인해 페탱이 이끄는 친독 비쉬 정부로부터 사형을 선고 받았다. 그러나 1943년 알제리에서 결성된 항독 국가 위원회 위원장에 취임하여 대독 항쟁을 계속한다. 1944년 파리에 입성한 드골은 임시정부의 수반이 되어, 1945~1946년 총리, 국방장관 등을 역임하며 1947년에는 프랑스 국민 연합RPF을 조직, 1951년 선거에서 제1당이 되었으나, 1953년 RPF를 해체하고 정계에서 은퇴하여 《회고록》을 집필하였다. 은퇴 이유는 사회당과 공산당이 주류를 이뤄 주도하는 의회 중심의 제4공화국을 대통령 중심제로 바꾸어야 한다는 자신의 주장이 지지를 얻지 못했기 때문이다. 그러나 1958년 알제리에서 쿠데타가 일어나 제4공화정이 붕괴될 위기에 몰리자 정치권에서는 다시 드골에게 정계에 복귀할 것을 요구한다.

그해 6월 총리가 되었고, 9월 28일 헌법 개정 국민투표에 의하여 대통령의 권한을 강화하고 의회의 권한을 약화시킨 제5공화정을 출범시킨다. 10월 그를 지지하는 신공화국 연합UNR을 결성, 11월 총선거에서 제1당이 되고, 1959년 1월 대통령에 취임하였다. 1961년 1월 알제리 민족 자결 정책을 발표하고, 1962년 4월 알제리의 독립을 국민투표로 가결하여 7년이 넘는 알제리 전쟁을 평화적으로 해결한다. 1962년 10월 대통령 직선 문제를 국민투표에 붙여 승리를 거두어 드골 체제를 일단 완성시켰다. 그 후 1963년 영국의 유럽경제공동체EEC 가입에 거부권을 발동하였고, 독자적인 핵무장, 미국 지휘하에 있는 북대서양조약기구NATO 탈퇴 등 '위대한 프랑스'를 중심으로 유럽 민족주의를 부흥하기 위하여 주체적인 활동을 전개하였다. 1965년 대통령에 재선되었으나 1968년 5월 학생혁명으로 촉발된 위기로 하야하게 된다. 자크 시라크 전 프랑스 대통령 역시 드골주의자였다.

제5공화국 (1958~현재)

조르주 퐁피두, 지스카르 데스탱, 프랑수아 미테랑, 그리고 자크 시라크 등이 대통령을 역임하며 제5공화국을 지탱해 나갔다. 조르주 퐁피두 대통령 시절 국립 현대 미술관이 들어가 있는 조르주 퐁피두 문화센터가 건립된다. 파리에 13개 대학이 설립되고, 내부 순환도로도 이때 건설된다. 파리에 가장 큰 흔적을 남긴 대통령은 14년 동안 프랑스를 통치한 사회당의 프랑수아 미테랑이다. 파리의 10대 공사로 불리는 그의 치적은 그랑 루브르, 라 데팡스의 그랑 다르슈, 바스티유 오페라, 베르시 실내 경기장, 프랑스 국립 도서관, 오르세 박물관 등으로 파리 시의 면모를 일신한다.

[**CHECK**]

프랑수아 미테랑 François Mitterrand
(자르나크 1916~파리 1996, 재임 1981~1995)
제5공화국 유일의 사회당 대통령으로 7년 임기의 대통령에 두 번 연임되어, 무려 14년 동안이나 프랑스를 통치했던 20세기 말 프랑스의 가장 뛰어난 정치가가 바로 미테랑이다. 국회의원, 상원의원, 장관 등을 역임했고 1958년 드골이 대통령 후보로 추대되자 탈당해, 이후 프랑스 좌파를 이끄는 야당 당수로 대통령 선거에 출마한다. 1965년 선거에서는 드골과 거의 대등한 표를 얻기도 했고 공산당이나 급진 사회주의자들과 연합해 1974년 선거에 입후보하지만, 지스카르 데스탱에게 패하고 만다. 이후 1981년 자크 시라크 전 대통령과 경쟁해 당선되고 1988년에도 역시 같은 시라크를 누르고 대통령에 연임된다. 미테랑의 가장 큰 업적은 유럽연합의 탄생이다. 또 대내적으로는 사형 제도의 폐지와 지방자치제 전면 실시 등의 업적을 남겼다. 하지만 계속되는 불황과 경제난 등으로 인해 실업자 300만 시대를 연 대통령으로 기억되기도 한다. 재임 시 파리 10대 공사들을 통해 파리의 균형적인 발전을 꾀한 것도 그의 공적이다. 그랑 루브르, 프랑스 국립 도서관 신축, 바스티유 오페라 하우스 개관, 라 빌레트 공원과 과학관 건립, 라 데팡스의 그랑 다르슈 등 그의 치세 동안 파리는 몰라보게 달라졌다. 하지만 유럽연합이 구체화되고 경제적으로 통합할 수 있는 기초를 다진 것이야말로 그의 가장 큰 업적으로 꼽아야 할 것이다.

FRANCE **SPECIAL**

미 술

[생트 샤펠 성당의 스테인드글라스. 대부분이 문맹이었던 중세 시대에, 성당을 장식한 조각과 그림은 이미지로 된 성경이었다.]

© Photo Les Vacances 2007

미술 용어의 대부분은 프랑스 어이며 화가, 조각가의 대부분은 국적이 어떻든 파리에서 살았다. 박물관과 화랑은 그대로 산 교육장이었으며, 카페와 레스토랑은 토론장이었고, 매년 혹은 2년마다 열리는 각종 살롱 전은 미술가들에게 더없이 좋은 기회였다. 시인, 소설가들은 미술 비평가들이었다. 프랑스는 미술이 발달하고 늘 새롭게 다시 태어날 수 있는 거의 모든 조건을 갖추고 있는 나라였다.

프랑스 미술의 시기별 특징

중세 고딕 미술

익명의 장인들이 돌을 새기고 스테인드글라스를 만들었으며, 성 모자상과 피에타를 그렸다. 그들에게나 글을 읽을 줄 몰랐던 대부분의 프랑스 인들에게나 성당을 장식했던 조각과 그림은 이미지로 된 성경책이었다. 감상의 대상이기 이전에 그것들은 경배의 대상이었던 것이다. 노트르담 성당과 인근에 있는 생트 샤펠은 고딕 건축의 정수를 그대로 보여준다. 모든 성당들이 거의 동일한 구조에 거의 동일한 도상들로 장식되어 있다는 것은 당시 예술이 건축에 종속된 장르로 아직 창작이라는 개념이 부재했음을 일러준다. 하지만 이미 성당들은 수도원이 아니라 속세 속으로 들어와 자본의 축적과 기술의 발달을 표현하고 있었다. 고딕 건축 중 가장 통일성이 있으 며 초기 고딕 양식을 잘 나타내주는 건물로서 파리 근교의 샤르트르 성당을 꼽을 수 있다. 종교 예술 이외에는 장례 예술이 있다. 주로 고관대작의 묘를 장식할 요량 으로 제작된 석물들이다. 회화는 거의 모두 제단화이거나 아니면 기도서를 장식하

[16세기 화가인 장 쿠쟁의 〈에바 프리마 판도라〉]

는 세밀 채색화들이었다. 파리 근교의 샹티이 성에 있는 콩데 박물관에 가면 중세 시대의 필사본과 채색 세밀화들을 볼 수 있다.

어느 그림이나 조각이든 인간의 몸은 자연과 섞이지 못한 채 어색하게 동떨어져 있 다. 자연을 영혼 우위의 입장에서 하나의 대상으로 바라보지도 못하고 또 인간을 자연 속의 한 부분으로 인식하지도 못한 채, 여전히 교회의 교리에 따라 자연 따로 인간 따로 병치되어 있을 뿐이다.

르네상스

전적으로 이탈리아의 영향을 받은 프랑스의 르네상스는 독자성을 획득하기까지 오 랜 시간이 걸린다. 고딕이 전적으로 파리를 중심으로 발달해 이탈리아를 제외한 전 유럽으로 퍼져나간 양식이었다면, 르네상스는 이탈리아에 의한 이탈리아의 미술이 었다. 서서히 기독교적 주제에서 벗어나 신화적 주제들이 묘사되기 시작했고, 궁과 정원의 개념도 화약이 발명되어 전쟁의 개념에 변화가 일어나면서 동시에 바뀌었

다. 이와 함께 왕과 귀족들의 초상화가 새로운 장르로 등장한 것도 르네상스 시기의 한 특징이다. 또한 고대 그리스 로마는 규범이자 모방해야 할 모델로 부상했다. 로마는 예술가들의 성지로서 순례의 대상이었다. 조각에서는 장 구종이 루브르 궁(현재는 루브르 박물관)의 여인상, 카리아티드와 파리 레 알 부근의 레지노쌍 분수대의 부조를 만들어 르네상스의 대표적 조각가가 되었다. 퐁텐느블로 등의 성에는 이탈리아 화가, 조각가들이 초청되어, 프랑스 장인들과 함께 생활하면서 르네상스에 이어 나온 매너리즘 양식을 꽃피웠다. 인체를 길게 묘사하는 매너리즘 양식의 벽화들을 퐁텐느블로에서는 쉽게 볼 수 있다.

[17세기 프랑스 화단을 대표하는 니콜라 푸생의 〈아르카디아의 목자들〉]

17세기 고전주의

17세기 초기는 여전히 이탈리아의 영향을 벗어나지 못하고 있던 시대였다. 루브르와 뤽상부르 궁을 보면 이는 쉽게 알 수 있다. 루이 14세가 등극하자 비로소 고전주의라고 하는 프랑스의 위대한 전통이 세워지며, 바로크의 유혹에 대항해 많은 화가와 조각가들이 규칙과 절제와 조화를 숭상하는 고전주의를 꽃피우게 된다. 베르사유는 이 모든 예술 활동의 정수가 모여 있는 곳이다. 당시는 성화, 역사화, 신화화만이 예술이었다. 지라르동, 콰즈보, 르 브룅, 쿠스투 등의 조각과 니콜라 푸생, 클로드 로랭, 시몬 부에, 미나르 등의 화가는 이 17세기를 후일 위대한 세기로 부르게 한 조각과 회화의 대가들이었다. 17세기에 특기할 만한 사건은 1648년 회화 조각 아카데미가 창설된 것이다. 이 아카데미는 대혁명이 일어날 때까지 예술가를 양성하는 학교이면서 동시에 미학 규칙을 정하고 살롱을 개최하기까지 하며 프랑스 고전주의와 아카데미즘에 결정적인 영향력을 행사했다.

교황의 후원에 힘입은 반종교개혁의 예술적 표현이었던 바로크는 이탈리아에서 시작되어 프랑스로 들어왔지만, 프랑스에서는 고전주의에 눌려 크게 발전하지 못했다. 그 예로 이탈리아 조각가로 바로크 최대의 예술가로 꼽히는 지안로렌초 베르니니의 〈루이 14세〉 상을 루이 14세는 별로 마음에 들어하지 않았다.

18세기 로코코

바로크의 장식적 아류인 로코코 양식은 프랑스에서는 절대군주였던 루이 14세가 숨

© Photo Les Vacances 2007

[와토의 작품 〈키테라 섬의 순례〉. 18세기 로코코 화가들은 이전보다 육감적이고 솔직한 터치를 보여주었다.]

을 거두고 섭정이 시작되는 18세기 초 실내 장식에서 시작해 회화와 조각으로 번져 나갔다. 성화와 역사화가 계속 그려지는 한편, 신화적 요소들을 핑계 삼아 인간의 육체적 향락과 아름다움을 묘사한 대담한 그림들이 자연 풍경을 배경으로 시도되었고, 이는 낭만주의를 예고하고 있었다. 와토, 부셰, 프라고나르는 18세기의 대표적 화가였다. 이들의 데생과 색은 이미 고전주의와 상당한 거리를 두고 있었으며 훨씬 육감적이고 솔직한 터치를 보여주었다. 정물화에서는 샤르댕이 사물의 본질을 거머쥐려는 집요함을 절도 있게 표현해 디드로 등으로부터 칭찬을 받기도 했다. 루이 15, 16세의 애첩들이 살롱을 좌지우지하던 이 당시 많은 조각가들은 이들을 위해 작품을 제작하곤 했다. 피갈, 부샤르동, 팔코네 등이 그들이다.

18세기 말에는 자크 루이 다비드의 〈호라티우스 형제들의 맹세〉를 시점으로 여성적이고 장식적인 로코코에 반기를 들고 고전주의로 다시 돌아가자는 신고전주의 물결이 일어난다. 한편에선 위베르 로베르를 중심으로 우수에 찬 위대한 풍경을 묘사하기도 했다. 모두 낭만주의의 거센 물결을 예고하는 그림들이었다.

19세기 낭만주의 · 사실주의 · 인상주의

미술사에서 르네상스 이후 가장 위대한 혁명들이 연속해서 일어난 19세기 내내 파리는 그 중심에 있었다. 프랑스 대혁명으로 루브르는 이제 박물관으로 바뀌었고, 비록 들어가기 위해서 허가를 받아야만 했지만, 많은 화가와 조각가들은 루브르에 들어가 그림을 복제하며 대가들의 작품과 철학을 배웠다.

나폴레옹 시대의 역사화는 거의 마지막 역사화였으며 이어 제리코, 들라크루아의 낭만주의가 광풍처럼 파리를 휩쓸었다. 분출하는 힘은 혁명의 그것이었으며 아프리

© Photo Les Vacances 2007

[낭만주의 화가인 들라크루아의 〈사르다나팔 왕의 죽음〉]

카로, 그리스로, 그리고 동방으로 떠난 화가들은 이집트, 북아프리카 등지에서 빛과 색의 향연을 경험하고 돌아와 프랑스 예술에 새로운 자양분을 공급했다.

하지만 파리는 빈민들도 가득했고 술에 절은 취한과 부르주아의 모순된 이데올로기로 열병을 앓고 있었다. 쿠르베의 사실주의는 이 현실을 담고자 했던 사조였다. 미술이 현실을 변혁할 수 있다고 믿었던 그는 끝까지 싸웠고 그만큼 많은 반향을 불러일으켰다. 코로, 밀레, 루소 등은 이미 산업화된 파리를 떠나 파리 교외 바르비종으로 내려가 전원과 농부들의 순박함을 그리기 시작했다. 많은 젊은 화가들은 야외로 캔버스를 들고 나가기 시작했고, 자신도 모르는 사이에 혁명을 일으켰던 마네의 뒤를 이어 그가 시작한 실험을 끝까지 밀어붙였다.

19세기 후반, 드디어 현대 미술사 최대의 혁명인 인상주의가 한 기자의 비아냥거림을 받으며 시작된다. 아무도 이 조롱 섞인 말 한 마디가 그토록 큰 혁명이 될 줄은 몰랐다. 모네, 피사로, 시슬레의 뒤를 따라 세잔느, 르누아르, 드가가 따라 나섰고 배를 곯으면서도 이들은 빛과 색을 쫓아 느낌에 충실한 새로운 그림을 그렸다. 반

복되는 낙선에 마음 맞는 이들끼리 모여 앵데팡당 전을 따로 개최하기도 했다. 한편 카르포, 로댕 등의 조각가들 역시 새로운 조각을 하고 있었다. 기념물 조각이 유행이었지만 그것이 예술의 전부가 아니라는 것을 너무도 잘 알고 있었던 이 두 거인은, 조각으로 철학을 한 예술가들이었다. 끊임없이 쏟아지는 야유와 욕설은 마침내 찬탄과 존경으로 바뀌었다. 하지만 그것은 그들이 거의 숨을 거둘 때가 되어서야 가능했다.

고갱과 반 고흐라는 낯선 인물들이 죽기 살기로 회화에 매달린 것도 이때다. 예술은 이들로 인해 중세 이래 사라졌던 성스러움을 되찾게 된다. 모든 실험에도 불구하고 관전과 국립 미술 학교인 에콜 데 보자르를 중심으로 한 수구 세력들은 여전히 고루한 역사화와 신화화에 몰두하며 비너스의 탄생이나 그리고 있었다. 하지만 황제를 비롯해 무지한 부르주아들은 이 비너스들을 좋아했다. 어쨌든 비너스라고 해서 다 같은 비너스가 아니듯, 앵그르의 비너스는 전혀 고루한 그림이 아니었다. 오르세 박물관에는 19세기의 이 모든 모순과 갈등이 함께 보관되어 있다.

20세기

모든 예술가들이 파리로 구름처럼 몰려들던 때가 20세기다. 야수파의 울부짖는 듯한 격렬한 색에 이어 형태를 존중한 입체파, 표현주의, 미래파, 추상 등이 앞서거니 뒤서거니 하며 파리를 흔들었다. 무의식을 신봉했던 다다이즘과 초현실주의는 모든 가치를 부정하며 미술에 근본적인 질문을 던지기 시작했다. 20세기의 또 다른 특징 중 하나는 회화와 조각의 구분이 이전처럼 분명하지 않게 되었다는 것이다. 또 하나의 특징은 미술이 대서양을 건너 뉴욕에 새로운 둥지를 틀기 시작했다는 점이다. 추상표현주의로 불리기도 하는 액션 페인팅, 팝 아트, 옵 아트, 신구상주의 등 1950년대 이후 대부분의 사조는 미국에서 만들어져 대서양을 건너 파리에 도착했다. 하지만 파리는 여전히 예술의 종가로서의 권위를 잃지 않고 있었다. 도쿄 궁의 시립 현대 미술관과 퐁피두 센터의 국립 현대 미술관 등이 건립된 것이 그 증거다. 20세기 파리 예술의 또 다른 특징을 꼽자면, 이제 미술이 피아크FIAC 견본시 같은 곳에 출품되어 현장에서 사고파는 상품의 자리까지 내려왔다는 점이다. 이는 전 세계에 걸쳐 일어난 보편적인 현상으로서, 상품과 작품 사이의 경계가 갈수록 모호해지는 현대 예술의 한 경향이기도 하다. 또한 이는 경매를 통해 천문학적 액수로 거래되는 예술의 상업화와도 관련된 현상이다.

박물관

[유럽을 대표하는 박물관인 루브르 내부]

© Photo Les Vacances 2007

[인상주의 회화의 걸작들을 볼 수 있는 오르세 박물관]

© Photo Les Vacances 2007

프랑스의 박물관들

현재 프랑스는 전국에 박물관이 1,300여 개가 있으며 파리 시 일대에는 볼 만한 박물관만 대략 70개 정도가 있다. 대개의 박물관은 일요일에 개관을 하는 대신 월요일이나 화요일에는 휴관한다. 따라서 파리를 비롯한 프랑스에서 박물관을 관람하기 위해서는 월요일과 화요일을 피해 일정을 짜야 한다. 보다 많은 박물관을 보고자 하는 사람들이나 줄 서서 기다리는 시간을 절약하고 싶은 사람들은 '파리 박물관 패스'를 구입하면 된다. 이 카드는 2일, 4일, 6일짜리 등 세 가지 종류가 있고 요금은 각각 30유로, 45유로, 60유로씩이다.

이 카드를 구입하면 파리와 교외에 있는 60여 개의 박물관과 기념물에 줄을 서지 않고 입장할 수 있다. 물론 이 입장권을 구입했다 하더라도 상설 전시관만 해당될 뿐, 특별 기획전은 별도로 입장권을 구입해야 한다. 루브르나 오르세 등 관광 시즌만 되면 수백 미터씩 길게 줄을 서서, 입장하는 데만 한 시간 이상이 걸리는 대형 박물관을 관람하는 데는 이 카드를 구입하는 것이 유리할 수도 있다. 카드는 박물관, 대형 서점인 프낙FNAC, 100여 곳의 지하철 티켓 판매소, 관광사무소 등에서 쉽게 구입할 수 있다. 파리 지하에서는 지하철 탑승과 박물관 입장을 동시에 할 수 있는 카드를 팔기도 해 각자의 일정에 맞추어 선택할 수 있다. 국립 박물관의 경우 18세 미만은 무료 입장이 가능하며 매월 첫 번째 일요일에는 모든 이들에게 무료 개방된다.

프랑스 지방 박물관은 시즌 중에도 한가한 편이어서, 많은 인파로 고생하게 되는 경우는 드물다. 대부분의 큰 지방 도시들에는 진귀한 작품들을 소장하고 있는 박물관이나 미술관들이 많다. 니스의 앙리 마티스 미술관을 비롯해, 리옹, 보르도 등의

[니스에 자리한 마티스 미술관]

시립 미술관에는 유명 성화나 작품들이 많이 소장되어 있다. 특히 콜마르의 운터린 덴 박물관에 있는 그뤼네발트의 〈예수의 십자가 책형〉은 그 한 점만으로도 이 도시를 유럽 미술의 순례지로 만들 정도로 의미 있는 작품이다. 또 지방마다 특색을 살린 박물관도 많아 프랑스 지방을 여행할 때는 큰 즐거움을 준다. 북프랑스의 자동차 공장이 많은 도시에는 자동차 박물관이 있고 와인으로 유명한 보르도에는 와인 박물관이 있는 식이다.

건 축

[고딕 양식의 발생지인 파리 노트르담 성당]

프랑스 건축의 시기별 특징

중세 로만 양식

고딕 양식 이전의 양식을 전체적으로 로만 양식, 혹은 로마네스크 양식이라고 한다. 당시 성당은 대도시는 물론이고 프랑스 시골 구석 마을까지 퍼져 있었다. 또 지금 도 미사를 드리는 이 성당들 이외에 노르망디 지방을 비롯한 북프랑스에는 로만 양식의 수도원과 수도원 부속 성당들이 마치 군락을 형성하고 있는 것처럼 퍼져 있다. 낮고 묵직한 형태는 건축 기술이 발달하지 못한 결과이지만, 그렇다고 고유의 매력이 없는 것은 아니어서 베즐레 등의 성당은 고딕 이상의 성스러움을 느끼게 한다. 1140년에 지어진 푸아티에의 노트르담 라 그랑드Notre-Dame-La-Grande 성당은 특히 그 아름다운 정면으로 유명하다. 성육신을 주제로 한 장식은 마치 돌로 깎은 조각 같다. 이보다 약 50년 정도 먼저 지어진 베즐레 성당의 중앙 합각머리와 내부 의 기둥들은 모두 조각으로 장식되어 있고, 로만 양식임에도 불구하고 채광이 잘 이루어져 고딕 시대 들어 완성된 성가대석과 잘 어울린다.

돌로 지은 성당이 대규모로 확장되기 위해서는 자본이 필요했고 이는 곧 상업 자본의 형성 즉, 도시의 발달과 교역의 활성화를 필요로 했다. 고딕은 이러한 문화 경제사적 환경 조성과 스콜라 철학의 융성과도 관련이 있다. 이는 성당이 수도원 시대를 벗어나 경제적으로나 문화적으로 도시 생활의 중심을 차지하면서 시작된다.

중세의 건축, 고딕 성당의 시대

로마 점령기의 유적은 거의 사라지고 없다. 중세 박물관으로 쓰이고 있는 파리의 소르본느 대학 인근의 클뤼니 박물관 터에 로마 시대의 목욕탕 유적이 일부 남아 있고, 그 인근에 파리의 출발점이었던 루테스의 작은 원형 경기장 터가 있을 뿐이다. 오히려 남프랑스의 아를르, 님므, 오랑주 등에 로마 시대의 원형 경기장 등 유적들이 남아 있다. 일부는 로마의 것보다 더 보존 상태가 양호하다.

반면 중세 고딕 건축은 고딕 양식의 발생지답게 세계문화유산으로 지정된 노트르담 성당을 비롯해 풍부한 유적들이 파리와 그 인근은 물론이고, 프랑스 전역에 흩어져 있다. 고딕은 크게 세 단계로 나뉘어 발달했다. 12세기경의 초기 고딕, 13~14세기의 고딕 레이요낭Gothique Rayonant, 그리고 마지막 단계인 15세기의 고딕 플랑부아양Gothique Flamboyant 즉, 화염 고딕 순으로 발달했다.

고딕 건축은 빛과 높이에 대한 인간의 보편적인 욕구를 표현한 건축 양식으로, 이 욕구는 중세를 지배했던 기독교적 문맥 속에서는 종교적인 욕구이기도 했다. 밀랍으로 제조된 초 이외에 별다른 조명 수단이 없었던 중세에 햇빛을 건물 내부로 끌어들이는 일은, 로마네스크 양식의 수도원과 성당들이 보여주듯 기술적 한계로 오랫동안 꿈도 꾸지 못할 일이었다. 첨두형 아치들이 서로 교차되는 형식의 궁륭이 고안되고 동시에 높아진 건물을 외부에 담을 쌓아 보강하는 보강벽이 만들어지면서 이전보다 넓은 창을 많이 낼 수 있게 된다. 시간이 흐르면서 이 보강벽은 늑골 형상으로 속이 빈 아르크 부탕 즉, 보강 아치로 변모해 아름다움까지 갖추게 된다.

레이요낭이나 플랑부아양 등은 내외부의 장식, 스테인드글라스의 크기, 내부 중앙 통로와 성가대 및 후진의 조화에 변화를 준 형식들이다. 샤르트르 성당, 노트르담 성당 등이 초기 고딕 양식을 대표하며, 렝스 성당이 화염 고딕의 대표작이다. 파리에서는 생트 샤펠이 레이요낭 고딕의 대표적 성당이고, 플랑부아양(화염) 고딕은 샤틀레 인근에 남아있는 생 자크 탑을 꼽을 수 있다. 그러나 대개 성당의 건립 기간이 100년을 넘어 200년 가까이 되기 때문에 한 가지 양식으로 통일되게 지어진 성당을 찾기가 쉽지 않다. 이런 면에서 30년 정도 걸려서 완성된 샤르트르 성당은 놀라운 통일성을 보여주고 있는 대표적 성당이다.

성당은 십자가 형태로 건설된다. 십자가의 끝은 예루살렘이 있는 동쪽을 향하게 된다. 세로축과 가로축이 만나는 교차점에 첨탑이 서게 되고 첨탑 끝에는 성자의 유물이 봉안된다. 지하는 크립트라고 하는 묘지이며 인간의 육체를 상징한다. 1층과 2

층은 각각 인간의 감정과 영혼을 나타낸다. 성당의 전면은 대개 3개의 문이 있으며 신구약에 나오는 성서적 주제들을 조각으로 묘사한다. 어떤 성당은 중세 연금술의 영향을 받아 성경의 내용에 비의적 요소가 첨가되기도 한다. 파리 노트르담 성당의 중앙문 하단에 조각된 메달들이 대표적인 예다. 정확한 비례, 풍부한 상징성과 웅장한 규모가 주는 영적 분위기 등은 고딕 성당만의 특징이다.

또한 고딕 성당은 중세의 수도원 문화가 세속 속으로 들어와 도시 생활의 중심이 되었다는 것을 의미하며 동시에 자본과 동업 조합의 탄생을 일러준다. 모든 교회는 일정한 세력들이 신의 가호를 기원하는 의미를 지녔기 때문이다. 파리를 중심으로 일어난 고딕 양식은 중세 500년 동안 전 유럽으로 퍼져 나갔고, 인류 역사상 하나의 양식이 이토록 통일성을 지닌 채 오랜 세월을 지배했던 적은 일찍이 없었다. 현재 고딕 성당은 파리를 중심으로 한 일 드 프랑스Île de France 이외에도 프랑스 전역에 걸쳐 골고루 분포되어 있다. 프랑스 역대 왕들의 대관식이 행해졌고 천사의 미소를 볼 수 있는 렝스 대성당, 플랑부아양 양식의 거대한 아미엥 대성당, 잔 다르크의 전설이 있고 클로드 모네의 〈루앙 성당 연작〉으로 유명한 루앙 성당 등 그 수를 헤아리기 어려운 정도다.

르네상스

역대 프랑스 왕들이 행했던 이탈리아 원정은 단순한 전쟁 이상의 의미를 지니고 있다. 15세기 말에서 16세기에 걸쳐 진행된 이 전쟁을 통해 프랑스는 이탈리아의 르네상스를 받아들였다. 하지만 문명사적이자 사상사적 의미를 지닌 이탈리아의 르네상스는 프랑스로 들어오면서 장식적, 외면적인 것으로 변질된다. 퐁텐블로와 루아르 강 인근은 프랑스의 르네상스가 펼쳐진 무대였다. 상대적으로 소외되어 있던 파리는 피에르 레스코가 디자인한 루브르의 사각 광장과 내부의 카리아티드를 만든 장 구종 등에 의해 르네상스의 흔적을 남기게 된다.

고전주의

절제와 균형을 중시한 프랑스 고전주의는 루이 14세 때 들어 절정을 구가한다. 보르 비콩트 성과 베르사유 궁은 건축, 정원, 회화, 조각에 있어 전형적인 프랑스 고전주의를 보여주는 대표작들이다. 고전주의는 18세기 들어 로코코 양식의 영향을 받아, 화려한 실내 장식을 특징으로 하는 건물이 많이 지어진다. 하지만 이런 영향이 지방에까지 골고루 미친 것은 아니어서, 예를 들어 보르도에 있는 빅토르 루이의 작품인 대극장Grand Théâtre 같은 건물의 경우, 시대는 18세기 말이지만 양식은 오히려 고전주의를 연상시키는 웅장함과 절제된 장식을 보여준다. 보르도 대극장 건물은 파리 오페라를 지을 때 갸르니에도 참고했던 명작이다. 낭시의 스타니슬라스 광장 역시 유사한 예로 볼 수 있다. 전체적으로 광장과 주변의 건물들은 철을 이용한 주조 예술가였던 장 라무르의 작품에 힘입어 화려하지만 광장과 건물의 배치는 엄격한 고전주의 스타일을 따르고 있다. 19세기에 유행할 절충주의 양식의 도시 건축을 예고하고 있다.

19세기, 절충주의

19세기 건축은 기차의 도입을 빼놓고 말할 수 없다. 기차역이 대도시든 중소도시든 시의 핵심부에 자리잡게 되고, 터널, 다리, 역전 광장 등 역이 들어서면서 기차가 지

© Photo Les Vacances 2007

[프랑스 고전주의를 대표하는 베르사유 궁]

나가는 인근의 경관을 완전히 바꾸었기 때문이다.

당시 기차역은 현재 오르세 박물관에 있는 클로드 모네의 〈생 라자르 역〉에서 볼 수 있듯이, 중세 성당을 대신해 도시에 새로운 산업사회의 이상을 나타내는 상징성을 띠고 있었다. 중세의 종루 대신 시계탑이 들어섰고, 성당 못지않은 웅장한 역사가 각종 상징으로 장식된 채 세워지게 된다. 오르세 박물관 역시 기차역이었다.

이런 사정은 기차역이 들어서는 프랑스 지방의 주요 도시도 마찬가지였다. 보르도, 툴루즈, 리옹, 마르세유, 브레스트, 르 아브르 등 주요 기차역 건물은 실용성 못지않게 기념물로서의 의미를 지니게 되었다. 뿐만 아니라 이 기차역들은 도시 계획의 핵심이었다.

왕정 복고기와 7월왕정 당시의 대표적인 건물로는 나폴레옹의 개선문, 루브르의 카루젤 개선문을 들 수 있다. 제2제정 때는 파리 지사였던 오스만에 의해 오페라가 건립되면서 대대적인 파리 정비가 시작된다. 당시 민간 아파트는 거의 동일한 디자인과 원칙에 따라 건립되면서 현재 파리 서부 지역의 모습을 만들어내게 된다. 또한 당시부터 철골 구조가 도입되기 시작해 생토귀스탱 성당, 생트 주느비에브 도서

관 등이 지어진다. 당시에는 기차의 발달이 새로운 문명을 상징하는 것이었기 때문에 자연히 크고 웅장한 역사가 들어서기 시작한다. 파리 북역, 생 라자르 역, 리옹역 등은 철골 구조의 건물로서 그 위용은 왕궁 못지않다. 마지막으로 만국박람회를 계기로 지어진 에펠 탑, 그랑 팔레 등을 들 수 있다.

20세기

20세기 전반기는 만국 박람회로 인해 많은 기념물과 대형 건물들이 건립되던 때이

© Photo Les Vacances 2007

[루브르 박물관 피라미드 너머로 보이는 카루젤 개선문. 왕정 복고기와 7월왕정 때의 대표 건축물이다.]

다. 에펠 탑이 내려다보이는 트로카데로 광장의 샤이오 궁, 오르세 박물관으로 쓰이고 있는 오르세 역, 몽마르트르 언덕의 사크레 쾨르 성당, 샹젤리제 극장, 파리 시립 미술관이 들어가 있는 도쿄 궁 등이 당시 건립된 건물들이다. 그러나 독일과 미국에서는 이미 바우하우스, 윌리엄 라이트 등이 전혀 다른 개념에서 건축에 접근하고 있었으며, 프랑스에서도 르 코르뷔지에를 중심으로 유사한 흐름이 형성되고 있었다. 르 코르뷔지에의 작품으로는 현재 국제 기숙사촌Cité Universitaire 내의 스위스 관을 들 수 있다.

20세기 파리 건축은 라 데팡스 신시가지와 함께 시작되어 퐁피두 대통령 당시 완성된 퐁피두 센터를 거쳐, 1980년 이후 14년간 프랑스를 통치했던 프랑수아 미테랑 때 들어 절정을 맞게 된다. 그랑 루브르, 바스티유 오페라, 프랑스 재경부 건물, 프랑스 국립 도서관, 파리 옴니 스포르 실내 체육관, 아랍 연구 센터, 라 데팡스의 그랑 다르슈 등이 대표적인 20세기 후반의 건물들이다. 이와 함께 파리 인근의 신도시 개발을 들 수 있다. 크레퇴이유, 세르주 퐁투아즈, 에브리 등 파리 동서남북에는

반경 10~30km 사이에 많은 신도시들이 들어서게 된다. 이 신도시들과 파리는 RER이라고 하는 2층짜리 지역간 고속 전철로 연결된다.

도시로의 인구 유입은 파리가 가장 심했지만, 남프랑스의 마르세유, 북프랑스의 릴르나 툴루즈 등도 이민자나 인근 농촌 인구의 유입으로 급격하게 도시가 팽창했다. 이는 곧 집단 주거지의 필요성을 대두시켰고, 동시에 대중교통수단의 도입을 촉진하는 결과를 가져왔다. 프랑스의 거의 모든 도시들이 이른바 역사 지구나 구시가지라는 이름의 옛 지구를 두고 별도로 신시가지를 만든 이유가 여기에 있다. 건축은 철근 콘크리트, 유리 등을 통한 대규모 건축이 주를 이루게 되고, 신시가지는 신도

© Photo Les Vacances 2007 / Office de Tourisme de Lyon

[프랑스의 각 도시들은 고유의 특성을 발달시키는 동시에 국제적인 도시로 발돋움하고 있다. 사진은 리옹 전경.]

시 개발을 낳아 대학이나 시장 등 규모가 큰 기관들은 모두 시외로 이주하게 된다. 또 하나 20세기 건축의 특징은 고속도로와 고속철도의 영향 아래에서 이루어진 지방 자치제의 영향을 받았다는 점이다. 이는 한 지방 혹은 한 도시가 자족 기능을 갖춘 채 고유의 특성을 발달시켜 나갈 수 있는 조건을 만들어냈다. 이에 따라 파리의 영향에서 벗어나 주요 지방 도시들은 국제적 도시로 발돋움하게 된다. 리옹, 보르도, 툴루즈, 칼레, 마르세유, 르 아브르, 니스, 푸아티에, 뮐루즈, 스트라스부르 등의 대도시들은 모두 첨단 산업 단지를 유치하며 유럽의 도시로 성장하고 있다. 건축도 이에 영향을 받아 이들 대도시에서는 외국 건축가들의 작품을 많이 볼 수 있다. 다시 말해 21세기에 들어서서는 프랑스 건축이라고 특징지어 말할 수 있는 건축은 찾기 힘들어진 것이다. 많은 건축가들이 가장 신경을 쓰는 부분은 오히려 구시가지와 신시가지의 조화이거나, 신시가지가 별도로 조성되지 않은 경우에는 역사 기념물이나 박물관으로 쓰이고 있는 성이나 저택들을 새로운 개념의 건축과 통합하고 보수하는 일이다.

문 학

[프랑스는 '문학 공화국'이라 불릴 만큼 말과 글에 특별한 가치를 둔다. 사진은 파리 시내의 서점.]

프랑스는 전체적으로 볼 때, 말하는 행위와 글쓰는 행위에 대해 특별한 의미를 부여해온 전통이 있는 나라다. 아름다운 문장보다 정확한 문장을 우위에 두어 왔으며, 사실주의에 충실한 전통을 고수해 왔다. 셰익스피어, 괴테에 버금가는 작가들을 한 세기에 수십 명씩 배출한 이 전통은 프랑스를 일명 '문학 공화국'으로 불리게 했다. 모든 정치가들이 글을 쓰고, 거리 어디서나 책을 읽는 모습을 볼 수 있는 나라가 프랑스이다. 프랑스 인들이 세계에 내세우는 제1의 문화유산이 바로 프랑스 어라는 사실은 그들의 삶이 얼마나 언어에 의존해 있는지를 보여준다. 센느 강변에 길게 형성된 부키니스트라 불리는 고서적상들 역시 파리 인들의 문학 사랑을 엿보게 한다.

[CHECK

부키니스트 Bouquinistes

부키니스트는 중고 서적상을 뜻한다. 시테 섬에 퐁 네프 교가 건설되면서 책을 파는 사람들이 나타나 다리 주변에 모여 살기 시작했다. 당시 그들은 다리 위에 2층, 3층으로 집을 짓고 살기도 했다. 책은 옛날에는 아주 귀한 물건이었기 때문에 중고책 시장이 형성될 수 있었다. 게다가 1539년 프랑수아 1세가 인쇄업자들의 동업 조합을 폐지시켜 버리자 각자 책을 제작할 수 있게 되었고 판매도 자유로워졌다.

그러나 퐁 네프 인근에서만 책 판매가 가능하도록 제한을 가하면서 동시에 책의 진열대를 통일시켜 버렸다. 이후 제한 조치가 풀렸지만 퐁 네프 주변의 책 판매는 누구도 막을 수 없는 전통이 되어 버렸다. 책 시장은 퐁 네프 만이 아니라 인근 센느 강변 전체로 퍼져 나갔고 오늘과 같은 규모로 확산되기에 이른다. 차츰 이들은 소르본느 대학과 가까운 거리로 이동했고 19세기 말에는 소르본느와 가장 가까운 센느 강변인 노트르담 성당 쪽에 많은 상인들이 들어서게 된다. 판매되는 물건의 종류도 책만이 아니라 옛 판화, 오래된 엽서 등으로 다양화되어 갔다. 가끔씩 희귀한 고서가 발견되어 횡재를 하는 사람도 있다.

진열장은 4개의 상자를 넘어서는 안되고 전체 길이 역시 2m를 넘어서도 안된다. 진열대 색은 진한 녹색으로 칠해야 한다. 부키니스트라 불리는 이 중고 서적상들의 진열대 전체 길이는 약 3km에 달하며 센느 강 좌우안 양쪽에 걸쳐 있다. 전체적으로 약 240명의 상인이 장사를 하고 있고 전체 책의 수량은 약 30만 권 정도다. 세계에서 가장 큰 강변 책방이자 노천 서점가이고 파리의 풍경을 만들어 내는 독특한 곳이기도 하다. 중고책이라고 해서 값이 싸다고 생각하면 오산이다. 책을 읽기 위해 사는 사람보다는 애서가들이 많이 찾는 곳이기 때문에 희귀한 책이나 고서 혹은 절판된 책들을 구하려는 이들이 많고, 따라서 책값 또한 그리 싸지 않다.

프랑스 문학의 특징

인간 통찰의 문학

프랑스 문학은 모랄리스트Moraliste의 전통을 갖고 있다. 하루 아침에 이루어진 것이 아니고 또 어떤 선언 같은 것에 의한 것도 아닌 이 전통은 부분적으로는 다른 나라 문학에서도 찾아볼 수 있지만, 프랑스 문학에서는 오랫동안 많은 작가들이 따랐던 전통이다. 모랄리스트는 윤리주의자를 가리키는 말이 아니다. 모랄리스트는 인간의 위선과 자기기만, 허위의식 등을 파고들며 인간의 심성과 사회 조직 등에 대해 예리한 비판을 가한다. 프랑스 모랄리스트의 진정한 의미는 이 비판의 대상에 자아도 포함되어 있다는 데서 찾을 수 있을 것이다. 16세기 몽테뉴부터 시작된 이 자아 성찰, 혹은 인간 해부는 그 후 17세기 들어 많은 작가, 극작가, 시인들에 의해 서서히 하나의 전통으로 자리잡아 간다.

교과서에 가장 많이 실리기 때문에 프랑스 인들이 가장 잘 아는 라 퐁텐느 같은 작가는 〈우화Fables〉를 통해 인간 내부에 도사리고 있는 씁쓸한 허위의식과 잔혹함 등을 우의적으로 드러냈다. 가장 위대한 극작가인 희극 작가 몰리에르Molière의 작품은 어떤 관점에서 보면 모두 모랄리스트의 전통에서 나왔다고 볼 수 있다. 상상병 환자, 졸부의 허세, 수전노의 잔혹하고 맹목적인 집착, 달변과 논리로 무장한 위선자의 심리, 겉멋 들린 여인들의 부박한 심리 등은 비록 여러 작가들이 다루기는 했지만, 프랑스 최대의 극작가인 몰리에르에 와서 예리한 메스로 분해되며, 코미디임에도 불구하고 진한 뒷맛을 남긴다. 뿐만 아니라 17세기에 출간된 라 브뤼에르,

라 로슈푸코 등의 〈성격론Les Caractères〉(1688), 〈잠언집Maximes〉(1664) 등은 모두 모랄리스트 문학의 금자탑들로서 날카로운 관찰과 인간에 대한 깊은 통찰은 섬뜩하기도 하고 때론 슬프기도 하다.

18세기 들어서 이러한 전통은 보다 정치적인 색채를 띠게 된다. 이방인의 눈으로 본 파리를 묘사한 몽테스키외의 〈페르시안들의 편지〉를 비롯해 디드로의 〈수녀들〉, 볼테르, 루소 등의 글들은 거의 공공연하게 종교적 미망과 비합리적인 제도는 물론이고 인간 본성의 모순을 지적해 낸다. 그래서 이들은 시, 연극, 철학 서한, 예술 비평 등 장르를 가리지 않고 주제에 맞추어 글을 썼다. 계몽주의 시대로 일컬어지는 이 시대는 모랄리스트의 전통에 더해 작가가 철학가를 겸하는 프랑스 특유의 전통이 생겨난다. 이는 20세기 말까지 그대로 지속되어 많은 작가들이 철학가였고 작가였으며 연극인이었다. 18세기는 또한 예술에 대한 논의가 활발하게 시작되어 문학과 예술 비평이 싹튼 시기이기도 하다.

프랑스 대혁명 이후 인간에 대한 모랄리스트적 전통은 사실주의 소설가들을 통해 보다 웅대한 스케일을 갖게 된다. 평생을 소설만 썼다고 해도 과언이 아니며 프랑스만이 아니라 세계 최대의 소설가로 손꼽아도 손색이 없을 발자크의 소설들은, 사회, 역사에 대한 탐구이지만 무엇보다 먼저 인간, 특히 인간의 마음에 대한 탐구였다. 발자크의 특이한 점은 인간이 사회에 종속된 것처럼 보이지만 인간도 사회도 아닌 더 깊은 무엇인가가 있다는 초월적 세계에 대한 비전이다. 하지만 그의 소설은 그 어느 때도 인간의 욕망과 심리를 떠나본 적이 없다. 인간을 사로잡는 것이 돈이든, 사랑이든, 권력이든, 아니면 학문이나 예술이든, 그런 것은 그리 중요한 것이 아니다.

스탕달은 그 누구보다 인간 심리의 메커니즘을 꿰뚫어 보고 있던 소설가였다. 불행한 것은 그 자신 역시 이 메커니즘으로부터 자유롭지 못했다는 것이었다. 그의 작품이 주는 감동은 바로 이 모순에서 나온다. 플로베르, 모파상, 졸라 역시 소설 속에서 한시도 현실에 대한 관찰과 인간 심리의 요동치는 모습을 놓치지 않았다. 졸라의 자연주의는 모랄리스트의 전통에 당시 유행했던 실증주의에 맞추어 과학적 외관을 부여하려고 했던 것에 지나지 않을지도 모른다. 모파상의 단편들은 반전과 담담한 묘사를 통해 배반, 두려움, 허세, 과욕 등 온갖 심리들을 유형별로 펼쳐 보인다.

19세기 말에서 20세기 중반에 이르기까지 모랄리스트 전통은 특히 프랑스 가톨릭 작가들에 의해 그 전통이 이어진다. 모리악, 베르나노스, 그린 등은 모두 절대자를 소설 속에서 다루지만 그것은 인간의 비참함을 드러내는 장치 이상의 것은 아니었다. 그래서 프랑스 문학에 형이상학적 비전이 없다는 비판이 가능한지도 모른다.

20세기 소설은 카뮈와 사르트르 등의 실존주의 작가들에 의해 주도되다가 1950년대 이후에는 기존의 소설과는 완전히 다른 새로운 소설 즉, 누보 로망Nouveau Roman 계열의 작가들에 의해 주도된다. 또한 20세기는 비평의 시대로 소르본느 대학의 강단 비평계와 바르트를 위시한 아웃사이더 비평가들의 논전이 활발히 행해지며, 1968년 5월 학생혁명 이후의 이데올로기와 미학의 관계를 두고 활발한 논쟁이 벌어졌다. 하지만 어떤 경우든 인간 통찰에 대한 모랄리스트적 관점은 프랑스 문학을 떠나본 적이 없다.

장르의 통합

많은 작가들이 18세기 들어서면서 한 장르만 고집하지 않고 여러 장르를 오가며 글을 쓰게 된다. 이런 특징은 20세기 내내 지속되었고 지금도 계속되고 있다. 시인이 소설을 쓰고 소설가가 극작을 하며, 극작가가 철학 에세이를 쓰고 철학가가 예술 비평을 한다. 때론 많은 작가들이 신문기자들이기도 했다. 이 놀라운 다양성은 아마도 세계 문학사상 다른 곳에서는 찾아보기 힘들 것이다. 또 대부분의 작가들이 일기 형태이든, 아니면 자서전 형태이든 자신에 대해 여러 권에 달하는 글들을 썼다. 조금 과장해서 말하면, 프랑스 작가들은 자신을 속속들이 사회에 던져주어야 할 모델로 생각했다는 느낌도 든다. 한 작가가 여러 장르를 오고 간 예는 너무 많아 이루 헤아리기 힘들 정도다. 중요한 것은 어쩌면 이 다양성보다도 그 이유일 것이다. 다시 말해 프랑스 작가들은 여러 장르를 오가며 자신을 가장 잘 표현해 줄 수 있는 글의 형식을 찾아나선 것이다. 다른 한편으로 보면 이는 프랑스 문학이 장르로 작가를 묶는 편협한 관점을 가지고 있지 않다는 말도 될 것이다.

간결성과 밀도

프랑스 문학의 또 다른 특징을 형식적 측면에서 살펴보면 간결성과 표현의 밀도에서 찾을 수 있다. 이는 프랑스 문학 교육과도 관련된 문제겠지만, 프랑스 작가들 상당수가 명확한 것을 추구했던 데카르트의 후예임을 별로 수치스러워하지 않는다. 프랑스 소설가들의 작품이 영국이나 독일 특히 러시아 작가들에 비해 비교적 짧은 것은 사실이지만, 문제는 길이에 있는 것이 아니라, 표현의 적절성과 구성의 면밀함에 있다.

이 전통은 17세기 고전주의 때부터 만들어진 것으로 시발점은 비극의 구성과 규범에서 찾을 수 있을 것이다. 17세기는 미술에서도 그랬지만 이른바 고전주의와 바로크가 대립하며 문학, 특히 비극 분야에서 지금은 이해하기 쉽지 않은 각종 까다로운 극작 규칙들이 있었다. 또 당시 비극은 거의 전부 운율을 맞춘 시들이었다. 따라서 극작가들은 언어를 선별하고 구성을 다듬는 거의 장인적인 훈련을 하지 않을 수 없었다. 이 훈련은 학교에서 가르칠 수 있는 것이 아니라 문단에서 이루어지는 것이었다. 그 어느 나라보다 헤아릴 수 없이 많은 논쟁이 끊임없이 이어진 문학이 프랑스 문학인 것은 우연이 아닌 것이다. '살롱'은 이 간결하고 밀도 있는 표현에 가치를 부여하는 데 적지 않은 기여를 했다. 에티켓, 언행 그리고 품행의 절제는 프랑스 문학과 그리 멀리 떨어져 있는 것이 아니기 때문이다.

물론 프랑스 문학 역시 독일, 영국, 러시아, 스페인, 이탈리아 문학과의 끊임없는 교류를 통해 발전해 왔지만 모랄리스트 전통, 대부분의 작가들이 여러 장르를 통해 자신을 표현하는 전통 그리고 간결한 표현과 잘 짜인 구성에 대한 선호 등은 프랑스 문학만의 부인할 수 없는 특징인 것은 분명하다.

간단한 프랑스 문학사

프랑스 문학의 주 무대는 말할 것도 없이 파리다. 대부분의 작가들이 파리에 살았고 대부분의 문학적 사건들이 파리에서 일어났으며 파리는 또한 많은 소설과 연극에 등장하는 배경이기도 했다. 작가들은 글을 쓰기 위해 파리로 올라왔고, 주인공들은 성공하기 위해 파리로 올라와야만 했다. 문학이 가능하고 그것이 번성하기 위해서는 몇 가지 조건이 필요하다. 파리는 이러한 조건들을 잘 갖추고 있었다.

12~13세기, 중세 프랑스 문학

중세에는 프랑스 문학이라고 정의할 수 있는 텍스트가 별도로 있었다고 보기 힘들다. 당시의 국경은 지금과 같지 않았으며 무엇보다 언어가 현재와 달랐기 때문이다. 또한 당시 문학은 출판과 연결되어 있지 않아 구전문학이 주를 이루었다. 유랑 극단이나 음유시인들이 들려주는 노래가 문학의 전부였다. 하지만 당시 중요한 사건이 일어나는데, 다름 아니라 파리 인근에서 사용하는 말이 궁정의 표준어로 자리를 잡고 파리에 프랑스 최초의 대학이 설립되는 것이다. 이 사실은 프랑스 문학의 미래를 결정하는 중요한 요소들이었다.

15~16세기, 위마니즘(인문주의)의 시대

프랑스 문학에서는 흔히 위마니즘Humanisme(인문주의)의 시대로 불린다. 이탈리아에서 일어난 르네상스는 프랑스로 유입되면서 주로 궁정을 중심으로 한 외형적 사조에 머물렀지만 문학에서만은 예외였다. 그리고 이것은 두 사람의 인문주의자, 프랑수아 라블레(1483~1553)와 몽테뉴(1533~1592) 덕분에 가능했다. 라블레는 자신의 대작 〈가르강튀아〉와 〈팡타그뤼엘〉을 통해 몰리에르를 거쳐 발자크로 이어지는 풍자와 사회 비판적 리얼리즘의 길을 예비했고, 몽테뉴는 인간 심성에 대한 통찰을 보여준 〈수상록Les Essais〉을 통해 프랑스 문학의 전통 중 하나인 모랄리스트 전통을 세웠다. 라블레는 수도승, 신학자, 의사 등 다양한 직업을 통해 사회상을 풍자하는 장편 연작 소설인 〈가르강튀아〉와 〈팡타그뤼엘〉을 발표해 당시 이미 인기 작가 반열에 올랐다. 풍부한 어휘, 다양한 기법, 온갖 언어 표현을 구사한 이 대작은 프랑스 르네상스 기의 걸작으로 평가되지만, 작품이 외설스럽고 반종교적이라는 이유로 매번 파리 소르본느 대학의 신학자들로부터 금서 판결을 받아가며 몹시 시달리기도 했다.

라블레는 셰익스피어나 세르반테스와 버금가는 프랑스 최대의 작가다. 몽테뉴는 자신의 〈수상록Les Essais〉을 통해 "나는 무엇을 아는가?Que sais-je?"라는 질문을 하며 종교전쟁의 광풍 속에서 인간 내면을 들여다보는 글들을 남겼다. 이 책은 파스칼, 라 로슈푸코, 라 브뤼에르 등 고전주의 모랄리스트들에게 많은 영향을 주었고 프랑스 문학이 지니고 있는 수필풍의 심리 분석이나 산문 형식에 큰 영향을 남긴다. 하지만 두 사람의 활동 무대는 파리가 아니라 리옹, 몽펠리에, 보르도 등 지방이었다. 당시만 해도 파리는 프랑스 왕국의 수도이기는 했지만 지방 도시들도 파리 못지않은 권력을 갖고 있던 곳들이었다. 하지만 두 작품이 출판된 곳이자 가장 많

© Photo Les Vacances 2007

[아카데미 프랑세즈(프랑스 한림원)]

이 팔린 곳은 역시 파리였다.

17세기, 고전주의

17세기 들어 프랑스 문학은 루이 14세 치하의 절대 왕정에 힘입어 고전주의라는 금자탑을 쌓게 된다. 흔히 르 그랑 시에클르Le Grand Siècle 즉, 위대한 세기로 불리는 17세기 초기는 왕권이 확실하게 자리를 잡지 못한 상황에서 귀족들이 일으킨 프롱드의 난 등 반란으로 혼란스러운 시기였다. 그러나 왕권이 확립된 중반 이후, 문학은 다른 분야와 마찬가지로 균형과 절제를 기본 원칙으로 하는 고전주의를 실현하게 된다. 3대 극작가인 코르네유, 몰리에르, 라신이 등장하고 위대한 모랄리스트들인 라 퐁텐느, 라 로슈푸코, 라 브뤼에르 그리고 철학자들인 데카르트, 파스칼, 가상디 등이 이 시대의 중요한 작가들로 떠올랐다. 여성 소설가도 등장해 프랑스 고전주의 소설의 백미로 꼽히는 마담 라파이예트의 〈클레브 공작부인〉이 이 시대에 쓰여지기도 한다.

하지만 고전주의 시대 최대의 장르는 대사가 모두 시였던 비극이었다. 17세기에 일어난 주목할 만한 문학적 사건은 루이 13세 때 리슐리외 추기경에 의해 프랑스 한림원인 아카데미 프랑세즈가 창설된 것이다. 1634년에 창설된 아카데미 프랑세즈는 사전 편찬을 주된 임무로 했고 이를 통해 명쾌하고 품위 있는 프랑스 어를 가꾸는 데 큰 몫을 했다. 이외의 문학적 사건들을 들자면 16세기 이탈리아에서 유입되어 랑부이에 저택을 중심으로 시작된 살롱 문학과 고대 작가와 17세기 작가들을 비교하면서 시작한 신구 논쟁을 들 수 있다. 1680년에는 극단인 코메디 프랑세즈가 창설되기도 한다.

18세기, 계몽주의

철학자들의 시대였고 동시에 프랑스 문학과 철학이 전 유럽에 명성을 떨치기 시작한 시대다. 마담 랑베르, 마담 트닝, 마담 네케르 등의 살롱에는 많은 문인, 철학가들이 모여들었고, 서서히 카페가 문인들의 모임 장소로 두각을 나타내기 시작한다. 절대 군주 루이 14세가 숨을 거둔 후 본격적으로 시작된 18세기는 계몽주의 시대로 문인들이 철학자와 사회 사상가 역할을 겸하던 시대였다. 디드로, 볼테르, 루소 등과 초기에 활동했던 몽테스키외 역시 예외가 아니었다. 이 시대 최대의 업적은 디드로와 달랑베르가 편찬한 삽화가 곁들여진 〈백과전서〉의 출간이다. 모두 본문 17권에 삽화 11권으로 21년 동안 출간된다. 판매는 낱권 판매가 아니라 미리 등록해 주문한 자들에게만 한정해서 파는 형식으로 진행되었다. 이 책은 제1권이 나오자마자 금서가 될 정도로 새로운 사상을 담은 흥미로운 책이었다. 이 책의 목표는 프랑스 혁명이 일어나기 전인 앙시렝 레짐 즉, 구 체제 하에서 과학, 기술, 도구 등에 대해 구체적이고 실질적인 지식을 제공하는 것이었다. 튀르고, 볼테르, 루소, 몽테스키외, 케네 등 당시 프랑스의 대표적 계몽사상가 184명이 이 사업에 참여했다. 근대적인 지식과 사고 방법으로 당시 사람들을 계몽하고 종교적 권위에 대하여 비판적인 태도를 취하였기 때문에 프랑스 혁명의 사상적 배경으로 간주된다.

19세기, 프랑스 소설의 시대

19세기는 프랑스 문학에서 소설의 시대로 불리는 세기다. 시나 비극에 비해 일반적으로 저급한 장르로 취급되어 오던 소설은 프랑스 대혁명 이후 부르주아 층이 대두하며 급격히 다른 장르들을 압도해 나가기 시작한다. 〈인간 희극〉이라는 방대한 연작 소설을 집필한 발자크, 자아 숭배와 개인주의 문학의 창시자 스탕달, 사실주의에 입각해 투명한 소설 문체를 완성한 플로베르 그리고 자연주의 계열의 모파상과 졸라 등 헤아릴 수 없이 많은 소설가가 탄생한 시기가 19세기다. 뿐만 아니라 〈몬테크리스토 백작〉이나 〈동백꽃 아가씨〉 등의 베스트셀러 소설을 쓴 뒤마 부자, 시인이자 극작가였으며 〈레 미제라블〉, 〈노트르담의 꼽추〉 등의 소설을 쓴 빅토르 위고 등은 당시 인기 있는 대중 작가들이었다. 19세기가 소설의 시대이긴 했지만 시 역시 라마르틴느, 뮈세, 비니, 위고, 네르발 등 5대 낭만주의 시인과 보들레르 이후 랭보, 베를렌느, 말라르메 등의 상징주의 시인들로 이어지며 풍요로운 창작을 보인다.

20세기, 이론과 논쟁의 시대

20세기에는 전쟁 문학과 철학 소설이 주를 이룬 시기였다. 본격적으로 전장을 무대로 한 소설도 있지만, 전쟁 소설은 전쟁으로 인한 피폐화된 세계에 대한 반성이 주를 이루었고 이는 인간 본질에 대한 성찰로 이어지게 된다. 1차 세계대전, 스페인 내전, 2차 세계대전, 원자탄, 냉전 등은 많은 문인들을 참여 작가가 되게 했고 동시에 철학자로 만들었다. 거의 모든 작가들이 이데올로기를 선택해야 했던 세기가 20세기였다고 볼 수 있다. 앙드레 말로, 생텍쥐페리, 알베르 카뮈 등은 모두 전쟁터에 나가 목숨을 잃거나 참전을 경험했던 작가들이다. 베르나노스, 모리악, 그린 등 가톨릭 작가들 역시 종교적 구원의 문제를 간접적이지만 전쟁과 관련지어 다루게 된다. 하지만 20세기 최대의 프랑스 소설가는 아마도 마르셀 프루스트일 것이다. 방대한 대하 소설 〈잃어버린 시간을 찾아서〉를 쓴 프루스트는 소설 속에 자서전, 심리 분석, 예술론, 시대 풍자, 동성애를 비롯한 사랑의 문제 등을 모두 이야기할 수 있는 특수한 공간으로 만들어 놓았다. 소설이 거의 그대로 삶이 되고 삶 역시 소설이 되는 경지에 오른 이 소설은 비단 프랑스 문학만이 아니라 세계 문학 사상 유례가 없는 작품이다.

20세기는 또한 온갖 문학적 실험이 행해진 시기이기도 하다. 다다이즘과 초현실주의, 누보 로망, 신비평 등이 이를 잘 보여준다. 이들 문학 분야에서의 실험은 인접 학문과 연계해 문학을 문화 연구의 한 영역이자 방법론으로 받아들이게 했다. 사회학, 정신 분석학, 언어학 그리고 최근에는 컴퓨터 등이 문학적 실험에 직간접으로 관여하기에 이르렀다. 20세기는 또한 영화의 시대로 영화가 문학에 많은 영향을 끼쳤다. 이 영향은 상호적인 것으로 문학 역시 영화로부터 테크닉이나 이미지 혹은 장면 설정, 나아가서는 문체 등에 이르기까지 적지 않은 영향을 받았다.

음악

[파리의 오페라 갸르니에. 소설 〈오페라의 유령〉의 무대이기도 하다.]

© Photo Les Vacances 2007

프랑스 음악의 특징

생상스, 드뷔시, 모리스 라벨, 그리고 최근의 피에르 불레즈⋯⋯. 여기에 프랑스에서 활동했던 정명훈이나 지금도 활동 중인 백건우 등을 보면 프랑스는 미술의 나라인 것만이 아니라 음악의 나라이기도 하다.

프랑스는 독일, 이탈리아와 더불어 서유럽 음악사에서 중요한 위치를 차지하고 있으며, 프랑스 음악 역시 종교 음악에 그 기원을 두고 있다. 프랑스 음악의 역사는 다른 유럽 나라들과 마찬가지로 멀리 중세 초기부터 시작된다. 중세 초기의 유럽 여러 나라에서는 단성 성가가 성행하고 있었으며, 그중 프랑스 지방에 있었던 성가를 갈리아 성가라고 한다. 8~9세기에 완성된 이 갈리아 성가는 프랑스가 교회 성가의 중심지로 발전하는 데 크게 공헌한다. 이러한 교회 음악의 중심지로서 프랑스 각지에 흩어져 있는 수도원에서는 네우마 기보법을 비롯한 음악 이론 연구가 성행했다. 중세 후기에는 프랑스의 남과 북, 두 지방을 중심으로 음유시인들의 활동에 힘입어 음악이 발전한다. 남부 프랑스를 무대로 한 트루바두르와 북부 프랑스의 트루베르는 그 대부분이 기사계급에 속하는 사람으로 단선율의 가곡 형식으로, 연애

담과 신앙 등 인간 생활의 중요한 테마를 서정적으로 노래하였다.

당시 유럽 각지에서는 폴리포니Polyphonie라 불리는 다성악이 발달하고 있었고 이 방면에서도 프랑스는 큰 역할을 한다. 12세기 후반에 이르러 리모주에 있던 생 마르샬 수도원을 중심 무대로 하여 생 마르샬 악파가 형성되고, 후에 파리에 있던 노트르담 악파가 그 활동을 이어받아 다성악의 발전에 크게 기여했다. 13세기 말까지 계속된 이 악파의 대표자로는 레오니누스와 페로티누스가 꼽히며 이 두 사람을 중심으로 오르가눔, 콘둑투스, 모테투스 등의 삼성부, 사성부 악곡이 매우 활발하게 작곡되어 미사곡과 모테트 등이 만들어졌다. 한편 세속 음악 분야에도 적극적인 관심을 나타내어 론도, 발라드 등의 악곡이 등장했다. 오늘날에는 13세기의 음악을 오래된 예술이라는 뜻의 '아르스 안티쿠아', 14세기의 것을 새로운 예술이란 뜻의 '아르스 노바'라고 부른다.

르네상스 시대에는 플랑드르 지방에서 이탈리아에 걸쳐 음악 활동이 활발하게 전개되었으며 그중에서도 프랑스의 역할은 매우 중요했다. 르네상스 초엽에는 한때 프랑스 왕국을 넘볼 수 있을 정도의 세력을 확보한 부르고뉴 공국의 수도 디종을 중심으로 부르고뉴 악파의 활약이 대단하여 뒤페 같은 훌륭한 음악가가 탄생하기도 했다. 그리고 이 악파의 직접적인 영향을 바탕으로 플랑드르 악파가 형성되었다. 이 악파는 15~16세기에 걸쳐 세계적인 대규모의 악파를 이루어 다성악의 정점을 구축하였으며, 이 악파에서도 역시 프랑스 계 음악가들의 역할은 매우 컸다. 이 시기에는 미사곡이나 모테 등의 종교적 악곡 외에도 샹송이라는 세속적 가곡이 많이 작곡되어 세르미시, 자느캥 등의 뛰어난 작곡가를 탄생시켰다.

17~18세기는 일반적으로 바로크 시대로 불린다. 루이 14세 치세 말기인 17세기 후반부터 18세기에 걸쳐 파리 근교에 있는 베르사유 궁에서 궁정 음악가들이 많이 활동을 해 베르사유 악파라는 이름이 쓰이기도 한다. 이 시대에는 궁정 발레, 궁정 오페라 등이 발달하여 그 양식이 완성되었으며, 그 외에도 르네상스 이후 기악의 육성에도 힘을 기울여 피아노의 전신인 하프시코드의 독주곡, 실내악곡, 협주곡 등이 작곡되었다. 이 궁정 음악은 교회 음악, 축전 음악은 물론이고 군악 등 야외 음악에까지 영향을 미친다. 이 시대를 대표하는 프랑스의 음악가로는 륄리, 쿠프랭, 라모 등이 있다.

18세기 후반에는 이탈리아 오페라와의 우열을 논한 '부퐁 논쟁'을 계기로 전통적인 비극적 오페라에 대신하여 '오페라 코믹'이라는 새로운 장르가 탄생하였다. 19세기에 들어서면서 엑토르 베를리오즈를 중심으로 낭만주의 음악이 태동하기 시작한다. 베를리오즈는 강렬한 예술가적인 개성과 음악적인 표현 능력을 통해 표제음악을 창시하고 오페라 등을 작곡했다. 프랑스 음악이 독자적인 스타일을 찾게 되는 것은 19세기 후반의 일이다. 이는 생상스에 의해서 1871년에 설립된 국민 음악 협회의 활동과 그 모토인 '아르스 갈리카(프랑스 예술)'에 단적으로 나타나 있다. 비제의 오페라 〈카르멘〉 등이 작곡되는 것이 이때다.

이러한 경향은 포레 등의 노력을 통해 20세기 초엽 화려하게 전개되는데 이를 더욱

많은 궁정 음악가들이 활동했던 베르사유

발전시킨 음악가는 인상주의 시대에 활동한 드뷔시와 모리스 라벨이었다. 드뷔시의 인상주의 음악은 19세기를 지배하고 있던 독일 낭만파의 음악을 극복해 새로운 음악 세계를 창조한 것이며, 이를 통해 프랑스 음악은 제3의 황금기를 맞게 된다. 드뷔시와 독특한 음악가 사티를 스승으로 숭앙했던 '6인조(오리크, 뒤레, 오네게르, 미요, 풀랑크, 타유페르)'는 제1차 세계대전 후의 혼란했던 시기에 낭만파나 인상주의 음악을 비판하면서 선율이나 대위법으로의 복귀와 같은 이상을 내걸었다. 이어서 사티 주위에 모인 음악가들이 아르쾨유 악파(소게, 디졸미엘 등)를 형성했으며, 1930년대에는 '젊은 프랑스(메시앙, 졸리베, 다니엘, 보들리에)'가 결성된다. 그중에서도 메시앙은 새로운 표현 수단을 찾아나서 프랑스 작곡계의 제1인자 위치에 오른다.

전후의 프랑스 음악계는 매우 다양한 움직임을 보이고 있어 통일된 모습을 파악하기란 어려운 일이다. 그러나 프랑스 음악의 고전적인 전통을 지키려는 경향이 강한 반면, 12음주의를 비롯하여 전자음악 등에 걸쳐 전위적인 방향의 모색도 다양하게 진행되고 있다. 현재 한국의 많은 음악도들이 프랑스에서 유학 중이며 파리 무대는 유럽에서 성공을 하기 위해서는 꼭 거쳐야 할 관문 역할을 하고 있다. 많은 한국 연주가들이 파리에서 활동하는 이유가 여기에 있다. 프랑스 파리에서 개최되는 롱 티보 국제 콩쿠르는 피아노와 바이올린 분야의 국제적인 콩쿠르이다.

[CHECK]

프랑스 음악을 다룬 두 편의 영화

〈세상의 모든 아침〉

알랭 코르노 감독의 1991년 작품. 17세기 생트 콜롱브라는 한 비올라 연주가의 음악에 대한 순수하고 진지한 열정과 그의 세속적인 것에 눈이 먼 제자 마랭 마레의 갈등을 축으로 프랑스 바로크 음악을 접할 수 있는 감동적인 영화다. 죽은 아내의 혼령까지 불러올 정도로 강력한 음악의 힘이 영화 전편에 흐른다.

〈왕의 춤〉

제라르 코르비오의 2001년 작품. 루이 14세와 그의 수석 음악가 륄리 그리고 당대 최고의 극작가가 몰리에르 등을 통해 태양왕으로 불렸던 절대 군주 루이 14세의 음악과 연극에 대한 열정을 그리면서 그의 지배욕구의 심리 등을 묘사한 작품. 왕의 총애를 독점하려는 륄리의 간계와 그의 음악적 열정이 갈등하는 장면이 압권이다. 당시의 화려한 궁정 모습 등을 엿볼 수 있다.

영 화

[칸느의 팔레 데 페스티발. 매년 5월 칸느 국제 영화제가 열리는 장소이다.]

프랑스 영화의 시기별 특징

뤼미에르 형제의 영화 발명에서 유성 영화 토키까지

"사람들은 너무 놀라 입을 벌린 채 아무 말도 못했다." 루이 뤼미에르(1864~1948)
와 오귀스트 뤼미에르(1862~1954) 형제가 1895년, 파리의 한 카페에서 영화를 처
음 상영했을 때의 반응이었다. 뤼미에르 형제 이전에도 크로노포토그라프, 에디슨의
키네토스코프 등 정지 사진에서 활동 사진으로 옮아가는 과정이 없었던 것은 아니
지만 진정한 의미의 시네마토그라프 즉, 영사기가 제작되어 현실감 있는 모션 픽처
를 처음 찍어 인화하고 그것을 스크린에 투사한 사람은 뤼미에르 형제가 최초였다.
그런 이유로 이들 두 형제의 이름은 영화 발명가로 기억된다. 뤼미에르라는 이름은
절묘하게도 프랑스 어로 '빛'을 뜻한다.

영화는 선풍적인 인기를 끌었고 곧이어 산업으로 인식되기 시작한다. 각 도시마다
영화관을 세우기를 희망할 정도였다. 당시 설립된 영화사가 '파테와 고몽' 사다. 페

르디낭 자케는 뤼미에르 형제의 스튜디오에서 〈알코올 중독자〉, 〈파업〉, 〈드레퓌스 사건〉 등을 찍었다. 이후 역사물을 비롯한 예술 영화를 만들려는 시도가 이어진다. 피에르 라피트의 '예술 영화사'가 설립되었고, 초현실주의의 영향을 받아 〈시체 살인마〉, 〈가짜 대법관〉, 〈흡혈귀〉 등 몽환적 분위기의 영화가 제작된다. 또한 〈7년 동안의 불행〉 등 코미디도 제작되었으며, 한편으로는 다큐물들도 제작되어 아시아, 아프리카 풍물들을 기록하기도 했다. 당시 고몽 사는 이 분야에 관심을 갖고 독점권을 행사했다.

1910년대 초에는 프랑스가 파테, 고몽, 에클레르 사 등을 통해 전 세계 영화 배급의 70%를 차지할 정도로 막강한 힘을 발휘하고 있었다. 이들은 대자본을 이용해 대작을 제작하게 된다. 1차대전이 끝나면서 다시 프랑스 영화계는 아벨 강스, 르네 클레르, 장 르누아르 등의 활약에 힘입어 예술 영화가 꾸준히 제작된다. 하지만 이들은 1920년대 말 미국에서 고안된 유성 영화의 가능성을 미처 헤아리지 못했고, 파뇰, 기트리 등만이 유성 영화가 빠르게 영화의 대세가 될 것임을 알아보았다.

1930년대에서 1950년대까지

유성 영화는 제작상의 어려움에도 불구하고 일단 도입된 이후 대세를 이루었으며 무엇보다 영화에 서술의 속도감을 부여했다. 그리고 그 결과 카메라의 움직임 역시 빨라지고 다양해지는 결과를 가져왔다. 한편 1930년대에 파시즘이 대두하고 인민 전선이 나타나자 리얼리즘 경향이 시적 리얼리즘이라는 형태로 영화에 영향을 끼친다. 마르셀 카르네, 시인이자 시나리오를 쓰기도 했던 자크 프레베르 등이 여기에 속한다. 이 당시에도 마르셀 파뇰은 프로방스의 풍경 속에서 이탈리아의 네오리얼리즘을 연상케 하는 작업을 계속했고, 이는 미국의 포드나 웰즈 등에게 많은 시사점을 던져준다. 이 당시의 최대 걸작은 장 르누아르의 〈게임의 규칙〉(1939)이다. 장르누아르는 나치를 피해 프랑스를 떠난다. 프랑스에서는 나치 점령기 동안 검열에도 불구하고 200편이 넘는 영화가 제작되었다. 제작 보조금까지 받았다. 망명을 하는 영화인들도 있었지만 나치나 비쉬 정권 하에서 타협을 해가며 계속 작업을 한 이들도 있었다. 그레미옹의 〈여름의 빛〉, 로베르 브레송의 〈죄를 지은 천사〉 등의 수작도 이 시기에 제작된다. 해방된 프랑스 영화계는 언제 끝날지 모르는 조감독 코스를 밟지 않으려는 비판적이고 개혁적인 젊은 영화인들의 시대를 맞게 된다. 이들은 영화 잡지 〈카이에 뒤 시네마〉와 다양한 형태의 시네 클럽을 통해 불만과 함께 새로운 갈증을 느끼고 있었다.

누벨 바그와 그 이후

고다르, 트뤼포 같은 젊은 감독들은 대규모 투자를 필요로 하는 영화를 인정하지 않으려고 했다. 오히려 저예산 영화를 통해 한계를 기회로 활용한다. 자유롭고 기발

샤르트르 대성당의 스테인드글라스

한 작품들이 만들어져 이른바 '새물결'이라는 뜻의 누벨 바그 영화가 등장한다. 누벨 바그는 다양한 요소들이 어울려 탄생하게 된다. 전후 유럽 여러 나라에서 유사한 분위기가 공존했지만, 가장 격렬하게 표출된 곳이 프랑스 영화였다. 1950년대 중반까지만 해도 이른바 훌륭한 영화라고 하는 것은 1930년대 이후의 예술 영화를 지칭한 것이었다.

하지만 1940년대 말이 되자 훌륭한 영화는 일군의 젊은 영화인들에 의해 비판받기 시작한다. 1951년에 창간된 〈카이에 뒤 시네마〉 지의 트뤼포, 샤브롤, 고다르, 로메르, 리베트 등은 거의 경험도 없이 직접 카메라를 들고 작업을 했다. 예술 영화는 또한 단편 영화 제작자들로부터도 저항을 받았다. 1958년에서 1962년 사이에 무려 97편의 새로운 영화가 제작되었다. 이는 제작자들이 옛 영화에 비해 제작비가 저렴한 새로운 영화의 상업적 매력에 관심을 갖기 시작했기 때문이기도 했지만, 한편으로는 젊은 세대의 수요와 취향이 변한 까닭도 있었다. 이동이 간편해진 카메라, 조명 없이 찍을 수 있는 필름의 등장, 동시 녹음 등의 기술적 발전도 크게 한 몫을 했다. 이런 조건 속에서 이탈리아의 로셀리니 식으로 거리에서 직접 찍는 영화가 가능해졌고, 감독이 직접 시나리오를 쓰고 촬영을 하기도 했다. 누벨 바그 영화에 실험성과 아마추어리즘이 강하게 부각되는 것도 이 때문이다.

하지만 1961년 이후 누벨 바그도 시들해진다. 우선 관객들이 더 이상 관심을 보이지 않았다. 많은 누벨 바그 영화인들이 TV로 옮겨가거나 직업을 바꾸기도 했다. 트뤼포는 보다 고전적인 영화로 회귀했으며 고다르는 보다 혁신적인 길을 택했다. 어쨌든 누벨 바그는 기존의 아카데믹한 영화에 충격을 줌으로써 영화의 지평을 넓히는 데 기여했다. 외국 영화에도 큰 영향을 끼쳤는데, 특히 동구권에 많은 영향을 주었다.

1970년대는 혼란의 시기다. 68혁명 이후 영화계는 즉각적인 반응을 보이지 못했다. 외스타슈, 피알라 등은 정치적 무관심 속에서 자신들의 영화를 제작할 뿐이었던 반면, 일부는 반성을 하기도 했다. 관객들은 서정성을 원했고 슈나이더, 몽탕, 누와레, 드파르디유 등의 배우들에게 열광했다. 1980년대는 TV가 영화를 대체하며 위협하던 시기였다. 스타 의존식 영화도 무너진다. 새로 형성된 젊은 관객들은 뤽 베송 같은 감독에게 쏠렸고 〈비지터〉 같은 엉뚱한 코미디에 열광하기도 했다. 하지만 프랑스 영화는 〈세상의 모든 아침〉, 〈아멜리에〉 등 수작을 내놓기도 한다.

유네스코 지정 세계문화유산

© Photo Les Vacances 2007

[고딕 성당의 전형인 샤르트르 대성당]

	샤르트르 대성당 Cathédrale de Chartre
	베제르 강 인근의 선사 동굴 Grottes de la vallée de la Vézère
1979	몽 생 미셸 Mont Saint-Michel
	베르사유 궁과 정원 Versailles
	베즐레 성당과 인근 Basilique de Vézelay
	아미엥 대성당 Cathédrale d'Amiens
	퐁트네 시토 수도회 수도원 Abbaye de Fontenay
1981	퐁텐느블로 성 Château de Fontainebleau
	아를르 로마 유적 Monuments Romains et Romans d'Arles
	오랑주 고대 원형 극장 일대 및 개선문 Théâtre Antique d'Orange
1982	아르크 에 스낭의 왕립 염전 Saline Royale d'Arc-et-Senans
1983	낭시 스타니슬라스 광장 외 Places Stanislas, Place de la Carrière, Place d'Alliance à Nancy

1983	생 사뱅 쉬르 갸르탕프 성당 Église de Saint-Savin-sur-Gartempe
	코르스 섬의 지롤라타, 포르토, 스캉달라 자연 저수지 및 피아나 인근 Caps de Girolata, Golfe de Porto, Réserve Naturelle de Scandola, Calanches de Piana en Corse
1985	갸르 수도교 Pont du Gard
1988	스트라스부르 그랑딜 Strasbourg, Grande Île
1991	파리 센느 강 좌우안 Paris, Rives de la Seine
	렝스 대성당 Reims, Cathédrale Notre-Dame

© Photo Les Vacances 2007

[프랑수아 1세 및 나폴레옹이 거주했던 퐁텐느블로 성]

1992	부르주 대성당 Cathédrale de Bourges
1995	아비뇽 고대 유적 Centre Historique d'Avignon
1996	남프랑스 운하 Le Canal du Midi
1997	카르카쏜느 요새 도시 Ville Fortifiée Historique de Carcassonne
1998	산티아고 데 콤포스텔라 순례로 Chemins de Saint-Jacques-de-Compostelle
	리옹 고대 유적지 Site Historique de Lyon
1999	생테밀리옹 재판소 Juridiction de Saint-Émilion
2000	루아르 고성 지대 Le Val de Loire entre Sully-sur-Loire et Chalonnes
2001	중세 교역터인 프로뱅 시 Provins, Ville de Foire Médiévale

니스

FRANCE
SIGHTS

LES **VACANCES**

Alsace

알자스 주

[스트라스부르] [콜마르]

[알자스 주]

알자스는 면적 8,280km²(프랑스 전체의 1.5%로 가장 작은 주), 인구 173만 명의 주로 독일, 스위스와 국경을 이루고 있다. 행정과 경제의 중심지는 주청 소재지인 스트라스부르다. 보주 산맥과 라인 강 사이에 위치하며, 라인 강을 기준으로 나뉜 상류 쪽의 오랭과 하류 쪽의 바랭 두 개의 도로 구성되어 있다. 라인 강 서부 지역을 차지하고 있으며 독일의 삼림 지대로 흔히 슈바르츠발트 즉, 흑림 지대로 불리는 숲 지대와 인접해 있다. 습한 바람을 막아주는 보주 산맥 덕분에 바로 옆의 로렌 주보다는 일조량이 많다. 홉과 잎담배, 밀, 보리, 감자, 채소, 꽃, 과일 등을 재배한다. 탄Thann에서 사베른Saverne에 이르는 작은 산에서는 포도 재배가 성행하며, 독특한 향으로 유명한 백포도주의 산지이기도 하다. 또 수력발전과 운하를 이용한 목재 산업이 발달해 있다. 농업은 생산량이나 고용 효과, 양 측면에서 모두 알자스 지방의 주요 산업은 못 된다.

알자스는 예로부터 육상과 하운을 통해 유럽의 여러 지역을 연결하는 교통의 중심지였다. 이러한 지정학적 이점을 살려 일찍부터 면직물 산업이 발달했다. 하지만 직물 산업은 현재 사양길에 들어섰고 대신 정유, 수력 및 원자력 발전, 식품 산업, 목재 및 제지, 자동차 산업(푸조Peugeot) 등이 발달해 프랑스에서 가장 실업률이 낮은 지역이다.

알자스 주민들은 인근의 독일이나 스위스로 건너가 일을 하기도 한다. 또 외국 자본이 쉽게 들어와 프랑스 그 어느 지역보다 경제가 활성화되어 있다. 스트라스부르와 뮐루즈의 운하, TGV, 스위스 바젤까지 하나의 권역으로 묶고 있는 항공망 등은, 알자스의 대표 도시이자 유럽 의회가 있는 스트라스부르가 유럽의 행정 수도의 역할을 수행하고 있는 이유를 잘 일러준다.

[알자스는 프랑스 최대의 화이트 와인 생산지로 꼽힌다.]

[알자스 지방의 가옥들]

프랑스 최대의 화이트 와인 생산지, 알자스 지방

알자스는 보주 산맥에 둘러싸여 있어 강수량이 적고 대륙성 기후를 보인다. 앙들로, 카이제베르그, 바르 등의 포도원으로 이루어진 약 1만 3,000ha에 달하는 포도밭은 리슬링, 게뷔르츠트라미네, 피노 그리, 뮈스카 등 화이트 와인용 포도를 주로 재배한다. 레드 와인과 마찬가지로 알자스의 화이트 와인 역시 음식과 조화를 이룰 때 특유의 향과 맛을 더 깊이 즐길 수 있다. 피노 그리는 단맛이 나 여성들이나 술이 약한 사람들도 쉽게 즐길 수 있고, 게뷔르츠트라미네는 로크포르 같은 강한 향을 지닌 프로마주(치즈)와 잘 어울린다. 수확이 늦은 리슬링 포도로 오래 숙성시킨 화이트 와인은 생선 요리와 잘 어울린다. 화이트 와인은 보통은 레드 와인보다 4℃ 정도 낮은 8~12℃ 정도로 약간 차게 해서 마시는 것이 좋다. 얼음을 넣어 마시는 것은 와인을 마실 때 절대 삼가야 한다.

| 스트라스부르 |

Strasbourg ★★

인구 42만의 스트라스부르는 알자스의 주청 소재지이다. 또한 1949년 이후 유럽 의회가 스트라스부르에 자리를 잡은 후 벨기에 브뤼셀과 함께 EU 행정의 중심지로 그 역할을 하고 있다. '길의 도시'라는 어원 그대로 스트라스부르는 도로, 운하, 철도, 항공 등 모든 교통수단으로 유럽을 남북과 동서로 연결하는 교통의 중심지이기도 하다. 이곳에서 독일 지역, 헝가리의 부다페스트, 스위스 지역으로 연결되는 기

[스트라스부르 대성당]

[고전주의와 로코코를 대표하는 로앙 추기경 궁]

차 노선이 많다.

스트라스부르는 서기 842년 프랑스 어로 작성된 최초의 문서인 〈스트라스부르 맹약〉이라는 고문서에 등장할 정도로 역사가 오래된 도시이기도 하다. 이 문서는 샤를르마뉴 대제의 세 아들 중 두 형제가 큰형에 대항해 서로의 신의를 지킬 것을 다짐한 것으로 당시 서약식에 참가한 모든 이들이 알아볼 수 있는 언어로 작성되어 문헌학자들에 의해 프랑스 어와 독일어의 최초의 표현으로 간주된다.

1681년 프랑스 영토에 귀속된 스트라스부르는 많은 프랑스 위인과 영웅의 고향이기도 하다. 발미 전투의 영웅 프랑수아 켈레르만, 그랜드 피아노를 처음 제작한 세바스티엥 에라르, 유명한 장군 클레베르, 유명한 요리사 장 피에르 클로즈, 화가이자 풍자 삽화가였던 귀스타브 도레, 유명한 선교사 샤를르 드 푸코, 그리고 현대 조각가 장 아르프 등이 모두 스트라스부르의 이름을 빛낸 인물들이다.

서기 855년부터 신성로마제국의 일부가 되었고, 구텐베르크가 이곳에 머물며 금속 활자를 발명했으며, 괴테도 이곳 스트라스부르 대학에서 공부를 했다. 프랑스 인들에게는 무엇보다 프랑스 국가인 〈라 마르세예즈〉를 작사 작곡한 루제 드 릴Rouget de Lisle의 고향으로 알려져 있다. 1870년 보불 전쟁 당시 독일군에 함락되어 1918년 제1차 세계대전이 끝날 때까지 약 50년 동안 독일의 지배를 받기도 했다. 수많은 성당 중에서 붉은 사암으로 건축한 노트르담 성당이 눈여겨볼 만하다. 또 흔히 '작은 프랑스Petite France'라고 불리는 시가지 역시 고가옥과 지붕이 덮여 있는 다리 등을 통해 스트라스부르 고유의 분위기를 물씬 느끼게 한다. 유럽 의회, 유럽 인권 위원회가 있고 교육 연구 도시답게 기존의 스트라스부르 대학 이외에 4개의 그랑 제콜, 7개의 엔지니어 스쿨은 물론이고 200여 개에 달하는 연구소가 밀집해 있다. 또 1992년 파리에서 이전해 온 프랑스 최고의 국가 엘리트 양성 기관인 국립 행정 학교ENA가 있다.

Information

가는 방법

항공편

스트라스부르 공항은 도심에서 남서쪽으로 12km 거리에 있다. 파리, 런던, 로마, 프랑크푸르트 등에서 출발한 여객기들이 들어오는 국제공항이다.

■ **스트라스부르 공항** • ☎ (03)8864-6767 • www.strasbourg.aeroport.fr

기차편

파리와 스트라스부르를 2시간 20분만에 연결하는 TGV 동부 노선이 2007년 6월 개통되었다.

■ **스트라스부르 기차역** • ☎ (08)9235-3535

국내선

출발지	요 금	소요 시간	운행 정보
파리(동역)	63유로~	2시간 20분	1일 8~13회
메스	21.50유로	1시간 20분~1시간 40분	주중 12회, 주말 7회
낭시	20.70유로	1시간 20분	1일 8~13회

국제선

출발지	요 금	소요 시간	운행 정보
스위스 바젤	20유로	1시간 30분	1일 9~14회
독일 프랑크푸르트	40~55유로	2시간 30분	수시 변동

자동차편

파리에서 출발할 경우는 A4 고속도로를 이용한다. 그 후 알자스 평원을 가르는 N83, A35를 타면 된다. 이 도로는 콜마르, 뮐루즈와 연결되어 있다.

공항에서 시내 가기

공항과 도심 간 이동 시에는 셔틀버스와 트램을 이용하면 된다. 오전 중에는 30분, 오후에는 15분 간격으로 공항과 도심을 연결한다. 공항 셔틀버스는 도심으로 곧바로 들어가지 않고 스트라스부르 남쪽의 교통 중심지 Baggersee까지만 간다(편도 5.10유로). 이곳에서 트램을 타고 도심으로 들어가면 된다. 셔틀버스와 트램을 연계하여 시내로 들어오는 데는 35~40분 소요된다.

시내 교통

버스 · 트램

3개의 최신식 트램 노선이 스트라스부르 시내를 운행한다(☎ [CTS] (03)8877-7070). 중심이 되는 환승역은 옴므 드 페르 광장Place de l'Homme de Fer이다. 버스는 오후 11시 30분까지, 트램은 자정 조금 넘어서까지 운행된다. 승차권은 버스 운전기사에게 직접 구매하거나, 트램의 경우 정류장의 승차권 자동 판매기에서 구입해야 한다. 운임은 1회 탑승권 1.30유로, 1일권Tourpass 3.50유로이다.

자동차

주차장
도시 전체가 보행자를 위한 차량 통제 구역이다. 따라서 도심 주차는 불가능하다. 대성당에서 남쪽으로 500m 떨어진 에투알 광장Place de l'Étoile에 주차하는 것이 가장 좋다('Parking Relais Tram' 1일 주차료 2.70유로). 이곳에 주차하면 도심까지 들어가는 왕복 트램 승차권을 무료로 받을 수 있다.

자동차 렌탈
■ Europcar
• 16, place de la Gare • ☎ (03)8815-5566

자전거 렌탈

Vélocation

- 4, rue du Maire Kuss(기차역에서 동쪽으로 두 블록 떨어진 '작은 프랑스' 지역 내 쿠베르 교Ponts Couverts 북쪽 탑 안에 위치)
- ☎ (03)8852-0101
- 매일 19:00까지
- 대여료 : 반나절 5유로, 1일 8유로, 10일 40유로, 학생은 한 달에 20유로
- 시 당국에서 운영하는 자전거 렌탈업체

Espace Cycles

- 17, rue de la Brigade Alsace-Lorraine
- ☎ (03)8835-3381
- 일, 월요일 휴무
- 대여료 : 산악자전거 처음 대여 시 16유로, 다음부터는 4유로

관광안내소

버스, 트램 승차권 판매, 무료 지도, 자전거 트래킹용 지도, 매달 발행되는 콘서트 전시회 정보 책자 〈Strasbourg Actualités〉 등을 배포한다. 상세한 스트라스부르 시내 정보를 얻을 수 있으며 주변 도시 정보까지 접할 수 있다. 기차역에도 관광안내소 지점이 있다.

- 17, place de la Cathédrale
- ☎ (03)8852-2828 / F (03)8852-2829
- www.strasbourg.com
- 09:00~19:00 • 기차역 분점 사무소 있음

Services

Eating & Drinking

스트라스부르의 레스토랑들은 대개가 알자스 지방 요리만을 고집하는 전통적인 레스토랑들인데 한국인 입맛에 잘 맞는 편이다. 주로 양배추와 돼지고기가 같이 나오는데, 특히 돼지 족발 요리는 일품이다. 알자스 지방의 와인인 뱅 드 알자스와 함께 먹으면 더 풍부한 맛을 느낄 수 있다.

▶ Au Pigeon [R-3] [B-2]

- 23, rue des Tonneliers • ☎ (03)8832-3130
- 일, 월, 화요일 저녁 휴무 • 정식 15~25유로

▶ Le Saint-Sépulcre [R-4] [B-1]

- 15, rue des Orfèvres • ☎ (03)8832-3997
- 11:00~13:30, 16:00~21:30 • 일, 월요일 휴무. 8월 초 15일간 정기 휴무
- 1인 평균 25유로 선 • 스트라스부르에서 소문난 맛집이다. 추천 요리는 스트라스부르 산 소시지 햄으로 만든 요리

▶ Chez Yvonne [R-5] [B-1]

- 10, rue du Sanglier • ☎ (03)8832-8415
- 11:45~24:00 • 월요일 점심, 일요일 휴무 • 1인 평균 30유로
- 자크 시라크를 비롯하여 많은 정치인들이 즐겨 찾는 곳이다. 유명한 식당인 동시에 가격도 저렴한 편이다. 추천 요리는 고기, 감자, 양파를 넣고 조리하는 알자스 지방 전통 요리 Baeckeoffe이다.

▶ Maison des Tanneurs [R-6] [A-1]

- 42, rue du Bain aux Plantes • ☎ (03)8832-7970
- 메인 요리 25유로 선 • 구시가지인 '작은 프랑스' 인근에서 알자스 지방 전통 음식을 즐길 수 있는 곳

Accommodation

스트라스부르에는 유럽 의회가 있어, 본회의 기간 중(8월을 제외한 매달 1주간, 10월에는 2회)에는 숙소를 구하는 것이 상당히 어렵다. 정확한 날짜를 알고 싶다면 관광안내소에 문의하도록 한다. 크리스마스 기간 중에도 마찬가지다. 한국에서 비즈니스로 스트라스부르를 방문하는 이들은 사전에 호텔을 예약하고 스트라스부르 방문 2~3일 전에 예약을 재확인하는 것이 좋다.

▶ Camping de la Montagne Verte (시립 캠핑장)

- Rue Robert Forrer(르네 카생René Cassin 유스호스텔 옆에 위치)
- ☎ (03)8830-2546 • 3월 중순~10월 사이 개장 • 1인당 3.80유로

| 유스호스텔 |

▶ **Auberge de Jeunesse René Cassin**
- 9, rue de l'Auverge-de-Jeunesse, La Montagne-Verte
- ☎ (03)8830-2646 / F (03)8830-3516 • 기차역에서 2번 버스 이용 (Lingolsheim 행) • 1월 정기 휴무 • 총 276개 침상, 3~6인 공동 침실 1인당 20유로(아침식사 포함) • 신용카드 결제 불가

| 호 텔 |

▶ **Hôtel Patricia** [H-1] [A-2]
- 1a, rue du Puits • ☎ (03)8832-1460 / F (03)8832-1908
- 리셉션은 20:00까지(일요일 14:00까지) • 평범하지만 비교적 넓은 공간의 더블룸 43유로 • 16세기 건물로 한때 수도원이었다. 스트라스부르를 관광하기에 좋은 위치이다.

▶ **Hôtel Michelet** [H-2] [B-1]
- 48, rue du Vieux Marché aux Poissons(대성당 인근)
- ☎ (03)8832-4738 / F (03)8832-7987 • 더블룸 45유로

▶ **Hôtel de l'Europe** [H-6] [A-1]
- 38-40, rue du Fossé des Tanneurs
- ☎ (03)8832-1788 / F (03)8875-6545 • www.hotel-europe.com
- 객실 60개, 더블룸 64~188유로, 아침식사 12유로 • '작은 프랑스' 뿐 아니라 대성당과도 도보 3분 거리에 있을 만큼 시내 관광을 위해서는 이상적인 호텔이다. 15세기부터 역마차 여관으로 쓰이던 곳이다.

Sights

관광 명소

▶ 대성당 Cathédrale Notre-Dame de Strasbourg ★★★

1176년 보주 산맥에서 나는 붉은색 사암으로 건축된 성당이다. 원래는 참나무를 박아 기초를 다진 후 그 위에 세워졌는데, 최근에 시멘트로 보강했다. 고딕 건축이긴 하지만 성가대나 측랑 부분에서는 로마네스크의 잔재가 남아 있다. 이 성당에서 가장 유명한 부분은 성당 전면에 홀로 서 있는 외톨이 첨탑 종루다. 높이 142m의 이 탑은 1419년 완성되었는데, 당시 다른 도시와의 경쟁을 염두에 두고 공사 중에 7m

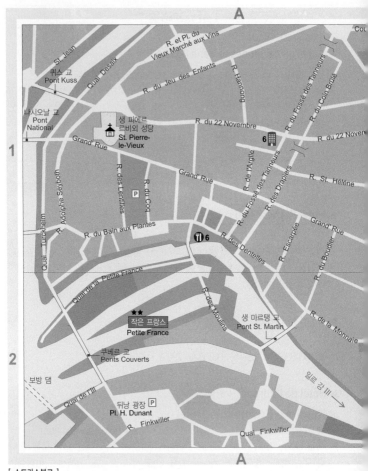

[스트라스부르]

를 더 올려 쌓았다. 성당에는 천문시계가 있는데, 15분마다 인형들이 튀어나와 종을 쳐서 시간을 알린다. 시간을 알리는 종은 죽음의 사자들이 친다. 특히 12시 30분을 알리는 종소리는 많은 인형들이 우르르 몰려나와 치기 때문에 장관을 이룬다. 성당 옆에는 옛 가옥들로 구성된 노트르담 박물관이 있다. 이곳에는 노트르담 성당에서 나온 옛 조각들과 스테인드글라스들이 있는데, 그중 1070년에 제작된 〈예수의 두상〉이 유명하다.

- 위치   Place de la Cathédrale
- ☎   (03)8821-4330
- 개관시간   첨탑 – 4~9월 매일 09:00~19:30(7~8월 금, 토요일은 ~22:00),
            10~3월 매일 10:00~17:30
- 입장료   첨탑 – 성인 4.40유로, 학생 2.20유로

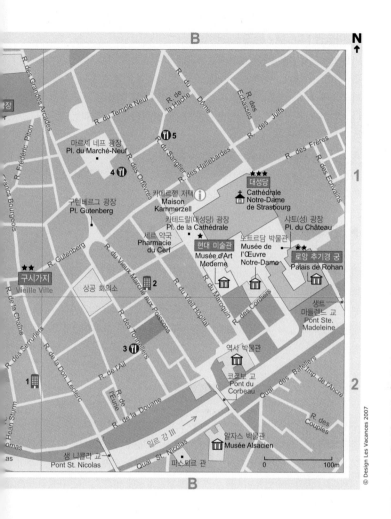

© Design Les Vacances 2007

▶ 로앙 추기경 궁 Palais de Rohan ★★

유명한 '왕비의 목걸이 사건'에 연루되어 사기를 당했던 로앙 추기경의 궁이다. 로
앙 추기경은 스트라스부르 주교이기도 했다. 1732년에 공사가 시작되어 10년 후에
완공된 건물은 프랑스 고전주의와 로코코 양식을 대표하는 아름다움을 그대로 간직
하고 있다. 특히 대전을 구성하는 방들이 볼 만하다. 현재 이 궁은 고고학 박물관과
미술관으로 사용되고 있다.

- 위치   2, place du Château
- ☎   (03)8852-5000
- 개관시간   수~월 10:00~18:00
- 입장료   성인 4유로, 학생(26세 미만) 2유로, 18세 이하 무료

▶ **미술관** Musée des Beaux-Arts

이탈리아 초기 회화와 르네상스 회화, 스페인 컬렉션 등이 가장 대표적인 작품들이다. 스페인 회화로는 수르바란, 무리요, 고야 등의 명작을 볼 수 있다. 특히 니콜 드라 라그리에르의 1703년 작품인 〈아름다운 스트라스부르 여인〉은 꼭 봐야 할 작품이다. 우아한 검은색 드레스를 걸친 인물의 다정하면서도 장중한 분위기는 압권이다.

▶ **고고학 박물관** Musée Archeologique

기원전 60만 년 전의 유물에서부터 서기 8세기까지의 고고학 유물들이 전시되어 있다. 고대 로마 유물과 메로빙거 왕조의 유물들이 눈길을 끈다.

▶ 구시가지 Vieille Ville ★★

벽의 기둥들을 외부로 노출시킨 전형적인 알자스 식 가옥들로 이루어진 구시가지는 두 개의 마을로 이루어져 있다. 대성당 광장 인근에 있는 두 채의 집이 특히 눈여겨 볼 만하다. 그중 한 집이 프랑스에서 가장 오래된 약국인 세르 약국인데, 1268년에 문을 열었다고 한다. 북쪽 모퉁이에 있는 카메르젤 저택은 마치 나무로 조각을 해 놓은 것 같다.

▶ 작은 프랑스 Petite France ★★

구시가지와 인접해 있는 '작은 프랑스'는 스트라스부르의 구시가지 중 가장 잘 보존된 지역이다. 어부들과 가죽 장인들이 살던 동네였는데, 건물 밖으로 돌출된 발코니가 특징인 16~17세기 가옥들이 그대로 보존되어 있다. 원래 돌출 발코니는 루이 14세 당시 금지되어 있어서 지을 수가 없었다. 일르 강에 비친 이 작은 마을의 모습은 아름답기 그지없다.

▶ 현대 미술관 Musée d'Art Moderne ★

일르 강변에 세워진 건물의 중앙홀이 전시실로 쓰이고 있는데 높이 25m, 길이 100m에 달한다. 스트라스부르 출신의 현대 예술가 장 아르프Jean Arp(1887~1966)의 작품을 중심으로 현대 미술품들이 소장되어 있다. 장 아르프의 원래 이름은 한스 아르프로 그는 독일 국적을 가지고 있었다. 그러나 후일 프랑스로 귀화해 이름도 장으로 바꾸었다.

- 위치   1, place Hans-Jean Arp
- ☎   (03)8823-3131

- 개관시간   화~토 11:00~19:00(목 12:00~22:00), 일 10:00~18:00
- 휴관일   월요일
- 입장료   성인 5유로, 25세 이하 및 60세 이상 2.50유로, 18세 이하 무료

▶ 클레베르 광장 Place Kléber

스트라스부르에서 가장 유명한 광장이다. 광장 한가운데에는 클레베르 장군의 동상이 있고 동상 밑에는 그의 유해가 안장되어 있다. 장 바티스트 클레베르(1753~1800)는 1793년의 마양스 전투에서 큰 공을 세운 후 나폴레옹을 따라 이집트 원정에 올랐고 카이로에서 한 회교도에 의해 암살당했다.

| 콜마르 |

Colmar ★

인구 9만 정도의 콜마르는 이젠하임 제단화를 소장한 운터린덴 박물관으로 인해 세계적으로 알려진 도시다. 콜마르 시내의 풍경도 아름답지만 이젠하임 제단화를 보러 일부러 이곳을 찾는 관광객이 대부분이다. 미국 뉴욕 맨해튼에 있는 〈자유의 여신상〉을 조각한 프레데리크 바르톨디도 콜마르 출신이다. 콜마르는 13세기 때 형성된 도시로 와인 거래가 성했던 곳이다. 보불전쟁 이후 50년 남짓 독일 치하에 있었기 때문에 주민들은 유난히 애국심이 강하다. 조각가 바르톨디 역시 그런 예술가 중 한 사람으로 〈자유의 여신상〉과 〈벨포르의 사자상〉 역시 그의 애국심을 잘 보여주는 작품이다.

Information

가는 방법

스트라스부르에서 자동차로 이동하는 경우, N83번 도로를 이용하면 1시간 정도가 소요된다. 콜마르 시내는 좁은 골목길들로 이어져 있어서 자동차를 타고 관광하기에는 불편하다. 기차역 북동쪽의 샹 드 마르스Champs-de-Mars 주차장이나 에스트 가Rue de l'Est에 있는 주차장인 파킹 비에이 빌Parking Vieille Ville에 주차한 후 걸어가는 것이 좋다. 낭시, 스트라스부르, 뮐루즈에서 기차를 타고 콜마르까지 갈 수도 있으며, 콜마르에서 라인 강을 따라 독일로도 이동할 수 있다. 파리 동역에서 콜마르로 출발하는 TGV가 있으며 2시간 50분 정도 소요된다.

Eating & Drinking

| 레스토랑 |

▶ Restaurant Garbo

- 15, rue Berthe Molly • ☎ (03)8924-4855

[아담한 집들이 늘어선 콜마르 시가지의 밤 풍경]

- 일, 월, 공휴일 휴무. 1월 중 1주간, 8월 중 1주간 휴무 • 점심 정식 15유로, 메뉴 30유로

▶ Winstub Brenner

- 1, rue de Turenne • ☎ (03)8941-4233
- 화, 수요일 휴무. 2월 11~26일, 6월 17~25일, 11월 12~19일, 12월 24일~1월 1일 정기 휴무

| 바 & 나이트 |

▶ La Fiesta / Le Cotton Club

- 3, place de la Gare • ☎ (03)8923-4304
- 1층에 있는 '라 피에스타'는 타파스 바로 콜마르의 젊은 사람들이 퇴근 후 자

주 들르는 곳이다. 2층의 '르 코튼 클럽'은 댄스 플로어가 있는 칵테일 전문점으로 분위기가 좋은 곳이다.

▶ **Louisiana Club**
- 3a, rue Berthe Molly • ☎ (03)8924-9418
- 정통 블루스와 재즈를 즐길 수 있는 피아노 바

Accommodation

| 유스호스텔 |

▶ **Auberge de Jeunesse Colmar**
- 2, rue Pasteur • ☎ (03)8980-5739 / F (03)8980-7616
- 기차역에서 4번 버스 이용 • 리셉션 07:00~10:00, 17:00~24:00
- 12월 중순~1월 중순 정기 휴가 • 공동 침실 1인 20유로(아침식사 포함)
- 깨끗하고 조용한 편이다. 5월에는 많은 사람들로 붐빈다. 예약 필수

| 호 텔 |

▶ **Hôtel Turenne**
- 10, route de Bâle • ☎ (03)8921-5858 / F (03)8941-2764
- www.turenne.com • 더블룸 62~70유로 • 가격 대비 훌륭한 편이다.

▶ **Grand Hôtel Bristol**
- 7, place de la Gare(기차역 오른편에 위치)
- ☎ (03)8923-5959 / F (03)8923-9226 • www.grand-hotel-bristol.com
- 객실 70개, 더블룸 100유로 선 • 레스토랑, 바 있음

▶ **Hostellerie le Maréchal**
- 4-5, place des Six-Montagnes-Noires
- ☎ (03)8941-6032 / F (03)8924-5940 • www.hotel-le-marechal.com
- 객실 30개. 더블룸 105~140유로 • 콜마르에서는 고급 호텔이다. 가을부터 다음해 봄까지는 가격 할인이 있으며 예약 시 확인할 수 있다.

▶ 콜마르 구시가지 Vieux Colmar ★★

건물을 지탱하는 대들보를 벽 밖으로 노출시킨 알자스 지방 특유의 전통 가옥들이 늘어서 있는 콜마르 구시가지는 앙시엔느 두안느 광장(옛 세관 광장), 마르샹 개상 인들의 길), 메르시에르 가(잡화상들의 거리)에 모여 있다. 발코니마다 꽃을 심거나 화분을 놓아 평화롭고 아름다운 거리 모습을 볼 수 있다.

▶ 피스터 관 Maison Pfister

[이젠하임 제단화 중 〈십자가 책형〉. 예수의 고통이 비장하게 표현되어 있다.]

콜마르에 있는 많은 알자스 식 목조 건축 중에서 가장 아름답다는 평을 받고 있는 피스터 관은 구시가지 메르시에르 가와 마르샹 가가 만나는 곳에 있다. 1537년에 지어진 이 건물의 1층에는 알자스 지방의 유명한 와인 생산자인 뮈레Muré가 소유한 와인 샵이 있다.

▶ 운터린덴 박물관 Musée d'Unterlinden ★★

13세기에 세워진 수도원 건물을 개조해 1835년 이후 박물관으로 쓰이고 있다. 1층은 종교 미술관으로 중세에서 르네상스까지의 성화와 조각들을 볼 수 있다. 이 박물관은 그뤼네발트의 이젠하임 제단화로 세계적인 명성을 얻고 있는 곳이다.

- 위치 　　　　I, rue d'Unterlinden
- ☎ 　　　　　(03)8920-1550
- 개관시간 　　5~10월 매일 09:00~18:00,
　　　　　　　11~4월 수~월 09:00~12:00, 14:00~17:00
- 휴관일 　　　화요일, 1월 1일, 5월 1일, 11월 1일, 12월 25일

- 웹사이트   www.musee-unterlinden.com
- 입장료   성인 7유로, 학생(26세 미만) 5유로, 12세 미만 무료

▶ 이젠하임 제단화 Retable d'Issenheim ★★★

독일 화가 마티아스 그뤼네발트Grünewald(1475~1528)가 수도원의 초청을 받아 1512년에서 1516년 동안 그린 제단화이다. 현재는 전시 때문에 분리되어 각각 다른 방에서 전시하고 있지만, 원래는 접을 수 있도록 된 액자에 그려 넣은 것으로 10점의 그림들이 모여 구성되는 전체를 감상해야 한다. 모두 목판 패널에 유채로 그린

© Photo Les Vacances 2007

[이젠하임 제단화 중 〈천사들의 연주와 예수 탄생〉]

그림들이다. 이젠하임은 콜마르에서 남쪽으로 22km 떨어진 마을로 14세기 초 안토니우스 파 수도사들이 수도원과 병원을 짓고 수도와 간병을 동시에 하던 곳이다. 이젠하임 제단화에 성 안토니우스가 자주 등장하는 것은 이런 이유 때문이다. 성 안토니우스는 4세기 초 재산을 다 나눠주고 사막에서 홀로 수도했던 은자였다. 수도 중 환상 속에서 악마들의 유혹을 받았다는 전설이 전해져 플로베르 등 많은 시인 극작가들이 그를 주인공으로 작품을 썼고 또 화가들도 많은 그림을 그렸다. 폴 세잔느, 스페인 출신의 살바도르 달리, 막스 에른스트 같은 현대 예술가들의 작품 중에도 이를 소재로 한 그림이 많다.

■ 십자가 책형 ★★★

제단화의 핵심을 차지하는 그림이다. 고통받는 예수의 모습이 숨막히게 묘사된 옆으로 세례 요한과 어린 양이 있고 반대편에는 동정녀 마리아, 사도 요한, 막달라 마리아가 있다. 많은 성화에서 자주 다루어지는 주제이지만 그뤼네발트의 비장한 묘

사는 타의 추종을 불허하고 있다. 이미 예수가 신이 아니라 고통받는 인간으로 묘사되고 있어 르네상스의 기운을 흠뻑 느낄 수 있다.

■ 십자가 강하

성 세바스티아누스는 이 역시 성화에서 자주 다루어지는 주제이지만 그뤼네발트의 묘사는 자극적일 정도로 사실적이다.

■ 성 세바스티아누스와 성 안토니우스 ★★

성 세바스티아누스는 로마 장군으로 복무하다 기독교로 개종한 후 부하들이 쏜 화

[〈천사들의 연주와 예수 탄생〉을 펼친 모습]

살을 맞아 순교한 성자다. 기적적으로 살아나 황제에게 나타났지만 곤봉으로 얻어 맞는 태형을 당해 순교하고 만다. 많은 화가들이 즐겨 그린 인물이다. 오른쪽의 성 안토니우스는 은자로서 유혹의 환상을 본 성자다. 두 성자는 모두 병을 치유하는 성자로 알려져 있어 병원이기도 했던 이곳의 이젠하임 제단화에 모습을 나타내고 있다. 특히 예수의 몸에 반점과 상처가 많은 것은 당시 알자스 지방에 유행했던 질병을 일러준다. 제단화의 속성상 원래는 그림들이 겹겹이 중첩되어 있어 펼치면 새로운 그림들이 나오도록 되어 있다. 〈십자가 책형〉을 접으면 원래는 그 뒤에 천사들의 연주와 예수 탄생을 묘사한 그림들이 나오도록 되어 있었다.

■ 천사들의 연주와 예수 탄생

제단화 중에서 가장 희망적이고 밝은 그림이다.

■ 예수의 부활과 수태고지

수태고지와 부활은 예수의 신성과 기독교를 가능하게 한 가장 근본적인 사건들이

다. 이런 이유로 화가는 아직 태어나지 않은 예수와 죽음을 극복한 예수를 한 틀 속에 배치한 것으로 보인다.

■ 성 안토니우스의 유혹과 성 바울을 방문한 은자 성 안토니우스

안토니우스를 그린 두 점의 그림이다. 브뢰헬의 〈성 안토니우스의 유혹〉이나 20세기의 초현실주의 화가 막스 에른스트의 그림을 연상시킬 정도로 그뤼네발트의 그림은 초자연적 환상을 여실하게 표현하고 있다. 이 두 그림은 〈천사들의 연주와 예수 탄생〉 뒷면에 그려진 그림들이다.

© Photo Les Vacances 2007

[이젠하임 제단화 중 〈성 아우구스티누스, 성 안토니우스, 성 히에로니무스〉]

■ 성 아우구스티누스, 성 안토니우스, 성 히에로니무스

이 조각은 〈천사들의 연주와 예수 탄생〉 그림을 열면 나타난다. 가운데 있는 인물이 성 안토니우스이고 좌우로 각각 아우구스티누스와 히에로니무스가 있다. 하단에는 예수님과 열 두 제자들이 있다.

그뤼네발트의 제단화 이외에도 운터린덴 박물관에는 많은 걸작들이 소장되어 있다. 그중에서 뒤러의 판화 〈멜랑콜리아〉, 한스 홀바인의 〈여인의 초상〉★ 등이 눈여겨볼 만한 작품들이다. 2층에는 중세 조각품, 알자스 지방 가구, 콜마르의 역사를 알려주는 무기류와 도자기 등이 전시되어 있다. 현대 예술로는 보나르, 피카소, 술라주 및 르누아르, 모네, 레제의 회화와 뒤뷔페의 조각도 감상할 수 있다.

Lorraine

로렌 주

[메스] [낭시]

[로렌 주]

벨기에, 룩셈부르크, 독일과 국경을 이루고 있는 지방으로 프랑스 북동부에 위치한 로렌 주는 자연히 옛날부터 전쟁이 자주 일어나던 곳이다. 주의 면적은 23,547 km²(프랑스 전체 면적의 4.3%로 13위)에 인구는 230만 명(프랑스 전체의 4%, 10위)이다. 메스, 뫼즈, 모젤, 보주 4개의 도로 구성되어 있다. 행정과 경제의 중심지는 주청 소재지인 메스다. 보주 산맥과 뫼즈 강 사이에 가로놓인 고원 지대다.

로렌은 13세기 초만 해도 독일 황제의 통치를 받았으나 이후 13세기 말부터 프랑스 왕의 세력이 미쳐 잦은 분쟁이 일어났고, 30년전쟁 당시 리슐리외 추기경에 의해 프랑스에 점령된다. 그러나 이후 여러 차례에 걸쳐 프랑스의 영토였다가 독일의 영토가 되는 등 우여곡절을 겪다가, 제1차 세계대전에서 독일이 패전한 후 1919년 베르사유 조약에 의해 다시 프랑스에 귀속된다.

로렌은 알자스 지방과 더불어 프랑스와 독일 사이에 끊임없는 분쟁의 대상이 된 지역인데, 무엇보다 철광석, 석탄, 암염 등 풍부한 지하자원을 갖고 있는 이 지역의 경제적 중요성 때문이었다. 현재도 로렌은 프랑스 북부 노르망디 지방과 더불어 프랑스의 대표적인 공업 지대다. 철광은 벨기에, 룩셈부르크와 국경을 이루는 롱비 일대의 지역과 모젤 강 연안의 티옹빌 지역에서 프랑스 전체 생산량의 75%가 생산된다. 석탄은 포르바크 지역에 분포되어 있는데, 로렌의 채굴량이 프랑스 전체 채굴량의 약 20%를 차지한다. 낭시 동부에서 나는 암염은 거의 프랑스 전체 채굴량에 해당한다.

보주 산맥 Vosges

해발 1,000m에서 1,500m 사이에 위치한 그리 높지 않은 산맥이다. 남북으로 125km, 동서로 40~90km에 이르는 규모를 갖고 있으며, 로렌 지방과 알자스 지방의 경계가 된다. 동쪽으로는 알자

[지하자원이 풍부한 보주 산맥은 크리스털 산업으로도 유명하다.]

스 평원, 서쪽으로는 로렌 평원과 이어져 있으며 독일과의 국경에 인접해 있다. 춥고 눈이 많이 오는 습한 기후 때문에 임업과 목축업이 발달할 수 있는 조건을 갖추고 있다. 이 지역은 치즈의 중요한 산지이며 동쪽 경사면에서는 포도도 재배된다. 면직 공업이 발달해 있으며, 인구 5,000명 정도의 바카라를 중심으로 발달한 크리스털 산업은 세계적으로 유명하다. 프랑스의 유명한 생수 업체인 비텔은 이곳에서 원수를 채취하고 있다. 비텔은 온천으로 유명한 작은 마을이다.

| 메 스 |

Metz

인구 20만 정도의 메스는 모젤 강변의 로렌 고원 지대에 위치한다. 메스는 로마 점령기 때부터 유럽의 여러 지역을 동서남북으로 연결하는 교통의 요충지였다. 프랑스 영토에 귀속된 것은 1552년이 되어서였고 이때부터 프랑스 북부를 지키는 요충지로 요새가 지어지기 시작한다. 모든 프랑스 도시 중 메스는 가장 두터운 성벽으로 둘러싸인 도시다.

국경에 위치한 지정학적 조건으로 인해 메스는 많은 시련을 겪는다. 1870년 프러시아와의 전쟁에서 패한 후 상공인들과 예술가를 비롯한 많은 메스 시민들이 시를 빠져 나와 낭시로 이주한다. 이후 메스에는 독일의 흔적이 남게 되는데, 예를 들면 메스 성당의 전면 조각 중 다니엘 상에 독일 황제 빌헬름 2세의 카이젤 수염을 조각해 넣은 것을 들 수 있다. 이 수염은 후일 메스를 수복했을 때 다시 잘려 나간다. 그뿐 아니라 1902년에서 1908년까지 약 7년 동안 메스 역 일대가 재개발되는데, 제2제국의 네오로마네스크 양식이 짙게 물든 모양이었다. 하지만 1918년 제1차 세계대전에서 승리한 프랑스는 메스를 다시 되찾았고 원래대로 복원했다. 그 후 메스

[프랑스 북동부에 자리한 로렌 주는 보주 산맥과 뫼즈 강 사이에 가로놓인 고원 지대다.]

인근의 요새들은 마지노 선Maginot Line의 출발점이 되었다. 현재 메스에는 단 하나의 제철소만이 남겨진 채 모든 제철 산업이 철수한 상태다. 대신 자동차와 농산물 가공 산업이 발달해 있다. 주청 소재지로서 행정 기능이 강화되었고 낭시와 연계해 대학 도시로 탈바꿈하고 있다. 산업도 이에 맞추어 첨단 전자 정보 통신 쪽으로 이동하고 있다. 메스는 또한 유럽을 연결하는 중요한 교통의 중심지이기도 하다.

Sights

관광 명소

▶ 생테티엔느 성당 Cathédrale St. Étienne

원래는 길을 사이에 두고 서로 갈라져 있던 노트르담 라롱드 성당과 생테티엔느 성

당을 1240년경 하나로 합쳐 변형시킨 것이 현재의 성당이다. 총 면적이 6,500m²에 달하는 성당의 스테인드글라스로 인해 '하느님의 등불'이라는 별명이 붙어 있다. 특히 마르크 샤갈의 스테인드글라스 〈지상 낙원의 장면들〉이 이 성당에 있다.

이외에 메스에서는 라 쿠르 도르 박물관이 볼 만하다. 17세기 수녀원 건물 등 인근의 옛 건물들을 개조해 만든 박물관에는 메스 인근에서 출토된 골 족과 고대 로마 시대의 유물들이 소장되어 있다. 세브르몽 지하 창고는 곡물 수확 당시 공제했던 십분의 일세를 보관하던 창고였다. 이외에 독일인들의 문, 생 루이 광장 등이 볼 만하다.

| 낭시 |

Nancy

교외 인구까지 합하면 약 31만의 인구를 헤아리는 낭시는 18세기에 스타니슬라스 왕이 추진한 도시 계획을 통해 독창적인 면모를 간직하고 있는 도시다. 특히 시청과 박물관 등 다섯 채의 건물이 있는 스타니슬라스 광장Place Stanislas은 각각의 건물들을 장 라무르가 주물로 제작한 철책으로 연결해 놓아 보는 이들을 감탄하게 한다. 광장 중앙에는 스타니슬라스 동상이 있다. 낭시의 발전은 로렌 지방에 매장되어 있는 지하자원 개발과 밀접하게 관련되어 있다. 낭시는 예전에 프랑스 철강 산업의 메카였다. 현재는 메스와 마찬가지로 낭시 대학과 전기, 화학, 지질학 등 5개 연구소와 협력해 첨단 산업 쪽으로 선회했다. 이러한 방향 설정으로 지속적인 투자를 한 결과 1977년 이후 낭시는 그르노블, 니스에 이어 프랑스에서 손꼽히는 세 번째 테크노빌이 되었다.

원래는 로렌 공의 영지였으나 1766년에 프랑스 영토로 귀속된다. 이곳은 미술사에 흔히 낭시 파로 분류되는 일군의 예술가들이 활동했던 곳이기도 하다. 유리 세공인이자 도자기 예술가이기도 했던 에밀 갈레에 의해 19세기 후반에 만들어진 낭시 파는 동식물과 같은 자연의 무늬를 장식 예술에 도입하고자 했던 일군의 예술가들을 지칭한다. 낭시 파에는 돔 형제, 마조렐르, 발랭, 프루베 등이 참여했다. 이들은 1901년 스스로를 예술 산업인들의 지방 연대라고 부르며 회사를 세워 활동했다. 한편 10월의 두 주간 동안 낭시에서는 재즈 축제가 벌어진다. 이 축제는 스타니슬라스 광장 북쪽에 있는 공원Parc de la Pépinière에서 열리고 있다. 관람 티켓은 16~31유로로 정도 한다.

Information

가는 방법

항공편

메스–낭시–로렌느 공항(☎ (03)8756–7000)이 낭시 북쪽으로 43km 떨어진 지점에 위치한다. 낭시에서 A31 고속도로를 이용하면 된다.

기차편

파리 동역에서 출발하는 테제베를 이용하면 1시간 30분만에 낭시에 도착할 수 있다. 기차는 매 1시간마다 출발하며 운임은 약 50유로. 기차역은 티에르 광장Place Thiers에 있다. 스트라스부르에서는 2시간 정도마다 열차가 있으며 운임은 약 20유로 선이다. 1시간 30분 정도면 낭시에 도착한다.

버스편

인터시티 임시 버스 터미널이 스타니슬라스 광장에서 북동쪽으로 500m 떨어진 주차장에 있다(생트 카트린느 가 모퉁이에 위치한다). 터미널은 기차역 인근으로 이동할 예정이다. 유로라인 매표소는 오전 8시부터 정오까지 근무한다(☎ (03)8332–2358, Les Courriers Mosellans 사).

공항에서 시내 가기

공항 버스(☎ (03)8734–6012)가 기차역과 메스–낭시–로렌 공항 간을 연결한다. 편도 운임 4유로로 40분 소요된다.

시내 교통

버스

시내버스 노선 대부분이 생 조르주 가Rue St-Georges(북동쪽 행)와 스타니슬라스 가Rue Stanislas(남서쪽 행) 교차로에 정차한다.

시내버스 운행 회사
- 3, rue du Docteur Schmitt
- ☎ (03)8335–5454
- 일요일 휴무

자동차 렌탈

Europcar
• 18, rue de Serre • ☎ (03)8337-5724

ADA
• 138, rue St-Dizier • ☎ (03)8336-5309 • 일요일 휴무

자전거 렌탈

Michenon
• 91, rue des Quatre Églises • ☎ (03)8317-5953
• 화~토 09:00~12:00, 14:00~19:00 • 대여료 1일 17유로

관광안내소
• 광장에 있는 시청사 안에 위치 • www.ot-nancy.fr
• 월~토 09:00~18:00(4~10월 19:00까지 연장 근무), 일, 공휴일 10:00~13:00 (4~10월에는 17:00까지 연장 근무)
• 호텔 예약 서비스 대행 무료

Services

Accommodation

| 캠 핑 |

▶ Camping de Brabois
• Avenue Paul Muller(낭시 시내에서 남서쪽으로 5km 떨어진 구릉에 위치)
• ☎ (03)8327-1828 • www.camping-brabois.com
• 26번 또는 46번 버스 이용 • 4~10월 중순 개장

| 유스호스텔 |

▶ Auberge de Jeunesse Remicourt
• 149, rue de Vandoeuvre in Villiers-les-Nancy(낭시 시내에서 남쪽으로

4km 떨어져 있음) • ☎ (03)8327-7367 / F (03)8341-4135
- 26번 버스를 타고 St-Fiacre 하차 • 일, 공휴일 09:30~17:30 리셉션 휴무
- 1인 20유로(아침식사 가능) • 평화롭고 한적한 공원에 둘러싸인 고풍스러운 성 안에 있다.

| 호 텔 |

▶ Hôtel Le Jean-Jaurès

- 14, boulevard Jean-Jaurès(기차역에서 10분 거리)
- ☎ (03)8327-7414 / F (03)8390-2094 • www.hotel-jeanjaures.fr
- 더블룸(샤워 시설과 화장실 구비) 50유로

관광 명소

▶ 스타니슬라스 광장 Place Stanislas ★★

스타니슬라스 레진스키는 루이 15세의 장인이자 폴란드 국왕이다. 러시아에 의해 폴란드 국왕 자리에서 축출된 이후 로렌 공으로서 낭시의 도시 계획에 심혈을 기울였다. 그는 건축가 엠마누엘 에레와 주물가 장 라무르를 통해 낭시의 스타니슬라스 광장을 만들었다. 광장을 둘러싸고 있는 시청사를 비롯한 건물들은 엠마누엘 에레의 작품이다. 길모퉁이 등에는 장 라무르가 주물로 제작한 철책들이 놓여 있다.

▶ 로렌 역사 박물관 Musée Historique Lorrain ★★

로렌 지방의 역사적 유물과 예술품을 소장하고 있는 로렌 역사 박물관은 프랑스에서 규모가 큰 박물관 중 하나이다. 1층에는 낭시 출신의 유명한 조각가인 자크 칼로 Jaques Callot의 작품들이 전시되어 있으며, 세르 회랑Galerie des Cerfs에서는 17세기 대가들의 작품을 볼 수 있다. 로렌 공국이 유럽의 문화 중심지로 성장하던 시절의 조르주 드 라 투르Gerges de la Tour, 클로드 드루에Claude Deruet의 작품들을 볼 수 있으며, 프랑스 유대인들의 역사를 알려주는 유물들도 소장되어 있다.

- 위치   64, Grande-Rue
- ☎   (03)8332-1874
- 개관시간   수~월 10:00~12:30, 14:00~18:00
- 입장료   성인 3.10유로, 학생(26세 미만) 2.30유로, 12세 미만 무료

▶ 미술관 Musée des Beaux-Arts ★

1700년에 세워진 낭시 미술관은 마네, 들라크루아, 위트릴로, 모딜리아니 등의 작품을 소장하고 있다. 페루지노, 카라바조, 리베라, 그리고 틴토레토와 같은 이탈리아 르네상스 말기 화가들의 작품들도 볼 만하다.

- 위치   3, place Stanislas
- ☎   (03)8385-3072
- 개관시간   수~월 10:00~18:00
- 휴관일   화요일, 1월 1일, 5월 1일, 7월 14일, 11월 1일, 12월 25일
- 입장료   성인 6유로, 학생 무료,
                매월 첫째 일요일 10:00~13:30 무료

▶ 코르들리에 성당과 수도원
Église et Couvent des Cordeliers

피렌체의 메디치 성당을 모델로 해서 만들어진 코르들리에 성당에는 로렌 공작들의 기념비가 보관되어 있다. 그중에서도 가장 유명한 것은 르네 2세René II와 그의 두 번째 부인의 조각상이다. 석회석으로 만든 이 조각들은 낭시에서 가장 오래된 초상 조각으로 알려져 있다. 육각형으로 된 공작들의 기도실은 1607년에 만들어진 것으로 바로크 양식의 화려한 석관들이 보관되어 있다.

- 위치   66, Grande-Rue
- ☎   (03)8332-1874
- 개관시간   수~월 10:00~12:30, 14:00~18:00
- 휴관일   화요일, 1월 1일, 5월 1일, 7월 14일, 11월 1일, 12월 25일
- 입장료   성당 - 성인 3.10유로, 12세 이하 무료
                성당+박물관 - 성인 4.60유로, 11세 이하 무료

▶ 에콜 드 낭시 미술관 Musée de l'École de Nancy ★

낭시에서 생겨난 예술 유파인 낭시 파(에콜 드 낭시)의 멤버 중에서 가장 확고한 작업 스타일을 보여 준 작가는 에밀 갈레Émile Gallé라고 할 수 있다. 그는 20세기 초에 버섯 모양의 유리 램프나 아르누보 양식의 가구로 예술계에 일대 혁명을 일으켰다. 그의 작품은 오늘날에도 고가에 매입되고 있는데, 이 미술관에 그의 작품들이 다수 소장되어 있다.

- 위치   38, rue Sergent-Blandan
- ☎   (03)8340-1486
- 개관시간   수~일 10:30~18:00, 가이드 투어 금~일 가능
- 휴관일   월, 화요일, 1월 1일, 5월 1일, 7월 14일, 11월 1일, 12월 25일
- 입장료   성인 6유로, 학생(26세 미만) 4유로, 12세 미만 무료

Franche-Comté

프랑슈 콩테 주

[브장송] [벨포르]

[프랑슈 콩테 주]

면적 16,202km²(프랑스 전체의 3%로 17위), 인구 110만 명의 프랑슈 콩테 주는 해발 1,500m 이상의 쥐라 산맥을 경계로 스위스와 국경을 이루고 있는 지방이다. 그이외의 지역은 북서쪽으로 갈수록 고도가 낮아져 고원 지대를 이루고 있다. 두브강과 오뇽 강이 주요 하천이다. 두브, 쥐라, 오트 손느, 벨포르 4개 도로 이루어져있으며 주청 소재지는 브장송이다. 쥐라 산맥의 숲을 이용한 임업과 농업, 목축업등이 발달해 있다. 다른 지역과 마찬가지로 와인 생산이 이루어지고 있으며, 아르부아, 코트 뒤 쥐라, 샤토 샬롱 등이 유명하다. 하지만 주요 산업은 중화학 공업으로브장송, 벨포르, 몽벨리아르 세 지역을 중심으로 발달해 있다.

브장송은 시계 공업이 발달했던 지역인데, 이제는 일본산 저가 전자 시계 때문에완전히 경쟁력을 상실한 상태다. 현재는 첨단 산업 쪽으로 선회하고 있다. 브장송미술 고고학 박물관 1층의 시계 전시실에서는 17세기 말부터 20세기 중엽까지 세계적인 명성을 누렸던 브장송 시계 산업의 역사와 각종 손목시계, 괘종시계 등을 볼수 있다. 몽벨리아르는 프랑스에서 가장 큰 자동차 공장인 푸조 자동차 생산 공장이 있는 곳으로 단일 공장으로는 최대 규모인 2만 3,000명의 고용 효과를 내고 있다. 벨포르에는 여러 산업체가 들어와 있지만 알스톰의 TGV 공장이 유명하고 Bull의 컴퓨터 공장 역시 이곳에 자리잡고 있다. 교육과 서비스 산업은 상대적으로 다른 지방에 비해 뒤쳐져 있었지만 이를 만회하기 위해 브장송 벨포르 대학과 기타 연구소를 중심으로 첨단 기술 교육을 강화하고 있다.

쥐라 산맥은 사시사철 관광객들이 끊이지 않는 곳이다. 쥐라 산맥 일대에서는 관광과 연계된 목재 가공과 목공예, 그리고 보석 가공업이 발달해 있다. 쥐라 산맥 일대의 주민들 중 상당수는 스위스로 출퇴근을 하는데, 고속도로 A36이 스위스와 프랑스 내륙을 연결하고 있다.

| 브장송 |

Besançon

인구 13만 명의 브장송은 프랑슈 콩테 지방의 정치, 경제, 문화의 중심지이자 교통의 요지이기도 하다. 산과 강으로 둘러싸인 천혜의 요새로서 구시가지에 세워진 개선문의 흔적과 그랑드 뤼Grande Rue라 불리는 대로, 그리고 검은 문이라는 뜻의 포르트 누아르Porte Noire 등이 일러 주듯이 이미 로마 시대부터 카이사르에 의해 전략지로 지목되어 도시가 형성되었던 곳이다. 17세기에는 보방Vauban 원수도 이곳에 요새를 구축했다. 이때부터 브장송은 스위스, 독일, 이탈리아로 가는 관문 역할을 했다. 매년 9월이면 브장송 프랑슈 콩테 국제 음악 페스티벌이 열려, 전 세계에서 참가한 젊은 지휘자들에게 등용문 역할을 하고 있다. 또한 이곳은 프랑스의 사회 철학자로 공산주의 이론가인 샤를르 푸리에, 대문호 빅토르 위고의 고향이기도 하다.

브장송은 잠시 스페인 령이기도 했는데, 이는 신성로마제국의 황제였던 카를 5세의 결혼 때문에 빚어진 일이었다. 1493년 오스트리아의 막시밀리안 황제는 스페인 공주로서 스페인 영토의 상속녀였던 후아나와 결혼하는 아들 펠리페 1세에게 공작령을 물려준다. 이 두 사람 사이에서 태어난 황제가 스페인 이름으로는 카를로스 1세로, 프랑스에서는 샤를르 켕으로 불리는 카를 5세 신성로마제국 황제다. 샤를르 켕은 아버지와 어머니로부터 합스부르크 가의 영토와 스페인 영토 전부를 물려받게 된다. 부르고뉴 공이기도 했고 합스부르크 가와 스페인 영토까지 소유하게 된 샤를르 켕은 16세기 전반기 유럽 최대의 군주로 떠오르게 되고, 당시 브장송은 최대 번영기를 구가한다. 평범한 농촌 집안이었던 그랑빌 가의 페르노는 샤를르 켕 치하에서 총독의 자리에까지 오르게 되고 1525년에서 1545년 사이에 그랑벨 궁을 건립한다. 이 궁은 16세기 민간 건축물 중 으뜸으로 꼽힌다.

1674년 루이 14세가 이곳을 정복한 후 보방 원수가 1675년에서 1711년 사이에 요새를 세운다. 이후에도 브장송에는 쇼단느, 보르가르, 브레질 등의 요새가 계속 축성되어 전략적 가치를 유지하게 된다.

가는 방법

기차편

파리 리옹 역에서 출발하는 TGV를 이용하면 된다(소요 시간 2시간 30분). 기차역은 마레샬 포쉬 가Avenue Maréchal Foch 북서쪽에 위치하고 있다.

자동차편

파리에서 A6, A36 고속도로를 이용하면 된다.

관광안내소

- 2, place de la 1ère Armée Française
- ☎ (03)8180-9255 / F (03)8180-5830
- besancon@caramail.com
- 4월 1일~9월 30일 화~토 09:00~19:00, 10월 1일~3월 31일 – 화~토 09:00 ~18:00(월요일에는 오전 10시부터. 일요일 업무시간은 다음과 같다. 4월 1일~ 6월 15일, 9월 15일~3월 31일 – 10:00~12:00, 6월 15일~9월 15일 – 10:00~ 12:00, 15:00~17:00)
- 환전 서비스, 호텔 예약 서비스, 하이킹 지도 판매, 프랑슈 콩테 지방 관련 각종 브로슈어(산악 자전거, 낚시 관련 각종 정보) 배포, 시티 투어 운영

관광 명소

▶ 요새 Citadelle

루이 16세의 명령 하에 보방 원수가 1674~1711년 사이에 완공한 대규모의 군사 요새이다. 두브Doubs 강 인근에 있는 이 요새는 높은 언덕에 둘러싸여 있고, 성벽의

높이는 무려 100m가 넘으며 면적은 3만 평에 이른다. 과거에는 감옥, 군대 주둔지로 쓰였던 이 요새는 비단 브장송뿐 아니라 프랑슈 콩테 지역 전체를 보호하기에도 충분한 것이었다. 현재 이곳에는 멸종위기에 있는 동물들을 보호하기 위한 동물원과 수족관, 자연사 박물관 등 다양한 건물이 들어서 있다. 또한 프랑스 지방 민족학과 관련하여 가장 많은 자료를 소장하고 있는 콩투아 박물관Musée Comtois도 이곳에 위치하고 있다.

- ☎ (03)8187-8333
- 개관시간 10월 28일~3월 24일 10:00~17:00,
  3월 25일~7월 6일 09:00~18:00,
  7월 7일~8월 26일 09:00~19:00,
  8월 27일~10월 27일 09:00~18:00
- 휴관일 12월 25일, 1월 1일
- 웹사이트 www.citadelle.com
- 입장료 성인 7.80유로, 학생 6.50유로

▶ 미술관 Musée des Beaux-Arts ★★

브장송 도심 중앙에 위치하고 있는 미술관으로, 1674년에 지어진 프랑스 최초의 공공 미술관이다. 갈로 로맹 시대의 유물과 골동품들이 전시되어 있으며, 최근에는 새롭게 단장하여 이탈리아 회화에서부터 프랑스 회화에 이르기까지 다양한 회화 작품을 소장하고 있다. 대표적인 소장품으로는 앵그르, 쿠르베, 프라고나르, 마티스, 피카소, 그리고 이탈리아 화가인 벨리니의 작품 등이 있다.

- 위치 1, place de la Révolution
- ☎ (03)8187-8049
- 개관시간 주중 09:30~12:00, 14:00~18:00, 주말 09:30~18:00
- 휴관일 화요일, 1월 1일, 5월 1일, 11월 1일, 12월 25일
- 웹사이트 www.musee-arts-besancon.org
- 입장료 성인 5유로, 학생 무료

▶ 생 장 성당 Cathédrale St. Jean

파리의 노트르담 성당과 종종 비교되기도 하는 브장송의 유명한 성당이다. 12세기에 지어졌으나 붕괴되어 17세기에 보프랑이 새로 건축했다. 고딕 양식과 로마네스크 양식이 조화롭게 어우러진 이 성당은 반원형 모양의 돔 천장이 가장 큰 특징이다. 성당 내부에는 금으로 장식된 성상과 생 장(성 요한)의 장미Rose de Saint Jean로 알려진 흰 대리석의 아름다운 둥근 성 만찬대가 있다. 성당 바로 옆에는 로마의 승리를 기념하기 위해 2세기에 세워진 포르트 누아르(검은 문)Porte Noire가 있다.

Belfort

인구 8만을 헤아리는 벨포르는 벨포르 성 밑에 있는 바르톨디의 거대한 사자상으로 유명한 곳이다. 길이가 22m에 높이 11m인 이 거대한 조각은 그 위용으로 보는 이들을 압도한다. 조각 밑의 받침대에는 "벨포르를 수호한 이들에게, 1870~1871"이라는 문구가 새겨져 있다. 이 조각은 축소모각하여 파리 시내의 당페르 로슈로 광장에 설치되어 있다.

© Photo Les Vacances 2007

[벨포르 성 밑에 있는 사자상은 프러시아와의 전쟁 당시의 영웅적 항쟁을 기리기 위해 세워졌다.]

프랑스 동부 산악 지대에 둘러싸여 있는 벨포르는 전기 전자 산업이 발달해 있고, 무엇보다 철도와 고속도로가 잘 발달되어 있는 교통의 요지이다. 오스트리아 영토였던 것을 1648년 프랑스에서 병합했고 이후 보방 원수가 요새를 축성해 지켰다. 1870년 프러시아와의 전쟁 당시 독일에 함락되었지만 다시 프랑스로 되돌아온다. 비록 패하긴 했지만 당페르 로슈로 대령을 중심으로 103일 동안 벌였던 영웅적인 항쟁은 프랑스 인들의 가슴에 지금도 커다란 긍지로 남아 있는데, 바르톨디의 사자상은 이를 기념하기 위해 바위에 직접 조각한 것이다. 바르톨디는 맨해튼의 〈자유의 여신상〉(원제는 '세상을 비추는 자유의 여신')을 조각한 예술가다. 파리의 당페르 로슈로 광장에도 벨포르의 사자상을 축소한 청동 조각이 있다. 벨포르의 거대한 사자상은 완성되자마자 많은 전설을 남기기도 했다. 예를 들어, 사자 몸 안에는 정교한 기계 장치가 되어 있다거나, 비밀 통로가 있다는 이야기들이다. 이는 너무 큰 규모 때문에 퍼진 이야기들이다.

당페르 로슈로 대령은 당시 대부분이 민병이었던 1만 6,000명을 이끌고 프러시아의 4만 군대와 맞섰다. 103일 동안 저항하다 끝내 항복했지만 대령은 베르사유 조약으로 프랑스가 항복을 하고 나서도 21일 동안이나 성에 남아 있었다. 프랑스 정부로부터 성을 떠나라는 공식 명령을 받지 못했다는 것이 이유였다. 당시 수상이었던 티에르는 이를 기리기 위해 벨포르를 알자스 로렌에 편입시키지 않고 별도의 특별시로 지정했고, 지금도 그 전통이 이어져 벨포르는 특별시 대접을 받고 있다.

Information

가는 방법

기차편

파리 동역Gare de l'Est에서 하루에 10여 편 이상이 운행하며, 디종과 브장송을 경유하는 기차편은 파리 리옹 역에서 출발한다. 파리 동역에서 기차를 탈 경우 440km 거리이며 3시간 40분 정도의 시간이 소요된다. 프랑스 남동부의 도시들인 리옹에서는 317km, 스트라스부르에서는 150km, 브장송에서는 97km 정도 떨어져 있다.

관광안내소

- 2 bis, rue Georges-Clémenceau
- ☎ (03)8455-9090 / F (03)8455-9099

Nord-Pas-de-Calais

노르 파 드 칼레 주

[릴르] [덩케르크] [칼레]

[노르 파 드 칼레 주]

북프랑스의 공업 도시인 릴르와 고속철도 유로스타를 타고 섬나라 영국으로 들어가는 관문 역할을 하는 칼레가 자리한 주가 노르 파 드 칼레 주이다. 면적은 12,414km² (프랑스 전체 면적의 2.3%로 22개 주 중 18위), 인구는 396만 명(전체 인구의 6.8%, 4위)이다. 주청 소재지는 릴르Lille이다. 노르 파 드 칼레는 두 개의 도로 이루어져 있으며, 북서쪽으로는 벨기에와 닿아 있고 영불해협을 통해 영국과 국경을 이루는 지역이다. 북서에서 남동으로 고도 200m 미만의 낮은 구릉지가 발달해 있어 비옥한 평야를 이루고 있다.

기후는 흐린 날이 많고 습하며 춥지는 않지만 선선한 날이 많다. 인구는 옛날부터 상당히 조밀한 편이며 벨기에에서 온 이주민이 많다. 주요 농산물은 감자, 밀, 보리, 사탕무, 채소 등이고 돼지, 젖소 사육이 활발하다. 예부터 탄전 개발과 직물 산업이 발달했으며 프랑스 산업혁명의 진원지 역할을 한 곳으로 현재는 섬유, 피복, 제강, 제철, 유리 등의 산업이 발달해 있다. 북부에는 덩케르크, 칼레, 불로뉴 쉬르 메르, 프랑스 제1의 어항인 불로뉴, 중부에는 릴르, 베튄느, 아라스, 두에, 남부에는 발랑시엔느, 모뵈즈 등의 도시가 발달하였다.

| 릴르 |

Lille ★

프랑스 4대 도시 중 하나인 릴르는 인근의 위성도시들과 함께 인구 100만을 헤아리는 프랑스의 가장 중요한 공업 도시 중 하나다. 철강, 석탄, 직물 등 전통적인 산업이 타격을 받으면서 심각한 위기를 겪었지만, 현재는 서비스 산업과 첨단 산업쪽으로 방향을 수정해 여전히 중요한 산업 도시로 남아있다. 유럽의 중심에 있다는 지정학적 이점, 양질의 노동력, 그리고 파리, 런던, 벨기에 등과 TGV와 고속도로로

[릴르 시가지 풍경(좌)과 릴르의 중심지인 드골 장군 광장(우)]

연결되는 원활한 교통망 등은 릴르의 발달을 가능하게 하는 인프라들이다.

역사적으로 플랑드르 백작, 부르고뉴 공작, 합스부르크 가, 스페인 왕국 등의 소유지였다가, 1668년 루이 14세 당시 프랑스 령이 되고 이후 보방 원수의 요새가 축성된다. 릴르라는 도시 이름은 원래 섬이라는 뜻에서 파생된 것으로, 이곳이 습도가 높은 플랑드르 지방에서 건조한 지역을 향해 돌출되어 있는 형상이었기 때문에 붙여진 이름이다. 13세기 초 카페 왕조와 앙주 가문 사이의 영토 싸움이 치열하게 벌어졌던 전쟁은 부빈느 평원 전투에서 이긴 카페 왕조의 승리로 끝난다. 이후 왕족들의 결혼 등을 통해 여러 가문의 손으로 넘어갔다가 루이 14세 당시 프랑스 령으로 합병된다.

시 중심부는 그랑 플라스Grand Place로 불리는 드골 장군 광장Place du Général de Gaulle이다. 이곳에는 카페, 바, 레스토랑들이 둘러싸고 있고 바자 같은 장이 서기도 한다.

보방 원수의 요새, 시타델르

세바스티앙 르 프레스트르 드 보방Vauban(1633~1707)은 프랑스 최대의 건축가로 군사 요새, 도시, 운하, 광장 등을 건설한 축성의 대가였다. 베르사유 궁을 지을 당시 가장 힘들었던 정원의 분수 역시 마지막에는 보방 원수의 힘을 빌려야만 했다. 전술가로서 1652년에서 1703년 사이 무려 53차례에 걸쳐 요새 함락을 지휘하기도 했던 보방은 당시 그의 손이 가지 않은 요새나 군사 시설이 없을 정도로 막강한 기술력과 힘을 과시했다. 공병대를 창설한 것도 보방이었고, 특히 루이 14세 때 성립된 새로운 프랑스 국경을 방호하기 위해 플랑드르, 아르덴느, 알자스, 프랑슈 콩테, 피레네 산맥, 알프스 산맥 및 기타 해안 지대 등에 헤아릴 수 없이 많은 요새를 축성한 것도 그였다. 이 중 일부 요새는 1940년 2차대전 당시에도 유용하게 쓰일 정도였다.

릴르의 시타델르는 보방 원수의 축성 중에서도 최고 걸작으로 꼽히는 요새다. 1,700ha에 달하는 광활한 습지 위에 운하를 개설하고, 당시의 포어술을 염두에 두면서 3중 방어막의 성을 지었다. 경제적인 건축을 하기 위해 벽돌과 석재를 혼합한 성은 매 층마다 하부에 호를 팠고 방벽은 경사지게 만들어 접근을 불가능하게 했다. 성은 침투한 적을 사방에서 관측할 수 있도록 별 모양의 층이 중첩되는 형상을 하고 있다. 또한 릴르의 성은 1708년 스페인 왕위 계승전 당시 네덜란드 군에게 치명적인 타격을 준 곳으로도 유명하다. 네덜란드 군은 성 밖에서 두 달을 보낸 다음 공격에 나섰지만 48일간 전투를 치러야만 했다. 성은 함락되었지만 이 전투로 네덜란드 군은 엄청난 손실을 입어 결국 5년 후인 1713년 위트레흐트 조약을 맺고 전쟁을 끝내야만 했다.

가는 방법

버스편

파리, 암스테르담, 브뤼셀, 런던 등에서 들어오는 유로라인 버스 노선이 있다.

유로라인 사무소
- 23, parvis St-Maurice
- ☎ (03)2078-1888
- 09:00~18:00 혹은 20:00. 월~수 12:00~14:00 휴무, 일요일 휴무

자동차편

파리에서 A1 고속도로를 이용한다.

기차편

파리 북역에서 출발하는 TGV를 이용하면 1시간만에 릴르에 도착할 수 있다.

출발지	요 금	소요 시간	운행 정보
파리(북역)	37유로~(TGV)	1시간	1시간 1~2회
런던	202유로~(유로스타)	2시간	수시 변동
브뤼셀	23유로~(TGV/유로스타)	38분	1일 15회

시내 교통

지하철, 트램, 시내버스가 릴르 시가를 운행한다(☎ (03)2040-4040, Transpole).
대부분의 시내버스 노선은 벨기에까지 운행된다. 승차권은 버스의 경우 탑승 후 구
매해도 상관없지만, 지하철과 트램은 반드시 탑승 전에 구매하도록 한다. 1회 요금
은 1.25유로, 10장 묶음은 10.30유로, 1일권은 3.50유로다. 릴르 역에서 릴르 구시
가지까지는 도보로 이동이 가능하다.

관광안내소

- 리우르 광장Place Rihour에 위치. 부르고뉴 공작의 거처였던 리우르 궁Palais
  Rihour 안에 자리하며 궁 동쪽에는 전쟁기념관이 들어서 있다.
- ☎ (03)2021-9421 / F (03)2021-9420 • www.lille.cci.fr
- 월~토 09:30~18:30, 일, 공휴일 10:00~12:00, 14:00~17:00
- 호텔 예약 서비스 무료

Services

Eating & Drinking

| 레스토랑 |

▶ Huîtrière [R-1]

- 3, rue des Chats Bossus • ☎ (03)2055-4341 / F (03)2055-2310
- www.huitriere.com

▶ Clément Marot [R-4]

- 16, rue de Pas • ☎ (03)2057-0110 / F (03)2057-3969
- www.clement-marot.com

▶ La Hochepot [R-15]

- 6, rue du Nouveau Siècle • ☎ (03)2054-1759

- 토요일 점심, 일요일 휴무 • 정식(음료 포함) 20유로 선
- 플랑드르 요리(닭요리, 소고기 스튜)

Accommodation

| 호 텔 |

▶ Carlton [H-3]

- 3, rue de Paris • ☎ (03)2013-3313 / F (03)2051-4817
- www.cartonlille.com • carlton@carltonlille.com

▶ Mercure Le Royal [H-6]

- 2, boulevard Carnot • ☎ (03)2014-7147 / F (03)2014-7148
- h0802@accor-hotels.com

▶ Hôtel Faidherbe [H-14]

- 42, place de la Gare • ☎ (03)2006-2793 / F (03)2055-9538
- 더블룸 27~43유로

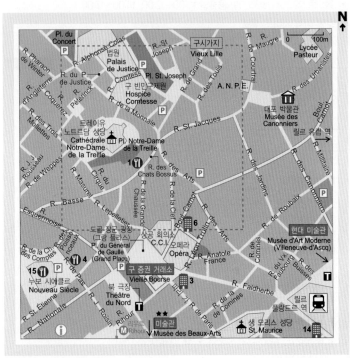

[릴르]

© Design Les Vacances 2007

관광 명소

▶ 구시가지 Vieux Lille

풍화 작용과 공해에 찌들어 내버려졌던 구시가지를 새롭게 문화재로 인식, 보존하게 된 것은, 1965년을 전후해 '구시가지의 친구' 라는 이름의 운동이 일어나면서부

[직물 산업의 번성을 알려주는 릴르의 구 증권 거래소]

터다. 조각으로 장식한 석재와 벽돌을 섞어 지은 옛 건물들은 릴르 고유의 건축 양식으로 인정을 받았고 스페인 점령기 때 세워진 건물들도 새롭게 단장되었다.

▶ 구 증권 거래소 Vieille Bourse

1650년에 루이 13세 식으로 건설된 후 플랑드르 양식이 겹쳐진 이 건물은 릴르 시의 직물 산업의 융성기를 일러주는 건물이다.

▶ 미술관 Musée des Beaux-Arts ★★

1885년에 건설된 후 여러 차례 증개축된 건물 안에는 프랑스 회화들이 다수 소장되어 있다. 이 중 16세기 초에 그려진 장 벨강브의 〈신비의 샘〉에는 고딕의 상징들이 잘 표현되어 있고 17세기 고전주의의 균형과 절제가 잘 드러난 필립 드 상페뉴의 〈예수의 탄생〉 등도 볼 만하다.

- 위치   Place de la République
- ☎   (03)2006-7800
- 개관시간   수~일 10:00~18:00, 월 14:00~18:00
- 휴관일   화요일
- 웹사이트   www.pba-lille.fr
- 입장료   성인 7.50유로, 학생 6유로, 12세 미만 무료, 가이드 투어는 4유로 추가

인근 가볼 만한 곳

[릴르 미술관 전경]

▶ 현대 미술관
Musée d'Art Moderne (Villeneuve-d'Ascq)

릴르에서 몇 킬로미터 떨어진 시 외곽에 있다. 에론 호수를 굽어보는 위치에 있는 현대 미술관으로, 레고를 쌓아놓은 것과 같은 형태의 벽돌과 유리로 지어진 건물이다. 20세기 현대 미술을 대표하는 작품들을 다량 소장하고 있다. 모딜리아니는 특별실에 마련되어 있고, 입체파의 브라크, 피카소, 아수파, 초현실주의 등의 작품이 있으며, 실외로 나오면 기념비적인 조각들이 정원에 가득하다. 확장공사로 2006년부터 휴관 중이므로 상세 정보는 웹사이트를 참고한다.

- 위치   268, rue Jules Guesde
- ☎   (03)2019-6868
- 교통편   지하철 1호선 Pont-de-Bois 역 하차 후 41번 버스 이용,
                     Parc Urbain-Musée에서 하차
- 웹사이트   www.mamlm.fr

| 덩케르크 |

Dunkerque

모래 언덕들의 교회라는 뜻의 덩케르크는 유명한 해적들의 근거지였다. 옛날부터 유명한 어항이었고 14세기에는 스칸디나비아의 목재, 보르도의 와인, 영국의 모직물 등이 거래되던 항구로 크게 번창했다. 17세기 들어 덩케르크는 노르망디와 프랑스 북부의 다른 도시들처럼 프랑스, 영국, 네덜란드, 스페인 등이 서로 주도권을 주장 하는 분쟁 지역이 된다. 1658년 프랑스 영토가 되었지만 이내 다시 영국으로 소유 권이 넘어가는 등 전쟁이 끊이질 않았다. 이때부터 덩케르크는 해적들의 근거지가 되는데, 이는 사략선(私掠船)을 운용해 유럽 국가의 해운을 방해하려는 루이 14세의 정책의 결과였다. 해적선을 비롯한 민간 선박에게 다른 나라의 선박을 나포하거나 격침할 수 있는 허가를 준 이 정책 덕분에 당시 3,000척이 넘는 외국 함정이 나포 되거나 격침되었다. 당시 최고 해적은 장 바르였다. 1848년 이 인물을 기리기 위해 다비드 당에가 조각한 동상이 시내 장 바르 광장에 세워져 있다. 덩케르크는 제2차 세계대전 초기인 1940년 6월, 독일군의 스당 진출로 고립된 연합군의 철수 작전이 대대적으로 펼쳐졌던 곳이다. 이 작전을 일명 '덩케르크의 지옥'이라 부른다.

해적왕, 장 바르 Jean Bart (1650~1702)

네덜란드 인들이 가장 무서워했던 해적이 바로 장 바르였다. 덩케르크에 근거지를 둔 해적선들이 당 시 나포한 선박은 3,000척이 넘었고 포로만 해도 3만 명이 넘었다. 이는 네덜란드 해상 무역이 완전 히 마비될 정도였던 것이다. 장 바르는 마구잡이로 약탈을 일삼는 해적이 아니라 왕으로부터 공식 문 서로 허락을 받은 해적이었다. 이는 그가 해상 전투의 귀재였고 당시로서는 초현대식인 선박 건조 기 술을 보유하고 있었기 때문에 가능한 일이었다. 1694년에는 장 바르 때문에 기근에 시달린 프랑스가 위기를 넘기기도 했다. 그가 밀을 가득 싣고 가는 곡물 운송 선박을 130척이나 나포했기 때문이다.

| 칼 레 |

Calais ★

인구 10만 명의 칼레는 유명한 로댕의 조각 〈칼레의 시민들〉로 그 이름이 전 세계 에 알려진 항구 도시다. 유럽 대륙과 섬나라 영국을 연결하는 가장 가까운 지점이 라는 지정학적 조건이 칼레의 모든 것을 결정했다. 현재는 1994년 개통된 유로터널 로 인해 칼레 시는 프랑스에서 가장 많은 여객을 실어 나르는 제1의 여객항이 되었 다. 영국에서 대륙으로 오려는 사람들이나 대륙에서 영국으로 가려는 이들은 유로 스타를 이용해 왕래하고 있다. 파리–런던 간은 2시간 40분이면 왕래가 가능하고 그것도 각 도시의 시내 한복판을 연결하게 되면서, 이제 영국은 더 이상 섬나라가 아니라는 말이 나올 정도가 되었다. 연간 약 3,000만 명에 달하는 여객이 이동하는 데, 파리의 북역Gare du Nord에서 런던의 세인트 팬크라스 역까지 운행한다.

칼레는 1558년 기즈 공이 영국에서 탈환했지만 16세기 말 잠시 스페인 령이 되었고, 완전히 프랑스 영토로 귀속된 것은 1598년이다. 제2차 세계대전 때는 독일군에게 점령되어 영국 본토 공격용 V 로켓 기지가 되어 큰 피해를 입었다. 현재 이 V 로켓 발사 기지는 그대로 보존되어 일반인들에게 공개되고 있다. 유로터널이 개통된 이후, 칼레 시 인근은 제2의 도약기를 맞고 있다. 현재 대규모 사업 단지와 위락 시설 단지가 거의 완공되었다.

길이 7km의 해수욕장이 있고 연간 이용객이 3,000만 명이나 되기 때문에 많은 투자가 이루어지고 있다. 칼레 시의 특산물은 레이스이다. 칼레 시 안에 미술 및 레이스 박물관이 있어 레이스 역사를 관람할 수 있다. 칼레 시청사는 20세기 초에 지어진 것이고 로댕의 〈칼레의 시민들〉 상이 있는 시청 앞 광장은 꽃이 만발한 화단으로 관광객들의 감탄을 자아내곤 한다.

유로터널 Euro Tunnel

폭 7.6m의 터널 두 개로 구성된 상하행선과 상하행선 사이에 건설된 보조 터널 등 세 개의 터널로 이루어진 유로터널은 해저 부분이 38km이며 지상 부분이 11.4km로 총 연장 49.4km의 터널이다. 여객 전용의 TGV인 유로스타만이 아니라 승용차, 대형 트레일러 등을 승객과 함께 실어 나르는 별도의 열차가 운행 중이다.

영불해협을 해저로 연결하는 계획은 꽤 오랜 역사를 갖고 있다. 최초의 아이디어는 영국 점령을 염두에 두었던 나폴레옹 시대까지 거슬러 올라간다. 하지만 터널 계획이 구체화된 것은 영국의 토목 기술자 호크쇼가 사우스이스턴 철도와 로스차일드 가의 재정 지원을 얻어 1865~1866에 실시한 해저 지질조사에서부터였다. 그 결과 터널 굴착이 기술적으로 가능하다는 것이 판명되었다. 1882년에는 양쪽 해안에서 굴착에 착수해 프랑스와 영국은 거의 2km씩 굴착 작업을 진행시켰다. 공사에 착수한 후 꽤 시간이 흘렀지만, 나폴레옹의 악몽을 잊지 못하고 있던 영국에서는 터널이 국방상 장애가 된다는 우려가 제기되었고, 마침내 의회까지 반대해 1883년에 공사가 중단된다. 그 후에도 1970년대까지 몇 차례 다시 공사를 재개하자는 의견이 대두되기는 했지만 착수되지는 않았다.

그러다가 1984년 12월 프랑스 대통령 미테랑과 영국 총리 대처의 파리 회담 때 합의에 성공, 1986년 2월 조약을 체결하고 공사가 재개되어 마침내 1994년 5월 6일 유로 터널이 개통된다. 총 공사비로 158억 달러가 소요되었으며, 파리-런던, 런던-브뤼셀까지 각각 2시간 40분, 2시간 20분이 걸린다. 이전에 유로스타는 프랑스 지역은 시속 300km의 속도로 달리고 고속철 전용 철로가 없었던 영국 지역에서는 시속 120km에 달렸다. 영국 지역에서는 유로스타가 시속 100km 이하의 규정 속도를 따라가야 했기 때문이다.

〈칼레의 시민들 Les Bourgeois de Calais〉

14세기 중엽에서 15세기 중엽까지 110년 정도 지속된 프랑스와 영국 사이의 백년전쟁 당시, 영웅적 행동으로 칼레 시를 구한 시 원로들을 기리기 위해 제작된 높이 209.55cm의 청동 기념 조각이다. 1884년 칼레 시로부터 의뢰를 받아 로댕이 제작했다.

1347년 영국 왕 에드워드 3세가 이끄는 영국군에 의해 1년 정도 포위를 당해 아사 위기에 몰린 칼레 시는 마침내 시 열쇠를 내놓으면 목숨을 살려주겠다는 영국 왕의 요구를 수용하기로 한다. 위스타슈 드 생 피에르를 비롯한 6명의 시 원로들은 영국 왕이 요구한 대로 목에 밧줄을 맨 채 시의 열쇠를 들고 영국 왕을 찾아간다. 영국 왕비의 요구도 있었지만 에드워드 3세 역시 마음을 돌려 이들을 살려주었고 시에도 식량을 공급해 주었다.

그러나 로댕이 완성한 조각은 칼레 사람들이 기대한 것과 같은 애국적 영웅의 늠름한 모습이 아니었다. 작품에 등장하는 6명의 인물들은 칼레 시에 대한 헌신과 죽음에 대한 공포 사이에서 번민하고 괴로워하는 모습을 띠고 있다. 특정한 사건에 등장하는 역사적 영웅의 모습이 아니라 극한 상황에 몰린 인간 일반의 내면을 표현했던 것이다.

격렬한 움직임을 보이는 인물과 깊은 사색에 빠진 인물들이 교묘히 교차하는 이 조각은 상징적이고 표현적인 효과를 극대화시키고 있어 영웅적 기념물을 기대하고 있던 이들에게는 이해하기 힘든 작품이었다. 6명의 행동은 영웅적인 것이기는 했으나 로댕이 묘사하고자 했던 것은 굴욕적인 패배였고, 적군에게 볼모로 잡혀가는 시 원로들의 참담한 상황이었다. 다행인지 불행인지 은행이 파산하는 바람

[극한 상황에 몰린 인간 내면을 표현한 로댕의 〈칼레의 시민들〉]

에 로댕은 성금으로 조성된 작품 제작비를 받을 수 없게 되었다. 하지만 이로 인해 자신의 의도대로 작품을 만들 수 있는 자유가 로댕에게 주어지게 된다. 현재 이 작품은 칼레 시청만이 아니라, 파리 로댕 박물관, 도쿄, 런던의 웨스트민스터 사원, 서울, 필라델피아, 스위스 바젤, 브뤼셀 등에 전시되어 있다. 하지만 칼레에서 보는 〈칼레의 시민들〉이야말로 당시의 역사적 상황을 제대로 환기시키고 있다. 이에 반해, 도쿄의 〈칼레의 시민들〉은 로댕이 원하지 않았던 높은 좌대에 올라가 있어 원작의 의미를 훼손하고 있다는 느낌마저 준다.

Picardie

피카르디 주

[아미엥] [콩피에뉴] [상티이] [보베]

[피카르디 주]

엔느, 와즈, 쏨므 3개 도로 이루어진 피카르디는 면적 19,528km²(프랑스 전체 면적의 3.6%, 14위), 인구 약 185만 명의 프랑스 북부에 위치한 주다. 주청 소재지는 아미엥이다. 예부터 피카르디로 불리던 지방과 거의 일치하는 지역을 차지하고 있다. 중세 초기에는 플랑드르 인에 의해 많은 식민지가 건설되었고, 쏨므 강 계곡은 그 영향으로 나사 공업이 발달했다. 지형적으로는 파리 분지에 속해 있어 고도 300m 이하의 완만한 구릉 지대를 이루고 있다. 경작지로서 가장 이상적인 퇴적암층 지질이 분포되어 있어 예부터 곡창지대로 유명하였다. 현재도 사탕무, 귀리, 감자 생산량에 있어서는 프랑스 1위를 차지한다. 특히 생산성이 75%에 달하는 기계화에 성공한 대표적인 농업 지역으로 프랑스 전체 농가 평균 수입의 175%에 달하는 고수익을 올리고 있다. 하지만 농업 생산이 피카르디 주의 산업에서 차지하는 비중은 그리 크지 않아 고용 측면에서는 8.5%에 머물러 있다. 그러나 풍부하고 상대적으로 저렴한 농산물 생산은 이 지방의 농가공 산업을 발전시키는 원동력으로 작용하고 있다.

제당, 감자 가공 등의 산업이 발달해 있고 농업 기계 분야도 아미엥과 생 캉탱을 중심으로 하여 다른 지방에 비해 상당히 발달해 있다. 그러나 다른 전통 산업 분야인 직물 산업은 퇴조를 거듭하여 현재는 아미엥에 있는 굿이어 타이어 등 자동차 관련 산업이 그 뒤를 잇고 있다. 그 결과 몽타테르에 있는 철강 회사 위지노르도 그대로 명맥을 유지하고 있다. 와즈 도에서는 콩피에뉴를 중심으로 의약, 화학 산업이 발달해 있다. 런던까지 들어가는 TGV Nord 즉, 북부 테제베 라인이 아미엥을 비켜가고 있고, 고속도로 A26, A1 역시 아미엥을 비켜가고 있어 지역 발전에 큰 장애물이 되고 있다. 현재 파리-아미엥 간 새로운 고속도로가 공사 중이고, 교통 · 통신의 발달로 남부의 와즈에 있는 샹티이, 콩피에뉴, 크레이, 보베 등은 파리로 출퇴근이 가능한 지역으로 함께 발전하고 있다.

| 아미엥 |

Amiens ★

아미엥은 무엇보다 13세기에 건설된 프랑스 최대 규모의 고딕 성당인 아미엥 대성당으로 유명한 곳이다. 아미엥은 인구 약 16만 명의 그리 크지 않은 도시로 파리에서 북쪽으로 130km 떨어진 쏨므 강 유역에 있다. 쏨므 강의 지류들 사이에 펼쳐져 있는 작은 섬들에서는 야채, 청과물, 꽃 등을 싣고 모여든 작은 곤돌라들이 수상시장을 연다. 이곳은 로마 시대에 카이사르도 다녀간 적이 있는 옛 도시로, 갈로 로맹 시대의 포석을 깐 포장도로와 목욕탕 등 로마 유적을 볼 수 있다.

중세에는 나사 등 직물 생산으로 번영을 이루었고 17세기에도 재상 콜베르의 도움으로 벨벳 등 직물 산업이 번창했다. 플랑드르 백작에게 종속되어 있었으나, 1185년 프랑스 왕 필리프 2세 때 프랑스 국토가 되었고, 15세기에는 부르고뉴 공의 영토가 된 일도 있었다. 파리의 북쪽 방위 거점으로 요새화된 도시로 당시에 축조된 성채가 아직도 남아 있다.

1802년 나폴레옹이 영국군과 '아미엥 조약'이라는 강화 조약을 체결한 곳도 이곳이다. 제1차 세계대전 중에는 영국군 사령부가 설치되어 전쟁 피해를 면할 수 있었으나, 제2차 세계대전 때는 시의 절반 이상이 파괴되었다. 프랑스 최대 규모를 자랑하는 아미엥 성당을 중심으로 쏨므 강 연안 6km에는 전쟁 후 재건된 신시가지가 있다. 전통적인 섬유공업 외에도 타이어, 철강, 식품, 가구, 피혁, 전기기구 등 중공업과 식품 공업 등이 발달하였다.

1964년 이후부터 아미엥은 대학 도시로 발돋움했다. 아미엥이 배출한 작가로는 프랑스 대혁명 전인 1782년에 출간된 문제작 〈위험한 관계Liaison Dangeureuse〉를 쓴 라클로가 있다. 또한 아미엥은 18세기부터 민중의 정서를 걸쭉한 토속어로 공연해 인기를 얻은 인형극으로도 유명하다.

가는 방법

기차편

파리 북역에서 아미엥으로 출발하는 일반 기차편이 있다. 중앙역 안내 사무소는 08:45~18:20(일요일과 공휴일은 제외)까지 근무한다.

출발지	요 금	소요 시간	운행 정보
파리(북역)	18.30유로	1시간 10분	1시간 1~2회
릴르	17.80유로	1시간 30분	1일 4회
칼레	22.10유로	2시간 10분	1일 8회
루앙	17.10유로	1시간 10분	1일 3~4회

버스편

보베, 아라스 등에서 들어오는 버스 노선이 있다. 버스 터미널은 시 쇼핑센터인 상트르 코메르시알Centre Commercial 지하에 있다(☎ (03)2292-2703).

관광안내소

- 6 bis, rue Dusevel
- ☎ (03)2271-6050 / F (03)2271-6051
- www.amiens.com/tourisme
- 월~토 09:30~19:00(10~3월 18:00까지 단축 근무), 일요일 14:00~17:00
- 호텔 예약 서비스 3.10유로, 전쟁 기념관 관련 각종 브로슈어 배포

관광 명소

▶ 대성당 Cathédrale Notre-Dame d'Amiens ★

프랑스의 고딕 건축을 대표하는 성당으로, 1220년에 착공하여 63년만에 완공되었다. 고딕 양식의 성당으로서는 상당히 단기간에 지어진 건물인데, 아미엥 대성당이

보여주는 건축적 통일성은 바로 여기서 유래한다. 성당이 이렇게 단기간에 지어질 수 있었던 것은 전적으로 건축가 로베르 드 뤼자르슈의 혁명적인 사고 덕분이었다. 그는 채석장에서 돌을 다듬은 후 현장으로 가져와 바로 쌓아 올렸던 것이다.

성당의 길이는 145m, 너비 15m, 중앙 회당의 높이는 42.5m로 프랑스에서 가장 큰 규모의 3층 고딕 성당이다. 특히 높이가 20m에 달하는 대형 아치는 고딕 건축의 가장 중요한 특징 중 하나인 상승감을 극대화하고 있다. 이러한 점 때문에 아미엥 대성당은 기술과 미학 양면에 걸쳐 샤르트르, 렝스, 파리 노트르담 성당과 더불어 고딕 건축의 금자탑으로 일컬어진다.

© Photo Les Vacances 2007 / Office de Tourisme d'Amiens

[프랑스에서 가장 큰 고딕 성당인 아미엥 대성당]

두 개의 탑으로 이루어진 성당의 정면 구조와 3개의 문에 장식한 풍부한 조각 작품들은 파리 노트르담의 양식을 계승한 것이며, 입상 조각이나 부조 작품 중에는 뛰어난 작품들이 많다. 특히 정면 중앙문의 입상과 성당 전체의 스테인드글라스는 매우 아름다워 유네스코가 지정한 세계문화유산에 등록되어 있다. 하지만 성당 지하로 흐르는 쏨므 강의 물줄기가 지반을 약화시켜 16세기부터 중앙 회당에 균열이 가기 시작했고, 이를 막기 위해 오늘날에는 쇠사슬로 보강을 해놓았다.

- 위치   Place Notre-Dame
- ☎   (03)2280-0341
- 개관시간   4월 1일~9월 30일 08:30~18:30,
                    10월 1일~3월 31일 08:30~17:30
- 입장료   성인 5.50 유로, 학생 4유로, 6~12세 3유로,
                    오디오 가이드 대여 4유로

Compiègne ★

인구 약 7만 명의 콩피에뉴는 박물관의 도시라고 해도 과언이 아닐 정도로 많은 박물관이 있다. 마차·자동차 박물관, 관광 박물관에서부터 제2제정 박물관, 고고학 박물관, 그리고 그리스 도자기와 대리석 조각을 소장하고 있는 고대 박물관 등이 있다. 메로빙거 왕조의 왕궁이 있던 곳이었고, 14세기 중엽 샤를르 5세가 삼부회를 개최하기도 했던 곳이다. 1430년 잔 다르크가 부르고뉴 병사들에게 잡혀 포로가 된 후 영국군에게 넘겨진 곳이기도 하다.

콩피에뉴에는 카페 왕조 말기 이후의 왕궁이 있었다. 왕궁은 루이 15, 16세 때까지 계속 보수되어 후일 나폴레옹 3세의 거처가 되기도 했다. 개축이라고 불러야 할 정도로 전면 보수된 왕궁은 파리의 콩코드 광장과 군사 학교를 건설한 앙주 자크 가브리엘 부자의 작품으로, 루이 15세 치하에서 이루어진 가장 규모가 큰 공사였다. 왕궁은 이후 나폴레옹 황제에 의해 화려하게 장식된다. 이 궁에서 루이 16세는 마리 앙투아네트를 처음 만났다. 1810년에 마리 앙투아네트와 같은 집안인 마리 루이즈가 나폴레옹과 처음 대면한 곳도 이 콩피에뉴 궁이었다. 이런 이유로 성 내부는 18세기와 제1제정 당시의 아름다운 가구들로 가득하다. 1918년 11월 11일에는 제1차 세계대전을 끝내는 조약이 콩피에뉴 숲에서 체결되기도 한다.

Sights

관광 명소

▶ 마차·자동차 박물관 Musée de la Voiture ★

18, 19세기 사륜마차들 이외에도 희귀한 옛 자동차들이 소장되어 있다. 아메데 볼레의 증기 기관 우편 자동차, 1899년산 르노 타입 A, 1899년 르노 전기 자동차(미슐랭 타이어를 장착하고 최초로 시속 100km에 도달), 1900년 르노 타입 C 등을 볼 수 있다.

인근 가볼 만한 곳

▶ 콩피에뉴 숲 (종전의 숲) Forêt de Compiègne

제1차 세계대전의 종전이 공식 서명된 곳이라 종전의 숲이라 불린다. 콩피에뉴에서 동쪽으로 약 8km 떨어진 숲 속에는 당시 서명을 했던 객차와 똑같은 객차가 전시되어 있고, 그 안에 당시 프랑스 측 대표단이 사용했던 집기들이 모두 그대로 보존 전시되어 있다. 당시 연합군 총사령관이었던 페르디낭 포슈 원수가 대표단을 총지휘해 1918년 11월 11일 11시를 기해 모든 전쟁의 종식을 선언하고 서명했다. 11월 11일은 현재도 종전 기념일로 프랑스의 공휴일이다. 프랑스에서 큰 전쟁이라는 뜻의 '대전Grande Guerre'으로 불리는 전쟁은 1차대전을 말한다. 제1차 세계대전 때 수백만의 전상자가 나왔으나 실제로는 당시 크게 유행했던 스페인 독감으로 인한 사망자가 더 많았다고 한다. 1940년, 독일군 대표들은 같은 객차에서 프랑스로부터 정복군의 권리를 인정받는 문서 조인을 받아갔다.

▶ 피에르퐁 요새 Château de Pierrefonds ★

콩피에뉴에서 남동쪽으로 14km 떨어진 곳에 있는 피에르퐁 요새는 외관은 전형적인 중세풍의 요새이지만, 실제로는 19세기 중엽 나폴레옹 3세의 명에 의해 중세 건물 복원 전문가인 비올레 르 뒤크가 새로 축성한 건물이다. 낭만주의적인 꿈을 갖고 있던 나폴레옹 3세는 루이 13세 때 철거되어 망루와 기초 부분만 남아 있던 성을 후일 자신의 거처로 삼기 위해 완전히 개축할 생각을 했던 것이다. 설계나 내부 가구 면에서 옛 자료보다는 비올레 르 뒤크의 상상력에 의존한 측면이 많이 엿보이지만, 대포가 발명되기 이전의 성의 모습을 볼 수 있는 흔치 않은 건물이다. 비올레 르 뒤크는 파리 노트르담을 개보수한 19세기 최고의 건축가 중 한 사람이다.

- ☎ (03)4442-7272
- 개관시간 4월 1일~5월 14일, 9월 16일~9월 30일 –
  화~일 09:30~12:30, 14:00~18:00
  5월 15일~9월 15일 – 매일 09:00~18:00
- 휴관일 1월 1일, 5월 1일, 12월 25일
- 입장료 성인 6.10유로, 학생(26세 미만) 4.10유로, 18세 미만 무료

| 샹티이 |

Chantilly ★★

행정 구역상으로는 피카르디 지방에 속하지만 파리에서 40km 정도밖에 떨어져 있지 않아 흔히 파리 교외 지역으로 간주된다. 샹티이라는 말은 파리 시민들에게는 신고전주의 양식의 성곽과 진귀한 미술품들이 소장되어 있는 박물관과 함께 유명한 경마장을 떠올리게 한다. 미식가들은 샹티이 크림 즉, 생크림을 떠올릴 것이다.
콩데 박물관이 있고 유명한 조케 클럽Jockey Club의 경마장이 있는 샹티이 성은 파리에서 북쪽으로 약 40km 정도 떨어져 있다. 파리 북역에서 기차를 이용할 수도

있고, 승용차로 갈 경우 고속도로 A1을 타고 가다 샤를르 드골 공항을 지나 왼쪽으로 빠지면 된다. 샹티이 구비외 역에서 하차해 20분 정도 산책을 하면 물 위에 떠 있는 아름다운 샹티이 성을 만나게 된다.

가는 방법

© Photo Les Vacances 2007

[진귀한 미술품들을 소장하고 있는 샹티이 성]

기차편

파리 북역에서 일반 기차(7유로)를 타면 30분 거리이고, 샤틀레 레 알Châtelet les Halles에서 RER D노선을 타면 45분 정도 소요된다. 샹티이 기차역에서 성까지는 택시(6유로)나 버스를 이용한다. 버스 정류장은 기차역 인근에 있으며, 상리스 Senlis 행 버스편을 이용하면 된다. 샹티이 성에서 가장 가까운 정류장은 샹티이, 에글리즈 노트르담Chantilly, Église Notre-Dame이다.

자동차편

파리 북쪽 지역을 연결하는 고속도로 A1(파리-릴르 구간)을 타고 1시간쯤 가면 샹티이 성에 도착하게 된다. 파리에서 출발할 경우는 'Chantilly' 라고 쓰여진 진입로로 나오면 되고 반대로 릴르에서 출발할 경우는 쉬르빌리에Survilliers에서 빠져 나와야 한다.

관광 명소

▶ 샹티이 성 Château de Chantilly ★★

루이 14세를 위해 만찬을 준비하다 노심초사한 끝에 죽은 요리사의 전설이 남아 있는 성이 샹티이 성이다. 또 현재 루브르 박물관에 있는 미켈란젤로의 두 〈노예상〉은

[보티첼리, 라파엘로, 앵그르 등 대가들의 작품을 볼 수 있는 콩데 박물관]

© Photo Les Vacances 2007

원래 이곳에 있었다(현재는 복제본이 있다). 샹티이는 인구 1만 1,500명 정도의 작은 시로 6,300ha에 달하는 광활한 숲이 있다. 특히 밤나무가 많아 가을이면 밤을 줍기 위해 많은 사람들이 찾곤 한다. 성은 16세기 초, 6명의 왕을 보필했던 프랑스의 유명한 원수 안느 드 몽모랑시 장군이 옛 성을 헐어버리고 세웠지만, 17세기 들어 부르봉 가 콩데 가문의 영지가 된 후 1830년까지 이 가문의 소유로 남아 있으며 증개축을 거듭한다.

17세기 그랑 콩데 당시 베르사유를 지은 망사르와 앙드레 르 노트르 등이 동원되어 성을 개축하고 정원을 조성했다. 하지만 이 모든 것이 프랑스 대혁명 때 많이 파괴되었다. 원래 모습대로 복원되는 것은 7월왕정 루이 필립 왕의 아들 오말 공이 샹티이를 물려받으면서부터다. 오말 공은 아카데미 프랑세즈 즉, 프랑스 한림원 회원이기도 했는데, 오랜 망명 생활 후 고국으로 돌아왔지만, 1886년 다시 정치적 좌절을 겪은 후 샹티이 성과 자신이 모은 진귀한 서책류, 예술품들을 모두 아카데미 프랑세즈에 기증한다.

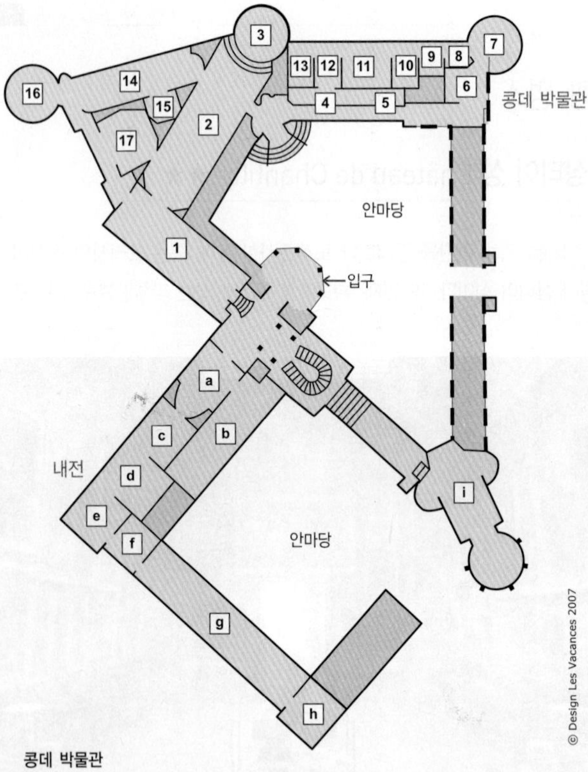

콩데 박물관

1	사슴 갤러리 (연회장)
2	16, 17, 18, 19세기 프랑스, 이탈리아 회화
3	라파엘로 〈로레타 마돈나〉, 피에르 디 코시모 〈시모네타 베스푸치의 초상〉
4~6	소형 초상화
7	미네르바 실 (18세기 프랑스 회화)
8	고대 유물실
9	조토 실 (중세 회화)
10	이자벨 실 (네덜란드 풍경화, 프랑스 낭만주의, 프랑스 아카데미즘)
11	오를레앙 소묘실
12	카롤린 실 (18세기 로코코, 와토, 그뢰즈)
13	클루에 실 (15~16세기 초상화)
14	프시케 갤러리
15	라파엘로 〈우미의 삼여신〉, 〈마돈나〉, 필리포 리피
16	보석실
17	스테파노 디 조반니, 한스 멤링, 필립 드 샹페뉴, 미나르, 안톤 반 다이크, 앵그르

내전

a	대기실 (우드리의 동물화)
b	고서실
c	근위대실 (초상화)
d	침실
e	내실
f	원숭이 방
g	그랑 콩데 갤러리
h	음악실
i	예배당

[샹티이 성]

콩데 박물관은 보티첼리, 라파엘로, 코시모 등 이탈리아 작가들과 랭부르 형제의 1415년작인 채색화, 18세기 앙투안느 와토와 19세기 앵그르 등, 작은 박물관 규모치 고는 역사적으로나 미학적으로 상당한 가치를 지닌 작품들을 소장하고 있다. 특히 랭부르 형제가 베리 공작을 위해 그린 중세 세밀화인 〈베리 공작의 풍요로운 시대 를 위한 기도서〉는 작은 크기에도 불구하고 중세 서양 미술의 최대 걸작으로 꼽히 는 작품이다.

이곳은 파리 사람들에게는 박물관보다도 승마장으로 유명한 곳이며, 8세기의 빼어 난 건축물인 대마구간에는 승마 박물관이 있다. 연간 3,000마리 정도의 경주마들이 이곳에서 훈련을 받는다. 1차대전 당시에는 프랑스 총사령부가 있던 곳이기도 하다.

| 보 베 |

Beauvais

와즈 도의 도청 소재지이며 인구 6만을 헤아리는 보베 시는 프랑스 역사에서 흔히 자크리Jacquerie로 불리는 농민 반란으로 잘 알려진 곳이다. 1358년 봉기한 농민 들은 귀족들의 성을 공격해 재물을 약탈했다. 얼마 지나지 않아 군대에 의해 진압 되었지만 프랑스 역사상 처음 일어난 농민 반란이었다. 기아와 전쟁에 시달리던 농 민들은 귀족들이 왕의 조세와 군대의 약탈로부터 자신들을 보호해주기는커녕 오히 려 착취를 일삼자 이에 저항해 반란을 일으켰고, 당시 파리 상인 조합을 이끌던 에 티엔 마르셀의 지원을 받아 파리까지 위협할 기세였다. 이는 3년 전 샤를르 5세가 소집한 삼부회에서 왕권의 약화를 목격한 귀족들과 평민들의 발언권이 무력으로 표 출된 사건이었다. 당시는 백년전쟁이 진행 중이었을 뿐만 아니라, 페스트와 계속되 는 흉년으로 국가의 존립마저 위태로웠던 시기였다.

보베는 양탄자로 유명한 도시이다. 루이 14세 당시 콜베르가 국립 양탄자 공방을 세운 이래 크게 번성해 특히 1734년에서 1753년까지 정물화로 유명한 화가 우드리 의 지휘 하에 명성을 얻었다. 현재도 국립 양탄자 갤러리가 있다. 보베의 성 베드로 성당은 성가대석이 아름답기로 유명한 성당이다. 특히 천문학 시계가 볼 만하다. 이 성당은 13세기에 건설되기 시작했지만, 여러 차례 공사가 중단되다가 1539년 스트 라스부르 성당보다 11m나 높은 중앙 첨탑을 세움으로써 공사가 끝났다. 하지만 이 는 경쟁심에서 나온 무모한 시도였고 1573년 결국 무너지고 만다. 그 후 보수를 하 지 않아 성당은 지금도 미완성 상태로 남아 있다. 현재 보베 시는 화학, 건설, 기계, 농가공 산업 등이 발달해 있다.

Champagne-Ardenne

샹파뉴 아르덴느 주

[렝스] [스당]

[샹파뉴 아르덴느 주]

샹파뉴 아르덴느 지방은 무엇보다 고딕 성당의 백미로 꼽히는 동시에 역대 프랑스 국왕들의 대관식이 거행되던 렝스 대성당이 있고 또 흔히 샴페인으로 알려진 발포성 와인인 샹파뉴가 생산되는 곳으로, 프랑스는 물론이고 전 세계적으로 이름이 알려진 지방이다. 아르덴느Ardennes, 오브Aube, 마른느Marne, 오트 마른느Haute-Marne 등 4개 도로 구성된 프랑스 북동부에 위치해 있다.

면적은 25,606km²(프랑스 전체 면적의 4.7%로 12위)이고 인구는 137만 명(2.3%, 18위)이다. 행정과 경제의 중심지인 주청 소재지는 샬롱 앙 샹파뉴이다. 과거의 샹파뉴 지방과 거의 일치한다. 예로부터 프랑스와 이탈리아, 플랑드르를 연결하는 중간 도시였던 렝스는 상업과 교통의 중심지였다.

중세 시대부터 시장으로 유명했던 렝스는 교역의 중심지였고 인구도 상당했으며, 19세기 초반까지만 해도 번창하던 도시였다. 하지만 산업혁명과 포도나무 뿌리 진디병, 그리고 양모 산업의 사양화 등으로 위기를 겪으며 지방 전체가 급격히 쇠락했다. 특히 로렌과 파리라는 산업 지대 사이에 위치한 관계로 노동력을 빼앗겨 갈

수록 인구가 줄어들고 있다. 이런 경향은 아르덴느와 오트 마른느 같은 전통 산업을 유지하고 있는 도에서 특히 심각한 양상을 보이고 있다. 샹파뉴 아르덴느 지방은 현재 인구 밀도가 km²당 53명으로 프랑스에서 가장 낮다. 하지만 농업의 발달, 특히 샴페인 생산으로 이를 극복해 나가고 있다. 대규모 기계화도 마무리되어 80%를 웃도는 생산성을 자랑하고 있다. 주요 작물은 사탕무(프랑스 제2위), 밀(3위), 보리(2위), 포도(8위) 등이 있다.

특히 렝스와 에페르네 사이의 포도밭에서 생산되는 고급 샴페인은 세계적인 생산량과 품질로 명성을 얻고 있는 이 지방 특산물이다. 1975년 1억 2,200만 병에 머물렀

© Photo Les Vacances 2007

[최고급 와인을 만드는 렝스의 포도밭]

던 샴페인은 1989년에는 두 배가 넘는 2억 5,000만 병이 생산되어 최고 기록을 세웠다. 이런 수확에 힘입어 이 지역의 농가 수익은 프랑스 전체를 100으로 보았을 때 무려 두 배가 넘는 223을 기록하고 있고, 농업의 고용효과도 다른 지역보다 월등해 프랑스 전체 평균 6.8%를 훨씬 상회하는 10.8%가 농업에 종사하고 있다.

아르덴느 일대의 철강 산업은 파리 인근에 있던 시트로엥 자동차 회사가 이주해 왔음에도 불구하고 약세를 면치 못하고 있다. 그러나 아르덴느 일대의 유리 산업과 트루아 일대를 중심으로 한 봉제 산업(양말, 모자, 내의, 편물 등)은 경쟁력을 확보하고 있다. 3차산업의 경우 고속도로 A26과 A4의 개통, 그리고 렝스 대학을 중심으로 한 연구 활동의 증대에 힘입어 활발하게 추진되고 있다.

| 렝 스 |

Reims ★

인구 21만을 헤아리는 렝스는 역대 프랑스 왕들의 대관식이 거행되었던 렝스 성당으로 유명한 곳이다. 렝스는 로마 시대에는 원래 플랑드르의 도시였다. 서기 496년 프랑크 족의 수장으로서 프랑스 초대 왕으로 간주되고 있는 클로비스가 렝스에서 세례를 받았다. 클로비스의 세례는 종교적 의미를 넘어서는 정치적 제스처였다. 게르만 족의 일족인 프랑크 부족의 수장이었으며 35살의 세례를 받은 이후 유일한 기독교 국가의 수장이 되었고 성직자들의 지지를 얻을 수 있었다. 이는 로마 멸망을 전후한 혼란기에 상당한 의미를 지니는 사건이었다. 이후 클로비스는 흩어져 있던 부족을 규합했고 고트 족의 침입을 푸아티에 인근에서 저지해 툴루즈 밑으로 밀어냈다. 현재의 프랑스 영토에서 프로방스 대신 센느 강 일대가 정치 경제의 중심지로 부상한 것은 전적으로 이같은 클로비스의 업적 덕택이었다.

카롤링거 왕조 때는 렝스 일대에 많은 수공업자와 예술가들이 몰려들어 고대 서적을 필경하기도 하고 세밀화를 그리기도 했으며 상아나 금은 세공을 통해 성물을 제작하기도 했다. 이 작품들 중 적지 않은 유물들이 현재까지 전해지고 있다. 9세기초에는 경건왕 루이 1세가 렝스 성당에서 대관식을 가졌다. 이후 왕조는 전적으로 기독교적 색채를 띠게 된다. 왕의 대관식을 렝스 성당에서 거행하는 것이 하나의 궁정 법도로 정해지는 것은 몇 세기 후의 일로 1223년 루이 8세의 대관식 이후부터다. 이후 왕정복고 시대의 샤를르 10세에 이르기까지 역대 프랑스 왕 중 25명의 대관식이 렝스 성당에서 거행된다. 이 중 가장 감동적인 대관식은 영국과의 백년전쟁 중, 1429년 잔 다르크가 지켜보는 가운데 치러진 샤를르 7세의 대관식이었다.

가는 방법

기차편

파리 동역에서 출발하는 TGV를 이용하면 가장 빠르고 편안하게 렝스에 도착할 수 있다. 렝스 기차역에는 파리–롱위Paris–Lonwy(벨기에와 룩셈부르크 국경 인근) 간 철도선이 지나간다.

출발지	요 금	소요 시간	운행 정보
파리(동역)	28유로	45분	1일 7~13회
디종	36,60유로	3시간 45분	1일 4회
낭시	29,40유로	2시간 30분	1일 2~3회

버스편

버스 터미널에서는 1일 2~4회(일요일 1회 운행) 샬롱 앙 샹파뉴와 트루아 행 버스가 운행된다. 포룸 광장Place du Forum과 기차역 옆에 정차한다.

자동차편

파리에서 A4 고속도로를 이용하면 된다.

쇼핑

렌스의 최대 쇼핑 지역은 역시 렌스 성당 주변의 거리들이다(Rue de Vesle, Cours Langlet, Place Drouet d'Erlon). 렌스에 오면 아마도 가장 사고 싶은 것이 샴페인일 것이다. 많은 상점에서 판매하고 있어 구입하기는 쉽다. 보다 경제적이고 저렴하게 구입하고자 한다면 레옹 부르주아 광장Place Léon-Bourgeois에 있는 르 마르셰 오 뱅Le Marché aux Vins, 페랑델Pérandel이 적당하다. 이곳에서는 100개 이상의 샴페인 제조 회사가 만든 150 종류의 샴페인을 팔고 있다. 선택의 폭이 넓을 뿐만 아니라 가격도 비교적 저렴하여 한 병에 19유로짜리도 찾아볼 수 있다. 렌스의 또 다른 명물인 분홍색의 렌스 비스킷Biscuit de Reims은 La Maison Fossier/Biscuits Fossier(25, cours Langlet, ☎ (03)2647-5984), Boutique Nominée(Place du Parvis, ☎ (03)2640-4385) 등이 유명하다. 한편 렌스 도심에서 동쪽으로 4km 거리에 있는 파크 데 젝스포지시옹 공원Parc des Expositions에서는 8월을 제외한 매월 첫째 일요일에 대규모 벼룩시장이 열린다.

관광안내소

- 2, rue Guillaume de Machault
- ☎ (03)2677-4500 / F (03)2677-4519
- www.reims-tourisme.com
- 09:00~18:00
  (일, 공휴일 10:00~17:00. 4월 중순~10월에는 근무 시간 1시간 연장)

Eating & Drinking

▶ Le Chamois
- 45, rue des Capucins(대성당에서 가깝다) • ☎ (03)2688-6975
- 수, 일요일 점심 휴무. 5월 중 1주간, 8월 초 2주간 정기 휴무
- 정식 25유로 • 퐁듀 전문

▶ Le Continental
- 95, place Drouet d'Erlon • ☎ (03)2647-0147 • 매일 23:30까지 영업
- 해산물 정식 18유로~ • 전망이 훌륭하다.

▶ Brasserie du Boulingrin
- 48, rue de Mars(시청에서 가깝다) • ☎ (03)2640-9622
- www.boulingrin.fr • 일요일 휴무 • 정식 18유로(정식의 전채요리와 본식은 3가지 중에 선택 가능)

Sights

관광 명소

▶ 대성당 Cathédrale Notre-Dame de Reims ★★★

렝스 대성당은 1211년에 공사가 시작되어 4명의 건축가를 거친 후 1287년 베르나르드 수아쏭에 의해 완공되었다. 프랑스를 빛낸 대성당 중의 하나이자, 25명의 역대 프랑스 왕들이 대관식을 치른 유적지이기도 하다. 파리 인근의 샤르트르 성당 양식을 따라 창 모양의 뾰족한 첨탑들로 이루어진 고디크 랑세올레Gothique Lancéolé 즉, 첨탑 고딕 양식을 하고 있다. 정면의 왼쪽 문 옆에 있는 조각상은 그 유명한 〈미소 짓고 있는 천사〉 상으로 렝스 대성당을 장식하고 있는 최고의 걸작이다.

- 위치   Place du Cardinal-Luçon
- ☎   (03)2647-8179
- 개관시간   07:30~19:30
- 입장료   무료

샴페인 Champagne

한국에서는 영어식으로 샴페인으로 불리지만, 정식 명칭은 샹파뉴 지방에서 나는 와인이라는 뜻의 뱅 드 샹파뉴Vin de Champagne이다. 프랑스 전체 포도 재배지의 2%에 지나지 않지만, 이곳의 와인은 최상급에 속한다. 서기 92년 로마 황제가 이탈리아 산 와인의 경쟁 상대가 될 것을 우려한 나머지 포도밭을 파괴할 정도로 샹파뉴 지방은 예부터 유명한 와인 산지였다. 3세기경에 다시 재배되기 시작한 포도는 미사용 술을 필요로 하던 기독교 사제들이 재배법을 개량한 결과, 석회질 지질에서 좋은 향기

의 술을 얻을 수 있게 되면서 다시 명성을 이어가게 되었다.

17세기 후반, 오빌레르 수도원에서 재무와 식품을 담당했던 동 페리뇽이라는 수사가 이중 발효를 발명하면서부터 샴페인은 오늘날처럼 공기가 들어간 발포성 와인이 되었다. 오늘날에는 설탕과 효소를 넣어 6기압까지 발효시켜 와인 속에 가스가 함유되도록 한다. 발효가 되면 찌꺼기가 생기는데, 이것을 제거하려면 술병을 모두 거꾸로 세워 놓고 매일 하나씩 가볍게 흔들어주어야 한다. 이 과정을 통해 병마개인 코르크에 달라붙은 찌꺼기를 제거하고 모자라는 양만큼 설탕물이나 다른 와인을 첨가한다. 첨가되는 와인의 질과 양에 따라 샴페인의 종류가 결정되는데 현재는 대형 통 속에서 이 작업이 이루어진다. 그러나 이는 좋은 샴페인을 얻는 방법은 아니다.

샴페인은 여러 품종의 와인을 섞어서 만드는 혼합주이다. 이 혼합은 아무나 하는 것이 아니라 전문가들만이 할 수 있다. 현재 상파뉴 포도는 약 3만 2천ha의 면적에서 재배되고 있다. 샴페인 생산량은

[고딕 성당의 백미, 렝스 대성당]

© Photo Les Vacances 2007

[렝스 대성당 문 옆의 조각, 〈미소짓고 있는 천사〉 상]

© Photo Les Vacances 2007

연간 3억 750만 병 정도이고 이 중 7,500만 병이 수출되고 있다. 속설에 의하면 샴페인으로 축하를 하는 의식은 나폴레옹 때부터 시작되었다고 하는데, 이미 18세기 초 볼테르의 글에 "웃음소리와 함께 병마개가 천장을 때리며 솟아나는 흰 거품처럼 모두들 즐거운 모습이었다."라는 대목이 나온다. 샴페인은 고급 와인으로 레드 와인이나 화이트 와인과는 달리 실내 온도보다 차게 해서 마시는 것이 좋다. 하지만 얼음을 넣어 마시는 것은 피해야 한다. 보통 8℃ 정도가 적당하고 고급일수록 12℃ 정도에 맞추는 것이 좋다.

▶ 독일 항복문서 서명방 Salle de Reddition

렝스 중앙역 뒤편 루즈벨트 가Rue Franklin-D. Roosevelt에 있는 이곳은 1945년 5월 독일군이 연합군의 아이젠하워 장군 앞에서 항복 문서에 서명한 곳이다. 벽은 기차 선로와 나란히 서 있다.

- 위치   12, rue Franklin-D. Roosevelt
- ☎   (03)2647-8419
- 개관시간   수~월 10:00~12:00, 14:00~18:00

- 휴관일   화요일, 1월 1일, 5월 1일, 7월 14일, 11월 1일, 11월 11일, 12월 25일
- 입장료   성인 3유로, 학생 무료

▶ 토 주교궁 Palais du Tau

1690년 프랑스의 두 건축가, 쥘 아르두앵 망사르와 로베르 드 코트가 설계한 주교
궁이다. 역대 프랑스 왕들의 대관식이 거행되던 성당이었기 때문에 다른 곳에서는
볼 수 없는 대관식용 성 유물과 렝스 성당을 장식하고 있던 조각 일부가 보관되어
있다. 이 중에서 특히 성당 정면의 〈동정녀의 대관식〉 조각과 18세기 초 왕정복고
당시 왕이었던 샤를르 10세의 대관식을 위해 직조되었던 양탄자 등이 볼 만하다.
그 외에 9세기 유물인 사를르마뉴 대제의 부적, 12세기부터 전해져 온 대관식용 성
배와 예수님의 가시 면류관 조각을 보관하는 크리스털 성구함 등도 이곳에서만 볼
수 있다.

- 위치   Place du Cardinal-Luçon
- ☎   (03)2647-8179
- 개관시간   5~8월 – 화~일 09:30~18:00
       9~4월 – 화~일 09:30~12:30, 14:00~17:30
- 휴관일   월요일, 1월 1일, 5월 1일, 11월 1일, 11월 11일, 12월 25일
- 입장료   성인 6.50유로, 학생(26세 미만) 4.50유로, 18세 미만 무료

샴페인 하우스

샴페인 제조업체나 관광안내소에서 진행하는 샴페인 저장소 투어가 있는데, 이런 투어보다는 소규모
의 샴페인 저장소 투어가 좋다. 샴페인 제조업체의 투어는 상당히 많은 시간이 소요되고 자사 광고에
중점을 두기 때문이다.

■ 테텡제 Taittinger

생 레미 성당 동쪽 바로 옆의 생 니케즈 광장Place St-Nicaise에 있는 샴페인 하우스다. 로마네스크
양식의 이 지하 샴페인 제조소는 과거 4~13세기 동안은 석회암 광산으로 사용된 것이다. 투어는 3월
중순~11월 중순 매일 09:30~13:00 및 14:00~17:30에 있다.

- 9, place Saint-Nicaise • ☎ (03)2685-4535 • www.taittinger.com

■ 피페르 에시크 Piper-Heidsieck ★

테텡제 북쪽에 있는 샴페인 저장소로 1785년에 세워진 것이다. 전기 자동차(5인용)를 타고 지하 샴페
인 보관실에 들어가 샴페인의 진수를 느낄 수 있다. 투어는 3월 1일~12월 31일 매일 09:30~11:45 및
14:00~17:00에 진행된다.

- 51, boulevard Henri-Vasnier • ☎ (03)2684-4344 • www.piper-heidsieck.com

■ 뵈브 클리코 퐁사르댕 Veuve Clicquot-Ponsardin

테텡제 남쪽에 있는 샴페인 저장소. 4~10월 월~토 10:00~18:00, 11~3월 월~금요일 10:00~18:00
에 개방되는 이곳은 사전 예약을 해야 방문할 수 있다.

- 1, place des Droits-de-l'Homme • ☎ (03)2689-5390 • www.veuve-clicquot.com

■ 메종 드 폼므리 Maison de Pommery ★

테탱제가 소재한 광장 동쪽의 또 다른 광장 근처에 있는 샴페인 저장소로 매일 10:00~18:00까지 문을 연다. 방문하려면 사전 예약을 해야 한다. 입장료는 성인 10유로이다.

• Place du Général-Gouraud • ☎ (03)2661-6255 • www.pommery.com

| 스 당 |

Sedan

스당은 원래는 공국이었으며 16세기 종교전쟁 때는 신교를 지지했다. 후일 프랑스령이 되었다. 이 지역 출신인 튀렌느 장군은 프롱드 난 당시 콩데 공을 물리치며 루이 14세가 1652년 파리로 입성할 수 있도록 해주었다. 또한 튀렌느 장군은 아라스와 됭느에서도 승리를 거두어 스페인과의 피레네 조약을 맺을 수 있도록 했지만 1675년 전장에서 포탄에 맞아 전사하고 만다.

스당은 이렇게 유명한 장군을 배출하기도 했고 많은 전쟁을 치러야 했던 격전지이기도 했다. 지정학적 위치로 인한 이러한 전통은 1870년 프러시아와의 전쟁 당시 스당을 비극의 도시로 만들었다. 마크 마옹 장군과 나폴레옹 3세가 이끄는 군대는 메스에 고립된 우군을 구하기 위해 가던 중, 스당에서 프러시아 군과 마주쳐 전투를 벌이지만 결국 패하고 말았다. 황제는 백기를 들었고 벨뤼 성에서 치욕적인 항복을 선언했다. 이 소식을 들은 파리는 곧 제2제정의 몰락과 제3공화국의 성립을 선포한다. 하지만 이 선포는 파리 코뮌이라는 더 잔인한 비극을 예고하는 것에 지나지 않았다. 프랑스 인들에게 스당이라는 도시는 바로 적군에게 백기를 든 황제의 얼굴과 파리 코뮌을 연상시킨다. 현재 스당은 인구 약 2만 9,000명으로, 직물 공업이 발달해 있다.

세단 Sedan = 스당 Sedan?

자동차 형식 중에 세단 형이라는 것이 있는데, 세단의 어원은 바로 프랑스 도시 스당에서 유래한다. 중세 때 공국이었던 스당의 귀족들이 타던 좌우로 문이 달린 가마가 현재의 2도어나 4도어 승용차와 유사해서 붙여진 이름이다. 하지만 미국에서 이 말을 쓸 뿐, 정작 프랑스에서는 세단이라는 말 대신 사륜마차 이름을 딴 베를린이라는 말을 사용한다.

Haute-Normandie

오트 노르망디 주

[루앙] [에트르타] [르 아브르] [지베르니]

[오트 노르망디 주]

면적 123,799km²(프랑스 전체의 2%, 22개 주 중 19위, 인구 약 173만)인 오트 노르망디는 센느 마리팀과 외르 2개의 도로 구성되어 있고 주청 소재지는 루앙이다. 영불해협, 바스 노르망디, 상트르, 피카르디, 파리가 있는 일 드 프랑스 등의 주와 접해 있다. 센느 강이 중앙부를 관통하면서 평야를 적시고 있다. 하류에서는 일찍이 19세기부터 공업화가 시작되어 중요한 공업 단지를 구성하고 있다.

프랑스 제2의 항구 르 아브르와 루앙을 중심으로 센느 강 인근 지역에 정유, 석유 화학, 전기 전자, 기계, 금속, 자동차, 제지, 조선, 유리 제품, 악기 공장들이 들어서 있다. 바다에 면하고 있어 페캉, 디에프 등의 어항을 갖고 있다. 그림이나 사진에 자주 등장하는 에트르타 절벽이 있는 곳이 오트 노르망디이다.

겨울에도 온화하며 여름에는 습하고 기온이 낮은 편이다. 일 드 프랑스, 론느 알프, 프로방스 알프 코트 다쥐르 등과 함께 프랑스에서 가장 산업이 발달한 4개 주 중 하나다. 바다에 면한 지역으로서 르 아브르 항구를 끼고 있어 수출입에 관련된 물류 산업 등 각종 2, 3차산업이 발달하고, 동시에 비옥한 땅 때문에 농업 역시 발달하는 등 산업이 다양한 양상을 보이기 때문이다. 르 아브르는 프랑스 제2위, 유럽

제6위의 산업 항구이고 센느 강으로 바다와 연결된 루앙 역시 유럽 제1의 곡물항이다.

정유 산업은 프랑스 전체의 40%를 차지하고 있다. 반면 가장 발달했던 산업인 조선은 국제적으로 경쟁에 밀려 유람선 등의 고부가가치 선박만을 제작하고 있다. 3차 산업은 물류가 주종을 이루며 관광과 위락 산업은 상대적으로 활발하지 못하다. 인상주의의 대가 클로드 모네의 아틀리에였던 지베르니와 천혜의 절경을 보여주는 에트르타 지역은 부댕, 쿠르베 등 많은 화가들이 찾았던 곳이다.

| 루앙 |

Rouen ★★

[센느 강과 루앙 전경]

[모네의 그림으로도 유명한 루앙 대성당]

인구 약 10만 5,000명의 루앙은 주교 관구이며 루앙 대학, 프랑스 경제 경영 전문의 그랑 제콜 등이 자리잡고 있을 뿐만 아니라 주청 소재지와 도청 소재지가 있는 오트 노르망디 지방의 정치 경제 문화의 중심지이다. 파리에서 북서쪽으로 122km 정도 떨어져 있으며 고속도로 A13을 타면 파리에서 한 시간 정도 걸리는 거리에 있다. 현재의 루앙은 르망, 캉, 오를레앙, 투르 등과 함께 파리-루앙을 잇는 13번 고속도로와 파리-투르를 잇는 TGV를 통해 파리 권역에 들어와 있다. 이에 따라 파리와 함께 발전을 도모하는 준 위성도시의 성격을 띠어가고 있다.

시 중심부에 센느 강이 관통하고 있어 내륙으로 깊숙이 들어가 있음에도 불구하고 대형 선박의 입출항이 가능할 정도로 큰 항구 도시이기도 하다. 루앙은 예로부터 노르망디 지방의 중심지로 로마 시대부터 발달한 오랜 역사를 갖고 있는 도시이다. 제2차 세계대전 때 거의 파괴되었으나 원래대로 복구되면서 시 역시 확장되었다. 전형적인 면직물 공업의 중심지였으나 이제는 쇠퇴하여 대신 자동차 공업 지대로 변했다. 제지 공업도 발달하여 프랑스가 소비하는 인쇄 용지, 특히 신문 용지의 대부분을 공급하고 있다.

균형미가 다소 떨어짐에도 불구하고 초기 고딕 양식부터 후기 고딕 양식인 화염 고딕 양식까지 다양한 양식을 보여주는 루앙 성당은 프랑스의 대표적인 고딕 양식 성당으로 꼽힌다. 이 건물은 현재 마피 오르세 박물관에 소장되어 있는 모네의 〈루앙 성당〉 연작으로 전 세계적으로 유명해졌다. 15세기에 세워진 생 마클루 성당 역시 화염 고딕 양식의 훌륭한 건축물이며, 12~15세기에 세워진 생 투앙 성당은 아름다운 내부와 스테인드글라스로 유명하다. 회화와 도자기 박물관에는 17~18세기의 프랑스 회화 작품과 루앙 도자기가 소장되어 있다. 그 밖에 이 고장 출신의 위대한 극작가 피에르 코르네유와 사실주의 소설가 귀스타브 플로베르 박물관이 있다.

오랫동안 영국과 프랑스 사이의 분쟁지였으며, 백년전쟁의 영웅 잔 다르크가 1431년 5월 30일 화형을 당한 곳이기도 하다. 루브르에 소장되어 있는 낭만주의 회화의 걸작 〈메두사 호의 뗏목〉을 그린 화가 테오도르 제리코가 이곳 출신이며 루앙 미술관은 프랑스의 대표적인 미술관 중 하나이다.

문학과 예술의 도시 - 루앙의 작가와 예술가

■ **피에르 코르네유 Pierre Corneille (1606~1684)**
사적인 감정을 통제하고 대의를 위해 희생하는 영웅적 인물들을 묘사한 극작품들을 통해 프랑스 고전 연극을 창시한 작가다. 영화로도 제작되었던 〈르시드〉, 〈오라스〉, 〈시나〉, 〈폴뤽트〉 등이 유명하다.

■ **귀스타브 플로베르 Gustave Flaubert (1821~1880)**
사실주의의 대표적인 소설가로 낭만주의적 작풍을 극복하며 프랑스 현대문학의 초석을 놓았다. 〈보바리 부인〉, 〈감정 교육〉, 〈생 탕투안느의 유혹〉 등이 대표작이다.

■ **테오도르 제리코 Théodore Géricault (1791~1824)**
움직임과 연극적 구도로 낭만주의적 감성을 펼쳐 보인 제리코는 〈메두사 호의 뗏목〉으로 낭만주의 흐름의 시발점을 마련한 화가다.

가는 방법

기차편

파리 생 라자르 역에서 출발하는 일반 기차편을 이용하도록 한다. 운임은 약 20유로 선, 1시간 10분이 걸리며 매일 10회 정도 운행된다. 루앙에서 파리 행을 비롯한 장거리 노선들은 루앙-리브 드루아트Rouen-Rive Droite(1912~1928년 사이 건축) 역에서 출발하고, 단거리 지방 노선들은 루앙-리브 고쉬Rouen-Rive Gauche 역에서 출발한다는 사실에 유의하도록 한다. 역이 시내 중심부에서 떨어져 있는 편이다. 르 아브르나 디에프에서 올 경우 버스를 이용할 수도 있지만, 느리고 비싼 편이다. 기차편을 이용하는 것이 현명하다.

자동차편

파리에서 A13번 고속도로를 이용할 것. 루앙 진입 시 이정표를 주의해야 한다. 13번 고속도로에서 루앙 시 진입로를 놓치는 경우 다시 진입로가 있다. 루앙 진입은 센느 강 다리를 건너면서 시작되는데, 루앙 성당은 다리를 건너자마자 곧 우회전해서 강변도로로 내려가 곧바로 좌회전을 해야 한다.

관광안내소

- 25, place de la Cathédrale(루앙 대성당 정면 맞은편에 위치)
- ☎ (02)3208-3240 / F (02)3208-3244
- www.rouentourisme.com
- 5~9월 – 월~토 09:00~19:00, 일요일 09:30~12:30, 14:30~18:00
  10~4월 – 월~토 09:00~18:00, 일요일 10:00~13:00

Services

Eating & Drinking

| 레스토랑 |

▶ Brasserie Paul

- 1, place de la Cathédrale • ☎ (02)3571-8607
- www.brasserie-paul.com • 매일 02:00까지 영업
- 정식 12.90유로, 19.50유로 • 아폴리네르, 마르셀 뒤샹, 시몬 드 보봐르 등이 이곳 단골 손님이었다.

▶ Le P'tit Bec

- 182, rue Eau-de-Robec • ☎ (02)3507-6333
- 월~목 점심만, 금, 토요일 점심, 저녁 오픈, 일요일 휴무 • 정식 11~13유로
- 오후에는 살롱 드 테Salon de Thé로 바뀐다. 사전 예약 필수

▶ Au Temps des Cerises

- 4-6, rue des Basnage • ☎ (02)3589-9800 • 토, 일, 월요일 점심 휴무
- 점심 정식 10.50유로, 저녁 정식 15~21유로
- 노르망디 지방 요리를 맛볼 수 있다.

관광 명소

▶ 대성당 Cathédrale Notre-Dame de Rouen ★★★

루앙 대성당은 프랑스 성당 중에서 가장 많은 수난을 당한 성당이다. 1200년에 일
어난 대화재, 백년전쟁, 16세기 초인 1514년 또 한 번의 화재, 종교전쟁 당시 칼뱅
파에 의한 파괴, 1683년의 대폭풍에 의한 파손, 1789년 혁명 당시의 약탈과 파손,
1822년의 첨탑에 일어난 화재, 그리고 마지막으로 2차대전 당시 투하된 7발의 폭탄
에 의한 파괴 등 노르망디 지방의 수난의 역사를 그대로 간직한 성당이다. 아직도
복구공사가 완전히 끝나지 않았다. 1200년의 대화재 후 복원된 성당은 13세기 말
당들리, 앙게랑 등이 이어받아 본당이 완성되었고 1544년에 준공되기까지 여러 번
증축되어 초기부터 후기까지의 고딕 양식을 두루 갖추고 있다. 전체 길이 135m, 종
탑은 82m와 77m인데 82m의 탑 속에는 잔 다르크라고 불리는 무게 9,500kg의
종이 들어가 있다. 제단 위의 천장 밖으로 세워져 있는 첨탑은 높이가 151m로 프랑
스의 성당 첨탑 중 가장 높다.

- 위치   Place de la Cathédrale
- ☎   (02)3571-8565
- 개관시간   월~토 08:00~19:00, 일 08:00~18:00
- 휴관일   공휴일 및 미사 시간
- 입장료   무료

클로드 모네의 〈루앙 대성당 연작〉

모네는 이 야심찬 연작을 그리기 위해 1892년과 1893년 두 차례에 걸쳐 루앙 성당을 찾는다. 모네의
야심은 이른 아침에서 늦은 저녁에 이르기까지 햇빛의 양과 각도가 달라질 때마다 그에 따라 함께 변
하는 성당의 모습을 시간대별로 그리겠다는 것이었다.

모네는 악몽을 꾸기도 했다. "난 어느 날인가 악몽을 꾸었다. 성당이 내 몸 위로 무너져 내렸는데, 무
너진 성당은 푸르기도 했고 붉기도 했고 노랗기도 했다." 모네는 각각 다른 세 장소에서 성당을 관찰
했고 매번 그 거리는 불과 십 미터가 안 되는 가까운 거리였다. 하지만 작업은 더디게 진행되었고 모
네는 기진맥진한 상태였다. 그림들은 지베르니의 화실로 옮겨져 1894년 내내 차례로 완성된다. 20점
의 작품이 완성되었고 그 사이 마음에 들지 않는 것들은 폐기되었다. 전체 연작은 1895년 5월 10일
뒤랑 뤼엘 화랑에 전시되었다.

당시 이 그림을 본 같은 인상주의 화가 피사로는 그의 아들에게 보낸 편지에서 다음과 같이 자신이
받은 감동을 적어 보냈다. "이 그림은 한 작품 한 작품 따로 보아서는 안 되고 전체를 보아야 한다.
모네는 강한 의지로 지금까지 어떤 예술가도 실현하지 못했던 도저히 붙잡을 수 없는 빛의 섬세한 뉘
앙스들을 침착하게 추적해냈다." 모네는 한 풍경을 시차를 두고 연작 형식으로 그림으로써 풍경화에
새로운 지평을 열어놓았다. 이런 식의 시도로는 과거 사계절을 다룬 고전적 그림들이 거의 유일한 것
이었다.

모네는 사계절을 하루라는 시간 속에서 표현하고자 한 것이다. 마치 저속 촬영을 하듯, 모네는 성당의
하루 모습 모두를 한 폭의 화면 속에 담고 싶었는지도 모른다. 피사로가 정확히 본 것이다. 거대한 석

회암 덩어리들로 된 성당은 수많은 사람들의 눈물과 한숨, 탄식과 감사가 묻어 있는 범상치 않은 공간이다. 하지만 모네의 야심은 성당 내부가 아니라 돌덩어리 자체를 향해 있었다. 비바람에 손상되고 손때가 묻고 먼지와 이끼가 쌓인 시간의 두꺼운 층들이 빛을 받아 어떻게 변하는지 보고 싶었던 것이다. 눈이 보는 것을 통해 마음을 표현하고자 했던 것일까? 분명 그럴 것이다. 빛은 성당 내부를 밝히는 초자연적인 성령의 상징이다. 누구도 그것을 부정하지 못한다. 성당은 그 빛을 받아 내부에서부터 환하게 빛나 어두운 세상을 밝혀야 하지만 이 초자연적인 빛은 신학의 대상이지 미학의 대상은 아니다. 모네는 붓을 든 수도사처럼, 빛을 찾아 성당으로 갔다. 현재 전체 작품 중 아래 다섯 점이 파리 오르세 박물관에 소장되어 있다.

■ 〈정면 입구, 갈색 하모니〉, 107 x 73cm

[모네의 〈루앙 대성당 연작〉. 시간대별로 변하는 성당의 모습을 그렸다.]

■ 〈정문, 아침 햇빛, 청색 하모니〉, 107 x 73cm
■ 〈생 로맹 문, 아침 효과, 백색 하모니〉, 107 x 73cm
■ 〈생 로맹 문, 한낮, 청색 금빛 하모니〉, 107 x 73cm
■ 〈정문, 흐린 날, 회색 하모니〉, 107 x 73cm

▶ 구시가지 Vieux Rouen ★★

여기서 구시가지란 약 800m에 달하는 좁은 골목길을 따라 옛 집들이 늘어서 있는 거리를 지칭한다. 집들은 중세 때 세워진 것에서부터 프랑스 대혁명 당시 세워진 것까지 수백 년씩 된 집들이 대부분이다. 북프랑스 특유의 대들보를 벽 밖으로 노출시킨 이 민가들은 너무 낡아 기울어진 것도 있고 더러는 남루한 집도 있지만, 시계를 거꾸로 돌려놓은 것처럼 산책하는 이들을 옛날로 돌아가게 한다. 모두 비슷해 보이지만 어떤 집들은 대들보를 십자가 형태로 만들기도 하는 등 집마다 독특한 모습을 하고 있다.

루앙 구시가지에서 가장 흥미로운 거리는 생 로맹 가인데, 이 거리의 74번지에는 15세기에 만들어진 특이한 창문을 갖고 있는 고딕 양식의 민가가 한 채 있다. 또한 이 거리에는 후기 고딕 양식인 화염 고딕 양식의 생 마클루 성당이 있어서 이 성당의 첨탑도 볼거리 중 하나다. 생 마클루 성당은 1437년에 세워졌다.

▶ 생투앙 성당 Église St. Ouen

이 성당은 14세기에 수도원 부속 성당으로 건립된 고딕 레이요낭 양식(방사선 모양

[생투앙 성당]

[세계 최초의 시계탑인 루앙 시계탑]

의 스테인드글라스 장식이 많이 들어간 고딕 양식)의 마지막 걸작이다. 이후 성당은 건축학적으로 더 이상 발달하지 못하고 장식에 치중하게 되며 이것이 화염 고딕을 낳게 된다. 당시 벽은 이미 돌보다 값이 쌌던 스테인드글라스로 장식이 되기 시작해 하중을 견디는 역할을 하지 못하고 장식적 기능을 하게 되었다. 글을 읽을 줄 알게 된 신도들은 자연 채광이 되는 성당 내부에서 직접 미사 견본을 읽곤 했다.

- 위치   Place du Général-de-Gaulle
- ☎   (02)3208-3101
- 개관시간   화~토 10:00~12:00, 일 10:00~12:00, 14:00~17:00
- 휴관일   11~2월 목, 금
- 입장료   무료

▶ 시계탑 Gros-Horloge ★★

루앙 구시가지를 상징하는 건축물이 바로 이 루앙 시계탑이다. 원래 시계는 여성 명사이기 때문에 그로스Grosse라고 해야 하지만, 북프랑스 특유의 어법으로 통상

그로Gros라고 부른다. 문법을 까다롭게 지키는 프랑스이지만 600년이 넘은 시계 앞에서는 양보를 한 것이다. 이 거대한 시계에는 바늘이 하나밖에 없다. 따라서 시간만 볼 수 있을 뿐이다. 네모난 시계는 두 건물을 연결하는 망루 2층 아치 위 양면에 두 개가 걸려 있다. 사각형 안에 들어간 원형 시계판은 구름과 태양을 상징한다. 구시가지에서 가장 번화했던 길이 이곳이다.

시계는 14세기 말인 1398년 적의 침입을 알리는 종탑이 있던 곳에 즈앙 드 플랭 Jehan de Felains이 만들었다. 이 시계는 세계 최초의 시계탑으로 15분마다 종소리를 낸다. 게다가 지어진 지 600년이 넘었지만 아직도 정확하게 작동되고 있다.

[잔 다르크가 화형 당한 장소인 루앙 옛 장터]

[프랑스의 영웅, 잔 다르크]

중간에 여러 번 수리를 했지만, 수리라고 해봤자 대부분 먼지를 털어내는 정도였다. 19세기 말, 루앙 시는 위원회를 열어 시계 수리에 대한 회의를 한 적이 있었다. 당시 시계 장인으로 수리를 맡게 된 에노Hainaut는 자신의 보고서에 다음과 같은 글을 남겼다. "시계의 작동이 보여주는 빈틈없는 정확성, 역사적 의미, 그리고 지난 5세기 동안 중단된 적이 없었던 점과 놀라운 보존 상태 등으로 보아 시계는 영원히 계속 돌아갈 것으로 사료됨." 오늘날에도 이 시계 때문에 관광객들의 발길이 끊이지 않는 곳이다.

▶ 구 장터 광장 Place du Vieux-Marché ★

바로 이곳이 1431년 5월 30일, 잔 다르크가 19살 나이에 화형을 당한 곳이다. 광장 중앙에 십자가가 꽂혀 있는 곳이 잔 다르크가 올라갔던 장작더미가 쌓여 있던 곳이다. 현재는 현대식 성당이 들어서 있다.

잔 다르크 Jeanne-d'Arc

영국의 랭커스터 왕조가 일으킨 백년전쟁 당시 샤를르 7세의 대관식을 거행하고 프랑스를 위기에서 구한 영웅적인 소녀로 나폴레옹 때 들어 영웅시 된다. 로렌과 샹파뉴 사이에 있는 동레미 라 퓌셀의 독실한 가톨릭 가정에서 태어난 잔 다르크는 1429년의 어느 날 '프랑스를 구하라'는 신의 음성을 듣고 고향을 떠나 19살의 어린 나이에 루앙에서 화형을 당할 때까지 여전사로 활약을 한다. 당시의 프랑스 북부 지방은 영국군 및 영국에 협력하는 부르고뉴 파 군대가 점령하고 있었다. 뿐만 아니라 프랑스의 왕위도 샤를르 6세 사후에는 영국 왕 헨리 5세가, 그의 사후에는 아들 헨리 6세가 계승하도록 되어 있어 샤를르는 프랑스 왕위를 잃을 위기에 처해 있었다.

잔 다르크는 샤를르 황태자에게 자신이 받은 신의 계시를 들려주고 군사를 이끌고 나가 영국군의 포위 속에서 저항하고 있던 오를레앙 성을 해방하는 등 각지에서 영국군을 무찔렀다. 흰 갑주에 흰 옷을 입고 선두에 서서 지휘하는 잔 다르크의 모습만 보고도 영국군은 도망쳤다고 한다. 렝스까지 진격

[많은 예술가들의 작품에 등장하는 에트르타 해변]

[쿠르베의 〈폭풍이 지나간 뒤의 에트르타 벼랑〉]

한 잔 다르크는 역대 프랑스 왕들의 대관식이 열리는 렝스 성당에서 왕의 대관식을 거행한다. 샤를르 7세는 영국의 헨리 6세에 앞서 왕위를 계승하지만 잔 다르크는 1430년 5월 콩피에뉴 전투에서 부르고뉴 파 군사에게 사로잡혀 영국군에게 넘겨진다.

잔 다르크는 1431년 소르본느 대학에서 파견된 신부에 의해 마녀로 낙인찍혀 루앙에서 화형을 당한다. 화형 당시에는 손을 쓰지 않았던 샤를르 7세는 후일 유죄 판결을 파기하고 명예를 회복시켜 주었다. 가톨릭 교회에서는 1920년 그녀를 성녀로 시성하였다. 잔 다르크가 태어난 마을로서 알려진 동레미에 위치한 잔 다르크의 생가는 현재 박물관으로 사용되고 있다. 독일의 낭만주의 극작가 실러의 5막 희곡 〈오를레앙의 처녀Die Jungfrau von Orleans〉(1801)는 잔 다르크를 소재로 한 작품으로 1801년에 완성되어 1803년 바이마르 극장에서 초연되었다. 이 희곡은 실러의 작품 중에서도 독일 낭만주의의 중요한 특징인 자유와 애국 정신이 종교적 분위기와 일체를 이룬 걸작으로 평가된다. 이외에도 20세기 들어 1935년 프랑스 시인 폴 클로델이 대본을 쓰고 스위스 작곡가 오네게르가 작곡한 오라토리오가 만들어지기도 했다. 여러 번 영화로 제작되기도 했다.

| 에트르타 |

Étretat ★

인구 1,500명 정도 되는 이 작은 마을은 백색의 설화 석고로 이루어진 침식 해안의 절경으로 유명한 곳이다. 푸른 바다에 백색의 절벽이 조화를 이루고 있는 모습은 매년 관광객들을 불러 모으고 있으며, 관광은 이 마을의 유일한 산업이기도 하다. 19세기 중엽까지만 해도 한적하고 작은 어촌이었지만 이후 많은 예술가와 작가들이 배경으로 이용하면서 일반인들에게 알려지기 시작했다. 쿠르베, 모네 등도 이곳에서 작업을 했고 소설가 모파상 등이 작품에 묘사를 하곤 했다. 도보로 한 시간 정도 걸리는 두 개의 산책로가 있어 백색의 설화 석고로 된 해안선을 각각 다른 방향에서 즐길 수 있다. 흔히 사진이나 그림에 등장하는 오돌또기 섬과 아치형 절벽은 위쪽 해안선에 있다. 인근에 해수욕장도 있다.

| 르 아브르 |

Le Havre

인구 25만 명의 르 아브르는 남프랑스의 마르세유에 이어 프랑스 제2의 항구 도시이다. 센느 강의 종착지이기도 하며 파리, 루앙과 연결되는 중요한 내륙 해운의 중심지이다. 16세기 초 프랑수아 1세의 명령에 의해 새로 만들어진 도시로 석유 화학, 철강, 자동차, 선박 수리 등 중공업이 발달해 있다. 낭만주의 소설가 베르나르댕 드 생 피에르의 고향이기도 한 이곳은 유명한 클로드 모네의 〈생 타드레스의 테라스〉를 통해 전 세계적으로 이름을 알리게 되었다. 1867년작인 모네의 그림은 바람에 나부끼는 만국기와 해안의 테라스, 그리고 멀리 보이는 범선들이 해안의 찬란한 햇빛을 받아 선명하게 드러나는 모습을 묘사한 것으로 그 신선함이 바로 어제 그린 것 같은 느낌을 주는 놀라운 그림이다. 인상주의를 대표하는 걸작으로 현재 뉴욕 현대 미술관에 소장되어 있다. 노르망디 지방 대부분의 도시들처럼 르 아브르도 제2차 세계대전 당시 거의 전부 파괴되었고 따라서 지금의 모습은 이후 새로 건설한 신시가지이다. 제2차 세계대전 당시 연합군의 폭격기에 의해 일차로 파괴되었고 퇴각하면서 독일군들이 설치해 놓은 다이너마이트에 의해 다시 폭파되었다. 도시 복구 및 정비는 당시 70살의 노령이었던 건축가 오귀스트 페레에게 일임되었다. 이곳에서는 전 세계적으로 건축가들이 많이 찾는 옹플뢰르와 르 아브르를 연결하는 현수교인 노르망디 교를 볼 수 있다. 1995년 완공된 856m 길이의 이 다리는 215m 높이의 두 교각 사이에 걸려 있다. 노르망디 교는 유료이다.

| 지베르니 |

Giverny ★★

1883년 인상주의의 대가 클로드 모네(1840~1926)가 구입해 손수 정원을 꾸미고 그 유명한 수련 연작을 그린 곳이 바로 지베르니이다. 이곳은 미술사에서 가장 많이 언급되는 지명 중 하나이다. 1966년 클로드 모네의 아들 미셸 모네가 아버지의 재산이었던 지베르니 정원과 아틀리에를 프랑스 보자르 아카데미에 기증해 지금과 같이 일반인들에게 공개하게 되었다. 기증 직후 프랑스와 미국의 후원 단체들의 메

[지베르니에 있는 모네의 집(좌)과 수련 연못(우). 모네는 이곳에 손수 연못을 만들고 정원을 꾸몄다.]

세나에 힘입어 전면 복원되었고 이후 1980년 클로드 모네 재단이 설립되어 현재까지 관리하고 있다. 모네는 1883년 이곳에 정착한 이후 1926년 숨을 거둘 때까지 이곳에 머물렀다. 아틀리에와 살림집은 물론이고 정원까지 모두 원래 모습대로 복원되었다.

1895년 모네는 손수 연못을 만들고 물을 끌어들였으며 일본식 다리를 지었다. 이를 위해 직접 파리 식물원까지 가 모종과 씨앗을 구해 파종하고 직접 가꾸었다. 클로드 모네는 언젠가 "난 정원 가꾸기와 그림 그리는 것 이외에는 아무짝에도 쓸모없는 인간"이라는 말을 한 적이 있다. 그 정도로 정원은 그림에 버금가는 그의 중요한 관심사였다. 예민한 모네의 눈에는 나무와 화초들이 내뿜는 자연 자체의 색들이 신의 창조물로 보였던 것이다.

둘러볼 곳은 수많은 종류의 꽃과 나무가 우거진 정원과 연못, 아틀리에, 그리고 정원 한쪽에 있는 모네의 집 등이다. 파리에 있는 오르세 박물관, 오랑주리, 마르모탕 등에서 모네의 그림들을 감상한 다음 이곳을 찾는다면 정원의 의미와 아름다움을 더 깊이 이해할 수 있을 것이다.

모네의 집과 정원

매년 50만 명의 관광객이 찾는 모네의 집과 정원은, 1883년 모네가 구입해 직접 정원을 꾸미고 1926년 숨을 거둘 때까지 43년간 머물면서 작품 활동을 한 곳이다. 입구를 지나면 바로 기념품점이 나오는데, 이곳은 원래 모네의 작업실로 쓰이던 곳이다. 분홍색 벽과 초록색 창문으로 된 2층짜리 모네의 집에는 모네가 생전에 사용하던 가구와 실내 장식이 그대로 보존되어 있다. 1층에서는 작업실과 식당, 2층에서는 모네의 침실과 가족이 생활하던 방들을 볼 수 있다. 집 안에서의 사진 촬영은 금지되어 있다. 집 앞 정원을 관람한 후 정원 끝에서 지하보도를 건너면, 모네의 유명한 작품 〈수련 연작〉의 배경이 된 수련 연못이 나온다.

- ☎ (02)3251-2821 • 4월 1일~10월 31일 화~일 09:30~18:00 • 월요일 휴관
- 집과 정원 5.50유로, 정원 4유로

Information

가는 방법

기차편

파리 생 라자르 역에서 루앙 행 열차를 타고 베르농Vernon 역에서 내리면 된다(약 45분 소요). 베르농 역에서부터 5km 정도 떨어져 있는 지베르니까지는 버스, 택시, 자전거 등을 이용하면 된다. 봄에서 가을까지는 역 앞 정류장에서 지베르니까지 셔틀버스를 운행한다. 약 15분 소요되며 티켓은 버스에서 구입한다. 요금은 왕복 3.20유로다. 베르농 역에서 택시를 타면 지베르니까지 약 12유로의 요금이 나온다. 역 앞에 자전거 대여점이 있어 이를 이용해도 좋고 센느 강을 따라 산책로를 걸어가도 좋다. 자전거는 베르농 역 앞 카페에서 1일 대여료 12유로를 내고 신분증을 맡기면 대여해 준다.

자동차편

파리에서 북서쪽으로 난 고속도로 A13을 타고 가다 에브뢰 행 국도 N13을 탄다.

Basse-Normandie

바스 노르망디 주

[캉] [셰르부르] [도빌/트루빌] [옹플뢰르] [몽 생 미셸]

[바스 노르망디 주]

1944년 6월에 전개된 연합군의 노르망디 상륙 작전이 행해진 곳으로 유명한 바스 노르망디 주는 몽 생 미셸이라는 관광지로도 잘 알려져 있다. 몽 생 미셸은 썰물 때에 걸어서 갈 수 있고 밀물 때는 물에 잠기는 프랑스 판 모세의 기적이 이루어지는 곳이다.

칼바도스, 망슈, 오른 등 3개 도로 이루어진 바스 노르망디 주는 17,583km²의 면적에(프랑스 전체 면적의 3.2%, 22개 주 중 15위) 약 140만의 인구를 갖고 있으며 정치의 중심지인 주청 소재지는 캉Caen이다. 곡물과 '시드르'라고 하는 사과주를 양조하는 데 쓰이는 사과 재배로 유명하며 특히 프랑스 전체 생산량의 80%를 차지하는 목축은 바스 노르망디의 가장 중요한 산업이다.

기후는 프랑스 전체 지방 중에서 대단히 습한 편이어서 해안은 연중 강우량이 700mm 정도이고 내륙 쪽의 해발 300m 정도 되는 구릉 지대는 1,000mm 이상이다. 캉 부근에는 철광이 있어 중공업이 발달하였으며, 해안에는 셰르부르 항과 유명한 고급 여름 휴양지인 도빌과 트루빌 등이 자리잡고 있다.

다른 북프랑스 지방과 마찬가지로 고대에는 켈트 인의 거주지였고, 로마 시대에는 카이사르에게 정복되어 로마의 속주였다. 서기 5세기경인 메로빙거 왕조 때부터 그리스도 교가 전파되었고, 9세기부터 노르만 인의 침입이 시작되어 911년 프랑스 왕샤를르는 노르만 족의 수장에게 땅을 넘겨주고 공작 작위를 주었다. 노르망디 공윌리엄 1세는 1066년 잉글랜드를 정복하여 앵글로 노르만 왕조를 세웠으며 1106년영국의 봉토가 되었다. 프랑스에 통합된 것은 1204년 필립 2세 때이며, 백년전쟁중인 1420~1450년에는 다시 영국령이 되었다. 1960년대 이후 낙후된 이 지역을개발하고자 하는 정부의 의지에 따라 현재는 농업 이외의 제조업 부분이 상당히 발달해 있다.

© Photo Les Vacances 2007 / Guichard / Office de Tourisme de Caen

[중세의 성당과 수도원이 잘 보존되어 있는 캉. 오른쪽은 캉 시내 프루아드 가Rue Froide.]

캉과 알랑송 인근 지대에는 철강 산업 단지를 따라 르노 중장비, 물리넥스 가전 생산 공장 등이 있고 네슬레 식품과 핵 재처리 산업(셰르부르 인근의 라 아그와 플라망빌), 그리고 지역 고용의 20% 이상을 창출하고 있는 조선 산업도 발달해 있다. 이외의 중요한 산업으로는 관광을 꼽을 수 있는데, 오마하 비치 등 노르망디 상륙작전지를 비롯해 수많은 해양 휴양 도시와 시설들이 들어서 있다.

| 캉 |

Caen ★

인구 11만 2,000명의 캉은 칼바도스 도의 도청 소재지이자 바스 노르망디 주의 주청 소재지이기도 한 도시로서 일대에서 가장 대도시이다. 이 도시 인근에서 오른느강과 오동 강이 합류한다. 14km에 달하는 캉 운하를 통해 도버 해협과 연결되어 있는 캉은 중요한 산업 도시이다.

2차대전에도 불구하고 시의 중요한 문화유산은 비교적 잘 보존되어 있다. 13세기에서 16세기에 걸쳐 지어진, 종탑으로 유명한 성 베드로 성당, 아베이 오 담므 수도원의 삼위일체 성당, 정복왕 윌리엄 1세가 1062년에 세운 아베이 오 좀므 수도원의 로마네스크 양식의 생테티엔느 성당 등을 볼 수 있다. 유적은 비교적 잘 보존되어 있지만 시가지는 거의 파괴되어 1945년 이후 새롭게 조성됐다. 1944년 6월 캐나다군과 영국군이 진입하면서 시작된 두 달 동안의 캉 전투는 영국 장군 몽고메리의 포위 작전이 성공으로 끝나면서 2차대전의 물길을 바꾸어 놓았다.

캉에는 평화를 위한 박물관으로 불리는 제2차 세계대전 기념관이 있어 많은 이들의 발길이 이어지고 있다. 이곳에는 역대 노벨 평화상 수상자들을 기념하는 갤러리가 있고 제1차 세계대전에서 제2차 세계대전과 그 이후의 평화 운동까지의 역사를 보여주는 기록 영화 상영관이 있다. 파리에서 하루 코스로 몽 생 미셸을 여행하는 이들은 들러볼 만한 곳이다.

가는 방법

기차편

캉은 파리-셰르부르Paris-Cherbourg 노선의 주요 정착역 가운데 하나이다. 파리 생 라자르 역에서 기차를 이용하면 2시간 만에 도착한다.

출발지	요금	소요 시간	운행 정보
파리(생 라자르 역)	29.10유로~	2시간	1일 13회
바이외	5.50유로~	20분	1시간 1~2회
셰르부르	18.40유로~	1시간 10분	1시간 1~2회
렌느	30.40유로~	3시간	1시간 1~2회
루앙	21.80유로~	1시간 30분	1일 10회

버스편

인근 도시에서 캉으로 들어올 때는 버스편을 이용해도 좋다. 대부분의 버스가 쿠르톤느 광장Place Courtonne에 정차한다. 바이외나 도빌, 옹플뢰르까지 운행하는 노선은 요금이 7~16유로 정도다. 소요 시간은 바이외가 50분, 도빌이 1시간 20분, 옹플뢰르가 약 2시간이다. 버스편으로 캉에 도착한 경우, 시외버스 승차권으로 시내버스를 1시간 동안 무료 탑승할 수 있다. 인터시티 버스 티켓을 미리 구입하면 같은 승차권으로 시내버스 탑승이 가능하다.

시내 교통

버스

캉은 버스 노선이 잘 발달되어 있어 이용이 편리하다. 주요 노선은 1, 2, 3번이다. 버스 요금은 1.25유로이며, 한 시간 이내에는 다른 버스나 트램으로 무료 환승할 수 있다. 1일권은 3.30유로이다.

트램

'트위스토Twisto'라고 불리는 트램이 캉 시내와 외곽지역을 연결한다. 트램 종착역에서 시내 중심까지는 15분이면 도착한다. A, B 두 노선이 있다. 요금은 1.25유로이며, 버스와 마찬가지로 한 시간 이내에는 다른 버스나 트램으로 무료 환승할 수 있다.

콜택시

- ☎ (02)3126-6200, (02)3152-1789

자동차 렌탈

갸르 광장Place de la Gare에 밀집되어 있다.
- **Hertz** ☎ (02)3184-6450
- **Europcar** ☎ (02)3184-6161
- **Avis** ☎ (02)3184-7380
- **ADA** ☎ (02)3134-8889

관광안내소

- Place St-Pierre
- ☎ (02)3127-1414 / F (02)3127-1418
- www.tourisme.caen.fr
- 월~토 10:00~13:00, 14:00~18:00, 일 10:00~13:00
  (단, 7, 8월에는 월~토 10:00~19:00, 일 10:00~13:00, 14:00~17:00)

Cherbourg

망슈 도의 도청 소재지인 셰르부르는 카트린느 드뇌브가 출연한 자크 드미 감독의 〈셰르부르의 우산〉(1964)으로 유명해진 항구 도시다. 인구는 약 2만 7,000명 정도이며 군항이자 상업 항구이며 영국으로 가는 여객선이 드나드는 여객선 터미널이 있기도 하다. 셰르부르에는 군사 핵폭탄 연구소, 해양 기술 연구소 그리고 핵 잠수함을 건조하는 조선소들이 있다. 옛날부터 프랑스와 영국의 전쟁이 빈번하게 일어났던 곳이었던 셰르부르는 1450년 프랑스 령이 된다. 17세기에는 보방 원수가 요새를 건설해 방어했다. 밀레가 청년기에 그렸던 초상화와 15~19세기까지의 유럽 회화를 소장하고 있는 박물관, 전쟁 박물관 등이 있다. 밀레는 셰르부르에서 어린 시절 그림 공부를 했다.

2000년부터 셰르부르는 인근의 작은 도시인 옥트빌Octeville을 포함하여 행정상의 명칭이 셰르부르 옥트빌Cherbourg-Octeville로 바뀌었다. 셰르부르에 대한 더 자세한 정보는 셰르부르 시 공식 사이트인 www.ville-cherbourg.fr에서 얻을 수 있다.

관광 명소

▶ 토마 앙리 미술관 Musée Thomas Henry

셰르부르 출신의 화가이자 수집가였던 토마 앙리Thomas Henry가 1835년 자신의 이름을 따서 지은 이 미술관에는 19세기 초에 활동한 신고전주의 화가 자크 루이 다비드의 〈파트로클루스Patroclus〉와 17세기 프랑스 고전주의 화가인 니콜라 푸생의 〈피에타Pieta〉를 포함한 수준 높은 작품들이 소장되어 있다. 주로 15세기와 19세기에 제작된 작품들로 이루어진 컬렉션은 그 수가 300여 점에 이른다. 앞에 열거한 작가들의 작품 외에도 이탈리아 르네상스 화가인 프라 안젤리코와 조각가 카미유 클로델, 밀레의 작품 등이 볼 만하다. 특히 밀레는 1833년부터 3년 간 셰르부르에서 그림을 공부하기도 했다.

- 위치   4, rue Vastel
- ☎   (02)3323-3930 / F (02)3323-3931
- 개관시간   5월 1일~9월 30일 - 매일 10:00~12:00, 14:00~18:00
                    (일요일 아침 및 월요일 휴관)
                 10월 1일~4월 30일 - 수~일 14:00~18:00
- 입장료   무료

▶ 엠마누엘 리에 공원 Parc Emmanuel Liais

1886년 파리 천문대의 보조 감독관이자 리우데자네이루 천문대의 설립자이기도 했던 엠마누엘 리에(1826~1900)는 자신의 식물학에 대한 열정을 이곳에 쏟아 부었다. 19세기 후반, 프랑스에서는 이국적인 정원이 고위층들과 인텔리들 사이에서 인기를 끌었는데, 이 정원도 그때 조성된 공원 중 하나이다. 엠마누엘 리에는 프랑스에서는 볼 수 없는 희귀한 식물들을 남미와 아시아에서 가져오기 위해 많은 노력을 하였으며, 자신이 죽은 뒤에도 정원이 관리될 수 있도록 자신의 재산을 모두 셰르

© Photo Les Vacances 2007 / Office de Tourism de Normandie

[영화 〈셰르부르의 우산〉으로 유명해진 셰르부르]

부르 시에 헌납하였다. 오늘날 그의 이름을 딴 정원에는 500여 종 이상의 다양한 식물들이 전시되어 있으며, 아름다운 연못과 이국적인 나무가 어울린 산책로는 연인들의 산책 코스로 인기가 있다.

- 위치　　　　Rue Emmanuel Liais
- ☎　　　　(02)3353-1231

▶ 라발레 성 공원 Parc du Château des Ravalet

라발레 성 공원은 〈미국의 민주주의에 대하여De La Démocratie〉를 저술했던 프랑스의 저명한 사회학자 토크빌의 조카, 르네 드 토크빌René de Tocqueville (1884 ~1917)의 손길이 남아 있는 아름다운 공원이다. 현재 셰르부르 시의 재산이 되어 누구나 방문할 수 있는 이 공원은 자연적인 조경을 중요시하는 영국식 정원이다. 이곳을 방문한 사람이라면 누구나 분수와 연못, 잔디밭 그리고 나무들에 경탄하게

된다. 특히 희귀한 새들이 있는 새 사육장은 주변의 빼어난 경관과 잘 어울리며, 19
세기 양식의 온실에는 야자수, 바나나무, 선인장, 덩굴 식물을 비롯한 관목 등 다
양한 식물군을 전시하고 있다. 엠마누엘 리에 공원과 같이 오후에 산책하기 좋은
곳이다.

| 도빌 / 트루빌 |

Deauville ★ / Trouville ★

[고급 휴양지인 도빌의 해변. 해안가를 따라 설치된 나무 복도 산책로는 도빌의 상징이기도 하다.]

인구 4,300명의 작은 시인 도빌은 여러 가지 국제적인 행사를 통해 프랑스뿐만 아
니라 세계적으로 명성을 얻고 있다. 해수욕장 등의 위락 시설이 갖추어진 것은 19
세기 중엽이지만 그 후 경마장이 들어서고 국제 순종마 시장이 열리고 있으며, 영
화 페스티벌(미국 영화제) 역시 도빌의 중요한 국제 행사이다. 이외에도 거의 1년
내내 골프, 테니스, 요트 대회가 열린다.
북유럽 최고의 휴양지로 고급 호텔과 카지노, 그리고 부호들의 별장이 있는 곳이기
도 하다. 도빌 내에는 파리의 몽테뉴 가를 옮겨 놓은 듯한 작은 쇼핑타운이 있는데,
노르망디 식 가옥을 개조한 매장들로 마치 동화 속의 마을 같다. 프랑스에서 가장
면적이 작은 프렝탕 백화점도 있다. 해안가를 따라 설치된 나무 복도 산책로는 도
빌의 상징이 될 정도로 사진에 자주 등장하는 명소다.
지방도로 D513을 이용해 갈 수 있는 인근의 옹플뢰르 구시가지는 인상주의 회화의
발생지이기도 하다. D513 도로를 따라 옹플뢰르까지 이어진 길은 노르망디 평원을
가로질러 센느 강 하구의 모습을 볼 수 있는 환상적인 드라이브 코스다. 역시 D513
을 이용해 많은 해수욕장과 각종 스포츠 시설을 거쳐 카르부르까지 가는 길도 환상

적이다. 그중 빌리에 쉬르 메르, 울가트, 카르부르 등이 추천할 만한 곳이다.

도빌과 길 하나를 사이에 두고 마주보고 있는 트루빌은 보다 서민적인 휴양지이다. 매일 아침 트루빌 구 항구와 트루빌 카지노를 연결하는 부두에서 열리는 수산물 시장은 꼭 한번 가볼 만한 곳이다. 새벽부터 작은 배들이 싱싱한 생선을 판다. 트루빌은 여름만 되면 해수욕을 즐기러 온 많은 관광객들로 발 디딜 틈도 없이 붐빈다.

도빌 기차역에서 내리면 우측으로는 트루빌, 좌측으로 도빌이다. 두 곳 모두 도보로 5분 거리이며 도빌 방향으로 2분 거리에 자전거 렌탈을 하는 곳이 있는데 도빌, 트루빌 해변은 물론 주변까지 자전거로 다녀보는 것이 좋다.

© Photo Les Vacances 2007 / Office de Tourism de Normandie

[도빌 카지노. 도빌은 고급 호텔과 카지노, 부호들의 별장이 모여 있는 곳이다.]

| 옹플뢰르 |

Honfleur ★

파리 인근의 일 드 프랑스 지역을 구비구비 흘러온 센느 강이 바다로 흘러드는 옹플뢰르의 해안 풍경은 너무 아름다워 이곳에 예술가들이 모인 이유를 저절로 짐작하게 한다. 인상주의의 가장 직접적인 선구자들인 옹플뢰르 파에는 부댕, 르부르, 그리고 파리에서 올라온 폴 위에, 도비니, 코로 등이 있다. 이들은 옹플뢰르의 풍광을 배경으로 야외에 나와 직접 그림을 그리곤 했다. 시내엔 부댕 박물관이 있다. 뿐만 아니라 프랑스 현대 음악가 에릭 사티 또한 이곳에서 작업을 했다.

옹플뢰르는 또한 프랑스 해양 개척자들의 고향이기도 하다. 브라질을 탐험한 포미에 군느빌르는 1503년 이곳에서 배를 타고 떠났고, 1681년 미시시피 강을 종단함으로써 그 일대를 당시 국왕이었던 루이 14세의 이름을 따서 루이지애나로 부르게 한 카블리에 드 라살르 역시 이곳에서 아메리카 대륙을 향해 돛을 올렸다.

옹플뢰르의 구 항구는 인근에 있는 부호들의 별장과 어울려 아름다운 풍경을 이룬다. 구 항구 인근에는 옛날에 도끼로 나무를 다듬어 배를 만들던 사람들이 나무로 지은 생트 카트린느 성당이 있다. 이곳은 유럽 유일의 목조 성당이다.

옹플뢰르에서의 식사는 프랑스 노르망디 해물 요리와 생선류가 주류를 이루는데 구 항구 주변의 식당가와 구 항구에서 생트 카트린느 성당 방면 언덕길에 있는 식당가의 음식이 특히 유명하고 맛으로 소문이 나 있다.

© Photo Les Vacances 2007 / Office de Tourism de Normandie

[옹플뢰르에서는 노르망디 지방의 해물 요리를 맛볼 것. 구 항구 주변 레스토랑의 음식 맛이 유명하다.]

가는 방법

옹플뢰르에는 기차역이 없다. 따라서 파리 생 라자르 역에서 기차를 타고 올 경우, 인근 도빌에서 내려 시외버스(20번, 편도 요금 3유로, 25분 소요)를 이용해야 한다. 루앙에서 기차를 타고 올 경우에는 르 아브르에 내려 시외버스(편도 요금 6.50유로, 30분 소요)를 타야 한다. 캉에서 버스를 타고 올 수도 있다. 편도 요금이 20유로 정도이며 2시간 소요된다. 파리에서 당일 일정으로 도빌, 트루빌과 함께 다녀갈 만한 곳이다. 자동차 렌탈을 한 경우에는 르 아브르와 에트르타까지 들러볼 수도 있다. 파리에서 옹플뢰르는 파리 서북 방향 고속도로 A13을 이용하면 되고 1시간 30분 소요된다. 주말에는 서울 수도권의 고속도로와 마찬가지로 하루 나들이를 나서는 파리지엥들이 많아 고속도로 혼잡이 심한 편이다.

관광 명소

▶ 생트 카트린느 성당 Église Ste. Catherine ★

이 성당은 종탑과 함께 배를 건조하던 옹플뢰르의 '도끼의 달인들'이 도끼로 나무를 다듬어 만든 유럽 유일의 목조 성당이다. 들보와 기둥이 밖으로 노출된 인근의

[해안 풍경이 아름다운 옹플뢰르는 많은 예술가들을 불러들였다.]

집들과 함께 옹플뢰르의 구시가지에 독특한 매력을 주고 있어 많은 화가와 사진 작가들이 즐겨 찾는 곳이다. 생트 카트린느 광장에 있다.

▶ 으젠 부댕 박물관 Musée Eugène-Boudin

에릭 사티 광장에서 이어지는 롬므 드 부아'L' Homme de Bois 거리에 있는 이 박물관은 1868년 옹플뢰르 출신의 예술가 으젠 부댕을 위해 만들어졌다. 주로 현대 미술 작품들을 소장하고 있는 이 박물관은 인상주의, 야수파 화가들의 컬렉션이 볼 만하며 사실주의 화가 쿠르베, 모네, 그리고 20세기 화가인 라울 뒤피의 작품이 소장되어 있다.

- 위치　　　Place Erik-Satie
- ☎　　　　(02)3189-5400
- 개관시간　3월 15일~9월 30일 – 수~월 10:00~12:00, 14:00~18:00
　　　　　　10월 1일~3월 14일 – 수~금, 월 14:30~17:00,
　　　　　　　　　　　　　　　　　토~일 10:00~12:00, 14:30~17:00

- 휴관일　　　　화요일, 1~2월 중순, 7월 14일, 12월 25일
- 입장료　　　　7~10월 – 성인 5.10유로, 학생 및 노인 3.60유로
　　　　　　　2~6월, 11~12월 – 성인 4.40유로, 학생 및 노인 2.70유로

▶ 사티 박물관 Maisons Satie

20세기 초에 활동했던 옹플뢰르 출신의 작곡가 에릭 사티Erik Satie(1866~1925)의 박물관이다. 에릭 사티는 아카데믹한 교육에 진저리를 내고 군대에 들어가 탈출구를 찾으려 했지만, 이마저 혐오감만 느낀 채 그만두고 그 후 몽마르트르로 나와 유명한 카페 '르 샤 누아르Le Chat Noir(검은 고양이)'에서 피아노를 치며 보헤미안의 생활을 한다. 드뷔시를 만난 것도 이곳에서다. 당시의 미학적, 윤리적 타락을 비난하던 그의 작품 가운데는 신비주의에 경도된 〈사라방드〉, 〈짐노페디〉, 〈별의 아들들〉 등이 있다. 또 〈가난한 자들의 미사〉 같은 오르간을 위한 곡도 작곡했다.

대중적인 인기를 끌었지만 이를 피해 평생을 파리 근교의 아르퀘이Arcueil에 있는 허름한 집에 기거하며 전위적 음악을 작곡했다. 제1차 세계대전 동안 피카소, 디아길레프, 장 콕토 등과 손을 잡고 활동을 하며 발레 곡인 〈파라드〉(1917)를 썼다. 의상과 무대 디자인은 피카소가 맡았다. 이 작품은 이른바 첫 번째 입체파 스펙타클로 불리는데, 스캔들도 일으켰지만 후일 아르퀘이 유파가 되는 '6인 그룹'의 태동에 계기가 되었다. 1918년에는 그의 걸작인 이른바 심포니 드라마, 〈소크라테스〉가 작곡된다. 피아노 곡인 〈다섯 개의 녹턴〉이 작곡되는 것도 이때이다. 사티는 단순성을 기조로 한 새로운 음악 언어를 통해 바그너, 프랑크, 드뷔시 등에 대항했다. 거리의 음악과 장터 음악을 도입함으로써 라벨, 스트라빈스키 등 당시 음악계에 큰 영향을 끼쳤다.

- 위치　　　　　67, boulevard Charles V
- ☎　　　　　　(02)3189-1111
- 개관시간　　　5~9월 수~월 10:00~19:00, 10월 1일~4월 30일 11:00~18:00
- 휴관일　　　　화요일, 1~2월 중순
- 입장료　　　　성인 5.10유로, 학생 3.60유로, 10세 이하 무료

| 몽 생 미셸 |

Mont Saint-Michel ★★★

파리에서 고속도로 A11번을 따라 렌느까지 간 후 렌느에서 지방도로 D175를 타면된다. 당일 코스로는 조금 멀어 1박 2일 일정을 잡아야 한다. 근교에 생 말로, 파리로 돌아오는 길에 도빌, 트루빌, 그리고 옹플뢰르를 거쳐 올 수도 있고 캉을 거쳐 돌아오는 것도 좋은 코스이다.

원뿔 모양으로 생긴 해발 80m의 화강암으로 된 바위섬, 이 섬의 이름이 몽 생 미

셸이다. 8세기경 주교인 오베르에게 미카엘 대천사가 나타나 수도원 건립을 명령했다는 전설에 의해 건립되었다. 주교인 오베르는 세 번이나 나타난 천사의 명을 반신반의하다 마지막 출현 때 자신의 이마에 남겨진 천사의 손자국을 보고 결심을 한 후 이탈리아 남부의 미카엘 성당을 찾아 그 성당을 모방해 생 미셸 성당을 짓기 시작했다. 이름도 물 속에 잠기는 산이라는 뜻의 몽 통브에서 대천사 미카엘의 산이라는 의미를 지닌 몽 생 미셸로 바뀌게 된다. 미카엘 천사는 요한 계시록에 나오는 대천사로 한 손에는 칼, 다른 한 손에는 저울을 들고 악마인 용과 싸우고 최후의 심판 때는 영혼의 무게를 재는 일을 한다. 미카엘이라는 말은 히브리 어로 '누구도 신

© Photo Les Vacances 2007 / Office de Tourisme de Normandie / F. Charaffi

[매년 250만 명이 찾는 바위섬 몽 생 미셸]

에게 대적할 수 없다'는 뜻이다.

이곳은 인구 80명 정도의 작은 마을로 연간 250만 명이 넘는 관광객이 전 세계에서 몰려드는 프랑스 관광 명소 중 하나이다. 1984년에는 유네스코가 지정한 세계문화유산에 등록되었다. 그리스 태생의 장 미셸 자르Jean Michel Jarre의 팝 연주회로도 전 세계에 알려진 곳이다.

19세기 중엽 방파제가 생기면서 늘어나기 시작한 관광객은 1901년 방파제 위로 철도가 개설되면서 급격히 증가했고 지역 경제에 호황을 불러왔다. 인근에서 식당을 하며 오믈렛 하나로 인기를 얻어 부자가 된 풀라르 아줌마가 대표적인 인물이다. 언제 물이 찰지 몰라 음식이 빨리 나오길 기다리는 손님들에게 이 뚱뚱보 아줌마는 주문하자마자 나오는 오믈렛을 대접했던 것이다. 몽 생 미셸 일대는 유럽에서 조수 간만의 차가 가장 심한 곳으로 15m 이상의 차이가 날 때도 있다. 만조 때는 물이 차서 섬이 되지만 물이 빠지는 간조 때는 퐁 토르송이라는 길이 나 걸어서 갈 수 있어 신비감을 더해주는 곳이다. 만조 때는 상당히 빨리 물이 차기 때문에 조금 걷다 보면 육지에서 섬으로 변해버린다. 만조 때 해수의 속도는 무려 시속 3.75km 정

도로 상당히 빠른 편이고 더 위험한 것은 한 시간만에 일대를 점령해 버리는 해무 즉, 바다 안개다. 매년 100만m³ 이상의 모래가 퇴적되면서 만조 때도 섬이 물에 잠기는 일이 점차 드물어져 고민 중인 곳이다.

베네딕트 회 수도원은 12세기와 13세기에 걸쳐 지어졌고 양식은 고딕 양식이다. 산 정상에는 수도원 부속 성당이 있는데, 152m의 첨탑으로 인해 수십 킬로미터 멀리에서도 몽 생 미셸의 존재를 알아볼 수 있다. 바다 안개에 감싸인 첨탑의 모습은 신비경 그 자체다. 특히 해가 질 때 낙조에 물든 풍경은 감탄을 자아낸다.

성당의 성가대석은 화염 고딕 양식이며 제단 쪽은 로만 양식이다. '몽 생 미셸의 기

[몽 생 미셸 정상에는 수도원 부속 성당이 있는데, 첨탑 높이만 152m에 이른다.]

적'이라고 불리는 부분은 3층으로 된 수도원 경내를 지칭하는데 사제관, 독방, 방문자실, 기사의 방, 식당 등을 말한다. 섬을 둘러싸고 있는 성벽은 13~15세기에 걸쳐 건축된 것이다. 빅토르 위고, 모파상을 비롯한 많은 작가 시인들이 이곳의 전설을 작품화했다. 실제로 이곳은 많은 기적이 일어난 유명한 순례지이며 1994년에도 연주회 도중 성당의 종소리가 화답하는 기적이 일어나기도 했다.

바위산 정상에 있는 수도원 부속 성당Église Abbatiale(산 아래의 생 피에르 교구 성당Église St-Pierre과 혼동하지 말 것)은 매일 일반에 개방된다. 5~9월 사이에는 9시에서 18시까지, 10~4월 사이에는 9시 30분에서 17시까지 개방된다. 특히 관광객이 많은 5~9월에는 야간에도 개방된다. 이 기간 월요일에서 토요일까지는 저녁 9시에서 다음 날 새벽 1시까지 관람할 수 있다. 주간 관람은 성인 10유로 정도이며, 18~25세 5유로(18세 미만 무료)이다.

사원 교회에서 동쪽으로 산을 내려가다 생 피에르 교구 성당을 지나면 바닷가 근처에 아르케오스코프Archéoscope라는 작은 극장이 나온다. 이곳은 몽 생 미셸에 대대로 내려오는 전설을 소개하는 기록 영화 〈물과 빛L'Eau et La Lumière〉을 상영

하는 곳이다. 9시 30분부터 17시 30분까지 상영되는 이 영화는 1회 상영 시간이 30분 정도다. 그리고 바로 인근에는 해양 관련 자료나 몽 생 미셸 주변의 해양 생태계를 소개하는 해양 고고학 박물관Musée Maritime et Archéologique이 있다. 이곳 역사 박물관인 그레뱅 박물관Musée Grevin도 가볼 만하다. 수도원 부속 성당을 제외한 명소들은 통합 티켓을 이용하여 들어갈 수 있다(성인 12유로, 16세 이하 8유로). 몽 생 미셸의 모든 명소는 1월 1일, 5월 1일, 11월 1일과 11일, 12월 25일에는 휴관한다.

Information

가는 방법

승용차를 이용하는 것이 가장 편리하다. 캉에서 남서쪽으로 A84 고속도로를 따라 (D43과 합류) 올라가면 된다. 파리에서 몽 생 미셸까지는 3시간 30분에서 4시간 30분 정도를 예상하면 된다. 파리에서 몽 생 미셸까지는 직행 기차편이 없기 때문에 파리 몽파르나스 역에서 TGV를 타고 렌느Rennes까지 이동한 후 거기서 시외버스Les Couriers Bretons를 이용해야 한다(렌느에서 몽 생 미셸까지 버스로 75분

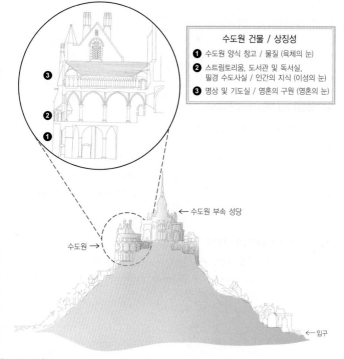

수도원 건물 / 상징성
❶ 수도원 양식 창고 / 물질 (육체의 눈)
❷ 스크립토리움, 도서관 및 독서실.
   필경 수도사실 / 인간의 지식 (이성의 눈)
❸ 명상 및 기도실 / 영혼의 구원 (영혼의 눈)

← 수도원 부속 성당

수도원 →

← 입구

[몽 생 미셸]

© Design Les Vacances 2007

소요). 그러나 시즌에 따라 렌느에서 하루 2~5회 정도밖에 버스가 운행하지 않고 있으므로 자동차가 있다면 자동차를 이용하는 것이 좋다. 생 말로Saint-Malo에서도 몽 생 미셸까지 운행하는 버스가 있다(하루 2~5회, 약 70분 소요).

Eating & Drinking

| 레스토랑 |

▶ La Mère Poulard

- Grande Rue • ☎ (02)3389-6868 / F (02)3389-6869
- www.mere-poulard.fr • 매일 12:00~22:00 • 메인 코스 15~30유로, 정식 45~55유로
- 아네트 풀라르가 오믈렛을 처음 창안해 낸 이 식당은 오믈렛을 애호하는 사람들에게는 성지와도 같은 곳이다. 여관도 함께 운영하지만 더블룸 가격이 92~190유로 정도여서 숙소로서는 부적합하다. 하지만 오믈렛만큼은 이곳에서 맛보자.

Accommodation

| 호 텔 |

▶ Hôtel du Mouton-Blanc

- Grande Rue • ☎ (02)3360-1408 / F (02)3360-0562
- www.lemoutonblanc.com • 호텔과 레스토랑 모두 1월 8~11일 휴무
- 객실 15개, 더블룸 70유로, 3인실 80유로, 4인실 100유로 정도
- 대서양과 성당 사이에 위치한 호텔로 1700년대에 세워진 것이다. 방 규모는 작지만 안락하다. 몽 생 미셸의 거의 모든 식당이 그렇지만 이 호텔의 레스토랑도 오믈렛으로 유명하다.

▶ Les Terrasses Poulard

- Grande Rue • ☎ (02)3389-0202 / F (02)3360-3731
- www.terrasses-poulard.fr • 연중무휴 • 객실 29개, 더블룸 70~170유로
- 호텔 내 레스토랑 전망이 훌륭하다.

몽 생 미셸과 브르타뉴 지방의 절경 바다, 붉은 화강암 해안 La Co^te de Granit Rose

지방 전체가 해안을 끼고 있는 브르타뉴 중에서도 이곳 붉은 화강암 해안은 독특한 풍광으로 많은 이들을 감탄하게 하는 곳이다. 해안에 널려 있는 붉은 화강암, 해송들로 이루어진 푸른 숲, 그리고 집들의 잿빛 지붕들이 자아내는 풍경은 오래 기억에 남아 언젠가 한번 다시 가봐야겠다는 마음을 불쑥불쑥 들게 한다. 특히 햇빛을 받아 황금색으로 변하는 해안가의 크고 작은 화강암들은 보는 이들을 유난히 선돌 유적이 많은 브르타뉴의 독특한 역사 속으로 인도한다. 푸른 바다와 어울린 화강암 바위들은 한 폭의 그림이다.

전체 길이가 약 2km 정도 되는 붉은 화강암 해안은 페로 기레크Perros-Guirrec, 플루마나슈Plou manache, 트레가스텔Trégsatel, 플뤼메르 보두Plumeur-Bodou, 트레뵈르딩Trébeurden 등 인구 만 명 이하의 작은 항구들이 늘어서 있는 해안선 전체를 가리킨다. 이 작은 항구들은 모두 규모가 작고 고유한 풍경을 갖고 있는 해수욕장들로 가족 단위의 바캉스에는 제격이다. 풍경을 이루는 강렬한 원색들에 이끌려 이미 많은 화가들이 이곳을 찾아 그림을 그리곤 했다. 대표적인 화가가 모리스 드니 Maurice Denis(1870~1943)다. 나비 파의 일원이었던 모리스 드니는 폴 고갱의 영향으로 형태와 주제보다 색이 우선하는 그림을 그리려고 했고 이곳 해안의 원색들이 내뿜는 강렬한 매력은 그런 그에게 안성맞춤이었다. 그래서 화가는 1908년 이곳에 아틀리에를 구입해 아예 정착한다.

다섯 군데의 항구 중 가장 규모가 큰 페로 기레크는 인구 8,000명 정도인데, 여름이면 인구의 4배가 넘는 3만 5,000명이 몰려와 바캉스를 보내곤 한다. 페로 기레크의 가장 큰 해수욕장은 트레스트라우 Trestraou이다. 요트 등 모든 종류의 해양 스포츠를 즐길 수 있고 카지노도 있다. 특히 탈라쏘로 불리는 해수욕탕도 있어 들러볼 만하다. 100년 전인 1906년에 철도가 개통되어 쉽게 가볼 수 있는 곳이기도 하다.

플루마나슈에 있는 생 기레크 해안에는 성자를 모신 작은 예배당이 해안가에 세워져 있다. 이 조각상은 만조 때는 물이 차는데, 전설에 의하면 간조 때만 되면 동네 처녀들이 남편을 점지해 달라고 이 조각상으로 가 바늘로 코를 찔렀다고 한다. 그 결과 코가 닳아서 다 없어지는 바람에 원래 나무로 만들었던 것을 돌로 다시 제작해 세워놓았다고 한다. 서기 5세기경 브르타뉴 지방에 기독교를 포교하기 위해 첫 발을 디딘 성인의 코에 바늘을 꽂아놓고 얼마 지나 다시 왔을 때 그 바늘이 그대로 있으면 바늘을 꽂은 해에 시집을 간다는 전설이 전해 왔기 때문이다. 플루마나슈 인근에는 네안데르탈 인들의 선돌 유적들이 있다. 특히 플뤼메르 보두 인근의 생 위제크에 있는 선돌이 그 크기나 형태를 보아 한번 가볼 만하다.

■ 페로 기레크 지역의 호텔 및 레스토랑

La Bonne Auberge

- Place de la Chapelle • ☎ (02)9691-4605
- 20~30유로 • 작지만 편안하고 저렴한 침실을 갖추고 있고 특히 싸고 신선한 생선 요리를 전문으로 하는 레스토랑이 일품이다.

Closerie de Kervélégan

- 페로를 출발해 플뤼메르 보뒤로 가는 중간에 케르벨레강 농장Closerie de Kervélégan 표지판을 따라가면 된다.
- ☎ (02)9649-0391 • 스위트룸 100유로(아침식사 포함) • 로맨틱한 밤을 보내고 싶은 연인이나 부부에게 권하고 싶은 곳이다. 아이들 침대는 아예 없다. 특히 실내를 고가구로 장식해 귀족이 된 것 같은 기분이 드는 곳이다. 15세기의 농장을 개조해 만든 전원 속의 호텔이다.

Bretagne

브르타뉴 주

[렌느] [생 말로] [브레스트] [퐁타벤]

[브르타뉴 주]

브르타뉴 주는 옛날부터 높은 출산율을 보이는 곳으로, 프랑스 수도인 파리로 인구 유입이 가장 심했던 지역 중 하나다. 독특한 방언으로도 유명한 곳이다. 농업에 종 사하는 인구 비중이 15%가 넘는 전형적인 프랑스 농촌 지역이다. 특히 사과의 주산 지이고 목축이 큰 비중을 차지해 프랑스 전체 목축의 40% 정도를 차지하고 있다. 프랑스 인들이 먹는 소고기와 돼지고기의 절반 정도가 브르타뉴 산이라고 보면 된 다. 브르타뉴는 또한 프랑스의 중요한 수산업 기지로써 종사자는 1만 명 정도로 비 교적 적은 수이지만 프랑스 전체 수산물 수확량의 3분의 1 정도를 생산한다.

코트 다르모르Côtes-d'Armor, 피니스테르Finistère, 일르 에 빌렌Ile-et-Vilaine, 모르비안Morbihan 등 4개의 도로 구성되어 있는 브르타뉴 지방은 프랑스 22개 지 방 중 아홉 번째로 넓은 지방으로 국토의 5%에 해당하는 2만 7,000km²의 면적과 280만의 인구가 사는 대서양 연안 지방이다. 정치, 경제의 중심지인 주청 소재지는 렌느다. 파리에서 브르타뉴로 가는 길은 고속도로 A11을 이용해 르망을 통과한 후 A81을 이용하는 방법과 고속도로 A13을 타고 노르망디의 캉을 통과한 다음 A84를 타고 내려오는 방법 두 가지가 있다.

농업과 수산업 이외의 브르타뉴 지방의 주요 산업은 관광 산업이다. 브르타뉴 지방은 지중해 지역에 버금가는 프랑스 제2의 해양 휴양지로, 매년 6월부터 9월까지 많은 영국인들이 브르타뉴를 찾는다. 총 연장 2,800km에 달하는 해안선을 따라 다양한 경관이 펼쳐진다. 남프랑스 지중해 지역처럼 대규모 위락 단지가 있는 것은 아니지만 대신 지역에 맞는 소규모 휴양 시설들이 많아 가족 단위 여행에 적합한 곳이다. 물가도 지중해 지역보다는 싼 편이다.

19세기 말 문명의 때가 묻지 않은 곳을 찾아 퐁타벤에 머물렀던 폴 고갱 등 화가들이 즐겨 그렸던 브르타뉴 여인들의 전통 민속 공연과 철새 도래지 등이 구경거리다. 브르타뉴 지방에는 곳곳에 화강암으로 만든 선사시대의 거석 유적지가 흩어져 있다. 영국을 그랑드 브르타뉴(그레이트 브리튼)로 부르는 데에서도 알 수 있듯이, 브르타뉴 지방은 오랫동안 영국의 지배를 받았다.

브르타뉴 지방의 먹거리, 살거리

싱싱한 해산물은 해안 지방인 브르타뉴의 대표 특산물이다. 이외에도 브르타뉴 지방에는 다양한 먹거리들이 있다.

■ 사과주 시드르 Cidre

우선 꼽아야 할 것이 사과주 시드르이다. 브르타뉴 지방은 프랑스의 손꼽히는 사과 생산지이자 사과주 생산지이기도 하다. 브르타뉴의 사과주는 색과 맛에 따라 그 종류가 다양하다. 브르타뉴 어디를 가든 쉽게 구입할 수 있고 어느 카페에 들어가든 마실 수 있다. 다섯 가지 상표를 소개한다.

– 레 모르뒤 드 라 폼므 Les Mordus de la Pomme

새로운 사과 품종으로 만든 사과주. 985년 설립된 협동조합으로 600여 종류의 사과주를 생산한다.

– 라 뱅티네 La Bintinais

오랫동안 프랑스 최대의 사과주 생산지로 명성을 자랑했던 일드 에 빌렌느 도에서 생산되는 사과주이다. 1년에 1인당 400ℓ씩 사과주를 마실 정도로 소비가 많았던 이 지방 사과주는 독일로 나가는 주요 수출품이기도 했다. 50~60년대 사과나무가 병사하면서 위기를 맞았지만, 이후 다시 옛날의 명성을 회복해 18ha의 과수원에서 생산되는 사과를 원료로 34종의 사과주를 생산한다.

– 코르누아이유 Cornouaille

1996년 이후, 원산지 증명이 첨부된 제품만 출하하고 있을 정도로 품질 관리에 세심한 신경을 쓰고 있는 사과주이다. 12개의 사과주 업체가 공동으로 생산하는 제품이다. 10월에서 11월에 수확한 사과는 한 달 정도 창고에 보관해 건조와 숙성 과정을 거친다. 1t 정도의 사과로 650ℓ의 사과주를 만들 수 있다.

– 발 드 랑스 Val de Rance

1953년 설립된 12개 사과주업자들의 공동 상표다. 현재는 500여 과수원이 참가하고 있고 전체 경작 면적도 400ha에 달한다. 연간 약 9,000t의 사과를 생산한다. 압착 후 자연 숙성 기간을 거치는 이 사과주는 대량 생산된 최초의 사과주이기도 하다.

– 루아얄 기유비크 Royal Guillevic

전통 양조 기법에 따라, 압착한 후 멸균 공정을 거치지 않고 생산되는 이 사과주는 명주에 부여되는 라벨 루즈Label Rouge 즉, 붉은 라벨을 받은 사과주이다. 수확기에서부터 선별된 사과와 저온에서 오랜 기간 동안 숙성하는 것이 이 사과주의 맛을 보장하는 비법들이다.

■ 비스퀴 Biscuit

브르타뉴 지방의 특산품 중 하나가 비스퀴 즉, 비스킷이다. 신선한 버터와 밀가루, 그리고 달걀은 브르타뉴 지방의 비스킷을 유명한 특산품으로 만들어 주었다. 라 트리니텐느La Trinitaine는 1986년 '전통 식품 금장' 수상자가 만드는 비스킷이다. 하루에 생달걀 20만 개가 소비된다고 한다.

– 갈레트 드 퐁타벤 Gallette de Pont-Aven

폴 고갱이 살았던 퐁타벤 지역의 유명한 둥근 과자다. 지방에서는 '좋은 것'이라는 뜻의 트라우 매드라는 이름으로 더 유명하다. 1920년부터 생산되었으니 역사가 90년 가까이 되는 과자다. 지금도 손자들이 계속 이어 경영을 하고 있다. 인공 재료는 일체 쓰지 않는 것으로 유명하다.

– 가보트 Gavottes

1920년에 문을 연 이 비스킷 공장 역시 역사를 자랑하는 과자집이다. 크레프를 손으로 말아 만든 손가락 모양의 과자로 유명하다. 30개국으로 수출하고 있는 브르타뉴의 특산품이다.

– 케르 카들라크 Ker Cadelac

유럽, 미국, 일본 등지로 수출되는 이 과자는 420명이 일일이 손으로 빚어 만든다. 2002년에는 '브르타뉴 신상품 대상'을 수상하기도 했다.

– 로셸루 Roc'hélou

1950년에 문을 연 이후 지금까지 모든 재료를 엄선하여 과자를 만들기로 유명한 과자집이다. 신선한 달걀을 위해 전원에 방목한 닭의 달걀만 쓰고 있을 정도다. 밀가루도 돌방아로 빻은 것만 고집한다고 한다. 특히 버터는 한두 시간 전에 만든 것을 바로 갖다 쓴다. 특히 독일인들과 스위스 인들이 좋아해 많이 수출된다.

■ 브르타뉴 예술 자기

– 아쉬베 앙리오 HB Henriot

역사가 300년이 넘는 이 고색창연한 자기 공방에서는 유명 화가들이 직접 장식 예술 자기들을 생산하고 있다. 현대 예술과는 거리가 먼 토속적인 민화풍의 그림들이 주를 이루고 있다. 생산량의 4분의 1이 미국으로 수출되고 있다. 연간 5만 명의 관람객들이 공방을 방문하여 구경도 하고 구매도 하는 관광 명소 중 한 곳이다.

- 16, rue Haute Locmaria 29000, Quimper
- ☎ (02)9890-0936

– 포르니크 Pornic

원래 로렌 지방의 6대를 내려오는 유명한 자기 생산 가문이었던 드리앙데 가가 1947년 브르타뉴로 이주해 오면서 새로 문을 연 공장이다. 장식 예술 자기로 프랑스 명품 중의 하나다. 연간 50만 점이 제작된다. 물론 장식은 직접 손으로 한다. 개인 애호가들이 스스로 장식을 그릴 수 있도록 별도의 공방도 준비해 놓고 있다.

- Chemin Cracault 44120, Pornic
- ☎ (02)4082-0173

■ 직물 및 의류

– 르 빌레크 Le Villec

넥타이, 식탁보, 스카프 등을 직접 디자인하여 생산하는 브르타뉴의 대표적인 브랜드. 현란한 브르타뉴 분위기의 문양들이 돋보인다.

- 4, rue du Roi Gradlon 29000, Quimper
- ☎ (02)9895-3154

- 미셸 보두엥 Michel Beaudoin

선원들의 옷을 만들던 유명한 옷가게에서 현대적인 공장까지 의류 산업체로 발전한 집. 작은 배가 그려진 상표가 브르타뉴 산임을 입증해준다.

■ 고가구

- 알로 형제 Frères Allot

1812년에 문을 연 가구 공방으로 지금도 후손들이 계속 가구를 제작하고 있다. 전통적인 기법과 프랑스 최고의 가구장인인 불의 이름을 딴 에콜 불 학교를 졸업한 형제의 현대적인 안목이 접목된 예술 가구들을 제작하고 있다. 프랑스의 고품격 고가구들로 외국에서도 찾는 이들이 많다.

- Les Frères Allot 22600, Loudeac
- ☎ (02)9628-1869

- 트로텔 Trotel

20세기 초에 문을 연 이후 3대째 고급 고가구를 제작해오고 있다. 1969년부터 각 가구에 찍히기 시작한 트로텔 상표는 명품을 입증해주는 마크가 되었다. 프랑스 역대 왕실 가구 이미테이션으로 유명하다.

- René Trotel, Les Bruyères 21550, Hernanbihen
- ☎ (02)9650-4444

| 렌 느 |

Rennes ★

생 말로와 낭트 사이, 브레스트와 르망 사이에 위치해 있는 도시로 일르 에 빌렌느 도의 도청 소재지이다. 인구는 약 20만 명 정도 된다. 시트로엥 자동차 공장 등이 인근에 들어서 있다. 파리와는 고속도로 외에도 1990년 이후 TGV로 연결되었는데 프랑스 지역 중 가장 늦게 고속철도의 혜택을 본 곳 중 하나다.

Information

가는 방법

항공편

렌느 생 자크 공항이 렌느 도심에서 남서쪽으로 6km 떨어진 지점에 위치한다.

- ☎ (02)9929-6000

버스편

낭트, 디낭, 폰토르송, 몽 생 미셸 등 인근 도시에서 렌느로 들어오는 다양한 시외버스 노선이 있다.

기차편

파리 몽파르나스 역에서 TGV를 이용하면 2시간만에 렌느에 도착한다.

[렌느 구시가지의 건물들]

자동차편

파리에서 고속도로 A11과 르망을 지나서 A81, 국도 N157을 이용하면 된다.

공항에서 시내 가기

57번 시내버스가 생 자크 공항과 렌느 도심의 공화국 광장Place de la République 을 연결한다.

시내 교통

버스

운임은 1회에 1.10유로, 10장 묶음은 10.20유로, 1일권은 3.20유로다. 기차역에서 공화국 광장까지는 1번, 17번, 혹은 20번 시내버스를 이용한다. 지하철VAL이 렌느 북서쪽과 남동쪽을 연결한다(공화국 광장과 기차역 경유).

자동차 렌탈

[렌느 시청]

모두 기차역 근방에 사무실이 있다. 브르타뉴 해안가와 지방 관광을 할 때 자동차 렌탈은 렌느에서 하는 것이 좋다.
- **Hertz** · ☎ (02)2342-1701
- **Europcar** · ☎ (02)2344-0272

콜택시

- **Radio Taxi Rennais** · ☎ (02)9930-7979

관광안내소

- 11, rue St-Yves
- ☎ (02)9967-1111 / F (02)9967-1110

- www.tourisme-rennes.com
- 4~9월 월~토 09:00~19:00, 일요일 11:00~18:00. 단, 10~3월 월~토요일은 18:00까지만 근무
- 숙박 예약 서비스 제공

Eating & Drinking

| 레스토랑 |

▶ L'Ouvrée [R-1]

- 18, place des Lices • ☎ (02)9930-1638
- 월, 토요일 점심, 일요일 저녁, 7월 말~8월 중순, 1월 중 1주간, 부활절 주간 휴무 • 정식 15유로, 22유로, 32유로, 메뉴 32~49유로
- 프랑스 요리 전문점

▶ La Boqueria [R-2]

- 34, rue de la Visitation • ☎ (02)9984-0202
- 타파스Tapas 2~3유로, 파에야Paella 6유로
- 스페인 식 식당으로 스페인 요리와 기타 해산물 요리를 먹을 수 있다. 스페인 맥주와 브르타뉴 지방 사과주(시드르)가 맛있다.

Accommodation

| 유스호스텔 |

▶ Auberge de Jeunesse [H-5]

- 10-12, Canal St-Martin(도심에서 북쪽 방향에 위치)
- ☎ (02)9933-2233 / F (02)9959-0621 • 매일 07:00~23:00 • 12월 휴무
- 4인 공동 침실 이용 시 1인당 16.50유로(아침식사 포함)
- 유스호스텔 회원증 필수

| 호 텔 |

▶ Hôtel d'Angleterre [H-1]

- 19, rue du Maréchal Joffre(중심가에 위치, 공화국 광장에서 가깝다.)
- ☎ (02)9979–3861 / F (02)9979–4385 • 더블룸 30~40유로

▶ Hôtel M.S.Nemours [H-2]

- 5, rue de Nemours • ☎ (02)9978–2626 / F (02)9978–2540
- www.hotelnemours.com • 연중무휴(크리스마스, 1월 7일 제외)
- 더블룸 63유로

`Sights`

관광 명소

▶ 구시가지 Vieux Rennes ★★

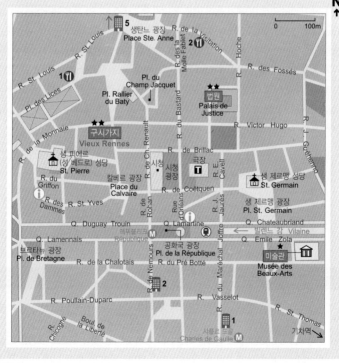

[렌느]

렌느에는 석조 건물보다는 목조 건물을 짓는 전통이 있었다. 이로 인해 1720년 8일 간이나 지속되었던 대화재 당시 1,000여 채의 건물들이 소실되어 구시가지는 거의 불타버리고 만다. 하지만 생 기욤 가 3번지의 뒤게클렝의 집은 아직도 남아 있는 몇 안 되는 중세 시대의 목조 건물 중 하나다. 대화재 이후 시가지는 가브리엘의 설계 로 다시 조성되었다. 성 베드로 성당, 노트르담 성당 등이 모두 당시 건축된 것이다.

▶ 법원 Palais de Justice ★★

1552년 브르타뉴 고등법원 건물로 지어진 이 건물은 1994년 2월 대화재 때 크게 손상을 입은 후 다시 복원되었다. 건물의 전면은 1612년 살로몽 드 보스의 작품으 로 고전주의의 엄격함이 잘 드러나 있다.

▶ 미술관 Musée des Beaux-Arts ★

14세기에서 오늘날까지의 미술 작품을 소장하고 있다. 많은 작품 중에서 특히 프랑 스 17세기 미술가로 20세기 들어 새롭게 발견된 조르주 드 라 투르Georges de la Tour의 〈갓난아이〉(1630)가 눈여겨볼 만하다. 이탈리아 화가 카라바조가 구사하던 명암법의 영향이 강하게 느껴지지만, 색과 형태의 조화를 통해 프랑스 고전주의 특 유의 차분함과 간결성이 잘 나타나 있다. 그 밖에 베로네세의 〈페르세우스와 안드 로메다〉, 루벤스의 〈호랑이 사냥〉, 베르사유 궁의 예배당을 위해 제작한 르 브룅의 〈십자가에서 내려지는 예수〉가 볼 만하며, 현대 미술 소장품 중에는 쿠프카, 피카소, 탕기 등의 작품이 포함되어 있다.

- 위치   20, quai Emile Zola
- ☎   (02)2362-1745
- 개관시간   10:00~12:00, 14:00~18:00(화요일 10:00~18:00)
- 휴관일   월요일, 국경일
- 웹사이트   www.mbar.org
- 입장료   성인 4.30유로, 학생(26세 미만) 2.20유로, 18세 미만 무료

| 생 말로 |

Saint-Malo

인구 약 4만 8,000명의 생 말로는 해안선을 따라 건설된 옛 성곽으로 유명한 도시 다. 12~14세기에 걸쳐 축성된 이 요새는 이후 17세기 중엽의 루이 14세 당시, 영국 과의 해상 주도권을 놓고 전쟁이 일어날 것을 예상한 콜베르의 선견지명에 따라 보 방 원수가 개축했고 18세기 들어서도 공사가 계속된 오랜 역사를 갖고 있다.

성 안에는 시청, 역사 박물관, 민속 박물관 등이 있다. 바다를 바라보고 있는 그랑베에는 프랑스 낭만주의 작가였던 샤토브리앙의 묘가 있다. 구 성곽에는 일주 산책로가 있어 도보로 한 시간 정도면 둘러볼 수 있다. 성 안의 옛 시가지는 2차대전 말에 심하게 파괴되어 전후 대대적으로 복원되었다. 복원 시 목재만 새것을 썼을 뿐 화강암 등은 부서진 돌을 다시 사용했다고 한다. 인근에 파라메와 생 세르방 쉬르 메르 등 유명한 해수욕장 두 곳이 있다.

생 말로는 중세의 수도승으로 도시 이름은 이 수도승 이름에서 유래했고 프랑스 영토가 된 것은 1491년이다. 프랑스의 대양 진출에 위대한 공을 세운 인물들을 많이

© Photo Les Vacances 2007 / SPIEGELHALTER Erich / Crtb

[해안선을 따라 건설된 옛 성곽으로 유명한 생 말로]

배출했다. 캐나다 퀘벡과 몬트리올을 세운 자크 카르티에가 이곳 출신이며 18세기 말에서 19세기 초에 활동했던 유명한 전설 속의 해적왕 쉬르쿠프 역시 생 말로 출신이다. 당시는 민간 선박에게 적선을 나포하거나 격침시킬 수 있는 권한을 부여하곤 했는데, 이런 배를 불어로 코르세르Corsaire 즉, 사략선(私掠船)이라 부른다. 생 말로가 나폴레옹 당시 부흥기를 맞이한 것도 군항으로 쓰이면서부터인데, 쉬르쿠프의 공이 크다.

생 말로 수족관은 꼭 한번 가볼 만하다. 60만 리터의 물이 들어가 있는 고리 모양의 수족관 속에 수백 종의 물고기들이 헤엄치고 있어서 계속 빙빙 도는 장관을 연출한다. 주변 관광지로는 몽 생 미셸이 가깝다.

| 브레스트 |

Brest

인구 14만 8천 명의 브레스트는 2차대전 때 16세기 탑과 17세기에 보방이 지은 요새 정도만 남고 독일군에 의해 거의 완파되었다가 1950년대 초에 복구되었다. 브레스트는 17세기부터 프랑스 최대의 선박 건조창이 있던 도시였다. 르 쿠브랑스 다리는 유럽 최대의 개폐교로 명성이 자자하며, 브레스트 수족관인 거대한 게 형상의 오세아노폴리스에는 브레스트 연안의 어족, 상어와 각종 열대어, 펭귄과 바다표범들

© Photo Les Vacances 2007 / SPIEGELHALTER Erich / Crtb

[프랑스 해군의 핵 잠수함 기지와 군항이 있는 항구 도시 브레스트]

이 전시되어 있다. 오세아노폴리스는 이름 그대로 유럽 최대 규모의 수족관이다.

브레스트는 프랑스 해군의 핵 잠수함 기지와 군항이 자리잡고 있는 전략적으로 매우 중요한 항구 도시다. 따라서 상대적으로 상항으로서의 기능은 약하다. 산업도 군사 관련 산업이 발달해 전자, 음향 탐지, 레이더 등 첨단 산업이 발달해 있다. 이외에 비중 있는 산업으로는 식품 가공업 정도가 있다. 브레스트는 항공편과 TGV로 파리와 연결되어 있기는 하지만 지형상으로 워낙 반도 끝에 자리하고 있어 도버 해협을 중심으로 이루어지는 무역에 참여할 기회를 많이 확보하지 못하고 있다.

| 퐁타벤 |

Pont-Aven ★

화가 폴 고갱으로 유명해진 이 작은 동네는 고갱이 마을에 흔적을 남기고 간 지 100년이 넘었지만 여전히 시골로 남아 있다. 도시가 작고 많은 관광객들에도 불구하고 혼잡하거나 지나치게 상업적이지 않아서 찾는 이들의 마음을 여유롭게 해준다. 파리 몽파르나스 역에서 TGV나 일반 기차를 타고 켐페를레Quimperlé 역에서 내려 퐁타벤까지 30분 정도 버스를 타야 한다. 증권 거래소에서 10년 넘게 일하다 어

[퐁타벤은 폴 고갱이 머물며 그림을 그렸던 곳으로 유명하다.]

느 날 갑자기 가족과 직장을 내버리고 나이 사십이 다 되어 화가가 된 고갱은 1886년 브르타뉴의 시골 구석인 퐁타벤에 들어온다. 이미 여러 화가들이 이곳에서 그림을 그리고 있었고 이들을 총칭해 퐁타벤 파라고 부른다. 원시와 순수를 찾아 시골로, 그리고 나중에는 열대 타히티로 방랑을 했던 고갱은 장식적이면서 종교적이고 또 작위적이면서도 자연스러운 모순된 분위기의 그림들을 그렸다. 퐁타벤 시절 그려진 그의 대표작은 〈황색 그리스도〉, 〈브르타뉴 여인들〉, 〈설교 후의 환상, 천사와 씨름하는 야곱〉 등이다. 고갱이라는 한 인물이 이 작은 동네를 미술 마을로 바꾸어 놓아 곳곳에 사설 화랑이 성업 중이며 시립 박물관도 고갱이 이곳을 찾은 지 100년이 되는 해인 1986년에 국립 박물관으로 승격되었다.

Limousin

리무쟁 주

[리모주]

[리무쟁 주]

프랑스 중부에 위치한 리무쟁 주는 코레즈, 크뢰즈, 오트 비엔느 등 3개의 도로 구성되어 있다. 프랑스 남부의 고원 지대인 마시프 상트랄의 북단에 위치해 주의 동부는 해발 700m에서 1,000m에 이르는 고원 지대이며 서쪽은 그보다 낮은 해발 300m 정도의 평원 지대다. 전통적으로 농업, 특히 돼지 사육이 발달해 있다. 면적은 16,942km²(프랑스 전체의 3.1%로 제16위)이고 인구는 22개 프랑스 전체 주 중 21위인 75만 정도로 인구가 적은 주에 속한다. 주청 소재지는 도자기로 유명한 리모주이다. 리무쟁 지방은 철도가 놓이면서 발달하기 시작한 지역으로 다른 지방보다 비교적 발전이 늦었다. 하지만 예로부터 내려오는 법랑 기법의 질 좋은 도자기가 생산되는 곳으로 프랑스 전체 생산량의 60%를 점유하고 있다.

특히 진한 남색 바탕에 황금색으로 문양을 새긴 리모주 도자기는 대부분 수출되는 특산품이기도 하다. 지금도 아빌랑 브와에, 리모주 카스텔, 베르나르도 등 프랑스 유명 상표의 도자기가 이곳에서 생산되고 있다. 파리-툴루즈 간 고속도로 A20이 지나가며 클레르몽 페랑과 보르도 간 A89 도로도 리모주 인근을 통과하고 있다. TGV는 개통되지 않았지만, 육상 교통 복합 터미널을 조성해 급행 열차로 파리까지

2시간 50분, 툴루즈까지 3시간 20분이면 닿을 수 있다. 리모주 공항은 프랑스 주요 도시는 물론이고 밀라노, 마드리드, 암스테르담, 주네브 등 유럽의 대도시들과 연계되어 있다.

| 리모주 |

Limoges

인구 17만의 리모주는 리무쟁 주의 유일한 대도시로 주의 정치, 경제, 문화의 중심지이다. 유명한 인상주의 화가 오귀스트 르누아르와 20세기 극작가 장 지로두가 이곳 출신이다. 리모주는 프랑스 최대의 자기 생산 도시이기도 하다. 이미 16세기 말 퐁텐느블로 성에서 작업을 했던 레오나르 리모쟁 이후 법랑 기술이 발달했고 이어 18세기 말 고령토가 발견됨으로써 도자기의 전성기를 맞게 된다. 자기 기술을 응용한 절연재 생산도 리모주의 주요 산업 중 하나다. 시내에는 아드리엥 뒤부셰 법랑 도자기 박물관이 있어 옛 작품에서부터 현재까지의 작품을 살펴볼 수 있다.

시는 크게 성과 구시가지로 나뉜다. 성은 현재의 중심가이며 생 미셸 데 리옹 성당이 있다. 시테라 불리는 구시가지는 비엔느 강을 굽어보고 있는 지역으로 생테티엔느 성당을 중심으로 발달해 있다.

Information

가는 방법

기차편

파리 오스테를리츠 역에서 일반 기차편을 이용하도록 한다. 요금은 약 45유로, 소요시간은 약 3시간~3시간 30분이고, 매일 10회 운행된다. 녹색 돔이 인상적인 아르데코 스타일의 리모주 베네딕탱 기차역Gare des Bénédictins은 프랑스 전역에서 가장 독특한 역사로 1929년 완공된 것이다(☎ (08)3635-3535). 리모주 버스 터미널(☎(05)5510-9195)은 기차역 맞은편에 위치한다.

자동차편

파리에서 A10, 오를레앙에서 A71, A20번 고속도로를 이용한다.

Aquitaine

아키텐 주

[보르도] [생테밀리옹] [비아리츠]

[아키텐 주]

프랑스 와인의 대명사가 된 보르도 산 와인이 생산되는 지역이 아키텐이다. 프랑스
에서는 와인색인 진한 선홍색을 보르도라고 부를 정도로 보르도 와인은 프랑스의
국가 이미지를 구성하는 중요한 산물이다. 1952년에 노벨 문학상을 수상한 프랑수
아 모리악Mauriac(1885~1970)의 고향이기도 하다. 극작가이자 시인이었던 장 콕
토Cocteau(1889~1963)도 이곳 아키텐 지방 출신이다.

프랑스 남서부 가론느 강을 끼고 있는 아키텐 주는 면적 4만 1,407km²(22개 프랑
스 주 중 4위)에 인구는 프랑스에서 6번째로 많은 약 280만 명을 헤아린다. 아키텐
주는 도르도뉴Dordogne, 지롱드Gironde, 랑드Landes, 로에 가론느Lot-et-
Garonne, 피레네 아틀랑티크Pyrénées-Atlantiques 등의 5개 도로 구성되어 있
다. 주청 소재지는 행정과 경제의 중심지인 보르도다.

남쪽으로는 피레네 산맥을 경계로 스페인과 접경을 이루고 있다. 지형적으로 북부,
중부, 남부의 세 지역으로 나눌 수 있다. 북부는 가론 강 좌우로 대서양까지 펼쳐
진 광활한 아키텐 분지 지대이며, 중부는 남쪽의 아두르 강 유역이다. 아두르 강 이
남에서는 피레네 산맥 인근의 해발 1,500m 이상의 고산지대가 남부를 이루고 있다.

가론느 강 하류에 위치한 보르도를 중심으로 강의 중류 지대까지는 유명한 레드 와인인 보르도를 생산하는 포도 재배지가 끝없이 펼쳐져 있다. 강 사이의 구릉지에서는 밀, 보리 재배와 축산, 과수의 혼합 농업이 이루어지고 있으며 가축을 사육하는 곳도 많다. 중부는 그랑드 랑드라는 삼림 지대이며 임업이 주요 산업이다. 해안가에는 해송 숲이 우거져 있어 절경을 이룬다. 중부의 랑드와 남부 베아른의 석유, 라크의 천연가스, 피레네 산악 지대의 수력발전, 가론느 강 하류 블라예의 핵발전 등 주요 에너지 시설이 들어서 있다.

| 보르도 |

Bordeaux ★ ★

[가론느 강을 끼고 발달한 항구 도시 보르도 전경. 와인으로 유명한 보르도는 아키텐 지방 정치, 경제, 문화의 중심지다.]

가론느 강을 끼고 발달한 항구 도시 보르도는 인구 약 21만 3,000명으로, 아키텐 주의 정치 경제 문화의 중심지이다. 파리와는 580km 떨어져 있지만 고속 전철인 TGV로는 2시간 30분 정도 소요된다. 특히 보르도 와인은 세계적으로 유명해 레드 와인을 지칭하는 보통명사가 되어 있을 정도다. 그 밖에 목축과 어업이 성하고, 정유, 철강, 조선, 화학, 자동차, 선박 등의 중공업과 화학 공업 단지가 들어서 있다. 무역은 주로 아프리카, 서인도 제도, 남아메리카를 상대로 와인, 석유제품을 수출하고 원유, 석탄 등을 수입한다. 로마 시대에는 부르디갈라라고 부르던 아키타니아 지방의 중심지로 11세기에는 아키텐 공작령이었고 1154년부터 1453년까지 영국의 지배 아래 놓여 있었다.

신대륙 발견 후 프랑스의 식민지 경영이 시작되면서 서인도 제도와의 사탕 및 노예무역으로 18세기에 크게 번영했다. 1870년 보불전쟁과 제1, 2차 세계대전 때는 임시정부가 있었던 곳이기도 하다. 현재는 아키텐 주만이 아니라 프랑스 남서부 일대 전체의 정치, 경제의 중심지인 동시에 학술, 문화 면에서도 1441년에 창립된 보르도 대학을 중심으로 일대를 이끌고 있다.

보르도와 영국

1137년 프랑스 황태자 루이 7세와 기욤 다키텐 공의 외동딸 알리에노르의 결혼식이 보르도의 생탕드레 성당에서 거행된다. 결혼을 하면서 알리에노르가 현재 아키텐 지방 일대를 결혼 지참금으로 가져와 프랑스 영토가 되었다. 하지만 15년 동안 불화가 끊이지 않았던 두 부부는 결국 이혼을 하게 되고 따라서 지참금으로 가져왔던 땅도 프랑스 영토에서 떨어져 나가 두 달 후 알리에노르가 재혼을 하자 남편인 앙리 플랑타주네의 영지가 된다. 앙주 백작이자 노르망디 공작이기도 했던 앙리 플랑타주네는 결혼한 지 두 달 후 영국 왕위를 계승하며 헨리 2세가 된다. 프랑스의 카페 왕조 입장에서는 엄청난 타격이었지만 이렇게 해서 보르도 인근의 아키텐 지역은 영국 왕실 소유가 되고 만다. 이후 약 300년 동안 프랑스와 영국은 전쟁 상태에 들어간다. 한 여인의 지참금이 이토록 큰 역사적 반향을 불러왔던 것이다. 중세 300년 동안 보르도는 역사의 중심에 있었던 도시다. 14세기 말에는 그 유명한 흑태자 에드워드의 도시가 되었다가 백년전쟁의 마지막 전투인 카스티옹 전투가 끝난 1453년에 프랑스가 되찾았다.

Information

가는 방법

항공편

보르도 공항(☎ (05)5634-5050)이 보르도 시내에서 서쪽으로 10km 떨어진 메리냐크Mérignac에 자리하고 있다

기차편

파리 몽파르나스 역에서 보르도 행 TGV로 연결이 된다. 생 장 기차역Gare St-Jean은 프랑스의 중요한 환승 기차역으로 보르도 시내에 위치해 있다. 기차역에는 샤워 설비가 있으며, 요금은 4유로, 05:00~24:00 사이 이용 가능하다.

출발지	요금	소요 시간	운행 정보
파리(몽파르나스 역)	58~65유로	3시간 10분	1일 16회
낭트	42유로	4시간	1일 5~6회
툴루즈	34유로	2시간 15분	1일 9~14회

버스편

보르도에는 지롱드 강 인근 지역에서 들어오는 버스 노선이 많다. 오각형 광장이라는 뜻의 켕콩스 광장Esplanade des Quinconces 북동쪽 코너에 위치한 버스 정류장으로 들어오며 같은 장소에서 출발한다(샤르트르 산책로Allées du Chartres에 위치). 자세한 노선과 시간표는 안내소에 게시되어 있다.

유로라인 사무소

기차역 맞은편에 위치하며, 월요일부터 토요일까지 근무한다.

• 32, rue Charles Domercq • ☎ (05)5692-5042

자동차편

파리에서 고속도로 A10번을 이용한다.

공항에서 시내 가기

공항버스가 공항과 기차역, 그랑 테아트르, 강베타 광장 간을 운행한다. 운임은 7유로이며, 소요 시간은 약 35분, 평일에는 45분 간격으로 운행된다. 운행 시간은 07:45~22:45이다.

시내 교통

버스

보르도에는 시내버스와 3개의 트램 노선이 운행되고 있다. 보르도 기차역과 빅투아르 광장Place de la Victoire, 강베타 광장Place Gambetta에 안내 센터가 있다.

자동차

비교적 저렴한 비용으로 자동차를 렌탈할 수 있는 업체들이 많다. 생테밀리옹 등 주변 관광지역을 둘러볼 참이면 렌탈을 하는 것도 좋은 방법이다.

자동차 렌탈

■ Europcar
• Cour Arrirée Gare St. Jean • ☎ 0825-00-4246
■ Rent A Car
• 204, cours de la Marne • ☎ (05)5633-6075 • 일요일 휴무

주차장

보르도 시내의 주차는 특히 구시가지 부근의 경우가 상당히 어렵다. 무료로 주차할 만한 곳으로는 현대 미술관Musée d'Art Contemporain 북쪽 측면 도로변이나, 공

원Jardin Public 서쪽이 그나마 안전하다. 강변도로 부근에는 주차하지 않는 것이 좋다. 단속도 잦고 차량 내 소지품 분실 등 안전사고도 있을 수 있다.

택시

■ **콜택시(24시간)** • ☎ (05)5696-0034

자전거 렌탈

Bordeaux Vélos Loisirs
- Quai Louis XVIII • ☎ (05)5644-7731
- 4~10월 중순 매일 09:30~18:30. 단, 월, 금, 일요일은 14:30~18:30.
- 1시간 4유로, 8시간 17유로

쇼핑

부파르 가Rue Bouffard, 랑파르 가Rue des Remparts와 노트르담 가Rue Notre-Dame 주변이 상점이 많고 유명한 곳이다. 간혹 오래 묵은 와인을 길가에서 즉석 판매하는데 오래된 와인이라고 해서 다 좋은 것은 아니다. 와인은 잘못 보관하면 식초로 변해 요리할 때도 사용할 수 없는 애물단지가 된다.

관광안내소
- 12, cours du 30 Juillet
- ☎ (05)5600-6600 / F (05)5600-6601
- www.bordeaux-tourisme.com
- 월~토 09:00~19:00, 일 09:30~18:30(계절마다 약간의 변동이 있음)
- 기차역에도 관광안내소가 있음
- 명소 및 관광 루트 등을 안내하는 〈Plan Guide du Patrimoine〉 책자 배포

Eating & Drinking

| 레스토랑 |

▶ L'Imprévu [R-1]

- 11, rue des Remparts • ☎ (05)5648-5543
- 일, 월요일 휴무. 2월 중 15일간, 8월 중 3주간 정기 휴무 • 점심 정식 12~15유로, 저녁 정식 15~20유로 • 디저트로 나오는 크레프가 일품

▶ La Belle Époque [R-2]

- 2, allées d'Orléans • ☎ (05)5679-1458
- 월요일 휴무. 8월 3주간 정기 휴무
- 정식 12~15유로, 오늘의 요리 10~12유로

▶ Le Père Ouvrard [R-3]

- 12, rue du Maréchal Joffre • ☎ (05)5644-1158
- 토요일 점심, 일요일 휴무 • 점심 정식 16~18유로, 저녁 정식 20~25유로, 메뉴 35유로 선

▶ Restaurant Baud et Millet [R-4]

- 19, rue Huguerie • ☎ (05)5679-0577
- 월~토 11:00~24:00, 일, 공휴일 휴무
- 정식 18~27유로 • 치즈를 이용한 다양한 요리들을 맛볼 수 있다.

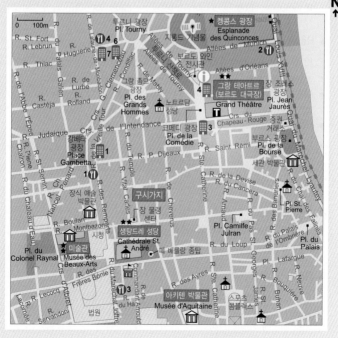

[보르도]

Accommodation

보르도에는 저렴한 가격에도 시설이 훌륭한 호텔들이 많다. 그렇지만 기차역 인근 호텔은 피하도록 한다. 유스호스텔보다는 시내의 저렴한 호텔에서 묵는 것이 좋다.

| 캠 핑 |

▶ **Camping Les Gravières**
- Place de Courréjean(Villenave d'Ornon) • ☎ (05)5687-0036
- 보르도 남동쪽으로 10km 떨어진 지점에 위치, 빅투아르 광장Place de la Victoire에서 쿠레장Courréjean 행 B노선 버스를 타고 종점에서 내린다.
- 연중무휴

| 호 텔 |

▶ **Hôtel de la Tour Intendance** [H-1]
- 14-16, rue de la Vieille Tour(강베타 광장 인근)
- ☎ (05)5644-5656 / F (05)5644-5454 • 더블룸 98~138유로, 주차비 별도

▶ **Hôtel du Théâtre** [H-3]
- 10, rue de la Maison Daurade • ☎ (05)5679-0526 / F (05)5681-1564
- www.hotel-du-theatre.com • 연중무휴 • 더블룸 50~70유로
- 보행자 전용 구역에 위치하여 조용하다.

▶ **Hôtel des Quatre Sœurs** [H-4]
- 6, cours du 30 Juillet(대극장 인근)
- ☎ (05)5781-1920 / F (05)5601-0428 • 12월 20일~1월 6일 정기 휴무
- 더블룸 85유로

▶ **Hôtel Touring** [H-6]
- 16, rue Huguerie • ☎ (05)5681-5673 / F (05)5681-2455
- 객실 27개, 더블룸 46유로

▶ **Hôtel Studio** [H-7]
- 26, rue Huguerie • ☎ (05)5648-0014 / F (05)5681-2571
- www.hotel-bordeaux.com • 22유로부터 시작하는 저렴한 숙소
- 작은 인터넷 카페도 운영

관광 명소

▶ 그랑 테아트르 (보르도 대극장) Grand Théâtre ★★

파리의 오페라 하우스에 영향을 준 루이 16세 양식의 이 아름다운 건물은 건축가 빅토르 루이의 작품이다. 1773년에 시작해 1780년에 완공됐다. 특히 내부 홀로 연

[그랑 테아트르(보르도 대극장)의 야경. 파리 오페라 하우스에 영향을 준 건물이다.]

© Photo Les Vacances 2007 / Office de Tourisme de Bordeaux / T. Sanson

결되는 계단은 18세기 건축사에서 가장 아름다운 부분으로 꼽힌다. 이외에 생탕드 레 성당, 증권 거래소가 있는 부르스 광장, 보르도 미술관, 아키텐 박물관, 켕콩스 광장 등이 볼 만한 곳이다. 켕콩스 광장 인근에 보르도 와인 전시관이 있다.

- 위치   Place de la Comédie
- ☎   (05)5600-8520
- 개관시간   가이드 투어(1시간 소요, 관광안내소에 사전 문의 및 예약)
- 입장료   5.70유로

▶ 생탕드레 성당 Cathédrale St. André ★★

생탕드레 성당은 1137년에 루이 7세가 결혼식을 한 성당이다. 얼룩지고 낡아 오랜 역사를 가늠케 하는 외부보다도 새로 개축한 북문을 통해 들어가면 보이는 성당의 내부가 훨씬 멋있다.

- 위치   Place Pey Berland(보르도 구시가지 남쪽)
- ☎   (05)5600-6600
- 개관시간   7~9월 매일 07:30~11:30, 14:00~18:30
                          그 외의 기간에는 일요일 오후에 문을 닫는다.
                          성당의 종탑Tour Pey-Berland – 매일 10:00~17:00 개방
                          여름철 오르간 연주회 – 목요일 17:00(약 1시간 소요)
- 입장료   종탑 – 성인 4유로, 25세 이하 2.30유로

▶ 미술관 Musée des Beaux-Arts ★★

[보르도 시민들의 휴식 공간인 켕콩스 광장]

보르도 미술관은 시청사의 양편에 있는 남관과 북관 건물로 나뉘어 있으며 사이에는 정원이 있다. 17세기의 이탈리아, 독일의 대표적 화가들뿐 아니라 플랑드르 파의 회화 작품이 전시되어 있으며, 특히 들라크루아의 유명 작품을 모아 놓은 컬렉션이 볼 만하다. 별관에는 새로 보수공사를 마친 보자르 갤러리가 있으며 종종 특별 전시회가 열린다.

- 위치   20, cours d'Albret(Jardin du Palais Rohan)
- ☎   (05)5610-2056
- 개관시간   수~월 11:00~18:00
- 휴관일   화요일, 국경일
- 입장료   성인 5유로, 학생 2.50유로, 18세 이하 무료

▶ 켕콩스 광장 Esplanade des Quinconces ★

1820년경에 조성된 켕콩스 광장은 코메디 광장의 북쪽, 투르니 광장의 동쪽에 위치

한다. 면적이 12만km²에 달하며 주변이 조각과 분수로 가꾸어져 있어서 시민들의 휴식 공간으로 산책하기 좋은 광장이다.

▶ 아키텐 박물관 Musée d'Aquitaine

보르도의 역사를 한눈에 볼 수 있는 것은 물론 지역학 연구에도 도움이 되는 박물관이다. 선사시대로 거슬러 올라가서 현대에 이르기까지 화폐, 도기, 보물 등 여러 가지 흥미로운 유물이 전시되어 있다.

- 위치   20, cours Pasteur
- ☎   (05)5601-5100
- 개관시간   11:00~18:00
- 휴관일   월요일, 공휴일
- 입장료   성인 5유로, 학생 2.50유로, 18세 미만 무료(상설 전시 무료)

| 생테밀리옹 |

Saint-Émlion ★★

인구 약 2,800명의 이 작은 마을은 마을 전체가 포도밭과 와인에 관계된 시설들로 가득한 곳이다. 진흙과 석회석 토양에서 자란 포도로 제조되는 생테밀리옹 와인은 고대 로마 때부터 그 역사가 시작되었고 중세 때는 물론이고 앙리 4세와 루이 14세 등 프랑스 왕들이 즐겨 마셨다. 1999년 유네스코에 의해 세계문화유산으로 등록될 정도로 생테밀리옹의 역사는 곧 와인의 역사라고 해도 지나친 말이 아니다.

생테밀리옹 와인을 지키는 사람들 즉, 쥐라드Jurade는 생테밀리옹 와인의 원산지와 품질을 평가하는 심사단을 가리킨다. 1199년에 창설된 이 특수 전문가 집단은 와인만이 아니라 병원 업무, 조세 업무 등 일반 사건들도 담당할 정도로 그 권한이 막강했다. 와인이 얼마나 중요한 물품이었는지를 알 수 있다. 생테밀리옹이라는 이름을 부여하기도 하고 빼앗을 수도 있는 권리를 가진 이들은 전 세계에 생테밀리옹 와인을 전파하는 명실상부한 생테밀리옹 외교관이라고 할 수 있다. 전 세계 주요 도시에 분소를 설치 운영하고 있기도 하다.

흰담비 털로 장식된 펑퍼짐한 붉은 옷을 입은 쥐라드 멤버들은 매년 봄 축제와 포도 수확기인 가을에 열리는 방당주 축제 때 2회에 걸쳐 시가 행진을 한다. 봄 축제는 6월 셋째 일요일에, 가을 방당주 축제는 9월 셋째 일요일에 열린다. 축제 때는 예비 심사 위원들도 함께 참석한다. 심사는 식사를 하며 진행되고 심사 결과는 투르 뒤 루아Tour du Roi 즉, '왕의 탑'이라는 곳에서 '좋은 와인으로 판명' 됐음을 공포함으로써 이루어진다. 가을 축제는 포도 수확 개시를 알리는 축제.

생테밀리옹을 방문하면 와인 지하 저장고인 캬브Cave에 들르게 되는데 바위를 뚫어 만든 저장고로 생각하면 된다. 생테밀리옹은 브르타뉴의 베네딕트 회 수도승으로 8세기 때 이 지역으로 들어와 처음에는 많은 수모를 당했지만 청빈한 생활과 인품으로 큰 존경을 받았다. 만년에는 현재 생테밀리옹 지역의 숲 속으로 들어가 은자의 삶을 살았다. 눈먼 여인의 눈을 뜨게 하는 기적을 행하기도 했으며 767년에 숨을 거둔다.

생테밀리옹 와인

생테밀리옹 와인은 고대 로마 점령 시대 때부터 생산되어 역대 프랑스 왕들에게 진상되었다. 왕들은 생테밀리옹 와인을 '영예로운 와인Vin Honorifique'이라고 불렀다. 다양한 토질을 갖고 있는 생테밀리옹

[생테밀리옹 와인은 엄격한 자체 감독 시스템을 통해 최고 품질을 유지하고 있다.]

은 토질에 따라 다양한 와인을 생산하고 있으며 단순하지 않은 맛은 신비감을 자아낸다. 다음 마을에서 생산되는 와인만이 생테밀리옹 와인으로 불린다.

* Saint-Émilion(2,290ha), Saint-Christophe des Bardes(545ha), Saint-Étienne de Lisse(525ha), Saint-Hippolyte(290ha), Saint-Laurent des Combes(235ha), Saint-Pey d'Armens(290ha), Saint-Sulpice de Faleyrens(595ha), Vignonet(275ha)

생테밀리옹 와인은 한 종류가 아니다. 보통 와인에서부터 지하 저장고인 카브에서 오래 숙성시킨 최상품까지 맛과 향이 다른 여러 종류의 와인을 가리키는 총칭이다. 따라서 소비자들의 다양한 취향을 만족시킬 수 있다. 프랑스 와인은 1948년부터 국립 원산지 표시 학회INAO(Institut National des Appellations d'Origine)의 감독 하에 전문 감식 위원회가 시행하는 시험을 통과해야만 Appellations d'Origine Contrôlée(AOC) 표지를 부착할 수 있다. 하지만 생테밀리옹은 두 단계로 나뉘어 진행되는 자체 감독 시스템을 통해 국가가 요구하는 수준 이상의 품질을 유지하고 있다. 첫 단계는 포도를 수확한 다음 해에 행해지는 와인 숙성도 테스트이고, 두 번째 단계에서는 숙성도 테스트에서 합격한 와인을 대상으로 전반적인 테스트를 한다. 이 두 단계를 거친 와인은 포도 재배지 현장에 있는 샤토에서 직접 병에 담긴다.

생테밀리옹 와인의 유네스코 세계문화유산 등재

등재년 : 1999 / 심사 통과 항목 : 심사 기준 제3항, 제4항

심사 기준 제3항

생테밀리옹은 훼손되지 않은 채 보존된 역사적인 포도 재배지로서 지금도 생산 활동을 하고 있는 특기할 만한 사례다.

심사 기준 제4항

생테밀리옹은 정확하게 한정된 지역에서 와인용 포도만을 집중적으로 재배한 지역으로 유사한 예를 찾을 수 없는 지역이다.

선정 위원회 제23차 회의 보고서

포도 재배는 고대 로마 인들에 의해 풍요로운 아키텐 지방에 유입되어 중세 때 집중적으로 재배가 이루어졌다. 생테밀리옹 지역은 생 자크 드 콩포스텔로 가는 순례길에 위치해 있어 11세기부터 많은 성당, 수도원, 접대소들이 세워지는 혜택을 받았다. 생테밀리옹은 12세기부터 영국인들에 의해 특별 지역으로 선포되었다. 생테밀리옹 지역의 마을들은 가치 있는 많은 역사 유적들을 갖고 있으며 전적으로 포도 재배만을 하는 풍경은 어디서도 볼 수 없는 진귀한 풍경이다.

Information

가는 방법

항공편

보르도 메리냐크 공항Aéroport International de Bordeaux-Mérignac 이용.

기차편

파리에서 TGV를 이용하여 리부른느Libourne(3시간 소요)까지 이동한 후, 시외버스를 이용하면 된다.

버스편

보르도에서 리부른느까지 가는 버스 노선이 있다.

자동차편

파리에서 가는 경우 A10(파리-보르도, 580km) 고속도로 이용, 출구 Saint-André de Cubzac로 나간다. 툴루즈에서 가는 경우 A62(툴루즈-보르도), 출구 La Réole 혹은 Langon 국도 및 지방도로를 이용한다.

- ■ **국도 N89** (Bordeaux→Périgueux→Clermont-Ferrand)
- ■ **지방도 D936** (Bergerac→Bordeaux)
- ■ **지방도 D670** (Saint-André de Cubzac→Libourne→La Réole→Marmande)
- ■ **지방도 D664** (Angouleme→Libourne→Bordeaux)

Services

Accommodation

| 호 텔 |

▶ Auberge de la Commanderie
- Rue des Cordeliers • ☎ (05)5724-7019 / F (05)5774-4453
- www.aubergedelacommanderie.com • 객실 17개, 70~80유로, 아침식사 9유로 • 생테밀리옹 중심지 소재, 주차장 있음

▶ Le Palais Cardinal
- Place du 11 Novembre 1918 • ☎ (05)5724-7239 / F (05)5774-4754
- www.palais-cardinal.com • 객실 27개(스위트룸 1, 딜럭스룸 11), 65~205 유로, 뷔페 식 아침식사 12유로, 룸서비스 13유로

▶ Hôtel Château Grand Barrail (최고급 호텔)
- Route de Libourne • ☎ (05)5755-3700 / F (05)5755-3749
- www.grand-barrail.com • 2월 1일~3월 3일, 11월 24일~12월 15일 정기 휴무 • 객실 43개, 성수기 230~620유로, 뷔페 식 아침식사 22유로
- 생테밀리옹 포도밭 한가운데 위치한 19세기 성을 개조한 호텔. 1992년 전면 호텔로 개보수했다. 고급 식당, 헬기 착륙장, 주차 완비. 온수 수영장, 회의실, 3ha에 달하는 정원이 있다.

▶ Hostellerie de Plaisance (최고급 호텔)
- 3, place du Clocher • ☎ (05)5755-0755 / F (05)5774-4111
- www.hostellerie-plaisance.com • 1월 1일~2월 12일 정기 휴무
- 객실 18개, 270~590유로, 컨티넨털 아침식사 24유로 • 생테밀리옹 포도밭 이 내려다보인다. 고급 식당, 주차 완비. TV, 전화, 테라스가 별도로 있다.

| 비아리츠 |

Biarritz ★

프랑스 남서부 아키텐 지방 피레네 아틀랑티크 주에 있는 해양 휴양 도시이다. 인

구 약 2만 9천의 작은 해양 도시 비아리츠는 스페인과의 국경에서 18km 정도 떨어져 있는 프랑스 최남단의 휴양 도시다. 작고 평범한 어촌이었으나 19세기 초 나폴레옹 3세가 스페인 출신의 으제니 왕후와 함께 휴식을 취하기 위해 찾은 이후 유럽의 왕족, 귀족들 사이에 유명한 휴양지로 떠올랐다. 프랑스에서 최초로 개장된 해수욕장이 있으며 랑드 지방까지 이어지는 코트 다르장(은빛 해안)은 암초와 모래사장이 어우러져 아름다운 경관을 자랑한다. 기후가 온화하고 해양 박물관을 비롯해 카지노, 스포츠 클럽 등 관광 시설이 잘 되어 있어 해마다 많은 관광객들이 찾는다. 세계적으로 알려진 프랑스의 지중해 휴양 도시인 칸느, 니스, 툴롱 등의 분위기와는

[프랑스 최남단의 휴양 도시인 비아리츠의 해변]

전혀 색다른 분위기를 갖고 있는 곳이다.

탈라쏘 해수요법 Thalassotherapie

비아리츠는 해수요법에 관한 오랜 전통을 가지고 있으며 세계적인 명성을 가지고 있는 스파 시설들이 있다. 해수요법을 체험할 수 있는 패키지의 종류는 1일 패키지에서 6일 패키지까지 종류가 다양하다. 하루에 3번 서비스를 받는 1일 패키지 요금은 70유로 선이다.

■ 테름므 마랭 비아리츠 Thermes Marins Biarritz
• 80, rue de Madrid • ☎ (05)5923-0122 • www.biarritz-thalasso.com

Information

가는 방법

비아리츠는 프랑스 바스크 지방의 최대 간선도로인 N117 끝자락에 위치하고 있다. 파리에서 출발할 경우 먼저 비에르종Vierzon까지 이어진 A10 고속도로를 타고 남

쪽으로 내려오다 리모주에서 N20으로 바꿔 탄 후, 계속해서 N21, N117을 이용하면 비아리츠에 이를 수 있다. 파리 남프랑스 여러 도시와 철도로 연결된 교통 요지 바욘느Bayonne(파리와는 770km)에서 매일 10회의 기차편이 비아리츠로 운행되고 있다(10분 소요).

비아리츠 기차역은 도심에서 남쪽으로 3km 떨어진 거리에 위치한다. 기차역에서 도심으로 이동하는 데는 2번 버스를 이용하면 된다(1인당 편도 요금 1.20유로). 택시를 이용할 경우 요금은 13~15유로 선이다.

[비아리츠의 카지노]

바스크 지방 최고의 호텔, 브랭도 샤토 Le Château de Brindos

비아리츠 휴양지 직전에 위치해 있는 브랭도 샤토 호텔은 15세기인 1438년에 세워진 오래된 고성이다. 물론 현재의 건물은 1933년 복원한 건물이다. 당시 브랭도 샤토 공사는 바스크 지방에서 모르는 사람이 없을 정도로 대규모 공사였다. 건물은 스페인 국경 지대인 이 지방의 분위기를 반영하듯 스페인 양식과 무어 족 스타일이 혼합되어 있다. 성이 완공된 이후 수많은 지방 명사들과 파리의 손님들이 묵으면서 밤에는 호수에 배를 띄워놓고 즐겼으며 무도회가 끊이질 않았다고 한다. 연꽃이 만발한 호수가 내다보이는 레스토랑에서 멋진 추억거리를 만들 수 있다. 5개의 스위트룸은 고전 양식의 샹들리에로 장식되어 있고 고가구들이 즐비하다. 29개의 일반 객실은 30㎡의 넓은 방들로 호수를 내다볼 수 있는 위치에 있고 모두 발코니가 있다. 100년이 훨씬 넘은 아름드리 나무가 있는 골프장에서 운동을 한 다음 호텔에서 즐기는 사우나는 이 호텔의 자랑거리 중 하나이고 요리 또한 지방 최고 수준이다.

- 1, allée du Château 64600, Anglet • ☎ (05)5923-8980
- www.chateaudebrindos.com • 성수기 더블룸 315~480유로, 뷔페 식 아침식사 25유로
- 비아리츠 기차역에서 3분 거리, 비아리츠 국제공항에서 5분 거리에 있다.

관광 명소

▶ 해양 박물관 Musée de la Mer ★★

대형 수족관으로 구성된 박물관이다. 바다 표범관과 상어 동굴이 장관이다. 10:30과
17:00에 상어에게 먹이를 준다.

- 위치　　　　Plateau de l'Atalaye
- ☎　　　　　(05)5922-3334 / F (05)5922-7530
- 개관시간　　09:30~17:00(계절에 따라 약간의 변동이 있음)
- 웹사이트　　www.museedelamer.com
- 입장료　　　성인 7.50유로, 학생 4.80유로, 4세 이하 무료

▶ 일비아리츠 골프장
Centre d'Entraînement d'Ilbarritz-Bidart

연령과 수준에 관계 없이 모든 이들에게 개방되는 퍼블릭 골프장이다. 4개의 골프
학교가 주말에 강의를 개최한다. 주말 강습료는 시간에 따라 130~475유로까지
다양하다.

- 위치　　　　Avenue du Château
- ☎　　　　　(05)5943-8130

Auvergne

오베르뉴 주

[클레르몽 페랑]

[오베르뉴 주]

프랑스 중남부에 위치해 있는 오베르뉴 주는 알리에Allier, 캉탈Cantal, 오트 루아르 Haute-Loire, 퓌 드 돔므Puy-de-Dome 등 4개 도로 이루어져 있다. 면적 26,013km²(프랑스 전체의 4.8%로 10위)에 인구는 135만 명 정도다. 주청 소재지는 클레르몽 페랑이다. 남프랑스의 마시프 상트랄이라는 중앙 고원 지대에 위치한 오 베르뉴는 낮은 곳은 해발 700m, 높은 곳은 1,600m에 이르는 기복이 심한 고원 구 릉 지대로 목축을 중심으로 한 농업이 주요 산업이다. 그만큼 프랑스 어느 지방보 다 자연이 잘 보존되어 있는 지역이기도 하다. 기후는 약한 대륙성 기후로 대서양 해양성 기후의 영향을 많이 받는다. 하지만 지형적 영향으로 지역에 따라 많은 차 이를 보인다.

해발 500m 이하로 오베르뉴에서 저지대에 해당하는 리마뉴 지역은 연 강수량이 600mm 정도로 건조한 반면, 오베르뉴 산과 포레즈 산 일대는 1,500mm 정도의 강수량을 보인다. 고원 지대이기 때문에 겨울에는 상당히 춥고 눈도 많이 내린다. 행정과 경제의 중심지인 클레르몽 페랑 인근의 퓌 드 돔므 지역에 인구의 반 정도 가 집중되어 있어 다른 3개 도는 인구밀도가 상당히 낮다. 전체 인구의 13% 정도가 목축에 종사할 정도로 축산업이 발달해 있고 이를 기반으로 치즈와 같은 낙농 산업과 육가공 산업이 발달해 있다. 제조업은 세계 2위의 타이어 제조 기업인 미슐랭이 위치한 클레르몽 페랑을 중심으로 한 지역과 기타 위기를 맞고 있는 철강, 주방 기구 산업 지역으로 구분된다. 클레르몽 페랑에는 또한 조폐창이 있다.

오베르뉴 지역은 화산 활동이 있었던 곳으로 비쉬를 중심으로 온천장이 있다. 황금산이라는 뜻의 몽도르 지역은 겨울 스포츠를 즐길 수 있는 곳이기도 하다. 하지만 무엇보다 오베르뉴 관광의 특징은 잘 보존된 자연을 이용한 이른바 '녹색 관광'에 있다. 프랑스의 유명한 생수, 볼빅Volvic이 바로 오베르뉴에서 나는 물이다.

| 클레르몽 페랑 |

Clermont-Ferrand ★

교외까지 포함해 인구 27만 명을 헤아리는 클레르몽 페랑은 오베르뉴 지방의 정치, 경제, 문화의 중심지이자 중앙 고원 지대인 오베르뉴의 유일한 대도시이다. 뿐만 아니라 파리에서 스페인 바르셀로나와 보르도에서 리옹으로 이어지는 고속도로와 철도망이 지나는 곳으로 프랑스를 동서남북으로 연결하는 교통의 요지이기도 하다. 인근에 자리잡고 있는 미슐랭 타이어 사는 클레르몽 페랑의 전체 고용 인구 중 20%를 차지하고 있다. 치즈를 중심으로 한 낙농업과 볼빅 같은 생수 생산 또한 이 도시의 중요한 산업이다.

클레르몽과 페랑 두 마을이 1633년 통합되어 도시 이름이 클레르몽 페랑이 되었다. 로마 시대부터 형성된 도시지만 여러 번 파괴되었고 프랑스 영토가 된 것은 12세기 말 필립 오귀스트 치하 때이다. 화산 활동이 활발했던 지형 덕분에 클레르몽 페랑의 성당들은 대부분 용암석으로 축조되어 특유의 검은색을 띠고 있다. 노트르담 뒤 포르 성당에는 용암석으로 만든 검은 동정녀 마리아가 있어 순례지가 되기도 했다. 클레르몽 페랑은 프랑스 수학자이자 철학자이며 〈팡세〉로 유명한 블레즈 파스칼의 고향이기도 하다. 또한 교황 우르바누스 2세가 1095년에 제1회 십자군 원정을 독려한 곳이기도 하다.

전설 속의 골 전사, 베르셍제토릭스 Vercingétorix

기원전 52년 카이사르는 현재의 프랑스 일대를 점령하기로 결정을 하고 6개 부대를 이끌고 클레르몽 페랑에 당도한다. 하지만 이곳에는 골Gaule 족의 젊은 장수 베르셍제토릭스가 버티고 있었고 1차 전투에서 대패한 카이사르는 수모를 당한 채 이탈리아로 돌아가야만 했다. 그러나 로마 군을 이길 수는 없었다. 장소가 어딘지 정확히 확인되지는 않았지만 골 족의 장수는 흔히 알레지아 전투로 불리는 싸움에서 패해 포로가 되어 로마로 끌려간다. 이후 6년 동안 갇혀 있다가 교수형을 당한다. 골 족을 자신들의 조상으로 생각하는 프랑스 인들에게 이 젊은 골 족의 장수는 우상과도 같은 존재다. 시내의 조드 광장에 바르톨디가 제작한 칼을 휘두르는 기마상이 서 있고, 프랑스 여러 곳의 길에 베르셍제토릭스의 이름이 사용되고 있다.

가는 방법

항공편

공항은 시내에서 동쪽으로 7km 떨어진 지점에 위치한다(☎ (04)7362-7100).

기차편

출발지	요금	소요 시간	운행 정보
파리(리옹 역)	45유로~	3시간 30분	1일 6~9회
리옹	28.20유로	2시간 30분	1일 7~10회
님므	35.70유로	5시간	1일 2~3회

SNCF 사무소 SNCF Boutique
- 43, rue 11 Novembre
- 10:00(월요일은 11:50부터)~19:00
- 일, 공휴일 휴무

버스편

클레르몽 페랑 인근, 생 넥테르St-Nectaire, 뮈롤Murol, 베스 엉 샹데스Besse-en-Chandesse 등에서 들어오는 버스편이 있다.

버스 터미널
- 69, boulevard François Miterrand • ☎ (04)7393-1361

시내 교통

시내버스 회사 (T2C)

조드 광장Place de Jaude 북쪽 끝에 안내사무소가 있다(☎ (04)7328-5656).

자동차 렌탈

ADA

- 79, avenue de l'Union Soviétique • ☎ (04)7391-6607 • 일요일 휴무

콜택시

- ☎ (04)7319-5353

관광안내소

중앙 관광안내소

- Place de Victoire
- ☎ (04)7398-6500 / F (04)7390-0411
- www.clermont-fd.com
- 5~9월 - 월~금 09:00~19:00, 토, 일 10:00~19:00
  10~4월 - 월~금 09:00~18:00, 토, 일 09:30~12:30, 14:00~18:00
- 무료 브로슈어 〈Welcome to Clermont-Ferrand〉, 〈Tour of Fountains〉를 배포하여 지역 정보를 자세히 알 수 있어 상당한 도움이 된다.

지점 관광안내소

- 기차역에서 나와서 좌측에 위치 • ☎ (04)7391-8789
- 09:15~11:30, 12:15~17:00(주중)

Sights

관광 명소

▶ 노트르담 뒤 포르 성당 Basilica Notre-Dame-du-Port ★

오베르뉴 지방에서 가장 오래되고 유명한 로마네스크 양식의 성당이다. 간결성이 돋보이는 성당으로 완성도 또한 가장 높다. 11세기의 지하 묘지 위에 1150년경 세워졌으며 로마네스크 양식의 말기 작품이다. 특히 남쪽 문을 장식하고 있는 조각들은 윤곽이 뚜렷하고 서로 분리되어 있어 고딕의 장식을 예고하고 있다. 특히 성당 내부의 성가대석은 규모는 작지만 균형이 잘 맞아, 반원형으로 둘러싸인 아름다운 기둥 머리를 갖고 있는 8개의 기둥들과 함께 성당의 보물 같은 곳이다.

▶ 성모 승천 성당
Cathédral Notre-Dame-de-l'Assomption ★

성당은 파리 인근의 고딕 성당을 모델로 해 1248년부터 장 데샹이 세운 것으로 양식적으로는 고딕 레이요낭Gothique Rayonnant에 속한다. 고딕 양식이 발명되어 1세기 정도 지난 후 건축되기 시작한 성당은 그 사이 일어난 양식상의 변화를 잘 보여준다. 무엇보다 화산 지대인 볼빅Volvic에서 나는 가볍고 단단한 화산암으로 지어져, 철이 건축 소재로 사용되기 이전에 벌써 훨씬 가는 기둥을 사용하고 있다.

성당 정면, 첨탑 등은 19세기에 활동한 유명한 건축가이자 많은 고딕 성당을 복원한 비올레 르 뒤크에 의해 1865년에 복원된 것이다. 파리 생트 샤펠 성당을 모방해 만든 스테인드글라스는 12세기 때 제작된 것부터 15세기에 만들어진 것까지 섞여 있어 양식의 변화를 살펴보는 데 귀중한 자료가 되고 있다.

▶ 바르고엥 고고학 박물관 Musée d'Archéologie Bargoin

오베르뉴 지방에서 발굴된 갈로 로맹 시대의 유물이 전시되어 있는 이 박물관에는 도자기, 청동, 나무 조각으로 만든 유물들이 소장되어 있다. 같은 건물에 있는 양탄자 박물관에서는 동양의 진귀한 양탄자들을 볼 수 있는데, 이것들은 주로 중동 지방에서 가져온 것이다.

- 위치   47, rue Ballainvilliers
- ☎   (04)7391-3731
- 개관시간   화~토 10:00~12:00, 13:00~17:00, 일 14:00~19:00
- 휴관일   1월 1일, 5월 1일, 11월 1일, 12월 25일
- 입장료   성인 4.10유로, 12~17세 2.60유로,
             12세 미만 무료

미슐랭 Michelin 타이어

1889년 설립된 타이어 전문 회사 미슐랭 사는 사실은 흔히 기드 베르Guide Vert 즉, 녹색 가이드 북으로 그 이름이 더 많이 알려진 기업이다. 아마도 프랑스 인들은 물론이고 프랑스를 여행한 이들은 이 책 한두 권씩을 꼭 가지고 있을 것이다. 특히 1926년부터 시작된 레스토랑 등급 판정은 세계적으로 정평이 나 있어 큰 신뢰를 얻고 있다.

모든 발명이 그렇듯이 유명한 공기 타이어도 우연한 기회에 이루어졌다. 회사는 앙드레 미슐랭과 에두아르 미슐랭이 19세기 말에 만들었지만 공기 타이어의 아이디어를 내고 처음 만들어 자전거에 부착한 사람은 두 사람의 외조부인 아리스티드 바르비였다. 부인이 가지고 노는 공을 보고 힌트를 얻었고 1830년 클레르몽 페랑에 처음 공장을 냈다. 1891년 미슐랭 형제가 만든 고무 타이어는 파리-브레스트 간 자전거 경주에서 공기가 들어가 있지 않은 묵직한 통타이어를 단 자전거들을 물리치고 우승을 거머쥔다. 이후 5년 후 마차용 공기 타이어가 출시되고 그 이듬해 파리-보르도 간 자동차 경주를 위해 자동차용 타이어가 나온다.

물론 미슐랭 형제의 발명은 1839년 굿이어Goodyear의 탄력성 고무 발명이나 스코틀랜드의 톰슨의 타이어 개념이 없었다면 불가능한 일이었다. 또 이들보다 먼저 1888년 존 버디 던롭이 밸브가 달린

타이어 개념을 고안해내기도 했다. 하지만 공기를 넣어 교체가 가능한 타이어를 만든 것은 미슐랭의 아이디어였고 1896년 자동차용 타이어가 본격적으로 발매되기 시작한다. 앙드레 미슐랭은 젊은 시절 프랑스 내무성의 지도실에서 일을 했었고 이때 얻은 경험을 살려 1910년 처음에는 기드 루즈 즉, 붉은색 표지의 가이드 북을 냈다. 이어 프랑스와 유럽 지도도 발간했다. 2000년 미슐랭 기드 베르와 지도는 무려 1,800만 부가 팔렸다. 1912년 프랑스 도로에 변화가 불기 시작한 것도 미슐랭 덕분이고 도로 표지판이 생긴 것도 그의 힘이 작용한 결과였다.

1차대전 당시에 생산된 2,000대의 비행기에 미슐랭 타이어가 들어갔고 이어 전후에는 파리-도빌 사이의 기차에도 타이어가 들어갔다. 현재도 파리 지하철 일부에는 고무 타이어가 쓰이고 있다. 제2차 세계대전 직후인 1946년에는 레디알 타이어를 처음으로 생산했으며 1967년에는 튜브 없는 타이어가 개발되었다. 1957년 에두아르 미슐랭의 손자인 프랑수아 미슐랭이 경영을 맡은 이후 미슐랭은 연간 2억 개의 타이어를 판매하며 일본의 브리지스톤과 1, 2위 자리를 놓고 다투고 있다. 현재 미슐랭은 19세기 말에 만들어진 회사 아이콘인 타이어 맨 '비벤둠'을 상표로 내걸고 전 세계 170개국에 판매망을 구축하고 있다.

Bourgogne

부르고뉴 주

[디종] [황금 언덕] [베즐레]

[부르고뉴 주]

와인으로 유명한 부르고뉴 주는 코트 도르Côte-d'Or, 니에브르Nièvre, 손느 에 루아르Saône-et-Loire, 욘느Yonne 등 4개 도를 거느리고 있고 면적은 31,582km²(프랑스 전체의 5.8%로 6위)에 인구는 160만 정도 된다. 행정과 경제의 중심지인 주청 소재지는 디종이다. 농업이 발달해 밀과 특히 유채 재배가 발달해 있으며, 목축업도 활발하다. 부르고뉴는 무엇보다 포도밭이 많고 코트 드 뉘Côte de Nuits와 코트 드 본느Côte de Beaune 같은 명품 와인이 생산되는 곳이다. 디종은 겨자 생산으로 유명하고 술을 담글 때 쓰는 카시스라 불리는 까막까치밥나무 열매가 생산된다.

한때 전통적인 철강 산업 등이 대위기를 맞았으나, 유럽 통합이 이루어지면서 유럽 각 도시들을 동서남북으로 연결하는 교통의 요지라는 입지를 살려 최근에는 다양한 산업이 발달하고 있다. 핵에너지 업체인 프라마톰, 코닥, 스타킹과 양말 등을 생산하는 딤 등이 들어와 있다. 1981년 처음 개통된 파리-리옹 간 TGV가 경유해 가며 고속도로 또한 A6, A31, A36번 등이 통과한다. 부르고뉴 지방 전역에는 시토와 클뤼니 수도회 등이 자리잡고 있었던 관계로 수많은 수도원과 성당이 곳곳에 있으며 프랑스 최대 귀족 가문 중 하나인 부르고뉴 공국의 옛 근거지답게 요새와 성들 역시 곳곳에 흩어져 있다. 특히 베즐레의 로만 양식 성당은 고딕 양식 이전의 성당으로 중세 신앙을 일러주는 귀한 보물 같은 곳이다. 부르고뉴 지방의 중심 도시는 디종이지만 마콩, 옥세르, 상스 같은 부르고뉴 지방의 중소 도시들은 리옹이나 파리와 가까운 관계로 여러 면에서 이들 대도시와 관련되어 있다. 샬롱 쉬르 센느, 몽소 레 민느, 크뢰조 등이 주요 산업 지대다.

[디종 리베르테 가의 풍경]

[디종 특산물인 겨자]

| 디 종 |

Dijon ★

인구 24만 명의 디종은 부르고뉴 지방의 정치, 경제, 문화의 중심지로서 부르고뉴 공작 가문의 영토였다. 따라서 부르고뉴 가문과 관련된 많은 유적들이 남아 있다. 디종은 로마 시대에 형성된 도시로 부르고뉴 공작령이 된 11세기 이후 필립 르 아르디, 장 상 푀르, 필립 르 봉, 샤를르 르 테메레르 등에 의해 비약적으로 발전한다. 1477년 샤를르 르 테메레르가 죽자, 루이 11세가 프랑스 영토로 귀속시키면서 부르고뉴 지방의 고등법원을 디종에 두었다. 18세기 들어 디종 대학이 창설되고 주교관구가 되면서 계속 발전하게 된다. 프랑슈 콩테 주의 브장송과 가까운 거리에 있어 다양한 교역이 이루어지고 있다.

디종은 부르고뉴 와인, 달팽이 요리인 에스카르고, 겨자와 식초 등을 생산하는 식가공 산업이 발달해 있다(아모라Amora가 바로 디종 제1의 식료품 회사다). 국립 식가공 생물 학교가 디종에 있는 것도 이 때문이다. 디종의 성당과 수도원은 물론이고 관청들도 다채색으로 장식된 화려한 모자이크 지붕으로 덮여있어 디종 고유의 분위기를 느끼게 해준다.

가는 방법

항공편

디종-부르고뉴 공항이 도심에서 남동쪽으로 6km 떨어진 지점에 위치해 있다(☎ (03)8067-6767).

기차편

파리 리옹 역에서 디종으로 출발하는 TGV와 일반 열차편이 있다. TGV를 이용할 경우 요금은 37~52유로, 소요 시간은 약 1시간 40분이다. 일반 기차를 이용할 경우 소요 시간은 약 3시간이고, 요금은 약 37유로 선이다. 반대로 남쪽의 리옹Lyon에서 올라갈 경우 요금은 25유로 정도이며 약 2시간 30분이 걸린다.
■ 디종 빌 기차역 Gare Dijon-Ville ・ ☎ (08)3635-3535

버스편

인터시티 버스 터미널이 기차역 내에 위치하고 있다. 디종 인근으로 운행하는 버스 노선들이 출발한다. 본느Beaune(44번 버스, 7유로, 1시간 소요), 즈브레 샹베르탱 Gevrey-Chambertin(60번 버스, 30분 소요, 매일 12회, 일요일과 공휴일은 2회 운행이므로 주의), 아발롱Avallon 등으로 운행하는 버스 노선들이 있다.

자동차편

파리에서 A6번 고속도로를 타고 가다가, A38번 고속도로를 이용한다.

시내 교통

버스

기차역에서는 거의 모든 노선의 시내버스를 탈 수 있다.

자동차 렌탈

Europcar
• 기차역 내에 위치 • ☎ (08)2180-5807

콜택시

• ☎ (03)8041-4112

관광안내소
• Place Darcy • ☎ (03)9270-0558 / F (03)8042-1883
• www.dijon-tourism.com
• 월~토 9:00~12:30, 14:30~18:00, 일, 공휴일 14:00~18:00
• 호텔 예약 서비스 • 디종을 비롯하여 부르고뉴 고원 동부의 황금 언덕 관광 책
  자를 제공한다. 영어판도 있다.

Services

Eating & Drinking

| 레스토랑 |

▶ **Bistrot de l'Huître** [R-1]
• 12, rue Bannelier • ☎ (03)8030-0030
• 생굴 10~12유로, 푸아그라(거위간 요리) 16~18유로, 정식 20유로,
  글라스와인 3유로 선

▶ **Restaurant Simpatico** [R-2]
• 30, rue Berbisey • ☎ (03)8030-5333 • 월요일 점심, 일요일 휴무
• 이탈리아 요리 전문(단, 피자는 없음)

Accommodation

| 유스호스텔 |

▶ Centre de Rencontres Internationales et de Séjour de Dijon [H-5]

- 1, boulevard Champollion(디종 시내에서 북동쪽으로 2.5km 떨어진 지점에 위치) • ☎ (03)8072-9520 / F (03)8070-0061
- www.auberge-cri-dijon.com • 그랑지에 광장Place Grangier에서 에피레 Épirey 행 5번 버스를 이용 • 총 260개의 침상 구비, 4인실 1인 침상 17.50 유로, 2인실 1인 침상 22.50유로, 1인실 34유로(아침식사 포함) • 세탁 시설 이 있으며, 바로 옆에 시립 수영장이 있다. 24시간 체크인 가능

| 호 텔 |

▶ Hôtel Le Chambellan [H-1]

- 92, rue Vannerie • ☎ (03)8067-1267 / F (03)8038-0039
- 가장 가까운 버스 정류장은 바이양트 극장Théâtre Vaillante으로 12번 버스 가 지나간다. • 별 2개급, 객실 23개, 고풍스러운 느낌의 더블룸 25~45유로, 안뜰에서 아침식사(6유로)를 할 수 있다.

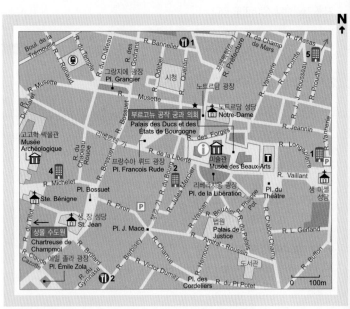

[디종]

▶ **Hôtel Lamartine** [H-2]

- 12, rue Jules Mercier • ☎ (03)8030-3747 / F (03)8030-0343
- 9, 12번 버스 이용, Libération 역 하차 • 더블룸 30~60유로

▶ **Hostellerie du Chapeau Rouge** [H-4]

- 5, rue Michelet • ☎ (03)8050-8888 / F (03)8050-8889
- 별 4개급, 객실 30개, 더블룸 135~150유로

Sights

관광 명소

▶ 부르고뉴 공작 궁과 의회
Palais des Ducs et des États de Bourgogne ★

역대 부르고뉴 가의 공작들이 살던 궁으로 초보적인 부르고뉴 의회가 자리잡고 있기도 했다. 궁에서는 특히 근위대의 방이 볼 만하다. 디종 미술관도 공작 궁 내에 있다.

▶ 미술관 Musée des Beaux-Arts ★★

필립 르 봉Philippe le Bon(선량한 왕이라는 뜻)은 48년 동안 부르고뉴를 통치하며 북구 르네상스의 본거지인 플랑드르의 많은 예술가들을 후원했다. 이런 전통을 이어 그의 후계자인 샤를르 르 테메레르Charles le Téméraire(무모한 왕이라는 뜻)의 통치 당시, 클라우스 드 베르브, 브라반트 출신으로 루브르에 있는 생 드니 제단화를 그린 앙리 벨르쇼즈, 그리고 로히에 반 데어 바이덴 등이 디종에 머물며 부르고뉴 공을 위해 창작을 했다. 한 사람 더 꼽는다면 바로 플랑드르 파의 창시자이자 서양화의 주류를 이루게 되는 유화 기법을 발전시킨 장본인이기도 한 얀 반 아이크 Jan Van Eyck이다.

이 화가들은 필립 르 봉만이 아니라 당시 총독을 지낸 니콜라 롤랭의 후원도 많이 받았다. 현재 루브르 박물관을 비롯한 유럽 여러 박물관에는 로히에 반 데어 바이덴, 얀 반 아이크 등이 그린 성화와 당시 부르고뉴의 귀족 초상화들이 여러 점 소장되어 있다. 디종 미술관에서도 이들 화가들의 그림을 볼 수 있다.

미술관은 부르고뉴 공작 궁 내에 있다. 우선 궁 2층의 근위대실Salle des Gardes을 본 다음, 예배실에 있는 장 상 푀르(겁없는 장이라는 뜻)와 부인의 묘를 본다. 벽에는 〈성자와 순교자들〉이라는 제목의 두 점의 제단 조각이 있다. 조각은 채색되어 있다. 그 외에 로히에 반 데어 바이덴이 그린 〈필립 르 봉의 초상화〉는 공의 심리

적 움직임을 잘 표현한 걸작이다. 하지만 무엇보다 현재 루브르에 있는 반 아이크의 〈롤랑 총독의 동정녀〉가 디종 파가 남긴 최고 걸작이다.

- 위치   부르고뉴 공작 궁 내
- ☎   (03)8074-5270 / F (03)8074-5344
- 개관시간   5월 2일~10월 30일 – 수~월 09:30~18:00
                11월 2일~4월 30일 – 수~월 10:00~17:00
- 휴관일   화요일, 국경일
- 입장료   상설 전시 무료, 특별 전시 성인 5유로, 학생 3유로

[부르고뉴 공작 궁과 의회]

[얀 반 아이크 〈롤랑 총독의 동정녀〉]

▶ 샹몰 수도원 Chartreuse de Champmol

디종에서 활동한 네덜란드 출신의 유명한 조각가 클라우스 슬루테르가 14세기 말에 제작한 조각, 〈모세의 우물〉과 성당 전면이 볼 만하다. 6명의 예언자를 조각한 이 작품은 사실적이고 섬세한 옷 묘사 등이 인상적이다. 현재는 정신병원으로 사용되고 있다.

| 황금 언덕 |

Côte d'Or

부르고뉴 고원의 동부 지역 경사지에 붙여진 별명으로 햇볕이 잘 들고 또한 가을이 되면 황금색으로 물드는 포도밭 때문에 붙여진 말이다. 물론 이렇게 생산된 와인이 돈을 가져다 준다는 뜻도 포함되어 있다. 이곳은 석회암 지질에 있어서나 일조량에 있어 포도 재배의 적지로서 유명한 명주(名酒)들이 생산되는 곳이다. 북쪽은 뉘 생

조르주를 중심으로 한 부르고뉴 산 레드 와인이 생산되는 코트 드 뉘Côte de Nuits 지역이고, 남쪽은 부르고뉴 화이트 와인 산지인 코트 드 본느Côte de Beaune 지역이라 불린다.

뱅 드 부르고뉴 Vin de Bourgogne

와인을 프랑스 어로 뱅Vin이라 부른다. 피노 누아, 샤르도네 이 두 품종의 포도가 오늘날 부르고뉴 와인의 명성을 전 세계적으로 알리는 데 공헌을 했다. 신대륙인 북미와 남미에서도 부르고뉴의 명성을 믿고 두 품종을 들여다 재배해 성공했다. 피노 누아는 레드 와인에, 샤르도네는 화이트 와인에 사

[포도 재배의 적지로서 유명한 명주들이 생산되는 황금 언덕]

© Photo Les Vacances 2007

용한다. 하지만 부르고뉴 와인의 명성이 포도 품종에서만 유래했다고 본다면 이는 오해이다. 와인은 품종 못지않게 토양과 기후 조건에 따라 같은 지역의 것이라도 상당히 큰 차이를 내는 예민한 술이기 때문에, 부르고뉴 와인의 명성은 자연히 부르고뉴의 자연이 베푼 은총으로 보아야 한다. 괴테가 말했듯이, "여름이여 당신은 위대했습니다."를 외칠 수 있는 곳이 바로 부르고뉴 지방이다. 와인은 태양이 만들어 내는 자연의 붉은 피인 것이다.

특히 일명 '황금 언덕'으로 불리는 디종에서 샤니에 이르는 부르고뉴 고원의 동쪽 경사 지대는 풍부한 일조량으로 최고급 와인을 생산하는 곳이다. 부르고뉴 포도 재배지는 프랑스 전체 포도 경작지의 불과 3%에 해당하는 2만 8,000ha에 지나지 않지만 100여 종이 넘는 다양한 와인이 생산된다. 이 다양성이야말로 부르고뉴 와인의 가장 큰 특징이다. 레드 와인으로는 클로 드 베즈, 샹 베르탱, 뮈지네, 클로 드 부지오를 들 수 있고, 화이트 와인은 코트 드 본느 일대의 코르통 샤를르마뉴, 뫼르소, 몽라셰 등을 꼽을 수 있다. 하지만 부르고뉴 와인이라고 해서 모두 비싼 명주만 있는 것은 아니다. 디종 북쪽의 샤블리 지방의 와인들은 비교적 싼값에 즐길 수 있다. 보통 좋은 와인은 3년에서 5년 정도 숙성 기간을 거쳐야 한다. 이보다 더 좋은 것은 6~8년 정도 숙성도 가능하다.

보졸레 Beaujolais

손 강의 서쪽 지역으로 마시프 상트랄이라는 남프랑스 고원 지대와 리옹 사이에 위치해 있는 지역 이

름이 보졸레이다. 보졸레에는 보졸레, 보졸레 수페리외르, 그리고 보졸레 누보 등 세 가지 종류가 있다. 어느 술이든 숙성시키지 않고 그대로 마실 수 있다. 과일향이 강하며 담백하다. 특히 보졸레 누보 중 '프리뫼르Primeur'는 거의 저장하지 않은 채 마시는 술로 이 술을 제외한 다른 것은 11월 15일 이전에는 판매가 금지되어 있다. 프리뫼르는 우리 말로 하면 맏물이다. 전 세계적으로 11월 세 번째 목요일 마개를 따는 보졸레가 바로 이 프리뫼르이며 시큼 담백하고 향이 강하다. 몇해 전 보르도 와인의 판촉을 위해 한국을 방문한 샤토 소유자들의 말처럼 사실 보졸레 누보 프리뫼르는 와인이라고 보기에는 무리가 있다. "사람들은 보졸레 누보가 와인인가라고 묻는다. 보졸레 누보는 그리 좋은 와인은 아니다. 하지만 탄산음료보다는 몸에 좋을 것이다."

| 베즐레 |

Vézelay

500명 정도 살고 있는 베즐레는 12세기 때 세워진 막달라 마리아 성당이 있는 곳으로 많은 이들이 찾아오는 순례지이자 관광 명소다. 돌로 지어진 집과 수도원 그리고 성당이 중세 고도의 고즈넉함을 자아내며 이곳을 찾는 이들을 아득한 중세로 인도하는 곳이다. 860년에 베네딕트 회 수도사인 지라르 드 루씨옹이 수도원을 세웠고 12세기부터 순례지가 되었다. 생 베르나르가 제2차 십자군 원정에 참여할 것을 호소하는 설교를 한 곳으로도 유명하다. 하지만 13세기 말부터 프로방스 일대의 수도사들 때문에 쇠락의 길을 걷게 된다.

이들은 프로방스의 한 동굴에서 발견된 유골을 성녀 막달라 마리아의 것으로 주장해 신도들을 빼앗아 갔다. 프랑스 신교도들에게 약탈을 당하기도 했고 프랑스 대혁명 당시에 다시 한 번 파괴되었다. 그 후 연이어 벼락이 떨어졌고 완전히 폐허가 되어 방치되었다. 현재의 성당은 19세기에 역사 기념물 책임자로 일했던 소설가이기도 했던 프로스페르 메리메가 당시 26살의 젊은 건축가 비올레 르 뒤크를 시켜 복원하게 한 것이다. 성당은 로마네스크 양식으로 지어졌으며 특히 기둥머리를 장식한 조각들이 걸작이다. 성당 전면의 박공에 들어가 있는 조각들도 주대종소의 원칙에 입각해 제작된 중세 조각 특유의 면모를 엿보게 한다. 예수는 거인으로 묘사되어 있고 기타 제자들은 작은 소인들로 묘사되어 있다.

가는 방법

기차편

파리의 Lyon이나 Bercy 역에서 Laroche-Migennes 혹은 Auxerre까지 이동한 후, 다시 지역 기차를 이용해 Sermizelles에서 하차한다. 이곳은 베즐레에서 10km 거리로, 대중교통은 없고 택시를 이용해야 한다.

자동차편

파리에서 가는 경우 A6 고속도로 이용, Auxerre South 출구로 나간다.

Sights

관광 명소

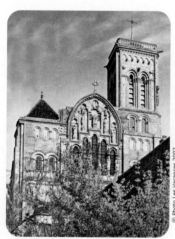

[막달라 마리아 성당]

[성당의 팀파눔(삼각면)]

▶ 막달라 마리아 성당 Basilique Ste. Madeleine ★★★

12세기에 세워진 이 성당은 프랑스에서 가장 오래된 로마네스크 양식의 성당이다. 파리의 노트르담 성당과 비슷한 규모를 자랑하는 이 성당의 입구에 들어서면 웅장한 복도가 펼쳐지고 본당으로 들어가는 입구에는 예수가 자신의 제자들에게 성령을 부여해 각지로 전도를 보내는 장면을 묘사한 벽화를 볼 수 있다. 입구에 들어서면 회백색의 기둥들이 일렬로 늘어서 있는 전형적인 로마네스크 양식의 본당이 보이고, 막달라 마리아의 유품이 보관되어 있는 지하 묘지 또한 방문이 가능하다.

- ☎ (03)8633-3950
- 개관시간 7~8월 07:00~22:00, 9~6월 일출~일몰
- 입장료 무료

Rhône-Alpes

론느 알프 주

[리옹] [그르노블] [안느시] [샤모니 몽블랑] [몽블랑] [에기유 뒤 미디]

[**론느 알프 주**]

유럽 최초의 고속철도인 테제베TGV는 파리와 리옹을 연결하는 남동부선이다. 이 테제베의 종착역이 바로 론느 알프 주의 행정과 경제의 중심지인 리옹이다. 프랑스 남동부에 위치한 론느 알프 주는 알프스 산맥을 경계로 스위스, 이탈리아와 면해 있는 프랑스에서 가장 높은 고산 지대이다. 엥, 아르데슈, 드롬므, 이제르, 루아르, 론느, 사부아, 오트 사부아 등 8개 도로 구성되어 있으며 면적은 4만 3,698km²(프랑스 전체의 8%로 2위), 인구는 대략 600만 명 정도 된다.

북으로는 쥐라 산맥, 동으로는 알프스 산맥이 있으며 서쪽으로는 론 강 너머 오베르뉴 지방의 마시프 상트랄이라 불리는 중앙 고원 지대 일부를 끼고 있다. 남쪽으로는 지중해 지방인 프로방스 지방과 경계를 이루고 있다.

15세기 이래 견사 공업이 발달한 리옹을 중심으로 이탈리아와의 교역이 성해 상업 자본이 일찍 형성되었던 곳이다. 베르사유 궁의 왕비의 침전을 장식한 벽포, 커튼, 침대보 등이 모두 리옹 산 비단으로 된 것이다. 생테티엔느와 그르노블 역시 철강, 수력발전, 철도 등 다양한 산업 활동으로 이 지방의 경제를 이끌어왔다. 농업은

고산 지대인 자연 환경을 반영해 경작보다는 목축이 성하며 경작은 주로 과일에 한
정되어 있다.

한편 포도 재배도 코트 뒤 론느 지역을 중심으로 상당히 활발하게 이루어지고 있어
서 프랑스 제5위의 와인 생산지이다. 파리 인근의 수도권 지역인 일 드 프랑스에
이어 프랑스 제2의 경제력을 갖고 있는 론느 알프 지방의 주요 산업은 풍부한 전기
에너지를 바탕으로 한 중화학 공업이다. 철강, 제련, 알루미늄, 석유화학 등의 생산
이 활발하며 이를 바탕으로 한 각종 기계 산업과 자동차 산업이 프랑스에서 가장
발달한 곳이다. 나아가 이제르와 드롬므 지역을 중심으로 전기 전자 산업도 발달해
프랑스 제2의 생산지이며 리옹 인근에는 석유 화학, 제약업, 인쇄업이 발달해 있다.
3차 서비스 산업은 리옹을 중심으로 발달한 금융이 큰 부분을 차지하고 있다. 역사
가 150년이 넘는 프랑스의 유명한 은행인 크레디 리요네의 본점이 이곳에 있다. 금
융업 다음으로는 알프스 샤모니 몽블랑의 스키장과 산악을 이용한 관광 산업 역시
무시 못할 부분이다. 특히 관광 산업은 1992년 알베르빌에서 개최된 동계 올림픽
이후 활기를 찾고 있다. 하지만 요즈음은 강설량이 적어 고전을 하는 해가 갈수록
늘어나고 있다.

고대 로마 점령기에 리옹은 프랑스 지방의 수도였고, 오늘날에도 리옹에는 수많은
고대 및 중세 유적들이 잘 보존되어 있다. 또한 식도락의 고장답게 소시지, 각종 치
즈, 민물 생선 등이 유명하다. 론느 알프 지방은 프랑스에서 세계적인 명성의 최고
급 레스토랑이 가장 많이 모여 있는 곳이다.

고속도로와 1981년 프랑스에서 가장 먼저 개통된 TGV는 프랑스 전국만이 아니라
이탈리아, 스위스와 연결되어 있어 경제 발전에 충분한 인프라를 갖추고 있다. 리옹
생텍쥐페리 국제 공항 역시 전 세계의 항공사들이 취항하고 있다.

| 리 옹 |

Lyon ★★

푸르비에르와 크루아 루스라는 두 개의 언덕 사이, 론 강과 손 강이 합류하는 지점
에 위치해 있는 리옹은 교외 지역까지 포함해 인구 130만의 도시로 프랑스에서는
파리 다음으로 큰 도시이다. 리옹 시가지는 9개의 구역Arrondissement으로 구분
되어 있으며, 그랑 리옹Grand Lyon이라 불리는 리옹 교외 지역까지 합하면 총 55
개의 구로 이루어진 대도시이다(참고로 파리는 20개의 구역). 2,000년 역사를 자랑
하는 리옹 시민들은 활기차고 진취적인 기상을 갖고 있어 산업 측면에서도 프랑스
제2의 도시답게 각 분야에서 활발한 활동을 펴고 있다.

리옹은 프랑스 어로 사자를 뜻하는 리옹Lion과 발음이 같아 사자를 시의 앙블렘(상
징)으로 삼고 있다. 로마 점령 당시 카이사르의 진지가 있었던 리옹은 리요네, 아키

텐, 벨기에(현재의 플랑드르 일대에 해당) 3개 지역을 관할하는 갈로 로맹 지역의 수도였다. 서기 2세기 초 첫 순교자를 낼 정도로 기독교가 일찍 포교되었고 250년 경에는 로마에서 온 기독교도들이 콘스탄티누스 황제 치하 때까지 활동하며 기독교 를 전파했다.

리옹은 1998년 유네스코 세계문화유산으로 지정되었고, 지정된 면적은 구시가지, 푸르비에르 언덕, 크루아 루스, 손 강과 론 강 사이의 반도 등 약 500ha에 달한다.

리옹의 잡지

[프랑스에서 파리 다음 가는 대도시인 리옹. 론 강과 손 강이 만나는 지점에 자리한다.]

리옹에 관심이 있는 사람들은 다음과 같은 신문과 잡지를 보면 많은 정보를 얻을 수 있다.
* 일간지 〈Le Progrès〉, 〈Lyon Figaro〉 • 주간지 〈Lyon Poche〉, 〈Lyon Capitale〉
* 월간지 〈Lyon Mag〉

■ 연감 〈Le Petit Paumé〉
리옹 경영학교EM Lyon 학생들이 발행하는 〈Le Petit Paumé〉는 매년 9월에 나오는 연감으로 정보 도 알차고 광장 등지에서 무료로 배포한다. 나오자마자 바로 매진될 정도로 인기가 있고 유용한 정보 가 많다.

Information

가는 방법

항공편

리옹 생텍쥐페리 공항이 도심에서 동쪽으로 25km에 위치하고 있으며, 유럽의 주요 공항과 연계되어 편리하다. • ☎ (04)7222-7691, 7221

기차편

리옹의 중심역으로는 페라쉬 역Gare de Perrache과 파르 디외 역Gare de la Part-Dieu(론 강에서 동쪽으로 1.5km 떨어진 지점에 위치)이 있다. 구시가지의 생 폴 역Gare de St. Paul에는 리옹과 주변 위성도시를 연결하는 국철 노선이 운행된다. 파리에서 출발한 TGV나 알프스와 제네바 행 노선들은 리옹의 기차역에 모두 정차 한다. 파리 리옹 역에서 TGV를 이용하면 2시간만에 리옹에 도착한다(60유로, 30분 ~1시간 간격으로 운행).

페라쉬 역 Gare de Perrache

페라쉬 역사는 두 개의 건물로 구성된 복합건물이며 페라쉬 지하철역과 연결된다. 기차역 2층에는 SNCF 안내사무소가 있다.

■ **SNCF 안내사무소**
• ☎ (04)7240-1065 • 승차권 구입 24시간 가능
■ **수화물 보관소**
• 06:15~21:45(A 플랫폼)
• 수화물의 크기에 따라서 2.40유로, 3.20유로, 4.80유로 • 3일까지 보관 가능

파르 디외 역 Gare de la Part-Dieu

■ **기차역 안내 사무소**
• 파르 디외 지하철역 • ☎ (08)3635-3535
• 월~금 09:00~19:30, 토 09:00~18:30
• 고객 서비스 센터(환불 및 기타 문의) : 월~금 10:00~12:15, 13:45~18:15
■ **수화물 보관소**
• Avis 자동차 렌탈 사무소 주변에 위치 • 24시간
• 보관료 5유로 선(수화물 2개 기준)

버스편

인터시티 버스가 페라쉬 역 옆 버스 터미널로 들어오고, 이곳에서 다시 출발한다. 리옹 북쪽, 동쪽, 남쪽 각지로 운행하는 버스 노선이 있다. 안느시, 샹베리, 그르노 블, 페루즈, 발랑스, 생테티엔느 행 노선이 운행된다. 노선표와 시간표는 터미널 내 안내소에서 구할 수 있다.

장거리 고속버스

■ 유로라인 Eurolines

- ☎ (04)7256-9530
- 벨기에, 독일, 이탈리아, 스페인, 영국행 유로라인 이용 가능

■ 라인버스 Linebus

- ☎ (04)7241-7227 • 스페인 행 버스 노선 운행

■ 인터카스 Intercars

- ☎ (04)7837-2080 • 폴란드 행 버스 노선 운행
- 월~토 08:00(혹은 09:00)~12:00, 14:00~18:00

자동차편

파리에서 A6 고속도로를 이용한다.

시내 교통

지하철

리옹에는 4개의 지하철 노선이 있다. A, B, C, D노선(D선은 무인 자동 운행 시스템 지하철이 있으며, 케이블 카 노선은 구시가지Vieux Lyon와 푸르비에르Fourvière, 생 쥐스트St. Just 간을 연결한다. 지하철은 05:00부터 자정까지 운행된다.

트램

북부 방면의 페라쉬-라 두아 노선Perrache-La Doua(총 길이 8.7km)은 페라쉬 역과 파르 디외 기차역 간을 연결한다. 반면에 동부 방면의 페라쉬-생 프리스트 Perrache-St. Priest(총 길이 10km) 노선은 페라쉬 기차역과 장 마세 광장Place Jean Macé, 그랑주 블랑쉬Grange Blanche 간을 연결한다.

■ 트램 정보 • ☎ (04)7284-5813

승차권

1회권 1.50유로, 10장 묶음(카르네) 12.50유로. 1시간 동안 유효하며 버스, 트램, 지하철, 케이블 카 이용이 가능하다. 최대 3회까지 환승할 수 있다.

자동차 렌탈

대부분의 렌탈 업체들이 파르 디외 기차역 내에 사무소를 두고 있다.

쇼핑

리옹의 특산품은 돼지고기 가공 식품과 치즈, 초콜릿 등이다. 프랑스 어로 샤르퀴트리로 불리는 소시지 등 돼지고기 가공 식품을 구입하기 가장 좋은 곳은 콜레트 시빌리아 가게다(Colette Sibilia, 102, cours Lafayette, 69003). 프랑스 어로 프로마주Fromage라고 하는 치즈는 리옹에서 직접 생산되는 것은 거의 없지만 인근의 아르데슈, 오베르뉴, 사부아 지방에서 유입되는 질 좋은 고급 치즈를 구입할 수 있다.

유명 초콜릿 상점

■ 베르나숑 Bernachon • 42, cours Franklin-Roosevelt
■ 셰 리샤르 Chez Richart • 35, cours Franklin-Roosevelt
■ 부아쟁 초콜릿 Chocolateurs Voisin • 24, place des Terreaux와 38, rue Victor Hugo
■ 베르나르 뒤푸 초콜릿 Les Chocolats Bernard Dufoux • 15, rue des Archers

관광안내소

• Place Bellecour • ☎ (04)7277-6969 / F (04)7842-0432
• www.lyon-france.com
• 지하철 Bellecour 역, 벨쿠르 광장 남동쪽 모퉁이 • 10:00~17:30
• 같은 건물 안에 프랑스 국영 철도SNCF 사무소(월~토 10:00~18:00)가 있다.

리옹의 경제

현재 리옹에는 약 5만 개의 크고 작은 기업체가 자리잡고 있다. 이 중 만여 개의 기업체가 생산과 관련된 산업체이며 나머지는 유통 및 서비스 업체들이다. 리옹 기업체들은 상당수가 19세기에 설립된 역사가 오래된 기업들이다. 프랑스 최초의 은행이자 리옹의 대표적인 기업인 크레디 리요네Crédit Lyonnais 은행은 물론이고 견사와 관련된 기업체들은 거의 전부 19세기부터 영업을 해온 회사들이다.

리옹은 파리에 이어 두 번째로 많은 수출입 물량을 기록하고 있는 경제의 중심지이다. 프랑스 전체 섬유 생산량의 70%를 차지하는 리옹은 제1의 섬유 산업단지이며, 독일, 이탈리아, 미국 기업체들을 주 고객으로 하는 전기 전자 부품 산업단지이기도 하다. 또한 의약 및 화학 공업 부문에서도 리옹은 선두를 차지하고 있다. 이런 이유로 리옹에는 국제 암 연구센터가 들어서 있다. 또한 비디오 게임 업체인 엥포그람 Infograms을 포함해 IT 산업 분야도 1만 8,000명의 고용 창출 효과를 내고 있는 중요한 산업이다.

리옹은 또한 파리 다음으로 국제 회의가 자주 열리는 전시회의 도시이기도 하다. 이는 리옹이 유럽 남동부의 중심임을 일러준다. 파리와 연결된 TGV 노선이 가장 먼저 개통된 곳도 바로 리옹이고 리옹 생텍쥐페리 공항만 하더라도 파리 샤를 드 골에 이어 프랑스 제2의 국제공항이다. 리옹에는 시테 엥테르나시오날Cité Internationale 즉, 국제 도시가 조성되어 있어 1996년에는 G7 회의가 열리기도 했고 1999년에는 바이오비전Biovision이라는 제1회 바이오 테크놀로지 국제 회의가 열리기도 했다. 인터폴, 세계 보건 기구OMS(영어로는 WHO) 본부가 있는 곳도 리옹이다.

리옹은 산학 협동의 모범 도시이기도 하다. 매년 약 10만 명의 학생들이 만여 명의 연구원들과 함께 각종 프로젝트에 참여하고 있다. 현재 리옹에는 프랑스 명문 그랑제콜인 고등사범학교를 비롯해 20여 개의 그랑 제콜과 4개 종합대학이 있다.

리옹의 유명한 인물들

리옹은 산업과 과학 분야의 많은 인물들을 배출해 프랑스 발전에 크게 기여했다. 주요 인물들을 보면, 유럽 최초로 수의과를 가르치는 학교를 설립한 클로드 부르즐라, 1783년 세계 최초의 증기선을 손 강에 띄운 조프루아 알방, 1804년 직조기를 발명한 마리 조제프 자카르 등을 들 수 있다. 우리가 흔히 전력을 측정할 때 사용하는 암페어라고 부르는 단위 역시 리옹 출신의 과학자 앙드레 앙페르에서 온 것이다. 1829년에는 바르텔레미 티모니에가 세계 최초로 재봉틀을 발명해 냈고, 한국 유물도 많이 소장하고 있는 파리의 기메 동양 박물관 창시자인 에밀 기메 역시 리옹 출신 기업가였다.

19세기 후반 실증주의 생리학자로 자연과학과 사상사에 많은 영향을 끼쳤던 클로드 베르나르, 영화를 발명한 뤼미에르 형제, 아르누보라고 하는 장식 예술을 창시해 산업 예술의 문을 연 엑토르 기마르 등이 모두 리옹 출신 인물이다. 우리들에게 〈어린 왕자Le Petit Prince〉로 잘 알려진 20세기의 유명한 작가 생텍쥐페리의 고향도 리옹이다. 어른들을 위한 동화인 〈어린 왕자〉는 102개 나라의 언어로 번역이 되었고 대략 5천만 부 정도 팔린 것으로 추정된다. 리옹 시에서는 작가의 탄생 100주년이 되는 2000년, 이를 기념하기 위해 리옹 사트라 공항을 리옹 생텍쥐페리 공항으로 바꿔 부르기로 결정했고 벨쿠르 광장에 그의 동상도 세웠다.

Eating & Drinking

| 레스토랑 |

▶ **Café 203** [R-1] [C-1]

- 8, rue du Garet(1구) • ☎ (04)7828-6665
- 월~일 07:30~02:00 • 정식 12유로

▶ **Restaurant La Meunière** [R-2] [C-1]

- 11, rue Neuve(1구) • ☎ (04)7828-6291
- 지하철 Cordeliers 혹은 Hôtel de Ville 역 하차 • 일, 월요일 휴무
- 점심 정식 20~30유로 • 사전 예약 필수

▶ **L'Etage** [R-3] [B-1]

- 4, place des Terreaux(1구) • ☎ (04)7828-1959
- 지하철 Hôtel de Ville 역 하차 • 일, 월, 공휴일 휴무, 7월 25일~8월 25일 사이, 겨울에 1주간 정기 휴가 • 정식 18~51유로 • 사전 예약 필수

▶ **Chez Hugon** [R-4] [C-1]

- 12, rue Pizay(1구) • ☎ (04)7828-1094 • 지하철 Hôtel de Ville 역 하차
- 토, 일요일 휴무. 8월 정기 휴가 • 정식 22~32유로

▶ **Les Lyonnais** [R-6] [B-2]

- 1, rue Tramassac(5구) • ☎ (04)7837-6482
- 지하철 Vieux Lyon Cathédrale St. Jean 역
- 일요일 저녁, 월요일 휴무. 1월 첫째 주, 8월 1~15일 사이 정기 휴가
- 점심 정식(주중) 10~12유로, 저녁 정식 18~22유로

Accommodation

| 유스호스텔 |

▶ **Auberge de Jeunesse du Vieux Lyon** [H-1] [A-3]

- 41-45, montée du Chemin Neuf(5구)
- ☎ (04)7815-0550 / F (04)7815-0551 • 지하철 Vieux Lyon Cathédrale St. Jean 역 • 리셉션 07:00~12:00, 14:00~01:00 • 1박 15유로
- 유스호스텔 회원증 필수

▶ **Hôtel Saint-Paul** [H-2] [B-1]
- 6, rue Lainerie(5구) • ☎ (04)7828-1329 / F (04)7200-9727
- 지하철 Vieux Lyon Cathédrale St. Jean 역 • 더블룸 57~62유로

▶ **Hôtel de Bretagne** [H-4] [B-2]
- 10, rue Dubois(2구) • ☎ (04)7837-7933 / F (04)7277-9992
- 지하철 Cordeliers 역 • 더블룸 27~56유로

▶ **Hôtel du Théâtre** [H-5] [B-2]
- 10, rue de Savoie(2구) • ☎ (04)7842-3332 / F (04)7240-0061
- 지하철 Bellecour 역 • 더블룸 35~60유로

▶ **Hôtel La Residence** [H-6] [B-3]
- 18, rue Victor Hugo(2구) • ☎ (04)784-6328 / F (04)7842-8576
- www.resitel.com • 지하철 Bellecour 혹은 Ampère 역 • 더블룸 75유로

Sights

관광 명소

▶ 구시가지 Vieux Lyon de Fourvière ★★

손 강 서쪽의 리옹 구시가지에 있는 언덕을 지칭하는 푸르비에르Fourvière는 2천여 년 전 로마 시대에 형성되었다. 9세기경에 사라진 로마 포룸이 있던 곳으로 그 이후에는 '검은 성모' 성당이 세워져서 많은 순례객들이 찾던 곳이었다. 구시가지의 중심인 생 장 광장Place St. Jean에서 언덕 위의 푸르비에르 대성당Basilique Notre-Dame de Fourvière까지는 케이블 카가 있다. 푸르비에르에는 로마 시대의 유물을 보관하고 있는 갈로 로맹 박물관 및 고딕 건축과 르네상스 건축이 들어서 있다.

사도 요한을 기리는 생 장 성당의 전면에 조각된 280개의 메달들도 볼 만하다. 성당임에도 불구하고 기독교와 이교의 이야기들이 섞여 있다. 1192년에 짓기 시작한 성당 내부의 성가대석이 가장 오래된 부분으로 로마네스크 양식을 보여준다. 14세기 초 프랑스에 귀속된 리옹은 이후 사부아, 신성로마제국, 도피네 등과 경계를 이루는 도시였다. 샤를르 7세는 성 요한 성당 일대에 1년에 두 번씩 장을 열어 교역을 발달시켰다. 루이 11세는 이곳에서 잠사 산업을 장려했으며 연중 4번 장을 서게 해 이후 리옹이 교역의 중심지로 발돋움하는 기초를 놓았다. 이 시기에 많은 여인숙과 호텔이 들어서고 어음 교환소 같은 초보적인 금융 시설도 들어선다.

16세기 들어 금융은 더욱 발달했고 당시의 건축물들이 아직도 생 장 가에 남아 있다. 특히 가다뉴Gadagne 박물관에는 리옹 역사 박물관이 들어서 있어 리옹의 역사를 한눈에 볼 수 있다. 리옹은 오늘날에도 프랑스 금융업의 중심지로서 프랑스 주요 은행 중의 하나인 크레디 리요네Crédit Lyonnais가 19세기에 이곳에 문을 열었다. 리옹은 프랑스 인문주의의 본거지이기도 해 15세기 말 금속활자를 이용한 인쇄가 시작되었다. 이로 인해 필사본이나 채색 세밀화 등은 쇠퇴의 길을 걷게 되고 서적의 보급이 활발하게 진행되어 문학과 기술, 사상 등 여러 면에 걸쳐 일대 혁명이 일어나게 된다. 종교개혁이 성경을 읽을 수 있게 되면서 시작되었음을 염두에 둔다면

© Photo Les Vacances 2007 / Office de Tourisme de Lyon

© Photo Les Vacances 2007 / Office de Tourisme de Lyon

[고대 및 중세 모습을 잘 간직하고 있는 리옹은 유네스코 세계 문화유산으로 지정되기도 했다.]

리옹에서 시작된 인쇄 혁명은 상당히 의미 있는 일이었다. 16세기 중엽인 1548년에 이미 리옹에는 400개 정도의 인쇄소가 성업 중이었다. 16세기 프랑스 작가들인 마로와 라블레의 작품이 이 당시 출판되어 선풍적인 인기를 끌었는데, 라블레는 〈팡타그뤼엘〉, 〈가르강튀아〉 등의 소설을 쓴 작가였을 뿐만 아니라 퐁 뒤 론 병원에서 3년간 의사로 일을 하기도 했던 당시의 신지식인이었다. 손 강 좌안에 인쇄 박물관이 있어 초기 인쇄술에서부터 그 후의 발전 과정 전체를 일목요연하게 살펴볼 수 있다.

▶ 갈로 로맹 문명 박물관
Musée de la Civilisation Gallo-Romaine

고대 로마가 골 족이 살던 현재의 프랑스 일대를 점령해 형성된 문명을 갈로 로맹 문명이라고 한다. 이 당시 가장 큰 사건은 라틴 속어가 정착되어 현재의 프랑스 어의 뿌리를 만든 사건이다. 게르만 민족이 이동해 자리를 잡았지만 언어만큼은 라틴

LES VACANCES

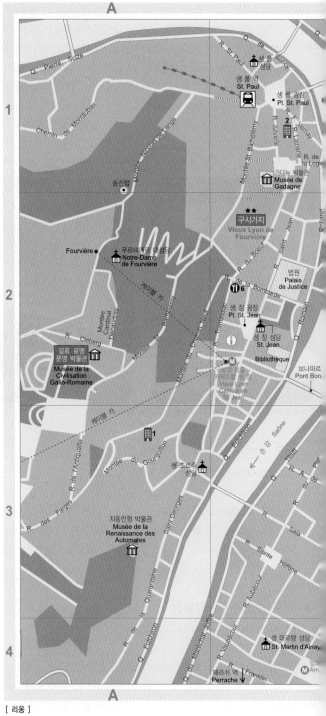

Q. Pierre Scize

R. St. Paul

Q. de Boncy

생 폴 성당

St. Paul
생 폴 역

생 폴 광장
Pl. St. Paul

R. F. Vernay
R. Lainerie
R. Juiverie

R. de
la Loge

Montée St-Barthélemy
Montée Nicolas de l'Ange

Chemin de Montauban

송신탑

가다뉴 박물관
Musée de
Gadagne

★★
구시가지
Vieux Lyon de
Fourvière

Fourvière

푸르비에르 대성당
Notre-Dame
de Fourvière

R. du Boeuf

법원
Palais
de Justice

R. de la Bombarde

6

R. Tramassac

생 장 광장
Pl. St. Jean

게이블 카

Montée Cardinal Decourtray

R. Cléberg

Montée St. Barthélemy

Montée du Chemin Neuf

생 장 성당
St. Jean

Bibliothèque

보나파르
Pont Bon

갈로 로맹
문명 박물관
Musée de la
Civilisation
Gallo-Romaine

M
비외 리옹
생-장 대성당
Vieux Lyon
Cathédrale
St. Jean

게이블 카

1

R. de l'Antiquaille

Montée du Gourguillon

생 조르주
성당

Q. Fulchiron

손 강 Saône

R. des Farges

Saint Georges

R. A. de...

R. Sala

자동인형 박물관
Musée de la
Renaissance des
Automates

R. Sainte Hélène

R. de la Quarantaine

R. du Maréchal Joffre

Q. Fulchiron

R. Aubecour

R. Vaubécour

생 마르탱 성당
St. Martin d'Ainay

앙페
M Am

페라쉬 역
Perrache

Franklin

[리옹]

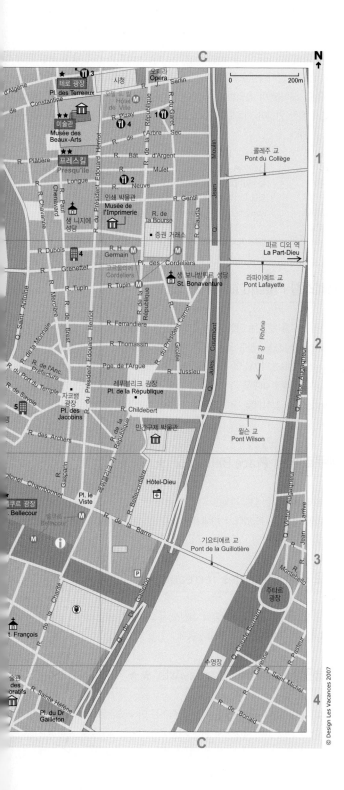

어 속어에 동화되어 약간의 흔적을 제외하면 거의 사라지고 만다. 갈로 로맹 문명 박물관에서는 이 당시의 유물을 볼 수 있는데, 특히 1528년에 발굴된 클라우디우스 황제의 〈청동 테이블〉이 유명하다. 1528년 출토된 이 탁자에는 서기 48년 황제가 원로원에서 행한 연설이 기록되어 있다. 리옹 출신인 클라우디우스는 네로 황제의 양부이기도 하다.

- 위치　　　　17, rue Cléberg
- ☎　　　　　(04)7238-4930
- 개관시간　　화~일 10:00~18:00
- 휴관일　　　월요일, 1월 1일, 5월 1일, 11월 1일, 12월 25일
- 웹사이트　　www.musees-gallo-romains.com
- 입장료　　　성인 3.80유로, 학생(26세 미만) 2.30유로,
　　　　　　　18세 이하 무료(목요일은 무료 입장)

▶ 프레스킬 Presqu'île ★★

프레스킬은 반도를 뜻하는 말이다. 손 강과 론 강 사이에 형성되어 있는 이 반도는 폭이 600m에서 800m 정도 되는 좁은 반도로 리옹 시 제1, 2구가 자리잡고 있다. 박물관, 시청, 오페라, TGV 역 등이 들어서 있는 리옹의 중심가라고 할 수 있는 곳이다. 리옹 시민들은 이곳을 '돈 버는 곳'이라고 부른다. 레퓌블리크 가Rue de la République의 고급 상점들, 공화국 광장의 분수, 19세기에 지어진 아름다운 저택들이 들어서 있다.

▶ 벨쿠르 광장 Place Bellecour ★

1609년 앙리 4세가 건설을 계획한 지 50년이 지나 완성된 광장으로, 주변의 건물들은 대혁명 당시 철거되었다가 19세기에 다시 건설된 것들이다. 설계자는 로베르 드 코트다.

▶ 테로 광장 Place des Terreaux ★

시청 앞에 형성된 이 광장은 〈자유의 여신상〉을 제작한 바르톨디가 조각한 분수로 유명한 광장이다. 4마리의 말은 프랑스의 4대 강을 상징한다.

▶ 미술관 Musée des Beaux-Arts ★★

17세기 때 세워진 베네딕트 수도원 자리에 들어선 이 미술관은 작은 루브르라고 할 정도로 5개의 관에 고대 유물에서 현대 작품까지 다양한 작품들을 소장하고 있다. 이탈리아 화가 페루지노의 〈예수의 승천〉, 스페인 화가 수르바란의 〈성 프란체스코〉,

루벤스의 〈동방박사들의 경배〉, 들라크루아의 〈앵무새를 들고 있는 여인〉, 그리고 20세기 화가 샤갈의 〈과일 바구니〉 등을 볼 수 있다. 그리스 조각으로는 아르카이크 시대의 〈코레〉 상을 소장하고 있다.

- 위치   20, place des Terreaux
- ☎   (04)7210-1740
- 개관시간   수~월 10:30~18:00(금요일 10:30~20:00)
- 휴관일   화요일, 국경일
- 웹사이트   www.mba-lyon.fr
- 입장료   성인 6유로, 학생(26세 미만) 4유로, 18세 이하 무료

[테로 광장의 바르톨디가 조각한 분수]

[루벤스, 샤갈 등의 작품을 볼 수 있는 리옹 미술관]

▶ 직물 박물관 Musée des Tissus ★

17세기 이후 발달한 잠사 산업과 견직물 작품과 테크닉 등을 전시하고 있다. 리옹의 직물 산업은 루이 14세 때 비약적으로 발전해 18세기까지 이어진다.

- 위치   34, rue de la Charité
- ☎   (04)7838-4200
- 개관시간   화~일 10:00~17:30
- 휴관일   월요일, 국경일
- 웹사이트   www.musee-des-tissus.com
- 입장료   성인 5유로, 학생(26세 미만) 3.50유로, 18세 이하 무료

리옹 산 비단

누에를 이용한 잠사의 기원은 중국에 있다. 잠사는 알렉산더 대왕 때 그리스를 통해서 최초로 유럽에 유입되었다. 영어의 실크나 프랑스 어의 수아Soie 등의 용어는 모두 인도의 세리크 지방Serique을 통해 잠사가 들어오면서 이 지방 말이 변형되어 생긴 말들이다. 중국은 4세기경 잠사 산업이 쇠퇴기를 맞게 되고 인도와 페르시아에서는 고유의 양잠과 직조 기술을 발전시켜 나간다. 콘스탄티노플에까지

[리옹 지하철 노선도]

퍼진 양잠과 잠사는 이어 이탈리아로 유입되고 화려한 옷을 즐겨 입었던 교황들이 비단을 애용하면서 크게 융성하게 된다. 교황들은 머리에서 발끝까지 비단으로 온몸을 감쌀 정도였다.

프랑스에 양잠과 잠사가 유입된 것은 프랑스 출신의 교황 클레멘스 5세가 교황궁을 프랑스의 아비뇽으로 이전하면서부터다. 옷 잘 입기로 소문난 클레멘스 5세 때 처음으로 잠사 수공업 공장이 설립되어 본격적으로 생산된다. 이어 루이 11세 치하인 15세기 중엽, 투르와 리옹에서 본격적으로 양산되기 시작한다. 1536년 프랑수아 1세 당시, 이탈리아 인들이 리옹에 들어와 양잠과 잠사를 할 수 있게 되면서 리옹이 프랑스의 잠사와 직물 산업의 메카로 떠오르게 된다.

16세기 중엽부터 시작된 리옹의 잠사는 예로부터 그 명성이 전 유럽에 퍼져 있었다. 왕족들의 침실은 거의 리옹 산 벽포와 천으로 꾸며졌다. 베르사유의 마리 앙투아네트의 침실이 그 전형적인 예다.

루이 14세 시대 당시, 잠사 산업은 왕궁의 지원을 받아가며 절정기를 맞다가 프랑스 대혁명 이후 중단된다. 1850년경, 다시 부흥하게 된 잠사 산업은 이후 아시아 여러 나라와의 경쟁에 밀리고 특히 인조견이나 합성섬유의 출현으로 거의 고사 직전의 위기에 몰렸다. 하지만 아직도 명맥이 유지되고 있으며, 프랑스를 대표하는 유명 패션 디자이너들은 리옹 산 비단만을 고집한다. 최근 베르사유 궁의 마리 앙투아네트 침실을 보수할 때도, 옛날 기법으로 짠 리옹 산 비단을 사용했다.

| 그르노블 |

Grenoble

인구 42만 정도의 그르노블은 알프스 고산 지대에 위치한 도시로 리옹, 샹베리, 안느시, 생테티엔느 등과 함께 론느 알프 주의 중요한 도시다. 교통 인프라가 여의치 않아 오랫동안 발전이 지체되었던 곳이었지만 현재는 리옹, 파리와 연결되는 고속도로, TGV, 공항 등이 잘 갖추어져 비약적인 발전을 하고 있다. 유명한 프랑스 소설가 스탕달의 고향이기도 해 그의 박물관이 이곳에 위치해 있다. 고산 지대의 수력발전 에너지를 이용한 산업이 발달한 그르노블은 프랑스에서 가장 중요한 연구도시이기도 하다. 파리에 이어 두 번째로 연구소가 많고 학술 세미나 및 국제 회의 등이 빈번하게 열리는 도시다. 종합대학이 3개, 그랑 제콜이 6개(물리학, 전기, 전기화학, 수력발전, 전자, 정보 통신) 있으며 유럽 입자 가속기ESRF가 있는 곳도 그르노블이다. 프랑스 첨단 산업의 전초 기지로서 전기 설비 생산 기업인 메를렝 게렝, 톰스, HP, Bull 등의 세계적 기업들이 들어와 있다.

그르노블이라는 도시 이름은 4세기 때 로마 황제의 이름을 딴 그라티아노폴리스에서 유래했다. 9세기에서 11세기까지는 부르고뉴-프로방스 왕국의 영토였고 13세기 들어 도피네 지방과 함께 프랑스 왕국의 영토로 통합된다. 14세기에는 그르노블 대학이 문을 열었다. 1968년에는 동계 올림픽이 개최되기도 했다.

Information

가는 방법

항공편

그르노블의 공항인 생테티엔느 드 생 주아르Aéroport de St-Etienne de Saint-Geoirs(☎ (04)7665-4848)는 도심 북서쪽 39km 거리에 위치한다. 영국, 터키, 이스라엘, 체코 등지에서 전세기가 간혹 들어오기도 하지만 거의 모든 비행기는 에어프랑스 국내선 항공기들이다. 파리에 있는 오를리Orly 공항에서 매일 다섯 편씩 운항되고 있다. 비행 시간은 1시간 이내이다. 공항에서 그르노블 도심으로 가는 공항 셔틀버스는 편도 4유로 정도이며 택시를 탈 경우는 55~75유로를 예상해야 한다. 또는 매일 출발 편수가 더 많은 리옹 공항에 내려서 버스를 이용하여 그르노블까지 오는 방법도 있다(편도 20유로).

기차편

파리에서 매일 11회(3시간 소요), 샹베리에서 1시간마다(30분 소요) 있다.

자동차편

파리에서 A6을 타고 리옹까지 온 후 리옹에서 A48을 타고 그르노블에 갈 수 있다. 소요 시간은 6~7시간 정도이다.

관광 명소

▶ 바스티유 요새 Fort de la Bastille ★

케이블 카를 타고 올라가야 하는 이 요새는 16세기에 짓기 시작해 19세기에 보강된 성곽으로 그르노블을 방호하는 중요한 진지였다. 이곳에 오르면 베르코르, 타이페르, 샤르트뢰즈 등의 산맥에 둘러싸인 그르노블을 한눈에 조망해 볼 수 있다. 뿐만 아니라 이제르, 그레지보당, 드라크 등의 강들이 흐르는 모습도 한눈에 들어온다. 이들 강은 연평균 2만t에 이르는 자갈을 실어 나른다.

▶ 그르노블 박물관 Musée de Grenoble ★★

이제르 강변의 구시가지에 자리잡고 있다. 1994년에 개관한 이 박물관은 그르노블 건축가들의 합동 작품이다. 16세기에서 현대에 이르기까지의 예술 작품들을 전시하고 있으며, 건물은 각 작품에 맞는 자연 채광이 될 수 있도록 설계되어 있다. 박물관 정원에는 알프스 산을 배경으로 10점의 대형 야외 조각이 세워져 있어 자연과 예술의 조화를 꾀하고 있다. 파리를 제외한 지방 박물관으로서는 규모나 작품 질에 있어 가장 중요한 컬렉션을 보유하고 있는 곳이다. 특히 현대 예술 분야의 소장품이 충실하다.

프랑스 고전주의 화가 필립 드 샹페뉴의 〈사막의 세례 요한〉, 루벤스의 〈성자들에 둘러싸인 성 그레고리우스〉, 조르주 드 라 투르의 〈성 히에로니무스〉 등이 놓치기 아까운 명작들이고, 현대 회화에서는 마티스, 피카소 등의 작품을 소장하고 있다. 이와 아울러 서정 추상, 신사실주의, 팝아트, 미니멀 아트 등 1945년 이후의 컨템퍼러리 작품들도 다수 소장되어 있다.

- 위치　　　　5, place de Lavalette
- ☎　　　　　(04)7663-4444
- 개관시간　　수~월 10:00~18:30
- 휴관일　　　화요일, 1월 1일, 5월 1일, 12월 25일
- 웹사이트　　www.museedegrenoble.fr
- 입장료　　　성인 5유로, 어린이, 학생, 노인 2유로

▶ 생 로랑 성당 및 박물관 Église-Musée St. Laurent

12세기에 세워진 로마네스크 양식의 이 성당은 초기 기독교 시기에 세워진 지하 묘지 위에 건축된 성당이다. 원래는 시외에 있었던 곳이었다. 특히 납골당으로 쓰였던 성당의 지하실은 2세기에서 9세기 카롤링거 왕조까지의 역사를 보여준다. 이외에 구시가지, 법원 건물, 2차대전 당시의 레지스탕스 활동을 소개하는 레지스탕스 박물관 등이 볼 만하다.

- 위치   2, rue St-Laurent
- ☎   (04)7644-7868
- 개관시간   수~월 09:00~18:00
- 휴관일   화요일, 1월 1일, 5월 1일, 12월 25일
- 웹사이트   www.musee-archeclogique-grenoble.com
- 입장료   입장료+가이드 투어 7유로(매월 둘째 일요일)

| 안느시 |

Annecy ★★

인구 5만 3,000의 안느시는 호수와 산악 풍경이 어우러져 있는 동화 속 그림 같은 도시다. 샹베리와 스위스 주네브 사이에 위치해 있다. 스키장이 많아 관광 산업이 발달해 있고 그 외에도 전기 전자, 건설, 직물, 식가공 산업 등이 활발하다. 1401년 사부아 왕국의 영토가 된 이후 사부아 왕국과 함께 1860년에 프랑스 영토로 귀속된다. 16세기에는 종교개혁을 받아들이지 않는 이들의 박해를 피해 사부아 공작들이 주네브를 버리고 안느시로 수도를 옮겨 발전하기 시작한다. 하지만 17세기 들어 생 프랑수아 드 살르 신부가 등장해 칼뱅주의에 대해 반격을 시도하게 되고 이어 잔느 드 샹탈 수녀와 함께 예수 방문단이라는 수녀회가 창설되는 곳이기도 하다. 잔느 드 샹탈은 남편과 사별한 후 수녀가 된 성녀로서, 17세기에 서간집을 남겨 프랑스 고전문학의 한 장르를 만든 세비녜 부인의 외조모이기도 하다. 파리에서 샤모니(몽블랑)를 가는 이들은 전통적인 코스인 파리-스위스의 주네브를 통해 주네브까지 와서 그 다음에 기차를 갈아타고 샤모니로 간다. 하지만 코스를 변경해 안느시를 거쳐 가는 것도 색다른 즐거움을 줄 것이다. 안느시는 리옹에서 샤모니, 이탈리아, 스위스로 이동하는 이들도 꼭 들러보아야 할 곳이다.

Information

가는 방법

항공편

안느시 인근 작은 마을인 메테Meythet에 공항이 있다. 주로 파리에서 온 국내선 항공편이 도착한다.

기차편

그르노블(1일 9회, 2시간 30분, 16.60유로), 파리 리옹 역(하루 10회, TGV로 3시간

[동화 속 그림 같은 안느시의 풍경]

40분, 65유로)에서 출발하는 기차를 이용한다. 스위스 주네브에서는 기차나 버스를 타고 올 수 있다.

자동차편

파리에서 A6 고속도로를 타고 남동쪽 본느까지 간 후 이곳에서 A40으로 바꾸어 같은 방향으로 세셀Seyssel까지 가면 안느시로 이어진 N508을 만난다. 파리에서 안느시까지는 최소 5시간 소요된다. 스위스 주네브에서 올 경우는 A40을 이용해서 생 쥘리앙St. Julien까지 간 후, 안느시로 이어진 N201을 타고 남쪽으로 오면 된다. 주네브에서 45분 소요된다.

안느시에서는 시내에서 자동차를 렌탈해서 안느시 호수를 돌아보는 코스와 당일 코스로 스위스 주네브, 프랑스의 샤모니(몽블랑) 코스를 다녀오는 것이 좋다. 안느시 호수 주변으로 카페, 식당이 많아 굳이 구시가지나 시내에서 식사를 하지 않아도 된다.

관광 명소

▶ 안느시 호수 Lac Annecy ★★

길이 14km, 폭 2km에서 3km 정도 되는 호수로 주변의 작은 개울들과 지하 80m
에서 솟아나는 샘물에서 물이 흘러들어 형성된 호수다. 호수 주변에 대부분의 관광
지들이 흩어져 있고, 산책로도 마련되어 있어 자전거를 타고 호수 주변을 돌아볼
수 있다. 페달 보트를 타고 호수를 둘러볼 수도 있고, 구시가지에서 10분 정도 떨어
진 호숫가에서는 수영과 일광욕을 즐길 수 있다.

▶ 구시가지 Vieille Ville ★

프랑스의 베네치아라고도 불리는 안느시 구시가지는 호수로 흘러드는 티우 천 인근
에 형성되어 있는 그림 같은 시가지이다. 골목골목으로 흘러드는 지천 위로 난 작
은 교각과 교각을 장식하고 있는 꽃들 그리고 중세풍의 좁은 골목들은 멀지 않은
곳에 눈이 내린 높은 알프스 산자락이 펼쳐져 있다는 사실을 잊게 해 준다.
옛날에는 감옥이었고 현재는 안느시 역사 박물관으로 사용되고 있는 릴르 성, 17세
기 모습을 그대로 간직하고 있는 생트 클레르 가, 유명한 철학가이자 작가였던 장
자크 루소 분수와 광장 등이 볼 만하다. 루소의 〈고백록〉을 보면 안느시에서 그가
'엄마' 라고 불렸던 바렌 부인을 만난다. 구시가지를 내려다 보며 서 있는 성은 주네
브 백작의 성이었다.

| 샤모니 몽블랑 |

Chamonix-Mont Blanc ★★

주변의 작은 마을 인구까지 다 포함해서 만 명 정도 되는 샤모니 몽블랑은 겨울 스
포츠와 스키 등으로 전 세계 관광객이 찾는 론느 알프 주 최대의 관광지이다. 도시
는 해발 1,000m 정도 되는 곳에 위치해 있으며 각종 스키 학교, 등산 학교 등의 스
포츠 교육 기관들이 들어와 있고 해발 3,842m의 에기유 뒤 미디나 몽탕베르까지는
스위스 명물인 등산 열차나 케이블 카 등을 이용해 등정이 가능하다. 고산증이 있
는 사람은 피하는 것이 좋다.
샤모니에서 스키를 즐길 계획을 세운 경우에는 샤모니의 스키장은 한국의 스키장과
달리 난이도가 높은 곳이라는 점을 염두에 두어야 한다. 샤모니 시내(마을, 우체국
근처)에는 스키는 물론 스키 복장도 렌탈해 주는 곳이 많다. 파리에서는 파리 리옹

역에서 출발하는 스위스 주네브 행 TGV로 주네브에서 내려 곧바로 기차로 샤모니까지 가는 방법(1시간 소요, 이 경우에는 주네브의 레만 호수를 잠깐 들러볼 기회가 생긴다.)과 안느시를 거쳐 가는 방법이 있다. 이탈리아에서 샤모니로 가는 방법은 토리노에서 샤모니 터널을 거쳐 진입하는 방법이 있다.

| 몽블랑 |

Mont Blanc

만년설이 덮여 있는 '하얀 산' 이라는 뜻의 몽블랑은 알프스 산맥의 최고봉으로 해발 4,807m이다. 이탈리아 어로는 '몬테 비안코' 라고 부른다. 얼음 바다라는 뜻의

[샤모니의 몽블랑을 오르는 케이블 카]

[민가 너머로 몽블랑이 보인다.]

'메르 드 글라스' 를 이루는 빙하 지역이다. 세계적으로 유명한 등산 코스로 18세기 말인 1786년 정상이 정복되었다. 현재는 1965년에 개통된 길이 1.6km의 몽블랑 터널이 프랑스와 이탈리아를 연결하고 있다. 이 터널로 약 200km 정도 양국간의 이동 거리가 단축되었고 엄청난 관광 수입 확보와 교역 증대가 이루어지고 있다.

| 에기유 뒤 미디 |

Aiguille du Midi

케이블 카를 이용해 5시간 정도 등정을 하면 해발 3,842m의 '남프랑스의 바늘' 이라는 뜻의 에기유 뒤 미디에 오를 수 있다. 이곳에 오르면 몽블랑은 물론이고, 저주받은 산이라는 뜻의 몽 모디, 그랑드 조라스 등 빙하에 묻힌 태산 준령들의 파노라마를 볼 수 있다. 케이블 카를 타고 하얀 계곡이라는 뜻의 블랑쉬 계곡Vallé Blanche을 건너면서 보는 풍경이 장관이다.

관광 명소

▶ 메르 드 글라스 Mer de Glace ★

산악 철도와 케이블 카를 번갈아 타고 3시간 정도 등정한다. 1908년에 설치된 역에서 내려다보면 얼음 바다라는 뜻의 메르 드 글라스가 한눈에 들어온다. 이 빙하는 길이가 14km에 달하고 두께는 200m에서 400m에 이르는 거대한 것으로 1년에 90m 정도 이동하며 암석을 이동시킨다.

샤모니 알프스 관광

에기유 뒤 미디 행 케이블 카

	첫 번째 정차 (Plan des Aiguilles)	두 번째 정차 (Aiguilles du Midi)	세 번째 정차 (Pointe Helbronner)
해발 고도	2,263m	3,718m	3,407m
운행 시간	여름철 06:00~17:00(10분 간격) 겨울철 08:00~16:00(10분 간격)		5월 중순~ 10월 중순까지만 운행
특징 및 주의사항	전망이 좋지 않다.	몽블랑이 멀리서 보이며 여름철에도 영하로 내려가는 경우가 종종 있으므로 두터운 옷을 준비하는 것이 좋다.	정상인 에기유 뒤 미디에서 내려오면서 빙하계곡의 만년설을 잘 볼 수 있다. 정차역인 엘브로너에서 산을 내려가는 코스는 이탈리아로 가는 방향이다(이 경우 여권을 지참하여 입국 절차를 밟아야 한다).

르 브레방 Le Brévent 행 케이블 카

몽블랑을 볼 수 있는 또 다른 케이블 카 노선으로 해발 2,485m이다. 왕복 1시간 30분 정도 소요되고 요금은 성인(16세 이상) 편도15유로, 왕복 20.50유로다. 연중 08:00~17:00까지 운행한다.

몽탕베르 Montenvers 행 산악 열차

메르 드 글라스를 제대로 볼 수 있는 곳인 몽탕베르는 해발 1,883m 높이에 있다. 샤모니 국철역 뒤편에 이 산악 열차를 타는 곳이 있다(Gare Montenvers-Mer de Glace). 왕복 기준으로 1시간 30분 소요되고 요금은 성인(16세 이상) 20유로. 여름철에는 오전 8시에서 오후 6시까지 운행하며 그 외의 시즌에는 오후 4시 30분까지만 운행한다. 몽탕베르 전망대에서 메르 드 글라시에까지는 도보나 로프웨이(유료)로도 갈 수가 있다. 기상 상태가 좋지 않아 에기유 뒤 미디로 가는 케이블 카 운행이 취소되는 경우 대안으로 갈 수 있는 곳이다.

Centre

상트르 주

[오를레앙] [프랑스 고성 투어] [투르] [블루아] [앙부아즈] [클로 뤼세] [아제 르 리도] [사셰]
[슈농소] [슈베르니] [샹보르] [샤르트르]

[상트르 주]

중세 르네상스 시대의 성관으로 유명한 상트르 주는 면적 39,151km²(프랑스 전체의
7.2%로 제4위)에 인구 약 240만의 지방으로 주청 소재지는 오를레앙이다. 6개 도
로 이루어져 있고, 서쪽으로 바로 인접해 있는 페이 드 라 루아르 지방과 함께 루아
르 강변의 성관을 나누어 갖고 있으며 일 드 프랑스라는 파리를 중심으로 하는 수
도권 지역과 가깝다.

파리 분지의 남쪽을 차지하고 있어 대부분 지역이 평야와 구릉지로 이루어져 있으
며 농업이 발달해 있다. 셰르 도의 생 마괴앵 산이 해발 504m로 최고봉이다. 루아
르 강이 주의 중부를 동서로 흐르고 있고 상트르 주는 루아르 강을 중심으로 남북
으로 양분되어 있다. 밀, 보리, 해바라기 생산이 프랑스에서 1위를 기록하고 있고
따라서 이곳을 여행하면 끝이 안 보이는 넓은 해바라기밭을 볼 수 있어 '유럽의
정원'이라는 느낌을 갖게 되는 곳이다. 옥수수 생산량은 프랑스에서 2위이다. 그
외에도 유채, 채소, 목초는 루아르 골짜기에서 주로 경작되며, 과일은 루렌, 화훼는
오를레앙에서 주로 재배된다.

서부의 루아르, 셰르, 비엔느 강변과 동부의 상세르는 이른바 코트 드 루아르로 불

리는 중요한 와인 생산 지역이다. 공업도 발달하였으며 오를레앙에는 일본 자동차 회사들인 혼다와 미쓰비시가 들어와 있고 제약, 타이어, 방위 산업 등이 발달해 있다. 이외에 정밀 기계, 고무 제품, 전기 전자 제품, 플라스틱, 농기계 등 거의 모든 부분에 걸쳐 골고루 산업이 발달해 있어 프랑스 전체 평균을 밑도는 낮은 실업률을 보이고 있다. 루아레 도의 당피에르 앙뷔를뢰를 비롯한 여러 곳에 핵발전소가 있다. 루아르 강 연안에는 유네스코 지정 세계문화유산에 등록된 샹보르, 블루아, 슈베르니, 앙부아즈, 슈농소, 아제 르 리도 등 아름다운 고성들이 자리잡고 있어 1년 내내 전 세계 관광객들이 찾는 곳이기도 하다.

| 오를레앙 |

Orléans ★

인구 27만 명의 오를레앙은 상트르 주의 정치, 경제, 문화의 중심지이자 중요한 산업 단지들이 있는 곳이기도 하다. 고속도로 A10과 A71이 개통되어 있어 중요한 교통의 요지이기도 하다. 1959년에는 루아르 강 좌안에 새로운 신도시를 건설해 국립 과학 연구소CNRS 등 민간 연구 기관이 많이 들어서 연구와 교육 단지로 활용하고 있다. 파리와는 자동차로 1시간 30분 거리에 위치하고 있다.

10세기에서 11세기까지 오를레앙은 파리, 샤르트르와 함께 카페 왕조의 주요 도시였고 경건왕 로베르 르 피외는 996년 오를레앙에서 대관식을 갖기도 했다. 구시가지의 중심은 잔 다르크의 동상이 세워져 있는 마르트루아 광장 인근이다. 오를레앙은 백년전쟁 기간인 1429년 영국군에 함락되어 잔 다르크가 지휘하는 전투 결과 해방된 도시로 잘 알려져 있다. 이 전투는 프랑스 역사의 흐름을 바꾸어 놓은 중요한 사건 중 하나로 기록될 정도로 의미가 큰 전투였다. 이 전투에서 승리함으로써 루아르 인근은 물론이고 프랑스 전체가 르네상스를 맞이할 수 있는 초석을 마련하게 된다. 루아르 강을 활용한 수공업 제품의 생산과 교역이 활발하던 오를레앙은 1870년의 보불전쟁과 특히 제2차 세계대전 당시 전략적 가치로 인해 많은 전투가 벌어졌던 곳이기도 하다. 오를레앙은 2002년 유럽에서 가장 좋은 코스 중 하나로 꼽힌 골프장이 있어 전 세계에서 몰려드는 골퍼들로 붐비기도 하는 곳이다.

Information

가는 방법

기차편

파리 오스테를리츠 역에서 출발하는 일반 열차편(매일 10회, 17.10유로, 1시간~1시

간 30분 소요)을 이용하도록 한다(TGV는 투르 행). 파리에서 출발한 기차편은 오브
레 오를레앙 역으로 들어온다. 셔틀버스가 중앙역인 오를레앙 역Gare d'Orléans(1,
rue St-Yves, ☎ (02)3879-9100, ter@crcentre.fr)과 오브레 오를레앙 역Aubrais-
Orléans(북쪽으로 2km 떨어져 있음) 간을 운행한다. 오를레앙에서 출발하여 서쪽
루아르 계곡을 따라 운행되는 철도편은 다음 역들에 정차한다.

종착역	요 금	소요 시간	운행 정보
블루아	9.60유로	30~50분	1일 20회
투르	16.60유로	1시간~1시간 30분	1일 4회
낭트	36.10유로	2시간 30분	1일 3회

상트르 주의 여러 도시를 관광하는 경우, 파리에서 투르까지 TGV로 이동, 투르에
서 앙부아즈, 블루아를 거쳐 오를레앙까지 돌아본 후 파리로 돌아가는 기차 일정을
잡는 것이 좋다.

버스편

샤토뇌프 쉬르 루아르Châteauneuf-sur-Loire(35분 소요, 1일 4~6회 운행), 지엥
Gien, 자르조Jargeau로 운행하는 버스 노선이 있다.

버스 터미널
• 1, rue Marcel Proust • ☎ (02)3853-9475

자동차편

파리에서 A10번 고속도로를 이용한다. 파리에서 오를레앙까지는 1시간 30분 정도
소요된다.

시내 교통

트램

오를레앙 시내를 남북으로 연결하는 트램이 오브레 오를레앙 기차역, 중앙역, 공화
국 거리Rue de la République, 드골 광장Place Général de Gaulle을 연결한다.

자동차 렌탈

Europcar

- 17, avenue de Paris(오를레앙 중앙역 근처 이비스 호텔Ibis Hotel 내)
- ☎ (02)3873-0040

관광안내소

- 2, place de l'Etape • ☎ (02)3824-0505 / F (02)3854-4984
- 월 10:00~19:00, 화~토 09:00~18:00

Services

Eating & Drinking

| 레스토랑 |

▶ Espace Canal

- 6, rue Ducerceau • ☎ (02)3862-0430
- 와인 저장고를 개조한 레스토랑으로 맛 좋은 지방 와인을 즐길 수 있다.

▶ Restaurant Les Fagots

- 32, rue du Poirier • ☎ (02)3862-2279
- 일, 월요일 휴무. 1월 초 1주간, 8월 중 3주간 정기 휴무
- 점심 정식 12~15유로 • 저녁식사는 예약 필수

Accommodation

오를레앙은 루아르 강변 주위와는 달리 성을 호텔로 개조한 샤토 호텔이 그다지 많지 않다. 샤토 호텔로 숙소를 정하고자 한다면 블루아, 앙부아즈 근교가 좋다. 가격은 생각보다 비싼 편은 아니다. 2인용 샤토 호텔은 150유로에서 250유로 선이면 가능하다.

| 유스호스텔 |

▶ Auberge de Jeunesse

- 1, boulevard de la Motte-Sanguin(오를레앙 도심에서 동쪽으로 도보 10분)
- ☎ (02)3853-6006 / F (02)3852-9639
- 기차역에서 4번 혹은 8번 버스 이용

- 월~일 08:00~19:00(여름에는 21:30까지) • 1인당 8~10유로
- 유스호스텔 회원증 필수. 공용 주방시설, 탁구대, 세탁장 구비

| 호 텔 |

▶ Hôtel de Paris
- 29, rue du Faubourg Bannier(중앙역에서 도보 5분)
- ☎ (02)3853-3958 • 객실 13개, 더블룸 40~60유로 선
- 호텔 건물 1층에 작은 식당이 있다.

▶ Hôtel Marguerite
- 14, place du Vieux-Marché(중앙 우체국 근처)
- ☎ (02)3853-7432 / F (02)3853-3156
- 더블룸 55~70유로, 아침식사 별도 5.40유로

관광 명소

▶ 미술관 Musée des Beaux-Arts ★

프랑스 미술관 가운데 가장 풍부한 컬렉션을 구비하고 있는 곳 중 하나인 오를레앙 미술관은 1984년 개관했다. 16세기에서 20세기에 이르는 프랑스 회화관이 가장 볼 만하다. 르냉, 쿠르베, 부댕, 고갱, 루오, 수틴 등의 그림을 볼 수 있다.

- 위치   1, rue Fernand-Rabier
- ☎   (02)3879-2155
- 개관시간   화~토 09:30~12:15, 일 14:00~18:30
- 휴관일   월요일, 일요일 오전, 5월 1일, 5월 8일
- 입장료   성인 4유로, 학생 2.50유로(매월 첫째 일요일 무료)

▶ 생트 크루아(성 십자가) 성당 Cathédrale Ste. Croix

13세기에 공사가 시작되어 16세기가 되어서야 끝난 이 성당은 1568년 신교들에 의해 일부가 파괴되는 등 많은 수난을 당했다. 프랑스 부르봉 왕가의 시조이자 자신이 신교도였던 앙리 4세는 시에 감사하는 의미로 고딕 양식으로 성당을 개축했다. 1706년에 제작된 섬세한 목공예의 성가대가 압권이다.

- 위치   Place Ste. Croix
- ☎   (02)3877-8750
- 개관시간   09:15~12:00, 14:15~17:00
- 입장료   무료

| 프랑스 고성 투어 ★★★ |

프랑스 중부를 관통해 대서양으로 흘러내려 가는 루아르 강 인근의 약 200km 주위에는 30여 개의 크고 작은 중세와 르네상스 성들이 모여 있다. 앙제, 소뮈르, 투르, 앙부아즈, 블루아, 오를레앙 등 6개 도시를 중심으로 흩어져 있는 이 성들은 군사적 목적으로 지어진 요새에서부터 르네상스의 궁정 역할을 했던 궁에 이르기까지 건축학적으로 중요한 유적지일 뿐만 아니라 성 하나 하나에 역사적 기록이 남아 있어 사료로서도 중요한 의미를 지닌 성들이다. 이를 고려해 이 일대는 현재 유네스코가 지정한 세계문화유산에 등록되어 있다.

루아르 강 인근에 이렇게 많은 성들이 들어서게 된 데에는 여러 이유가 복합적으로 작용했다. 남하한 게르만 민족 중 한 부족이 세운 프랑크 왕국이 무너진 9세기 이후 중세 봉건 사회의 지방 호족들은 파리가 아닌 이곳에 성을 짓고 살고 있었다. 파리의 왕들도 노르만 족의 침입을 피해 이곳으로 내려왔다. 프랑스의 중앙부라는 이 지역의 지리적 여건과 루아르 강을 통해 대서양으로의 진출이 용이하다는 점도 많은 사람들을 이곳으로 불러모았다. 특히 15세기 말에 시작된 이탈리아 원정에서 돌아온 왕과 귀족들은 이탈리아의 앞선 건축과 문화 예술을 앞다투어 받아들여 16세기에는 이곳에 경쟁적으로 성을 짓기 시작했고 이탈리아의 영향으로 아름다운 정원도 함께 건설된다. 약 2세기 동안 파리와 함께 프랑스의 정치, 경제, 문화를 양분하며 황금기를 누렸던 루아르 강변이 쇠퇴의 길로 접어든 것은 부르봉 왕조가 탄생한 17세기 초로, 이후 파리가 정치 경제 문화의 중심지로 다시 부각하기 시작한다.

이탈리아 원정 이전까지 루아르 강변에 지어졌던 성들은 대부분 군사적 목적으로 지어진 요새들이었다. 대표적인 경우가 13세기 초에 지어진 앙제 성이다. 이후 성들은 15세기 후반 들어 개축되거나 신축되면서 이탈리아의 영향을 강하게 받아 요새가 아닌 궁전 개념으로 지어지게 된다. 이탈리아의 영향도 있었지만, 비교적 평화로운 시기가 지속되기도 했고 특히 화약을 이용한 대포가 중요한 병기로 사용되면서 전쟁과 작전 개념에 중대한 변화가 생겨 성의 용도가 바뀌면서 양식적으로도 큰 변화를 맞게 된 것이다. 망루가 사라졌고 또 활을 쏘거나 끓인 기름을 붓던 총안 등이 없어지거나 장식적 요소로 남게 되었으며 정원과 분수 등이 생겨난 것이 가장 큰 특징이다.

성을 둘러싸고 있던 해자도 사라지거나 아니면 확장되어 인공 호수로 변한다. 이때부터 군주들과 귀족들의 머릿속에는 군사적으로 강한 것만이 능사가 아니라 문화적으로 강한 국가이기도 해야 한다는 생각이 자리잡게 된다. 이후 루이 14세가 베르사유를 건설하며 꾀했던 문화 정책이 15, 16세기에 루아르 강변을 중심으로 펼쳐지기 시작한다. 화려한 축제가 대유행을 하며 격식과 예절이 점차 다듬어지게 되고 문학, 미술, 음악이 장려된다. 궁정에서 써야 할 말이 별도로 존재하기 시작했고 사적인 감정을 숨기는 자제력이 요구되었다. 이런 이유로 마음을 우회적으로 표현하는 고도의 수사학이 발달하게 된다.

프랑스 왕으로서 처음 이곳에 성을 짓고 내려온 사람은 샤를르 7세이다. 그는 1418
년 잔 다르크의 힘을 빌려 대관식을 갖고 즉위한다. 이후 이곳은 200년 가까이 프
랑스 정치, 경제, 문화의 중심지 역할을 하게 된다. 이탈리아 원정을 끝낸 샤를르 8
세가 돌아오는 날 루아르 강 위에는 헤아릴 수도 없이 많은 배들이 전쟁에서 노획
한 물건들을 실어 나르고 있었다. 장식 융단 130여 벌, 39폭의 가죽 벽포, 벨벳을
포함한 각종 피륙, 엄청난 양의 고서들과 보석, 조각, 회화 작품들…… 이뿐만이 아
니다. 오르간을 비롯한 악기, 가구 등 이루 헤아릴 수가 없었다. 왕들은 이탈리아 예
술가들을 함께 데리고 들어오기도 했다. 그중에는 재단사, 요리사는 물론이고 앵무

[호수 위에 떠 있는 아제 르 리도 성]

새 조련사도 끼어 있을 정도였다.

15세기 말에서 16세기 초, 루이 12세는 이탈리아에서 돌아오며 프란체스코 라우라
나와 니콜로 스피넬리 등을 데리고 와 루브르를 버리고 루아르 강변에 플레시 레
투르 성을 짓고 머물게 된다. 이전의 요새에서는 볼 수 없었던 돌림 장식이 나타나
고 벽난로 등에도 화려한 장식 조각이 올라가게 된다. 정원은 요새에서는 찾아볼
수 없는 전혀 새로운 요소다. 분수, 전지 작업을 해 마치 벽돌로 쌓은 것 같은 조형
미를 뽐내는 화단과 꽃밭 등이 거의 모든 성에 필수 요소로 첨가된다.

샤를르 8세를 따라 프랑스에 들어온 나폴리 출신의 프라 파첼로 디 마르코글리아노
등 이탈리아 정원사들은 기하학적 구성을 보이는 프랑스 식 정원의 초석을 마련한
다. 이러한 왕족들의 변화는 주위의 부유한 귀족들에게 강한 영향을 미쳐 왕족들에
게 돈을 빌려주는 등 여러 방면에서 협력을 하게 되었다. 또한 그들 스스로도 왕족
들을 모방해 화려한 성을 짓기 시작하고 때론 궁정의 일원으로 들어와 함께 생활하
기도 한다. 자크 쾨르 같은 상인은 부르주 성의 스테인드글라스에 묘사된 것처럼,

동양의 향신료, 비단, 면 등 이국적 산물들을 배로 날라와 왕족들에게 공급하기 시작했다. 서너 곱절로 이익을 남긴 것은 물론이다.

16세기 유명한 시인 롱사르가 자신의 시에서 예찬했던 미인 카상드라도 사실은 이탈리아 금융업자인 베르나르도 살비아티의 딸로 아버지와 함께 프랑스에 건너온 이탈리아 여인이었다. 이러한 화려함과 호사스러움은 재정 적자로 궁정을 위협했지만, 왕들은 이를 통해 자신의 왕권을 상징할 수 있다는 사실을 알고 있었다. 샹보르 성의 위용과 그 성에 살았던 프랑수아 1세의 성대했던 행차는 이를 잘 일러준다. 샹보르에 초청된 베네치아 대사도 성의 화려함에 놀라 두 눈을 의심하고 돌아갔을 정도였다.

© Photo Les Vacances 2007 / Office de Tourisme de Tours

[레오나르도 다 빈치의 묘가 있는 앙부아즈 성]

프랑수아 1세와 함께 당시 유럽을 양분해서 지배하고 있었던 신성로마제국의 카를 5세(프랑스 식으로는 샤를르 켕) 역시 샹보르 성을 본 후 "인간 정신이 가장 위대하게 표현된 작품"이라는 말을 했다. 레오나르도 다 빈치는 프랑수아 1세를 따라 루아르 강가의 클로 뤼세 성에 머물렀고 앙부아즈 성의 운하 조성 계획을 세우기도 했다. 앙리 3세 때 들어 처음으로 왕을 부를 때 '폐하Sa Majesté'라는 표현을 쓰기 시작했고 왕의 행차에는 스위스 근위대를 포함해 1,000명이 넘는 호위대가 뒤따랐다. 당시 모후인 이탈리아 메디치 가문의 여인 카트린느 드 메디시스는 미인계의 수족들인 수백 명의 궁녀들을 대동하고 행차를 했다. 왕과 모후 두 사람이 함께 행차를 할 때면 기타 왕족들, 그 수행원과 병사들까지 무려 1만 5,000명이 참여했다. 당시 프랑스에서 인구 만 명이 넘는 도시가 25개에 지나지 않았던 점을 염두에 둔다면 얼마만큼 호사스러운 규모였는지를 짐작할 수 있다. 당시 이러한 궁정의 모습은 17세기 여류 소설가 마담 라파이예트가 쓴 소설 〈클레브 공작부인〉에 잘 묘사되어 있다.

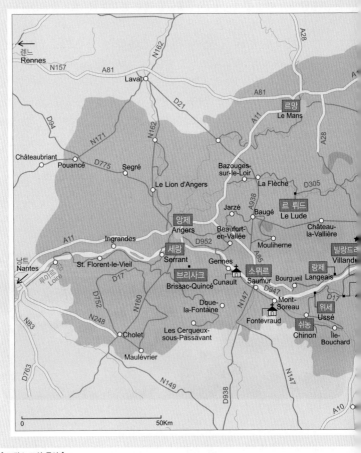

[프랑스 고성 투어]

루아르 강 인근의 성이 항상 즐겁고 화려한 일들만 진행된 곳만은 아니었다. 성에서의 생활이 화려할수록 그것은 은밀하고 추한 것을 가리기 위한 하나의 연막일 경우가 많았다. 종교전쟁 동안 기즈 공의 암살이 일어난 곳도 이곳 루아르 성이었고 왕비이면서도 오랜 세월 후궁처럼 살아야 했던 카트린느 드 메디시스의 음모와 질투가 서려있는 곳도 이곳 일대의 성이었다. 이 '이탈리아 상인의 딸'은 300명의 젊고 아름다운 여자들을 뽑아 '에스카드롱 볼랑' 즉, '미인 부대'를 만들어 이용했을 정도였다.

이탈리아에서 일어나 뒤늦게 프랑스로 들어 온 르네상스는 사상과 과학에 기초한 진정한 문예부흥과는 상당한 거리가 있었다. 폐결핵과 정신 질환을 앓고 있었던 세 아들을 옥좌에 앉혀놓고 섭정을 폈던 카트린느 드 메디시스의 통치 시기에 르네상

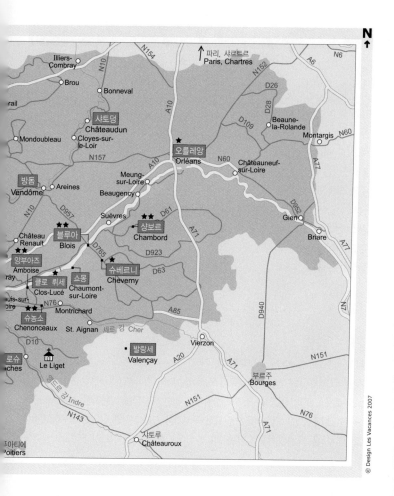

스는 본질이 아니라 그 외관만 프랑스에 들어온 셈이었다.

종교전쟁, 영화 〈여왕 마고〉에서 잘 묘사된 바 있는 성 바르톨로메오 대학살, 그리고 1583년, 1584년, 1586년 세 번 연속 발병해 수만 명의 목숨을 앗아간 페스트 등으로 인해 투르 인근의 인구는 격감했고 게다가 흉년까지 겹쳐 마침내 루아르 강인근의 시대가 저물고 만다. 동시에 발루아 왕조가 막을 내리고 부르봉 왕조가 시작되면서 무대 역시 파리와 파리 인근의 퐁텐느블로, 그리고 다시 베르사유로 옮겨가게 된다. 루아르 강변의 옛 성들을 돌아보는 것은 이탈리아 르네상스의 영향으로 새로운 인문주의가 꽃피고 자연 국경을 중심으로 한 민족 국가가 고유의 문화를 강조하던 서구 근대사의 출발점으로 가는 여행이라 할 수 있다.

Tours ★

시 인근까지 합쳐 인구가 약 29만인 투르는 고속도로 A10번과 1990년에 개통된 TGV에 힘입어 르망, 루앙, 렝스, 오를레앙, 캉 등의 도시들과 함께 파리를 중심으로 한 수도권 지역으로 변화하고 있는 중이다. 파리에서 250km 떨어져 있지만 TGV로는 한 시간 거리밖에 안되기 때문이다. 프랑스 북부의 릴르와 마찬가지로 파리로 출퇴근하는 인구가 많다. 로마 시대부터 존재했던 고도이지만 16세기에는 상트르 주의 다른 도시들처럼 신교도의 도시였다. 그 이전인 루이 11세 당시에는 처음으로 잠사 산업이 도입되어 이후 2세기 동안 투르의 번영을 뒷받침하게 된다. 투르는 프랑스 현대 작가 아나톨 프랑스와 철학자 앙리 베르그송의 고향이기도 하다. 농업이 주요 산업이지만 셰르 강 인근에 조성된 테크노 파크를 중심으로 첨단 산업을 받아들이고 있다.

가는 방법

파리 몽파르나스 역과 오스테를리츠 역에서 투르까지 가는 기차편을 이용할 수 있지만, TGV를 이용하려면 몽파르나스 역에서 타야 한다(1일 10회, 1시간 10분 소요, 52유로 선). 오스테를리츠 역에서 출발하는 일반 열차편을 이용하면 2시간 15분 소요된다(30유로 선). 기차역을 기준으로 구시가지나 생 가티엥 성당은 북쪽에 위치하고 있다. 승용차를 이용할 경우는 파리에서 A10을 타고 남쪽으로 내려오면 된다.

관광안내소

• 78, rue Bernard Palissy • ☎ (02)4770-3737

Eating & Drinking

| 레스토랑 |

투르 도심에서 괜찮은 식당들은 플뤼므로 광장 동쪽의 코메르스 가Rue du Commerce나 레지스탕스 광장Place de la Résistance에 있다. 투르 구시가지를 둘러본 후 식사하기에 적당하다.

▶ **Le Petit Patrimoine** [R-2] [B-1]

- 58, rue Colbert • ☎ (02)4766-0581 • 일요일 점심 휴무
- 점심 정식 12~26유로 • 신용카드 결제 불가 • 예약 권장

▶ **Le Charolais, Chez Jean-Michel** [R-5] [B-1]

- 123, rue Colbert • ☎ (02)4720-8020
- 5월 말~6월 중순, 8월 중순~9월 초, 토, 일요일 휴무 • 점심 12유로부터, 음료를 포함한 다른 음식 28유로부터 • 육류와 와인을 좋아하는 사람들에게 알맞은 곳이다. 프랑스 음식과 와인 애호가들을 위한 식당으로, 프랑스의 고유 요리를 맛볼 수 있다.

Accommodation

| 호 텔 |

▶ **Hôtel du Musée** [H-1] [B-1]

- 2, place François Sicard • ☎ (02)4766-6381 / F (02)4720-1042
- 더블룸 50~70유로 • 소설 속에서처럼 작가나 교수 혹은 음악가가 살았을 법한 장소이다. 각 객실마다 특색이 있고, 가구들이 매우 낡아 보이지만, 전혀 유행에 뒤지지 않는다.

▶ **Hôtel du Manoir** [H-2] [B-2]

- 2, rue Traversière • ☎ (02)4705-3737 / F (02)4705-1600
- 객실 20개, 더블룸 50~70유로, 주차료 3유로
- 저렴한 숙소로 기차역 근처에 있다.

▶ **Hôtel Relais Saint-Éloi**

- 8, rue Giraudeau • ☎ (02)4738-1819 / F (02)4739-0538
- 1월 1일, 12월 25일 휴무 • 더블룸 60~70유로

▶ **Best Western Le Central**

- 21, rue Berthelot(루아르 강변의 생 가티엥 성당 인근)
- ☎ (02)4705-4644 / F (02)4766-1026
- 객실 39개, 더블룸 90~120유로, 주차료 8.50유로

▶ **Clarion Hôtel de l'Univers**

- 5, boulevard Heurteloup(기차역 동쪽, 생 가티엥 성당 남쪽에 위치)
- ☎ (02)4705-3712 / F (02)4761-5180 • www.hotel-univers.fr
- 객실 85개, 더블룸 200유로, 뷔페 식 아침식사 18유로
- 투르에서 가장 오래된 호텔

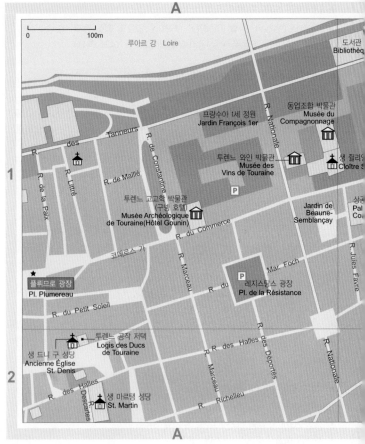

[투르]

투르 외곽에 있는 고성 호텔

■ Château d'Artigny

- 투르에서 N10을 타고 남쪽으로 11km 가면 나오는 작은 마을 몽바종Montbazon에서 다시 D17을 타고 남동쪽으로 1.5km 떨어진 곳에 위치해 있다.
- ☎ (02)4734-3030 / F (02)4734-3039 • www.artigny.com
- 객실 65개, 더블룸 160~330유로, 스위트룸 420유로, 아침식사 21유로
- 레스토랑, 바, 야외 수영장, 2개의 테니스 코트, 2개의 피트니스 센터, 사우나 시설이 갖춰져 있다.

■ Château de Beaulieu

- 67, rue de Beaulieu • ☎ (02)4753-2026 / F (02)4753-8420
- www.chateaudebeaulieu37.com
- D86, D207을 타고 볼리외Beaulieu까지 가면 된다(투르 남서쪽 7km 거리).
- 객실 19개, 더블룸 85~132유로, 아침식사 11.50유로
- 레스토랑, 바, 3개의 테니스 코트가 갖춰져 있다.

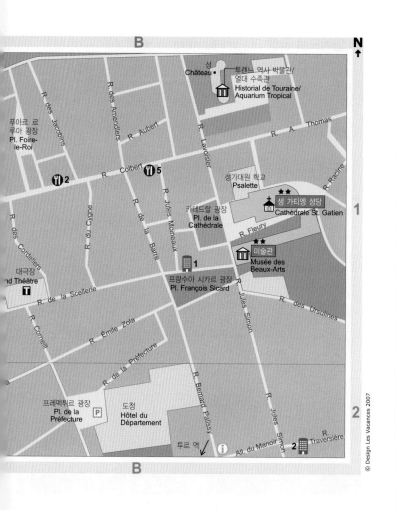

Sights

관광 명소

▶ 생 가티엥 성당 Cathédrale St. Gatien ★★

구시가지에 있는 생 가티엥 성당은 로마네스크 양식의 옛 성당이 화재로 소실된 이후 오랜 세월에 걸쳐 개축된 성당으로 다양한 고딕 양식의 흐름을 엿볼 수 있는 성당이다. 성가대석은 성 루이 왕 때의 것이고, 중앙 회랑은 샤를르 7세 때 것이며, 성당 전면은 루이 11세와 샤를르 8세 때의 후기 고딕 양식인 화염 고딕 양식으로 지어진 것이다.

▶ 플뤼므로 광장 Place Plumereau ★

옛날에는 상인들의 돈거래가 이루어지던 사거리였다. 지금은 나무 기둥이 드러난 15세기의 옛 건물들에 모두 카페가 들어서 있어 조용한 휴식 공간으로 바뀌었다. 인근 구시가지에는 옛 동업조합 박물관이 있다. 수세기 동안 이어져 내려온 동업조합의 전통은 일종의 도제 시스템으로 19세기 말까지 지속되었다. 이 박물관에는 당시 각각의 동업조합이 생산한 농기구, 일상 용구 등 각종 물품들이 전시되어 있다.

▶ 미술관 Musée des Beaux-Arts ★★

투르 미술관은 17, 18세기에 주교 궁으로 쓰였던 건물을 개조해 문을 열었다. 내부에는 루이 16세의 양식의 목공예 장식이 되어 있고 벽포는 투르에서 생산되는 견사를 이용해 직조된 것이다. 현재 미술관에 있는 소장품들은 리슐리외, 샹트르 등의 귀족 궁전과 투르 인근의 수도원에 있던 작품들이다. 파도바 파 화가인 만테냐의 그림 〈부활〉, 〈올리브 정원의 그리스도〉 이외에 19, 20세기 프랑스 회화 작품들을 소장하고 있다.

- 위치   18, place François Sicard
- ☎   (02)4705-6873
- 교통편   3번 버스
- 개관시간   수~월 09:00~12:45, 14:00~18:00
- 휴관일   화요일, 1월 1일, 5월 1일, 7월 14일, 11월 1일, 11월 11일, 12월 25일
- 입장료   성인 4유로, 13세 이하 무료

| 블루아 |

Blois ★★

블루아는 투르와 오를레앙의 중간 지점에 위치한 인구 6만 6,000명의 도시다. 파리에서 고속도로 A10을 타고 내려오다 오를레앙을 지나 블루아 인근에서 지방도 D765를 타면 루아르 강가에 우뚝 서 있는 블루아 성의 모습이 눈에 들어온다. 앙부아즈, 샹보르 성과 더불어 루아르의 고성들 중 가장 규모가 큰 곳으로 꼽힌다. 투르에서 고성 투어를 시작한 이들은 앙부아즈를 거쳐 블루아로 가는 것보다는 앙부아즈, 쇼몽, 슈농소와 샹보르 등을 다 둘러본 이후 마지막으로 들르는 것이 좋다.

관광 명소

▶ 블루아 성 Château de Blois

블루아 성에서 태어난 루이 12세가 1498년 왕위에 오르면서부터 블루아 성은 왕궁으로서의 면모를 띠기 시작한다. 프랑수아 1세 역시 앙부아즈 성과 함께 이곳에 자주 머물렀다. 프랑스 인들에게 블루아 성은 무엇보다 프랑스 역사에서 유명한 암살 사건들이 일어난 곳으로 기억되고 있는 곳이다. 종교전쟁이 거의 끝나갈 무렵인 1588년, 앙리 3세는 가톨릭 연맹의 수장이자 기즈 가문의 맏형인 앙리 드 기즈를 이곳에서 암살한다. 앙리 드 기즈는 삼부회를 열어 앙리 3세의 퇴위를 요구할 작정이었다. 이를 안 앙리 3세는 그 전날 밤 궁녀들과 놀아 피곤한 몸이었던 기즈 공을 암살한다. 앙리 드 가즈는 벽 뒤에 숨어 있던 앙리 3세의 심복들로부터 공격을 받아 온몸에 칼이 찔린 만신창이가 되어 숨을 거두고 만다. 시신을 뒤진 결과 그의 주

[암살과 음모가 끊이지 않았던 블루아 성. 다양한 건축 양식이 공존한다.]

머니에서는 "매년 종교전쟁으로 인한 내전을 치르기 위해 70만 리브르가 낭비된다."는 쪽지가 발견되었다. 동생인 로렌느 추기경 또한 암살당하고 만다. 하지만 앙리 3세 역시 1년도 못 가 암살당하고 만다.

이후 프랑스 역사상 최고의 모략가로 알려진 가스통 도를레앙 역시 이곳 블루아 성에 터를 잡으면서 암살과 음모는 끊임없이 이어진다. 가스통 도를레앙은 루이 13세의 동생으로 왕위를 찬탈하기 위해 프롱드 난에 개입하기도 하고 리슐리외 추기경과 대립하며 권력을 장악하기 위해 온갖 음모를 꾸민 인물이다.

현재의 블루아 성은 혁명이나 전쟁으로 인해 파괴된 것을 후에 다시 복원한 것이다. 많은 왕들이 살았고 역사적 사건들이 일어났던 곳이었기 때문에 건축 양식에서도 르네상스에서 고전주의에 이르는 다양한 양식을 보여준다. 루이 12세 때 개축된 부분은 이른바 복도식 방 배열을 들 수 있다. 갤러리를 통해 같은 층에 있는 방들을 자유롭게 오갈 수 있게 된 것이다. 이전까지는 계단식이어서 방에서 방으로의 이동이 계단을 통해서만 가능했었다.

프랑수아 1세 때는 화려한 장식의 창문이 딸린 고딕 식 나선 계단이 세워진다. 양식은 고딕이지만 장식 기법은 이탈리아 르네상스 식이었다. 가스통 도를레앙이 망사르를 시켜 건축하게 한 부분은 간결미를 강조하는 고전주의 양식을 보여준다. 성내부에는 왕족들이 사용하던 거실, 서재, 식당, 침실 등이 복원되어 있다. 기즈 공이 암살당했던 앙리 3세의 침실도 복원되어 있다.

- ☎ (02)5490-3333
- 개관시간 10월 4일~4월 4일 매일 09:00~12:30, 14:00~17:00,
  4월 5일~10월 3일 매일 09:00~18:00
- 입장료 성인 6.50유로로, 12~20세 4.50유로로, 6~11세 2유로로, 6세 이하 무료
- 특별 이벤트 5월에서 9월 사이 야간에 '소리와 빛Son et Lumière'이라는 시청각 프로그램이 진행되는데 블루아 성의 역사를 알려준다. 흠이라면 불어로만 진행된다는 점이다. 요금은 성인 9.50유로, 7~15세 4.50유로이다.

| 앙부아즈 |

Amboise ★★

블루아와 투르 사이에 위치해 있는 앙부아즈는 국도 N152번이나 지방도 D751번을 타면 도착할 수 있다. 파리에서 기차로 앙부아즈까지 갈 경우에는 파리 오스테를리츠 역에서 출발하는 기차를 타면 된다(소요 시간은 2시간~2시간 30분). TGV를 이용할 시에는 파리 몽파르나스 역에서 TGV를 타고 중간에서 갈아타야 한다(갈아타는 역은 Saint-Pierre-des-Corps). 소요시간은 1시간 30분~2시간 정도이다. 가장 좋은 방법은 파리에서 투르나 오를레앙으로 간 후 그곳에서 고성 투어를 시작하는 것이다.

관광 명소

▶ 앙부아즈 성 Château d'Amboise

"아담과 이브만 있으면 이곳이 바로 에덴 동산이다." 이 말은 샤를르 8세가 15세기 말 이탈리아 원정 당시 이탈리아의 르네상스 식 정원을 보고 했던 말이다. 귀국길에 오른 샤를르 8세는 앵무새 조련사와 재단사는 물론이고 무엇보다 정원사를 데리고 왔다. 그가 가장 먼저 이탈리아 식으로 개축하고 싶었던 성이 바로 앙부아즈 성이었다. 앙부아즈는 그가 태어나 어린 시절을 보낸 성이었기 때문이다. 하지만 28살의 젊은 왕은 불의의 사고로 그만 뜻도 펼쳐보지 못하고 숨을 거둔다. 1498년 4월 7일, 손바닥으로 공을 쳐 넘기는 옛날식 테니스 경기를 보러 왕비와 함께 이동

을 하던 중 왕은 낮은 문에 이마를 부딪쳐 몇 시간 후 뇌진탕으로 숨을 거두고 만 것이다. 왕이 숨을 거둔 후 궁은 버림받은 곳이 되었고 대를 이어 등극한 루이 12세는 루아르 강 건너 블루아 성으로 거처를 옮기게 된다. 루이 12세는 샤를르 8세의 아버지인 루이 11세에 의해 아이를 낳을 수 없는 여인이었던 루이 11세의 딸 잔느 드 프랑스와 강제로 결혼을 하게 된다. 이는 왕위가 다른 가문으로 넘어가는 것을 두려워한 루이 11세의 책략 때문이었는데, 루이 12세는 등극을 하자마자 잔느 드 프랑스와 이혼하고 과감하게도 선왕이었던 샤를르 8세의 부인인 안느 드 브르타뉴와 결혼을 한다(이혼을 당한 잔느 드 프랑스는 후일 부르주에 수녀원을 열고 아농시아드라는 수녀회를 창설하고, 1951년 성인 품위에 오른다. 축일은 2월 4일이다).

하지만 앙부아즈 성이 완전히 버림받은 것은 아니었다. 루이 12세는 이곳의 증축을 계속해 왕족들이 기거할 수 있도록 했다. 후사 없이 왕이 서거하자 발루아 앙굴렘

[한때 유럽 정치의 중심지였던 앙부아즈 성. 레오나르도 다 빈치의 묘도 이곳에 있다.]

가의 사위인 프랑수아 1세가 왕위에 오른다. 프랑수아 1세는 세 아이를 모두 이곳 앙부아즈 성에서 낳는다. 프랑수아 1세 때부터 앙부아즈 성은 다시 화려한 왕궁의 면모를 되찾는다. 뿐만 아니라 스페인과의 누와용 조약, 교황 레오 10세와의 화친 조약, 영국 왕 헨리 8세와의 런던 조약 등 유럽의 역사를 결정짓는 중요한 조약들이 모두 이곳에서 조인되기도 해 유럽 정치의 중심지로 떠오른다.

또한 신성로마제국의 황제 자리에 욕심을 내던 프랑수아 1세는 앙부아즈 성에서 유럽, 특히 독일의 고관대작들을 만나고 여흥을 베푼다. 프랑수아 1세가 서거한 후 프랑스는 야만적인 종교전쟁의 광풍에 휩싸이게 된다. 또한 앙리 2세가 불행하게 기마 시합 도중 눈에 창을 맞고 서거하면서 왕비 카트린느 드 메디시스의 오랜 섭정이 시작된다. 이 시기는 심신이 허약한 왕들이 신구교로 나뉘어 권력 투쟁을 벌인 귀족들 틈바구니에서 어렵게 왕권을 이어나가던 시기였다. 이탈리아 메디치 가의 딸인 카트린느 드 메디시스의 고도의 정치적 수완이 없었다면 왕권은 지켜지지 못했을 것이다.

이때 이후 앙부아즈 성은 역사의 뒤안길로 사라지고 만다. 프랑스 대혁명 당시 내부 집기가 도둑맞은 것은 물론이고 건물도 크게 파괴된다. 심지어 혁명 당시에는 성 안에 단추를 만드는 공장이 들어서기도 했다. 앙부아즈는 이어 나폴레옹 당시에 들어서도 크게 손상되다가 아랍 부호에게 팔리기도 한다. 앙부아즈 성이 원래 모습대로 복원되는 것은 극히 최근인 1974년 이후의 일로 생 루이 재단이 설립되면서부터다. 프랑스 식 정원 한 켠에 생 위베르 예배당이 있고 이 예배당에 레오나르도 다 빈치의 묘가 자리잡고 있다.

- ☎ (02)4757-0098
- 개관시간 4~6월 09:00~18:30, 7~8월 09:00~19:00,
  9~10월 09:00~18:00, 11월 1~15일 09:00~17:30,
  11월 16일~1월 09:00~12:00, 14:00~16:45,
  2월 09:00~12:30, 13:30~17:00, 3월 09:00~17:30
- 휴관일 1월 1일, 12월 25일
- 웹사이트 www.chateau-amboise.com
- 입장료 성인 8.50유로, 학생 7유로, 7~14세 5유로

| 클로 뤼세 |

Clos-Lucé ★

관광 명소

▶ 클로 뤼세 성 Château du Clos-Lucé

현재의 클로 뤼세 성은 앙부아즈 성을 지은 샤를르 8세가 중세풍의 성을 허물고 그 자리에 성당과 함께 지어 왕비인 안느 드 브르타뉴에게 선물로 준 작은 성이다. 후일 프랑수아 1세가 되는 어린 앙굴렘 공이 이곳에 와 자주 놀았고 그의 여동생 마그리트 드 발루아가 이곳에 머물며 프랑스 중세 문학의 대표작 중 하나인 〈엡타메롱〉을 쓰기도 했다. 또한 클로 뤼세 성은 프랑수아 1세가 초청한 레오나르도 다 빈치가 머물다 1519년 5월 2일 67세의 나이로 숨을 거둔 곳으로 유명한 곳이다.

레오나르도가 프랑수아 1세의 초청을 받아 프랑스에 도착한 것은 1516년 가을이다. 왕으로부터 연금을 받는 대가로 그림을 그린 레오나르도는 왕궁 분위기를 즐겁게 하기 위해 축제를 열곤 했다. 하지만 레오나르도는 이곳에서 중요한 과학적 탐구와 저술 활동도 계속해 나간다. 레오나르도는 죽는 날까지 이곳에서 로모랑탱 성의 설계, 솔로뉴 지방의 간척 사업 그리고 이동이 잦은 왕을 위한 조립식 주택 등을 구상

하며 지칠 줄 모르는 탐구열을 과시했다. 현재 성에서 볼 수 있는 레오나르도의 생활 흔적들은 후일 다시 복원한 것들이다. 레오나르도가 숨을 거둔 침대, 식당, 거실 등에 이어 지하에는 레오나르도가 발명했거나 구상했던 기계들이 IBM 사의 후원으로 제작되어 전시되어 있다.

주변에 주차할 곳이 없어 앙부아즈 성 주차장에 차를 세우고 도보로 이동하는 것이 좋다. 가는 길은 골목길로 이어지는데 좌측으로 프랑스의 전통 암벽집을 볼 수 있다.

- 위치　　　　　앙부아즈 성에서 도보 15분
- ☎　　　　　　(02)4757-0073

[레오나르도 다 빈치가 죽는 날까지 머물렀던 클로 뤼세 성]

- 개관시간　　　1월 10:00~17:00, 2~3월 09:00~18:00, 4~6월 09:00~19:00,
　　　　　　　　7~8월 09:00~20:00, 9~10월 09:00~19:00, 11~12월 09:00~18:00
- 휴관일　　　　1월 1일, 12월 25일
- 웹사이트　　　www.vinci-closluce.com
- 입장료　　　　성인 12유로, 학생 9.50유로, 6~15세 7유로, 6세 미만 무료

| 아제 르 리도 |

Azay-le-Rideau ★★

Sights

관광 명소

▶ 아제 르 리도 성 Château d'Azay-le-Rideau

루아르 강의 작은 지류인 앵드르Indre 천 가에 위치한 아제 르 리도 성은 동화 속에 나오는 것 같은 아름다움도 아름다움이지만, 무엇보다 19세기 프랑스 최대의 소설가 오노레 드 발자크의 이름을 통해 더 많이 알려져 있는 성이다. 발자크는 이 성을 두고 다음과 같이 말했다. "산등성이를 따라 올라가면서 나는 처음으로 아제 성의 아름다움을 발견했다. 꽃으로 감싸인 기둥들 위에 세워진 성은 마치 앵드르 강에 박힌 채 황홀한 광채를 내고 있는 다이아몬드 같았다."

[르네상스 최초의 성 중 하나인 아제 르 리도 성]

발자크의 묘사대로 아제 르 리도 성은 반지 모양의 둥근 호수 위에 떠 있다. 특히, 해가 완전히 뜨기 전 아침의 황금 안개 속으로 떠오르는 성은 보는 이들을 황홀경으로 빠져들게 한다. 분명 성 안에는 누군가 마법에 걸린 채 아직도 잠을 자고 있을 것만 같기도 하다. 장막이라는 뜻을 갖고 있는 아제 르 리도란 이름은 이런 황홀경을 더욱 그럴 듯하게 만들어준다.

현재의 성은 옛 성이 불타버린 자리에 다시 지은 성이다. 1418년 샤를르 7세가 왕세자일 때 이곳을 지나다가 아제 르 리도 성을 지키는 병사들에게 조롱을 당하는 일이 발생한다. 왕은 즉시 군대를 보내 성주는 물론이고 그 수하에 있던 병사들의 목을 베고 성을 불태워 버린다. 이때 이후 성은 아제 르 리도로 불리는 대신 18세기까지 불타버린 성이란 뜻인 '아제 르 브륄레 성'으로 불렸다. 아제 르 리도는 이곳에 땅을 소유하고 있던 옛 영주의 이름이다.

현재의 성은 당시 부호였고 왕실 재정 담당관의 아들이었던 질 베르틀로가 1518년에 공사를 시작해 10년 후인 1527년에 완공한 건물이다. 질 베르틀로는 아제 르 리도 인근의 다른 땅을 소유하고 있던 여인과 결혼해 영토를 넓혔고 성을 지을 때는 부인이 총감독을 맡았다. 아제 르 리도 성에 남아 있는 여성적 분위기는 바로 이 여인의 입김이 작용한 탓이다. 하지만 성은 완공을 눈앞에 두고 프랑수아 1세에게 압수당하고 만다.

질 베르틀로의 사촌으로 국가 재정 담당관이었던 상블랑세가 국가 재산을 횡령했다는 혐의를 받고 있었고, 이 사건에 연루된 것으로 의혹을 받았던 질 베르틀로도 야음을 틈타 도망쳐버리고 만 것이다. 여러 사람의 손을 거친 끝에 1905년 국가가 20억 프랑에 구입하게 된다. 성의 모서리 부분과 지붕의 첨탑 등에서는 중세식 요새의 흔적을 찾아볼 수 있지만, 창문, 천장 등은 이미 르네상스 양식을 확연하게 드러내고 있다. 건물은 L자 모양을 하고 있고 앵드르 강을 끌어들여 호수 위에 세워졌다. 성의 부속 예배당과 하인들이 머무는 방, 그리고 마구간 등은 17세기에 추가로 지어진다.

19세기 중엽 성을 구입한 성주가 성의 망루를 개축하기도 했다. 무도회장에는 벨기에 브뤼셀에서 짠 16세기 장식 융단과 솔로몬의 심판 등 성서적 주제를 직조한 17세기 장식 융단이 걸려 있다. 벽난로 위에 조각되어 있는 불도마뱀은 이 성을 압수한 프랑수아 1세의 문장이다. 식당에는 앙리 3세의 가구가 그대로 놓여 있는데, 보불전쟁 당시 프러시아 황태자 프리드리히 카를이 이곳에서 저녁을 먹다 천장에 달려 있던 등이 떨어져 하마터면 목숨을 잃을 뻔한 일이 벌어졌다. 대노한 황태자는 자신을 죽이려는 음모로 생각을 하고 성을 파괴하려 했으나, 장교들이 억지로 말려 겨우 진정을 시켰다. 이때 아제 르 리도는 다시 한번 '아제 르 브륄레 성'이 될 뻔했다.

현재 성 내부는 중세 박물관으로서 당시 가구, 장식 융단, 일상 집기류, 회화 등이 전시되고 있다. 역대 프랑스 왕들과 왕비의 초상화들이 전시되어 있다. 프랑수아 1세에서부터 1715년 숨을 거둔 루이 14세까지의 왕들과 왕비 카트린느 드 메디시스와 프랑수아 1세의 여동생이었던 마그리트 드 발루아의 초상화를 볼 수 있다.

- 위치　　Rue de Pineau, Château d'Azay-le-Rideau
- ☎　　(02)4745-4204
- 교통편　고속도로 A10을 타고 가다 투르를 지나자마자 지방도 D759를 타고 남서쪽으로 30km 정도 가면 된다.
- 개관시간　7~8월 09:30~19:00, 4~6월, 9월 09:30~18:00, 10~3월 10:00~12:30, 14:00~17:30
- 입장료　성인 7.50유로, 학생(26세 미만) 4.80유로, 18세 미만 무료

| 사 셰 |

Saché

오노레 드 발자크가 파리의 빚쟁이들을 피해 매년 찾아와 집필을 하곤 했던 인근의 사셰 성도 방문해볼 만하다. 그대로 보존되어 있는 서재에 들어서면 하루에 진한

커피를 수십 잔씩 마시면서 글을 썼던 발자크의 영혼을 만날 것만 같다. 로댕이 발자크 상을 조각할 때도 그가 태어난 투르는 물론이고 이곳까지 답사를 하고 갔다. 20세기 들어 유명한 모빌 조각가 알렉산더 칼더가 이곳에 작업실을 마련하고 조각을 했다. 마을 광장에 그의 현대 조각이 놓여 있다.

| 슈농소 |

Chenonceaux ★★

[발자크가 자주 머물렀던 사셰 성]

[세르 천 위에 떠 있는 슈농소 성]

Information

가는 방법
고속도로 A10을 타고 투르를 지나자마자 국도 N76을 타고 30km 정도 가면 슈농소 성에 도착한다.

Sights

관광 명소

▶ 슈농소 성 Château de Chenonceau

〈성의 역사〉

루아르 강의 지류인 세르 천 위에 떠 있는 슈농소 성은 물 속에 비친 환상적인 실

루엣과 방사선으로 설계된 아름다운 정원에 매혹된 관광객들이 쉽게 발길을 돌리지 못하는 성이다. 프랑스 역사에 대해 조금이라도 관심이 있는 이들은 이 성에 살았던 왕족들과 애첩들에 얽힌 이야기를 떠올리며 많은 생각을 하게 되는 곳이 또한 슈농소 성이다. 잔잔히 흐르는 물 속에 잠긴 채 물결에 따라 흔들리는 슈농소 성의 백색의 기둥과 뾰족탑은 마치 지나간 역사의 덧없음을 말하는 것 같다. 소설가 플로베르는 이렇게 썼다. "슈농소 성의 고요는 지루하지 않으며 그 우울한 모습조차 전혀 애절하지 않구나."

슈농소 성은 일명 '부인들의 성'이라 불린다. 프랑스 역사에서 중요한 역할을 했던 왕비, 애첩, 그리고 공주들의 흔적을 간직하고 있는 곳이기 때문이다. 슈농소 성은 성 자체의 아름다움과 역사적 사건들 외에 안에 소장하고 있는 귀중한 예술품으로도 유명한 곳이다. 르네상스 식 가구, 16, 17세기 양탄자, 그리고 코레조, 루벤스, 틴토레토, 방루 등의 그림들이 소장되어 있다.

성은 16세기 초인 1521년 프랑스 왕들의 재무 대신을 지냈던 토마 보이에르가 지었다. 하지만 실제로 현장에서 건축을 일일이 지시한 사람은 부인인 카트린느였다. 건물은 전체적으로 르네상스 양식을 하고 있다. 이후 성은 앙리 2세의 19살 연상이었던 애첩 디안느 드 푸아티에, 애첩에게 남편을 빼앗긴 채 독수공방해야 했던 카트린느 드 메디시스 왕비, 그리고 루이즈 드 로렌느, 뒤팡 부인, 플루즈 부인 순으로 여인들의 수중에 들어가게 된다. 성의 여성적 이미지와 낭만적 분위기는 이 여인들로부터 유래한다.

1535년 부모로부터 이 성을 물려받은 보이에르는 부모들이 축낸 국고를 변상하기 위해 이 성을 프랑수아 1세에게 주어야만 했다. 성의 아름다움에 매혹되어 있던 프랑수아 1세는 이후 이 성을 왕족들의 사냥터와 축제의 궁전으로 사용한다. 1547년 등극한 앙리 2세는 이 성을 연상의 애첩 디안느 드 푸아티에에게 선물한다. 전하는 이야기에 따르면, 디안느 드 푸아티에는 원래 부왕인 프랑수아 1세의 애첩이었는데, 소심하고 여자를 두려워하는 아들을 걱정해 애첩에게 '남자 교육'을 시켜 달라고 부탁을 했다고 한다. 어쨌든 앙리 2세는 19살이나 연상인 이 여인을 지극히 사랑했다. 흑백의 무채색을 좋아한 부인을 따라 자신도 흑백의 옷만을 입고 다녔으며 달의 여신이자 사냥의 여신이기도 한 디안느의 문장인 초생달을 자신의 문장으로 삼기도 했다. 이 때문에 앙리 2세의 흔적이 남아 있는 곳이면 어디서나 초생달을 볼 수 있다.

디안느 드 푸아티에는 67세까지 살았다. 그녀는 60대에 들어서서도 30대 여인으로 보일 만큼 건강하고 청순한 이미지를 유지했다고 한다. 원래 유난히 피부가 희기도 했지만, 맑고 청순한 이미지를 유지하기 위해 이 나이 많은 애첩은 새벽에 일어나 얼음을 넣은 찬물로 목욕을 하고 사냥과 산책을 한 번도 거르지 않았다고 한다. 또한 깊고 오랜 숙면이 피부를 좋게 한다는 의사들의 권유를 받아들여 밤이 되기 전인 늦은 오후에 일찍 잠자리에 들곤 했다고 한다.

디안느 푸아티에는 아름답기만 한 것이 아니라 이재에도 밝은 여인이었다. 왕은 그

녀에게 종을 제작할 때마다 부과되는 세금의 거의 전액을 주기도 했는데, 그녀는
이외에도 많은 이권을 챙겼다. 와인을 제조해 팔기도 했다고 한다. 당시 인문주의자
로 〈팡타그뤼엘〉, 〈가르강튀아〉 등의 환상적 소설을 썼던 라블레가 이 사건을 풍자
해 한마디 하고 지나갔다. "왕께서는 왕국의 모든 종을 사랑하시는 암말의 목에 걸
어 놓으셨다!" 하지만 이 여인의 운명은 앙리 2세가 서거하자 급격히 쇠락하고 만다.
앙리 2세는 노스트라다무스가 예언한 대로 1559년 기마 시합 중 근위대장인 몽고
메리의 창에 눈을 찔려 그만 사망하고 만다. 앙리 2세가 서거하자 왕비 카트린느
드 메디시스는 어린 아들 뒤에서 섭정을 펴면서 디안느 드 푸아티에가 가장 사랑했

['부인들의 성'이라고도 불리는 슈농소 성]

던 슈농소 성을 빼앗아버린다. 멋진 복수였다. 대신 쇼몽 성을 받은 디안느 드 푸아
티에는 그 성을 마다하고 셰르 강변을 완전히 떠나 자신의 작은 성인 아네 성에 들
어가 칩거하다 7년 후에 그곳에서 숨을 거둔다.
카트린느 드 메디시스는 메디치 가의 딸로 이후 발루아 왕조의 대를 잇는 세 명의
왕들 배후에서 섭정을 편다. 이 시기는 종교전쟁의 광풍이 프랑스 전역을 휩쓸던
시기였다. 왕비는 양 진영의 암투 속에서 왕권을 수호하기 위해 300명의 미인들을
선발해 미인계를 쓰면서 한편으로는 거의 연일 화려한 축제를 열어 타협과 무마,
혹은 공갈과 암살로 점철된 고도의 정치적 술수를 발휘해나간다. 슈농소 성은 바로
이러한 어두운 음모와 화려한 축제의 장이었다.
셰르 강을 가로지르는 1층짜리 건물이 2층으로 증축되고 무도회장이 들어선 것도
이 당시다. 왕이 등극할 때마다 화려한 축제가 며칠간이나 계속되었다. 축제는 당시
유명한 화가와 건축가들이 만든 인공 무대에서 행해졌는데, 만찬, 무도회, 가장 행
렬, 불꽃놀이, 기마 시합, 그리고 셰르 강에서의 모의 해전 등의 순서로 진행되었다.
당시 축제가 얼마나 화려했는지는 현재 루브르 박물관 프랑스 회화관에 있는 16세

기 화가 앙투안느 카롱의 그림들을 보면 짐작할 수 있다. 모후 카트린느는 슈농소 성을 며느리인 루이즈 드 로렌느에게 물려준다.

앙리 3세의 부인인 왕비는 앙리 3세가 암살당한 뒤 이 성에 칩거한다. 당시 관습에 따르면 탈상을 할 때까지 흰옷을 입고 지내야 했는데, 왕비는 죽을 때까지 흰옷을 걸치고 살았기에 백의의 왕비라는 뜻인 렌느 블랑쉬라는 별명을 얻게 된다. 이후 성은 버림을 받아 왕궁으로 사용되지 못하다가 1733년 한 징세 청부인의 소유로 넘어간다. 이 징세 청부인의 아내인 뒤팡 부인은 살롱을 열어 당시 유명 인사들을 초청하곤 했다. 이 부인은 이곳에서 후덕한 인품으로 마을 사람들의 칭송을 들으며 평생을 산다. 거의 모든 루아르 강 인근의 성들과 성당이 파괴를 당했던 프랑스 대혁명 동안 이 성이 지금처럼 온전히 보존될 수 있었던 것도 부인의 이러한 인품 때문이었다. 뒤팡 부인은 이곳에서 숨을 거두고 시신도 이곳에 묻혔다.

- ☎ (02)4723-9007
- 개관시간 9월 09:00~19:30(그 외 기간에는 월별로 약간의 변동이 있음)
- 웹사이트 www.chenonceau.com
- 입장료 성인 9.50유로, 학생 7.50유로

관람 안내

▶ 성 입구

성을 지키고 있는 2개의 스핑크스 상을 지나면 오른쪽으로 나지막한 1층 집이 보인다. 현재는 밀랍 인형관(별도로 3유로 정도의 입장료를 낸다. 밀랍 인형들로 제작된 인물들이 성의 건립 초기에서 현재에 이르기까지의 역사를 재현하고 있다.)과 식당 및 카페로 쓰이고 있는데, 옛날에는 성의 살림에 필요한 물자를 보관하고 시종들이 기거하던 곳이었다. 다리를 건너면 왼쪽으로 디안느 드 푸아티에 정원이 보이고 오른쪽으로는 카트린느 드 메디시스의 숲이 보인다. 테라스에는 15세기에 이곳 영주였던 마르크 가가 세운 망루가 우뚝 서 있다.

▶ 성 ★★

성에 들어서면 우선 주인들이 기거하던 지하 1층, 지상 3층의 탑 부분을 만나게 된다. 지하에는 부엌과 식당이 있고, 1, 2, 3층에는 왕과 왕비, 그리고 귀부인들이 기거하던 방들과 성당, 도서관, 갤러리 등이 있다. 1층의 '녹색 방'은 모후 카트린느 드 메디시스가 사용하던 방인데, 16세기 벨기에 브뤼셀에서 제작된 진귀한 양탄자들을 볼 수 있다. 틴토레토, 야콥 요르단스 등의 그림도 이 방에 걸려 있다. 2층의 프랑수아 1세의 방에는 르네상스 식의 웅장한 벽난로와 방루의 〈우미의 삼여신〉을 볼 수 있다. 옆의 거실에는 루벤스, 리고 등의 그림들이 소장되어 있다. 셰르 강 위에 걸쳐 있는 2층 규모의 건물은 카트린느 드 메디시스 때 세워진 건물인데, 균형 있고 절제된 양식이 고전주의 양식을 잘 보여주고 있다. 흑백의 바닥 장식이 깔린 셰르 강 위의 갤러리는 1차대전 때 부상자들을 치료하는 임시 병동으로 쓰이기도 했다. 이 갤러리 끝에는 도개교가 있어 매일 오후 한 차례씩 개방된다.

▶ 정원 ★

전형적인 프랑스 식 정원을 볼 수 있다. 방사선으로 조성된 화단 한가운데 분수가 있다. 정원에서 바라보는 성의 모습이 가장 아름답다.

장 자크 루소와 슈농소 성

18세기 계몽주의 시대의 작가이자 철학가였던 장 자크 루소는 뒤팡 부인의 아이들을 돌보는 가정교사로 슈농소 성에 잠시 기거한 적이 있다. 이 경험이 바로 그의 교육론인 〈에밀Émile〉의 근거가 된다. 평생을 고아로 외롭게 떠돌며 살았던 철학자가 남긴 〈고백록Confessions〉을 보면 슈농소 성에서의 생활을 엿볼 수 있다. "이 아름다운 곳에서 사람들은 모두 즐겁게 부유한 삶을 보내고 있다. 나도 이 곳에 머물면서 수도승처럼 몸이 뚱뚱해졌다."

| 슈베르니 |

Cheverny ★

관광 명소

▶ 슈베르니 성 Château de Cheverny

파리에서 고속도로 A10을 타고 내려오다 오를레앙을 지나 블루아 인근에서 지방도 D765를 타고 블루아 성과 보르갸르 성을 지나 20km 정도 더 내려가면 슈베르니 성이 나온다. D120을 이용하면 멋진 숲에 둘러싸인 성을 보며 도착할 수 있다.

슈베르니 성은 루아르 강 인근의 성들 중에서 몇 안 되는 17세기 프랑스 고전주의 양식으로 지어진 성이며 동시에 가장 보존이 잘 되어 있는 성이기도 하다. 또한 프랑스 사람들에게는 만화 〈탱탱〉에 나오는 아도크 선장의 성 물랭사르로 알려진 성이기도 하다. 정원 입장료가 비싼 것은 배를 타고 하는 '탱탱 모험 코스'가 있기 때문이다. 대영주였던 드 슈베르니 공의 성으로 지어진 이 건물은 1624년에서 1634년 사이 10년에 걸쳐 중단 없이 건축되었고 전형적인 루이 13세 식 양식으로 정확한 좌우 대칭의 균형미와 엄격함을 보여준다.

- ☎ (02)5479-9629
- 개관시간 11~3월 09:45~17:00, 4~6월, 9월 09:15~18:15,
  7~8월 09:15~18:45, 10월 09:45~17:30
- 웹사이트 www.chateau-cheverny.fr
- 입장료 성인 6.80유로, 학생(26세 미만) 5유로,
  7~14세 3.40유로, 7세 이하 무료

▶ 무기의 방

성에서 가장 넓은 이 방에는 15, 16, 17세기의 갑옷과 각종 무기들이 전시되어 있다. 17~18세기 파리 고블랭 공방에서 직조한 벽걸이 양탄자가 볼 만하다. 400년 가까운 세월이 지났지만 마치 이제 막 직조해 걸어 놓은 것 같은 생생한 색감을 자랑하고 있다.

▶ 왕의 방 ★

모든 귀족들의 성에는 왕이 머물 수 있는 방이 건축되곤 한다. 슈베르니 성도 예외

[정확한 좌우대칭의 균형미와 엄격함을 보여주는 슈베르니 성]

['트로피의 방'이라 불리는 사냥의 방에는 사슴뿔이 빼곡하다.]

가 아니어서 왕의 방은 성에서 가장 화려한 곳이다. 천장은 모니에의 작품으로 이탈리아 식 목공예에 금박을 입혔고 벽에는 17세기 파리에서 직조한 양탄자가 걸려 있다. 이 양탄자의 원화 데생은 프랑스 고전주의 미술의 대가 시몬 부에가 호머의 서사시 〈일리아드〉, 〈오디세이〉에 나오는 율리시즈의 모험을 소재로 그린 작품이다.

▶ 그랑 살롱 ★

17, 18세기 가구들이 즐비하게 놓여 있는 그랑 살롱(영어식으로 하면 그랜드 살롱)은 수많은 고전 시대의 초상화들이 걸려 있다. 이 중에는 베네치아 르네상스의 거장 티치아노가 그린 코시모 드 메디치의 초상화도 들어 있다.

▶ 양탄자의 방

17세기 플랑드르 지방에서 직조한 5점의 양탄자가 걸려 있다. 이 방에는 또한 루이 15세가 소장하고 있던 시계가 있는데, 200년이 지난 지금도 연, 월, 일, 시간, 분을 정확히 표시하고 있다.

▶ 사냥의 방

방의 이름은 '트로피의 방'이다. 이 방에는 사냥한 2,000마리의 사슴에서 잘라낸 사슴뿔이 방 전체를 장식하고 있다. 벽의 스테인드글라스 역시 사냥을 하기 위해 떠나는 출발 장면이다. 당시 왕과 귀족들이 얼마나 사냥에 애착을 갖고 있었는지를 알 수 있다. 지금도 슈베르니 성에서는 사냥개를 사육하고 있다.

| 샹보르 |

Chambord ★★

Information

가는 방법

승용차를 이용할 경우 블루아에서 북동 방향으로 지방도 D951을 타고 가다 도중에 샹보르로 진입하면 된다. 블루아에서 자전거를 빌려 가는 방법도 있는데 18km 거리로 가는 코스가 정말 아름답다. 그리고 여름철에는 블루아에서 샹보르 성 투어 프로그램이 진행된다. 6월 15일에서 9월 15일 사이에는 블루아에서 직접 샹보르 성으로 가는 특별 버스가 운행된다(☎ (02)5458-5561, 09:00 및 13:30 출발, 13:00와 18:00에 블루아에 돌아온다).

Sights

관광 명소

▶ 샹보르 성 Château de Chambord

파리에서 고속도로 A10을 타고 내려오다 오를레앙을 지나자마자 A71을 타고 내려오다 D61을 탄다. 블루아 성에서 약 50km 정도 떨어져 있다. 사슴 등 짐승들이 출몰하는 인근의 숲이 볼 만하다. 이 숲을 지나자마자 샹보르 성이 모습을 나타낸다. 루아르 강 인근에 있는 성들 중 가장 규모가 크고 화려한 성이 바로 샹보르 성이다. 440개의 방, 365개의 벽난로, 13개의 주 계단과 70개의 보조 계단이 성의 규모를 웅변해 준다. 아름다움과 건축적 규모로 인해 흔히 루이 14세의 베르사유 궁을 예고하는 성으로 평가된다. 프랑스 역대 왕들의 발자취가 곳곳에 묻어 있고 레오나르도 다 빈치, 몰리에르 등의 예술가들 역시 샹보르 성에 그들의 흔적을 남겨놓았다. 기이하게도 이 성의 건축가는 아직도 베일에 가려져 있지만 레오나르도 다 빈치의 작품일 가능성이 높다. 레오나르도는 1519년에 숨을 거두었는데, 그때 이미 샹보르 성은 공사가 개시되어 한창 건축 중이었다. 일몰 후에는 특수 조명을 통해 성의 모습을 바꾸어 놓아 많은 이들이 밤에도 성을 구경하러 모여들곤 한다.

- ☎ (02)5450-5041
- 개관시간 4~9월 09:00~18:15, 10~3월 09:00~17:15
- 웹사이트 www.chambord.org
- 입장료 성인 9~6월 8.50유로, 7~8월 9.50유로, 학생(26세 미만) 6.50유로, 18세 이하 무료

〈성의 역사〉

원래 성이 있던 자리에는 사냥을 하다 쉴 수 있는 작은 저택이 있었을 뿐이다. 프랑

[루아르 강의 고성들 중에서 가장 화려하고 규모가 큰 성으로 꼽히는 상보르 성]

© Photo Les Vacances 2007

수아 1세는 어릴 때부터 이곳으로 자주 사냥을 나왔다. 거대한 성을 지을 계획을 세운 프랑수아 1세는 1518년 이 작은 집을 헐고 터를 닦으라는 명을 내린다. 성의 설계도는 레오나르도 다 빈치가 맡았을 것으로 추정된다. 하지만 원래 설계안은 시간이 갈수록 확대되었고 따라서 예산도 처음 예상했던 것보다 훨씬 더 많이 들어갔다. 공사가 진행될수록 예산 문제는 심각하게 재정을 압박해왔다. 하지만 프랑수아 1세는 절대로 공사를 멈추지 말라는 엄명을 내렸고 심지어 스페인에 지불해야 할 두 아들의 몸값이 없어도 성을 짓는 데는 돈을 아끼지 않았다. 이렇게 해서 상보르 성은 1524년에서 1525년 프랑수아 1세가 이탈리아 원정에 나설 때를 제외하곤 한 번도 공사가 중단된 적이 없이 일사천리로 지어진다.

성은 마침내 1537년 완공된다. 하지만 왕은 다음 해인 1538년 다시 명령을 내려 2층 규모의 건물을 새로 지어 좌우 망루를 연결하도록 한다. 이렇게 해서 건물은 긴 쪽의 길이가 156m, 짧은 쪽이 117m에 달하는 엄청난 규모를 지니게 된다. '르네상스의 기적', '인간이 이룩할 수 있는 건축의 정수', '루아르의 베르사유' 등 상보르 성에 따라 다니는 수많은 별명들이 과장이 아닌 것이다. 원래 계획대로라면 루아르

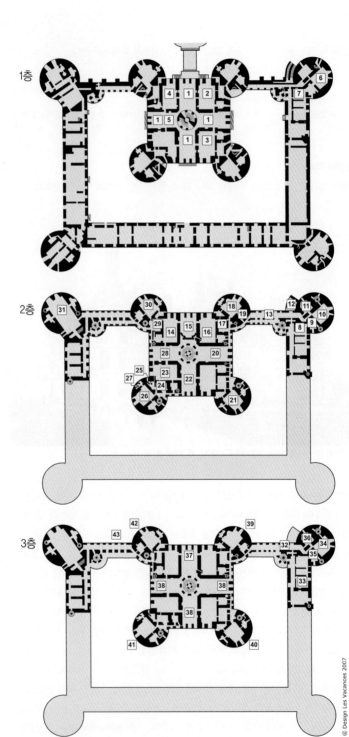

[상보르 성]

© Design Les Vacances 2007

1층

1	현관 및 근위대실	5	중앙 계단
2	프랑수아 1세 실	6	박물관
3	태양의 방	7	마차실
4	부르봉 실		

2층

프랑수아 1세 내전

8~10	프랑수아 1세의 침실
11	의상실
12	프랑수아 1세의 집무실 겸 기도실
13	화랑

왕의 대전

14	제1대기실
15	제2대기실
16	왕의 침실
17	시종장실

왕비의 대전

18	왕비의 침실
19	식당
20	근위대실

왕세자의 대전

21	왕세자의 침실
22	루이 14세 극장

폴리냐크 남작의 대전

23	작센 장교의 옛 식당 일명, 로리에르	27	의상실
24~25	지도실	28	작센 장교의 대기실, 옛 루이 14세의 근위대실
26	인도인의 방		

총사령관실

29~30	바그람 실

부속 예배실

31	부속 예배실

3층

왕의 대전

32	화랑
33	옛 왕의 침실
34~35	왕의 침실
36	의상실

사냥 박물관

37	모리스 드 삭스의 극장이 있던 방	41	남쪽지구 – 동물의 방
38	궁륭형 보초실	42	서쪽지구 – 18세기의 사냥
39	북쪽지구 – 사냥 신화의 방	43	마리옹 슈테르 컬렉션
40	동쪽지구 – 전통적인 사냥, 16~17세기의 사냥		

강을 성 안으로 끌어들이려고 했다고 한다. 하지만 이 계획은 너무 무모한 것으로 판명이 났고 대신 인근의 지류인 코쏭 강을 끌어들였다. 성 전체가 완공된 것은 1545년인데, 프랑수아 1세는 이 드넓은 성을 2년 정도 즐기다 숨을 거두고 만다. 왕위를 물려받은 앙리 2세는 자신의 취향대로 성을 증축했고 성을 둘러싸고 있는 담장도 이때 완성된다.

이후 등극한 왕들은 샹보르 성에 그리 애착을 보이지 않았다. 오히려 샹보르 성은 절대왕 루이 14세 시대에 들어와 프랑수아 1세 때의 영광을 다시 누리게 된다. 1660년부터 1685년까지 루이 14세는 샹보르 성에 8번이나 머물면서 성의 보수와 개축을

[샹보르 성은 사냥용 매가 300마리나 있었을 만큼 왕들이 사냥을 즐기던 곳이었다.]

지시했다. 몰리에르가 그의 작품 〈무슈 드 푸르스냐크〉를 단 며칠만에 써서 완성해 공연을 한 곳도 바로 이곳이다. 〈부르주아 장티옴므Le Bourgeois Gentilhomme (부자 나리)〉도 이곳에서 공연되어 왕의 찬사를 받았다.

보불전쟁에서 패하여 제2제정이 무너지자 왕위 계승권을 갖고 있던 샹보르 공작 앙리는 샹보르 성에 기거하며 왕위를 탐하고 있었다. 하지만 스스로를 앙리 5세로 칭한 이 왕족은 "앙리 5세인 짐은 앙리 4세의 백색 깃발을 포기하지 못하노라."는 말로 끝나는 선언서를 낭독하며 변한 세상을 전혀 이해하지 못했던 어리석은 자였다. 이 선언서로 인해 왕당파는 보궐 선거에서 대패했고 앙리 5세는 다시 오스트리아로 가기 위해 망명길에 올라야만 했다. 이후 성은 앙리 5세의 조카에게 넘어갔다가 1932년 국가가 1,100만 프랑에 구입해 국유 재산이 된다.

관람 안내

중세식 성을 연상시키는 망루가 중앙에 두 개, 좌우에 하나씩 모두 네 개가 있다.

하지만 양식은 이미 르네상스 식이어서 망루는 장식에 지나지 않는다. 많은 수의 넓은 창문과 지붕에 올라가 있는 첨탑의 장식성을 보면 이는 쉽게 알 수 있다. 이 중 나선 구조의 계단은 샹보르 성의 명물 중 하나인데 레오나르도 다 빈치의 작품으로 추정된다. 1층에서는 플랑드르와 프랑스 등 유럽의 유명 양탄자만을 골라 놓은 방을 볼 수 있다. 2층으로 올라가면 금사로 수를 놓은 벨벳 침대를 볼 수 있는데 이곳이 프랑수아 1세의 침실★이다. 이 방의 스테인드글라스 창문에는 왕이 직접 써넣으라고 한 글 "여자는 변하는 법, 어리석은 자만이 여자를 믿는다."라는 글이 쓰여 있다. 비단 이 방만은 아니지만 천장에는 프랑수아 1세를 나타내는 F자와 자신을 상징하던 전설 속의 동물 불도마뱀이 조각되어 있다.

왕비의 대전에는 루벤스가 그린 〈콘스탄티누스 황제의 역사〉를 밑그림으로 해 파리 공방에서 직조한 양탄자★가 걸려 있다. 왕의 대전에는 여러 점의 초상화들이 걸려 있는데 모두 루이 14세가 갖다 놓은 것들이다. 성의 3층은 사냥과 사냥 동물에 관한 박물관으로 쓰이고 있다. 신화 속의 사냥에서부터 예술과 사냥, 사냥술과 사냥의 역사 등을 일목요연하게 볼 수 있다. 사냥을 묘사한 각종 그림, 판화, 양탄자 등도 볼거리이다. 이 그림들 중 동물화를 많이 그린 정물화가 우드리의 작품과 루벤스가 그린 〈다이아나와 님프들〉★★은 놓치지 말고 보아야 할 그림들이다. 샹보르 성 일대에는 지금도 들짐승들이 출몰한다.

옛날부터 이곳은 왕들이 사냥을 즐기던 곳이었다. 당시 사냥은 모두 말을 타고 하는 기마 수렵이었고 때론 매를 이용한 사냥도 즐겼다. 샹보르 성에만 사냥용 매가 300마리 정도 있었다고 한다. 루이 12세는 말을 타고 5m가 넘는 호수를 건널 정도로 승마에 능했다. 연약한 샤를 9세도 사냥개를 쓰지 않고 혼자 말을 달려 사슴을 잡은 적도 있었다고 한다. 후일 루이 16세도 사냥 때문에 베르사유를 떠나지 못하고 있다가 혁명을 맞게 된다. 당시 사냥에 비유할 수 있는 현대 스포츠가 있다면 골프일 것이다. 정치와 비즈니스의 스포츠인 점에서도 사냥과 골프는 서로 닮았다. 현재도 샹보르에서는 봄과 가을 두 번에 걸쳐 사냥 대회가 열린다.

인근 가볼 만한 곳

샹보르 성에서 D112와 D102를 타고 가면 빌사뱅이라는 르네상스 양식의 작은 성이 나온다. 이 성은 샹보르 건축 담당관의 저택이다. 이곳에는 중세 시대의 비둘기집을 볼 수 있다. 비둘기의 배설물은 중세 때 중요한 퇴비로 사용되었기 때문에 비둘기집이 클수록 땅이 넓다는 것을 의미했다. 따라서 땅의 넓이에 따라 비둘기 수를 제한했다. 보통 한 쌍의 비둘기가 들어가는 구멍 하나가 0.4ha 정도의 땅에 해당되었다고 한다. 많은 소작농을 두고 있는 귀족일수록 큰 비둘기집을 갖고 있었다.

Chartres ★

인구 4만 3,000명의 샤르트르는 유네스코가 지정한 세계문화유산에 등록된 샤르트르 대성당 하나로 전 세계에 그 이름이 알려진 작은 도시. 파리에서 가까워 하루 일정으로 다녀올 수가 있다. 파리 분지의 일부인 보스Beauce 지역의 중심 도시로 평원이 있어 농업이 주요 산업이다. 로마 시대 때부터 형성된 오래된 고도로 중세에는 생 베르나르가 십자군 출정을 위한 설교를 했던 곳이기도 하고 종교전쟁 때는 신구교군이 전쟁을 치렀던 곳이기도 하다. 앙리 4세는 이를 기리기 위해 이곳에서 대관식을 갖는다. 루이 14세는 샤르트르를 동생인 필립 도를레앙에게 공작령으로 하사해 이후 루이 필립 때까지 오를레앙 공들은 샤르트르 공을 겸하게 된다.

[유네스코 세계문화유산에 선정된 샤르트르 대성당]

[샤르트르 대성당의 스테인드글라스]

Sights

관광 명소

▶ 대성당 Cathédrale Notre-Dame de Chartres

뤼에 루아르 도의 도청 소재지인 샤르트르 시는 인구 약 4만여 명을 헤아리는 그리 크지 않은 도시다. 파리에서 남서쪽으로 약 85km 정도 떨어져 있다. 고속도로나 파리 몽파르나스 역에서 기차로 출발하면 하루 코스로 다녀올 수 있는 비교적 가까운 거리에 있는 곳이다. 샤르트르 시는 유네스코 세계문화유산으로 등록된 샤르트르 대성당으로 유명한 곳이다.

샤르트르 대성당은 한마디로 돌로 만든 성경책, 혹은 고딕 건축의 금자탑이라고 불리는 하나의 예술 작품이다. 정면의 서쪽 문과 두 종탑을 제외한 모든 건물이 13세기 초 30년만에 완공된 건물로서 큰 규모와 놀라운 예술성을 감안할 때 30년이라는 공사 기간은 거의 기적과도 같은 일이었다(파리의 노트르담 성당은 약 180년이 걸렸다). 짧은 공사기간으로 인해 건축, 조각, 장식 등에서 다른 성당에서는 찾아보기 힘든 통일성을 간직하고 있는 성당이기도 하다.

성당 내부의 측랑에 계단을 배치하는 대신 트리포리움이라는 아케이드를 집어넣고 하중을 받치기 위해 성당 외부에 보강 아치인 아르크 부탕을 사용하는 초창기 고딕 양식을 대표하는 건물이다. 폭은 16.4m이며, 길이는 130m이고 십자가의 수직선과 수평선이 교차하는 제단 위의 높이는 32m다. 규모로 보면 다른 고딕 성당에 비해 큰 성당은 아니지만 조각과 스테인드글라스로 인해 고딕 건축의 걸작으로 간주된다. 로댕은 샤르트르 성당을 두고 '프랑스의 아크로폴리스'라고 불렀다.

서쪽을 향해 있는 정면의 포르타이 루아얄Portail Royal 즉, '왕의 문'에는 예수 그리스도의 일생이 묘사되어 있다. 이 조각은 기둥의 장식 조각과 더불어 12세기 중세 조각의 걸작으로 꼽힌다. 샤르트르 대성당 완공 이후 다른 지방이나 국가에서 성당을 지을 때 이곳을 찾아와 연구를 하고 돌아가곤 했고 이로 인해 이 정면 조각들은 고딕 조각의 모델 역할을 했다. 북쪽 문에는 구약을 주제로 한 장식 조각이 새겨져 있고 남쪽 문에는 정경과 외경의 에피소드들을 묘사했다. 지금은 모두 벗겨져 칙칙한 돌만 드러나 있지만 옛날에는 성당을 장식하던 모든 조각에 채색이 되어 있었다.

12세기 작품인 파사드라 불리는 성당 전면 위에는 두 개의 첨탑이 올라가 있는데 세워진 연대가 달라 양식도 서로 다르다. 남쪽 탑은 12세기경의 것이고 북쪽 탑은 16세기가 되어서야 화염 고딕 양식에 따라 완성된다. 13세기에 대부분 완성된 실내의 스테인드글라스★★★는 그 규모와 아름다움에 있어 파리 노트르담 성당 옆의 생트 샤펠과 더불어 전 세계 고딕 성당 중 가장 아름다운 작품으로 손꼽힌다. 지하 묘소에 있는 성모 마리아 상은 지금도 많은 순례자들이 찾는 성상이다. 성당 바닥에는 미로가 그려져 있는데, 이는 참다운 신앙을 찾는 어려움을 상징한다.

샤르트르는 프랑스 민족의 먼 조상인 골 족의 수도였고, 당시에는 이교 신전이 있던 곳이었다. 노르만 족의 침공이 있던 9세기 무렵 시 전체가 파괴되었다가 복구되기도 했으며 생 베르나르가 이곳에서 십자군 원정을 위한 설교를 행한 곳으로도 유명하다. 종교전쟁 당시에는 신교도의 침입을 막아냈고 이어 구교도로 개종한 앙리 4세의 대관식이 거행된 곳이기도 하다. 신교도였던 앙리 4세는 구교도들과 담판을 지어, 16세기 말의 치열한 종교전쟁 동안 자신이 구교로 개종을 하는 조건으로 신교도들에게 예배의 자유를 허락하는 낭트 칙령을 발표한 왕이다. 프랑스 사람들에게는 유명한 바람둥이로 알려져 있는 왕으로, 후일 구교도에 의해 암살당하고 만다.

- 위치　　　　16, Cloître Notre-Dame
- ☎　　　　　(02)3721-5908
- 개관시간　　08:30~19:30
- 입장료　　　무료

Pays-de-la-Loire

페이 드 라 루아르 주

[낭트] [르망] [앙제] [빌랑드리]

[**페이 드 라 루아르 주**]

페이 드 라 루아르는 대서양으로 흘러드는 루아르 강을 중심으로 펼쳐져 있는 주다. 면적 31,126km²(프랑스 전체의 6%로 제6위)에 인구는 약 310만이고 주청 소재지는 낭트다. 방데, 루아르 아틀랑티크, 멘느 에 루아르, 마이엔느 등 4개 도로 이루어져 있다. 대서양에 면한 지방으로 브르타뉴 반도와 파리 일대 수도권 지역을 연결하는 중간 지점에 위치해 있다.

루아르 강 유역의 평야를 중심으로 농업이 발달한 페이 드 라 루아르는 프랑스 제2의 농업 지역이다. 소뮈르를 중심으로 한 지역과 낭트 일대는 포도를 비롯하여 과수, 채소 재배가 발달해 있다. 특히 화이트 와인이 유명하다. 또한 목축과 낙농 산업이 발달해 330만 마리의 소를 사육하는 프랑스 제일의 목축 지역이기도 하다. 경작은 주로 밀과 옥수수에 집중되어 있다. 서부의 마레 지방과 중북부에서는 닭과 오리, 토끼 등의 사육이 활발하다. 대서양 연안에서는 굴, 조개 양식이 발달해 있다. 낭트(마트라), 앙제(빌 컴퓨터), 르망(르노 자동차), 솔레 등지에서는 자동차, 우주 항공 부품 산업, 조선, 기계, 전기 자재 등을 생산한다.

1989년에는 파리-낭트 간 TGV가 개통되었고 고속도로 A11이 개통되어 교통 인프라는 거의 완벽하게 갖추어진 상태다. 해안의 북쪽과 남쪽 양 끝이 국립 공원으로 지정되어 있어 해변가를 따라 관광 산업이 발달한 곳으로 관광은 이 지역의 주요 산업 중 하나다. 르 크루아지크, 라볼르, 생 장드몽, 레사블르 돌론느 등 천혜의 해수욕장이 널려있고 육지와 교량으로 연결되어 있는 누아르무티에 섬 등도 해수욕장으로 개발되어 있다. 주요 인구 밀집 도시로는 주청 소재지이기도 한 낭트와 생 나자르 항구, 24시간 자동차 레이스로 유명한 르망과 중세 성이 있는 고도 앙제 등이다.

| 낭트 |

Nantes ★

[낭트 시 전경]

[브르타뉴 대공 성]

교외까지 합해 55만 명의 인구를 갖고 있는 낭트는 프랑스 역사에서, 신교도들에게 예배의 자유를 허락함으로써 종교전쟁을 종식시켰던 낭트 칙령으로 세계사에 이름을 올린 도시다. 루아르 강이 대서양과 만나는 하류에 위치한 낭트는 만조 때는 바닷물이 시 중심부까지 들어온다. 대서양 제1의 항구이며 프랑스 전체로는 4번째로 큰 항구다. 인근에는 특수 선박 수리소와 항구를 이용한 제당, 식품 가공업 등이 성하고 페이 드 라 루아르 지방의 뮈스카데 화이트 와인과 야채, 과일 등의 교역이 활발하다.

첨단 산업으로는 아에로스파시알 사의 공장이 있다. 낭트 아틀랑티크 공항이 있으며 TGV와 고속도로 A11번이 파리와 낭트를 연결하고 있어 완벽한 교통 인프라를 구축하고 있다. 고대 로마 점령기에 형성된 고도로 3세기경 생 클레르에 의해 기독교가 전파되었다. 예부터 브르타뉴 인과 프랑크 족 사이에 쟁탈전이 벌어졌던 지역이었다. 14세기에는 1,000여 척이 넘는 범선이 드나들며 해상 교역이 이루어지던 곳이기도 했다. 1598년 종교전쟁에서 앙리 4세가 승리를 거두고 이곳에서 신교도들에게 예배의 자유를 허락하는 낭트 칙령을 공포하게 된다.

17세기에는 서인도 제도에서 들여온 사탕수수 가공과 교역이 영국이나 스칸디나비아와 함께 활발하게 이루어졌다. 낭트는 이른바 아프리카와 아메리카를 연결하는 삼각 무역의 중심지로서 사탕수수와 함께 흑단나무, 흑인 노예 무역 등으로 프랑스 최대의 항구 도시가 된다. 하지만 이 전성기는 루이 15세 당시 식민지 쟁탈전에서 패해 원료 공급처를 잃게 되고 노예 무역이 금지됨으로써 급속하게 쇠락하기 시작하며 나폴레옹의 대륙 봉쇄령으로 치명타를 입게 된다. 게다가 선박이 갈수록 대형화되면서 수심이 낮은 낭트는 급속도로 쇠락한다. 프랑스 대혁명 당시에는 방데 지역에서 왕당파의 반란이 일어나 혐의자들을 배에 태워 루아르 강에 수장시켜 버리는 등 잔혹한 사건들이 많이 일어났다.

가는 방법

항공편

낭트 아틀랑티크 공항Aéroport Nantes-Atlantique이 시내에서 남동쪽으로 12km 떨어진 지점에 위치한다.

기차편

출발지	요 금	소요 시간	운행 정보
파리(몽파르나스 역)	55유로(TGV)	2시간 15분	1일 20회, 주말 10~12회
보르도	42유로	4시간	1일 5~6회
라 로셸	24유로	1시간 50분	1일 5~6회

파리 몽파르나스 역에서 출발하는 TGV를 이용하면 2시간 15분 정도가 소요된다. SNCF 버스가 해안 휴양지인 올론느 모래사장Les Sables d'Olonne까지 운행한다. SNCF 버스 정류장은 기차역 남쪽 출입구 맞은편에 있다.

SNCF 매표소
• 12, place de la Bourse • 09:00(월요일 12:00)~19:00(일, 공휴일 휴무)
• 티켓 구입을 비롯하여 각종 안내를 받을 수 있다.

기차역
• 27, boulevard de Stalingrad • ☎ (02)3635-3535

버스편

북부 지방(루아르 강 북쪽 지방)으로 운행하는 노선 버스는 뒤퀘슨느 산책로(1, allée Duquesne, cours des 50 Otages)에서 출발한다. 남부 지방(루아르 강 남쪽 지방)으로 운행하는 노선들은 메종 루즈 가(13, allée de la Maison Rouge)에서 출발한다. 안내소(CTA 사) 근무시간은 주중 06:45~10:30, 15:45~18:30, 토요일 10:00~12:45이다.

유로라인 사무소
• ☎ (02)5172-0203 • 주중 18:00까지, 토요일 12:30까지

자동차편

파리에서 A11 고속도로를 이용한다.

공항에서 시내 가기

공항버스가 공항–중앙역(주요 버스 노선과 트램 노선이 교차하는 곳)–기차역 간을 운행한다. 요금은 6.20유로, 소요 시간은 20분 정도이다.

시내 교통

버스 · 트램

시내버스와 3개의 트램 노선이 있다. 중앙역에서 주요 버스와 트램 노선이 교차한다. 트램의 경우 야간에는 1시간에 2회, 자정까지 운행된다. 버스 승차권은 운전기사에게서 직접 구입할 수 있지만, 트램의 경우에는 승차권 발매기를 이용해야 한다. 운임은 1.30유로이며, 1시간 동안 유효하다. 24시간 이용할 수 있는 1일권은 3.40유로이다.

안내소 • 2, allée Brancas • 일요일 휴무

콜택시

Allo Taxis • ☎ (02)4069-2222

자동차 렌탈

기차역 남쪽 출입구 오른편에 Budget, Europcar, Hertz 등의 자동차 렌탈 업체들이 있다.

자전거 렌탈

Pierre Qui Roule
- 1, rue Gretry • ☎ (02)4069-5101 • 10:00~12:30, 14:00~19:00
- 월요일 아침 및 일요일 휴무 • 산악자전거 하루 10~12유로 선
- 6월 말~8월에는 관광안내소에서도 자전거를 대여해 준다.

관광안내소
- 3, cours Olivier de Clisson • ☎ (08)9246-4044 / F (02)4089-1199
- www.nantes-tourisme.com • 월~토 10:00~18:00(목요일 10:30~19:00)
- 버스, 트램 노선도 및 낭트 지도 배포

Services

Eating & Drinking

| 레스토랑 |

▶ **La Ciboulette** [R-1]
- 9, rue Saint-Pierre • ☎ (02)4047-8871
- 점심 메뉴 10~12유로, 그 외 13~21유로 선 • 가격 대비 질이 좋은 편으로 매주 일요일, 1월 1주 및 여름철 휴무 • 점심에만 제공하는 간단한 코스 메뉴가 훌륭한 편인데 치즈와 디저트까지 포함되어 있다.

▶ **Le Clin d'Œil** [R-2]
- 15, rue Beauregard • ☎ (02)4047-7237 • 매주 토, 일, 월요일 점심, 8월 2주간 휴무 • 점심에 제공되는 오늘의 메뉴 10~12유로
- 바나나 파이 요리처럼 변형된 전통 요리에서부터 동양풍 요리까지 다양하다.

▶ **Restaurant La Mangeoire** [R-4]
- 16, rue des Petites Écuries • ☎ (02)4048-7083
- www.restaurant-la-mangeoire.fr • 주중 점심 메뉴 10~12유로

- 매주 일, 월요일, 1월 2주, 5~6월 2주, 9월 첫 2주간 휴무
- 프랑스 요리 전문점이며 전통적인 요리와 퓨전 요리가 섞여 있으며 퓨전 요리로 달팽이 요리 등이 있다.

▶ Restaurant Le Montesquieu

- 1, rue Montesquieu • ☎ (02)4073-0669
- 월요일 저녁, 토요일 점심, 일요일 휴무
- 점심 정식 12~20유로 • 다양한 프랑스 요리를 맛볼 수 있다.

▶ La Cigale

- 4, place Graslin • ☎ (02)5184-9494 • 07:30~24:30, 연중무휴
- 점심 정식 12~25유로 • 역사 기념물로 지정된 레스토랑으로 낭트에서 가장 유명한 레스토랑 중 하나다. 아침식사도 가능하며, 저녁에는 다양한 공연이 열린다. 여름에는 테라스에서 식사할 수 있다.

Accommodation

| 캠 핑 |

▶ Camping du Petit Port

- 21, boulevard du Petit Port(중앙역에서 북쪽으로 3km 떨어진 곳에 위치)
- ☎ (02)4074-4794 • 연중무휴 • 2인 기준 10유로(텐트 포함)

| 유스호스텔 |

▶ Auberge de Jeunesse-La Manu

- 2, place de la Manufacture(기차역에서 동쪽으로 600m 떨어진 지점에 위치)
- ☎ (02)4029-2920 / F (02)5112-4842 • 트램 Moutonnerie 역
- 리셉션 08:00~23:00 • 1인 16유로 • 주방 시설 이용 가능

| 호 텔 |

▶ Hôtel Saint-Daniel [H-1]

- 4, rue du Bouffay • ☎ (02)4047-4125 / F (02)5172-0399
- www.hotel-saintdaniel.com • 일요일 12:00~20:00에는 리셉션이 문을 닫는다. • 객실 요금 35~51유로, 주차비 별도, 아침식사 3.50유로

▶ Hôtel des Colonies [H-5]

- 5, rue du Chapeau Rouge • ☎ (02)4048-7976 / F (02)4012-4925

- www.hoteldescolonies.fr • 더블룸 61~71유로 • 약간 평범하지만 무난한 호텔이다. 객실이 거리 쪽을 향하고 있지 않아 조용하면서도 큰 길까지 몇 걸음 되지 않는 가까운 곳에 있다.

▶ Hôtel Amiral [H-7]

- 26 bis, rue Scribe • ☎ (02)4069-2021 / F (02)4073-9813
- www.hotel-nantes.fr • 더블룸 67유로(주말에는 46유로), 아침식사 7유로, 주차비 별도

▶ Hôtel de France [H-10]

- 24, rue Crébillon • ☎ (02)4073-5791 / F (02)4069-7575
- 더블룸 100유로 • 프랑스 정부에 의해서 역사적 기념비로 여겨지는 호텔로, 1700년대부터 지금까지 이어져 내려오고 있다. 루이 15세와 루이 16세 시대의 가구들로 장식되어 있다.

관광 명소

▶ <u>브르타뉴 대공 성</u> Château des Ducs de Bretagne ★★

브르타뉴 공인 프랑수아 2세는 15세기 중엽 자신의 성을 지어 당시 프랑스 왕이었던 루이 11세로부터 자신의 독립을 확보하려고 했고, 공사는 그의 딸인 안느 드 브

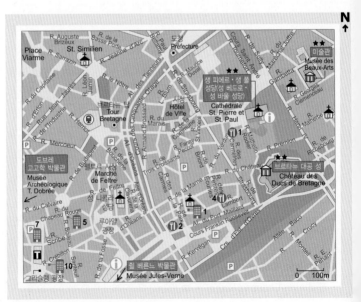

[낭트]

르타뉴Anne de Bretagne에 의해 완성된다. 이 성은 주위의 깊은 해자와 6개의 원형 보루를 갖고 있는 요새다. 하지만 안으로 들어가면 군사적 목적의 성이기보다는 오히려 정무를 보고 축제가 열리던 궁전임을 알 수 있다.

- 위치   4, place Marc-Elder
- ☎   (02)5117-4948
- 개관시간   매일 09:00~20:00
- 웹사이트   www.chateau-nantes.fr
- 입장료   무료(박물관 및 특별전 성인 5유로, 학생(26세 미만) 3유로)

▶ 생 피에르 · 생 폴 성당 (성 베드로 · 성 바울 성당)
Cathédrale St. Pierre et St. Paul ★★

무려 450년의 세월이 걸려 완성된 이 성당은 그럼에도 양식상의 통일성을 유지하고 있다. 성당 내부는 백토로 처리되어 백색의 공간을 연출한다. 이 성당이 바로 앙리 4세가 1598년 4월 13일 낭트 칙령에 서명을 하고 공식적으로 공포를 한 곳이다. 92개조로 되어 있는 칙령은 그 안에 별도로 비공개를 원칙으로 작성된 비밀 조항들이 포함되어 있기는 했지만 유럽 역사상 최초로 양심과 신앙의 자유를 법률화한 의미를 지닌 중대한 사건이었다. 이 칙령으로 신교도들은 예배의 자유만을 획득한 것이 아니라 정치, 경제적 측면에서도 자유를 얻게 되었다. 하지만 리슐리외 추기경을 필두로 이 칙령에 대한 이의 제기가 끊이지 않았고 마침내 루이 14세에 의해 1685년 칙령은 폐기되고 만다. 이로 인해 20만 명에 이르는 신교도들이 영국, 프러시아, 네덜란드 등지로 이주를 가게 되어 프랑스는 엄청난 인적, 물적 손실을 입게 된다.

- 위치   Place Saint-Pierre
- ☎   (02)4047-8464
- 개관시간   성수기 08:30~19:00, 비수기 08:30~18:00
- 입장료   무료

▶ 미술관 Musée des Beaux-Arts ★★

중앙 계단과 복도를 통해 들어오는 빛이 건물 내부를 환하게 밝혀주는 낭트 미술관은 자연광을 적절히 이용한 건축 설계로도 유명하다. 낭트 미술관은 낭트 출신의 건축가인 클레망 마리 조소가 설계하여 1900년에 문을 열었다. 약 3,000점이 넘는 소장품 중에서 이탈리아 회화와 플랑드르 화파의 작품, 그리고 12세기부터 오늘날까지 프랑스에서 활동한 작가들의 작품이 주를 이루고 있다. 이 중 조르주 라 투르의 작품 세 점과 고전주의 작가 앵그르의 〈세논느 부인Madame de Sennones〉, 쿠르베의 〈밀 타작하는 사람〉이 주목할 만한 작품이다. 현대 작가로는 칸딘스키, 막스 에른스트, 피카소, 탱글리 등의 작품이 소장되어 있다.

- 위치   10, rue Georges Clemenceau

- ☎ (02)5117-4500
- 개관시간 수~월 10:00~18:00(목요일 10:00~20:00)
- 휴관일 화요일, 국경일
- 입장료 성인 3.50유로, 학생(26세 미만) 2유로, 18세 미만 무료,
매월 첫째 일요일 무료

▶ 도브레 고고학 박물관 Musée Archéologique T. Dobrée

도브레 박물관은 19세기 대수집가이자 여행가였던 토마 도브레가 지은 네오로마네

[자연광을 적절히 이용한 설계로 유명한 낭트 미술관]

스크 양식의 건물이다. 도심가에 위치한 이 박물관에는 선사시대와 중세 시대의 유
물, 플랑드르 화파의 회화를 비롯하여 독일 르네상스 화가였던 뒤러의 그림, 그리고
인도에서 수입한 예술품, 보석 등 도브레 가문이 대대로 간직해온 귀중품들이 전시
되어 있다.

- 위치 18, rue Voltaire
- ☎ (02)4071-0350
- 개관시간 화~금 13:30~17:30, 토~일 14:30~17:30
- 입장료 성인 3유로, 노인, 학생, 어린이 1.50유로, 일요일 무료

▶ 쥘 베른느 박물관 Musée Jules-Verne

〈해저 2만 마일〉이나 〈80일간의 세계일주〉 등 공상과학소설을 주로 썼던 소설가 쥘
베른느는 낭트 출신이었다. 그의 열성팬들이 자주 드나드는 이곳에는 그가 남긴 잉
크 자국부터 그에게 영감을 준 마법의 등까지, 작가의 생활을 알려주는 개인적인

소품들이 보관되어 있다. 클리송 가 4번지에 그의 생가가 있지만, 이곳은 현재 개인
이 소유한 저택으로 일반인들에게 공개되지 않는다.

- 위치   3, rue de l'Hermitage
- ☎   (02)4069-7252
- 개관시간   수~월 10:00~12:00, 14:00~18:00
- 휴관일   화요일, 일요일 오전, 국경일
- 입장료   성인 3유로, 18~26세 1.50유로, 18세 미만 무료

▶ 낭트 사파리 Nantes Safari

© Photo Les Vacances 2007 / Office de Tourisme de Nantes

[공상과학소설의 대표 소설가 쥘 베른느]

낭트 시에서 지방도 D758을 이용해 남서쪽으로 20km 정도 내려가면 140ha의 넓
이에 1,500마리의 야생 동물들을 풀어놓은 사파리가 있다. 차를 타고 보는 코스와
산책 코스로 나누어져 있다. 10km 정도의 자동차 코스는 코끼리, 호랑이, 하마 등
을 구경할 수 있고 도보 코스에서는 악어, 뱀 등을 볼 수 있다.

| 르 망 |

Le Mans

인근 지역까지 합쳐 20만 가까운 인구가 살고 있는 르망은 자동차의 내구력과 기
술력을 겨루는 '르망 24시' 자동차 경주로 유명한 도시이며, 일찍부터 자동차 산업
이 발달한 곳이다. 자동차 경주만이 아니라 르망에서는 황금배 쟁탈 오토바이 경기
도 열린다. 이로 인해 프랑스에서 가장 보험업이 발달한 지역 중 한 곳이기도 하다.
현재 르노 자동차 공장이 들어서 있고 지역 총 고용의 10% 정도를 담당하고 있다.

파리에서 200km밖에 떨어져 있지 않고 1990년 TGV가 개통되어 파리까지 한 시간 정도의 거리이기 때문에 적지 않은 르망 시민들이 파리로 출퇴근을 하며 생활한다. 고속도로 또한 A11을 비롯해 잘 형성되어 있다.

그러나 이런 첨단 산업이 발달한 르망이지만 구시가지는 고대 로마 점령기의 성곽과 시가지를 그대로 보존하고 있기도 하다. 생 쥘리앙 성당은 로마네스크 양식에서 고딕까지 건축 양식의 변화를 살필 수 있어 학문적으로 가치가 있는 오래된 건물이다. 자동차 등 기계 공업만이 아니라 거위, 닭 등 가금 사육과 가공 산업 역시 발달해 있다.

예부터 농산물의 교역이 활발하게 이루어지던 곳으로 지금도 많은 장이 선다. 3월 말에서 4월 초에 서는 봄장, 9월 중순에 서는 대박람회장, 매년 9월 첫 금요일에 서는 양파장 등이 대표적인 장이다. 중세에 노르만 족의 침입을 받아 오랫동안 그 지배에 있었고 1481년이 되어서야 프랑스 국토로 귀속된다. 페이 드 라 루아르 지역의 다른 도시들처럼 르망 역시 종교전쟁 당시 신교도와 구교도 간에 격렬한 전투가 벌어졌던 곳이다.

관광 명소

▶ 생 쥘리앙 성당 Cathédrale St. Julien

중앙 회당에서 성가대석 쪽으로 가다 보면 전혀 다른 양식이 섞여 있음을 쉽게 알 수 있다. 중앙 회당은 1060년에 공사가 시작되어 1120년에 끝난 로마네스크 양식으로 지어진 부분이다. 반면 제단이 있는 부분과 그 뒤의 성가대석은 고딕 양식을 따르고 있다. 이 부분은 1217년에 공사를 시작해 15세기 중엽인 1448년에 완공되었다.

▶ 사르트 자동차 박물관
Musée de l'Automobile de la Sarthe ★

시 남쪽으로 약 5km 정도 떨어진 곳에 있다. 1873년 원래 종을 주조하던 사람이었던 아메데 볼레가 12인용 자동차, '오베이상스'를 처음으로 제작한 곳이 바로 르망이다(현재 이 자동차는 파리 기술 박물관에 소장되어 있다). 당시 이 첫 자동차는 시속 40km의 속도를 낼 수 있었다고 한다. 이어 그는 1906년에는 사르트 천변을 따라 만들어진 경기장에서 미슐랭 타이어를 장착한 르노를 몰고 총 10만 3,180km의 거리를 달려 우승을 차지했다. 그 후 제1차 세계대전이 끝난 후인 1923년 서부 자동차 클럽 주최로 현재의 '르망 24시' 경기가 처음으로 열린다.

1991년 새로운 건물을 지어 다시 문을 연 자동차 박물관은 '르망 24시'를 아는 이들에게는 일종의 성소 같은 곳이다. 총 115대의 자동차가 전시되어 있다. 초기 자동차에서부터 양차 대전 사이의 부가티, 시트로엥 등을 거쳐 최근의 첨단 자동차까지 진열되어 있다. 이외에도 1924년의 벤틀리, 1949년의 페라리, 1974년의 마트라, 1988년의 재규어, 1991년의 마쯔다, 수년 간 르망 자동차 대회에서 우승을 한 1992년의 푸조 등 '르망 24시' 우승차들도 볼 수 있다.

| 앙 제 |

Angers

앙제 성은 신약 성경 마지막 부분인 〈요한 계시록〉을 묘사한 장식 융단으로 유명한 곳이다. 신비한 상징과 비유적 언어로 가득 찬 묵시록을 수놓은 양탄자를 감상하기 위해 시즌 중에는 하루에도 수천 명의 사람들이 성을 찾는다. 인구 22만 명을 헤아리는 앙제 시 중앙에 있는 앙제 성은 루아르 강과 멘느 강이 만나는 지점에 위치해 있다. 이곳은 기원전부터 켈트 족이 살던 곳으로 로마 점령 시에도 치열한 전투가 벌어졌던 전략적 요충지이다.

서기 9세기경, 전설적인 용장인 앙주 공 풀크 네라가 바이킹 족의 침입에 대비해 처음으로 현재의 성 위치에 요새를 지었다. 이어 요새는 13세기 초 성 루이 왕과 루이 11세에 의해 보강된다. 현재의 성은 대부분 1238년 성 루이 왕의 치세 때 지어진 것이고 요새를 겸하고 있던 중세 봉건 영주의 성을 대표하는 건축물이다. 고딕 양식의 예배실을 지은 이는 루이 11세. 이후 이 요새는 시칠리아와 예루살렘 왕으로 책봉된 선량왕 르네가 머물면서 단순히 군사 요새로서의 기능을 버리고 축제와 예술의 성으로 면모를 일신하게 된다.

르네는 프랑스 왕은 아니었지만 가장 강력한 지방 호족이었고 어진 인품으로 귀족들과 주민들을 통치하며 예술을 사랑해 많은 예술가들을 후원했기 때문에 선량왕이라는 칭호를 얻게 된다. 백년전쟁 때는 처남 매부간인 샤를르 7세의 편을 들어 함께 영국군과 대적하기도 했다. 프랑스 전역이 종교전쟁의 광풍에 휩싸이는 16세기에 들어서자, 앙제 성은 앙리 3세에 의해 철거 명령이 내려진다. 하지만 성의 상단부를 헐었을 때, 앙리 3세가 죽고 16세기 말 부르봉 왕가의 앙리 4세가 즉위하게 되자 성을 철거하라는 명령도 취소되어 옛 모습 그대로 남게 된다. 이곳에서는 왕족들의 결혼식이 거행되는 등 왕궁의 행사가 많이 치러진다. 높이 50m 정도의 17개의 탑을 갖고 있는 성은 전형적인 요새 겸용의 중세 성이다.

관광 명소

▶ 앙제 성의 요한 계시록 융단
Tenture de l'Apocalypse ★★

앙제 성의 이름을 전 세계에 알린 〈요한 계시록 융단〉은 1373년 앙주 공인 루이 1세에 의해 직조되기 시작한다. 제작될 당시 높이 6m에 길이는 약 133m에 달했고 앙느켕 드 브뤼즈의 밑그림에 따라 니콜라 바타이유가 직조했다. 프랑스 어로 타피스리로 불리는 이 장식 융단은 총 6부로 구성되어 있고 각 부는 한 점의 표제화와 7점씩 두 줄로 걸린 14점의 타피스리로 구성되어 있어 총 90점을 헤아렸지만, 현재 전해지는 것은 76점이다. 청색 바탕과 홍색 바탕의 타피스리가 번갈아 7점씩 두 줄

[채소 정원이 보이는 빌랑드리 성]

[빌랑드리 성의 자랑인 아름다운 정원 중 '장식 정원']

로 늘어서 있다. 내용은 요한 계시록을 묘사한 것들이다. 직조된 후 융단은 1400년 아를르 대주교좌에 걸렸고 1474년부터는 다시 앙제의 생 모리스 성당에 걸렸다. 하지만 1782년 불행하게도 도둑을 맞아 1848년 심하게 훼손당한 상태로 되찾게 된다. 현재 앙제 성 벽에 걸려 있는 융단은 이때 복원한 것이다.

- 위치   2, promenade du Bout du Monde, Château d'Anger
- ☎   (02)4186-4883
- 개관시간   9~4월 10:00~17:30, 5~8월 09:30~18:30
- 입장료   그룹 가이드 투어 그룹당 15유로

| 빌랑드리 |

Villandry ★

관광 명소

▶ 빌랑드리 성 Château de Villandry

루아르 강 인근의 성들 중에서 가장 아름다운 정원이 있는 성이 빌랑드리 성이다. 이곳은 중세부터 요새가 자리잡고 있었던 곳이다. 파리에 루브르 성을 처음 지은 프랑스 왕 필립 오귀스트와 영국 왕 헨리 2세가 만나 아제 르 리도 조약을 체결한 장소가 이곳이었다. 중세 때의 요새를 1536년 허물고 그 자리에 현재와 같은 성을 지은 사람은 프랑수아 1세의 재정 담당관이었던 장 르 브르통이다. 이탈리아 주재 대사를 맡기도 했던 장 르 브르통은 이탈리아 식 정원에 반해 이곳에 르네상스 식 궁과 정원을 꾸미고 싶어했다.

〈정원〉 ★★

현재 조성되어 있는 정원은 20세기 초 원래 있던 정원을 허물고 다시 지은 것이다. 1906년 스페인 출신의 의사 조아생 카발로 박사가 성과 정원을 구입해 완전히 새롭게 디자인된 정원을 꾸며놓았다.

7ha에 달하는 정원은 세 종류로 구성되어 있다. 맨 위의 정원인 '물의 정원'은 인공 호수 주변에 버드나무, 사과나무, 배나무 등을 심어 놓은 정원이다. 물가에 비친 나무들을 감상할 수 있다. 그 밑이 '장식 정원'이며 가장 아래 부분의 정원이 야채를 심은 '채소 정원'이다. 가운데 장식 정원은 관목인 회양목을 벽돌을 쌓아 놓은 것처럼 다듬은 다음 그 안에 각종 꽃들을 심어 마치 수를 놓은 것 같은 분위기를 연출하고 있다. 장식 정원은 사랑을 상징하는 정원과 음악을 상징하는 정원 두 부분으로 구성되어 있다.

사랑의 정원은 '비극적 사랑', '덧없는 사랑', '부드러운 사랑', '격정적인 사랑'의 네 가지 사랑을 상징한다. 비극적 사랑은 꽃을 칼 모양으로 심어 표현했고 덧없는 사랑은 부채 모양을, 부드러운 사랑은 가면과 하트를, 마지막으로 격정적인 사랑은 금이 간 하트 모양을 통해 표현했다. 사랑과 음악을 상징하는 정원 끝에는 여러 종류의 십자가를 묘사한 정원이 이어져 있다. 이 장식 정원은 모두 미로를 형성하고 있어 천천히 걸음을 옮기며 산책을 하면 마치 이상한 나라에 온 앨리스 같은 신비한 느낌을 받게 된다. 채소 정원은 홍당무, 배추, 무, 호박 등 일상적인 채소는 물론이고 향초도 심어 식물의 유용성과 약학적 효능 등을 상징하고 있다.

- ☎ (02)4750-0209
- 개관시간 성 – 09:00~18:00(계절마다 약간의 변동이 있음)
  정원 – 09:00~19:00(계절마다 약간의 변동이 있음)
- 웹사이트 www.chateauvillandry.com
- 입장료 정원+성 – 성인 8유로, 8~18세 5유로, 8세 이하 무료
  정원 – 성인 5.50유로, 8~18세 3.50유로

Île-de-France

일 드 프랑스 주

[파리] [베르사유] [보 르 비콩트] [퐁텐느블로] [바르비종] [오베르 쉬르 와즈]

[일 드 프랑스 주]

파리를 중심으로 8개의 도에 1,100만 명의 인구가 밀집해 있는 일 드 프랑스는 그 자체를 하나의 국가로 부를 수 있을 정도로 정치, 경제, 문화 등 모든 면에서 프랑스의 중심지이다. 뿐만 아니라 파리는 지정학적 위치나 교통 및 문화의 측면에 있어 유럽의 수도 역할을 하고 있다.

프랑스의 섬이라는 뜻의 일 드 프랑스는 파리, 센느 에 마른느, 이블린느, 에쏜느, 오 드 센느, 센느 생 드니, 발 드 마른느, 발 두아즈 등 8개의 도로 이루어져 있다. 주청 소재지는 물론 파리로, 일 드 프랑스의 면적은 12,012km²(프랑스 전체의 2.2%로 20위)이고 인구 밀도는 km²당 910명이다. 일 드 프랑스에는 파리를 구성하고 있는 20개의 구를 비롯해 가장 작은 행정 단위인 코뮌Commune이 모두 1,281개가 있다.

일 드 프랑스에서 가장 인구가 밀집되어 있는 도는 파리로 약 250만의 인구를 헤아린다. 이는 과거에 비해 많이 줄어든 수치인데, 1920년 파리 시에는 약 290만 명이 살고 있었고, 1968년만 해도 260만 명의 인구가 파리에 살고 있었다. 파리 다음으로는 남서쪽에 위치한 오 드 센느로 약 82만 명의 인구가 살고 있다.

| 파 리 |

Paris ★★★

프랑스의 수도인 파리의 면적은 약 106km²로 서울 전체 면적의 약 1/60이다. 긴 지름이 12km, 짧은 쪽이 9km인 타원형 도시 파리의 한가운데로는 센느 강이 동쪽에서 서쪽으로 흘러간다. 강 이남을 센느 강 좌안, 강 이북을 센느 강 우안이라고 부른다. 아폴리네르의 시로 유명한 미라보 다리, 가장 오래된 퐁 네프 다리, 바스티유 감옥을 헐어서 나온 돌로 건설한 콩코드 다리 등 30개의 다리가 센느 강의 우안과 좌안을 연결하고 있다. 타원형 도시 외곽으로는 페리페리크Périphérique라고 하는

[파리를 가로질러 흐르는 센느 강]

[파리를 대표하는 거리인 샹젤리제 가와 개선문]

순환 도로가 파리를 감싸고 있다. 파리 시 서쪽과 동쪽에는 각각 불로뉴 숲과 뱅센느 숲이 자리잡고 있어 파리 시에 맑은 공기를 공급한다.

우안은 샹젤리제, 오페라, 엘리제 궁 등이 있는 지역으로 상업과 정치의 중심지로, 좌안은 소르본느를 비롯한 대학들과 아카데미 프랑세즈, 출판사와 서점이 많이 있어 프랑스 지성의 산실로 구분되기도 하였다. 하지만 요즈음은 이런 구분이 옛날에 비해 많이 없어진 편이다.

센느 강 한가운데에는 노트르담 성당이 있는 라 시테 섬과 생 루이 섬이 있다. 노트르담 성당 앞 광장은 프랑스의 모든 도로가 출발하는 기점으로, 광장에는 별 모양의 동판으로 제로 포인트를 표시해 놓았다. 이 섬이 기원전 3세기경 켈트 족의 한 부족인 파리지 족이 처음 터를 잡았던 곳으로 시테 섬은 파리 시의 역사가 시작되는 지점이기도 하다.

파리는 지형 상 파리 분지의 일부이다. 해발 180m인 몽마르트르 언덕이 가장 높은 지역일 정도이니, 300m 높이의 에펠 탑을 지었을 때 파리 시민들이 놀란 것도 이해할 만하다.

흔히 파리 사람들을 가리켜 파리지엥Parisien이라고 부른다. 그러나 파리에 산다고 해서 모두 파리지엥이 될 수 있는 것은 아니다. 진정으로 파리를 즐길 줄 알고 속속들이 다 아는 사람만이 파리지엥이 될 수 있기 때문이다. 따라서 진정한 의미의 파리지엥은 파리에 사는 250만 명이 아니라 몇천 명에 지나지 않는다고 할 수 있다. 파리는 그만큼 깊고 오묘하며 살아 있는 동물과도 같은 도시이기 때문이다.

파리 여행 시 주의사항 및 요령

파리는 아롱디스망Arrondissement으로 불리는 20개의 구로 나뉘어져 있는데, 호텔을 정할 때에는 가급적 9, 10, 11, 12, 14, 18, 19, 20구는 피해야 한다. 이곳에는 아랍 인, 흑인 거주지, 환락가 등이 모여 있다. 19, 20구는 치안 문제가 있을 수 있다. 13구는 차이나타운인데, 베트남 국수집이나 중국 음식점들이 많고 고급스럽지는 않지만 깨끗한 호텔들도 많다.

허니문이라면 6, 7, 8, 15구가 좋고, 가족 단위라면 7, 8, 15구의 호텔들이 좋다. 시내 오페라 지역도 좋은데, 가격이 상당히 비싸고 예약을 해야 한다. 파리의 고급스러운 호텔은 8구나 오페라, 방돔 광장 주변(리츠, 파리 인터내셔널 등)에 많이 모여 있다.

패션 관련 출장자들에게는 5구나 6구, 또는 오페라 근교(생 토노레 가와 백화점이 모여 있는 오스만 가가 가까움)가 좋다. 산업 전시회 참석 차 파리를 방문하는 사람들은 파리 산업 전시회가 파리 시내인지 아니면 드골 공항 근처인지에 따라 구분된다. 파리 원단전(매년 3월과 10월), 건축, 인테리어 전인 메종 오브제, 에어쇼 등은 파리 드골 공항 인근 전시장이나 드골 공항 주변의 부르제 공항에서 열리기 때문에 드골 공항 근교의 호텔도 나쁘지 않다. 하지만 파리 시내까지의 거리 약 20km와 교통을 감안한다면 불편한 점이 없지 않다. 파리 시에 위치한 포르트 베르사유Porte Versailles 전시장에서는 프레타 포르테, 바티마(건축전), 파리 자동차전 등이 열리는데 파리 시내 15구가 위치상으로는 가깝지만 파리 시내라면 어디든 무관하다. 파리 서쪽 외곽 신도시인 라 데팡스에는 최근에 지은 호텔들이 많다.

파리를 관광할 때는 요일별로 박물관과 명소, 고성 등의 휴관일을 미리 파악해 두어야 한다. 파리에서의 박물관 관람은 루브르, 오르세, 베르사유, 퐁피두 순으로 보면 좋다. 만약 둘만 고른다면 물론 루브르와 오르세다. 더 시간이 나면 로댕 미술관, 피카소 미술관을 추가할 수 있다.

가는 방법

항공편

서울-파리 직항편이 대한항공과 에어프랑스 두 개 항공사에서 운항되고 있다(약 11시간 소요). 아시아나 항공을 이용하면 프랑크푸르트, 런던을 경유해서 갈 수 있다. 2008년 3월부터는 아시아나 항공에서도 직항편을 운항한다. 이외에도 유럽 항공사인 독일 항공(루프트한자Lufthansa), 네덜란드 항공KLM 등을 이용할 수 있다. 네덜란드 항공은 암스테르담에서, 독일 항공은 프랑크푸르트에서 갈아타고 파리나 기타 프랑스 도시로 입국할 수 있다.

항공사별 연락처

■ **대한항공 Korean Air**

• ☎ 1588-2001 • kr.koreanair.com

■ **아시아나항공 Asiana Air**

• ☎ 1588-8000 • flyasiana.com

■ **에어프랑스 Air France**

• ☎ (02)318-3788 • www.airfrance.co.kr

＊ 그 밖에 영국, 미국, 캐나다 등에서 파리로 가는 방법 / '항공권 구입' 및 '항공권 보는 방법'
등에 대한 더 자세한 정보 ⇨ 레 바캉스 웹사이트 참조

공항에서 시내 가기

파리에는 북쪽의 루아시 샤를르 드골 공항Roissy-Charles de Gaulle과 남쪽의 오
를리 공항Orly 2개의 공항이 있다. 공항에 도착하는 시간과 요일, 목적지에 따라 어
떤 교통편을 이용할 것인지를 미리 정해 놓는 것이 좋다. 월요일이나 금요일에 도
착한다면, 짐이 많지 않은 이상 택시는 피하는 것이 좋다. 저녁 시간이나 이른 아침
시간에도 택시를 피하는 것이 좋고, 목적지에 따라 다르지만 공항버스를 이용해 시
내로 진입한 이후, 다시 이곳에서 목적지까지 택시를 이용하는 것이 좋은 방법이다.
단 3인 이상이라면 목적지를 찾는 데 소요되는 시간과 어려움을 감안할 때 택시가
오히려 유리하다.

샤를르 드골 공항 Roissy-Charles de Gaulle

루아시 샤를르 드골 공항은 파리에서 북쪽으로 23km 떨어진 지점에 위치하며 약
자로는 CDG 또는 Paris CDG라고 쓴다. 공항에는 CDG1, CDG2, CDG T3 세 개
의 청사가 있다.

CDG T3은 전세기 전용이고 대부분의 여행객들은 CDG1과 2를 이용하게 되는데,
우리나라를 오가는 비행기는 CDG2를 이용한다. CDG2에는 A, B, C, D, E, F 6개
의 터미널이 있는데, 파리에서 떠날 때는 반드시 어느 터미널에서 항공편이 출발하
는지 미리 알아 두어야 한다. 각 청사 및 터미널 간에는 무료 셔틀버스가 운행된다.
CDG2 TGV 역에서는 초고속 열차인 TGV를 타고 보르도, 브뤼셀, 릴르, 낭트, 마
르세유, 렌느 등 프랑스 각 도시들로 갈 수 있다.

공항은 파리 시내와 교외를 잇는 고속 교외철도인 루아시레일Roissyrail과 연결되
어 있다. RER B선으로 05:24~23:58까지 15분간 간격으로 운행된다. RER B선은
CDG1 역과 CDG2(TGV) 역, 북역Gare du Nord, 샤틀레 레 알Châtelet-Les
Halles 역, 생 미셸St-Michel 역, 당페르 로슈로Denfert Rochereau 역을 연결한
다. CDG1 공항에서 RER을 이용하려면, 무료 셔틀버스(나베트Navette)를 타고
RER 역까지 이동하면 된다. CDG2에서는 RER 역으로 연결되는 통로를 이용한다.

버스는 에어프랑스에서 운행하는 리무진 버스(☎ (01)4156-8900)가 있다. 택시로 파리 중심가까지는 30~50유로 정도이며, 수하물이 있을 경우 추가 요금이 붙는다. 약 45분 소요된다.

• 영어 안내(24시간) ☎ (01)4862-2280

오를리 공항 Orly

파리에서 남쪽으로 14km 떨어진 지점에 위치하고 있으며, Orly Sud(오를리 남쪽 터미널)와 Orly Ouest(오를리 서쪽 터미널) 2개의 터미널이 있다. 이 두 터미널은 무인 전동차로 연결되어 있지만 충분히 걸어갈 수 있는 가까운 거리에 있다. Orly Ouest는 국내선, Orly Sud는 국제선 터미널이다.

지하철은 오를리 레일Orly Rail이 연결되어 있고, 버스는 오를리 버스Orly Bus, 오를리발Orlyval, 제트버스Jetbus 등이 있다. 택시는 오를리 공항에서 파리 중심까지 약 35분 소요된다(요금 25유로 이상).

• 영어 안내(06:30~21:30) ☎ (01)4975-1515

시내 교통

파리의 대중교통

파리 시내에만 360개가 넘는 역이 있는 지하철이 이용하기에 가장 편리하다. 급할 경우나 길을 잃었을 경우에는 택시를 이용할 수 있다. 파리 택시들은 개인 택시인 경우 하루 9시간, 회사 택시인 경우는 8시간만 근무를 하게 되어 있어 회차하는 차를 잡을 경우 간혹 승차 거부를 당할 수도 있다. 택시 뒷좌석에는 몇 시간 일했는지를 나타내는 미터기가 있다. 운전석 옆의 조수석에는 원칙적으로 승객을 태우지 않는다. 따라서 뒷좌석을 이용해야 하며 승차 인원이 3명이 넘으면 두 대의 차에 분승해야 한다. 요금은 미터기에 나오는 대로 주면 되지만 1유로나 50센트 정도는 팁으로 놓고 내리는 것이 관례다. 파리 택시에는 합승이 없다. 버스도 많은데, 두 대를 이어 만든 굴절버스가 많이 다닌다. 지하철 승차권으로 버스도 동시에 이용할 수 있다. 공항까지는 택시나 셔틀버스를 이용할 수도 있고 RER이라고 하는 도시 고속철을 이용할 수도 있다.

파리의 대중교통은 파리교통공단RATP(버스 노선, 지하철, 파리 고속전철 RER 및 트램 운영)에 의해서 통합적으로 운영된다. 따라서 대부분의 경우 티켓이나 패스를 하나 구입하면, 모든 대중교통을 함께 이용할 수 있다. 파리와 그 근교는 파리 시청을 중심으로 동심원으로 표시해 거리에 따라 6개의 구역Zone으로 구분되며 1, 2구역이 파리 중심가에 해당한다.

RATP(파리대중교통공사) 안내센터

• 54, quai de la Rapée / 189, rue de Bercy • ☎ 3246(유료)
• www.ratp.fr • 월~금 08:00~18:30

지하철 · RER · 트램

지하철을 즐기라는 말을 자신 있게 할 수 있는 곳이 있다면 파리밖에 없을 것이다. 지름 10km 정도 되는 작은 원인 파리 시내의 지하와 지상으로 뻗어 있는 지하철은 21개 노선에 역만 무려 360개가 넘는다. 21개 노선 중 파리 시내 위주의 메트로(M으로 표시되어 있음)는 14개 노선이고, 파리 중앙부와 교외 신도시 지역을 연결하는 지역 간 고속 지하철(RER로 표시되어 있음) A, B, C, D, E 5개 노선이 별도로 있다. 파리 시내의 메트로만 따져도 총 연장 211.3km에 달하며, 하루 350만 명이 이용한다. 파리 시내에 산재해 있는 역은 가장 많이 걸어도 3분 정도면 어디서도 지하철을 탈 수 있도록 되어 있다. 파리와 교외를 연결하는 RER의 경우 이층 객차가 운행 중인 곳이 있으며 출퇴근 시간에는 모든 역에 정차하지 않는 급행이 별도로 운행된다. 파리 시내의 메트로는 평균 100초 간격으로 운행되고 첫차는 새벽 5시 30분이며, 막차는 다음 날 1시 15분까지 있다. 파리 지하철은 파리 시내 대중교통을 총괄하는 RATP에서 운영하기 때문에 메트로 티켓으로 버스와 트램까지 함께 이용할 수 있다. 대중교통을 많이 이용하는 사람들은 주로 '카르트 도랑주(오렌지 카드)'라는 정기권을 구입해 이용한다. 관광객들에게는 '파리 비지트 패스'도 유용하다. 지하철은 05:30~01:15까지 운행되며, RER은 05:00~24:00까지 운행된다. 트램은 파리 시의 북측과 서측에 1개 노선씩 2개 노선이 운영 중이다.

지하철 요금 및 패스

효율적인 파리 관광을 위해서 파리 시내를 거미줄처럼 연결하는 지하철을 최대한 활용하는 것이 가장 좋은 방법이다. 아래에 소개하는 패스들은 지하철뿐 아니라 파리의 모든 대중교통을 함께 이용할 수 있어 편리하다.

■ 지하철 요금

티켓 1~2구역 1.50유로로, 카르네(티켓 1장짜리 10매 묶음) 11.10유로. 지하철 티켓 구입 시 매표소에서 다음과 같이 말하자. "Un billet/carnet s'il vous plaît. 앵 비에/카르네 실 부 플레(티켓 한 장/10매 묶음 주십시오)."

■ 패스의 종류

• **카르트 도랑주 (오렌지 카드 정기권 Carte d'Orange)**

구입 시 여권 사진이 필요하며 1주일이나 1개월 단위로 구입해 자유롭게 탑승할 수 있다. 1주일권의 경우 구입한 주의 일요일까지만 사용할 수 있으므로 유의한다.

패스 종류	1~2구역	1~3구역	1~4구역	1~5구역	1~6구역
1주일	16.30	21.60	26.70	32.10	36.10
1개월	53.50	70.80	87.60	105.20	118.50

＊ 파리 시내 대부분의 구역은 1~2구역이며, 라 데팡스는 3구역, 베르사유, 오를리 공항은 4구역, 디즈니랜드,
　샤를르 드골 공항은 5구역으로 분류된다.

• **파리 비지트 패스 Paris Visite Pass**

지하철, RER, 버스, 트램, 몽마르트르의 후니퀼레르(작은 등산 열차), 야간버스, 오

[파리의 시내버스. 각 정류장에 상세 노선도가 붙어 있어 이용하기 편리하다.]

릴리발, 오를리 버스, 루아시 버스 등 모든 대중교통 수단을 무제한적으로 이용할
수 있다. 본 패스를 소지하고 있으면 쇼핑몰, 관광지 할인 혜택도 받을 수 있다.

구역	1일권		2일권		3일권		5일권	
	성 인	어린이	성 인	어린이	성 인	어린이	성 인	어린이
1~3	8.50	4.25	13.95	6.95	18.60	9.30	27.20	13.60
1~6	17.05	8.50	27.15	13.55	38.10	19.05	46.60	23.30

• **모빌리스 Mobilis**

하룻동안 파리 시내와 근교의 대중교통을 무제한으로 이용할 수 있다. 요금은 이용
할 수 있는 구역Zone에 따라 5.30~18유로.

버스

운행 구간이 짧아서 노선에 따라서는 목적지에 지하철보다 빨리 도착할 수 있을 뿐 아니라, 아름다운 거리 풍경도 감상할 수 있는 것이 장점이다. 버스 노선도는 지하철역, 버스 터미널, 관광안내소 등에서 무료로 얻을 수 있다. 그랑 플랑 드 파리 Grand Plan de Paris라는 지도에는 버스 외에도 지하철, RER의 노선까지 잘 나와 있다. 버스 노선도에는 정류장 위치도 표기되어 있어, 어느 노선 버스가 어디로 지나가는지를 알 수 있다. 티켓은 기본 1.50유로로 운전사에게서 구입하며, 지하철 1, 2구역에서 사용하는 티켓과 동일하다. 티켓을 운전석 옆 자동 검표기에 각인시키고, 패스를 소지한 경우에는 운전사에게 보여 주면 된다. 장거리의 경우 티켓을 2장 사용해야 하는 경우가 있어, 관광객에게는 번거로울 때가 있다. 대부분의 관광객들은 모든 대중교통을 자유롭게 이용할 수 있는 카르트 도랑주, 파리 비지트 패스 등의 교통패스를 구입해 사용한다. 하차할 정류장이 가까워 오면 빨간색 버튼을 눌러 운전사에게 하차할 의사를 표시한다. 버튼을 누르면 운전석 위의 Arrêt Demandé (정차 요청) 사인에 불이 들어온다. 대부분의 버스는 06:30~20:30까지 운행하고, 일부 노선의 버스는 00:30까지 운행하기도 한다. 절반 정도의 노선은 일요일과 공휴일에는 운행하지 않는다. 각 버스 정류장에는 정류장을 지나가는 버스들의 상세한 노선도가 붙어 있으며, 정류장에는 부근 거리나 광장의 이름이 붙어 있어 관광객에게 편리하다.

택시

택시Taxi는 프랑스에서 딱시로 발음하지만 철자는 동일하다. 파리에는 약 25,000대 정도의 택시가 운행 중이다. 파리의 택시 요금은 스페인, 포르투갈보다는 비싸고 스위스와 독일과는 비슷한 수준이다. 이탈리아의 경우에는 북부와 남부의 택시 요금 체계가 상이하지만 프랑스는 전국이 단일 요금 체계이다.

요금은 A, B, C 세 가지로 구분되어 있고 주행 시간대, 주행 지역, 콜택시일 경우 등에 따라 달라진다. 오전 7시에서 오후 7시까지가 정상 요금 시간으로 이 시간대에 파리 시내에서 주행하면 A요금이 적용된다. 오전 7시 이전이나 오후 7시 이후 시간대이거나 파리를 벗어난 지역이면 요금이 B체계로 넘어가 비싸진다. 가장 비싼 요금 체계인 C요금은 오전 7시 이전이나 오후 7시 이후에 파리 지역을 벗어나는 경우 적용되는 가장 비싼 요금 체계이다. 예를 들어 파리에서 샤를르 드골 공항으로 가는 경우, 평일 오전 7시 이후 오후 7시 이전 시간대라면 파리에서는 A요금을, 파리를 벗어나면서부터는 B요금이 적용된다. 주말에 파리에서 오전 7시 이후 오후 7시 이전에 공항으로 가게 되면 파리에서는 B요금을, 파리를 벗어난 지역에서는 C요금이 적용된다. 그 이외의 시간대에 이용하면 모두 C요금의 적용을 받는다. 파리 택시의 미터기는 믿을 만하며 요금 체계 변경은 운전사가 수동으로 작동한다. 운전기사의 부당 요금 징수를 컨트롤하기 위해 각종 장치가 마련되어 있어 안심하고 택시를 이용할 수 있다. 택시 뒤 좌석 트렁크 위에서는 하루의 근무 시작 시간, 1년 동안 일한 날짜 수, 지금 어떤 요금 체계로 주행 중인지를 나타내는 표지판이 달려 있어 부당 요금 징수는 거의 불가능하다. 다만 승객이 파리를 잘 모르는 경우 먼 곳으로 우회하는 고약한 운전사가 있을 수는 있다.

기차역이나 공항 등에서 탑승하거나, 트렁크에 짐을 싣는 경우 추가 요금을 받는다. 차내에 휴대하는 물품에는 별도의 요금이 붙지 않는다. 급할 경우나 시간을 엄수해야 하는 경우에는 콜택시를 이용하면 편리하며 전화로 미리 예약을 할 수도 있다. 하지만 이 경우 예약된 장소까지 오는 데 드는 비용을 추가로 지불해야 한다.

[파리의 택시 요금 체계는 주행 시간대와 주행 지역에 따라 달라진다.]

센느 강의 유람선들

모양이 각기 다른 31개의 다리를 거느리고 있는 센느 강. 모든 도시가 강을 끼고 발달하지만 센느 강과 파리는 함께 해온 오랜 역사만큼이나 세계 최고의 아름다운 풍경을 만들어 낸다. 강으로서는 세계에서 유일하게 유네스코 지정 세계문화유산에 등재될 정도다. 따라서 이 센느 강을 유람하는 것은 파리 관광의 빼놓을 수 없는 코스다. 현재 세 회사가 대형 유람선을 운행하고 있으며, 그 외에도 많은 군소 업체들이 크고 작은 다양한 유람선을 센느 강에 띄워 놓고 있다. 어느 유람선을 타든 파리 시의 명소들은 거의 다 볼 수 있다. 노트르담 성당, 시테 섬, 에펠 탑, 루브르와 오르세 박물관, 자유의 여신상, 알렉상드르 3세 교 등이다.

바토 무슈 Bateaux Mouches

파리에서 가장 크고 화려한 유람선을 보유한 회사로, 센느 강의 유람선을 그냥 바토 무슈라고 할 정도로 가장 대표적인 유람선이다. 지하철 알마 마르소 역을 나오면 어디서든지 쉽게 선착장을 볼 수가 있다. 에펠 탑 근처의 알마 교 부근에서 출발하며, 소요 시간은 1시간 15분 정도다. 센느 강을 거슬러 올라가 퐁 네프 직전에서 시테 섬과 생 루이 섬의 오른쪽으로 지나가다가 섬 끝에서 다시 회전하여 섬의 반대편 쪽으로 내려간다. 이후 자유의 여신상 앞 미라보 다리 직전에서 뱃머리를 돌려 다시 알마 교로 돌아오는 코스다. 일 년에 수백만 명이 승선을 한다고 한다. 2층으로 설계되어 있고 1층은 모두 유리로 덮여 있어 날씨에 관계 없이 유람이 가능하다.

• ☎ (01)4225-9610 • www.bateaux-mouches.fr • 10:00~23:00
• 성인 9유로(점심 제공 시 50~85유로), 어린이 4유로

[센느 강 유람은 파리 관광의 빼놓을 수 없는 코스다.]

© Photo Les Vacances 2007

바토 파리지엥 Bateaux Parisiens
바토 무슈에 비해 규모는 작지만 에펠 탑 밑에 있다는 장점으로 많은 이들이 이용한다. 배에 오를 때 사진사가 마음대로 사진을 찍어 파는데 사지 않아도 무방하다.
• ☎ (01)4699-4313 • www.bateauxparisiens.com
• 오전 10시부터 시작해 30분 간격으로 운행 • 10유로

요트 드 파리 Yachts de Paris
이 회사에는 일반 유람선 대신 바다를 운항하는 진짜 요트를 센느 강에 띄워 놓았다. 노트르담 성당 위쪽에 있는 앙리 4세 포구에서 출발한다. 일반 유람선이 아닌 관계로 낮에는 운항하지 않고 해가 질 무렵부터 선상 디너를 즐기는 코스만 운영한다. 일반 유람보다 시간도 길고 식사가 포함되어 155유로 정도의 비싼 요금을 내야 한다. 정장을 한 승무원들의 정중한 대접과 센느 강에 어른거리는 야경 등은 멋진 디너를 보장해 준다. 연인이나 신혼부부 등은 꼭 한 번 승선해 볼 만하다.
• ☎ (01)4454-1470 • www.yachtsdeparis.fr

레 브데트 뒤 퐁 네프 Les Vedettes du Pont-Neuf

퐁 네프의 스타라는 이 유람선 회사는 규모는 작지만, 파리와 센느 강을 유람하는 데에는 전혀 지장이 없다. 단, 배 안에 화장실이 없으니 주의한다.

• ☎ (01)4633-9838 • www.vedettesdupontneuf.com

레 바토뷔스 Les Batobus

일종의 보트 택시다. 센느 강의 8개 지점에 정차한다. Bourdonnais 선착장(지하철 에펠 탑 역/트로카데로 역), Solférino 선착장(지하철 오르세 박물관 역), Malaquais

© Photo Les Vacances 2007

[테마 유람선 운영으로 유명한 '레 브데트 드 파리']

선착장(지하철 생 제르맹 데 프레 역), Montebello 선착장(지하철 노트르담 역), Hôtel de Ville 선착장(지하철 오텔 드 빌 역/퐁피두 역), Louvre 선착장(루브르 박물관 역) 등.

• ☎ (01)4411-3399 • www.batobus.com
• 15~30분 간격으로 여름에는 10:00~21:30, 겨울에는 10:30~16:30까지 운행한다.
• 1일 패스는 12유로, 2일 패스는 14유로다.

레 브데트 드 파리 Les Vedettes de Paris

파리의 스타라는 이름의 이 회사는 테마 유람선 운영으로 유명하다. 가령 필바쿠스 유람은 포도주 유람인데, 포도주 박물관을 방문하는 코스가 포함되어 있다.

• ☎ (01)4418-1905 • www.vedettesdeparis.com

관광안내소

주요 관광안내소는 아래 리스트를 참조한다. 길거리의 전자 게시판을 이용할 수도 있으며, 최근 전시회와 기타 문화 관련 정보는 잡지 〈Pariscope〉(www.pariscope.fr)와 〈L'Officiel des Spectacles〉를 참조하도록 한다.

중앙 관광안내소

- 25, rue de Pyramides 75001 • ☎ (08)9268-3000 • www.parisinfo.com
- 지하철 Pyramides 역 • 6~10월 – 매일 09:00~19:00, 11~5월 – 월~토 10:00~19:00, 일요일 및 공휴일 11:00~19:00

지점별 관광안내소

리옹 역 지점

- ☎ (08)9268-3000 • 지하철 Gare de Lyon 역 • 매일 08:00~18:00

루브르 지점

- Carrousel du Louvre, 99, rue de Rivoli 75001(튈르리 정원 동쪽 끝, 리볼리가에 자리한다.) • ☎ (08)9268-3000
- 지하철 Palais Royal-Musée du Louvre 역 • 매일 10:00~18:00
- 일 드 프랑스 지방에서 펼쳐지는 각종 행사와 공연 정보를 얻을 수 있다. 인터넷 이용도 가능하다.

몽마르트르 지점

- 21, Place du Tertre 75018 • ☎ (08)9268-3000
- 지하철 Abbesses 혹은 Anvers 역 • 매일 10:00~19:00

카페들 (레 되 마고 / 카페 드 플로르 / 라 클로즈리 데 릴라 / 라 로통드)

카페는 프랑스 인들의 생활에서 매우 중요한 부분을 차지하고 있는 공간이며 중요한 경제 활동 영역이기도 하다. 프랑스에는 약 6만 개의 카페가 있고 매일 500만 명 정도가 카페를 이용한다. 엄청난 수치임에 틀림없다. 파리에만 약 1만 개 정도의 카페가 있다. 카페는 원래 카이로나 이스탄불 같은 아랍 도시에서 16세기경 먼저 문을 열었고, 유럽에 전파된 것은 훨씬 훗날의 일이다. 처음 아랍 도시에 문을 연 카페들도 게임이나 시 낭송 같은 것을 할 수 있는 흥겨운 장소였다. 1670년을 전후해 유럽에 카페가 선보이기 시작하는데, 처음에는 아르메니아나 시리아 사람들이 경영하는 카페들이었다. 유럽 카페들 중 이 당시에 문을 연 가장 유명한 카페들이 바로 베네치아의 플로리안Florian, 파리의 르 프로코프Le Procope, 빈의 데멜Demel 등으로 주로 예술가와 지식인들이 즐겨 찾았다.

카페는 처음 생길 때부터 지금까지 단순히 커피를 마시는 장소가 아니라 만나서 이야기하는 장소였고, 그 이야기의 주제는 흔히 정치적 성격을 띤 것이었다. 프랑스 대혁명도 카페에서 시작되었다고 해도 지나친 말이 아니다. 프랑스 혁명이 일어나기 이틀 전인 1789년 7월 12일, 팔레 루아알 인근에 있는 카페 드 푸아Café de Foy에서 카미유 데물랭은 민중들을 상대로 무기를 들라고 일장 연설을 했다. 19세기 중엽 인상주의 화가들이 살롱 전에서의 거듭된 낙선을 성토하며 급기야 자기들끼리 독립 전시회를 열기로 입을 맞춘 것도 역시 카페 게르부아에서였다. 20세기 들어서도 이런 전통은 계속 이어져 아폴리네르, 앙드레 브르통, 도스 파소스, 헤밍웨이, 피카소, 모딜리아니, 샤갈 등 시인, 예술가들이 몽파르나스 인근의 돔Dôme, 로통드Rotonde, 쿠폴Coupole 등에 자주 모였다. 제2차 세계대전 후에는 생 제르맹 데프레 인근의 카페 드 플로르Café de Flore, 레 되 마고Les Deux Magots 등의 카페에 보리스 비앙, 사르트르, 보부아르, 카뮈 등 실존주의 작가나 시인 음악가들이 모여들었다. 사르트르 같은 이는 카페에 지정 좌석이 별도로 있을 정도였다.

카페에서 일하는 보이를 프랑스 어로 갸르송Garçon이라고 하는데, 대개 어느 카페를 가든 복장이 일정하다. 하루 8시간 일을 하는 것으로 계산할 때 갸르송이 하루에 걷는 거리가 평균 12km 정도 된다고 한다. 매년 파리에서는 이 갸르송들이 쟁반 위에 음료를 받쳐 들고 달리기 시합을 한다. 음료를 흘리지 않고 누가 먼저 골인을 하는지를 다루는 경기인데, 근무 중에 절대 앉을 수 없는 갸르송이 되기

[베를렌느와 피카소 등 많은 문학·예술인들이 즐겨 찾았던 카페 레 되 마고]

[카뮈, 사르트르가 즐겨 찾았던 카페 드 플로르]

위해서는 무엇보다 튼튼한 다리가 필요하다. 갸르송의 3대 품성으로는 능숙함, 상냥함, 신중함을 꼽는다. 이곳 저곳에서 찾는 사람이 많아 늘 "네, 갑니다."을 외치고 다녀야 하는 갸르송들에게는 프랑스 어로 "위, 자리브Oui, J'arrive!"라는 별명이 따라다니곤 한다.

복장은 흰 셔츠에 검은색 조끼와 바지를 걸친다. 검은색 조끼에는 좌우로 10여 개가 넘는 호주머니들이 있어 동전과 지폐를 구분해 넣을 수 있는 것은 물론이고 포도주 따개, 행주, 영수증 등을 넣을 수 있게 되어 있다. 대개 한 카페에 일하는 갸르송들은 각자 맡은 서비스 구역이 있게 마련인데, 손님들이 놓고 가는 팁은 일이 끝난 후 공동으로 나눠 갖는다. 샹젤리제나 오페라 혹은 몽파르나스나 생 제르망 데 프레 같은 유명 카페촌에서 일하는 갸르송들은 카페 주인인 경우도 있고 한달 수입도 3,000~4,000유로가 넘는 고소득자들이다.

■ 레 되 마고 Les Deux Magots

중국산 도자기 인형을 뜻하는 카페 이름에서 알 수 있듯이, 지금의 카페 자리에 원래는 중국산 비단을 파는 가게가 있었다. 1875년 그 자리에 카페가 들어섰지만 원래 비단 가게 이름을 그대로 유지해 카페 이름이 되어버렸다. 지금 카페의 실내의 장식은 1915년에 한 것을 그대로 유지하고 있다. 이 카페에 드나들었던 유명인사들의 이름을 대자면 아마도 한 권의 책으로 써도 모자랄 것이다.

19세기 말인 1885년경에는 베를렌느, 랭보, 말라르메 등 상징주의 시인들이 자주 찾았고 양차대전 사이에는 브르통, 데스노스, 바타이유, 아르토 등 초현실주의자들이 드나들었다. 뿐만 아니라 피카소, 생

텍쥐페리, 자코메티 등도 카페 레 되 마고의 단골들이었다. '장 지로두의 10시'는 극작가인 지로두가 하루도 거르지 않고 정확하게 아침 10시면 찾아와 아침을 먹었기 때문에 생긴 말이다. 이렇게 문학 예술인들이 자주 드나들었기 때문에 1933년에는 레 되 마고 문학상이 제정되기에 이른다. 제2차 세계대전 이후에는 사르트르, 보부아르 등이 이곳의 단골이 되어 매일 2시간 이상씩 틀어박혀 글을 쓰곤 했다. 그동안 카페 보이들은 여러 차례 재떨이를 갈아 주어야만 했다고 한다.

이른 아침 카페 레 되 마고에서 먹는 아침식사는 기억에 남을 것이다. 비싼 가격 때문이기도 하지만 이제 막 밤의 정적에서 깨어나는 파리를 가장 잘 만끽할 수 있는 곳이 바로 카페 레 되 마고이기 때문이다. 이곳은 단순한 카페가 아니라 하나의 명소이며, 파리 시민들에게는 거의 공공건물 같은 곳이다.

- 6, place Saint-Germain-des-Prés 75006 • ☎ (01)4548-5525
- 지하철 St-Germain-des-Prés 역 • 07:30~01:30, 연중무휴(1월 중 일주일 정기 휴일)

■ 카페 드 플로르 Café de Flore

1890년에 문을 연 카페 드 플로르는 처음에는 정치가들이 자주 드나들었지만 후에는 카뮈, 사르트르, 자크 프레베르 등 시인, 작가들이 자주 찾는 곳이었다. 몇 년 전 주인이 바뀌었는데 대략 1,400만 프랑, 한화로 약 200억 원에 거래가 성사되었다고 한다. 터무니없이 비싼 가격이긴 하지만, 그만큼 유명해 찾는 이들이 많다는 반증도 된다. 주인은 바뀌었지만 옛날 카페의 몰레스킨 의자나 독일식 분위기 등은 그대로 유지되고 있다. 리모나드가 인기 있는 음료다.

- 172, boulevard Saint-Germain 75006 • ☎ (01)4548-5526
- 지하철 St-Germain-des-Prés 역 • 07:30~01:30, 연중무휴

■ 라 클로즈리 데 릴라 La Closerie des Lilas

한 여인이 반짝반짝 윤이 나는 새 자전거를 몰고 막 카페 앞 마당에 도착했다. 가쁜 숨을 몰아쉬며 막 카페로 들어선 여인은 어디서 오는 길이냐고 묻는 카페 주인에게 노르망디에서 그날 아침 막 결혼식을 올리고 오는 길이라고 했다. 카페에 있던 사람들의 시선이 모두 햇빛에 그을고 땀 범벅이 된 그녀에게로 향했다. "결혼 선물에 자전거가 있는 거에요. 그냥 한 번 타본다는 것이 어떻게 하다 보니 파리까지 오고 말았어요, 글쎄" 그날 카페 손님 중에는 유명한 화가 페르낭 레제가 있었고 이 노르망디 신부에게 반한 레제는 얼마 지나지 않아 이 여인을 자신의 아내로 맞게 된다. 물론 레제는 자전거 같은 것은 선물하지 않았다. 유명한 이 일화가 벌어진 곳이 옛날에 마차가 떠나고 도착하던 곳에 있는 라 클로즈리 데 릴라이다. 클로즈리란 옛날에 있던 파리의 무도회장을 뜻한다. 이 카페는 고티에 같은 고답파 시인들은 물론이고 베를렌느, 보들레르 같은 시인들과 모딜리아니, 막스 자콥, 그리고 혁명가 레닌 등이 드나들던 곳이다. 나중에는 초현실주의자들도 모습을 나타내곤 했다. 이들의 이름은 지금도 카페의 테이블 위에 새겨져 있다. 다만 헤밍웨이의 이름만 없는데, 그의 이름은 테이블이 아니라 유명한 아메리칸 바의 구리로 만든 카운터에 새겨져 있다. 헤밍웨이가 1925년 〈태양은 다시 떠오른다〉를 쓴 곳이 바로 이곳이었다.

- 171, boulevard du Montparnasse 75006 • ☎ (01)4051-3450
- 지하철 Vavin 역 혹은 RER-B Port Royal 역
- 레스토랑 12:00~14:00, 19:00~23:00, 브라스리 11:30~01:00

■ 라 로통드 La Rotonde

로통드는 원형 정자를 뜻한다. 이 카페는 레닌이 처음 파리에 와 갸르송 즉, 카페 보이로 일을 했던 곳이다. 스탈린의 정적이었던 트로츠키도 이 카페를 자주 찾았다. 화가로는 피카소, 모딜리아니와 야수파 화가들인 마티스, 드랭, 블라맹크 등이 이곳의 단골이었다.

- 105, boulevard du Montparnasse 75006 • ☎ (01)4326-4826
- 지하철 Vavin 역 • 카페 - 매일 07:15~02:00, 레스토랑 - 매일 12:00~01:00

Eating & Drinking

| 레스토랑 |

패스트푸드점을 제외하면 파리 레스토랑은 점심은 12시부터 오후 2시 30분까지, 저녁은 7시부터 10시 30분까지만 영업을 한다. 레스토랑에서는 점심과 저녁식사만 팔기 때문에 아침식사를 할 수 없다. 아침식사나 레스토랑이 문을 닫는 시간에는 카페를 이용하면 된다. 고급 식당일수록 예약이 필요하다. 파리에는 세계 각국의 레스토랑이 모두 영업을 하고 있어 한식과 일식은 물론이고 동남아 레스토랑도 많다. 특히 중국 식당은 거의 골목마다 한두 개씩 있다고 할 정도로 많다. 볶음밥이 먹고 싶을 때는 아무 중국 식당이나 들어가 간단한 수프 한 접시와 리 캉토네(광동식 볶음밥이라는 뜻)를 주문하면 된다.

대개 레스토랑이나 카페에서는 그날의 메뉴라고 해서 별도로 파는 식사가 있는데, 뭘 먹어야 좋을지 모를 때는 이 '플라 뒤 주르Plat du Jour' 즉, 오늘의 메뉴를 먹으면 된다. 대개 감자튀김을 곁들인 소고기 스테이크와 전식으로 야채 샐러드가 제공된다. 오늘의 메뉴일 경우 애피타이저와 후식까지 모두 포함된 가격으로 제공되는 경우가 많다. 물론 포도주는 별도로 주문해야 한다. 물 또한 별도로 사서 마셔야 하는데, 이 경우 "윈느 캬라프 도, 실부플레."라고 하면 물병을 하나 갖다 준다. 식당에서는 유리병에 담긴 물만 팔게 되어 있고 페트병은 가게에서만 판다. 식당에 물이나 술을 사가지고 들어가는 것은 피해야 한다. 이외에 이탈리아 광장이란 뜻의 플라스 디탈리 인근에는 베트남 쌀국수 전문점도 많아 따뜻한 국물이 먹고 싶을 때 이용할 수 있다.

최고급 만찬이 아닐 경우 복장은 그리 문제가 될 것이 없지만, 고급 레스토랑에서 저녁을 먹을 때는 반바지 차림은 삼가는 것이 좋다. 햄버거 말고 프랑스 어로 상드위치라고 하는 프랑스 식 샌드위치를 먹어 보는 것도 좋은 경험일 것이다. 딱딱한 바게트 반 토막을 옆으로 갈라 그 사이에 야채, 햄, 소스들을 넣어 주는데 들고 다니며 먹는 사람들을 흔히 볼 수 있다.

■■■ 프랑스 식

▶ Café Very (Dame Tartine) 카페 베리 [R-10] [F-6]

- 튈르리 정원 안 • ☎ (01)4703-9484 • 지하철 Tuileries 역
- 매일 12:00~23:00, 목~토 12:00~24:00
- 20유로부터(어린이 12유로 선) • 테라스에서 식사 가능. 루브르 박물관 관람 후 지친 몸을 쉬어갈 만한 곳이다.

▶ **Le Grand Vefour** 르 그랑 베푸르 [R-16] [H-5]

- 17, rue de Beaujolais 75001 • ☎ (01)4296-5627 / F (01)4286-8071
- 12:30~14:00, 20:00~22:00 • 금, 토, 일 휴무 • 180유로 정도의 저녁식 사와 70유로 정도의 점심이 가능
- 파리에서 가장 아름다운 레스토랑 중 한 곳. 특히 200년 전의 양식으로 제작 된 식탁과 거울에 그린 회화로 장식된 실내 장식이 유명하다.

▶ **Toupary** 투파리 [R-18] [H-7]

- 2, quai du Louvre 75001(사마리텐느 백화점 제2관)

[메뉴 고르기가 쉽지 않을 경우에는 점심 때 제공되는 '오늘의 메뉴(플라 뒤 주르)'를 택하면 좋다.]

- ☎ (01)4041-2929 • 지하철 Pont Neuf 역
- 11:45~15:00, 19:30~23:30, 살롱 드 테(찻집) 16:00~18:00 • 일요일 휴무
- 점심 정식 15~30유로 정도, 저녁에는 선택 메뉴 18유로부터
- 음식맛보다도 전망 때문에 많은 사람들이 즐겨 찾는다. 센느 강변의 사마리텐 느 백화점 6층에 자리하고 있어 전망이 무척 아름답다. 연인과 함께라면 이 곳에서 센느 강변의 낭만을 즐겨보는 것도 좋다. 단, 현재 백화점이 공사로 잠정 폐쇄 중이므로, 자세한 안내는 무료전화 0800-010-015에 문의한다.

▶ **La Tour d'Argent** 라 투르 다르장 [R-36] [I-8]

- 15-17, quai de la Tournelle 75005 • ☎ (01)4354-2331 / F (01)4407-1204
- 지하철 St-Michel 혹은 Pont Marie 역 • 화~일 12:00~13:15, 19:30~21:00
- 메인 코스 65~100유로선, 점심 정식 65유로로 선으로 즐길 수 있다.
- 센느 강과 노트르담의 아름다운 전망을 감상할 수 있다. 투르 다르장은 비록 조금 퇴색되기는 했지만, 오랫동안 파리 최고라는 명성을 유지해 왔다. 1582 년부터 지금껏 같은 자리를 지켜온 오랜 전통의 레스토랑이다. 프랑스의 극작

가이자 소설가 뒤마의 작품 속에서 등장하기도 한 레스토랑. 오리고기 요리가 훌륭하다. 꿩고기와 꼬치에 끼운 고기 완자 요리 등을 추천한다.

▶ Brasserie Lipp 브라스리 리프 [R-55] [G-8]

- 151, boulevard Saint-Germain 75006
- ☎ (01)4548-5391 / F (01)4544-3320 · 지하철 St-Germain-des-Prés 역
- 07:00~02:00 · 풀코스 평균 50유로 선, 카페오레 5유로
- 1880년 오픈한 파리에서 가장 유명한 브라스리. 1920년대 이후로 수많은 유명인사들이 이곳을 다녀갔다. 인민 전선을 이끌었던 정치가 레옹 블룸Léon Blum, 소설가 프랑수아 모리악François Mauriac, 정치가 조르주 퐁피두 George Pompidou 등이 이곳을 다녀갔다. 프랑수아 미테랑도 이곳의 단골 고객이었다. 1900년대를 연상시키는 고풍스러운 인테리어. 알자스의 양배추 절임 요리인 슈크루트를 추천한다. 와인 류는 비싼 편이다. 보르도 산 와인을 권한다. 예약은 받지 않는다.

▶ La Crêperie des Canettes-Pancake-Square
라 크레프리 데 카네트 팬케이크 스퀘어 [R-60] [G-8]

- 10, rue des Canettes 75006 · ☎ (01)4326-2765
- 지하철 Mabillon 혹은 St-Germain-des-Prés 역
- 12:00~16:00, 19:00~24:00 · 일, 월 저녁 휴무. 8월과 크리스마스~1월 1일 사이 한 주간 정기 휴무 · 정식 12유로 선(크레프, 호두가 들어간 샐러드, 사과주 한 잔), 선택 메뉴 13~17유로 선
- 바삭바삭한 크레프와 케이크가 훌륭하다. 가격 대비 만족스러운 편이다. 항상 사람들로 붐비므로 조금 일찍 와서 식사를 하도록 한다. 오후 시간에는 찻집으로 바뀐다.

▶ Chez Clément 쉐 클레망 [R-62] [H-8]

- 9, place Saint-André des Arts 75006 · ☎ (01)5681-3200
- 지하철, RER-B St-Michel Notre-Dame역 · ~01:00
- 점심, 저녁 정식 20유로 정도(구이 요리), 선택 메뉴 30유로 정도, 해산물 모듬 요리 20~35유로 · 생 미셸 분수에서 가깝고 그늘이 드리워진 테라스가 있다. 구이 요리 정식은 신선한 샐러드와 전채요리로 타불레나 생굴이 제공된다. 타불레는 갈은 밀, 쿠스쿠스, 파슬리, 박하, 양파, 잘게 썬 토마토 등에 올리브 기름과 레몬즙을 쳐서 만드는 시리아-레바논 식 요리이다. 본식인 구이 요리로는 소고기, 오리고기 혹은 연어를 선택할 수 있다.

▶ Au Bon Accueil 오 봉 아퀘이 [R-68] [D-6]

- 14, rue de Monttessuy 75007 · ☎ (01)4705-4611
- 지하철 Alma Marceau 혹은 RER-C Pont de l'Alma 역
- 월~금 12:00~14:15, 19:00~22:30 · 토, 일요일 휴무. 8월 중순 15일간(8월 10~25일경), 크리스마스 연휴 1주간 휴무 · 평균 45유로, 점심 30유로 선, 정식 34유로부터(전채요리, 본식, 디저트 포함) · 에펠 탑에 올랐다가 들르면 좋은 곳. 메뉴로는 버섯과 달팽이 요리, 디저트로는 월넛과 따뜻한 초콜릿 소

스를 얹은 무화과 등이 있다. 저녁 테라스에서 에펠 탑 야경을 감상하면서 식사를 즐길 수 있다. 와인 바 스타일의 홀과 로마 풍의 홀이 있다.

▶ **Chez Germaine 쉐 제르맨느 [R-73] [F-9]**

- 30, rue Pierre Leroux 75007 • ☎ (01)4273-2834
- 지하철 Duroc 혹은 Vaneau 역 • 12:00~14:30, 19:00~21:30
- 토 저녁, 일 휴무. 8월 정기 휴무 • 점심 정식 12유로 선, 점심 저녁 정식 15유로 선 • 센느 강 좌안에 위치한 레스토랑 가운데 가격 대비 만족스러운 편. 샐비어를 넣은 돼지고기구이, 사과 클라푸티(밀가루, 우유, 계란, 과일을 섞어 구운 과자)를 추천한다.

▶ **La Maison des Polytechniciens-Restaurant Le Club**
라 메종 데 폴리테크니크 [R-74] [F-7]

- 12, rue de Poitiers 75007 • ☎ (01)4954-74-54 / F (01)4954-7484
- www.maisondesx.com • info@maisondesx.com
- 지하철 Rue du Bac 역 • 매일 22:00까지
- 주말, 공휴일 휴무. 7월 29일~8월 28일, 12월 23일~1월 7일 정기 휴무
- 정식 36~62유로 정도, 선택 메뉴 65~94유로 선
- 오르세 박물관 인근 18세기 건물로 프랑스 화가 와토Watteau(1684~1721)가 장식을 담당했다. 아라베스크 풍의 천장 장식이 아직도 남아 있다. 이곳에서 루이 나폴레옹에 대한 추대가 이루어졌으며 1920년에는 명문 이공과 대학 건물로 사용되었다. 바다가재 튀김, 토끼고기 요리, 시금치 요리 등이 준비된다. 디저트 류, 와인 리스트도 훌륭한 편이다.

▶ **Le Café des Lettres 르 카페 데 레트르 [R-78] [F-7]**

- 53, rue de Verneuil 75007 • ☎ (01)4222-5217
- 지하철 Rue du Bac 혹은 RER-C Musée d'Orsay 역
- 월~토 09:00~23:00, 일 12:00~16:00 • 12:00~23:00(일요일 16:00까지)
- 크리스마스 즈음해서 2주간 휴무 • 바의 활기찬 분위기를 만끽하고자 한다면 가볼 만하다. 요리보다는 분위기 때문에 많은 단골 손님들이 이곳을 찾는다. 여름에는 정원 겸 테라스에서 저녁식사를 즐겨보자. 매달 그림 전시회가 개최된다. 어둡고 침침한 실내와는 달리, 테라스 뜰은 무척 유쾌하다.

■■■ 한인식당

▶ **사모 [R-183] [E-7]**

- 1, rue du Champs-de-Mars 75007 • ☎ (01)4705-9127 • 토요일 휴무

▶ **우리 [R-187] [C-8]**

- 5, rue Humblot 75015 • ☎ (01)4577-3711 • 일요일 휴무

▶ **한림 [R-192] [I-9]**

- 6, rue Blainville 75005 • ☎ (01)4354-6274 • 월요일 휴무

▶ **Café Marly** 카페 마를리 [C-1] [G-6]

- 93, rue de Rivoli, Cour Napoléon du Louvre 75001
- ☎ (01)4926-0660 • 지하철 Palais Royal-Musée du Louvre 역
- 08:00~02:00 • 맥주 330cc 5~6유로, 칵테일 10~20유로, 글라스 와인 6~10유로 • 루브르 박물관 피라미드 입구 광장에 위치한 유명한 카페. 그 랑 루브르 프로젝트의 일환으로 1994년에 오픈하였다. 93번지 리볼리 가로 들어가 피라미드가 있는 광장이 보이면 바로 우측이다. 루브르 박물관과 유리 피라미드가 만들어 내는 아름다운 전경을 바라보며, 휴식을 취할 수 있는 곳 이다. 테라스 자리와 실내 자리로 구분되어 있는데 간단한 스낵이나 차 한 잔 할 것이면 테라스 자리가 좋다. 샐러드가 아주 다양하고 특히 클럽 샐러드가 추천할 만하다. 가격은 20유로 선으로 비싼 편이다.

▶ **Café Ruc** 카페 뤼크 [C-3] [G-6]

- 159, rue Saint-Honoré 75001 • ☎ (01)4260-9754
- 지하철 Palais Royal-Musée du Louvre 역 • 매일 08:00~02:00(음식 주 문은 11:00~01:00 사이에만 가능) • 맥주 330cc 6유로 선
- 진홍색 벨벳 의자, 부드러운 조명, 유쾌하고 상냥한 웨이터, 재즈 선율이 흘러 나오는 편안하고 안락한 분위기. 캐비어 요리, 생굴, 오믈렛, 클럽 샌드위치 등 각종 요리를 즐길 수 있다. 초콜릿 에클레어(가늘고 긴 슈크림에 초콜릿을 뿌린 제과류)가 맛있다.

▶ **Baz'Art** 바자르 [C-12] [J-8]

- 36, boulevard Henri IV 75004 • ☎ (01)4278-6223
- 지하철 Sully Morland 혹은 Bastille 역 • 매일 07:00~02:00
- 맥주 330cc 4.50~5.50유로, 브런치 10~19유로 선
- 밝고 넓은 쾌적한 공간의 카페. 오페라 관람객들과 인근 주민들, 관광객들이 즐겨 찾는다. 커피를 마시면서 여유로운 시간을 보내기 적당하다. 노란색 벽 면, 붉은 벨벳 의자, 샹들리에 장식과 재즈 선율이 유쾌한 분위기를 만들어 준다. 신선한 샐러드 류가 일품이다.

▶ **Le Flore en L'Isle** 르 플로르 엉 릴르 [C-16] [I-8]

- 42, quai d'Orléans 75004 • ☎ (01)4329-8827
- 지하철 Hôtel de Ville 혹은 Pont Marie 역
- 08:00~02:00(음식 주문은 매일 11:00~자정 사이에만 가능)
- 맥주 330cc 8유로 선 • 생 루이 섬에 위치하고 있는 규모가 큰 카페 겸 브 라스리로, 여름 디저트 메뉴인 아이스크림과 셔벗(프랑스 어로 소르베, 과즙 아이스크림)으로 유명하다. 연어가 들어간 파스타가 푸짐하고 먹을 만하지만 비싼 편이다. 어두운 갈색 톤과 잔잔하게 깔린 클래식 음악의 실내는 조용하 다. 그러나 실내보다 야외 테라스에 앉아서 노트르담을 바라보며 차 한 잔 즐 기기에 좋다.

▶ **Café de Flore** 카페 드 플로르 [C-24] [G-8] ⇨ p361 '카페들' 참조

- 172, boulevard Saint-Germain 75006 • ☎ (01)4548-5526
- 지하철 St-Germain-de-Prés 역 • 07:00~01:30
- 맥주 330cc 8유로 선

▶ **Café de la Mairie** 카페 드 라 메리 [C-25] [G-8]

- 8, place Saint-Sulpice 75006 • ☎ (01)4326-6782
- 지하철 St-Sulpice 역 • 월~토 07:00~02:00 • 맥주 250cc 3~4.50유로
- 신용카드 받지 않음 • 산책 후 나뭇잎이 덮인 테라스에 앉아서 휴식을 취할 만한 곳이다. 인근에 이브 생 로랑 매장과 젊은 디자이너들의 의류 매장이 많다. 뤽상부르 궁을 구경하기 전에 이곳에서 간단하게 요기하고 가는 것도 좋다.

▶ **Les Deux Magots** 레 되 마고 [C-26] [G-8] ⇨ p360 '카페들' 참조

- 6, place Saint-Germain-des-Prés 75006 • ☎ (01)4548-5525
- www.lesdeuxmagots.fr • 지하철 St-Germain-des-Prés 역
- 매일 07:30~01:30 • 1월 1주간 휴무 • 맥주 330cc 8유로 선

▶ **Café le Dôme** 카페 르 돔 [C-37] [D-7]

- 47, avenue de la Bourdonnais 75007 • ☎ (01)4551-4541
- 07:00~02:00 • RER-C Pont de l'Alma 역 • 맥주 330cc 4유로 선
- 신용카드 결제 가능 • 초저녁 카페 테라스에 앉아서 바라보는 에펠 탑 전경 이 무척 아름답다. 카페 테라스와 인도 사이에는 화분을 두어 경계를 만들어 두었다. 맛과 전경 모두 훌륭하다. 크레프를 추천한다.

▶ **Bar des Théâtre** 바 데 테아트르 [C-39] [D-5]

- 6, avenue Montaigne 75008 • ☎ (01)4723-3463
- 지하철 Alma Marceau 역 • 06:00~02:00
- 쇼핑가인 몽테뉴 가에 자리한다. 발렌티노와 엠마뉴엘 웅가로 부티크 사이에 위치(샹젤리제 극장 맞은편). 바 겸 카페로 공연이 끝난 저녁 시간에는 관람객 들로 붐비며, 낮 시간에는 패션 연구가들이 즐겨 찾는다.

▶ **Tokyo Idem-Palais de Tokyo** 도쿄 궁 [C-56] [D-6]

- 13, avenue du Président Wilson • ☎ (01)4723-5401
- 지하철 Alma Marceau 혹은 Iéna 역 • 도쿄 궁, 파리 시립 근대 미술관의 테라스 식당, 카페. 지하철 알마 마르소Alma Marceau에서 내려 몽테뉴 가 와는 반대편 오르막 대로로 7분 정도 도보로 걸어야 한다. 센느 강변에 접해 있지만 센느 강 우안 강변도로보다 위쪽에 위치한다. 센느 강이 한눈에 보이 며, 에펠 탑도 바로 앞에서 감상할 수 있다. 현대적 카페로 점심에는 수프, 식 사를 대용할 수 있는 샐러드는 8.50유로부터 있다.

▶ **Le Procope** 르 프로코프 [C-60] [H-8]

- 13, rue de l'Ancienne Comédie 75006
- ☎ (01)4046-7900 / F (01)4046-7909 • 지하철 Odéon 역
- 매일 12:00~01:00(자정까지 주문 가능) • 프로코프 정식 30유로 선 (11:00~19:00 사이 주문 가능), 정식 30유로, 선택 메뉴 40유로 선(36~55유로 사이)

| 바 & 나이트 |

■■■ 재즈 바

▶ **Le Bilboquet** 르 빌보케 [N-22] [G-8]

- 13, rue Saint Benoît, 75006 • ☎ (01)4548-8184
- 지하철 St-Germain-des-Prés 역
- 20:00~02:30(음식 주문은 01:00까지만 가능) • 근방에서 가장 오래된 재즈 바(1947년에 오픈). 20~50년대 사이의 고전적인 재즈 음악을 즐길 수 있다. 타르타르 스테이크(타르타르 소스로 간을 한 다진 날소고기 요리)를 추천한다. 공연은 22:30~01:00에 세 번에 걸쳐서 펼쳐진다.

■■■ 클럽 & 바

▶ **Le Queen** 르 퀸 [N-7] [D-4]

- 102, avenue des Champs-Élysées 75008 • ☎ (01)5389-0890
- www.queen.fr • 지하철 George V 혹은 Franklin D. Roosevelt 역
- 매일 00:00~06:00 • 신용카드 결제 가능
- 자체적으로 잡지도 발간한다. 수요일 밤은 모두에게 열려 있고, 토요일은 게이를 위한 행사가 있으므로 유의하자. 월, 목, 일요일은 디스코로 손님이 북적인다. 샹젤리제 디스코텍 중 가장 화려하고 큰 곳이다.

▶ **World Place** 월드 플레이스 [N-8] [D-5]

- 32, rue Marbeuf 75008 • ☎ (01)5688-3636
- 지하철 Franklin D. Roosevelt 역 • 목~토 19:00~02:00, ~05:00
- 클럽 입장료 25유로 • 신용카드 결제 가능
- 2007년 7월, 파리의 유명 클럽 중 하나였던 만 레이가 있던 자리에 '월드 플레이스' 라는 새로운 이름으로 들어선 클럽이다. 세련된 인테리어와 훌륭한 서비스로 고급스런 분위기를 풍기며, 디스코텍은 물론 바와 레스토랑도 갖추고 있다.

■■■ 와인 바

▶ **Au Bascou** 오 바스쿠 [N-38] [I-5]

- 38, rue Réaumur 75003 • ☎ (01)4272-6925

▶ **L'Alivi** 랄리비 [N-42] [I-7]

• 27, rue du Roi de Sicile 75004 • ☎ (01)4887-9020

▶ **Le Poch'tron** 르 포슈트롱 [N-48] [F-7]

• 25, rue de Bellechasse 75007 • ☎ (01)4551-2711 • 알자스 지방산 와 인을 많이 갖추고 있다. 실내 디자인이 아늑한 분위기를 연출한다.

Accommodation

| 유스호스텔 |

▶ **Jules Ferry** 쥘르 페리 [H-86] [J-5]

• 8, boulevard Jules Ferry 75011 • ☎ (01)4357-5560 / F (01)4021-7992
• paris.julesferry@fuaj.org • 지하철 République 역에서 200m 거리에 위치
• 24시간 근무 • 연중무휴 • 사크레 쾌르가 바라다보이는 파리 시내 풍경을 감상할 수 있다.

| 호 텔 |

■■■ 시내 호텔

▶ **Hôtel Henri IV** 호텔 앙리 4세 [H-2] [H-7]

• 25, place Dauphine 75001 • ☎ (01)4354-4453
• 지하철 Cité 혹은 Pont Neuf 역 • 숙박료 31유로부터(더블룸, 세면 시설 있음), 48유로부터(더블룸, 샤워 시설 있음, 화장실은 층계참), 57유로부터(더블룸, 샤워 시설, 화장실 있음) • 400년 역사를 지닌 고풍스러운 건물 안에 위치하고 있다. 방도 좀 작고 시설도 현대식은 아니다. 파리 시테 섬에 있는 몇 안 되는 호텔 가운데 하나다. 시테 섬을 두고 한 척의 배라고 한다면 배 앞머리에는 앙리 4세 조각이 놓여져 있고 도핀 광장 쪽에 위치하고 있다. 출발 전 예약은 필수이며 호텔 맨 위층의 일부 방은 발코니가 별도로 있다.

▶ **Hôtel de Rouen** 호텔 드 루앙 [H-3] [H-6]

• 42, rue Croix des Petits Champs 75001
• ☎ (01)4261-3821 / F (01)4261-3821 • www.hotelderouen.net • 지하철 Palais Royal-Musée du Louvre, Louvre Rivoli 혹은 Les Halles 역
• 숙박료 37유로부터(더블룸, 화장실 있음), 44유로부터(더블룸, 샤워 시설 있음, 화장실은 층계참), 50유로부터(더블룸, 샤워 시설, 화장실 있음)
• 빅투아르 광장, 루브르 박물관에서 가까워 관광에 편리하다.

▶ Hôtel du Palais 호텔 뒤 팔레 [H-4] [H-7]

- 2, quai de la Megisserie 75001 • ☎ (01)4236-9825 / F (01)4221-4167
- 지하철 Châtelet 역 • 더블룸 40~62유로 선(세면 시설, TV 구비)
- 센느 강, 콩시에르주리, 노트르담 성당이 바라다 보이는 아름다운 전망을 감상할 수 있다. 편리한 위치와 전망 덕택에 많은 사람들이 즐겨 찾는 곳이다. 시설이 오래된 것이 흠이지만, 깨끗한 편이다.

▶ Hôtel Vivienne 호텔 비비엔느 [H-18] [H-4]

- 40, rue Vivienne 75002 • ☎ (01)4233-1326 / F (01)4041-9819
- paris@hotel-vivienne.com • 지하철 Grands Boulevards, Richelieu Drouot 혹은 Bours 역 • 더블룸 73유로부터
- 넓은 공간의 객실, 단순하고 실용적이며, 고가구 장식이 되어 있다. 몇몇 객실에는 발코니가 딸려 있다. 하드 록 카페Hard Rock Café, 그레뱅 박물관 Musée Grevin(밀랍 인형 박물관), 바리에테 극장Théâtre des Varietés에서 가깝다. 조용하고 편안한 분위기에 이중창 설비가 되어 있다. 6, 7층 객실에서 바라보는 파리 시내 전경이 무척 아름답다. 가격 대비 훌륭한 편이다.

▶ Grand Hôtel du Loiret 그랑 호텔 뒤 루아레 [H-29] [I-7]

- 8, rue des Mauvais Garçons 75004
- ☎ (01)4887-7700 / F (01)4804-9656 • www.hotel-loiret.fr
- hotelduloiret@hotmail.com • 지하철 Hôtel de Ville 역
- 숙박료 세면 시설 있는 더블룸 47유로부터, 샤워 시설, 화장실 있는 룸 62유로부터, 욕실 있는 룸 72유로부터
- 6, 7층 객실이 깨끗한 편. 숙박료에 비해 만족스럽다. 8층에서는 팡테옹, 사크레 쾌르, 보부르, 노트르담 등을 포함하여 파리 시내가 한눈에 들어오는 아름다운 풍경을 감상할 수 있다.

▶ Hôtel Marignan 호텔 마리냥 [H-38] [H-8]

- 13, rue du Sommerard 75005 • ☎ (01)4354-6381
- www.hotel-marignan.com • 지하철 Maubert Mutualité 역
- 더블룸 72유로부터(세면 시설, 화장실 있음), 102유로(샤워 설비와 화장실 있음), 모두 조식 포함. 비성수기 3일 이상 숙박할 경우, 3일째부터 할인 요금이 적용된다. • 신용카드 결제 불가
- 1960년대 풍의 객실 인테리어, 객실 총 40여 개, 가격 대비 훌륭한 숙소다. 한적한 곳에 자리한다. 호텔과 유스호스텔을 섞어 놓은 것 같은 편안한 분위기를 느낄 수 있다. 세탁기, 전자레인지, 냉장고 사용이 가능하다.

▶ Muguet 뮈게 [H-60] [E-7]

- 11, rue Chevert 75007 • ☎ (01)4705-0593 / F (01)4550-2537
- www.hotelparismuguet.com • 지하철 École Militaire 혹은 La Tour Maubourg 역 • 연중무휴 • 더블룸 130유로 선 • 객실수 45개
- 조용하고 한적한 곳에 위치. 전원풍의 가구. 꼭대기 층의 지붕 밑 객실에서는 에펠 탑과 앵발리드가 내려다보인다. 별 2개급 호텔

▶ **À l'Hôtel du Bois** 아 로텔 뒤 부아 [H-119] [C-4]

- 11, rue du Dôme 75016 • ☎ (01)4500-3196 / F (01)4500-9005
- www.hoteldubois.com • reservations@hoteldubois.com
- 더블룸 110~160유로 선, 조식 12유로 선 • 객실수 41개
- 16세기 몽마르트르의 호텔, 프랑스 시인 보들레르가 이곳에서 죽었다. 조지 왕조풍(영국 조지 1세에서 4세 집권기 동안)의 인테리어가 돋보인다.

■■■ 한인 호텔

▶ **Moulin Hôtel** 물랭 호텔

- 3, rue Aristide Bruant 75018 • ☎ (01)4264-3333 / F (01)4606-4266
- www.hotelmoulin.com • 캉캉춤으로 유명한 물랭 루즈와 몽마르트르 언덕 중간에 위치하고 있다. 파리 샤를르 드골 공항에서는 RER을 타고 파리 북역에서 하차, 지하철로 갈아타도 되고, 북역에서 그리 멀리 떨어져 있지 않기 때문에 택시로 이동해도 큰 부담이 되지 않는다. 문을 연지 10년이 넘는 한인호텔로 이미 많은 한국인들이 다녀간 호텔이다. 파리 홍등가인 피갈 인근에 위치하고 있지만 꽤 떨어져 있어 큰 불편은 없다. 그런 분위기를 싫어하는 사람들이나 예민한 여성 관광객들에게는 권하기 힘들지만 큰 위험은 없다. 호텔 가격은 샤워 시설이 있는 방은 싱글 75유로로, 더블 85유로로 정도다.

▶ **Hôtel Regina** 레지나 호텔

- 15, place des États-Unis 92120, Montrouge
- ☎ (01)4654-1103 / F (01)4654-1917
- www.82regina.com, www.mantravel.com • 지하철 Porte d'Orleans 역
- 2003년에 처음 문을 연 한인 호텔이다. 호텔 내 작은 정원이 보이는 식당이 인상적이다. 프랑스에서 한인 여행사로 10년째 영업을 해 오고 있는 여행사에서 투자, 설립한 호텔이라 현지 정보를 편하게 얻을 수 있는 이점이 있다. 호텔 위치도 파리 포르트 도를레앙 역에서 지하철을 내려 걸어가도 좋을 만큼 가깝다. 가격은 샤워 시설을 갖춘 방은 65유로부터 시작하고, 욕조가 있는 방은 75유로부터다. 1층에 한국인을 위한 인터넷 카페가 별도 설치되어 있고 시즌에는 배낭 여행을 위한 별도의 방을 준비한다. 객실 38개를 구비해 놓았다.

Shop & Services

파리는 유럽에서뿐만이 아니라 세계적으로 쇼핑 천국으로 각광받는 곳이다. 세계적인 유명 사치품들은 거의 프랑스 제품일뿐만 아니라, 프랑스 산이 아니더라도 각종 유명 브랜드 매장들이 파리에 밀집해 있다.

시간이 촉박한 한국 관광객들에게는 유명 브랜드는 물론 다양한 상품을 한번에 구입할 수 있는 백화점을 이용할 것을 권한다. 화장품류 구입 시에는 파리 시내 면세점(품목에 따라 백화점이 더 저렴할 수도 있다.)을 이용하는 방법과 유명 브랜드 숍을 직접 찾는 방법이 있다. 생 제르맹 데 프레 지구(행정 구역상 6구)에는 젊은 디

자이너들의 작은 의상실들이 줄지어 있으며, 유명 브랜드 매장들도 일부 찾아볼 수 있다. 인근에는 파리 대학생들이 자주 찾는 카르티에 라탱과 렌느 가Rue de Rennes 등이 면해 있어 젊은층을 대상으로 하는 쇼핑가라 할 수 있다. 파리의 가장 대표적인 쇼핑가는 아무래도 생 토노레 가라 하겠다. 엘리제 궁에서부터 루브르 호텔, 루브르 박물관이 나타나는 루아얄 광장에 이르기까지의 구역이다. 가장 핵심적인 곳은 콩코드, 마들렌 성당이 마주 보는 루아얄 가에서부터 동쪽으로 이어지는 곳이다. 프랑스 유명 브랜드는 물론 세계 각지의 유명 브랜드 매장이 자리하고 있다. 이외에도 유명 브랜드들의 파리 본점이 있고 매장들도 가장 넓은 몽테뉴 가, 프랑수아 1세 가, 샹젤리제 가도 쇼핑 거리로 유명한 곳이다.

| 쇼 핑 |

■■■ 백화점

▶ Le Bon Marché 르 봉 마르셰 [S-1] [F-8]

- 24, rue de Sèvres 75007 • ☎ (01)4439-8000
- 지하철 Sèvres Babylone 역 • 월~수, 금 09:30~19:00, 목 10:00~21:00, 토 09:30~20:00 • 일요일 휴무 • 신용카드 결제 가능
- 1852년에 오픈한 오랜 역사를 지닌 백화점. 르 봉 마르셰는 세계 최대의 럭셔리 브랜드 그룹 루이뷔통 모에 헤네시LVMH가 개수한 덕분에 호화로우면서도 고객 중심의 백화점으로 유명한 곳이다. 백화점 이름이 '봉 마르셰' 즉, 우리말로 '값싼'을 의미한다고 해서 저렴한 상품들을 파는 곳으로 생각하면 오산이다. 남성복, 여성복, 아동복, 가구류, 주방 용품을 구입할 수 있다. 봉 마르셰 백화점은 융단, 카펫 류가 다른 곳과 비교했을 때 뛰어나다. 위층은 패션 의류층인데, 이곳에서 백화점 자체 브랜드의 고급 순면 셔츠도 찾을 수 있다. 귀스타브 에펠이 디자인한 152개의 기둥이 있는 지하에서는 완구류와 서적을 구입할 수 있다. 이 건물 바로 옆에 위치한 건물에는 음식점과 고미술 갤러리, 바가 있다.

▶ Galeries Lafayette 갈르리 라파이예트 [S-2] [F-4]

- 40, boulevard Haussmann 75009 • ☎ (01)4282-3456
- www.galerieslafayette.com • 지하철 Chaussée d'Antin La Fayette 혹은 RER-A Auber 역
- 월~수, 금~토 09:30~18:45, 목 09:30~21:00, 일 09:30~20:30
- 신용카드 결제 가능 • 1896년에 오픈한 갈르리 라파이예트는 거대한 스테인드글라스의 둥근 천장이 인상적인 건물로, 유럽에서 가장 큰 백화점이다. 시간이 없어서 백화점을 한 군데밖에 들를 수 없다면, 당연히 이곳을 찾도록 한다. 향수부터 패션에 이르기까지 다양한 상품들을 구입할 수 있다. 백화점은 패션, 뷰티, 액세서리 부문을 혁신적으로 개조하였으며, 1, 2층에는 디자이너 매장이 위치해 있다. 3층에 있는 신사복 매장에 반드시 가 볼 것을 권한다. 3층에서는 팩스와 인터넷을 사용할 수 있다. 1층에는 3,000여 종의 와인

을 구입할 수 있는 파리 최대의 와인 숍이 있다. 지하에는 60종의 시가 코너가 있다. 본관, 가정관, 남성관으로 나뉘어져 있다.

▶ Printemps 프렝탕 [S-3] [G-4]

- 64, boulevard Haussmann 75009 • ☎ (01)4282-5000
- www.printemps.com • 지하철 Havre Caumartin, RER-A Auber 혹은 RER-E Haussmann St-Lazare 역
- 월~토 09:35~19:00, 목 09:35~22:00, 일 09:30~19:00
- 신용카드 결제 가능 • 주방 용품을 판매하는 프렝탕 메종Printemps Maison, 여성 패션 코너인 프렝탕 드 라 모드Printemps de la Mode, 남성복 코너인 르 프렝탕 드 롬므Printemps de l'Homme로 나눠진다. 6층에 있는 카페 플로Café Flo에서 커피나 식사를 즐길 수 있다. 프렝탕 백화점에는 관광객을 위한 할인 제도가 있어서 10%의 할인 혜택을 받을 수도 있다.

▶ Samaritaine 사마리텐느 [S-4] [H-7]

- 19, rue de la Monnaie 75001 • ☎ (01)4041-2020
- 지하철 Châtelet 혹은 Pont Neuf 역 • 월~수, 금 09:30~19:00, 목 09:30~21:00, 토 09:30~22:00 • 네 개의 건물로 이루어져 있다. 백화점 2호관 최상층에 있는 카페 Toupary에서 센느 강의 아름다운 전경을 바라보며 식사를 즐길 수 있다. 비교적 저렴한 물건들을 판매하는 대중적인 백화점이다. 사마리렌느 백화점은 현재 공사 관계로 폐쇄 중이므로 자세한 안내는 무료전화 0800-010-015에 문의한다.

■■■ 향수 및 화장품

▶ Parfumerie Fragonard 파르퓨므리 프라고나르 [S-81] [G-4]

- 39, boulevard des Capucines 75002 • ☎ (01)4260-3714
- 월~토 09:00~17:30 • 1926년에 문을 연 이 향수 가게는 내부에 박물관까지 갖추고 있을 정도로 유명한 곳이다. 프라고나르 향수 제품 전체는 물론이고 화장수와 젤, 비누 등도 구입할 수 있다.

▶ L'Artisan Parfumeur 라르티장 파르퓨뭐르 [S-83] [I-7]

- 본점 / 32, rue du Bourg-Tibourg 75004 • ☎ (01)4804-5566
- 분점1 / 24, boulevard Raspail • ☎ (01)4222-2332
- 분점2 / 22, rue Vignon • ☎ (01)4266-3266
- 월~토 10:30~19:00 • 꽃 향수, 인조 향수, 방향제, 향수병이나 기타 도구들을 판매한다. 연한 향수 전문 매장이다. 몸에 뿌리는 향수와 실내에 뿌리는 향수의 조화를 원하는 이들은 이 집을 찾아가면 된다. 향초, 포푸리, 행운의 소품들이 있고 이곳에서는 파리 최고의 바닐라 향수를 구입할 수 있다.

▶ Yves Rocher 이브 로셰 [S-84] [D-4]

- 102, avenue des Champs-Élysées 75008 • ☎ (01)5353-9491
- www.yvesrocher.fr • 월~일 10:00~22:00(계절에 따라 자정까지)

- 샹젤리제 거리에 있다는 것만으로도 명성을 알 수 있는 향수 가게. 이브 로셰 사의 모든 향수를 구입할 수 있다. 향수는 물론이고 크림 샴푸에서 선탠 크림까지 갖추고 있다. 여행용 패키지와 저렴한 중저가 제품도 다량 구비되어 있다.

▶ Sephora 세포라 [S-87] [D-4]

- 70, avenue des Champs-Élysées 75008 • ☎ (01)5393-2250
- 지하철 Franklin D. Roosevelt 역 • 월~토 10:00~24:00, 일 12:00~24:00
- 신용카드 결제 가능 • 세포라 본점에는 12,000여 종의 프랑스와 외국 향수, 화장품 등 뷰티 관련 다양한 상품들이 구비되어 있다. 파리 샹젤리제 거리에 위치하고 있는 거대한 화장품 매장이다.

■■■ 보석, 희귀 컬렉션

▶ 20/20 [S-91] [H-7]

- 3, rue des Lavandières 75001 • ☎ (01)4508-4494 • 월~토 12:00~19:00
- 이곳은 옛날 디자인의 보석을 파는 곳이다. 1950년대 헐리우드 글래머 배우들이 하고 다니던 보석 등도 있다. 당시 제작된 장인의 사인이 들어가 있는 보석 전문 매장이다. 팔찌 하나가 평균 90유로이고 귀걸이는 140유로 정도다. 물론 이보다 싼 것들도 있다.

▶ Barboza 바르보자 [S-92] [G-5]

- 356, rue Saint-Honoré 75001 • ☎ (01)4260-6708
- 토요일 제외 매일 10:00~18:30, 11, 12월 두 달 동안은 토요일에도 문을 연다.
- 파리에서 가장 멋진 거리 중 하나인 생 토노레 가에 자리잡은 작은 보석 가게. 진귀한 컬렉션이 많다. 18, 19세기에 제작된 것들도 있다. 산호, 자수정, 옥 등도 취급한다.

■■■ 선물 및 기타 소품

▶ Papeterie Moderne 파프트리 모덴느 [S-107] [H-6]

- 12, rue de la Ferronnerie 75001 • ☎ (01)4236-2172
- 지하철 Châtelet 역 • 월~토 09:00~12:00, 13:30~18:30
- 일요일 휴무 • 신용카드 사용 불가
- 샹젤리제 간판 등 독특한 소품들을 구경할 수 있다.

Entertainment

■■■ 영화관

▶ Cinéfil Cinéma Action Christine Odéon
시네필 시네마 악시옹 크리스틴 오데옹 (예술 영화관) [T-4] [H-8]

- 4, rue Christine 75006 • ☎ (01)4329-1130 • 지하철 Odéon 역
- 티켓 7유로, 5.50유로(학생, 20세 이하)

- 악시옹 그룹은 옛 영화를 다시 상영하는 것으로 유명하다. 1940년대와 1950년대의 틴젤타운 클래식과 미국 독립 영화를 볼 수 있다. 케리 그랜트 주연에서 짐 자무슈의 영화까지 다양한 장르의 영화를 볼 수 있다.

▶ La Géode 라 제오드 (영화관)

- 26, avenue Corentin Cariou 75019 • ☎ (01)4005-1212
- www.lageode.fr • 지하철 Porte de la Villette 역 • 티켓 7~12유로 선
- 옴니맥스 시네마로, 대부분의 영화는 3D효과를 사용한 영상물이다. 휠체어 입장 가능(예약 시 미리 통보하면 편리한 자리를 예약해 준다). 다큐멘터리 영화도 상영한다. 예약을 권한다.

■■■ 극장

▶ Odéon, Théâtre de l'Europe 오데옹 극장 (국립 극장) [T-9] [H-9]

- 2, rue Corneille 75006 • ☎ (01)4485-4040, 4000
- www.theatre-odeon.fr • 지하철 Odéon 혹은 RER-B Luxembourg 역
- 티켓 7~30유로, 8유로(학생, 30세 이하) • 신용카드 결제 가능

▶ Théâtre National de Chaillot
샤이오 국립 극장 (국립 극장) [T-10] [C-6]

- 1, place du Trocadéro 75116 • ☎ (01)5365-3000
- www.theatre-chaillot.fr • 지하철 Trocaddéro 역 • 박스 오피스 월~금 11:00~19:00, 일 11:00~17:00 • 티켓 10~27유로 선 • 신용카드 결제 가능

■■■ 공연장

▶ Théâtre de la Ville 테아트르 드 라 빌 (무용 공연장) [T-11] [I-7]

- 2, place du Châtelet 75004 • ☎ 01-42-74-22-77
- www.theatredelaville-paris.com • 지하철 Châtelet Les Halles 역
- 박스 오피스 월 11:00~19:00, 화~토 11:00~20:00(전화 예약 월~토 11:00~19:00) • 7~8월 휴무 • 티켓 17~27유로 • 신용카드 결제 가능
- 파리의 현대 무용 공연장. 자매 공연장인 Théâtre des Abbesses(31, rue des Abbesses 75018)는 민속춤을 공연하는 곳이다.

▶ Opéra National de Paris Bastille
오페라 나시오날 드 파리 바스티유 (콘서트 홀) [T-19] [K-8]

- Place de la Bastille 75012 / 박스 오피스 - 130, rue de Lyon
- ☎ (01)4343-9696 • www.opera-de-paris.fr • 지하철 Bastille 역
- 박스 오피스 월~토 11:30~18:30 • 티켓 60~108유로
- 신용카드 결제 가능

▶ Opéra National de Paris Garnier
오페라 나시오날 드 파리 갸르니에 [T-20] [G-4]

- Place de l'Opéra 75009 • ☎ (01)4001-1789

- www.opera-de-paris.fr • 지하철 Opéra 역 • 박스 오피스 월~토 11:00
  ~18:30 • 티켓 60~108유로 • 신용카드 결제 가능

리도 쇼, 물랭 루즈, 크레이지 호스, 세 가지의 쇼 중 어느 것이 좋을까?

모든 쇼가 정장을 요구하는 것은 아니지만 디너쇼부터 참관하거나 디너쇼 중 무대에 올라 춤을 추고
자 하는 사람은 세미 정장을 하는 것이 좋다. 즉 나비 넥타이는 아니어도 넥타이를 매는 것이 좋고
티셔츠 차림은 피해야 한다. 반바지는 금물이다.

■ 리도 쇼 LIDO

[전통 프렌치 캉캉을 선보이는 물랭 루즈]

© Photo Les Vacances 2007

쇼 공연 시간은 1시간 30~45분 소요된다. 매일 밤 8시에 디너쇼를 시작, 본격적인 쇼는 밤 10시, 12
시(자정) 등 두 번 있다. 2~3년에 한 번 약간의 내용 변경이 이루어지지만 전반적으로 라스베이거스
분위기라고 생각하면 된다. 세 가지의 쇼 중 가장 규모가 크다. 특별히 연령 제한은 없지만 쇼걸들의
가슴이 노출된다. 입장료에 샴페인이 포함(1인당 큰 샴페인 반 병 기준)되어 있고 추가는 별도 계산.
파리 샹젤리제 가에 위치하고 있으며 저녁식사가 포함된 디너를 보는 것보다는 샹젤리제 가에서
식사를 하고 10시에(첫 번째 쇼) 입장하는 것이 좋다.

■ 물랭 루즈 Moulin Rouge

리도 쇼가 아메리카 분위기라면 물랭 루즈는 전통 프렌치 캉캉이 주된 메뉴다. 리도 쇼에 비해 규모
에는 약간 떨어지지만 알차다는 평가를 받는다. 물랭 루즈 쇼장 인근에는 파리 최대 홍등가가 있다.
밤이 되면 호객행위와 바가지 요금이 있으니 조심해야 한다. 입장료에 샴페인이 포함(1인당 큰 샴페인
반 병 기준)되어 있고 추가 시 별도 계산을 해야 한다. 물랭 루즈 주변에서 식사하는 것보다는 쇼 시
작 시간에 임박해서 가는 것이 좋다. 물랭 루즈 주변의 스트립쇼, 성인 숍 등의 호객꾼이 극성을 부리
기 때문이다. 물랭 루즈 쇼장 우측으로 100m 떨어진 곳에는 에로 박물관이 있는데 소문보다는 볼거
리가 별로 없는 곳이다. 쇼가 끝나고 숙소로 돌아갈 때는 물랭 루즈 앞에서 택시를 타는 것보다는 쇼
장을 빠져나와 우측으로 100m 이동한 후 좌측에 있는 택시 정거장에서 택시를 이용하는 것이 좋다.

■ 크레이지 호스 Crazy Horse

샹젤리제와 근접한 조르주 생크George V 가에 위치하고 있다. 리도, 물랭 루즈에 비해 좌석수가 적다. 가격은 좌석별(한가운데, 오케스트라), 사이드, 그리고 바에서 서서 보는 것으로 구분되어 있으며 좌석과 함께 마시는 음료수(샴페인, 일반 탄산 음료수)로 구분된다. 좌석이 좁고 별도의 테이블이 없어 불편하고, 집중력을 떨어뜨리기 때문에 굳이 샴페인을 마시는 것보다 일반 음료가 저렴하고 좋을 것 같다. 가족 단위로 보기에는 부담스럽다. 출연하는 쇼걸들이 상하 모두 약간의 트릭을 사용해 다 벗는다. 세 가지 쇼 중 가장 농도가 심한 곳임에는 틀림없다.

Sights

[유럽 고딕 성당의 뿌리인 노트르담 성당. 센느 강 한가운데의 시테 섬에 자리한다.]

관광 명소

노트르담 성당 인근

▶ 노트르담 성당 Cathédrale Notre-Dame ★★★

노트르담 성당 광장 앞에는 프랑스의 모든 도로가 시작되는 기점을 나타내는 별 모양의 동판이 새겨져 있다. 노트르담 성당이 기독교 신앙의 중심지이자 행정과 교통의 중심지임을 알 수 있다. 그러므로 이곳에서부터 파리 관광을 시작하는 것은 당연한 일이다.

성모 성당이라는 뜻의 노트르담 성당은 센느 강 한가운데 있는 시테 섬에 자리잡고 있다. 1163년 당시 파리 주교였던 모리스 드 쉴리에 의해 건립이 시작되어 182년 후인 1345년에 일단계 공사가 끝났다. 파사드Façade라고 부르는 전면의 높이는

[파리 도심 1]

[파리 도심 2]

35m이고, 폭은 48m이며 길이는 무려 130m에 달한다. 입석을 포함해 9,000명 정도의 신도들이 동시에 미사를 드릴 수 있는 규모이지만, 규모로만 따진다면 고딕 성당치고는 그리 큰 편은 아니다.

에스메랄다를 사랑했던 꼽추 종지기 콰지모도가 성당의 큰 종을 울리며 끝나는 영화 〈노트르담의 꼽추〉에서 콰지모도가 살던 성당이 바로 이 파리 노트르담이다. 콰지모도가 목숨을 걸고 지켰던 성당의 종은 지금도 울리고 있는데, 그 소리는 파 샤프 즉, 반올림 파의 옥타브이다. 종소리가 반올림된 이유는 17세기 때 종을 주조하면서 파리 시민들이 갖고 있던 금가락지 등을 넣었기 때문이다. 종의 무게는 13t이며 타종 추의 무게만 500kg에 이른다.

노트르담 성당에서는 중요한 역사적 사건들이 많이 일어났다. 성 루이 왕이 십자군 원정에서 가져온 예수의 가시면류관이 보관되기 시작한 이래 프랑스 각 왕가의 중요한 대관식, 결혼 미사, 장례 미사 등이 거행되었다. 가장 유명한 의식만 꼽자면 1804년 12월 2일의 나폴레옹 황제의 대관식을 들 수 있다. 드골의 진혼 미사도 1970년 11월 노트르담 성당에서 집전되었다.

빅토르 위고의 〈파리의 노트르담Notre-Dame de Paris〉은 1831년 출간되었다. 위고의 소설은 노트르담 성당 복원에 출발점 역할을 하였고, 1841년부터 19세기 프랑스 최고의 건축가 중 한 사람이었던 비올레 르 뒤크Violet le Duke가 중심이 되어 복원 공사가 시작되었다. 무려 23년이라는 오랜 세월 동안 계속된 공사 기간 동안 조각, 스테인드글라스, 성가대, 중앙 첨탑 등이 보수되거나 새 것으로 교체되었다.

성당은 신도들이 예수가 탄생한 동방의 예루살렘을 향해 앉도록 동쪽을 향해 배치되어 있고 전체 구조는 세로축과 가로축이 교차하는 십자가 구조를 하고 있다. 두 축이 교차하는 지점 위에는 첨탑이 올려지고 내부에는 제단이 위치하며, 그 뒤에 성가대석이 자리잡는다. 이러한 기본 구조는 어느 고딕 성당이나 거의 동일하다. 하늘에서 보면 성당은 거대한 방주를 뒤집어 놓은 모양을 하고 있는데, 이는 성당이 구원의 장소임을 나타낸다. 성당은 지하, 지상, 첨탑 등 세 부분으로 구성된다. 지하는 육체를, 지상은 인간의 마음과 이성을, 그리고 첨탑은 영혼을 각각 상징한다. 이런 구조는 어느 성당이나 동일하다. 성당 지하는 납골당으로 쓰인다.

성당의 내외부는 구약과 신약의 내용을 묘사한 조각들로 장식되어 있다. 지금은 모두 채색이 사라진 지 오래되어 햇빛을 받아 빛나던 화려한 광채를 전혀 느낄 수 없지만, 옛날에는 모든 조각들이 황금 바탕에 다채색으로 칠이 되어 있었다. 노트르담 성당의 전면은 세 개의 문으로 구성되어 있는데, 가운데 문이 최후의 심판 문이고 왼쪽이 성모 마리아, 오른쪽이 성모의 어머니인 성녀 안나의 문이다. 이 세 개의 문 위에는 28개의 입상들이 도열해 있다. 이들은 구약에 나오는 유대 나라의 왕들인데, 대혁명 당시 프랑스 왕들로 착각을 한 폭도들에 의해 파손된 것을 복원한 것이다. 그 위에는 별자리를 나타내는 지름 10m의 원화창이 있다. 햇빛이 드는 오후 원화창을 투과해 들어온 무지개빛 햇살에 물든 성당 내부는 천당의 분위기를 자아낸다.

성당 내부는 예배와 기도의 장소이지만 관광객들에게는 놓칠 수 없는 관광 명소다. 성가대 뒤쪽으로 피에타 조각이 있는데, 루이 13세가 경배를 드리는 모습으로 조각되었고 훗날 루이 14세 상이 추가된다. 성가대석의 벽을 장식하고 있는 부조는 14세기 작품인데 예수의 일생을 묘사하고 있다. 제단 남쪽의 원화창 밑에는 작은 성당 성물 박물관이 있다. 19세기에 성당을 복원할 때 만들어진 이 박물관에는 예수님의 진짜 십자가 조각과 가시면류관이 보관되어 있다.

노트르담 성당의 파이프 오르간은 프랑스 성당에 있는 오르간 중에서 가장 웅대한 규모를 지니고 있다. 무려 8,000개의 파이프로 제작되었고 소리가 울리는 데 2~3초 정도 시간이 걸리기 때문에 미사 때는 무전기나 이동 전화를 이용해 서로 신호를 맞추어야 할 정도다. 매주 일요일 오후에 오르간 연주회가 열린다.

[신비로운 분위기의 노트르담 성당 내부]

[노트르담 성당의 피에타]

성당 뒤로 가면 작고 아름다운 마당이 나온다. 파리 주재 교황청 대사를 지내다 제259대 교황이 된 요한 23세의 이름을 붙인 요한 23세 광장이다.

이 광장에서는 성당의 후면을 전체적으로 감상할 수 있다. 한가운데 보이는 첨탑은 참나무 50통과 청동주물 250통으로 제작되었다. 전체 높이가 90m에 달하는 이 첨탑의 가장 높은 곳에 있는 공 속에는 생 드니 등 성자의 유물들이 안치되어 있다. 성당의 벽에는 '가르구이유'라는 괴물 형상의 석상들이 곳곳에 놓여 있다. 19세기 중엽 성당이 복원되면서 새로 만들어진 이 석상들은 벽 밖으로 돌출되어 있어 빗물을 받아내는 홈통 역할을 했다. 성당의 지붕에는 12신도의 청동상이 올라가 있으며, 이 조각 종에는 성당을 복원한 건축가 비올레 르 뒤크의 조각도 포함되어 있다.

- 위치   Place du Parvis Notre Dame 75004
- 교통편   지하철 M4 Cité 혹은 St-Michel 역
- 개관시간 성당 - 월~금 08:00~18:45, 토, 일 08:00~19:15
         탑 - 4~9월 10:00~16:30(6~8월 주말은 ~23:00)
         10~3월 10:00~17:30(입장은 폐관 45분 전까지)
         지하 예배당 - 화~일 10:00~18:00(월요일 휴관)

- 웹사이트   www.cathedraledeparis.com
- 입장료   성당 무료, 탑 7.50유로, 학생 4.80유로

▶ 퐁 네프 교 Pont-Neuf ★

센느 강의 30여 개 다리 중 가장 오래된 다리이며 중간에 있는 기마상은 부르봉 왕
조를 세운 앙리 4세이다. 이 기마상은 프랑스 역사상 최초로 일반인들이 다니는 대
중적 장소에 세워진 왕의 조각인데, 1792년 혁명 당시 파괴된 것을 다시 복원하였
다. 〈퐁 네프의 연인들Les Amants du Pont-Neuf〉(1992)이라는 영화로 많이 알려
졌지만, 현대 미술가 크리스토Christo가 다리 전체를 포장지로 싸는 퍼포먼스를 선

[파리에서 가장 오래된 다리, 퐁 네프]

보여 유명해지기도 했다. 옛날에는 다리 위에 집들이 있었고 통행세를 받기도 했다.

＊ 루브르 박물관 Musée du Louvre ⇨ p387

소르본느 대학 인근

▶ 뤽상부르 궁과 정원
Jardin et Palais du Luxembourg ★★

현재 프랑스 상원 의사당으로 쓰이고 있는 뤽상부르 궁은 1612년 피렌체 메디치 가
태생의 프랑스 왕비 마리 드 메디시스가 뤽상부르 공으로부터 땅을 매입해 고향인
피렌체 식으로 지은 성이다. 많은 시인, 소설가, 화가들이 칭찬을 아끼지 않았던 뤽
상부르 궁의 정원은 파리에서 가장 큰 정원이면서 동시에 가장 아름다운 정원이기
도 하다. 뿐만 아니라 프랑스 식 정원과 영국식 정원이 공존하는 곳이기도 하고, 남
녀노소 모두가 자기들만의 공간을 가질 수 있는 곳이기도 하다.

프랑스 조각가 바르톨디가 제작한 미국 뉴욕 맨해튼에 있는 자유의 여신상 원형이 이곳에 있다. 마로니에 나무의 낙엽이 지는 가을이 되면 정원에 마련된 정자에서는 야외 음악회가 열리기도 한다. 뤽상부르 인근에는 수많은 학교와 연구소들이 있어 피곤한 머리를 쉴 수 있는 뤽상부르 정원은 연구원들에게 일명 오아시스로 불리기도 한다.

- ☎   (01)4454-1930, 4404-1935
- 교통편   지하철 M4 St-Sulpice 혹은 RER-B Luxembourg 역
- 개관시간   궁 – 매월 첫째 일요일 오전 10:30에만 관람 가능(사전 예약 필수)
- 웹사이트   www.senat.fr

▶ 소르본느 대학 Sorbonne ★

© Photo Les Vacances 2007

[소르본느 대학]

© Photo Les Vacances 2007

[파리지엥들이 즐겨 찾는 뤽상부르 정원]

현재는 파리 제4대학이 된 소르본느 대학은 1253년 성 루이 왕의 허락을 받아 로베르 드 소르봉이라는 신부가 16명의 가난한 신학생을 가르치던 곳이었다. 중세에는 야외에서 수업을 했고, 현재의 건물은 루이 13세 때인 17세기 초 리슐리외 추기경의 주도 아래 건축되지만 부속 성당만 옛 건물일 뿐 나머지 건물은 19세기 말에 건축되었다. 소르본느 대학 구내 광장에는 빅토르 위고와 루이 파스퇴르 조각이 서 있고 계단식 대강의실에는 19세기 말에 활동했던 프랑스 화가 퓌비 드 샤반느의 작품 〈성스러운 숲〉이 있다. 소르본느 대학은 프랑스 보수파의 근거지로 16세기에는 신교도를 탄압하는 데 앞장섰고 18세기에는 계몽주의자들과 맞서 보수 진영을 옹호했던 곳이다. 백년전쟁 당시 종교적인 이유로 영국을 지지하고 잔 다르크의 화형식에서 주도적인 역할을 담당했던 피에르 코숑도 소르본느에서 파견한 사람이었다. 이러한 보수적인 색채는 19세기와 20세기 내내 지속되어 신구 논쟁이 벌어질 때마다 소르본느는 구파인 보수파를 옹호하곤 했다.

- 교통편   지하철 M10 Cluny La Sorbonne 역

Museum & Gallery

▶ 루브르 박물관 Musée du Louvre ★★★

루브르 박물관은 12세기 말 필립 오귀스트 왕이 중세식 요새로 건축한 이후 20세기 말 프랑수아 미테랑 대통령까지 약 800여 년의 역사를 간직하고 있는 건물이다. 14세기 들어 샤를르 5세 때, 처음 왕궁으로 사용되면서 왕실의 진귀한 귀중품과 도서들이 루브르에 들어오기 시작하고 화려한 거실과 집무실들이 마련된다. 하지만 이후 프랑스 궁정과 귀족들은 루브르 궁을 버리고 남쪽의 루아르 강 쪽으로 내려갔고 이로 인해 루브르 궁은 다시 원래대로 군사적 목적으로 쓰이게 된다. 이 중세 성

© Photo Les Vacances 2007

[루브르 박물관과 피라미드]

은 다시 파리로 돌아온 프랑수아 1세에 의해 1545년 헐리기 시작해 지금과 같은 모습의 르네상스 식 성이 건립된다. 이후 프랑스 절대왕정이 막을 내리는 루이 16세 때까지 역대 모든 프랑스 왕들은 어떤 식으로든 궁에 자신들의 치세 흔적을 남기게 된다. 나폴레옹 역시 마찬가지였다.

프랑스가 대혁명의 와중에 있을 때인 1793년 루브르 궁은 무제움Museum 즉, 박물관으로 선포되면서 왕족, 귀족, 성직자들이 소장하고 있던 예술품들을 보관하게 된다. 나폴레옹의 제정 때는 잠시 나폴레옹 박물관으로 선포되면서 유럽 여러 나라에서 강탈해 온 엄청난 양의 유물들이 루브르에 들어온다. 루브르 궁이 현재와 같은 위용을 갖추게 되는 것은 20세기 말 14년 동안 프랑스를 통치했던 프랑수아 미테랑 대통령 당시 '대 루브르Le Grand Louvre' 계획에 의거해 약 20년 동안 이루어진 대역사가 끝난 후였다. 이 모든 공사는 나폴레옹 광장에 유리 피라미드를 세운 중국계 미국인 건축가 아이오밍 페이가 맡았다.

• 교통편　　　　　　지하철 M1, 7 Palais Royal–Musée du Louvre 역

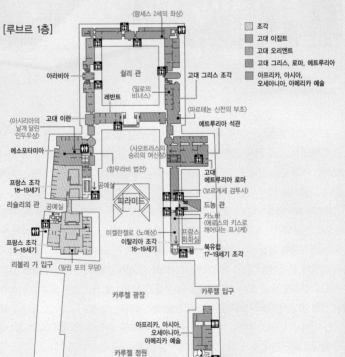

[지하]

조각
고대 이집트
고대 오리엔트, 이슬람 예술
고대 그리스, 로마, 에트루리아
루브르 역사 전시실
(복원된 중세 루브르 성의 기초)

쉴리 관

이집트
그리스 실

중세 루브르 외호

〈대야 일명 성 루이 대왕위 세례반〉

메소포타미아 실

이슬람 미술

루브르
역사
전시실 1

루브르 역사
전시실 2

이집트 기독교
(콥트 파)

피에르 퓌제
〈크로토네의 밀론〉

리슐리외 관

그리스 (전 고전주의)
드농 관

프랑스 조각

이집트
(로마 점령기)

기용 쿠스투 1세
〈마를리 궁의 말들〉

입구
출구

입구
나폴레옹 홀
(피라미드)

이탈리아,
스페인 조각
11–15세기

북유럽 조각

그레고르 에라르트
〈성녀 마리아 막달레나〉

[루브르 1층]

조각
고대 이집트
고대 오리엔트
고대 그리스, 로마, 에트루리아
아프리카, 아시아,
오세아니아, 아메리카 예술

〈람세스 2세의 좌상〉

쉴리 관

아라비아

고대 그리스 조각

레반트

〈밀로의
비너스〉

〈아시리아의
날개 달린
인두우상〉

고대 이란

〈파르테논 신전의 부조〉

에트루리아 석관

메소포타미아

〈사모트라스의
승리의 여신상〉

프랑스 조각
18–19세기

〈함무라비 법전〉

공예실

고대
에트루리아 로마

리슐리외 관

공예실

〈보르게세 검투사〉

드농 관

피라미드

카노바
〈에로스의 키스로
깨어나는 프시케〉

프랑스 조각
5–18세기

미켈란젤로 〈노예상〉
이탈리아 조각
16–19세기

프랑스
회화실

북유럽
17–19세기 조각

리볼리 가 입구

〈필립 포의 무덤〉

카루젤 광장

카루젤 입구

아프리카, 아시아,
오세아니아,
아메리카 예술

카루젤 정원

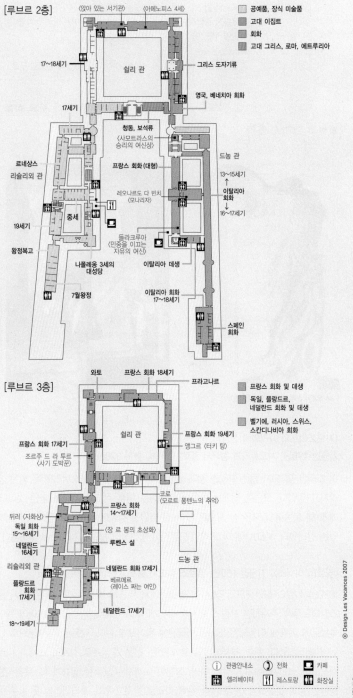

[루브르 2층]

〈앉아 있는 서기관〉　〈아메노피스 4세〉

공예품, 장식 미술품
고대 이집트
회화
고대 그리스, 로마, 에트루리아

17~18세기

쉴리 관

그리스 도자기류

17세기

영국, 베네치아 회화

청동, 보석류
〈사모트라스의 승리의 여신상〉

프랑스 회화 (대형)

르네상스 리슐리외 관

드농 관

13~15세기
↑
이탈리아 회화
↓
16~17세기

레오나르도 다 빈치 〈모나리자〉

중세

19세기

왕정복고

들라크루아 〈민중을 이끄는 자유의 여신〉

이탈리아 데생

나폴레옹 3세의 대성당

이탈리아 회화 17~18세기

7월왕정

스페인 회화

[루브르 3층]

와토　프랑스 회화 18세기

프라고나르

프랑스 회화 및 데생
독일, 플랑드르, 네덜란드 회화 및 데생
벨기에, 러시아, 스위스, 스칸디나비아 회화

쉴리 관

프랑스 회화 17세기

프랑스 회화 19세기

조르주 드 라 투르 〈사기 도박꾼〉

앵그르 〈터키 탕〉

코로 〈모르트 퐁텐느의 추억〉

뒤러 〈자화상〉

프랑스 회화 14~17세기

독일 회화 15~16세기

〈장 르 봉의 초상화〉

네덜란드 16세기

루벤스 실

드농 관

리슐리외 관

네덜란드 회화 17세기

플랑드르 회화 17세기

베르메르 〈레이스 짜는 여인〉

네덜란드 17세기

18~19세기

ⓘ 관광안내소　☎ 전화　☕ 카페
🏧 엘리베이터　🍴 레스토랑　🚻 화장실

© Design Les Vacances 2007

- 개관시간　　　09:00~18:00(수, 금 ~21:45), 매표소는 ~17:15(수, 금 ~21:15),
　　　　　　　　매표소와 입구가 있는 피라미드는 ~22:00.
　　　　　　　　여유롭게 관람하고 싶다면, 수, 금 저녁시간을 이용하는 것이 좋다.
- 휴관일　　　　화요일, 1월 1일, 5월 1일, 8월 15일, 12월 25일
- 웹사이트　　　www.louvre.fr
- 입장료　　　　종일권 9유로(수, 금 18:00~19:45 6유로), 매월 첫째 일요일 무료

주요 작품

■■■ 그리스 조각

[〈사모트라스의 승리의 여신상〉]

[〈밀로의 비너스〉]

〈사모트라스의 승리의 여신상〉
기원전 190년, 사모트라케 섬에서 출토, 대리석, 높이 328cm

이 조각은 몇 되지 않는 그리스 시대 원본이다. 발견될 당시부터 머리와 두 팔은 사라지고 없었다. 오른쪽 날개는 박물관에 들어온 이후 석고로 제작해 붙인 것이다. 에게 해 북동쪽의 작은 섬 사모트라케에서 발견될 당시에는 여러 조각으로 부서져 있는 상태였다. 1950년에 이 조각의 오른손이 발견되어 루브르 박물관에 들어온다.

〈밀로의 비너스〉, 기원전 100년, 멜로스 섬에서 출토, 대리석, 높이 202cm

1820년 키클라데스 군도의 작은 섬 멜로스에서 우연히 발견된 이 조각은 당시 콘스탄티노플에 주재하던 프랑스 대사가 구입해 루이 18세에게 선물했고, 이어 왕이 루브르에 기증해 이듬해인 1821년 박물관에 들어오게 된다. 작품은 두 부분으로 나뉘어 제작되었다. 둔부 부분에 가로로 나있는 선을 중심으로 상체와 하체가 따로 제작되어 접합된 것이다. 작은 머리, 살집이 느껴지는 도톰한 입술과 턱, 육감적인 풍만한 몸과 꼿꼿하게 선 두 가슴, 왼쪽 다리로 받치고 있는 흘러내리는 옷 등은 이

조각이 누리고 있는 인기가 어디서 오는지 잘 일러준다.

■■■ 고대 동방 유물

〈함무라비 법전〉, 기원전 18세기 초, 수사 출토, 현무암, 높이 2.25m

함무라비는 바빌론 왕조 제6대 왕으로서 최초로 바빌론의 권위를 인근에 떨친 왕이었다. 비석 상단부에는 왕과 신이 서로 마주 보고 있는 모습이 새겨져 있다. 비문에는 오늘날의 민법, 상법, 형법을 연상시키는 초보적인 내용들이 적혀 있다. 세금, 동

[〈함무라비 법전〉]　　[〈아시리아의 날개 달린 인두우상〉]

업 등 상법에 관련된 조항들과 양자 입양, 결혼, 채무, 이자, 유산 상속 등의 민법 조항들, 간음, 절도 등에 관련된 형법적 조항들도 들어 있다.

〈아시리아의 날개 달린 인두우상〉

사르공 2세의 궁 코르사바드, 기원전 721〜705년, 석고, 높이 4.20m, 길이 4.36m

궁의 정문을 지키는 수호상들이었는데 인간의 머리에 동물의 몸을 한 전형적인 고대 석상의 형식을 따르고 있다. 라마쑤로 불렸던 이 수호신들은 세상의 기초를 보호하는 정령들이었다.

■■■ 이집트

〈대 스핑크스〉

타니스 출토, 기원전 1900년경, 적색 화강암, 높이 1.83m, 길이 4.80m

적색 화강암을 통째로 다듬어 만든 이 거대한 스핑크스 상은 사자의 몸을 한 이집

트 왕 파라오를 우의적으로 형상화한 것이다. 이 대 스핑크스는 우선 그 조형적 우수성과 빼어난 제작 솜씨 등으로 인해 보는 이들의 찬탄을 자아낸다. 세부 묘사는 보면 볼수록 정교하기만 하다. 한 사람의 파라오가 아니라 여러 명의 파라오들이 이 작품에 자신들의 이름을 새겨놓았다.

■■■ 이탈리아 조각

미켈란젤로(1475~1564)
〈반항하는 노예, 죽어가는 노예〉, 로마, 1513~1515, 대리석, 미완성, 높이 209cm

[〈대 스핑크스〉]

[미켈란젤로 〈반항하는 노예〉, 〈죽어가는 노예〉]

미켈란젤로의 두 작품 〈죽어가는 노예〉와 〈반항하는 노예〉는 미완성 작품이다. 바티칸 성 베드로 성당에 있는 〈피에타〉와 피렌체에 있는 〈다비드〉 상을 끝낸 미켈란젤로는 어느덧 30대에 들어섰고 자신을 기다리고 있던 운명을 만나게 된 것도 이때였다. 서른을 바라보는 해인 1503년 미켈란젤로는 바로 교황 율리우스 2세의 초청으로 피렌체를 떠나 로마로 향했고 거기서 그의 반평생을 쫓아다니게 될 운명과도 같은 조각, 율리우스 2세의 묘비 제작을 의뢰받게 된다.

〈죽어가는 노예〉와 〈반항하는 노예〉, 미완성으로 끝난 이 두 노예상은 처음에는 40여 점의 조각으로 장식될 웅대한 율리우스 2세의 묘비 조각의 일부로 구상되었다. 계획이 여러 번 축소되는 바람에 끝내 미완성으로 남고 만 이 두 조각은 율리우스 2세의 묘비에서도 제외되고 말았고, 미켈란젤로는 이 두 조각을 친구인 로베르토 스트로치에게 주어버리고 만다. 두 노예상은 아직도 더 깎아내야 할 잡석을 간직하고 있다. 하지만 더 이상 정을 댔다면 조각은 깨져버리고 말았을 것이다. 조각의 재료인 대리석의 결이 더 이상의 손길을 허락하지 않았던 것이다.

■■■ 프랑스 회화

자크 루이 다비드(1748~1825)
〈나폴레옹 1세 황제의 대관식〉, 1805~1807, 캔버스에 유채, 610×931cm

나폴레옹 1세 황제의 대관식은 1804년 12월 2일, 노트르담 성당에서 거행되었다. 황제의 수석 화가로 지명된 다비드의 그림은 이 역사적인 장면을 2년여의 세월에 걸쳐 묘사한 것이다. 200여 명의 명사들이 참여한 이 대관식 장면은 그것 자체로 한 편의 걸작이면서 동시에 자료로서의 의미도 지니고 있다. 그림 중앙의 발코니에

[자크 루이 다비드 〈나폴레옹 1세 황제의 대관식〉]

는 황제의 모친이 앉아 있는데 사실은 대관식에 참가하지 않았지만 황제가 그려넣은 것이다.

으젠 들라크루아(1798~1863)
〈민중을 이끄는 자유의 여신〉, 1830, 캔버스에 유채, 260×325cm

샤를르 10세의 왕정에 반기를 든 1830년 7월혁명을 기리는 이 그림은 1831년 루이 필립이 구입했고 그 이후 오랫동안 혁명이나 시위를 선동할 수 있다는 이유로 일반인들에게 공개되지 않은 채 창고에 보관되어 왔다. 들라크루아의 작품 중 가장 유명한 작품이 되어버린 이 그림은 사실주의, 낭만주의, 고전주의가 뒤섞인 절충적 작품이다. 프랑스 삼색기를 들고 앞으로 달려 나오는 여인은 실재하는 인물이 아니라 자유를 상징하는 자유의 여신이다. 특히 소년은 빅토르 위고의 소설에 등장하게 될 가브로슈를 연상하게 한다.

레오나르도 다 빈치(1452~1519)
〈모나리자〉 혹은 〈라 조콘다〉, 1503~1506, 목판에 유채, 53×77cm

레오나르도 다음 세대에 속하는 르네상스 미술사가 바사리가 자신의 저서 〈유명 화
가, 조각가, 건축가들의 생애〉에서 밝힌 바에 따라 그림의 모델은 피렌체의 명사였
던 프란체스코 델 조콘다의 부인이었을 것으로 추정된다. 프랑스에서도 이 그림을
이런 이유로 흔히 〈라 조콘다〉로 부른다. 모나리자라는 이름은 리자 부인이라는 뜻
인데, 부인의 처녀 때 이름 리자 게라르디니에서 온 것이다. 하지만 이탈리아 말로
조콘다라는 말은 아름답고 명랑한 여인을 뜻하는 말이기도 해 의문의 여지가 있다.
레오나르도는 여러 가지 정황으로 보아 피렌체에 머물 때인 1503년경 이 그림을

[으젠 들라크루아 〈민중을 이끄는 자유의 여신〉]

그린 것으로 보인다. 이후 밀라노, 로마 등지로 거처를 옮길 때도 그림을 갖고 다니
며 그때그때 보완했다. 1513년 프랑스 왕 프랑수아 1세의 초청을 수락하고 프랑스
에 올 때도 레오나르도는 직접 이 그림을 갖고 왔다. 그리고 자신을 초청해준 이 프
랑스 왕에게 〈모나리자〉를 팔았다고 한다. 하지만 이 역시 확실하지는 않다.

그림은 이미 그려졌을 당시부터 유명했다. 반신상은 당시로서는 흔하지 않은 것이
며 특히 인물의 몸을 4분의 1 정도 비스듬하게 묘사한 것은 최초였다. 인물은 왼팔
을 팔걸이에 기댄 채 그 위로 오른손을 포갠 자세로 앉아 있다. 이 자세는 당시 귀
부인이나 규수들의 예의범절을 규정한 책을 보면 양가집 여인들이 취해야 하는 자
세였다. 뒤의 배경으로 봐 경치가 내려다 보이는 높은 건물의 발코니 같은 곳에 자
리를 잡았을 것이다. 원래 그림에는 양쪽으로 건물 발코니 기둥이 있었지만 이는
16세기에 잘려나갔다.

인물은 유명한 그 미소가 아니더라도 이제 막 그림을 끝낸 것처럼 생동감이 넘친
다. 어두운 검정색 옷과 결코 희다고 할 수 없는 피부, 지나치게 안정감을 주는 피
라미드 구도에도 불구하고, 모델의 얼굴과 자세에서는 경직성이나 자의적인 분위기

가 전혀 느껴지지 않는다. 대개 모델은 한 시간 정도만 포즈를 취하고 있어도 몸이 굳어지고 자연히 표정이나 마음도 경직되게 마련이다. 그래서 자주 휴식을 가져야만 한다. 전하는 바에 따르면 레오나르도는 〈모나리자〉를 그리면서 악사들과 피에로를 동원해 그 앞에서 음악을 연주하게 했다고 한다.

하지만 이런 극히 자연스러운 인물의 분위기는 무엇보다 얼굴과 손 묘사에서 비롯된다. 얼굴이나 손 묘사에서는 붓자국 하나 찾아볼 수 없을 정도로 완벽하게 스푸마토 기법이 활용되어 있다. 레오나르도는 손가락으로 색을 뭉개 윤곽선이 하나도 드러나지 않게 색을 처리했고, 많은 색을 쓴 것이 아니라 같은 색의 명도와 채도를 달리하기 위해 가능한 한 색을 엷게 사용했다. 턱의 양감, 입가의 미소, 뺨에서 눈두 덩에 이르기까지 이런 기법은 철저하게 적용되어 인물의 얼굴에서는 단 한 개의 주름도 찾아볼 수가 없다. 또한 인물은 정숙하게 앉아 있지만, 전체적으로는 4분의 1

[레오나르도 다 빈치 〈모나리자〉. 루브르 박물관에서 가장 인기 있는 작품이다.]

정도 몸을 튼 결과 오른팔, 가슴과 맞닿은 옷의 선, 머리 등이 나선형으로 상승하는 내적인 움직임을 형성하고 있다.

뒤의 배경은 많은 미술 사학자들이 지적한 대로, 레오나르도의 철학과 과학이 종합된 부분이다. 배경에 들어가 있는 풍경화는 하나의 단일한 그림이 아니다. 왼쪽과 오른쪽 그림은 같은 거리에서 그린 것이 아니다. 또한 모든 풍경은 이른바 대기 원근법으로 처리되어 있어 거리나 크기보다는 대기의 밀도에 따라 달리 보이는 풍경을 나타내고 있다. 그림은 프랑스 왕가의 소유였다가 대혁명 이후 나폴레옹이 잠시 틸르리 궁의 침실에 걸어놓았고 1804년에는 현재 루브르 박물관인 나폴레옹 박물관에 전시된다. 1911년 한 이탈리아 인에 의해 도둑을 맞았다가 1년 후 되찾게 된다. 지금까지 미국, 일본, 러시아에서 세 번 해외 전시를 했다.

■ 기타 레오나르도 다 빈치의 작품

〈동정녀, 아기 예수, 성 안나〉, 1510년경, 목판에 유채, 130×168.5cm

〈암굴의 성모〉, 1483~1486, 캔버스에 유채, 122×199cm

파올로 베로네세(1528~1588)
〈가나의 혼인잔치〉, 1562~1563, 캔버스에 유채, 990×666cm

가로가 10m에 달하는 이 대형 그림은 그 크기도 크기지만, 수많은 인물들과 완벽한 대칭 구도, 그리고 무엇보다 현란할 정도로 화려하고 밝은 색채로 보는 이들을 압도한다. 피렌체와 쌍벽을 이루며 르네상스의 꽃을 피웠던 베네치아 파의 전형적인 특징을 볼 수 있는 그림이다. 베로나 출신인 베로네세는 1553년 베네치아로 나와 대형 장식 화가로서의 재능을 유감없이 발휘한다. 화려한 의상, 정확한 인물 배치와 늘 등장하는 음악적 요소들에서 볼 수 있듯이, 그의 작품들에서는 거의 언제

[파올로 베로네세 〈가나의 혼인잔치〉]

나 오페라 무대를 연상시키는 연출 감각이 돋보인다.

주제만 성경에서 빌려왔을 뿐 등장 인물과 배경은 당시 베네치아에 현존했던 인물들과 건물이다. 이 그림은 가나의 혼인잔치가 아니라 베네치아의 혼인잔치를 묘사한 것이다. 그림 전경에 자리잡고 있는 악사들은 당시 베네치아에서 가장 유명한 화가들이다. 티치아노, 바싸노, 틴토레토 등이 있고 화가 베로네세도 흰 옷을 걸친 채 긴 활로 비올라를 켜고 있다. 기타 인물들 역시 모두 당대 유럽의 군주나 왕족들이다. 심지어 터키 술탄까지 초청되어 있다.

최근 루브르 유물 보존실에서 4년 정도 세정 작업을 펼쳐 그림 표면에 붙어 있던 때와 니스를 벗겨냈고 그 결과 원작이 가지고 있던 화려한 색감을 다시 볼 수 있게 되었다. 그림을 그릴 당시 34살이었던 화가는 이 대형 그림을 단 1년만에 완성한다. 이 그림은 베르사유에서 루브르로 옮겨오자마자 많은 화가들에게 연구 대상이 되고 들라크루아, 마네, 팡탱 라투르 등은 직접 그림을 모사하기도 했다.

▶ 팡테옹 Panthéon ★

1744년 북프랑스의 메스로 원정을 나갔던 루이 15세는 그곳에서 중병에 걸리자 자신의 병을 낫게 해주시면 신에게 성당을 지어 바치겠다고 기도를 한다. 현재 팡테옹으로 불리는 성당은 이렇게 해서 건립이 시작된다. 루이 15세의 애첩인 퐁파두르 부인이 친히 건축가를 천거하지만, 길이가 110m에 달하고 높이가 83m에 달하는 엄청난 규모의 설계로 구설수에 오르내린다. 그러나 가로 세로 길이가 같은 그리스 십자가 형태를 띤 이 설계는 마침내 1758년 성당에 첫 돌이 놓임으로써 건설이 시작되었다.

건물이 완공된 해는 프랑스 대혁명이 일어난 1789년이었다. 성당은 프랑스 대혁명 내내 프랑스 위인들의 묘로 사용된다. 제일 먼저 팡테옹에 들어온 사람은 혁명 당

© Photo Les Vacances 2007

[프랑스 역사 속 위인들이 묻혀 있는 팡테옹]

시 유명한 연설가였던 미라보였고 그의 뒤를 이어 볼테르, 루소, 마라 등 혁명에 직간접으로 영향을 주거나 참여했던 이들이 들어온다. 하지만 마라가 들어오면서 미라보는 쫓겨나고 이어 마라도 다시 쫓겨나 그의 시신은 길거리에 나뒹굴고 만다. 시대가 바뀔 때마다 죽은 영혼의 의미도 바뀌었던 것이다.

이어 성당과 위인들의 묘소로 여러 번 용도가 바뀐 끝에 마침내 1885년 빅토르 위고의 시신이 들어옴으로써 성당으로서의 기능은 완전히 정지된다. 위고의 뒤를 이어 지하 묘소에는 현재, 자연주의 소설가 에밀 졸라, 레지스탕스의 전설적인 인물 잘 물랭, 유명한 과학자 퀴리 부인, 20세기 행동주의 작가이자 프랑스 문화부 장관을 역임한 앙드레 말로 등이 들어와 있다. 가장 최근에는 19세기 가장 인기 있는 대중 소설가였던 알렉상드르 뒤마가 팡테옹에 들어왔다. 이외에도 170명 정도의 프랑스 역사를 빛낸 위인들이 이곳에 묻혀 있다. 코린트 양식의 기둥들이 받치고 있는 건물 상단에는 "위인들에게 조국은 감사한다."는 글귀가 적혀 있다.

- 위치   Place du Panthéon
- 교통편   지하철 M10 Cardinal Lemoine 혹은 Maubert Mutualité 역

- 개관시간   4~9월 10:00~18:30, 10~3월 10:00~18:00(매표소는 45분 전까지)
- 휴관일   1월 1일, 5월 1일, 12월 25일
- 입장료   성인 7.50유로, 학생 4.80유로

▶ 몽파르나스 Montparnasse

몽파르나스는 그리스 로마 신화에 나오는 산으로 예술의 신인 아폴론이 뮤즈들과
어울려 지내던 산이다. 17세기 때 신학교에서 쫓겨난 젊은이들이 이곳에 와 시를 읊
으면서부터 이런 이름이 붙게 되었다. 몽파르나스 지역이 파리뿐만 아니라 전 세계
적으로 알려지게 된 것은 1차대전 직후 몽마르트르 언덕에서 이곳으로 이주해 온
예술가와 시인들 때문이다. 이들은 단골 카페나 술집을 정해 놓고 모여 이야기를

[생 제르맹 데 프레 성당(좌)과 인근에 있는 카페 레 되 마고(우)]

하거나 작품 활동을 했다. 뿐만 아니라 레닌 같은 외국의 정치 망명객이나 헤밍웨이
를 비롯한 외국 소설가들도 이곳을 자주 드나들어 그 명성이 널리 퍼지게 되었다.
하지만 이런 명성이 지금까지도 계속되는 것은 아니다. 테제베 대서양선의 파리 기
점인 몽파르나스 역이 들어선 지금은 파리에서 가장 복잡한 지역 중의 하나다. 하
지만 옛날 카페들은 여전히 옛 영광을 간직하고 있고, 이곳 인근의 생 제르맹 데 프
레 지역과 함께 지금도 많은 문인 예술가들이 즐겨 찾고 있다.

- 교통편   지하철 M4, 6, 12, 13 Montparnasse Bienvenue 역

생 제르맹 데 프레 인근

▶ 생 제르맹 데 프레 성당
Église Saint Germain des Prés ★★

채소밭 한가운데 세워진 거대한 수도회 건물, 그것이 생 제르맹 데 프레였다. 생 제

르맹은 576년에 죽은 파리 주교였다. 이 주교의 이름을 딴 베네딕트 수도회 건물이 세워진 것은 8세기 무렵이다. 현재 성당 건물 중 파사드라 불리는 정면만 11세기 건물이고 종탑이나 기타 부분은 19세기 때 복원한 것들이다.

이 일대는 19세기 말에서 20세기 중엽까지 많은 시인, 소설가, 정치가들이 자주 드나들던 유명한 카페가 많은 곳이다. 몽마르트르 시대가 저물며 화가들도 몽파르나스와 생 제르맹 데 프레 쪽으로 옮겨왔다. 카페 드 플로르, 카페 레 되 마고, 맥주집인 리프 등이 대표적인 곳이다. 카페 드 플로르는 제2제정 때 세워진 카페인데, 아폴리네르, 브르통 같은 초현실주의 시인 예술가들이 즐겨 찾던 곳이고 사르트르, 시몬느 드 보부르, 알베르 카뮈, 자크 프레베르 등도 자주 모습을 보였다. 카페 드 플로르와 이웃하고 있는 카페 레 되 마고 역시 문인들이 많이 찾던 곳이다. 사르트르가 앉아서 글을 쓰던 곳에는 이름이 각인되어 있기도 하다. 이 카페는 현재 역사 기념물로 지정되어 있다.

- 위치   3, place Saint-Germain-des-Prés 75006
- 교통편   지하철 M4 St-Germain-des-Prés 역
- 개관시간   월~토 08:00~19:45, 일 09:00~18:00
- 입장료   무료

오페라 인근

▶ 오페라 갸르니에 Opéra Garnier ★★

1862년 37살의 신예 건축가 샤를르 갸르니에에 의해 건립이 시작되어 1875년 완공된 파리 오페라 하우스는 19세기 말 절충주의 양식의 최대 걸작으로 꼽힌다. 각 건축 양식 중 가장 아름다운 부분만 모두 모아놓은 동화 속의 궁전 같은 건물이다. 제2제정 당시 부르주아들의 취향에 맞추어 파리 시장 오스만의 도시 계획의 일환으로 건설된 오페라 하우스 주변은 고급 레스토랑, 대형 백화점, 화랑, 유명 카페, 보석상들이 자리잡고 있는 가장 파리다운 거리이면서 동시에 프랑스를 비롯한 전 세계 유명 은행과 증권사들의 지점들이 있는 금융가이기도 하다.

파리 오페라 하우스는 히틀러가 가장 좋아했던 건물로 알려져 있다. 메르세데스에 몸을 실은 히틀러는 친구이자 건축가인 슈페르에게 이렇게 털어놓았다. "파리를 보는 것이 내 평생의 꿈이었어. 오늘 그 꿈이 실현되어 내가 얼마나 행복한지 자넨 모를 걸세……."

오페라와 발레를 주로 공연했던 이 건물은 현재, 정명훈이 지휘자로 취임한 바 있었던 바스티유 오페라에 오페라 공연은 넘겨주고 발레만 전문으로 공연하는 공연장으로 바뀌었다. 건물 전면은 조각품들이 장식하고 있는데, 이 중에서 가장 유명하고 예술적 완성도가 빼어난 것은 오른쪽 끝에 있는 카르포의 〈춤〉이다. 원작은 오르세 박물관에 있다.

오페라 내부에서 가장 아름다운 부분은 두 군데다. 입구를 통과하면 나오는 명예의

계단이 그중 하나이며 다른 하나는 러시아 태생으로 파리에서 활동했던 마르크 샤갈이 1964년에 그린 공연장 내부의 천장화이다. 오페라 하우스 외부의 꼭대기에는 음악의 신인 아폴론이 리라를 높이 쳐들고 있다.

오페라 갸르니에 인근은 오스만이 계획한 파리 도시 계획의 중심에 해당하는 지역이다. 오페라 가, 오스만 가 등이 이때 모두 정비되며 인근의 민간 아파트도 동일한 양식에 동일한 규모로 함께 건축된다. 이로써 파리 중심가는 오직 돈 많은 부자들만 살 수 있는 거리가 되었고 이전에 다락방이나 1층에 함께 살았던 가난한 사람들은 모두 파리 동쪽이나 북쪽으로 쫓겨나게 된다. 같은 건물에서도 발코니가 있는 층이 가격이 비싼 층이다. 현재는 파리 시민이 사는 집은 거의 없으며 대부분 사무실 임대용으로 쓰인다.

[절충주의 양식의 최대 걸작인 오페라 갸르니에]

[팔레 루아얄]

- 위치   Place de l'Opéra
- 개관시간   10:00~18:00(입장은 ~17:30)
              (공연이 있을 때는 리허설 관계로 오전에 개방하지 않을 수도 있음)
- 휴관일   공휴일
- 웹사이트   www.operadeparis.fr
- 입장료   성인 6유로, 학생 3유로

▶ 팔레 루아얄 Palais Royal ★

현대 조각가인 다니엘 뷔랑이 1986년 260개의 검은 줄이 간 높고 낮은 대리석 기둥들을 뜰 안에 세웠다. 많은 논란이 있었지만, 지금은 이 현대 조각으로 인해 왕궁을 찾는 사람들이 부쩍 늘어났다. 많은 파리 시민들이 이 현대 조각을 찾아와 내기를 하곤 한다. 동전을 던져 기둥 위에 동전이 올라가면 행운이 따르고 그렇지 않으면 액운이 온다고 한다. 관광객이 던진 동전이 기둥 위에 올라가면 다시 파리를 찾을 수 있다고 한다.

1780년 한 왕족에 의해 확장되어 현재와 같은 모습을 갖추게 되는데, 주변에 골동 품상이나 여타 가게들이 들어서게 된 것도 이때다. 현재 직사각형인 정원 양쪽을 둘러싸고 있는 건물들은 모두 1780년 당시 세워진 건물이다. 이는 돈이 궁한 왕족 이 세를 주기 위해 지은 건물들로서 지금도 이 건물들 1층에는 많은 가게들이 들어 서 있다.

레 알, 퐁피두 인근

© Photo Les Vacances 2007

[국립 현대 미술관에 있는 퐁피두 센터]

▶ 퐁피두 센터 Centre Pompidou ★★★

드골 장군에 이어 프랑스 대통령을 지낸 퐁피두 대통령의 이름을 따 흔히 퐁피두 센터로 불리는 이곳은 국립 현대 미술 박물관을 제외하면 무료 입장이 허용되는 곳 이다. 전체 입장객의 약 65%가 35세 이하의 신세대들이다. 물론 무료 입장이기 때 문에 그 수를 정확하게 헤아릴 수는 없지만, 프랑스에서 노트르담 성당 다음으로 가장 많은 입장객을 맞이하는 곳이 바로 퐁피두 센터이다. 현재 퐁피두 센터 내에 는 국립 현대 미술관MNAM, 대중 정보 도서관BPI, 음향 음악 조율 연구소(Ircam) 같은 기관이 들어와 있고 기획 전시실과 공연장 등도 마련되어 있으며 식당, 카페 등도 들어와 있다. 다시 말해 미술, 문학, 음악이라는 3대 예술 장르가 종합적으로 한 건물 안에 들어와 있는 것이다.

건축은 리차드 로저와 엔조 피아노 두 사람이 맡았으며 1977년에 완공되었다. 건물 의 기능적 역할을 하는 부분을 모두 건물 외부에 노출시킨 아방가르드 건축의 효시

로 간주되는 건물이다. 전기 배선(황색), 엘리베이터와 에스컬레이터 등의 이동 시설
(적색), 공조 시스템과 상하수도(청색) 등이 모두 건물 밖으로 나와 있고 고유의 색
을 칠해 오히려 강조를 해 놓았다.

퐁피두 센터 옆에는 장난감들이 들어가 있는 작은 분수가 생 메리 성당을 배경으로
사시사철 물을 뿜고 있다. 분수 안에 있는 장난감처럼 생긴 오브제들은 탱글리와
니키 드 생팔의 조각 작품들이다. 러시아 현대 작곡가인 스트라빈스키의 〈봄의 제
전〉을 분수 조각으로 표현한 것이다. 분수 뒤로 보이는 성당은 7세기에 현재의 성당
자리에서 순교한 생 메리를 기리는 생 메리 성당이다. 17세기에 15세기 화염 고딕

[상설장이 서던 레 알. 지금은 현대적인 시설로 재개발되었다.]

양식으로 지어진 성당으로 특히 내부의 목공예가 뛰어나다.

- 위치   Place Georges-Pompidou 75004
- 교통편   지하철 M11 Rambuteau 혹은 M1, 11 Hôtel de Ville 역
- 개관시간   수~월 11:00~22:00
- 웹사이트   www.centrepompidou.fr
- 입장료   미술관 – 성인 10유로, 학생 8유로

▶ 국립 현대 미술관 Musée National d'Art Moderne ★★★

퐁피두 센터 4, 5층에 자리잡고 있다. 각 전시실에는 작품에 대한 자세한 설명문이
준비되어 있다. 약 5만 점의 현대 예술품을 소장하고 있는 퐁피두 현대 미술관은
세계에서 가장 체계적이고 규모가 큰 현대 미술관이다. 프랑스에서는 고대에서 낭
만주의까지의 작품을 소장하고 있는 루브르, 1848년에서 1914년까지 근대 미술을
보관하고 있는 오르세 박물관과 함께 3대 박물관으로 꼽힌다. 사조상으로 보면 마
티스, 드랭의 야수파, 피카소, 브라크의 입체파 이후부터 표현주의, 추상, 설치 미술
등 거의 모든 현대 미술 사조들을 한눈에 볼 수 있는 곳이다. 그 외에 건축 설계도,

데생 등도 소장하고 있다. 1905년에서 1960년까지의 예술품은 5층에, 1960년 이후의 작품들은 4층에 전시되어 있다.

▶ 레 알 Les Halles ★

알Halle이란 중세 때인 12세기부터 존재했던 시장을 뜻하는데, 특히 19세기 중엽 나폴레옹 3세 때 들어서는 철골 지붕이 덮인 시장을 뜻했다. 파리 시민들은 자신들의 시장이 여느 지방의 작은 시장과 달리 여러 개라는 뜻에서 복수로 레 알이라고 불렀다.

20세기 초까지만 해도 파리 시민들은 새벽 5시에 이곳에 나와 따끈한 양파 수프와 돼지 뒷다리 혹은 달팽이를 즐겨 먹곤 했다. 당시 간판 중에는 '담배 피우는 개' 라든가 '돼지 다리' 등 재미있는 것들이 많았다. 하지만 제2차 세계대전 후 파리 인구가 급격히 늘어나고 교통 문제가 제기되자 레 알 시장을 시 외곽으로 이전하게 된다. 1969년 파리 남부 오를리 공항 인근의 렁지스로 모든 도매 시장이 이전하게 되었고 옛날의 레 알 자리는 지하철과 지하상가로 재개발되었다.

지금 레 알 지하에는 파리에서 가장 많은 7개의 지하철 노선이 겹쳐 지나간다. 하지만 옛 시장 건물을 철거하면서 옛 역사를 보존하기 위해 그중 건물 한 채를 그대로 파리 교외의 노장 쉬르 마른느에 옮겨 다시 조립해 놓았다. 지상은 정원과 산책로로 쓰이고 있으며, 지하에는 프낙FNAC이라는 대형 서점과 전자상품점을 비롯해 중저가 상품을 파는 여러 부티크들이 들어가 있다. 이곳은 주로 젊은이들이 많이 찾는 곳이다.

마레, 바스티유 인근

길모퉁이를 돌아설 때마다 프랑스 역사의 크고 작은 사건들과 인물을 만날 수 있는 곳이 마레 지역이다. 하지만 그렇다고 해서 이 지역을 죽어 있는 과거의 거리로 생각하면 오산이다. 수많은 레스토랑과 카페, 박물관, 화랑은 이곳을 파리 어느 곳보다 활기차고 지적인 곳으로 만들어 놓고 있다. 16세기 중엽인 1559년, 이곳에서 앙리 2세가 기마 시합을 하다 우연히 근위대장의 창에 찔려 죽은 후 버림받은 곳이 되었지만, 17세기 들어 앙리 4세에 의해 다시 활기를 되찾게 된다. 사실 파리 시는 루브르에서 현재 마레 지역이 위치한 동쪽으로 먼저 확장을 해나갔다. 하지만 프랑스 대혁명 당시 바스티유 감옥이 점령되면서부터 이쪽 지역은 결정적으로 버림을 받게 되고 반대로 파리는 현재 샹젤리제, 콩코드, 오페라를 중심으로 한 서쪽으로 발전해 나간다.

드골 정부 하에서 문화성 장관을 역임한 앙드레 말로는 이곳이 문화 역사적으로 유서 깊은 곳이고 보존해야만 할 곳이라는 인식을 하게 된다. 그 후 이 지역은 거의 모든 계층의 사람들이 각자의 취향에 맞춰 모여서 함께 이야기하고 즐길 수 있는 곳으로 변모하게 된다. 동성애자, 전문 연구자, 학생, 청소년, 은퇴한 노인들, 작가와 예술가들, 직장인들과 주부들까지 모두 자신들에게 어울리는 공간을 갖고 있다.

▶ 피카소 박물관 Musée Picasso ★★

1881년 스페인의 말라가에서 태어난 파블로 피카소는 바르셀로나, 마드리드 등에서 공부를 한 후 1904년 파리로 온다. 그 후 1973년 세상을 떠날 때까지 한 번도 프랑스를 떠난 적이 없었다. 프랑스는 1968년 특별 세법을 적용하기 시작한다. 다름 아니라 유명 예술가들이 상속세를 현금이 아닌 자신들의 작품과 저작권으로 대납할 수 있는 법이었는데, 피카소에게도 이 법이 적용되어 프랑스가 이 20세기 최고 화가의 작품을 다량 소유할 수 있게 된다. 약 250점의 회화, 가장 체계적인 피카소의 조각 작품, 3,000점에 달하는 데생과 삽화와 필사본 등을 구비하고 있다. 프랑스 정부는 이렇게 작품으로 대납받은 피카소의 작품을 보존, 전시하기 위해 살레 관을 대대적으로 보수해 박물관으로 꾸며놓았다.

피카소 박물관의 작품은 1층에서부터 창작 연대를 따라가며 전시되어 있다. 따라서 1층에서는 청색 시대로 불리는 초기에 제작된 작품 〈푸른색 자화상〉을 볼 수 있다. 한국 전쟁을 그린 그림도 이곳에 있다. 박물관에는 비단 피카소 자신의 작품만이 아니라 그가 소장하고 있던 다른 화가들의 희귀한 명작도 함께 전시되어 있다. 샤르댕, 코로, 르누아르, 브라크, 그리고 누구보다 피카소가 존경했던 세잔느 등의 작품들도 이곳에서 볼 수 있고, 일명 세관원 루소라 불리는 나이브 아트 화가 앙리 루소의 작품도 소장되어 있다. 4층에서는 피카소 관련 기록 영화들이 상영된다.

- 위치　　　　　5, rue de Thorigny 75003
- ☎　　　　　　(01)4271-2521
- 교통편　　　　지하철 M1 St-Paul 혹은 M8 Chemin Vert 역
- 개관시간　　　4~9월 수~월 09:30~18:00, 10~3월 수~월 09:30~17:30
- 휴관일　　　　화요일
- 입장료　　　　성인 5.50유로, 학생 4유로

▶ 바스티유 광장 Place de la Bastille ★

세계사의 물줄기를 바꿔 놓은 프랑스 대혁명은 1789년 7월 14일, 바스티유 감옥을 점령하면서 시작된다. 7월 14일은 혁명 기념일로 지금도 프랑스에서 가장 성대한 기념 행사가 벌어지는 최대의 축일이다. 샹젤리제 거리에서 군사 퍼레이드가 벌어지기도 한다. 바스티유 감옥은 혁명 당시 점령된 후 여러 달이 흐른 후 완전히 철거된다. 이렇게 해서 나온 돌은 혁명을 기념하기 위해 여러 가지 용도로 사용되었다. 바스티유 감옥을 헐어서 나온 돌을 사용해 지은 가장 대표적인 건축물이 콩코드 다리다. 구 체제를 짓밟고 다니자는 의미로 가장 왕래가 많은 다리를 짓는 데 바스티유를 헐어서 나온 돌을 시용했던 것이다.

이러한 유래를 갖고 있는 곳이어서, 지금도 바스티유 광장은 시위나 파업 등을 할
때 흔히 집결지로 이용된다. 이곳에 모인 시위대가 파리 시청을 거쳐 콩코드로 진
행하는 것이 파리 시에서 일어나는 시위의 전통적인 코스다. 바스티유 광장은 파리
동부의 가장 중요한 교통 중심지이기도 하다.

지금 바스티유 광장에는 정명훈 씨가 음악 감독을 맡은 적이 있는 바스티유 오페라
하우스가 들어서 있다. 바스티유 오페라 하우스가 오페라가 공연되는 명실상부한
파리 오페라 하우스이고, 19세기 말에 세워진 일명 오페라 갸르니에로 불리는 파리
오페라 하우스는 발레가 공연되는 곳이다.

[바스티유 광장에 세워진 7월혁명 기념탑]

[바스티유 오페라는 공연에 필요한 모든 것을 자체
조달한다.]

광장 한가운데는 1830년 7월혁명을 기념하는 47m 높이의 탑이 세워져 있다. 왕정
복고를 물리치기 위해 일어났던 7월혁명은 7월 26, 27, 28일 3일간에 걸쳐 가장 극
렬한 양상을 보였고, 이 3일을 프랑스 역사에서는 흔히 '영광의 3일'로 부른다. 하
지만 공화국이 성립되는 대신 입헌군주인 루이 필립의 7월왕정이 들어선다. 낭만주
의 화가 으젠 들라크루아의 〈민중을 이끄는 자유의 여신〉이라는 유명한 그림 역시
이 혁명을 묘사한 작품이다.

탑 밑으로는 옛날에 바스티유 감옥이 있던 자리가 표시되어 있다. 알라브완느가 설
계해 1840년에 완성되는 이 탑의 높이는 47m이며 탑 정상부에는 뒤몽이 조각한
자유의 수호 정령이 올라가 있다. 탑신에는 1830년 혁명과 1848년 혁명 당시 희생
된 사람들의 이름이 각인되어 있고 탑 지하에는 그들의 유해가 묻혀 있다.

바스티유 광장은 지금은 파리 동부 지역의 교통 중심지일 뿐만 아니라, 바스티유
오페라 하우스가 들어서면서 음악인들이 즐겨 찾는 카페, 식당 등이 들어서고 악보
와 악기를 취급하는 고급 전문 상가가 형성되어 있다. 뿐만 아니라 주위에는 고급
화랑가도 형성되어 있어 이제는 가장 파리다운 시가지로 변모했다.

▶ 바스티유 오페라 Opéra-Bastille

2,700석의 객석이 있는 오페라 홀은 브르타뉴 산 청색 화강석과 중국에서 수입한 배나무로 마무리했다. 2,700석의 홀에 비해 건물의 외관은 엄청난 규모를 보이고 있는데, 이는 오페라 역사상 세계 최초로, 공연되는 오페라에 필요한 모든 것을 바스티유 오페라 자체에서 제작 조달하기 때문이다. 다시 말해 바스티유 오페라 전속 교향악단은 말할 것도 없고, 신발이나 가방과 같은 소도구를 만드는 부서에서부터 전기공 같은 기술자와 무대 미술, 의상 디자이너에 이르기까지 74개에 달하는 모든 부서가 바스티유 오페라에 들어와 있는 것이다. 게다가 무대는 지하에서 꾸며져 회전식으로 작동되기 때문에 이 공간만 해도 엄청난 것이었다.

- 위치　　　　　　120, rue de Lyon 75012
- 교통편　　　　　지하철 M1, 5, 8 Bastille 역
- 휴관일　　　　　공휴일
- 웹사이트　　　　www.opera-de-paris.fr
- 입장료　　　　　가이드 투어 11유로, 학생 9유로(각 공연은 각기 다르므로 확인 필요)

몽마르트르 인근

▶ 사크레 쾨르 성당 (성심 성당)
Basilique du Sacré-Cœur ★★

1871년 보불전쟁에 이어 파리 코뮌Commune이라는 동족 간의 비극까지 겪은 프랑스는 당시 저질러진 모든 죄를 회개하고 민족 통합을 위해 수도 파리의 가장 높은 언덕인 몽마르트르 언덕에 전 국민이 거둔 성금으로 성당을 짓기로 한다. 모금 결과 4,000만 프랑에 달하는 거금이 걷혔고 사크레 쾨르 즉, 성심 성당은 이렇게 해서 지어졌다.

1914년 성당이 완공되고 제1차 세계대전이 끝난 후 신도들이 주야로 교대를 해가며 기도를 드리고 있는데, 지금도 이 릴레이 기도는 끝나지 않고 있다. 건축가는 폴 아바디이고 양식은 비잔틴 양식을 취하고 있다. 성당 내부도 비잔틴 양식에 따라 모자이크로 장식되어 있다. 종탑에는 알프스 인근의 사부아Savoie 지방 사람들이 주조해 기증한 무게 19t짜리 종이 들어가 있는데, 이는 프랑스 성당에 있는 종 중 규모가 큰 편에 속한다. 성당 전면의 현관 위 좌우에는 각각 성 루이 왕과 잔 다르크 상이 올려져 있다. 지하 입구에서 300계단을 올라가면 성당의 돔에 도달할 수 있는데, 날씨가 맑은 날에는 가시거리가 30km에까지 이른다.

- 위치　　　　　　Place Saint-Pierre 75018
- 교통편　　　　　지하철 M2 Anvers 혹은 M12 Abbesses 역
- 개관시간　　　　성당 06:45~23:00, 돔 09:00~18:00
- 입장료　　　　　성당 무료, 돔 5유로

▶ 테르트르 광장 Place du Tertre ★★

흔히 화가들의 광장으로 불리는 이곳은 몽마르트르 거리의 화가들이 초상화를 그리기도 하고 파리의 풍경화를 그려서 팔기도 하는 곳이다. 사각형 광장 주위에는 카페와 기념품 가게들이 있어 잠깐 앉아 휴식을 취할 수도 있다. 카페에 있다 보면 부탁을 하지도 않았는데, 길거리 화가들이 찾아와 이미 반쯤 그린, 모델과는 별로 닮지도 않은 초상화를 보여주며 흥정을 시작하는 경우도 가끔 있으니 주의한다.

[몽마르트르 언덕의 사크레 쾨르 성당]

[테르트르 광장]

개선문 인근

▶ 개선문 Arc de Triomphe ★★

1806년 나폴레옹은 파리가 한눈에 내려다보이는 언덕에 개선문을 지으라는 명령을 내린다. 그 후 3년 뒤인 1809년이 되어서야 장 프랑수아 샬그랭의 안이 채택되어 공사가 시작된다. 하지만 1815년 백일천하를 끝으로 나폴레옹 시대가 끝나자 왕정복고기 동안에는 공사가 중단된다. 개선문은 그 후 30년이 지난 1836년 루이 필립 시대에 들어 완성된다. 결국 나폴레옹은 자신이 건립을 명령한 개선문이 완성되는 것을 보지 못하고 눈을 감았다. 1840년 그의 재를 담은 관이 문을 지나 앵발리드로 가게 된다.

개선문이 세워질 당시에는 문 주위로 다섯 개의 도로만 형성되어 있었을 뿐, 지금처럼 12개의 대로가 방사선 모양으로 형성된 것은 나폴레옹 3세 때 파리 지사를 지낸 오스만의 도시 계획 때이다. 다섯 개의 길이 있을 때부터 별 모양으로 생겼다고 해서 흔히 에투알 광장으로 불렸고 지금도 정식 명칭은 샤를르 드골 광장이지만 에투알 광장으로도 불린다. 샹젤리제를 포함해 12개의 도로가 형성되어 있는 광장은 콩코드 광장과 함께 파리 어느 곳으로도 방향을 틀어 갈 수 있는 교통의 중심축이다.

1921년, 개선문 밑에 1차대전 때 전사한 무명 용사비가 들어서고 2년 후인 1923년부터 24시간 '추모의 화염'이 타오르고 있다. 이 불은 가스 장치를 통해 지금도 365일 24시간 타오르고 있다.

전체 높이가 50m이고 폭은 45m이다. 4개의 조각이 각 기둥 앞뒤에 장식되어 있는데, 가장 유명하고 예술적으로 높이 평가를 받는 작품은 개선문을 바라보며 오른쪽 기둥에 올라가 있는 뤼드의 조각 〈라 마르세예즈〉이다. 프랑스 혁명 당시인 1792년

[샹젤리제 가 끝에 자리한 개선문]

[샹젤리제 가]

의용군의 출정을 기념하는 조각으로 프랑스 국가 제목이기도 하다. 개선문 내부의 벽에는 660명의 장군들의 이름이 각인되어 있는데, 이름 밑에 밑줄이 그어져 있는 장군들은 전장에서 전사한 사람들이다.

- 교통편   지하철 M1, 2, 6, RER-A Charles de Gaulle Étoile 역
- 개관시간   4~9월 09:30~23:00, 10월~3월 10:00~22:30
- 휴관일   공휴일
- 입장료   성인 8유로, 학생 5유로

▶ 샹젤리제 가 Avenue des Champs-Élysées ★★

길이 1.9km, 폭 71m인 샹젤리제 가는 개선문에서 콩코드 광장까지의 길을 지칭한다. 나폴레옹 3세 때인 19세기 후반 파리의 부호들과 정치인, 예술가들이 이곳에 개인 저택을 갖게 되고, 그들의 세련된 취향을 만족시키기 위한 레스토랑과 화랑들이 들어서면서 일약 세계적인 거리로 이름을 알리게 된다. 샹젤리제라는 이름은 용사

들의 영혼이 머무는 그리스 로마 신화에 등장하는 장소 이름이다. 샹젤리제 거리는
현재는 미국식 패스트푸드점이나 영화관 혹은 각 나라를 대표하는 항공사와 관광안
내소 등이 자리잡고 있는 대중적인 장소가 되었지만, 아직도 고급 호텔, 카페 등이
남아 있어 과거의 모습을 엿볼 수 있다.

개선문과 콩코드 광장 사이의 중간 지점에 롱 포엥이라는 교차로가 있고 이 교차로
를 따라 각각 최고급 오트 쿠튀르 부티크들이 늘어서 있는 두 개의 거리가 시작된다.
센느 강 쪽으로 나 있는 몽테뉴 가가 그중 하나이고, 두 번째 거리는 프랑스 대통령
궁인 엘리제 궁부터 시작되는 포부르 생 토노레 가이다. 롱 포엥 교차로를 지나 콩

[콩코드 광장의 오벨리스크]

코드 광장 쪽으로 내려오면 좌우로 마로니에가 우거진 정원이 펼쳐진다. 왼쪽은 엘
리제 궁이며, 오른쪽은 1900년 만국 박람회를 치렀던 그랑 팔레와 프티 팔레다.

▶ 콩코드 광장 Place de la Concorde ★★

샹젤리제를 바라보면서 오른쪽으로 루브르 궁을 모방해 지은 두 채의 건물이 보인
다. 오른쪽 건물은 프랑스 해군성이고 그 옆 건물은 크리옹 호텔이다. 두 건물 사이
로 보이는 성당이 오페라 가로 이어지는 마들렌느 성당이다. 콩코드 광장을 건너
마들렌느 성당 맞은편에 보이는 건물은 부르봉 궁으로 프랑스 하원 의사당이다. 의
사당 앞의 다리는 콩코드 다리로, 바스티유 감옥을 헐어서 나온 돌로 지은 다리다.
파리 시민들이 구 체제의 상징인 바스티유 감옥을 밟고 다녀야 한다는 취지에서 일
부러 그 돌만을 가져다 썼다고 한다.

콩코드 광장은 혁명 당시 기요탱이라는 외과의사가 만든 단두대가 설치된 곳으로도
유명하다. 단두대는 크리옹 호텔 앞에 설치되었는데, 1793년 1월 21일 루이 16세가

처형된 후 튈르리 궁의 철책 쪽으로 옮겨져 1794년까지 무려 1,200명이 넘는 왕족, 귀족, 성직자들이 단두대의 이슬로 사라진다. 루이 16세의 왕비 마리 앙투아네트도 그중 한 사람이었고 혁명을 주도했던 인물들인 당통, 로베스피에르 등도 남의 목을 자르던 같은 칼날에 자신의 목을 내주어야 했다.

▶ 오랑주리 미술관 Musée de l'Orangerie ★★

오랑주리는 오렌지 등 열대수들을 키우는 온실을 뜻한다. 옛날 유럽의 군주들은 궁을 지으면 정원 한편에 오랑주리를 짓곤 했다. 따라서 현재 모네, 르누아르 등의 인

[모네의 수련 연작을 볼 수 있는 오랑주리 미술관]

상주의 회화를 소장하고 있는 오랑주리 인근에 왕궁이 있었다는 것을 알 수 있다. 그 왕궁이 바로 루브르와 튈르리 궁이다. 현재는 루브르 궁만 남아 박물관으로 쓰이고 있고, 튈르리 궁은 1871년 일어난 파리 코뮌 당시 화재로 소실되고 만다. 튈르리는 기와를 굽는 가마를 뜻하는데, 옛날 이곳에 기와 공장이 있었기 때문에 붙여진 이름이다. 현재 튈르리 정원은 마이욜 등 현재 조각가들의 작품이 전시된 조각공원으로 쓰이고 있다. 오랑주리 건너편에는 비슷하게 생긴 기획 전시용 건물인 죄드 폼 미술관이 있다.

오랑주리 미술관은 인상주의의 발상지인 파리를 찾는 이들에게 인상주의 걸작들을 가장 조용한 분위기 속에서 음미할 수 있는 기회를 제공하는 곳이다. 주요 소장품은 모네, 르누아르, 세잔느 등의 인상주의 회화 작품을 비롯해, 나이브 아트의 일명 세관원 루소로 불리는 앙리 루소, 야수파의 마티스, 드랭, 20세기 중엽에 활동했던 여류 화가 마리 로랑생, 몽마르트르 화가 위트릴로 등의 작품들이 전시되고 있다. 특히 모네의 전체 길이 91m에 달하는 최후의 대작 수련 연작은 큰 감동을 준다. 또한, 리투아니아 화가 수틴의 작품이 20여 점이나 소장되어 있어 수틴을 좋아하는

이들의 발길이 끊이지 않는 곳이다.

- 위치   튈르리 정원, Place de la Concorde 75001
- ☎   (01)4477-8007
- 교통편   지하철 M1 Concorde 역, 버스 24, 42, 72, 73, 84, 94번
- 개관시간   12:30~19:00, 금 12:30~21:00
- 휴관일   화요일, 5월 1일, 12월 25일
- 웹사이트   www.musee-orangerie.fr
- 입장료   성인 6.50유로, 학생 4.50유로

에펠 탑, 앵발리드 인근

[파리의 상징, 에펠 탑]

[나폴레옹의 묘가 있는 앵발리드의 돔 성당]

▶ 에펠 탑 Tour Eiffel ★★★

300m 높이의 에펠 탑은 1889년 프랑스 대혁명 100주년과 같은 해에 열린 만국 박람회를 기념하기 위해 건립되었다. 후일 방송 안테나가 올라가 24m 정도 높아졌다. 철탑이기 때문에 기후에 따라 약 15cm 정도 높이가 변한다. 3개 층으로 나뉘어져 있고 올라가 볼 수 있다. 입장은 유료이며 2층까지는 걸어서 올라갈 수도 있다. 1층의 높이는 57m, 중간층인 2층은 115m, 가장 높은 3층은 276m다.

귀스타브 에펠(1832~1923)이 지어 그의 이름을 따 에펠 탑이라고 부른다. 가장 높은 3층에 올라가면 밀랍 인형으로 제작된 에펠과 토마스 에디슨이 만나 담소하는 장면을 볼 수 있다. 쾌청한 날은 60km까지 전망이 가능하며 가장 아름다운 풍경은 일몰 한 시간 전에 볼 수 있다. 전체 무게는 약 7,000t 정도 되며 7년마다 한 번씩 56t 가량의 방청 페인트를 칠한다. 언뜻 보면 한 가지 색으로 칠한 것처럼 보이지만 층마다 약간씩 다르다. 지상에서 보았을 때 탑이 더욱 높게 보이도록 하기 위해 일층에는 가장 진한 색이 칠해져 있고 3층은 가장 밝은 색으로 칠했다.

처음 에펠 탑 건립이 공표되자 모파상, 구노 등 문인과 음악가들은 '300인 성명' 이라는 반대 성명을 냈다. 300m였기 때문에 300명을 모은 것이다. 그래서 건립 당시에는 20년간 사용한 후 철거하기로 되어 있었다. 하지만 높은 고도로 인해 에펠 탑은 무선 전신에 최적의 조건을 제공하고 있었기 때문에 철거를 면할 수 있었다. 20세기 초에 세계 최초로 라디오 방송 전파가 발송된 곳이 에펠 탑이기도 하다. 유료 입장을 하는 전 세계 관광 명소 중 가장 많은 방문객이 찾는 곳이 바로 에펠 탑이다. 1년에 약 650만 명이 돈을 내고 탑에 올라간다. 관광철이 되면 하루에 3만 명 정도가 한꺼번에 몰려 한 두 시간 정도 줄을 서서 기다려야만 올라갈 수 있을 정도다. 탑은 2층까지만 걸어서 올라갈 수 있다. 300명의 조립공들이 2년 남짓한 세월 동안 에펠 탑을 세웠는데, 들어간 나사의 수만 대략 250만 개나 된다. 북쪽 기둥 밑에 부르델이 조각한 에펠의 금빛 흉상이 서 있다. 2층에는 에펠 탑 박물관과 함께 기념품 가게, 식당, 카페 등이 있다. 가장 높은 3층에 올라가기 전에 화장실에 들르는 것이 좋다. 지금까지 에펠 탑에서 뛰어내린 370명 중 두 명만 목숨을 건졌다고 하는데, 사고가 날 때마다 철책의 높이가 높아졌고 그물이 새로 쳐졌다. 에펠 탑은 베르트랑 들라노에 관광 회사의 사유 재산이기도 하다.

- 위치   Champ-de-Mars 75007
- ☎   (01)4411-2323
- 교통편   지하철 M6 Bir Hakeim, Trocadéro 혹은 M8 École Militaire 역,
                RER-C Champ de Mars-Tour Eiffel 역,
                버스 42, 69, 72, 82, 87번
- 개관시간   1월 1일~6월 14일 - 09:30~23:45(엘리베이터), 09:30~18:30(계단)
                6월 15일~9월 1일 - 09:30~00:45(엘리베이터), 09:00~00:30(계단)
                9월 2일~12월 31일 - 09:30~23:45(엘리베이터), 09:30~18:30(계단)
- 웹사이트   www.tour-eiffel.fr
- 입장료   엘리베이터 이용 시 - 1층까지 4.50유로, 2층은 8유로, 3층은 11.50유로
                계단 이용 시(2층까지) - 25세 이상 4유로, 25세 미만 3.10유로

▶ 앵발리드 Invalides ★★

루이 14세가 부상당한 군인이나 은퇴한 노병들을 위해 지은 건물이 앵발리드다. 건물은 1670년에 공사를 시작해 1678년에 끝났고 이후 별도로 지어지는 돔 성당은 쥘 아르두엥 망사르에 의해 1706년 완공된다. 폭 250m에 길이 500m인 앵발리드 광장 끝에 자리잡고 있는 건물에 가까이 가면 건물 앞에 해자가 파져 있고 그 해자 위에 18문의 청동 대포들이 놓여 있다. 17세기와 18세기 때 사용되었던 이 대포들은 1차대전 승전 기념 행사 때 축포를 내뿜기도 했지만 장식용일 뿐이다. 2차대전 당시 독일군이 빼앗아간 것을 전후 다시 돌려받았다. 명예의 광장에는 15세기 때 주조된 대포로부터 시작해 유명한 대포와 전차 등이 전시되어 있다. 20세기 들어 엥발리드 건물은 최초의 목적이었던 부상병 치료와 노병 보호를 위한 시설로 다시 사용되고 군사 박물관도 들어서게 된다.

- 위치 129, rue de Grenelle 75007
- ☎ (01)4442-3877
- 교통편 지하철 M8, 13 Invalides, Varenne, La Tour Maubourg 역 혹은
  RER-C Invalides 역, 버스 28, 49, 63, 69, 82, 83, 87, 92, 93번
- 개관시간 10:00~17:00(4~9월 ~18:00)
- 휴관일 매월 첫째 월요일, 12월 25일, 1월 1일, 5월 1일, 11월 1일
- 웹사이트 www.invalides.org
- 입장료 성인 8유로, 학생 6유로(군사 박물관, 돔 성당, 나폴레옹 묘 관람 가능)

▶ 돔 성당과 나폴레옹 황제의 묘

Église du Dôme / Tombeau de Napoléon

앵발리드에 있는 돔 성당은 무미건조한 건물에 활기를 불어넣으려는 루이 14세의 명을 받아 망사르가 1706년 완성시킨 돔 하나로 이루어진 건물이다. 이 돔 성당은 프랑스 고전주의 양식을 대표하는 건물로서 이후 전 세계 의사당이나 정부 청사 건축에 모델 역할을 한다. 성당 외부는 거의 변화가 없었지만 내부는 19세기 들어 대대적인 변화를 맞게 된다.

1840년 프랑스로 돌아온 나폴레옹 황제의 유해는 약 20년을 기다린 후 1861년이 되어서야 7중의 관 속에 입관된 후 돔 성당 지하에 안치된다. 관의 가장 외부는 붉은 반암으로 되어 있고 납, 아카주, 흑단, 참나무 등의 재료로 만든 6중의 관이 시신을 감싸고 있다. 관을 중심으로 프라디에가 제작한 12점의 승리의 여신이 장식되어 있는데, 이는 나폴레옹이 치렀던 전투를 상징한다. 돔 성당 1층에는 보방, 포슈, 뒤로크, 베르트랑, 리요테, 튀렌느, 제롬 보나파르트 등 역대 유명 프랑스 장군들의 묘가 안치되어 있다.

▶ 로댕 박물관 Musée Rodin ★★

현재 로댕 박물관으로 사용되고 있는 건물은 1728년에 세워진 귀족의 저택이다. 로댕 박물관으로 문을 연 것은 1927년이다. 오귀스트 로댕은 자신의 작품을 기증해 박물관으로 만든다는 조건 하에 숨을 거둘 때까지 저택을 사용하기로 국가와 계약을 하고 숨을 거두는 해인 1917년까지 사용했다. 건물 내부에는 로댕의 석고와 대리석 작품들과 함께 엄청난 양의 데생이 전시되고 있고, 실외의 정원에는 지옥의 문과 같은 대형 청동 조각들이 전시되고 있다.

- 위치 79, rue de Varenne 75007
- 교통편 지하철 M13 Varenne 역
- 개관시간 4월 1일~9월 30일 09:30~17:45, 10월 1일~3월 31일 09:30~16:45
  (폐관 30분 전까지만 입장 가능)
- 휴관일 월요일, 공휴일
- 웹사이트 www.musee-rodin.fr
- 입장료 성인 6유로, 학생 4유로, 매월 첫째 일요일 무료,
  정원만 관람하는 것도 가능(1유로)

▶ 오르세 박물관 Musée d'Orsay ★★★

센느 강을 경계로 하여 루브르 박물관과 마주보고 있는 오르세 박물관은 약 1세기
전인 1900년 만국 박람회 당시 기차역과 호텔로 쓰기 위해 지어진 건물이었다. 대
대적으로 개조를 해 박물관으로 문을 연 것은 1986년이다. 2월혁명이 일어난 1848
년에서 제1차 세계대전이 끝나는 1918년까지의 미술 작품과 19세기 후반을 지배했
던 문학, 음악, 사진, 영화 및 건축과 장식 예술 일체를 보관 전시하고 있다. 회화와
조각 작품이 주류를 이루는 소장품은 약 3,000여 점에 달한다.
고대 이집트에서 19세기 중엽의 낭만주의까지의 유물과 예술품을 보관하고 있는 루
브르 박물관과 20세기 현대 예술 박물관인 퐁피두 센터를 연결하는 중간 지점에
위치한 박물관이 바로 오르세 박물관이다.

[3,000여 점의 예술작품을 소장하고 있는 오르세 박물관]   [오르세 박물관 내부]

"빛은 건물이 아니라 작품을 위해 존재해야 한다." 건축가 가에 아우렌티가 내부 전
시실을 설계하며 했던 말이다. 정확한 지적이었다. 오르세에 들어갈 작품 목록 중에
는 가장 값나가는 인상주의 작품들이 즐비하게 들어 있었기 때문이다. 다른 그 어
떤 작품들보다 빛의 회화인 인상주의 회화를 중심에 두어야만 했던 것이다. 자연
채광과 실내 조명은 서로 어울려 최적의 상태를 만들어 내야 했으며 따라서 천창이
나 벽의 색깔 등도 모두 여기에 초점이 맞춰져야 했다. 이런 대원칙에 입각해 플랫
폼으로 쓰였던 중앙홀은 자연 채광을 위해 다시 사용되었고 대신 홀 양쪽에 2개 층
의 발코니를 두어 위에는 인상주의 작품을, 그 아래에는 관전에서 입선한 작품들과
자연주의, 상징주의 및 1900년 이후의 회화 등 비교적 빛에 덜 민감한 그림들과 조
각을 배치하게 된다. 관람은 1층의 중앙 홀에 전시된 조각과 좌우의 홀에 전시된
1870년까지의 회화 작품을 본 후 박물관 끝에 있는 계단을 통해 가장 위층인 3층
으로 올라가 인상주의를 보고 내려와 마지막으로 로댕, 미이욜, 부르델 등의 조각이
놓여 있는 2층 발코니를 보는 것이 가장 바람직하다. 이 방식은 소장품을 시대별로
감상할 수 있는 이점도 있다.

[오르세 1층]

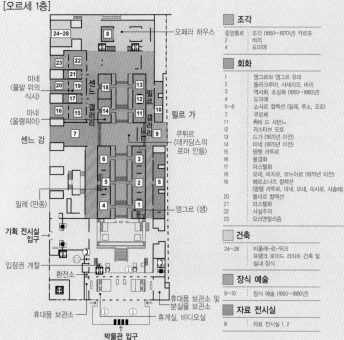

- 24~28
- 8
- 오페라 하우스
- 23
- 22
- 21
- 20 / 19
- 마네 〈풀밭 위의 식사〉
- 17
- 16 / 15
- 마네 〈올랭피아〉
- 센느 강
- 7
- 센느 갤러리
- 18
- 14
- 13
- 12
- 11
- 10
- 릴르 갤러리
- 릴르 가
- 9
- 쿠튀르 〈데카당스의 로마 인들〉
- 6
- 3
- 5
- 8
- 밀레 〈만종〉
- 4
- 1
- 앵그르 〈샘〉
- 기획 전시실 입구
- 입장권 개찰
- 환전소
- 휴대품 보관소
- 휴대품 보관소 및 분실물 보관소
- 휴게실, 비디오실
- 박물관 입구

■ 조각

중앙통로	조각 (1850~1870년) 카르포
2	바리
4	도미에

■ 회화

1	앵그르와 앵그르 유파
2	들라크루아, 샤세리오, 바리
3	역사화, 초상화 (1850~1880년)
4	도미에
5~6	쇼사르 컬렉션 (밀레, 루소, 코로)
7	쿠르베
11	퓌비 드 샤반느
12	귀스타브 모로
13	드가 (1870년 이전)
14	마네 (1870년 이전)
15	팡탱 라투르
16	풍경화
17	파스텔화
18	모네, 바지유, 르누아르 (1870년 이전)
19	페르소나즈 컬렉션 (팡탱 라투르, 마네, 모네, 피사로, 시슬레)
20	몰라르 컬렉션
21	파스텔화
22	사실주의
23	오리엔탈리즘

■ 건축

24~28	비올레-르-뒤크 프랭크 로이드 라이트 건축 및 실내 장식

■ 장식 예술

9~10	장식 예술 (1850~1880년)

■ 자료 전시실

8	자료 전시실 1, 2

© Design Les Vacances 2007

[오르세 2층]

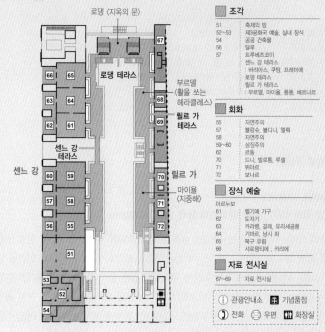

- 로댕 〈지옥의 문〉
- 67
- 66 / 65
- 로댕 테라스
- 부르델 〈활을 쏘는 헤라클레스〉
- 63 / 64
- 68
- 62 / 61
- 69
- 릴르 가 테라스
- 센느 강 테라스
- 60 / 59
- 70
- 릴르 가
- 57 / 58
- 71
- 마이욜 〈지중해〉
- 센느 강
- 56 / 55
- 72
- 51
- 53
- 52
- 54

■ 조각

51	축제의 방
52~53	제3공화국 예술, 실내 장식
54	공공 건축물
56	달루
57	트루베츠코이 센느 강 테라스 : 바리아스, 쿠탕, 프레미에 로댕 테라스 릴르 가 테라스 : 부르델, 마이욜, 퐁퐁, 베르나르

■ 회화

55	자연주의
57	블랑슈, 불디니, 엘뢰
58	자연주의
59~60	상징주의
62	르동
70	드니, 발로통, 루셀
71	뷔야르
72	보나르

■ 장식 예술

아르누보	
61	벨기에 가구
62	도자기
63	카라뱅, 갈레, 유리세공품
64	기마르, 낭시 파
65	북구 유럽
66	샤르팡티에, 카리에

■ 자료 전시실

67~69	자료 전시실

- ⓘ 관광안내소
- 🎁 기념품점
- ☎ 전화
- ✉ 우편
- 🚻 화장실

© Design Les Vacances 2007

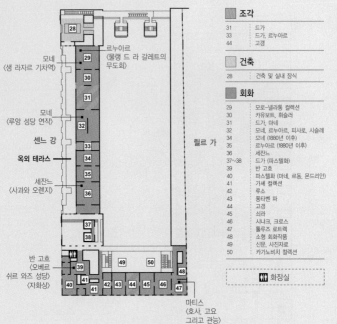

조각

31	드가
33	드가, 르누아르
44	고갱

건축

| 28 | 건축 및 실내 장식 |

회화

29	모로-넬라통 컬렉션
30	카유보트, 휘슬러
31	드가, 마네
32	모네, 르누아르, 피사로, 시슬레
34	모네 (1880년 이후)
35	르누아르 (1880년 이후)
36	세잔느
37~38	드가 (파스텔화)
39	반 고흐
40	파스텔화 (마네, 르동, 몬드리안)
41	가세 컬렉션
42	루소
43	퐁타벤 파
44	고갱
45	쇠라
46	시냐크, 크로스
47	툴루즈 로트렉
48	소형 회화작품
49	신문, 사진자료
50	카가노비치 컬렉션

🚻 화장실

© Design Les Vacances 2007

- 위치 62, rue de Lille 75007
- ☎ (01)4049-4814
- 교통편 지하철 M12 Solférino 혹은 RER-C Musée d'Orsay역
- 개관시간 화, 수, 금, 토, 일 09:30~18:00, 목 09:30~21:45
- 휴관일 월요일, 1월 1일, 5월 1일, 12월 25일
- 웹사이트 www.musee-orsay.fr
- 입장료 성인 7.50유로, 학생 5.50유로, 매월 첫째 일요일 무료

■ ■ ■ 회화

에두아르 마네(1832~1883)
〈풀밭 위의 식사〉, 1863, 캔버스에 유채, 264.5×208cm

마네의 〈풀밭 위의 식사〉는 1863년 살롱 전에 출품되어 낙선한 3,000여 점의 작품들과 함께 별도로 마련된 '낙선전'에 전시되었다. 벨라스케스로부터 많은 영향을 받은 마네의 터치는 아카데믹한 화풍에 익숙해져 있던 당시 예술가나 비평가들의 눈에는 마치 그리다 만 그림처럼 비쳐졌다. 여인의 몸은 얼룩이 져 있었고 접힌 목살에서 등을 타고 내려오는 선은 부자연스러웠으며 특히 옷을 벗은 왼쪽의 여인이 풍경 속 위에 마치 가위로 오려 붙인 것 같은 인상을 주고 있었다. 신속한 붓놀림과

검은색조차 유채색만큼 빛을 발하고 있는 채색의 신선함 등 이 작품의 매력을 발견하지 못한 사람들은 옷 벗은 여인과 옷 입은 남자 인물들이 함께 있는 장면을 트집 잡아 풍속 문란을 거론하며 그림 앞에서 삿대질을 해댔다. 이 그림에 대한 당시 분위기는 에밀 졸라의 장편소설 〈작품〉에 감동적으로 묘사되어 있다.

세잔느(1839~1906), 〈사과와 오렌지〉, 1895~1900, 93×74cm
물병은 정면에서 본대로 그려졌지만 그 옆의 과일 접시는 위에서 내려다본 상태로 그려져 있다. 역삼각형의 흰 식탁보 위에 놓여 있는 과일들은 지금이라도 밑으로 굴러 떨어질 것만 같다. 이렇게 해서 사물들은 원래부터 그곳에 있었던 것이 아니라 이제 막 캔버스 속으로 들어온 같은 생경함을 유지하고 있다. 다시 말해 이 그림은 단일한 시공간 속에 존재하는 사물들을 그린 것이 아니라 한 화면 속에 여러 개의 시공간을 그린 것이다. 식탁보는 흘러내릴 것 같지만 과일들은 고정되어 있고,

[에두아르 마네 〈풀밭 위의 식사〉]

[세잔느 〈사과와 오렌지〉]

접시는 한없이 불안하지만 그 옆의 목이 있는 또 다른 과일 접시나 물병은 견고하게 고정되어 있다.
색도 마찬가지여서 한색과 난색, 어둠과 밝음 역시 그림 속에 함께 들어와 있으며 공간 역시 빈 공간과 충일한 공간, 깊이와 평면이 동시에 존재한다. 묘사된 오브제들은 이러한 다양한 시점과 색과 공간 구성을 통해 역동적이고 총체적인 전혀 다른 시공간을 만들어낸다. 세잔느의 〈사과와 오렌지〉는 20세기 현대 회화의 문을 연 선구자적인 작품이다. 특히 피카소, 브라크 등의 입체파 화가들에게는 지대한 영향을 주게 된다.

■ 기타 세잔느의 작품들
〈카드놀이 하는 사람들〉, 1890~1895, 캔버스에 유채, 57×47.5cm
〈주전자가 있는 정물〉, 1869, 캔버스에 유채, 81×64.5cm

장 프랑수아 밀레(1814~1875), 〈만종〉, 1858~1859, 캔버스에 유채, 60×55cm

〈만종〉은 바르비종 인근의 전원에서 늦은 오후 일을 끝낼 쯤 울려오는 성당의 종소리에 잠시 일을 멈추고 기도를 드리는 부부를 묘사하고 있다. 굳이 설명이 필요 없는 단순하고 소박한 그림이다.

농부들의 삶, 특히 소작농들의 삶은 무척이나 견디기 힘든 거칠고 각박한 삶이었다. 하지만 농부들에게 땅과 그곳에서 나오는 소출은 경제적 가치로만 따질 수 없는 별도의 의미를 지니고 있다. 농부들을 그린 밀레의 그림에서 느낄 수 있는 것은 바로 이 별도의 의미다. 멀리 보이는 성당에서 들려오는 종소리, 땅거미가 지기 직전의

© Photo Les Vacances 2007

[장 프랑수아 밀레 〈만종〉]

황혼, 그리고 마치 조각처럼 서 있는 부부와 그들의 일용할 양식인 감자. 밀레는 노동으로 지친 얼굴을 단 한 번도 클로즈업 시키지 않는다. 하지만 묘한 빛에 둘러싸인 그의 인물들에게서는 종교적 성스러움이 느껴진다. 미국에 팔려간 그림을 백화점 사업으로 부자가 된 알프레드 쇼샤르가 다시 구입해 1906년 루브르에 기증한 그림이다.

■ 기타 밀레의 그림들

〈이삭 줍는 여인〉, 1857, 캔버스에 유채, 111×85.3cm

빈센트 반 고흐(1853~1890)

〈오베르 쉬르 와즈 성당〉, 1890, 캔버스에 유채, 74×94cm

센느 강의 작은 지천 와즈 천이 흐르고 있어 오베르 쉬르 와즈로 불리는 이 작은 마을은 반 고흐의 〈오베르 쉬르 와즈 성당〉이라는 그림 한 장으로 전 세계에 이름

을 알리게 되었다. 이곳에는 또한 반 고흐와 그의 동생 테오가 나란히 묻혀 있는 무덤도 있어 많은 이들이 찾아와 꽃을 바치곤 한다.

저주받은 화가 반 고흐가 가셰 박사의 집이 있는 이곳에 도착한 것은 1890년 5월이었고 권총으로 가슴을 쏘아 생을 끝낸 것은 약 두 달 후인 7월 29일이다. 두 달 남짓한 시간 동안 반 고흐는 거의 초인적인 열정으로 무려 80점이 넘는 작품을 그렸다. 〈오베르 쉬르 와즈 성당〉도 그중 하나로 이 시기에 그려진 최대 걸작으로 꼽힌다. 굵고 요동치는 선으로 둘러싸인 성당은 이미 푸른 하늘을 향해 용솟음치듯 상승하고 있다. 하늘을 자신의 내부로 받아들인 성당은 보색 대비를 이루는 강렬한

[빈센트 반 고흐 〈오베르 쉬르 와즈 성당〉]

색채에도 불구하고 입체감을 주는 대신 평면화되어 있다.

■ 기타 반 고흐의 그림들

〈아를르의 반 고흐의 방〉, 1889, 캔버스에 유채, 74×57.5cm

〈낮잠〉, 1890, 캔버스에 유채, 91×73cm

〈자화상〉, 1889, 캔버스에 유채, 54.5×65cm

〈별이 빛나는 밤〉, 1888, 캔버스에 유채, 92×72.5cm

장-오귀스트 도미니크 앵그르(1780~1867)

〈샘〉, 1820~1856, 캔버스에 유채, 80×163cm

앵그르의 작품은 대부분 루브르 박물관에 있다. 하지만 워낙 장수를 한 화가인 데다가 신고전주의의 거장으로서 화단에 끼친 영향력이 엄청나기 때문에 1848년부터 1918년까지의 작품을 전시하는 오르세 박물관과도 관련을 갖고 있다.

특히 오르세 박물관의 진주 같은 작품인 〈샘〉은 무려 30년 가까운 시간 동안 화가가 정성을 들여 그린 그림으로 완성 연도로 보아 당연히 오르세 박물관에 들어올 작품이다. 이 작품은 전시되자마자 일반인은 물론이고 평론가와 시인 소설가들로부터 찬사를 받아 수도 없이 복제되었다. 뿐만 아니라 점묘파의 창시자인 쇠라와 피카소, 초현실주의자 마그리트 등에 의해 재해석되곤 했다.

1820년 앵그르가 이탈리아 피렌체에 머물 때 그리기 시작한 〈샘〉은 전형적인 신화화로, 여체의 곡선이 보여주는 유려하고 부드러운 곡선은 찬탄을 자아내기에 충분하다. 이는 인물 초상화에 각별한 재능을 보인 앵그르가 그린 거의 모든 누드에 등

© Photo Les Vacances 2007

[장-오귀스트 도미니크 앵그르 〈샘〉]

장하는 요소이다. 그리스 물병인 앙포르를 어깨에 올린 채 물을 흘려 보내고 있는 신화적 우의는 사실은 지그재그로 몸을 비튼 여체의 곡선이 그리는 물결치는 듯한 아라베스크를 강조하기 위한 미학적 전략에 불과하다. 인물은 조각처럼 매끈하게 다듬어져 있고 물에서 태어난 비너스와의 관련성을 암시하기 위해 발 밑에는 거품이 그려져 있다.

■■■ 조각

오귀스트 로댕(1840~1917)
〈지옥의 문〉, 〈생각하는 사람〉, 1880~1947, 석고, 94×625cm

〈생각하는 사람〉은 처음에는 생각하는 사람이 아니었다. 1880년 주문을 받고 여러 차례 마케트를 제작하면서 로댕은 현재 〈생각하는 사람〉이 앉아 있는 자리에 시인이라는 제목이 붙은 조각을 올려놓을 계획이었다. 여기서 시인이란 물론 〈신곡〉을 쓴 단테를 말한다. 자신이 만들어 낸 인간 군상을 비참한 심정으로 굽어보고 있는

시인이 어울릴 것이라는 생각에 계획한 이 조각은 주문을 받은 지 9년이 지나 1889년 만국 박람회 때 인상주의 화가 클로드 모네와의 합동 전시회에 〈지옥의 문〉이 전시되면서 〈생각하는 사람〉으로 제목이 바뀌게 된다.

〈지옥의 문〉에서 분리된 〈생각하는 사람〉이 처음으로 청동으로 주조된 것은 1896년이다. 당시는 대작의 일부로 크기가 작았다. 서서히 작품이 알려지면서 마침내 20세기 초 확대된 작품들이 청동으로 다량 제작되기에 이른다.

장 바티스트 카르포(1827~1875), 〈춤〉, 1866~1869, 석재, 198×420cm

[오귀스트 로댕 〈지옥의 문〉, 〈생각하는 사람〉]　　[장 바티스트 카르포 〈춤〉]

세상 사람들이 카르포라는 이름을 기억하는 것은 파리 오페라 하우스의 오른쪽 정면을 장식하기 위해 조각된 그의 작품 〈춤〉이 일대 스캔들에 휘말리면서부터다. 1861년 공사 설계에서 당선된 샤를르 갸르니에는 건물 정면을 장식할 조각가 중 한 사람으로 친구인 카르포를 지정한다. 당시 장식 주제는 오페라를 상징하는 각 예술 장르들인 연극과 드라마, 노래, 춤 이렇게 네 가지였다. 이 중 춤이 카르포에게 맡겨졌다.

하지만 1869년 여름 휘장을 벗고 모습을 드러내자 조각은 곧 엄청난 비난에 직면해야만 했다. 작품이 지나치게 외설스럽다는 것이 그 이유였다. 어느 여름날 밤 군중들이 잉크에 적신 걸레들을 들고 나와 조각을 향해 마구 던지는 일도 있었다.

춤을 상징하는 중앙의 인물을 중심으로 님프들이 흥겹게 원무를 추고 있는 이 조각은 생생하게 살아 있는 인물들의 표정과 마치 음악 소리가 들리는 듯한 율동감 등으로 돌로 만든 것 같지 않은 신비감을 자아내는 걸작이다. 특히 미소와 시선을 묘사한 카르포의 솜씨에서는 요기마저 느껴진다.

샤를르 드골 공항

Aéroport
Charles de Gaulle

© Design Les Vacances 2007

| 베르사유 |

Versailles ★★★

베르사유는 프랑스 마지막 왕조인 부르봉 왕조를 세운 앙리 4세 이후 모든 왕들이 자주 사냥을 나왔던 곳이다. 사냥을 하다 잠시 쉴 수 있는 작은 정자 한 채가 필요했고 이렇게 해서 1623년 언덕 위에 벽돌로 지은 작은 성이 한 채 세워지게 되는데, 그것이 현재 대리석 광장 주위에 있는 벽돌로 지은 최초의 베르사유 궁이다.

베르사유를 현재의 규모로 완성시킨 왕은 흔히 루이 대왕으로 불리는 태양왕 루이 14세다. 루이 14세는 치세 초기에는 베르사유를 별로 좋아하지 않았지만, 결혼한 이후로는 왕비와 신하들을 대동하고 자주 들렀다. 특히 총애하던 애첩 루이즈 드 라 발리에르와의 밀회 장소로 베르사유만큼 좋은 곳은 없었다. 하지만 베르사유를 짓게 된 가장 직접적인 동기는 다른 데 있었다. 당시 재무 담당 대신이었던 푸케는 파

[베르사유 궁을 현재의 규모로 완성시킨 왕은 태양왕 루이 14세다.]

리 남쪽에 보 르 비콩트라는 멋진 성을 짓고 축성식을 하는 날 눈치 없게도 왕을 비롯한 궁정 대신들을 초대했다. 파티도 성대했지만, 무엇보다 성의 규모와 화려함은 왕의 심기를 불편하게 할 정도로 호화찬란했다. 얼마 안 있어 푸케는 겨우 사형을 면하고 감옥에 갇히는 신세가 된다.

작은 성을 군주가 머물 수 있는 쾌적한 궁으로 만드는 대공사가 시작된 것은 루이 14세가 즉위한 1661년, 이 사건이 일어난 직후다. 가구는 물론이고 푸케의 정원에 있던 나무들까지 거의 다 실어와 베르사유를 짓는 데 사용되었고 건축가 정원사 역시 그대로 다시 고용되었다. 이리하여 2층에는 살롱으로 연결된 왕과 왕비의 침실이 대칭으로 자리잡게 되고, 새로 지어진 주방과 마구간이 들어가는 부속 건물은 철책으로 닫혀진 안마당 양쪽에 자리잡았으며, 그 앞으로 오리발 형태로 세 갈래의 길이 시작되는 광장 등이 완공되어 서서히 궁으로서의 면모를 갖추어 나가기 시작한다. 궁과 식물원인 오랑주리, 동물원은 루이 르 보가 맡았고 르 노트르는 새로운 정원을 설계했다. 궁 내부의 전체 장식은 샤를르 르 브룅이 담당했다. 이 사람은 막강한 권력을 휘두르며 정원의 조각까지 감독해 사전에 그의 승인을 얻지 못한 작품

은 감히 궁에 들여올 수가 없었다. 새로 단장된 성은 축제의 장소로 변했다. 1664년의 〈마술 섬의 향락〉과 1668년의 〈왕궁 대향연〉은 모든 이들을 매료시켰다.

숫자로 보는 베르사유

- 공사 기간 : 1661~1710, 50년
- 전체 분수 : 1,400개
- 중앙 대운하 길이 : 1.6km
- 연간 유료 관람객 : 450만 명
- 최대 동원 인원 : 1685년 5월 31일의 3만 6,000명
- 전체 일일 물 소비량 : 6,200t   • 전체 면적 : 100ha
- 방의 개수 : 120개
- 정원의 조각 : 260개

이는 베르사유라는 이름을 전 유럽에 알리는 계기가 된다. 불꽃놀이, 연극, 음악회 등이 연일 공연되었고 왕도 분장을 하고 직접 무대에 올라가 연기를 보여주기도 했다. 희극 작가 몰리에르, 우화로 유명한 라 퐁텐느 등이 왕을 즐겁게 했고 음악은 주로 이탈리아 출신의 륄리가 맡았다. 하지만 왕은 이에 만족하지 않고 성을 확장하기 위해 루이 르 보 등의 건축가들에게 여러 번 확장 계획을 맡긴다. 전체적으로 보면 약 50년의 세월이 걸려 1710년 부속 성당이 완공되면서 대역사가 마무리된다. 하지만 평생을 공사장에서 살면서 궁을 완성한 루이 14세는 5년 후인 1715년 눈을 감고 만다. 루이 14세 뒤를 이어 등극한 루이 15세와 16세 때에는 궁의 전체적인 규모에 있어서는 큰 변화가 일어나지 않는다.

베르사유 궁은 궁에 못지않게 정원으로도 유명한 곳이다. 궁이 조금씩 확장되면서 동시에 '프랑스 식 정원'의 최대 걸작이 탄생하게 되고 이를 장식하기 위해 당대 최고의 조각가들이 동원된다. 정원을 가득 채우고 있는 대리석 및 청동 조각들은 고대의 유명한 '빌라들'을 연상시켰고 베르사유 정원은 이렇게 해서 인간이 상상할 수 있는 최고의 야외 조각관이 된다. 하지만 이 모든 것에도 불구하고 루이 14세는 최초의 베르사유가 간직하고 있던 은밀한 분위기를 즐기기 위해 정원 끝에다가 트리아농이라는 자기로 장식을 한 작은 성관을 하나 건설한다. 엄청난 규모와 몰려드는 인파에 염증을 느낀 것이다.

공사가 진행되는 동안 성 주위에는 도시가 하나 형성되는데, 도시는 성과 운하를 대칭으로 가로지르는 14km의 중심축을 따라 건설된다. 같은 시기에 만들어진 파리의 샹젤리제 거리와 견줄 만한 이 대역사를 통해 가장 위대한 도시 계획이 실현된 것이다. 부속 건물들까지 포함해 약 5,000명을 수용할 수 있었던 성이었지만, 대신들의 종복들까지 수용할 수는 없었기 때문에 도시 건설은 성의 필수 불가결한 요소였다. 궁중 대신들을 따라온 종복들은 시에 있는 여관에 투숙했고, 이내 선술집과 파리와 베르사유를 오가는 마차와 역이 생기게 되었다. 베르사유 시 인구는 꾸준히 늘어나 대혁명 직전에는 7만을 헤아리게 된다(당시 파리 시 전체 인구는 약 55만이었고 프랑스 전체는 약 2,300만 명이었다).

시의 이러한 번성은 왕궁과 행정 전체를 1682년 5월 1일 베르사유로 옮겨온 루이 14세의 천도와 관계가 깊다. 18세기 초의 섭정기를 제외하고 이후 약 100여 년간

베르사유는 왕국의 정치 및 행정의 중심지가 된다.

프러시아와의 보불전쟁에서 패한 프랑스는 프러시아 왕이 베르사유에서 대관식을 하는 치욕을 맛보아야 했고, 이에 복수라도 하듯이 제1차 세계대전 강화 협정은 패전국인 독일을 베르사유로 불러 같은 장소에서 조인하게 한다. 그 이전에도 베르사유는 제3공화국 초기 국회 의사당으로 쓰이기도 했고 간접 선거였던 당시 대통령을 선출하기도 하는 등 현대 프랑스의 중요한 정치적 사건들이 일어난 곳이다. 요즈음도 국빈 만찬장으로 종종 베르사유가 사용되곤 한다.

오늘날의 베르사유는 두 가지 모습을 보여준다. 한편으로 120여 개에 달하는 방이 있는 옛 왕들의 궁으로 중요한 관광 명소이면서, 한편으로는 루이 필립이 '역사 화랑'이라고 불렀듯이 수많은 이야기와 사건이 일어났던 역사의 현장으로서 그 자체가 역사 박물관이기도 하다.

- 교통편   171번 버스가 파리 시내의 퐁 드 세브르Pont de Sèvres 15구와 베르사유 궁을 연결한다. 하지만 지하철을 이용하는 것이 훨씬 더 빠르고 편리하다. 파리 시내와 교외를 연결하는 고속전철 RER은 샤틀레, 오르세 박물관, 에펠 탑 아래 등에서 출발한다. RER Versailles-Rive Gauche 역은 베르사유 궁에서 남동쪽으로 700m 떨어진 지점에 있다. 하루 70편 이상이 운행되며, 파리로 돌아오는 막차는 자정 이전까지 있다. 승용차로 가는 경우는 A13을 이용하면 평균 20분이면 갈 수 있다. 파리에서 택시를 이용하면 편도 20~25유로로 선이다.
- 개관시간   5~9월 화~일 09:00~18:30, 10~4월 화~일 09:00~17:30
- 휴관일   월요일, 국경일
- 웹사이트   www.chateauversailles.fr
- 입장료   전체 패스 - 4~10월 주중 20유로, 주말 25유로,
                         11~3월 16유로, 18세 미만 무료
            궁 - 성인 13.50유로, 18세 미만 무료
            대 트리아농과 소 트리아농 - 4~10월 9유로, 11~3월 5유로
            정원 - 무료(4~9월 중 분수 축제가 열리는 요일 제외)

베르사유 관람 요령

베르사유 궁의 정원은 도보 관광이 가능하지만 대, 소 트리아농은 도보로 다녀오기에는 힘들 수도 있다. 시간이 넉넉한 경우에도 편도 한 번은 베르사유 궁에서 출발하는 관람 기차를 이용하는 것이 좋다. 승용차로 베르사유 궁을 관광하는 이들은 트리아농 지역까지 진입할 수 있다.

관람 안내

▶ 왕의 대전

풍요의 방에서 시작되는 6개의 방에는 그리스 로마 신화에 나오는 인물들의 이름이 붙어 있다. 이는 스스로를 태양 왕으로 불렀던 루이 14세가 태양 주위를 도는 행성들의 이름을 붙인 것이기도 하다.

풍요의 방, 비너스의 방, 디아나의 방, 군신 마르스의 방, 헤르메스의 방, 아폴론의 방 등이 왕의 대전들이다. 이곳에서는 음악회, 저녁 만찬, 게임 등이 열리기도 했고 아폴론의 방의 경우는 순은으로 만든 옥좌가 놓여 있어 왕이 신하들의 알현을 받는

의식이 거행되기도 했다.

▶ 거울의 방 ★★

전쟁의 방과 평화의 방으로 둘러싸인 거울의 방은 베르사유를 완공한 쥘 아르두엥 망사르의 작품이다. 벽은 17개의 창문과 같은 수의 거울로 장식되어 있다. 30점의 그림으로 장식된 천장은 베르사유 예술 책임자였던 샤를르 르 브룅이 제자들과 함께 그린 것으로 1661년 즉위에서부터 1678년 니메그 조약이 체결될 때까지 루이 14세의 업적을 우의적으로 묘사한 그림이다. 방은 대규모 만찬이나 무도회장으로 쓰이기도 했고 외국의 외교 사절단이 방문했을 때 대규모 접견실로 사용되기도 했다. 1686년 태국 대사 일행이나 1715년 페르시아 외교단 접견이 이 방에서 거행되었다. 제1차 세계대전을 끝내는 베르사유 조약이 1919년 6월 28일 이곳에서 체결된다.

[베르사유 궁의 관광 마차]

[베르사유 정원]

▶ 왕비의 대전

왕비의 대전은 왕비의 침실, 귀족의 방, 만찬의 방, 왕비 근위대의 방으로 구성되어 있다. 남쪽 화단을 바라보고 있는 왕비의 침실은 실제로 왕비가 잠을 자는 방이었을 뿐만 아니라 취침 의식과 기상 의식을 거행하거나 손님을 접견하는 곳이기도 했다(왕은 공식적인 행사가 진행되는 침실 이외에 정말로 잠을 자는 침실을 별도로 갖고 있었다). 또한 공개하도록 되어 있었던 왕비의 출산도 이곳에서 이루어졌다. 19명의 프랑스 왕세자와 공주들이 이 방에서 출생했다. 현재 장식은 마리 앙투아네트가 사용하던 그대로의 모습을 복원해 놓은 것이다. 당시 계절에 따라 리옹에서 짠 직물로 벽포를 바꾸었다. 침대 왼쪽에 있는 장은 보석함이고 그 위에 놓인 세 점의 초상화는 오스트리아 합스부르크 가문의 딸이었던 마리 앙투아네트의 어머니 마리아 테레지아 여제, 남동생이었던 조셉 2세와 남편인 루이 16세다.

▶ 정원 ★★★

정원은 앙드레 르 노트르가 설계하고 분수와 운하는 보방 원수가 건설했다. 물의 화단이 바로 궁 앞에 펼쳐져 있고 궁을 등지고 왼쪽에는 스위스 용병 호수가 있다. 스위스 용병 호수로 내려가는 계단 밑에는 열대수를 보관하던 오랑주리 온실이 자리잡고 있다. 여름이면 온실에서 꺼내 야외에 전시를 했다. 1685년에 완공된 물의 화단에는 분수가 마련되어 있고 연못에는 센느 강을 비롯한 프랑스 사대 강 지천을 우의적으로 묘사한 조각들이 장식되어 있다. 콰즈보, 튀비 등의 조각가의 작품을 켈레르 형제가 1687년에서 1694년 사이에 청동으로 주조한 작품들이다. 남쪽에 위치한 스위스 용병 호수와 반대 방향인 북쪽에는 북쪽 정원이 자리잡고 있다. 왕의 대전에서 내려다보이는 정원이다. 정원 입구에는 쾨즈보의 두 작품 〈부끄러워하는 비너스〉와 〈칼을 가는 정원사〉 조각이 세워져 있다. 북쪽 정원은 꽃보다는 용의 분수, 넵튠 분수, 피라미드 분수 등 아름다운 분수대로 유명한 곳이다.

[베르사유 궁에서 가장 유명한 거울의 방]

[라톤느 분수에서 바라본 베르사유 정원]

중앙 운하를 내려가는 계단 밑에는 원형인 라톤느 분수가 있다. 로마 작가 오비디우스의 〈변신〉에서 이야기를 빌려온 이 조각 분수는 아폴론과 다이아나의 어머니가 당한 수모를 제우스가 복수하는 장면을 묘사하고 있다. 제우스의 저주를 받은 인간들이 흉측한 파충류로 변하고 있는 장면이다. 현재도 여름이면 분수가 가동된다. 지금은 전기 동력을 이용하지만 옛날에는 마력을 이용했다. 라톤느 분수 주위에는 한쪽에 9개씩 모두 18개의 조각이 들어가 있다. 이 조각들은 베르사유 궁의 총 미술 장식 책임자였던 샤를르 르 브룅이 당시 조각가들에게 의뢰해 제작한 작품으로 그리스 로마 신화에 등장하는 인물들과 새(四)원소, 예술의 각 장르 등을 우의적으로 표현한 것들이다. 베르사유는 단순히 궁이 아니라 그 자체로 야외 조각 공원이기도 하다.

라톤느 분수에서 아폴론 분수로 이어지는 335미터의 긴 길을 왕도라고 부른다. 양쪽에 마로니에 나무가 벽처럼 높게 자라고 있고, 그 끝에 아폴론 분수가 있다. 이 길에는 12개의 조각과 12개의 잔이 좌우 대칭이 되도록 놓여 있다. 조각 작품들은 17세기에 로마에 있는 프랑스 아카데미에서 유학 중이던 프랑스 조각가들이 제작한 것들이다. 아폴론 분수대에서 솟아오르는 물줄기는 부르봉 왕가의 문장인 백합꽃처럼 물줄기가 퍼져 나오도록 되어있다. 이 길을 따라 내려가면 곳곳에 왼쪽과 오른쪽으로 샛길들이 나온다. 이 샛길들은 총림(叢林)이나 분수대 등 크고 작은 정원으로 향해 있다. 아폴론 분수는 조각가 튀비의 1670년 청동 작품으로 아침에 떠오르는 태양을 태양의 신 아폴론을 빌려 묘사한 걸작이다. 태양신은 태양왕 루이 14세를 상징한다.

그 뒤의 대운하는 센느 강물을 끌어들인 것인데, 루이 14세 때에는 작은 배들을 띄워놓고 모의 해전을 했을 정도로 규모가 크며 베네치아 공화국에서는 특별 제작한 곤돌라를 선물하기도 했다. 아폴론 분수와 대운하로 내려가는 길 양쪽으로 많은 샛길이 있고 그 샛길로 들어가면 16개의 크고 작은 분수와 정원들이 나온다. 이곳은 루이 14세 때 만들어진 것들이지만 루이 16세 때 대폭 수정되고 왕정 복고기에 다시 한 번 수정된다. 그리스 로마 신화에 나오는 인물들의 이름을 붙인 이 작은 정원들은 야회나 불꽃놀이, 산책 등에 사용되었다.

바쿠스 정원, 사티로스 정원, 아이들의 정원, 왕비의 정원, 무도의 정원, 왕세자 정원, 마로니에 정원, 왕의 정원, 콜로나드 정원, 플로르 정원, 오벨리스크 등이 숲 곳곳에 숨어 있다. 이 중 대운하를 바라보며 라톤느 분수 오른쪽 총림 속에 숨어 있는 〈요정들의 시중을 받는 아폴론〉 조각은 놓치지 말고 보아야 할 조각이다. 유명한 조각가 지라르동의 작품으로 프랑스 고전주의의 최대 걸작으로 꼽히는 조각 중 하나다. 원래는 이곳에 있지 않았는데, 루이 16세기 이곳으로 옮겨왔고, 주위 경관과 전체적인 설계는 낭만주의 화가 위베르 로베르가 설계했다.

| 보 르 비 콩 트 |

Vaux le Vicomte ★★

프랑스에서 가장 아름다운 성을 꼽으라고 하면 대부분의 사람들은 망설이지 않고 보 르 비콩트 성을 꼽는다. 해자를 채우고 있는 잔잔한 물 위에 솟아있는 고전주의 양식의 성과 융단을 깔아놓은 것 같은 정원, 주위의 울창한 숲까지, 이곳에서 관람하는 야외 오페라나 콘서트는 그야말로 '한여름밤의 꿈' 바로 그것이다.

전형적인 프랑스 식 정원이 있는 최초의 루이 14세 양식 성인 이곳은 이후 유럽의 모든 왕들이 모방하며 유럽 식 궁전과 정원의 모델이 된다. 태양왕 루이 14세의 베르사유 궁도 바로 이 보 르 비콩트 성을 모방한 것이다.

이 성에는 서글픈 역사가 있다. 성주인 니콜라 푸케Nicolas Fouquet(1615~1680)는 루이 14세 치세 초기 재무 총감을 지낸 프랑스 귀족이었다. 재정이 고갈된 당시 왕궁의 금고를 책임지게 된 푸케는 자신의 재산을 투자해가면서 서서히 국고를 불려나갔고 당시의 관행대로 개인적인 부도 상당히 축적하게 된다. 푸케는 또한 명민하고 왕에게 충성을 다하는 야심가였다.

당시 루이 14세는 아직 모후의 섭정을 받고 있었고 실질적인 권력은 총리대신인 마자랭이 쥐고 있었다. 푸케는 마자랭이 죽으면 총리대신 자리가 자신에게 돌아올 것으로 확신하고 있었다. 하지만 마자랭의 비서로 일하고 있던 평민 출신의 콜베르 역시 푸케 못지않게 야심이 많은 인물이었고, 결국 푸케는 이 권력 싸움에서 지고 만다.

성이 완공되고 얼마 지나지 않은 1661년 8월 17일, 이미 푸케를 제거하기로 마음을 굳힌 왕은 푸케를 불러 보 르 비콩트 성을 방문하여 성의 완공을 축하하겠노라고 했다. 만인이 보는 앞에서 성의 화려함을 증거로 삼아 푸케의 국고 횡령 사실을 알

[전형적인 프랑스 식 정원이 있는 루이 14세 양식 성인 보 르 비콩트 성]

리기 위한 계략이었던 것이다. 함정에 걸려든 푸케는 화려한 만찬과 여흥을 베풀었다. 늦은 밤 불꽃놀이로 막을 내린 이 축제는 루이 14세가 왕이 된 이후 가장 화려하고 성대한 축제였다.

3주일 후 낭트에 머물고 있던 푸케에게 왕의 수석 총사 다르타냥이 이끄는 총사들이 들이닥쳤다. 재판에 회부된 푸케는 3년 동안 계속 심리를 받았지만, 사형을 원했던 왕의 뜻을 비켜가기가 힘들었다. 파리 고등법원은 국외 추방을 결정하고 왕에게 보고했지만, 한발 물러난 왕은 종신형을 고집했다. 파리 고등법원의 결정을 뒤집고 더욱 무거운 중형을 내린 것은 프랑스 역사상 최초의 일이었고 이는 앞으로 행해질 루이 14세의 통치를 예고하는 징조였다.

이렇게 해서 푸케는 100명의 총사들에게 둘러싸인 채 알프스 산 인근 사부아와 지방의 피뉴롤 성에 갇혀 1680년 숨을 거둔다. 루이 14세는 국가의 일급 기밀들이 들어있는 푸케의 서류들을 누구도 보지 못하게 했고 이로 인해 푸케는, 후일 알렉상드르 뒤마 같은 대중 소설 속에 철가면으로 묘사되는 등 시간이 흐르면서 전설 속 인물로 남게 된다.

- 교통편   고속도로 – 파리에서 남동쪽으로 50km, 약 30분 거리. 고속도로 A5
      를 타고 가다 믈렁 인터체인지에서 빠진다.
      기차 + 택시 – 리옹 역→믈렁 역→보 르 비콩트
      RER-D선 – 샤틀레 역→믈렁 역→보 르 비콩트
- 개관시간   월~금 10:00~13:00
- 웹사이트   www.vaux-le-vicomte.com
- 입장료   성인 12.50유로, 단체 9.90유로
- 파리 시에서 출발하는 투어
      Euroscope ☎ (01)5603-5680, Paris Vision ☎ (01)4260-3001

▶ 성과 정원 ★★

건축가는 루이 르 보였고 회화 조각 및 실내 장식은 샤를르 르 브룅, 정원은 앙드레
르 노트르가 맡았다. 이들 세 예술가는 모두 베르사유에 그대로 다시 투입되는 사
람들로서 당대 최고의 예술가들이었다.

1661년 마지막 축제가 있은 뒤 루이 14세는 보 르 비콩트 성을 지은 세 명의 예술
가들을 불러 베르사유 궁을 짓기 시작한다. 루이 14세는 보 르 비콩트 성 안에 있던
회화, 조각, 가구, 양탄자는 물론이고 정원수와 열대 과수까지 뽑아왔다. 왕의 심기
가 어느 정도로 불편했었는지 짐작하게 한다.

보 르 비콩트 성은 1929년 국가 문화재로 등록되며 1965년에는 인근의 숲으로까지
확대된다. 현재는 성의 일부를 각종 세미나, 회합 장소로 빌려주기도 하고 부속 건
물은 합숙 훈련 장소로 사용되기도 한다. 뿐만 아니라 야외 오페라와 콘서트가 열
리며 역사 관련 컨퍼런스도 개최된다. 특히 유명한 요리사 프랑수아 바텔이 주방장
으로 있던 보 르 비콩트 성의 요리 시범은 볼 만하다. 이 요리사는 푸케가 투옥된
후 샹티이 성의 성주인 콩데 공의 요리사가 되는데 루이 14세를 위해 만찬을 준비
하던 중 생선이 도착하지 않자 조바심을 내다 그만 자살을 한 전설 같은 요리사였
다. 요즈음도 프랑스에서는 요리사나 빵 명장들이 최선을 다하지 못한 것을 비관해
종종 스스로 목숨을 끊는 일이 있다. 요리가 프랑스 인들에게 얼마나 중요한 일인
지를 일러준다.

| 퐁텐느블로 |

Fontainebleau ★

1만 5,700명의 인구가 사는 작은 마을인 퐁텐느블로 시는 파리에서 남쪽으로
70km 정도 떨어져 있어 고속도로 A6를 타고 한 시간 남짓 내려가면 닿을 수 있다.
파리의 리옹 역에서 수도권 지역 기차를 타도 퐁텐느블로에 갈 수 있으나 이 경우
화가들이 살았던 바르비종을 보기가 어렵다.

프랑스 르네상스의 발생지인 퐁텐느블로 성을 중심으로 발달해 온 이 도시는 파리
교외의 한적한 분위기와 고성이 주는 이국적인 분위기가 어울려 오래 머물고 싶은

욕망을 자극하는 곳이다.

퐁텐느라는 말은 불어로 샘을 뜻하는 말이고, 블로는 옛날 이 일대 땅을 갖고 있던 소유자 이름으로, 발음이 변해 현재의 이름이 되었다. 인근은 약 2만 5,000ha 정도 되는 파리 일대에서는 가장 광활한 숲이다. 수종은 참나무, 너도밤나무, 소나무 등이 주종을 이루는 잡목림으로 멧돼지, 사슴, 노루 등 짐승이 많아 중세의 카페 왕조 때부터 프랑스 왕들이 자주 사냥을 나오던 곳이다.

인근의 바르비종이라는 작은 마을은 코로, 루소, 밀레 등 유명한 바르비종 파 화가들이 빼어난 풍광을 배경으로 그림을 그리던 곳으로 인상주의 미술에 많은 영향을 준 곳이기도 하다.

16세기 초 프랑수아 1세는 이탈리아 원정에서 돌아오면서 당시 이탈리아 르네상스를 이끌었던 많은 화가, 조각가, 건축가들을 데리고 돌아와 이들을 퐁텐느블로에 기거하도록 하면서 성을 개축하게 했고 회화 조각 등을 통해 성을 장식하게 한다. 뿐만 아니라 프랑수아 1세는 프랑스 예술가들을 함께 기거하도록 조치해 르네상스를

[프랑스 르네상스의 발상지인 퐁텐느블로 성(좌)과 정원 풍경(우)]

배우도록 배려했다. 당시 초청된 대표적인 예술가가 레오나르도 다 빈치인데, 그는 프랑스 르네상스의 또 다른 중심지인 루아르 강 인근에 머물렀다. 대신 퐁텐느블로 성에는 프란체스코 프리마티치오, 로쏘 피오렌티노, 벤베누토 첼리니 등 르네상스 말기의 매너리즘 예술가들이 많이 머물게 된다.

프랑수아 1세는 중세풍의 옛 건물을 헐어버리고 르네상스 풍으로 새로운 성을 짓는다. 이곳은 나폴레옹이 머물던 곳이기도 하고 그가 엘바 섬으로 유배를 떠날 때 말굽 계단이 있는 광장에서 휘하 장교들과 눈물의 이별을 했던 곳이기도 하다. 그래서 이 광장을 아듀 광장이라 부르기도 한다. 현재 퐁텐느블로 성에는 나폴레옹 박물관이 있어 야전 침대나 즐겨 쓰던 모자는 물론이고 그림 조각들을 볼 수 있다.

성 내부에서는 프랑수아 1세 갤러리와 앙리 2세 무도회장이 볼 만하고 정원에서는 사냥의 여신 디아나 조각 분수가 볼 만하다. 모든 작품들이 앞서 언급했던 예술가들에 의해 성을 장식하기 위해 제작된 것들이다. 매너리즘의 영향을 받아 인물들에 대한 묘사가 과장되어 있고 특히 여인의 몸을 길게 그린 것이 특징이다. 이는 퐁텐느블로 파의 모든 화가 조각가들에게서 발견할 수 있는 양식적 특징이기도 하다.

- 교통편   고속도로 – 파리에서 남쪽으로 45km, 고속도로 A6. 약 1시간 소요
  기차 + 버스 – 리옹 역→퐁텐느블로→아봉 역에서 하차, 노선 버스
  를 타면 15분 정도 거리에 성이 있다.
  1일 최대 36회까지 운행되는 파리 리옹 역–퐁텐느블로–아봉 간 근거
  리 통근 철도가 운행된다(요금 7.32유로, 40~60분 정도 소요). 파리
  로 돌아가는 마지막 열차는 오후 9시 45분에 있다(일요일이나 공휴일
  에는 오후 10시 30분까지).
  SNCF(프랑스 국영 철도)에서는 파리–퐁텐느블로 간 왕복 철도 승차
  권, 퐁텐느블로 성까지의 버스 왕복 이용권, 퐁텐느블로 성 입장권 패
  키지를 20유로에 판매하고 있다.
- 개관시간   11~2월 09:00~17:00, 3~10월 09:30~18:00
- 휴관일   화요일, 1월 1일, 5월 1일, 12월 25일
- 웹사이트   www.musee-chateau-fontainebleau.fr
- 입장료   성인 8유로, 학생 6유로, 소 내전은 별도로 성인 12.50유로, 학생 11유
  로(나폴레옹 3세 극장, 중국 박물관 포함), 18세 미만 무료

| 바르비종 |

Barbizon ★

비르비종은 인구 1,200명 정도가 사는 작은 마을이다. 물론 현재 이곳에 사는 사람
들은 밀레가 그림을 그렸던 시절의 가난한 농민들이 아니다. 지금은 밀레 때문에 유
명한 관광지가 되어서 대부분의 사람들이 식당이나 카페 혹은 화랑을 운영하고 있
다. 퐁텐느블로를 보러 오는 사람이면 꼭 한 번씩 들르게 되어 관광 시즌 때에는 사
람들로 붐빈다.

19세기 중엽 이미 산업화된 파리를 떠나 많은 화가들이 파리 근교의 바르비종에 모
여들기 시작했다. 인상주의의 선구자 중 한 사람인 카미유 코로도 이곳의 들녘에
나가 직접 그림을 그렸고 쿠르베도 이곳을 찾았다. 이어 테오도르 루소, 장 프랑수
아 밀레, 뒤프레, 디아즈 드 라 페나, 도비니 등이 가난한 농민이나 퐁텐느블로 숲을
화폭에 담았다. 세잔느, 모네, 르누아르 등도 이곳에서 잠시 그림을 그리곤 했다. 이
들이 야외에 나가 직접 그리거나 아틀리에에서 완성한 그림들은 인상주의자들에게
많은 영향을 주었다. 조르주 상드나 콩쿠르 형제 등의 작가들도 이곳을 찾아 예술
가들과 포도주를 나누며 담소를 즐기곤 했다.

마을 중간에 밀레가 살았던 집과 아틀리에가 보존되어 있다. 지금은 개인 소유로
이곳에서 작업을 하는 화가들의 그림을 파는 갤러리도 겸하고 있다. 입구에 들어서
면 한국에서 열렸던 밀레 전 포스터도 볼 수 있다. 그만큼 한국 사람들이 많이 찾는
다는 증거일 텐데, 한글로 된 포스터까지 걸어놓은 것이 조금은 상업적이라는 인상
도 준다. 걸어서 10분이면 다 돌아볼 수 있는 작은 마을, 그러나 미술사에 결코 작
지 않은 족적을 남긴 마을이 바로 바르비종이다. 밀레의 〈만종〉과 〈이삭 줍는 여인〉
등이 모두 이곳에서 그려진 작품들이다.

밀레의 아틀리에와 함께 바르비종에 있는 시립 바르비종 파 박물관을 둘러볼 필요

가 있다. 놀랍게도 많은 작품을 기증받아 360점에 이르는 상당한 양의 작품을 소장하고 있고 19세기 중엽의 바르비종 풍경을 찍은 사진도 있어 귀중한 자료실 역할을 하고 있다. 현재 박물관으로 쓰이고 있는 '대로'라는 뜻의 그랑드 뤼 92번지의 건물은 원래는 1824년부터 석수였던 간느 영감Père de Ganne이 운영하던 작은 가게 겸 여인숙이었다.

지금과 같이 박물관으로 문을 연 것은 최근의 일로 1990년에 공사가 시작되었을 뿐이다. 공사 당시 덧칠을 한 회벽을 닦아내면서 당시 화가들이 직접 그렸던 그림과 데생들이 드러났다. 비가 오는 날이나 숲에서 작업을 마치고 돌아온 화가들이

© Photo Les Vacances 2007

[바르비종 파가 생겨난 마을 바르비종]

밥값 대신 혹은 심심풀이로 그려 넣은 이 그림과 데생들은 한 시대를 증언하는 귀중한 유산이 되었다.

- 교통편 　　　　퐁텐느블로 성에서 약 8km 정도 떨어져 있어 자동차로 약 15분 정도
　　　　　　　　걸리는 거리이다.

바르비종 파

'바르비종 파'라는 말은 밀레가 숨을 거둔 후 20년이 지난 1895년, 19세기가 거의 끝나갈 무렵에 나타났다. 바르비종이라는 마을과 이곳에서 작업을 했던 화가들이 미술계의 주목을 거의 받고 있지 못했던 것이다. 일반적으로 야광파로 불리는 이들은 1834년 튜브로 된 물감이 발명되고 또 관전인 살롱에서 거듭 낙방을 경험하며 당시 아카데미즘에 염증을 느껴 바르비종으로 내려왔다고 본다. 물론 퐁텐느블로까지 연결된 철도가 없었다면 불가능한 일이었다. 최초로 이곳에 내려와 작업을 한 사람은 유명한 풍경화가 카미유 코로였고 이어 테오도르 루소와 밀레가 뒤를 이었다. 이들은 역사와 신화에서 주제를 빌려오는 대신 자연과 일상 생활 속에서 그림의 주제와 대상을 구했다. 이런 이유로 인상주의의 가장 직접적인 선구자로 꼽힌다. 인상주의자들도 초기에는 이곳으로 내려와 잠깐씩 작업을 하기도 했다.

| 오베르 쉬르 와즈 |

Auvers-sur-Oise ★★

파리에서 북서쪽으로 35km쯤 떨어져 있는 오베르 쉬르 와즈는 〈해바라기〉의 화가 빈센트 반 고흐(1853~1890)가 생의 마지막 몇 개월을 보내며 그림을 그린 곳으로 유명하다. 오베르 쉬르 와즈는 '와즈 강가의 오베르' 라는 뜻으로 동네 이름이다. 인구는 약 6200명 정도이고 반 고흐 이외에도 코로, 세잔느, 피사로, 기요맹, 도비니 등의 화가들이 친구였던 의사 가셰 박사의 초청으로 이곳에 머물며 그림을 그렸다. 이곳에는 반 고흐가 머물다 숨을 거둔 방, 동생 테오와 함께 묻혀 있는 무덤 등이 있으며 그림의 배경이 된 성당과 시청 등도 그대로 보존되어 있다.

반 고흐가 여관을 겸하고 있는 오베르의 카페 라부에 도착한 것은 1890년 5월 20일이다. 그리고 가슴에 총을 쏴 스스로 목숨을 끊은 것이 7월 29일이니 반 고흐가 오베르에 머문 시간은 채 세 달이 안 된다. 이 짧은 시간 동안 반 고흐는 무려 70여 점의 유화와 그 외에도 많은 데생과 판화를 남겼다. 그래서 그의 죽음이 지독한 작업의 결과라는 의심이 들 정도다. 남프랑스의 아를르나 생 레미에서의 일을 생각하면 고흐의 자살이 갑작스러운 것만은 아니었지만, 단순히 광기로 치부해 버리기에는 그의 그림들이 예사롭지 않기 때문이다.

당시 그려진 그림에는 오르세 박물관에 소장되어 있는 〈오베르 쉬르 와즈 성당〉, 〈가셰 박사의 초상〉 등이 있고 〈까마귀가 나는 밀밭〉 등도 이때 그려졌다. 그가 묵고 있다가 숨을 거둔 여관의 2층 방은 1992년 한 네덜란드 인이 구입해 보수를 해놓아 옛날 모습 그대로 볼 수 있다. 한없이 초라한 이 방은 어딘지 반 고흐를 닮은 듯한 인상을 준다. 동네의 나지막한 언덕에 있는 공동묘지에는 반 고흐의 묘만이 아니라 형이 죽고 얼마 안 되어 숨을 거둔 동생의 묘도 옮겨져 함께 묻혀 있다. 두 형제의 묘가 나란히 있는 모습은 두 사람이 주고받은 서신들을 떠올리게 한다.

고흐의 그림은 눈이 부시도록 밝고 강렬하며 강한 터치에도 불구하고 투명하다. 사물들은 거의 마지막으로 만나는 것 같은 긴박함과 비장함을 갖고 있다. 세 달도 머물지 않았지만 오베르라는 마을은 반 고흐의 이름과 뗄래야 뗄 수 없게 되어버렸다. 그 결과 수많은 관광객들이 매년 이곳을 찾는다. 한 점에 우리 돈으로 수백억 원씩 하는 그의 그림값과 무수한 관광객을 보면, 반 고흐가 살아있는 동안 제대로 된 평가 한번 받지 못했던 일이 생각나서 세상이 한없이 헛되고 잔혹하다는 느낌을 지울 수가 없다.

• 교통편　　파리 생 라자르 역에서 기소르Gisors 행 기차를 타고 퐁투아즈 Pontoise에 내려, 크레이유Creil 행 기차로 갈아탄다. 또는 파리 북역 에서 페르장 보몽Persan Beaumont 행 기차를 타고 종점에 내려, 퐁투아즈 행으로 갈아탄다. 오베르 쉬르 와즈 역Gare Auvers sur Oise에 내리면 된다. 총 1시간 20분 정도 소요된다.

Languedoc-Roussillon

랑그독 루씨옹 주

[몽펠리에] [페르피냥] [갸르] [님므] [카르카쏜느]

[랑그독 루씨옹 주]

랑그독 루씨옹 주는 면적이 2만 7,376km²(프랑스 전체의 5%, 제8위), 220만의 인구를 갖고 있는 지중해 연안에 자리잡고 있는 해안 지방이다. 주청 소재지는 몽펠리에이고 오드, 갸르, 에로, 로제르, 피레네 오리앙탈 등 5개 도로 이루어져 있다.

랑그독 루씨옹은 1960년대부터 개발된 대규모 해수욕장을 갖춘 대중적인 여름 휴양지가 많다. 맑고 건조한 해양성 기후인 해안과 내륙 쪽의 산악 지대가 어울려 있는 천혜의 관광 지역이다. 하지만 겨울에서 봄까지는 미스트랄Mistral이라는 특유의 바람이 불어 날씨가 변덕스럽다. 비는 가을에 많이 내리며 짧은 시간에 소나기 식으로 내리는 경향을 보인다. 마시프 상트랄에 인접해 있는 로제르 지역은 해발 1,700m의 높은 산이 있는 전형적인 고원 지대이며 계곡이 깊어 급류가 흐른다.

랑그독 루씨옹 지방은 프랑스 전체 포도주의 40%를 생산할 정도로 포도 재배가 발달한 곳이다. 뿐만 아니라 과일과 야채 농사도 발달해 있다. 그러나 갸르 지역의 철강과 로제르 지역의 직물 산업 등은 예전과는 달리 위기를 맞고 있고 2차산업은 갈수록 퇴조하고 있다. 대신 의약 산업이나 몽펠리에에 들어선 IBM 등의 첨단 산업으로 선회하고 있지만 아직 여의치 않은 실정이다. 몽펠리에는 전통적으로 대학 도시인데, 이를 바탕으로 연구 중심 도시로 발돋움하려고 한다. 랑그독 루씨옹 지방에서 가장 발달한 산업은 관광을 비롯한 3차산업이다. 160km에 달하는 해안에 대규모 해수욕장과 위락 시설 단지가 1960년대 후반부터 개발되었고 아울러 내륙에는 환경 친화적인 국립 공원들이 개발된 덕택이다. 또한 님므, 갸르, 카르카쏜느의 문화 유적지도 이 지방의 관광 산업에 큰 몫을 하고 있다. 랑그독 루씨옹 지방은 프랑스에서 파리를 중심으로 한 일 드 프랑스와 론느 알프 지방에 이어 제3위의 매출을 올리는 관광 지대다.

몽펠리에, 페르피냥, 님므에는 각각 공항이 있고 해안을 끼고 나 있는 고속도로 A9

© Photo Les Vacances 2007

[몽펠리에. 프랑스의 주요 관광 지역 중 하나인 랑그독 루씨옹 주에 속한다.]

를 통해 스페인, 이탈리아와 연결된다. 이외에 A61, A54, A75 등의 고속도로를 통해 툴루즈, 클레르몽 페랑 등의 내륙 도시들로 연결된다. TGV는 현재 님므까지 개통된 상태로 랑그독 루씨옹에서는 페르피냥까지 연장해 스페인과의 연결을 계획하고 있다.

| 몽펠리에 |

Montpellier ★

인구 23만 명의 몽펠리에는 십자군 원정 당시 동방의 향신료와 약초가 수입되면서 거래가 이루어지던 곳이고 이것이 발달해 약학으로 이어지면서 12세기에 유럽 최초의 의대가 설립된 도시다. 몽펠리에가 대학 도시로 불리는 이유가 여기에 있다. 도시로서 본격적으로 개발되기 시작한 것은 17세기에 루이 14세에 의해 랑그독 지방의 수도로 지정되면서부터이다. 그러나 몽펠리에는 오랫동안 대학 및 행정 도시로 남아 있었고 포도주를 비롯한 농산물 거래만 활발했을 뿐 이렇다 할 발전을 보이지 못했다. 하지만 1970년대 들어 첨단 산업을 유치하면서 일대 약진을 보인다. 기존의 육가공 산업, 제과 산업, 식용유 산업을 제치고 제약 산업, 정보 통신, 화학 산업 등이 들어서기 시작한 것이다. 현재는 800ha에 달하는 몽펠리에 테크노폴―LR 공업 지구 내에 약 800개의 기업체가 입주해 있고 이곳의 고용 인원만 약 1만 7,000명에 달한다. 동시에 해안 개발과 함께 관광 산업 역시 활기를 띠어 매년 100만 명 이상의 관광객을 유치하고 있다. 여기에는 TGV와 고속도로가 큰 역할을 했다.

가는 방법

항공편

몽펠리에 공항(☎ (04)6720-8500)이 도심 남동쪽으로 8km 떨어진 지점에 위치하고 있다. 매일 파리 행 노선이 운항한다. 파리에서 몽펠리에까지는 약 1시간 10분 정도 걸린다. 버즈 항공Buzz Airway에서는 주말마다 런던으로 가는 항공편을 운항한다.

기차편

파리 리옹 역에서 출발하는 몽펠리에 행 TGV 남동노선을 이용하면 된다. 기차역은 오귀스트 지베르 광장Place Auguste Gibert에 있다. 파리에서 몽펠리에까지 약 3시간 30분 정도 걸린다.

버스편

- 몽펠리에 교외의 여러 마을을 오가는 버스 노선이 운행되고 있다(Courriers du Midi 사, ☎ (04)6706-0367).
- 15개 시내버스 노선이 매일 버스 터미널과 팔라바Palabas 해변 간을 운행한다.
- 유로라인 버스(☎ (04)6758-5759)가 유럽 각지로 운행된다.
- 버스 터미널(Place du Bicentaire, ☎ (04)6792-0143)은 기차역 남서쪽에 위치하고 있다.

자동차편

파리에서 A6, A7(리옹 인근), A9(오랑주) 고속도로를 이용한다.

공항에서 시내 가기

공항과 버스 터미널 간 셔틀버스가 운행된다. 공항에서 몽펠리에 시내 중심까지는 셔틀버스로 약 15분이 소요되며, 편도 요금은 4.90유로이다.

시내 교통

버스 · 트램

몽펠리에에서는 2000년에 개통된 트램이 운행된다. 시내버스는 SMTU에서 운영한다(Rue Jules Ferry, ☎ (04)6722-8787, 07:00~19:00, 일요일 휴무). 정기 버스 노선은 20:30분까지 운행하며, 교통 통제 구역을 운행하는 천연가스 버스 Petibus가 19:30까지 운행한다. 야간 운행 버스는 구시가와 기차역 간을 운행하며, 막차는 00:30에 있다.

자전거

몽펠리에에는 100km에 달하는 자전거 전용 도로가 정비되어 있어 자전거 관광을 하기에 좋은 환경을 갖추고 있다.

자전거 렌탈 업체 Vill'a Vélo
- 27, rue Maguelone, SMTU 버스 안내소 • ☎ (04)6722-8782
- 월~토 09:00~19:00, 일요일 및 국경일 09:00~13:00, 14:00~19:00

관광안내소
- 30, allée Jean de Lattre de Tassigny
- 샤를르 드골 광장Esplanade Charles de Gaulle 남쪽 모퉁이
- ☎ (04)6760-6060 / F (04)6760-6061 • www.ot-montpellier.fr
- 월~금 09:00~19:30, 토 09:30~18:00, 일요일 및 국경일 09:30~13:00, 14:30~18:00

Sights

관광 명소

[몽펠리에]

▶ 페루 산책로 Promenade du Perou

1688년 몽펠리에의 가장 높은 언덕에 샤를르 다빌리에가 만든 산책로이다. 18세기 시에 물을 공급하기 위한 수도교를 만들며 재정비해 오늘에 이르고 있다. 저수조를 가리고 있는 팔각형의 정자 주위에서는 시를 한눈에 내려다 볼 수 있다.

▶ 안티고네 시가지 Quartier Antigone ★

1980년대에 건축가 리카르도 보필Ricardo Bofil이 설계한 시가지로 신고전주의 양식의 건물과 환경 친화적 경관으로 많은 사람들이 찾는 명소가 되었다. 특히 파브르 미술관과 코메디 광장Place de la Comédie 등은 들러볼 만하다. 몽펠리에 인근 해안에는 1967년에 새로 조성된 여름 휴양지 라 그랑드 모트La Grande-Motte 가 있어 많은 사람들이 찾는다.

▶ 파브르 미술관 Musée Fabre

몽펠리에를 대표하는 명소 중의 하나인 파브르 미술관에서는 17세기 프랑스의 위대

한 희극 작가인 몰리에르Molière가 공연을 하였고, 1803년에는 나폴레옹Napoléon
이 왕립 미술원의 전시회를 열기도 하였다. 몽펠리에 출신의 화가 프랑수아 파브르
François Fabre의 이름을 딴 이 미술관에는 화가 자신의 초상을 비롯한 많은 수집
품들이 전시되어 있다. 그중 17세기 프랑스 고전주의 회화의 대가 푸생의 〈비너스와
아도니스〉, 17세기 바로크 화가인 루벤스와 그의 제자 도우, 테니에르의 작품들이
유명하다. 이 밖에도 초상화를 즐겨 그렸던 영국 화가 레이놀즈, 베네치아 화파의
베로네세, 19세기 전반기 프랑스 미술을 대표하는 최고의 화가 앵그르, 낭만주의 화
가 들라크루아, 사실주의 화가 쿠르베 같은 대가들의 작품도 소장되어 있다.

- 위치   39, boulevard Bonne Nouvelle
- ☎   (04)6714-8300 / F (04)6766-0920
- 개관시간   화, 목, 금, 일 10:00~18:00, 수 13:00~21:00, 토 11:00~18:00
- 휴관일   월요일, 1월 1일, 5월 1일, 11월 1일, 12월 25일
- 입장료   성인 6유로, 학생 4유로

▶ 플로제르그 성 Château de Flaugergues

몽펠리에의 역사를 말해주는 플로제르그 성은 도심에서 동쪽으로 3km 정도 떨어
진 곳에 위치해 있다. 17세기에 지은 이 저택은 플로제르그 가문의 재산으로 몽펠리
에 시가 소유한 공원과 포도밭에 둘러싸여 있다. 17세기와 18세기를 아우르는 가구
및 예술품을 소장하고 있으며, 아름다운 저택에 딸려 있는 포도밭에서는 와인을 시
음할 수 있다.

- 위치   1744, avenue Albert-Einstein
- ☎   (04)9952-6637 / F (04)9952-6644
- 개관시간   성 내부 - 7~9월 화~일 14:30~18:30(그 외에는 예약 투어만 가능)
- 웹사이트   www.flaugergues.com
- 입장료   성 내부 - 가이드 투어 성인 7.50유로, 학생 5유로

▶ 아제르 박물관 Musée Atger

아제르 박물관은 프랑스에서 가장 오래된 의대 건물이다. 15세기 말 도제 시스템을
중심으로 이루어지던 의학 강의가 몽펠리에를 중심으로 체계화되면서 프랑스 최초
의 의대가 탄생하게 되었는데, 오늘날 박물관이 들어서 있는 곳이 그 건물이다. 르
네상스부터 19세기에 이르는 약 1,000여 점의 예술작품이 소장되어 있으며, 그중
대부분이 기증자 로제르 아제르의 소장품들이다. 17세기 플랑드르 화파 반 다이크
Van Dyck의 작품을 비롯하여 이탈리아, 프랑스 화가들의 작품을 볼 수 있다.

- 위치   2, rue de l'École de Médecine
- ☎   (04)6741-7640
- 개관시간   월, 수, 금 13:30~17:45
- 휴관일   12월 25일, 7월 25일~8월 25일

▶ 랑그독 박물관 Musée Languedocien

랑그독 박물관은 1632년 몽펠리에 시가 구입하여 보수한 개인 저택에 자리잡고 있다. 이곳에는 몽펠리에 고고학 협회가 소장하고 있던 랑그독 지방에서 발굴된 조각상, 도자기 등이 전시되어 있다. 선사시대, 로마 점령기, 그리스, 에트루리아, 이집트 시대의 유물과 로마네스크 양식의 조각이 볼 만하다.

- 위치   7, rue Jacques Cœur
- ☎   (04)6752-9303
- 개관시간   14:00~17:00
- 휴관일   월요일, 부활절, 1월, 5월, 11월 1일, 7월 14일, 11월 11일, 12월 25일
- 입장료   성인 5유로, 학생 3유로

| 페르피냥 |

Perpignan

인구 16만 명의 페르피냥은 13세기 말에 생겨나 70년도 채 못 견디고 무너진 마요르카 왕국의 수도였던 곳으로 중세에는 대단히 번성했던 도시다. 원래는 스페인 북동부에 위치한 카탈루냐 지방의 대도시로 고대 로마 시대부터 바르셀로나와 함께 번영을 구가하던 곳이었다. 이곳은 루이 13세 때 프랑스에 점령되어 영토로 귀속된다. 현재는 프랑스의 툴루즈와 몽펠리에, 그리고 스페인 바르셀로나 사이에 위치한 지정학적 위치로 인해 세 도시와 긴밀히 연결된 산업 구조를 갖고 발전하고 있다. 루씨옹 지역의 농산물과 스페인의 농산물이 모이는 곳으로 농업 또한 발달해 있다. 17세기 프랑스의 유명한 왕실 초상화가 야셍트 리고와 19세기에 활동했던 프랑스 과학자 프랑수아 아라고의 고향이기도 하다. 페르피냥은 또한 초현실주의자 살바도르 달리의 그림 속에 자주 등장해 유명해지기도 했다. 옛 해양 감독관이 머물던 라 로즈 가 주변에는 시청 등 관공서가 몰려 있고 유명한 아리스티드 마이욜의 조각 〈지중해〉가 놓여 있다.

Sights

관광 명소

▶ 왕궁 Palais des Rois

13세기 말에 세워진 이 왕궁은 로마네스크 양식과 고딕 양식이 섞여 있는 마요르카 양식의 궁이다.

▶ 베르메유 해안 Côte Vermeille ★

페르피냥 남쪽의 베르메유 해안은 크고 작은 해수욕장들이 여럿 줄지어 있는 여름 휴양지이다. 이 중에서 프랑스 최남단에 있는 해수욕장 바뉠 쉬르 메르Banyuls-sur-Mer가 가장 유명하다. 이곳은 또한 같은 이름의 포도주로도 명성이 자자한 곳이다.

▶ 콜리우르 Collioure

콜리우르라는 작은 마을은 왕궁과 노트르담 데 장주 성당 사이에 있는 화가들의 마을이다. 20세기 최초의 미술 운동이었던 야수파의 마티스, 드랭과 입체파의 브라크 등이 자주 찾던 곳이고 피카소도 이곳에서 작업을 하곤 했다. 현재도 많은 화가들이 찾는 명소다.

▶ 토타벨 박물관 Musée de Tautavel ★

페르피냥에서 북서쪽으로 25km 정도 떨어진 토타벨에는 1971년과 1979년, 2차에 걸친 고고학 발굴에 의해 밝혀진 선사시대의 유적지가 있다. 두개골을 측정한 결과 45만 년 전 페르피냥 평원에 거주했던 선사 인류임이 확인되어 유럽 고고학계의 순례지가 되어 있다. 고고학 박물관이 건립되어 첨단 시설을 통해 선사시대의 생활상을 보여주고 있다.

| 갸 르 |

Gard

길이가 약 130km에 이르는 갸르 천이 가로지르는 이곳은 무엇보다도 서기 1세기 후반 님므에 물을 공급하기 위해 세워진 수도교로 유명한 곳이다. 거의 완벽한 형태로 보존되어 있는 로마 유적 중 하나로, 해질녘 황금빛으로 물든 다리를 많은 화가들이 그림으로 묘사하곤 하였다. 이 중 가장 유명한 그림은 현재 루브르 박물관에 소장되어 있는 낭만주의 화가 위베르 로베르의 그림이다. 랑그독 루씨옹 지방의 중요한 관광 자원이다.

Sights

관광 명소

▶ 갸르 수도교 Pont du Gard

갸르 강을 가로지르는 이 거대한 다리는 지어진 지 2천 년이 넘은 수도교로 님므에 이르는 50km의 길을 따라 물을 공급하기 위해 건설되었다. 로마 제국의 영토가 프랑스 남부 일대까지 뻗어 있던 갈로 로맹 시대에 세워진 이 다리는 로마 시대에 발달한 관개 수로 시설의 모습을 잘 보여주고 있다.

총 3층으로 구성되어 있는 이 다리의 높이는 약 50m에 이르며, 다리의 가장 긴 부분은 275m이다. 미관을 고려한 아치의 디자인이나 기술적인 설계는 로마의 실용적

© Photo Les Vacances 2007

[유네스코 세계문화유산으로 지정된 갸르 수도교의 옛날 모습]

이면서도 미학을 고려한 건축 양식의 전형이다. 다리는 오늘날 유네스코 세계문화유산으로 지정되어 있다.

■ 갸르 수도교 관광안내소
- Place des Grands Jours 30210 Remoulins
- ☎ / F (04)6637-2234 • www.ot-pontdugard.com

| 님므 |
Nîmes ★

인구 15만 명의 님므는 1629년 루이 13세의 의해 프랑스 영토로 귀속되기 이전에는 수많은 민족들의 침입과 정복이 끊이지 않았던 곳이다. 님므에 남아 있는 로마 유적들이 일러주듯이 로마 시대에는 루씨옹 지방에서 가장 번성하는 로마 속주였

다. 아그리파, 아우구스투스, 안토니우스 등의 황제들이 님므를 개발하며 확장했고 특히 안토니우스의 어머니는 님므 출신이기도 했다. 이후 반달 족, 서고트 족, 프랑크 족, 사라센 등에 의해 계속해서 정복된다. 한때는 툴루즈 백작의 영지였다가 아라곤에 귀속되기도 했다. 알비 이단파의 발흥으로 13세기에 정치적 입지를 상실하게 된다. 16세기에는 칼뱅 파 신교도들의 본거지가 되기도 해 많은 학살이 자행되기도 했었다. 종교적 적대감은 18세기까지 지속되어 심각한 후유증을 남겼다.

현재 님므는 1970년대 들어 급속하게 발전하고 있는 인근의 몽펠리에에 산업의 주도권을 넘겨준 이후 서로 경쟁 관계를 보이고 있다. 하지만 축제와 투우의 도시로

© Photo Les Vacances 2007 / Office de Tourisme de Nîmes

[님므의 원형 경기장. 현재는 님므 시민들의 사랑을 받는 투우 경기가 열린다.]

서 전통을 살리며 신발 산업과 봉제 산업에서 독자적인 활로를 찾고 있다. 카사렐, 에미낭스 등의 기성복이 님므에서 생산되고 있으며, 탄산수인 페리에, 과일 통조림, 잼 등 식품 산업도 발달해 있다. 파리-페르피냥-스페인을 연결하는 중요한 교통망을 갖고 있어 앞으로의 발전이 기대되는 곳이다.

Sights

관광 명소

▶ 원형 경기장 Arènes

아를르의 원형 경기장보다 80년 정도 앞서 건설된 님므의 원형 경기장은 로마 경기장 중 가장 보존이 잘 되어 있다. 2만 4,000명을 수용할 수 있는 이 경기장은 사회 계층에 따라 앉는 자리를 달리하는 등 로마 건축의 살아있는 모습을 오늘날까지

전해주고 있다. 현재는 님므 시민들이 가장 좋아하는 투우 경기가 열리는 장소이다. 부활절로부터 일곱 번째 되는 일요일인 성령 강림절과 가을의 포도 수확기에 열리는 페리아Féria 투우 축제는 님므의 가장 중요한 행사이자 관광 자원이다.

- 위치   Place des Arènes
- ☎   (04)6621-8256
- 개관시간   6~8월 09:00~19:00, 4~5월, 9월 09:00~18:30, 3, 10월 09:00~18:00, 1~2월, 11~12월 09:30~17:00
- 웹사이트   www.arenes-nimes.com
- 입장료   성인 7.70유로, 학생(26세 미만) 5.80유로

© Photo Les Vacances 2007

[기원전 1세기 아우구스투스 황제가 건립한 메종 카레]

▶ 메종 카레 Maison Carrée

로마 시대 사원 중 가장 보존 상태가 양호한 건축물이다. 메종 카레란 사각형 집을 의미한다. 기원전 1세기 무렵 아우구스투스 황제에 의해 건립된 것으로 로마의 아폴론 신전을 응용해 건축되었다. 균형미와 아름답고 섬세한 기둥 머리 장식 등으로 유명하다.

- 위치   Place de la Carrée
- ☎   (04)6621-8256
- 개관시간   6~8월 09:00~19:30(그 외 기간은 월별로 차이가 있음)
- 웹사이트   www.arenes-nimes.com
- 입장료   성인 4.50유로, 학생(26세 미만) 3.60유로

| 카르카쏜느 |

Carcassonne ★

인구 4만 6,000명의 카르카쏜느는 1997년 유네스코 지정 세계문화유산에 등록된 중세 요새 도시로 유명한 곳이다. 또한 역시 유네스코 지정 세계문화유산인 300년 역사의 남프랑스 운하가 지나는 곳이다. 이러한 풍부한 문화 유산과 지중해성 기후 덕분에 카르카쏜느는 연중 관광객이 끊이지 않는다.

시 중심부를 흐르는 오드 강 좌안의 저지대와 우안의 고지대로 나뉜다. 좌안의 저지대는 이미 8세기에 계획 도시로 형성된 지역이며, 고지대인 우안은 이중의 성곽이 둘러싼 중세 요새가 자리잡고 있다. 오드 지역의 와인 등이 거래되는 상업 중심지이며 무엇보다 관광 산업이 발달해 있다.

Sights

관광 명소

▶ 중세 요새 La Cité ★★

로마 시대부터 성이 축조되기 시작해 서고트 족, 프랑크 족, 툴루즈 백작령 등을 거치며 여러 차례에 걸쳐 요새가 축조되고 마지막으로 성 루이 왕 당시 기존의 성 외곽으로 다시 성이 축조되어 현재와 같이 이중의 성곽을 지닌 요새를 형성하게 된다. 영국과의 백년전쟁 당시 흑태자마저도 카르카쏜느를 단념해야만 했을 정도로 요새는 견고했다. 이후 대포가 발명되어 요새가 큰 소용이 없어지고 루이 14세가 루씨옹 지역을 점령함으로써 요새는 방치되어 폐허가 되지만, 유명한 소설가였던 프로스페르 메리메의 관심으로 다시 복원된다. 메리메의 권고로 현장을 방문한 건축가 비올레 르 뒤크는 감동한 나머지 복원 작업에 착수했으며 공사는 그가 죽은 후에도 계속되어 1910년까지 이어진다. 이 요새는 진지전을 치른 전형적인 중세식 요새다. 포위망을 구축한 적군에 대항할 수 있는 모든 종류의 구조물들로 이루어져 있다.

남프랑스 운하 Canal du Midi

1996년 유네스코 지정 세계문화유산으로 등록된 운하로 툴루즈에서 시작해 카스텔로 다리, 카르카쏜느, 트레브, 베지에 등의 도시들을 거쳐 세트 항을 통해 지중해로 흘러든다. 전체 길이 360km, 폭 10m, 깊이 2m의 이 대운하는 가론느 강을 지중해와 연결하는 대역사였다. 결국 대서양과 지중해를 연결하는 운하인 셈이다. 루이 14세 당시인 1667년 피에르 폴 리케Pierre-Paul Riquet의 주장으로 구체화되기 시작해 1694년에 완공되었고 수문, 수도교, 다리, 터널 등 총 328점의 구조물들이 함께 건설되었다. 보방 원수는 1686년 2km의 연결 운하를 새로 건설해 카르카쏜느와 운하를 연결했다. 이 운하로 훗일 산업혁명은 한층 가속도를 얻게 된다. 토목 공사만으로도 놀라운 대역사였지만 주위 경관과 어우러진 구조물들은 이 운하를 하나의 예술 작품으로까지 승화시키고 있다.

Midi-Pyrénées

미디 피레네 주

[툴루즈] [루르드]

[미디 피레네 주]

프랑스 주 중 가장 많은 도인 8개 도를 거느리고 있는 주가 바로 스페인과 국경을 이루고 있는 미디 피레네 주이다. 주청 소재지는 유럽 항공우주 산업의 메카인 툴루즈다. 아리에주, 아베롱, 타른, 타른 에 가론느, 오트 가론느, 제르, 로트, 오트 피레네 등이 미디 피레네 주 산하의 도이다.

자연히 프랑스 주 중 가장 넓은 면적인 45,348km²에, 인구는 250만 이상을 헤아린다. 스페인과의 국경 지대인 피레네 산맥과 아키텐 지방과 연결된 평야, 그리고 오베르뉴의 고원 지대 등 큰 차이를 보이는 다양한 지형으로 이루어져 있다. 피레네 산맥은 170km에 걸쳐 프랑스와 스페인의 국경을 이루고 있으며 해발고도 3,000m 이상의 산들이 있는 산악 지대다. 오베르뉴와 인접한 지역은 해발 600m에서 1,200m 정도 되는 고원 지대이며, 마지막으로 아키텐 분지 지대는 대부분이 저지대인 평야다.

프랑스 전체 평균의 2배에 달하는 인구가 농업에 종사하고 있을 정도로 농업은 이 지방의 중요한 산업이다. 하지만 주 전체의 총 생산량에서 농업이 차지하는 비중은 고작 0.9%밖에 되지 않아 상대적으로 너무 많은 인원이 농업에 종사하고 있다고 볼 수 있다. 옥수수, 밀, 귀리 등의 곡물과 프랑스 1위인 목축 산업이 주를 이루고 있고, 프랑스 전체에서 6위를 차지하고 있는 와인도 중요 생산 품목 중 하나다. 프랑스 인들에게 이곳은 로크포르 치즈와 거위 간, 고급 브랜디 아르마냑 등으로 유명한 식도락 지방이다.

다른 산업은 침체를 면치 못하다가 툴루즈를 중심으로 첨단 산업이 발달하면서 엄청난 신장세를 보이고 있다. 1970년대 들어 파리 인근에 있던 민간 항공 교육원, 국립 우주 연구소CNES 등이 이곳으로 이전했고 1980년대 들어서는 에어 엥테르 Air Inter 본사, 국립 기상청 등도 이곳으로 이주했다. 이와 함께 아에로스파시알 Aérospatial, 에어버스Air Bus, Cnes-Espace(아리안 로켓, 우주 정거장 에르메스, 에어버스 항공기 분야) 등이 툴루즈 인근에 들어서면서 미디 피레네는 유럽 항공 산업의 메카로 부상했다. 더불어 탈레스, 알카텔 에스파스, 마트라 에스파스, ATE-GIAT 등 항공 및 군사 관련 전자, 장비 업체들도 입주를 하게 된다. 미디 피레네는 3개의 종합 대학이 있어 파리 다음으로 많은 대학생과 연구원을 양성하고 있는 지역이다.

피레네 산맥을 중심으로 한 스키, 온천, 유명한 성지 루르드의 종교 관광 등도 미디 피레네의 주요 산업 중 하나다.

| 툴루즈 |

Toulouse ★★

인구 80만을 헤아리는 툴루즈는 프랑스에서 여섯 번째로 큰 도시다. 로마 점령기부터 지중해, 스페인, 대서양 문화가 영향을 주고받는 지정학적 위치로 인해 부흥했던 도시 툴루즈는 6세기경에는 서고트 족의 수도였다가 이후 아키텐 왕국의 수도가 된다. 이 당시가 툴루즈 역사에서 가장 번성했던 시기로 레이몽 공작이 지배했던 시기다. 하지만 13세기 들어 이단을 재판하기 위한 종교 재판소가 설치되고, 동시에 도미니크 수도회가 자리를 잡아 이단과의 투쟁을 벌이면서 정치적 영향력을 상실해, 툴루즈 공작령이었던 툴루즈는 13세기 중엽 카페 왕조에 병합된다.

현재 툴루즈는 세계적인 항공 산업 도시로 변모했다. 프랑스의 남부로 항공 시설을 이동시키기 시작한 것은 1차대전 중이던 1917년부터이고 양차 대전 사이에 이미 툴루즈에 프랑스에서 출발하는 첫 정기 여객기 항로가 개설되기도 했지만, 본격적인 항공 도시로서의 발전은 20세기 후반 들어서부터다. 현재 전체 고용 인구의 50%가 항공 산업에 종사하고 있다. 2000년부터 그랑 툴루즈 계획에 의거해 새로운 도약을 준비 중이다. 툴루즈는 미디 피레네 주의 교통의 중심지로 공항, TGV, 고속도로 등을 통해 보르도, 지중해, 파리 등과 연결된다.

가는 방법

항공편

툴루즈 블라냑 국제공항이 툴루즈 도심에서 북서쪽으로 8km 떨어진 지점에 위치하고 있다. 에어프랑스와 에어 리베르테Air Liberté에서 하루 30회 파리(오를리 공항)-툴루즈 노선을 운항한다. 프랑스와 유럽 주요 도시를 운항하는 노선도 이용할 수 있다. 저가 항공편인 라이언에어Ryanair는 툴루즈-런던 간 항공편을 매일 운항한다.

기차편

파리 오스테를리츠 역에서 툴루즈 행 일반 열차편이 출발(TGV는 파리 몽파르나스 역에서 출발)한다. 툴루즈 기차역인 마타비오 역Gare Matabiau은 툴루즈 시내에서 북동쪽으로 1km 떨어진 지점에 위치한다(Boulevard Pierre Sémard). 툴루즈 시내(5, rue Peyras)에 SNCF(프랑스 국영 철도)에서 운영하는 안내소와 매표소가 있다. 문 여는 시간은 주중 09:30~18:30, 토요일 09:30~12:30, 13:30~17:45이다.

버스편

툴루즈 버스 터미널은 기차역 바로 북쪽에 위치해 있다.

자동차편

파리에서 A10-A71(오를레앙에서)-A20-N20-A62번 고속도로를 이용한다.

공항에서 시내 가기

공항버스가 툴루즈 시내와 공항을 20분 간격으로 운행하며 요금은 4유로 선이다. 공항에서 시내로 들어가는 막차 출발시간은 0시 15분이다. 시내에서 공항으로 갈 때는, 장 조레스Jean Jaurès 지하철역 인근이나 잔 다르크 광장에 있는 버스 정류장에서 공항 버스를 탈 수 있다. 공항에서 시내까지 택시를 이용할 경우, 20~25유로의 요금이 나온다.

시내 교통

버스 · 지하철

시내버스와 지하철(정차역 15개)이 운행된다. 요금은 1.40유로이다. 티켓 10개 묶음이 11.70유로, 1일 패스는 4.20유로다. 대부분의 버스 노선은 08:00~21:00까지 운행된다. 22:00~24:00 사이에 운행하는 야간버스는 7개의 노선이 있으며, 기차역에서 출발한다.

지하철은 북동쪽 졸리몽Jolimont 역에서 바소 캄포Basso Campo 역까지 운행된다. 주요 지하철역으로는 장 조레스Jean Jaurès 역, 시청사 근처의 카피톨Capitole 역, 오귀스탱 박물관에서 가까운 에스키롤Esquirol 역이 있다. 에스키롤 역은 버스와 지하철 환승역이다. 마렝고Marengo 역과 장 조레스 역, 카피톨 광장(9, place du Capitole)에는 매표소와 안내소가 설치되어 운영되고 있다.

자전거 렌탈

Specialists Rev'Moto
- 14, boulevard de la Gare • ☎ (05)6247-0708 • info@revmoto.com
- 반나절 10유로, 하루 15유로 • 자전거, 스쿠터, 오토바이 렌탈 업체

쇼핑

툴루즈 쇼핑의 중심지는 북쪽으로 카피톨 광장, 남쪽으로 에스키롤 광장 사이에서 남북으로 뻗어 있는 두 개의 거리 즉, 생 롬 가Rue St. Rome와 알자스 로렌 가Rue d'Alsace Lorraine이다. 이곳에서는 주로 의류와 가정용품을 판매하고 있다. 생테티엔느 광장 인근의 생 조르주 커머셜 쇼핑 센터Centre Commercial St. Georges는 대규모 쇼핑몰이다. 골동품에 관심이 있다면 도심 남쪽의 페르마 가Rue Fermat가 가장 좋다. 생 세르닝 성당 인근의 벼룩시장에서도 매주 일요일 오전 8시에서 정오까지 골동품을 파는 시장이 형성된다.

관광안내소
- 샤를르 드골 광장Place Charles de Gaulle에 있는 탑Donjon du Capitole 안
- ☎ (05)6111-0222 / F (05)6123-7497
- 10~4월 - 주중 09:00~18:00(주말에는 근무 시간이 단축되고 점심시간 휴무)
  5~9월 - 월~토 09:00~19:00, 일 10:00~13:00, 14:00~17:00
- 영어로 된 무료 및 유료의 각종 관광 브로슈어들이 준비되어 있다.

Eating & Drinking

툴루즈의 대표적인 식당은 지하철 카피톨 역, 장 조레스 역, 에스키롤 역 주변에 거의 다 모여 있다. 스페인의 영향을 많이 받은 툴루즈 전통 음식에 관심이 있다면 Chez Imile/La Térrasse D'Imile(☎ (05)6121–0556)를 권할 만하다. 오귀스탱 박물관에서 북동쪽으로 조금 걸어가면 나오는 생 조르주 광장에 있는 식당으로 메인 코스의 가격이 15~22유로 선이다.

카피톨 광장에는 툴루즈 최고 호텔인 오페라 호텔Grand Hôtel de l'Opéra이 있는데, 이 호텔 내부에는 두 개의 프랑스 식당이 있다. 그랑 카페 드 로페라Grand Café de l'Opéra에 20유로 선의 점심 메뉴가 있다. 여름 휴가철인 8월 1일에서 15일까지는 휴무이다. 고급 식당인 레 자르댕 드 로페라Les Jardins de l'Opéra는 점심 메뉴가 30유로 선이며 메인 코스 요리는 30~63유로 선이다. 1월 1~4일 및 8월 3~26일까지는 휴무이다.

| 레스토랑 |

▶ La Gouaille [R-1]

- 6, rue Joutx Aigues • ☎ (05)6125–6566 • 저녁에만 영업
- 오늘의 요리 10~12유로 • 일요일마다 작은 음악회가 열리기도 한다.

▶ Le Ricochet [R-2]

- 23, rue Danielle-Casanova • ☎ (05)6122–4543
- 월~수 점심만 영업, 목~금 점심과 저녁 영업, 토요일 저녁만 영업. 토요일 점심, 일요일 휴무, 8월 정기 휴무 • 점심 정식 12~15유로(글라스 와인 포함)

▶ L'Astarac [R-3]

- 21, rue Perchepinte • ☎ (05)6153–1115
- 점심, 저녁 영업(22:00까지). 토요일 점심, 일요일 휴무, 7월 중순~8월 중순 정기 휴무 • 점심 정식 12유로

| 바 & 나이트 |

춤, 연극, 오페라 분야에 있어 툴루즈는 파리와 어깨를 나란히 할 만큼 잘 발달되어 있다. 관련 정보를 얻을 수 있는 최선의 방법은 관광안내소에서 무료로 배포하는 월간지 〈Toulouse Culture〉를 참조하는 것이다. 오페라나 프랑스 고전 레퍼토리 공연장으로는 단연 카피톨 광장에 있는 카피톨 극장Théâtre du Capitole(☎

(05)6122–3131)을 꼽을 수 있다. 해가 진 후 가장 활기가 넘치는 공간은 카피톨 광장이다. 툴루즈의 젊은이들의 약속 장소이기도 하며 많은 바와 카페가 모여 있다.

▶ La Tantina de Bourgos [N-1]

- 27, avenue de la Garonette • ☎ (05)6155–5929
- 라틴 풍의 바로 학생들이 많이 찾는다.

▶ Le Bikini

- Route de Lacroix–Falgarde • ☎ (05)6155–0029

[툴루즈의 야외 카페]

- 25세 이하가 많이 몰리는 락 카페

▶ Disco La Strada

- 4, rue Gabrielle Peri • ☎ (05)6273–1159 • 수~토 23:00 이후부터 영업
- 춤을 출 수 있는 곳

Accommodation

| 캠 핑 |

▶ Camping de Rupé

- 21, chemin du Pont de Rupé(20번 국도, 아장–몽토방 방향으로 5km 지점에 위치) • ☎ (05)6170–0735 / F (05)6170–0071
- 잔 다르크 광장에서 59번 버스 이용 • 연중무휴

▶ **Hôtel de l'Université** [H-1]
- 26, rue Cartailhac(생 세르낭 성당 인근) • ☎ (05)6121-3569
- 40~60유로 • 좀 낡았지만 위치가 좋고 저렴한 편이다.

▶ **Hôtel du Grand Balcon** [H-2]
- 8, rue Romiguières • ☎ (05)6121-4808 / F (05)6121-5998
- 25~33유로 • 〈어린 왕자〉로 유명한 생텍쥐페리가 1920년 이 호텔 32호실에서 투숙하기도 하였다.

▶ **Hôtel des Beaux-Arts** [H-3]
- 1, place du Pont Neuf • ☎ (05)3445-4242 / F (05)3445-4243
- www.hoteldesbeauxarts.com • 80~160유로, 뷔페 식 아침식사 14유로
- 정치인, 유명 배우들이 단골 손님이다.

Sights

관광 명소

▶ 생 세르낭 성당 Basilique St. Sernin ★

골 족의 순교자인 생 세르낭을 기리기 위해 1080년에 짓기 시작한 이 성당은 1118년에 완공된다. 석재와 벽돌이 혼합 사용된 건물로 프랑스에 남아 있는 로마네스크 양식의 성당 중 가장 규모가 크다. 벽돌을 사용한 이유는 툴루즈 인근에 채석장이 없었기 때문이다. 이 성당은 스페인의 산티아고 데 콤포스텔라로 떠나는 중세의 순례자들이 프랑스 땅을 떠나기 직전 마지막으로 머무는 수도원 겸 정박지였다. 예수의 12제자 중 한 사람인 야고보의 시신이 파도에 밀려 산티아고 델 콤포스텔라까지 밀려가 발견된 기적으로 시작된 이 순례는 파리 루트, 부르고뉴 루트, 오베르뉴 루트, 남프랑스 루트 등을 따라 진행되었다. 각 루트에는 중간 기착 지점이 서너 군데씩 있었고 각 기착지에는 로마네스크 식 수도원이 대규모로 세워지곤 했다. 이 순례는 교황청의 입장에서는 교회 세력을 확장할 수 있는 절호의 기회였고 동시에 군주들을 제압할 수 있는 정치적 기회이기도 했다.

- 위치　　　　Place St. Sernin
- ☎　　　　　(05)6121-8045
- 개관시간　　교회 – 성수기 08:30~18:15,
　　　　　　　　　비수기 08:30~11:45, 14:00~17:45(아침미사 관람 불가)
　　　　　　　지하 예배당 – 성수기 10:00~18:00,
　　　　　　　　　비수기 10:00~11:30, 14:30~17:00

• 입장료　　　　교회 무료, 지하 예배당 2유로

▶ 자코뱅 수도회 성당 Les Jacobins ★★

자코뱅은 도미니크 수도회 소속 설교사들의 모임이다. 1215년 성 도미니크에 의해 세워져 남프랑스에 널리 퍼졌던 이단 카타리 파를 몰아내는 데 공헌을 했다. 성 프란체스코가 주장한 청빈에 덧붙여 성 도미니크는 교리에 대한 해박한 지식이 필요함을 역설하면서 논쟁에서 승리할 수 있어야 한다고 가르쳤다. 청빈을 주된 덕목으로 삼은 자코뱅은 1230년 이후 남프랑스 특유의 엄격하고 장식이 적은 고딕 양식을 유포하는 데 결정적인 영향을 미쳤다.

자코뱅 수도회 성당은 남프랑스 양식을 간직하고 있는 아름다운 건물이다. 1230년에 짓기 시작해 1292년까지 여러 번 공사를 재개해 완성된다. 성당의 제단 밑에는 〈신학 대전〉을 써서 아리스토텔레스의 철학과 창조론에 기초한 인간의 자유를 접목

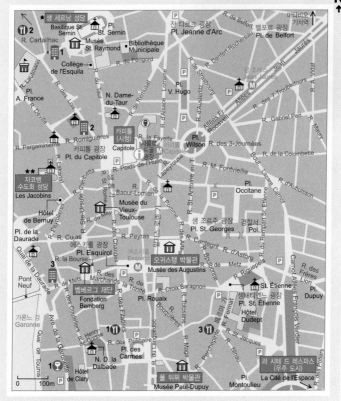

[툴루즈]

시키려 했던 중세 신학자 성 토마스 아퀴나스의 성 유물이 들어 있다. 고딕 양식의
거대한 성당 건물과 부속 수도원, 생탕토냉Saint-Antonin 예배당과 45m 높이의 탑
은 신에게 다가가려는 인간의 열망을 보여준다. 22개의 늑골이 지지하고 있는 화려
한 궁륭 천장이 있다.

- 위치　　　　　Place des Jacobins
- ☎　　　　　　(05)6122-2192
- 개관시간　　　09:00~19:00
- 입장료　　　　성당 무료. 수도원 2.50유로

[자코뱅 수도회 성당의 궁륭 천장]

© Photo Les Vacances 2007 / Office de Tourisme de Toulouse

▶ 카피톨 (시청) Capitole

18세기 공공건물 건축의 모델이 된 청사 건물은 이오니아 식 기둥으로 장식된 건물
전면이 아름답기로 유명하다. 건물 이름 카피톨은 로마의 일곱 언덕 중 하나인 카
피톨리노에서 유래했다.

- 위치　　　　　Place du Capitole
- ☎　　　　　　(05)6111-0222
- 개관시간　　　6월 중순~9월 중순 08:30~12:00, 14:00~19:00,
　　　　　　　　9월 중순~6월 중순(토, 일, 공휴일 제외)
　　　　　　　　08:30~12:00, 13:30~17:00
- 입장료　　　　무료

▶ 오귀스탱 박물관 Musée des Augustins

옛 수도원 자리에 들어선 박물관이다. 로마네스크 성당을 장식하고 있던 귀중한 석

물 장식들이 보관되어 있다. 대부분의 조각은 피레네 산맥에서 나오는 회색 대리석으로 제작되어 있다. 12세기 작품들인 이 조각 작품들은 파리의 생 드니, 샤르트르, 모이사크 성당 등의 영향을 받아 제작된 것들이다.

- 위치　　　　　　21, rue de Metz
- ☎　　　　　　　(05)6122-2182
- 개관시간　　　　매일 10:00~18:00(수요일 10:00~21:00)
- 휴관일　　　　　1월 1일, 5월 1일, 12월 25일
- 웹사이트　　　　www.augustins.org
- 입장료　　　　　성인 3유로, 학생 무료

© Photo Les Vacances 2007 / Office de Tourisme de Toulouse

[아름다운 전면으로 유명한 이오니아 양식의 툴루즈 시청사]

▶ 벰베르그 재단 Fondation Bemberg

1995년에 문을 연 벰베르그 재단은 툴루즈에서 가장 규모가 크고 유명 작가들의 작품을 많이 소장한 미술관이다. 르네상스 시대에서 현대에 이르기까지, 다양한 작가들의 작품을 소장하고 있는 이 미술관은 음악과 문학에 능통했던 수집가 벰베르그에 의해 설립되었다. 그가 기증한 331점의 작품이 모태가 되어 오늘날에는 클루에, 크라나흐, 호흐, 푸르뷔스, 틴토레토 등 르네상스부터 17세기에 이르는 작품이 다수 소장되어 있다. 현대 미술 소장실에는 피사로, 마네, 마티스, 피카소, 뒤피, 블라맹크의 작품이 소장되어 있다. 남프랑스 특유의 나른하고 부드러운 분위기를 표현했던 작가 보나르의 〈물랭 루즈Moulin Rouge〉를 포함한 30점의 작품 또한 툴루즈 사람들이 아끼는 작품들이다.

- 위치　　　　　　Place d'Assézat
- ☎　　　　　　　(05)6112-0689
- 개관시간　　　　화, 수, 금~일 10:00~12:30, 13:30~18:00, 목 10:00~21:00

- 휴관일   월요일
- 웹사이트   www.fondation-bemberg.fr
- 입장료   성인 4.60유로, 8~18세 2.75유로, 7세 이하 무료

▶ 라 시테 드 레스파스 (우주 도시) La Cité de l'Espace

항공과 우주 산업이 발달한 툴루즈 시가 어린이들에게 인간이 우주에서 어떻게 살수 있는지, 우주를 개발하는 것의 이점은 무엇이며 위성은 어떤 재료로 어떻게 만드

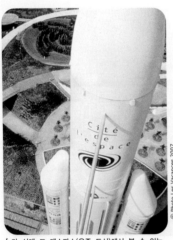

© Photo Les Vacances 2007

[라 시테 드 레스파스(우주 도시)에서 볼 수 있는
실제 크기의 위성 로켓 모형]

는지 등을 알려주기 위해 지은 박물관이다. 어린이뿐 아니라 어른들에게도 유익하고 재미있는 정보를 주도록 꾸며져 있다. 실제 크기의 대형 위성 로켓 모형이 볼 만하며, 대규모의 최신식 장비를 보유하고 있는 천문관에서는 둥근 천장에 펼쳐지는 거대한 우주 지도를 볼 수 있다. 도심에서 동쪽에 있는 고속도로변에 위치해 있다.

- 위치   Avenue Jean Gonord
- ☎   (08)2037-7223
- 개관시간   화~일 09:30~17:00(계절에 따라 약간의 변동이 있음)
- 휴관일   월요일
- 웹사이트   www.cite-espace.com
- 입장료   성수기 성인 21유로, 학생 18유로,
  비수기 성인 19유로, 학생 15.50유로

▶ 폴 뒤퓌 박물관 Musée Paul-Dupuy

폴 뒤퓌(1867~1944)가 설립한 이 박물관은 중세부터 현대까지의 공예, 장식미술

작품들이 소장되어 있다. 랑그독 루씨옹 지방의 예술가들이 만든 상아, 법랑 그릇, 도자기, 유리 공예 등의 작품을 볼 수 있으며, 프란체스코 회 수도사가 입었던 19세기 제단복과 상류 계층의 옷, 툴루즈 양식의 화장대와 나무 조각품 등 흥미로운 생활 소품을 구경할 수 있다.

- 위치　　　　13, rue Pleau
- ☎　　　　　(05)6114-6550
- 개관시간　　6~9월 10:00~18:00, 10~5월 10:00~17:00
- 휴관일　　　화요일, 국경일
- 입장료　　　3유로(매월 첫째 일요일 무료)

| 루르드 |

Lourdes ★

인구 1만 7,000명 정도의 작은 도시 루르드는 1858년 베르나데트 수비루Bernadette Soubirous라는 한 시골 소녀가 마시비엘르 동굴에서 성모 출현을 목격한 이후 세계적인 순례지로 떠오른 도시다. 기적의 샘물 주위에는 병을 고친 환자들이 놓고 간 목발 등 헤아릴 수 없이 많은 기적의 증거들이 그대로 걸려 있다.

Sights

관광 명소

▶ 루르드 성지

프랑스 남서부 피레네 산맥 북쪽 산기슭에 위치한 소도시 루르드에서 1858년 2월 11일부터 7월 16일까지 18번에 걸쳐 베르나데트 수비루에게 성모 마리아가 발현했다. 당시 14세의 문맹이었던 베르나데트는 강가에서 땔감을 줍다가 '흰옷 입은 부인'을 만나게 된다. 그 부인은 하얀 옷에 파란 띠를 하고 있었고 하얀 베일을 머리에 쓰고 있었다. 노란 장미들이 그 발 아래 놓여 있었으며 팔에는 묵주를 걸고 있었다. 두 번째 발현은 사흘 뒤인 2월 14일에 일어난다. 2월 19일부터 3월 4일까지 두 차례를 제외하고 매일 발현이 있었으며 베르나데트는 성모 마리아의 메시지를 조금씩 전해 받았다.

8일째인 2월 24일 수요일, 마리아는 "회개하시오. 죄인을 위해 기도하시오. 죄인의 회개를 위한 상징으로 무릎을 꿇고 땅에 입을 맞추시오."라는 메시지를 전하였고, 그 다음날에는 손가락으로 샘물의 원천을 가리키며 그 물을 마시고 몸을 씻도록 하였다. 또 13일째인 3월 2일 화요일에는 "사제들에게 전해 이곳에 사람들이 떼를 지어 몰려오게 하고 이곳에 성당을 짓게 하시오."라는 메시지를 남겼다. 3월 25일 성모 마리아는 "나는 원죄 없이 잉태했다Immaculata Conceptio."라고 처음으로 자신의 신분을 밝혔다. 그러나 베르나데트는 이 말의 의미를 전혀 이해하지 못한 채 곧바로 마을의 주임 신부에게 보고하였다. 무염시태의 교리는 루르드의 발현이 있기 4년 전인 1854년에 이미 당시의 교황 피우스 9세에 의해 교리로 발표되었으나 일반 신자들에게까지 널리 알려지지 않은 상태였다.

이로써 베르나데트는 루르드의 원죄 없이 잉태한 동정녀의 전령자가 되어 전 세계에 그 교리가 전파되도록 하는 데 큰 공헌을 하게 되었다. 타르브Tarbes 교구장 로랑스Laurence 주교는 성모 마리아 발현에 대한 진위 여부를 조사한 끝에 그녀의

[로자리오 성당의 성지 순례객들]

증언, 기도와 회개 운동, 많은 치유 기적에 근거하여 1862년 1월 18일 발현을 공식적으로 인정하였다. 로랑스 주교의 교서는 성지 순례의 토대가 되는 인정서였다. 그는 교구 내 신자들에게 루르드 동굴의 성모 마리아에 대한 공경을 허락하였을 뿐만 아니라 성모 마리아의 소망에 응답하기 위한 성당을 동굴 위에 건립할 것을 발표하였다. 1882년 의학적 증명을 위해 의사 생 마클루Saint-Maclou가 세운 사무소에서는 1905년까지 총 2,000여 건의 기적적인 치유 사실을 증명했다. 결국 수천 건에 이르는 치유 기적 중에서 각종 검사와 실험을 통해 1858~1862년의 8건, 1907~1913년의 33건, 1946~1970년의 24건이 공식적으로 인정되었다.

현재는 로마네스크와 비잔틴 양식이 섞인 로자리오 성당, 지하 동굴 성당, 골고다의 길, 기적의 샘 등이 성지 목록에 올라있고, 기적의 물에 몸을 담글 수 있도록 침수장도 마련되어 있다. 성당에 입장할 때에는 복장을 단정히 해야 한다. 루르드는 연간 550만 명의 방문객을 맞고 있으며 이 중 약 7만 명 정도가 성지 순례객들이다.

인근 가볼 만한 곳

▶ 피크 뒤 제르 Pic du Jer

루르드 남쪽으로 약 11km 정도 떨어져 있는 해발 1,349m의 산으로 정상에 올라서
면 루르드 시 전경과 피레네 중심부의 장관이 펼쳐진다. 등정하는 데 약 4시간 정
도가 소요되는 이 산은 등산로가 아름다워 매년 많은 사람들이 찾고 있다. 루르드
시가지와 피레네 산맥의 풍경을 볼 수 있는 지점까지는 케이블 카도 운행된다. 케

© Photo Les Vacances 2007 / Office de Tourisme de Lourdes

[루르드 동굴 성당의 성모 마리아]

이블 카를 타기 위해서는 관광안내소에서 약 1km 떨어진 에스파뉴 대로Boulevard
d'Espagne에서 버스를 타면 된다. 부활절~만성절(11월) 10:00~18:00에 운행되며
10분 정도 소요되고, 15분마다 출발한다.

Poitou-Charentes

푸아투 샤랑트 주

[푸아티에] [라 로셸]

[푸아투 샤랑트 주]

샤랑트, 샤랑트 마리팀므, 되 세브르, 비엔느 4개 도로 구성되어 있는 푸아투 샤랑트 주는 면적 2만 5,790km²(프랑스 전체의 4.8%로 15위)이고 인구는 160만 명 정도 되는 대서양 연안의 지방이다. 주청 소재지는 푸아티에이다. 드넓은 평원으로 이루어진 푸아투 샤랑트 주는 서쪽으로는 대서양에 면해 있어 온화하고 습한 해양성 기후를 보이며 연중 일조량은 지중해 연안과 맞먹을 정도다. 농업이 가장 중요한 산업으로 경작과 목축 양쪽 모두 골고루 발달해 있고 버터를 중심으로 한 낙농업 역시 발달해 있다. 샤랑트 지방의 버터는 거의 전량 파리 일대로 올라간다. 또한 샤랑트의 와인은 증류 과정을 거쳐 코냐크 제조에 쓰이며 이렇게 생산된 코냐크는 80% 정도가 라 로셸 항을 통해 해외로 수출된다. 헤네시, 마르탱 등은 세계적인 코냐크들이다.

반면, 250km에 달하는 대서양 해안을 끼고 있지만 어업은 상대적으로 미약해 단지 라 로셸 항만이 프랑스 제8위의 어항으로 연간 6,200만의 어획고를 올리고 있을 뿐이다. 하지만 굴과 홍합 양식은 프랑스에서 가장 발달해 생산량 1위를 기록하고 있다. 앙굴렘 등을 중심으로 기계, 전기 모터, 가죽 산업이 있기는 하지만 대단한 정도는 아니며 오히려 갈수록 해안 지대를 따라 관광 산업이 발달하고 있다. 라 로셸 항이 현대화된 이후 많은 인구가 몰리고 있고 루아양은 국제 회의 등이 자주 열리는 여름 휴양 도시로 발돋움하고 있다. 푸아티에 인근에 있는 과학 공원인 퓌튀로스코프Futuroscope는 테크노빌이자 과학적 호기심을 자극하는 전람회장이기도 하다. 특히 1990년 파리-푸아티에 간 TGV가 개통되면서 파리에서 1시간 30분 거리밖에 되지 않아 각광을 받고 있다. 또한 건축학적으로 중요한 로마네스크 양식의 옛 성당들이 많은 지역이기도 하다. 이 성당들은 스페인의 산티아고 데 콤포스텔라로 가는 순례길에 있다. 푸아티에에는 푸아투 샤랑트 주의 대학생 중 약 95%가 다니는 종합 대학이 있다. 주요 도시로는 주청 소재지인 푸아티에, 앙굴렘, 라 로셸을 들 수 있다.

퓌튀로스코프 Futuroscope

과학 공원으로 특히 최첨단 멀티미디어 시설이 가장 볼 만하다. 키네맥스Kinemax는 400석 규모의 영화관으로 주위는 대형 거울로 이루어져 있다. 옴니맥스Omnimax는 물고기 눈 모양을 한 대형 렌즈에서 투사된 이미지가 정면 대형 돔에 나타난다. 이곳에서 〈Le Tapis Magique-Everest〉(영어로는 〈The Magic-Everest Carpet〉)라는 영화를 보면 마치 히말라야 산맥 위를 날아가는 듯한 착각에 빠진다.

- 푸아티에에서 북쪽으로 약 9km 거리 • ☎ (05)4949-3080 • www.futuroscope.com
- 푸아티에에서 16번 혹은 17번 버스를 타면 이 공원까지 간다. 직접 승용차로 가는 경우는 N10 또는 A10을 이용한다. • 매일 10:00~23:00 • 성인 33유로, 5~16세 24유로, 5세 미만 무료

| 푸아티에 |

Poitiers

교외까지 포함해 인구 20만을 헤아리는 푸아티에는 골 족의 초기 성지를 비롯해 중세와 고딕 성당 등 많은 유적지가 있는 유서 깊은 도시다. 현재는 푸아티에 대학을 비롯해 퓌튀로스코프 등의 과학관을 중심으로 연구와 3차산업이 성하다. 이외에 타이어, 전기 전자 산업도 발달해 있다.

서기 3세기 무렵 기독교화된 지역이다. 서고트 족의 침입을 받기도 했고 서기 8세기에는 사라센의 침입을 격퇴해 기독교를 보호한 지역이기도 하다. 중세인 12세기에는 왕족들의 결혼으로 한때 영국령이 되기도 해서 백년전쟁 기간인 1356년에는 프랑스 왕 장 르 봉이 에드워드 흑태자에게 체포되었던 푸아티에 전투가 벌어진 역사의 현장이기도 했다. 잔 다르크에 의해 왕위에 오른 샤를르 7세는 푸아티에에 고등법원을 개설했고 1432년에는 프랑스 전역에 명성을 떨치게 되는 대학을 설립하기도 했다. 그러나 푸아티에는 신교도들을 옹호함으로써 종교전쟁 기간 동안 신구교도 간의 피비린내 나는 종교전쟁의 현장으로 변하고 만다.

프랑스 혁명 당시에는 새로운 행정 구분이 생겨나면서 인근의 도시들에게 많은 권리를 양도하게 되어 이전의 번영을 상당 부분 상실하게 된다. 2차대전 때에는 독일군에 점령당해 고난을 겪었으며 특히 개전 초기인 1940년과 말기인 1944년에는 폭

격으로 인해 많은 피해를 입었다. TGV 대서양선이 지나가고 있으며 파리–보르도를 연결하는 고속도로 A10번과도 연결되어 있어 잘 정비된 교통 인프라를 구축하고 있다. 푸아티에 시는 로마네스크, 고딕, 르네상스 건축을 시대별로 볼 수 있는 건축 박물관 같은 도시다.

가는 방법

기차편

파리 몽파르나스 역에서 출발하는 푸아티에 행 TGV를 이용하면 된다. 기차역이 그랑 세르프 대로Boulevard du Grand Cerf에 자리한다(☎ (08)3635–3535). 소요 시간은 약 1시간 30분이다.

자동차편

파리에서 A10 고속도로를 이용한다.

관광안내소
- 8, rue des Grandes Écoles(마레샬 르클렉 광장 북쪽으로 150m 떨어진 지점)
- ☎ (05)4941–2124 / F (05)4988–6584
- 09:00~12:00, 13:30~18:00(일, 공휴일 휴무). 단, 6월 말~9월 말은 19:00까지 운영 • 푸아티에 지도를 유료로 판매한다.

관광 명소

▶ 생 장(성 요한) 세례당 Baptistère St. Jean ★

성당 내부 현관부분과 세례실은 4세기 중엽에 건립된 그대로 보존되어 있는 프랑스에서 유일한 고대 유적이다. 생틸레르가 콘스탄티누스 황제의 기독교 공인 이후 27살 때 푸아티에 주교로 서임된 이곳에 와서 건립한 세례당이다. 삼위일체설의 열렬한 신봉자였던 그는 생 마르탱을 제자로 받아들이며 수도원을 건립하기도 했다. 푸아티에에서 남동쪽으로 29km 떨어진 시보Civaux에 있는 메로빙거 왕조의 석관들이 당시 골 족의 초기 기독교 시기를 잘 일러준다.

- 위치   8, rue Sainte-Croix
- ☎   (05)4941-2124
- 개관시간   4~6월, 9월 - 수~월 10:30~12:30, 15:00~18:00
                      7~8월 - 매일 10:30~12:30, 15:00~18:00
                      10~3월 - 매일 14:30~16:30
- 휴관일   1월 1일, 5월 1일, 12월 25일
- 입장료   1유로

▶ 생틸레르 르 그랑 성당 Église St. Hilaire-le-Grand

스페인의 산티아고 데 콤포스텔라로 가는 순례길 위에 위치한 이 로마네스크 양식의 성당은 1049년에 지어졌다. 이후 화재로 목재 지붕이 사라지고 1100년에 개축하며 석재 궁륭을 올렸다. 이후 중앙 회당 좌우로 회랑이 추가되어 현재와 같은 규모를 갖게 된다. 고고학자들에 의해 푸아티에 인근의 성당 중 가장 가치 있는 성당으로 인정받고 있다.

▶ 노트르담 라 그랑드 성당
Église Notre-Dame-la-Grande

1140년에 건립된 로마네스크 양식의 성당이다. 특히 예수의 성육신을 묘사한 성당 전면의 조각으로 유명하다. 아담, 이브, 수태고지 등의 이야기와 예언자들의 모습이 조각되어 있다.

▶ 법원 Palais du Justice

법원 건물 내의 고딕 양식으로 지은 대강당은 백년전쟁 당시인 1429년 3월 잔 다르크가 율법 학자들에게 그녀가 받은 신의 계시를 입증해 보였던 곳이다.

| 라 로셸 |

La Rochelle

교외의 인구까지 합하면 12만 정도 되는 라 로셸은 푸아투 샤랑트 주의 유일한 어항으로서 많은 화가들이 풍경을 묘사했던 아름다운 항구 도시이다. 중세인 12세기부터 오니스 만의 천일염 수출항으로 명성을 떨쳤던 곳이다. 당시는 영국 왕들의 통치를 받았었다. 이후 소금과 와인도 함께 교역을 했고 제노바의 배들이 지중해를 돌아 이곳까지 진출할 정도로 교역이 활발했던 곳이다.

라 로셸은 프랑스 종교전쟁의 깊은 상처가 남아 있는 곳이다. 16세기 중엽부터 칼뱅의 신교도에 전적으로 경도되었던 라 로셸은 1570년 이후 프랑스에서 신교도들이 안전하게 머물 수 있는 곳으로 지정되었고 이후 1598년 낭트 칙령으로 예배의 자유까지 주어졌다. 그러나 1627년 왕국 내에 다른 종교를 믿는 지역이 있다는 것을 용납하기 힘들었던 리슐리외 추기경은 별도의 군대까지 거느리고 라 로셸을 침공한다. 게다가 영국 등 외국 세력이 자유롭게 드나드는 것을 참을 수가 없어 마침내 라 로셸을 포위하고 항복을 요구한다.

12km에 달하는 성곽을 포위하고 모든 보급로를 끊어버리자 15개월만에 라 로셸의

[천혜의 항구 도시인 라 로셸은 아름다운 풍경으로 많은 화가들에게 사랑 받았다.]

신교도들은 아사 직전 모두 투항하고 만다. 구 항구 지역은 천혜의 항구로 신대륙을 발견하기 위해 많은 모험가들이 출항을 했던 곳이기도 하다. 구 항구로 들어서면 14세기에 영국인들이 세운 요새의 흔적인 두 개의 탑이 나타난다. 구 항구의 출입구 역할을 하는 좁은 만에는 생 니콜라 탑이 서 있다. 역사가 6세기를 넘은 오래된 탑이다. 구 항구는 식민지 개발, 노예 무역, 향신료와 커피 교역 등으로 거금이 오가던 상항이었다. 구시가지의 18세기 건물인 시청과 그로스 오를로즈 가에 있는 16세기 때 건립된 문 등이 볼 만하다.

Sights

관광 명소

▶ 생 니콜라 탑 Tour St. Nicolas ★

구 항구의 길목을 지키고 있는 요새다. 6세기 정도의 역사를 갖고 있는 탑은 해저에 굵은 참나무 말뚝을 박아 기초를 다진 위에 서 있다. 두꺼운 벽에 지그재그 식으로 만들어놓은 계단은 이곳이 항구를 방어하는 요새였음을 실감하게 한다.

- 위치   Quai du Gabut
- ☎   (05)4634-1181, 7413
- 개관시간   7~8월 – 10:00~19:00
       9월 16일~5월 14일 – 10:00~12:30, 14:00~17:30
       5월 15일~6월, 9월 1~15일 – 10:00~12:30, 14:00~18:30
- 휴관일   월요일(9월 16일~5월 14일), 1월 1일, 5월 1일, 12월 25일
- 입장료   성인 5유로, 18~25세 3.50유로, 17세 이하 무료

[구 항구의 주변에는 멋진 카페와 레스토랑들이 많아 관광객에게도 필수 코스다.]

▶ 구 항구 Vieux Port

라 로셸의 구 항구에는 대서양 연안 지방의 향토색이 흐르는 멋진 카페와 레스토랑들이 많이 있다. 환하게 켜진 카페의 불이 수면 위로 반짝이기 시작하는 초저녁에 구 항구를 거닐어 보는 것은 라 로셸 관광의 필수 코스다. 구 항구 남쪽에 있는 조르제트 둑Quai de la Georgette 끝에는 만여 종 이상의 수중생물을 볼 수 있는 라 로셸 수족관이 있다.

▶ 라 로셸 수족관 Aquarium de la Rochelle

- 위치   Quai Louis Prunier
- ☎   (05)4634-0000
- 개관시간   7~8월 09:00~23:00, 4~6월, 9월 09:00~20:00,
       10~3월 10:00~20:00
- 웹사이트   www.aquarium-larochelle.com
- 입장료   성인 12.50유로, 학생 9.50유로, 3세 미만 무료

Corse

코르시카 섬

[아작시오]

[코르시카 섬]

나폴레옹이 태어난 섬으로 유명한 코르시캬(코르스)는 면적 8,680km², 인구 26만 명의 지중해상의 섬 지방으로 니스에서 170km, 마르세유에서는 320km 떨어져 있다. 섬 전체 길이는 185km, 타원형으로 생긴 섬 중앙의 폭은 85km에 이른다(면적 1,847km²의 한국 제주도보다 4.7배 정도 큰 섬이다). 섬의 행정 중심지는 주청 소재 지인 아작시오이며 오트 코르스와 남부 코르시카라는 뜻의 코르스 뒤 쉬드 두 개 도로 이루어져 있다. 오트 코르스의 도청 소재지인 바스티아Bastia는 상업 중심지 이자 프랑스 제4의 여객선 터미널로 연중 130만 명 이상의 관광객들이 이용한다. 상업 및 관광의 중심지인 바스티아와 행정, 관광의 중심지인 아작시오, 두 도시가 코르시카의 경제, 교통의 50% 이상을 담당하고 있다. 1970년 주로 승격된 후, 1982년 법률에 의해 특별주로 선포되었고 이어 1992년 법률에 의해 7인으로 구성 된 행정 위원회가 통치한다. 직접 선거로 선출되는 51명의 의원으로 구성된 주 의 회가 있다. 종교는 대부분 가톨릭이지만 언어는 프랑스 어 외에 코르시카 어를 따 로 쓰기도 한다. 코르시카 어 사전이 별도로 있을 정도다.

섬의 대부분은 북에서 남으로 뻗은 해발 2,000m 이상의 가파른 산악 지형으로 되어 있고, 최고봉인 몬테 생토는 2,710m이며 깊은 계곡과 우거진 숲으로 뒤덮여 있다. 해안 지방은 크고 작은 만을 형성하고 있으며 아작시오, 포르토, 사곤느, 발랭코 등 대부분의 도시들은 이 낮은 해안 지대에 자리잡고 있다. 기후는 지중해의 해양성 기후로 온화하고 일조량이 많다. 여름은 건조하며 맑은 날이 많은 반면 겨울에는 온화하지만 비가 많이 온다. 연평균 기온은 섭씨 12℃ 이상이다.

코르시카는 예부터 화전(火田)을 일구어 농사를 짓던 곳이었다. 원래는 '마키'라고 해서 사람이 들어갈 틈조차 없이 빽빽한 삼림이 우거져 있었으나 화전으로 심하게 훼손되자 1970년 국립 공원으로 지정하면서 화전을 금지시켰다. 경작보다는 목축이 성하며, 우유는 거의 전량 로크포르 치즈를 생산하는 데 쓰인다. 와인도 많이 생산되며 해안 지대를 따라 감귤 농사도 발달해 있다. 전체적으로 약 10% 정도의 인구가 농업에 종사한다. 수공업도 발달해 있으나 섬 지방이라는 특성상 수송비 등 여러 문제로 어려움을 겪고 있다.

코르시카 지방의 가장 중요한 산업은 관광이다. 전체 길이 1,000km에 달하는 해안선을 따라 관광 단지가 구축되어 있고 지금도 공사가 진행 중인 곳이 많다. 코르시카 섬 남서부의 프로프리아노 시 북쪽에는 신석기시대 유적지인 필리토사가 있는데, 기원전 6000년부터 이곳에 사람이 살았음을 일러준다.

지중해상의 교통로에 위치한 관계로 예로부터 페니키아, 포키아, 에트루리아, 카르타고 등의 지배를 받았었다. 주로 해안에 머물렀던 이들 고대 국가들과는 달리 기원전 2세기경에 섬을 점령한 로마는 오랜 기간 섬을 통치하며 깊은 흔적을 남기게 된다. 로마 멸망 이후에는 비잔틴, 사라센 등의 침입을 받았다. 8세기경 롬바르디아인들이 점령한 후 교황청에 귀속되었고, 이어 피사 령, 제노바 령으로 편입되며 끊임없이 통치 국가가 바뀌게 된다. 그동안 코르시카 주민들은 외세에 저항하며 끊임없이 투쟁했고 지역 분쟁으로까지 이어진다. 1729년에서 1769년까지 계속된 40년 전쟁 동안 오스트리아의 지원을 받은 제노바와 프랑스 및 코르시카 인들 사이의 길고도 잔인한 전쟁이 계속 이어진다. 파올리를 중심으로 한 코르시카 군에 밀려 마침내 제노바는 나폴레옹이 태어나기 1년 전인 1768년 코르시카를 프랑스에 팔고 만다. 프랑스 대혁명 당시 프랑스는 코르시카를 프랑스 국토에 병합시키면서 파올리를 주지사로 임명한다. 하지만 프랑스 혁명 의회인 국민 의회Convention에 적대적이었던 파올리는 영국을 끌어들여 코르시카는 1796년까지 잠시 영국의 지배를 받기도 한다. 이후 나폴레옹 제정 당시 다시 프랑스 령이 된다. 이 당시 많은 코르시카 인들이 마르세유 등 본토로 이주한다.

2차대전 당시 무솔리니와 나치의 점령을 받았지만 코르시카의 레지스탕스와 프랑스 북아프리카 군에 의해 해방된다. 코르시카 섬이 본격적으로 개발되어 경제 도약기를 맞게 되는 것은 코르시카 독립을 원하는 분리주의자들의 운동이 일어난 1976년부터다(FLNC 즉, 코르시카 민족 해방 전선은 1983년 진압되어 해체된다). 1982

년 코르시카를 특별주로 인정하는 법률이 통과되면서 코르시카 행정 위원회의 권한이 강화되어 이후 실질적인 코르시카 자치가 이루어지게 된다. 하지만 독립을 원하는 FLNC 측과 프랑스 합병파 사이의 불화는 완전히 사라지지 않고 있다.

마테오 팔코네 Mateo Falcone

늦은 나이에 얻은 눈에 넣어도 아프지 않을 막내 아들을 스스로의 손으로 쏴 죽인 비정한 아버지의 이야기를 다룬 이 짧은 소설만큼 코르시카 섬의 저항 정신과 섬 지방 특유의 풍속을 잘 묘사한 소설은 없을 것이다. 프랑스 소설가인 프로스페르 메리메Prosper Mérimée의 1829년작인 〈마테오 팔코네〉는 자신이 잠시 집을 비운 사이 경찰의 유혹에 넘어가 부상당한 도둑을 밀고한 아들을 스스로의 손으로 총살하는 비극을 다루고 있다. 코르시카 섬의 가부장적 질서와 남자들끼리의 신의, 그리고 무엇보다 대의를 중시하는 한 사나이의 이야기로, 코르시카 섬의 풍경 묘사도 잘 나타나 있다.

가는 방법

항공편

코르시카 섬에는 아작시오, 바스티아, 피가리Figari(보니파치오 인근), 칼비Calvi에 공항이 있다. 대략적인 왕복 항공 요금은 마르세유-코르시카 200유로, 니스-코르시카 165유로, 파리-코르시카 300유로로 정도이다. 파리의 오페라 가나 샹젤리제의 현지 여행사에서 왕복 100유로 이하의 상품을 많이 판매하고 있으며, 좌석은 항상 여유 있는 편이다.

선박편

아작시오, 바스티아, 칼비, 루스 섬 등으로 들어가는 선박편을 국영 SNCM(Société Nationale Maritime Corse-Méditerranée, ☎ (08)3667-9500 / F (04)9256-3586)에서 운항한다. 운항 스케줄 표와 요금은 관광안내소, 호텔, SNCM 사무소에서 얻을 수 있다. 성수기인 여름에는 하루 8편 이상이 출항하지만 비성수기인 겨울에는 일주일에 8편 정도가 출항한다.

니스-코르시카 섬 사이 편도 요금은 대략 35유로이고, 마르세유(혹은 툴롱)-코르시카 섬 사이 편도 요금은 대략 50유로다. 야간 침대칸 이용 시 추가 요금이 붙는다. 자동차 운반 시 마르세유, 툴롱-코르시카 섬 사이 한 대당 운반 비용은 40~95유로이며, 니스-코르시카 섬 사이 운반 비용은 25~78유로다. 코르시카 섬 안의 대중교통이 불편하기 때문에 렌탈한 자동차는 섬 안으로 가지고 가는 것이 좋다.

| 아작시오 |

Ajaccio ★

1492년 제노바가 세운 도시로 현재는 코르시카 주의 정치, 경제, 문화의 중심지이다. 1769년 8월 15일 나폴레옹 보나파르트가 태어난 곳이다. 나폴레옹의 아버지는 무능력한 사람으로 거의 수입이 없었고 자녀 교육에도 무관심했다. 집안 살림만이 아니라 교육도 모두 레티지아 라몰리노 즉, 나폴레옹의 어머니가 도맡아 했다. 1793년 공화주의자였던 나폴레옹은 파올리 파 사람들로부터 위협을 느껴 가족들을 데리

[코르시카 정치, 경제, 문화의 중심지인 아작시오]

© Photo Les Vacances 2007 / Office de Tourisme d'Ajaccio

고 섬을 빠져 나온다. 그 후 생가는 철거되어 버린다. 1798년 섬을 찾은 어머니 레티지아는 생가를 다시 복원하면서 이탈리아 원정군 사령관이었던 아들 나폴레옹의 지원을 받아 옆 건물까지 매입했다. 당시 생가를 복원할 때 장차 추기경 자리에 오르는 어머니의 이복 형제 페슈 신부가 총감독을 했다. 나폴레옹은 1799년 이집트 원정에서 돌아오는 길에 잠시 아작시오의 복원된 옛 집에 들렀다. 하지만 이것이 그의 마지막 방문이었고 다시는 고향에 돌아오지 못한다. 현재 아작시오 시청에 나폴레옹 박물관이 있다. 나폴레옹이 1771년 받은 세례 증명서, 회화, 가족의 흉상 등을 볼 수 있다.

Information

가는 방법

항공편

아작시오 캄포 델 오로 공항 Aéroport d'Ajaccio-Campo dell'Oro

- 도심에서 동쪽으로 8km 떨어진 지점에 위치
- ☎ (04)9523-5656

기차편

기차역(☎ (04)9523-1103)이 상피에로 가Boulevard Sampiero, 갸르 광장Place de la Gare에 자리하고 있다. 티켓 판매 및 안내소 근무 시간은 06:15(혹은07:30) ~18:30이다(5월 말~9월 말까지는 20:00까지).

버스편

버스 터미널은 에르미니에 부두Quai l'Herminier에 위치하고 있다. 일요일과 공휴일에는 운행하지 않는다. 버스 터미널 안내사무소에서 운행 스케줄 표를 얻을 수 있다(• ☎ (04)9551-5545 • 07:00~19:00 혹은 20:00).

선박편

에르미니에 부두에 선박 터미널이 있다. SNCM 매표소가 터미널 맞은편, 3, quai l' Herminier에 위치한다.

SNCM 매표소

- ☎ (04)9551-3131, (04)9523-2338 / F (04)9523-2327
- 08:00~11:45, 14:00~18:00(토요일 오후, 일요일 휴무)
- 4월 중순~10월 사이에는 아작시오-보니파치오 간 노선(Compagnie des Promenades en Mer 사)이 운항된다.

공항에서 시내 가기

1번 시내버스(야간에는 6번 버스)가 공항과 기차역, 버스 터미널 간을 연결한다. 버스는 06:30~22:30까지 운행한다. 공항에서는 1시간 간격으로, 시내에서는 30분 간격으로 운행한다.

자동차 렌탈

공항 내에 대략 12개 이상의 자동차 렌탈 사무소가 있다. 관광안내소에서 리스트를 얻을 수 있다.

■ 칼리스테 호텔 Hôtel Kallisté 자동차 렌탈 사무소
• 51, cours Napoléon • ☎ (04)9551-3445
• 저렴한 요금이 장점이나 7, 8월에는 요금이 인상된다.

■ Hertz
• 8, cours Grandval • ☎ (04)9521-7094 / F (04)9521-7250

■ Europcar
• 16, cours Grandval • ☎ (04)9521-0549 / F (04)9551-3938

■ Budget
• 1, boulevard Lantivy • ☎ (04)9521-1718 / F (04)9521-0007

관광안내소
• 3, boulevard du Roi Jérôme
• ☎ (04)9551-5303 / F (04)9551-5301
• www.ajaccio-tourisme.com
• 월~금 08:00~18:00, 토 08:00~12:00, 14:00~17:00. 성수기에는 근무 시간 변동 있음

Services

Eating & Drinking

| 레스토랑 |

▶ U Scampi
• 11, rue Conventionnel Chiappe • ☎ (04)9521-3809
• 연중무휴(금요일 밤, 토요일 점심 휴무) • 점심, 저녁 정식 14유로
• 해산물 요리를 비롯한 코르시카 전통 요리(문어 스튜 포함)를 먹을 수 있고, 꽃 장식이 아름다운 테라스가 있다.

▶ Le Boccaccio
• 19, rue du Roi de Rome • ☎ (04)9521-1677
• 12:00~14:00, 19:00~22:00(겨울에는 월요일 휴무)
• 스파게티 류 10~12유로, 메인 요리(생선, 육류) 15~25유로
• 고급 이탈리아 요리 전문

▶ A Casa

- 21, avenue Noël-Franchini(도심에서 떨어져 있음) • ☎ (04)9522-3478
- 일요일 휴무, 12월 10일~2월 10일 사이 정기 휴무
- 정식 12~30유로 • 신용카드 결제 불가
- 아작시오 현지 사람들이 즐겨 찾는 레스토랑

Accommodation

| 캠 핑 |

▶ Camping Les Mimosas

- Route d'Alata • ☎ (04)9520-9985 / F (04)9510-0177
- 4월 1일~10월 15일 사이 개장 • 성인 1인당 5유로, 자동차 한 대당 2유로, 텐트당 2유로. 비성수기에는 요금이 10%까지 할인된다.

| 호 텔 |

▶ Hôtel Bella Vista

- Boulevard Lantivy • ☎ (04)9521-0797 / F (04)9521-8188 • 연중무휴
- 샤워 시설과 화장실이 딸린 객실이 많으며, 숙박 요금은 70유로 선
- 해안가가 내려다 보이는 아름다운 경치를 감상할 수 있다.

▶ Hôtel Marengo

- 2, rue Marengo(해안가와 카지노 인근)
- ☎ (04)9521-4366 / F (04)9521-5126 • 11월 10일~3월 말 사이 정기 휴무
- 더블룸 60~80유로

▶ Hôtel Fesch

- 7, rue du Cardinal Fesch(아작시오 중심가에 위치)
- ☎ (04)9551-6262 / F (04)9521-8336 • www.hotel-fesch.com
- 12월 20일~1월 20일 사이 정기 휴무
- 더블룸 성수기 85~95유로, 아침식사 별도(7.50유로)

관광 명소

▶ 나폴레옹 박물관 Musée Napoléonien

아작시오 시청사 1층에 자리잡은 나폴레옹 박물관에는 그의 열성 팬들이 즐거워할
만한 나폴레옹의 기록들이 남아 있다. 그의 가족들을 그린 초상화와 나폴레옹의 조
각, 그리고 황제의 어린 시절을 알 수 있는 많은 그림과 기록들이 전시되어 있다.

- 위치   Hôtel de Ville, Place Foch
- ☎   (04)9551-5262
- 개관시간   월~금 09:00~11:45, 14:00~16:45.
  단, 6월 중순~9월 중순은 17:45까지
- 입장료   3유로

▶ 보나파르트 생가 Maison Bonaparte

로마 황제의 반신상이 있는 레티치아 광장Place Letizia에 있다. 건물은 아무런 장
식이 없는 수수한 건물이라 눈에 잘 띄지는 않는다. 나폴레옹의 팬들에게는 순례지
같은 곳이다.

- 위치   Place Letizia
- ☎   (04)9521-4389
- 개관시간   4~9월 09:00~12:00, 14:00~18:00,
  10~3월 10:00~ 12:00, 14:00~16:45
- 휴관일   월요일
- 입장료   성인 5유로, 학생 3.50유로, 18세 미만 무료

▶ 페슈 박물관 Musée Fesch ★

파리 루브르 박물관에 이어 프랑스에서 가장 충실한 이탈리아 회화를 소장하고 있
는 미술관이다. 베네치아 파와 피렌체 파 화가들이 그린 14, 15세기의 마에스타 즉,
성모자상이 특히 볼 만하다.

- 위치   50-52, rue du Cardinal Fesch
- ☎   (04)9521-4817
- 개관시간   4~6월, 9월 – 화~일 09:30~12:00, 14:00~18:00
  7~8월 – 월 14:00~18:00, 화~목, 토~일 10:30~18:00,
  금 14:00~21:30
  10~3월 – 화~토 09:30~12:00, 14:00~17:30
- 웹사이트   www.musee-fesch.com
- 입장료   성인 5.35유로, 학생 3.80유로, 15세 이하 무료

Provence-Alpes-Côte d'Azur

프로방스 알프 코트 다쥐르 주

[마르세유] [이프 섬] [칸느] [아를르] [엑상 프로방스] [아비뇽] [오랑주] [니스] [에즈] [생 트로페]

[**프로방스 알프 코트 다쥐르 주**]

6개의 도로 구성되어 있는 프로방스 알프 코트 다쥐르 주는 동쪽으로는 알프스 산맥을 경계로 이탈리아와 인접해 있고, 남쪽으로는 지중해를, 서쪽으로는 론 강을 끼고 있는 지역이다. 전체 면적이 3만 1,434km²으로 남한의 약 3분의 1 정도이며 인구는 약 450만 정도다.

코트 다쥐르는 '푸른 해안' 이란 뜻으로 지중해 해안을 지칭한다. 평야에서는 주로 채소와 과일 등을 생산하며 일부 지방에서는 쌀을 생산하기도 한다. 주의 중앙부를 관통해서 흐르는 뒤랑스 강 유역의 고원 지대에서는 밀과 보리를 재배하고 축산을 한다. 북서부와 프로방스 연안에서는 양질의 포도, 코트 다쥐르에서는 올리브와 꽃 산업이 발달해 있다. 지중해 최대의 수출항이자 프랑스 최대의 항구 도시인 마르세유를 중심으로 각종 공업이 발달해 있다. 마르세유 교외에는 대규모 석유화학 단지가 위치해 있다. 화학 공업은 아비뇽, 타라스콩, 생토방 등지에 발달되어 있고 툴롱에는 프랑스 해군 기지와 정비창이 자리잡고 있다. 프로방스 알프 코트 다쥐르 주는 무엇보다 지중해와 알프스 산맥의 스키장을 중심으로 관광 산업이 발달해 있는 지역이다.

프로방스 샤토 호텔

성을 뜻하는 샤토는 옛날에 귀족들이 살던 저택을 의미한다. 때론 대규모 포도원에 건설되기도 해 지하에 수백 년 된 카브Cave라고 하는 포도주 저장고를 갖추고 있는 성도 있다. 요즈음은 많은 성들이 고급 민박용으로 활용되고 있어 품위 있고 추억에 남을 여행을 원하는 이들이 즐겨 찾는다. 때론 고급 바이어 접대나 회사의 고급 세미나 같은 단체 미팅도 열린다. 프로방스 지방의 대표적인 샤토 호텔 몇 곳을 소개한다. 객실 요금은 대략 호텔과 방의 규모에 따라 250~700유로 선이며, 스위트룸은 그보다 훨씬 고가다. 자세한 내용은 각 호텔의 홈페이지를 참조할 것.

■ 샤토 데 잘피유 Château des Alpilles

생 레미Saint-Rémy에서 2km 정도 떨어져 있다. 지방도 D31을 이용하면 된다. 19세기 귀족의 저택

© Photo Les Vacances 2007

[니스의 해안 전경]

으로 옛날 디자인과 현대적 디자인이 조화를 이루고 있다. 15개의 일반 객실, 4개의 스위트룸, 1개의 아파트가 있다. 바, 테니스장, 수영장 등도 갖추고 있으며, 11월 15일에서 12월 22일까지, 1월 6일에서 2월 15일까지는 휴업한다.

- Chemin du Rougadou 13210, St. Rémy • ☎ (04)9092-0333 / F (04)9092-4517
- www.chateaudesalpilles.com

■ 르 마 드 라 브륀느 Le Mas de la Brune

이름다운 16세기 르네상스 성이다. 지방도 D74를 이용하면 된다. 10개의 일반 객실, 1개의 스위트룸이 있다. 아침식사는 별도 계산해야 한다. 레스토랑은 없다. 온수 수영장과 연금술 정원이 볼 만하다. 매년 12월 15일에서 다음해 1월 15일까지는 휴업한다.

- ☎ (04)9090-6767 / F (04)9095-9921 • www.masdelabrune.com

■ 라 바스티드 드 마리 La Bastide de Marie

아비뇽에서 약 40km 정도 떨어져 있다. 18세기 농가를 개조해 특급 호텔로 변신한 곳. 8개의 일반 객실, 6개의 스위트룸이 있다. 레스토랑은 없지만 아침식사는 가능하다. 인근에 일주일 단위로 빌려주는 펜션도 운영한다. 매년 11월 15일에서 3월 15일까지는 휴업한다.

- Route de Bonnieux 84560, Menerbes • ☎ (04)9072-3020 / F (04)9072-5420
- www.labastidedemarie.com

■ 라 카브로 도르 La Cabro d'Or

생 레미에서 12km 정도 떨어져 있다. 옛날에 역마차가 지나던 역과 여관을 개조해 호텔로 문을 연 곳. 기가 막힌 요리와 23개의 일반 객실, 8개의 스위트룸이 있다. 테니스장, 수영장, 승마장 등을 갖추고 있다. 매년 11월 2일에서 12월 22일까지는 휴업한다.

- 13520, Les Beaux-de-Provence(아를르로 가는 지방도 D27을 이용하면 된다.)
- ☎ (04)9054-3321 / F (04)9054-4598 • www.lacabrodor.com

■ 샤토 드 메라르그 Château de Meyrargues

엑스Aix에서 17km 정도 떨어져 있다. 중세의 요새가 남아 있는 옛 저택. 큰 정원을 산책할 수 있고 아름다운 풍경을 조망할 수 있는 테라스와 수영장이 있다. 8개의 일반 객실, 3개의 스위트룸이 있다. 식도락을 즐기는 사람들은 80유로 정도 하는 메뉴를 선택해서 즐길 수 있다. 매년 11월 한 달은 휴업한다.

- 13650, Meyragues • ☎ (04)4263-4990 / F (04)4263-4992
- www.chateau-de-meyrargues.com

■ 로베르주 드 노브 L'Auberge de Noves

아비뇽 남쪽에 위치한 호텔로 3대에 거쳐 운영을 해오고 있다. 레스토랑은 100~140유로로 비싸지만 맛있는 요리를 제공한다. 특히 와인 저장고가 인상적이다. 19개의 일반 객실, 4개의 스위트룸이 있다. 테니스장, 온수 수영장이 있다.

- Route de Chateaurenard 13550, Noves • ☎ (04)9024-2828 / F (04)9024-2800
- www.aubergedenoves.com

■ 르 물랭 드 루르마랭 Le Moulin de Lourmarin

옛 기름을 짜는 방앗간을 개조해 만든 특급 호텔. 16개의 일반 객실, 3개의 스위트룸이 있다. 약 3km 떨어진 전원 가운데에 수영장이 있다. 매년 11월 15일에서 12월 15일까지, 1월 15일에서 2월 15일까지는 휴업한다.

- Rue du Temple 84160, Loumarin • ☎ (04)9068-0669 / F (04)9068-3176
- www.moulindelourmarin.com

| 마르세유 |

Marseille ★★

프로방스 알프 코트 다쥐르 주 정치, 경제의 중심지로서 주도이자 부슈 뒤 론 도의 도청 소재지이기도 한 마르세유는 프랑스 제1의 항구 도시다. 인구는 약 90만 명 정도로 파리에서 남쪽으로 약 800km 떨어진 거리에 있다. 우리에게는 뤽 베송의 〈택시〉로 잘 알려진 곳이기도 하다. 축구팬들에게는 프랑스 1부 리그 명문팀으로 역사가 100년이 넘은 올랭피크 드 마르세유Olympique de Marseille의 연고지로 잘 알려져 있다.

프랑스에서는 파리 다음으로 큰 '제2의 도시'이다. 마르세유라는 도시 이름은 B.C. 600년경 그리스의 포카이아 시의 식민지가 되어 마살리아라고 불린 데서 유래했다. 그 후 마르세유는 그리스 로마 문명이 전달되는 통로 역할을 했다. 로마 제국

때에는 로마의 속주였다. 서기 5세기부터 게르만 족이 이동함에 따라 프랑크 족의
침입을 받았고 이어 고트 족의 침입도 여러 번 당했다. 10세기에는 사라센과 노르
만 족의 약탈이 있기도 했다. 그 후 성 루이 왕이 주도한 십자군 원정의 영향으로
다시 영광을 찾아 13세기에는 마침내 자치 도시를 이룬다. 프랑스에 통합된 것은
1481년이다. 17세기에는 재상 콜베르의 중상주의 정책에 힘입어 동방 무역을 독점하
고 공업도 발달하여 현재와 같은 항구 도시로서의 면모를 갖추기 시작한다. 이후 19
세기 들어 산업혁명, 알제리 정복 등의 식민지 개발, 이집트의 수에즈 운하 개통 등
에 따라 비약적인 발전을 하게 되고, 동시에 단순 중개 무역지로서의 기능에서 벗어

© Photo Les Vacances 2007 / Office de Tourisme de Marseille / H.Auer

[프랑스 제1의 항구 도시인 마르세유. 화가 폴 세잔느의 고향이기도 하다.]

나 각종 가공 공업, 화학 공업 등이 발달해 공업 도시로서의 기능을 갖추어 나간다.
시가지는 마르세유 만의 안쪽에 있고 배후는 석회암 구릉으로 둘러싸여 있으며, 항
구 밖으로는 포메그 섬을 비롯하여 알렉상드르 뒤마의 소설 〈몬테크리스토 백작〉에
등장하는 이프 섬이 있다.
1943년 독일군이 대성당과 시청만 남기고 모두 파괴하여 구시가지의 모습을 찾아
볼 수 없다. 구 항구에서 동쪽으로 뻗은 칸느비에르 대로La Canebière와 이 길과
수직으로 교차하는 벨정스 가Cours Belsunce, 롬므 가Rue de Rome 등이 중심
가이다. 남쪽 언덕 위에는 예로부터 선원들이 수호신으로 받들고 있는 19세기 후반
에 세워진 노트르담 성당이 있고, 그 남쪽에는 현대 건축의 아버지인 건축가 르 코
르뷔지에가 설계한 집단 주거 단지 등 주택지가 자리잡고 있다. 마르세유 항은 석
유 화학 제품을 수출하고 북아프리카로부터는 과일과 야채를, 중동 지방으로부터는
원유를, 그리고 서아시아와 서아프리카로부터는 목화와 커피 등을 수입하는 프랑스
최대의 무역항이다.

가는 방법

항공편

마르세유 프로방스 공항(☎ (04)9108-1640)이 마리냔느Marignane 북서쪽으로 28km 떨어진 지점에 위치하고 있다.

[지중해의 풍광을 즐길 수 있는 마르세유 구 항구]

버스편

버스 터미널이 기차역에서 오른쪽으로 150m 떨어진 빅토르 위고 광장에 있다. 기차역 내에는 수화물 보관소가 있으며 하루 보관료가 2유로 정도다. 승차권은 운행 회사 매표소에서 구매하거나, 탑승하여 버스 안에서 구입할 수도 있다. 한편 스페인, 벨기에, 네덜란드, 이탈리아, 모로코, 영국 등으로 가는 유로라인 장거리 버스를 이용할 수도 있는데 매표소는 버스 터미널 안에 있다.

기차편

파리 리옹 역에서 출발하는 마르세유 행 TGV는 1일 10회 운행하며 약 3시간 소요된다. 생 샤를르 기차역Gare St. Charles에는 두 개의 지하철 노선이 모두 지나간다. 기차역 내의 수화물 보관소가 1번 플랫폼 바로 옆에 있다.

선박편

신 항구의 마르세유 여객선 터미널(☎ (04)9156-3863 / F (04)9156-3870)은 졸리에트 광장Place de la Joliette 서쪽으로 250m 떨어진 지점에 위치하고 있다. 현대식 시설이며 넓은 공간을 갖추고 있으나 편의시설(현금 인출기, 스낵 바 등)은 부족한 편이다.

공항에서 시내 가기

공항버스가 기차역과 마르세유 공항 간을 운행한다. 기차역에서 05:30~21:50까지 20분 간격으로 운행된다. 공항에서 시내로 들어오는 버스는 06:30~22:50까지 운행된다.

시내 교통

버스 · 지하철

마르세유에는 두 개의 지하철 노선(1번, 2번 노선)과 트램, 시내버스 노선이 운행되고 있다. 지하철, 트램, 버스는 05:00~21:00까지 운행된다. 야간(21:25~00:30)에는 15분 간격으로 운행되는 M1 노선과 M2 노선, 68번 트램을 이용하도록 한다. 정거장마다 형광 녹색으로 'Métro et Bus'라는 표시가 되어 있다(야간에는 지하철 노선을 따라 버스가 운행된다). 티켓은 1.20유로로 지하철, 버스, 트램을 모두 이용할 수 있으며 1시간 동안 유효하다. 1일권은 4.50유로, 1주일권은 10.60유로이다.

자동차 렌탈

지하철 생 샤를르 역 안에 Europcar 등의 사무소가 있다.

관광안내소
- 4, La Canebière • ☎ (04)9113-8900 / F (04)9113-8920
- www.marseilles-tourisme.com • 09:00~19:00, 일요일 10:00~17:00. 단, 6월 중순~9월 중순에는 19:30까지 연장 운영
- 호텔 예약 서비스 제공. 기차역 내에 부속 관광안내소 있음(☎ (04)9150-5918)

Eating & Drinking

| 레스토랑 |

▶ L'Art et les Thés [R-1]

- 2, rue de la Charité • ☎ (04)9114-5871
- 식사 가능한 살롱 드 테Salon de Thé(찻집), 식사 평균 14유로

▶ Au Vieux Panier [R-2]

- 13, rue du Panier • ☎ (04)9191-5294
- 지하철 Vieux Port-Hôtel de Ville 역
- 09:00~19:00 • 일요일 휴무, 7월 정기 휴무 • 정식 12유로

▶ Les Menus Plaisirs [R-5]

- 1, rue Haxo • ☎ (04)9154-9438
- 지하철 Vieux Port-Hôtel de Ville 역 • 점심식사만 가능, 토, 일요일 휴무
- 정식 대략 10~20유로 선 • 가격 대비 만족스러운 곳

▶ Les Colonies [R-7]

- 26, rue Lulli • ☎ / F (04)9154-1117
- 지하철 Estrangin-Préfecture 역
- 월~토 09:00~19:00 • 일, 공휴일 휴무, 8월 정기 휴무
- 샐러드, 파이 10유로 선

▶ Toinou [R-9]

- 3, cours St. Louis • ☎ (04)9133-1494 • 화~토 점심 영업, 목, 금, 토 저녁 영업, 8월 정기 휴무 • 해산물 요리 대략 11~40유로

Accommodation

| 유스호스텔 |

▶ Auberge de Jeunesse de Bois-Luzy

- Château de Bois-Luzy, allée des Primevères • ☎ / F (04)9149-0618
- 1~2인실 14.50유로, 공동 침실 10유로, 아침식사 3.50유로
- 도심에서 북동쪽으로 5km 떨어진 지점에 위치, 멀리 바다가 보인다.

| 호텔 |

▶ Hôtel Hermés [H-1]

- 2, rue Bonneterie(시청 인근) • ☎ (04)9611-6363 / F (04)9611-6364
- www.hotelmarseille.com • 지하철 Vieux Port-Hôtel de Ville 역
- 더블룸 65~75유로, 아침식사 8유로

▶ Hôtel la Résidene du Vieux-Port [H-2]

- 18, quai du Port(시청 인근) • ☎ (04)9191-9122 / F (04)9156-6088
- www.hotelmarseille.com
- 지하철 Vieux Port-Hôtel de Ville 역
- 더블룸 95~140유로, 뷔페 식 아침식사 12유로

▶ Saint-Ferréol's Hôtel [H-4]

- 19, rue Pisançon • ☎ (04)9133-1221 / F (04)9154-2997
- www.hotel-stferreol.com • 연중무휴
- 더블룸 90~100유로, 아침식사 11유로

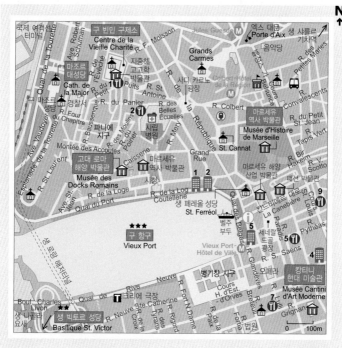

© Design Les Vacances 2007

[마르세유]

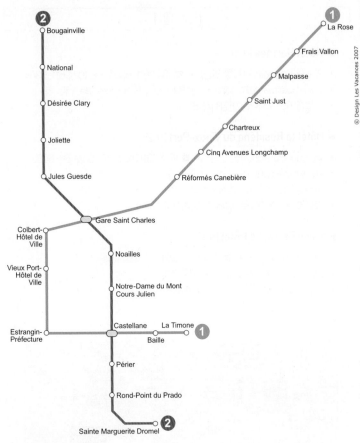

[마르세유 지하철 노선도]

▶ **Hôtel Alizé** [H-5]

- 35, quai des Belges • ☎ (04)9133-6697 / F (04)9354-8006
- www.alize-hotel.com • 더블룸 73~91유로, 아침식사 8유로
- 가격 대비 만족스러운 편, 항구가 내려다 보이는 아름다운 전경이 장점이다.

관광 명소

▶ **생 빅토르 성당** Basilique St. Victor ★★

3세기에 순교한 빅토르 성자를 기리기 위해 420년에 지어진 이 성당은 '마르세유 항구의 관문'이라고 불리며 마르세유 시가지와 지중해가 내려다보이는 높은 언덕 위에 자리잡고 있다. 성당은 9～10세기에 사라센 제국의 공격으로 파괴되었다가 11세기에 복원되었다. 성당 지하에는 납골당이 남아 있으며 해질 무렵이나 성당에 조명이 비치는 밤의 모습은 바다의 풍광과 어우러져 멋진 풍경을 자아낸다.

- 위치   3, rue de l'Abbaye
- ☎   (04)9611-2260
- 개관시간   성당 09:00～19:00, 지하 묘지 10:00～19:00
- 입장료   지하 묘지 2유로

▶ 구 항구 Vieux Port ★★★

구 항구로 들어오는 입구에는 중세 시대에 건축된 생 장(성 요한)St. Jean 요새가 서 있다. 마르세유 특유의 노래하는 듯한 사투리를 들을 수 있는 구 항구 일대는 12세기 당시 십자군 원정으로 번영을 구가하던 곳으로 당시 이탈리아의 제노바, 피사 등과 경쟁을 했다. 이후 1481년 프랑스 영토로 통합되면서 아를르를 제치고 현재와 같은 면모를 갖추게 된다. 구 항구 일대에는 마르세유 역사 박물관, 패션 박물관, 마르세유 해양 산업 박물관 등이 있다. 캉티니 현대 미술관은 현대 예술을 감상할 수 있는 곳이다.

마르세유는 19세기 자연주의 소설가 에밀 졸라와 20세기를 예고한 화가 폴 세잔느의 고향이기도 하다. 또한 마르셀 파뇰의 고향이기도 하고 그의 소설〈아버지의 영광〉을 영화화한〈마르셀의 여름〉의 배경이 된 도시다.〈마르셀의 여름〉은 1999년 서울 가족 영화제에서 그랑프리를 차지했다. 세 예술가 모두 생트 빅투아르 산에 매혹되어 작품을 통해 고향인 항구 도시 마르세유에 경의를 보냈다.

마르세유의 중심 번화가는 '라 칸느비에르La Canebière'이다. 마르세유의 번화가인 이 대로 주위로는 호텔, 상점, 레스토랑이 늘어서 있다. 국제 항구 도시답게 세계 여러 곳에서 온 선원들이 거리를 메우고 있다. 특히 북아프리카에서 건너온 알제리인들이 많다. 세계 최고의 미드필더인 축구선수 지네딘 지단도 알제리에서 마르세유로 이주한 알제리 인의 아들이다. 이 대로를 따라 바닷가로 가면 구 항구가 나온다. 승용차가 있는 사람은 해안을 따라 4km쯤 이어진 낭떠러지 주변에 만들어진 길(일명 '존 에프 케네디 대통령 길')을 따라가면 된다. 주변으로 별장과 정원이 늘어서 있고 지중해의 풍광을 즐길 수 있는 드라이브 코스로 제격인 곳이다. 마르세유 북쪽으로는 신 항구Port Moderne가 있다. 이 항구는 '동쪽 입구'라는 의미의 라 졸리에트La Joliette라고 불리기도 한다.

▶ 구 빈민 구제소 Centre de la Vieille Charité

17세기에 지어진 빈민 구제소는 완공되기까지 약 100년이라는 시간이 걸린 대 규모의 건물이다. 현재는 아프리카 · 오세아니아 · 아메리카 박물관Musée d'Arts

Africains, Océaniens et Amérindiens과 지중해 고고학 박물관Musée d'Archéologie Méditerranéenne이 들어서 있으며, 17세기 조각가였던 퓌제Puget가 설계한 바로크 양식의 예배당도 이곳에 있다.

- 위치 2, rue de la Charité
- ☎ (04)9114-5880
- 개관시간 6~9월 - 11:00~18:00, 10~5월 - 10:00~17:00
- 휴관일 월요일, 국경일
- 입장료 박물관 종합 관람권 5유로

▶ 캉티니 현대 미술관 Musée Cantini d'Art Moderne

캉티니 현대 미술관은 현대 미술의 새로운 획을 그은 입체파, 야수파, 초현실주의 작가의 작품들을 주로 소장하고 있다. 이 세 미술 유파들은 모두 20세기 초에 현대 미술을 가능하게 했던 선구자적 유파들이다. 마티스보다 더 강렬한 색과 공간을 추구했던 야수파의 드랭Derain, 자유로운 선으로 서정적인 풍경을 그려냈던 뒤피Dufy를 비롯해, 초현실주의 화가인 마송Masson과 빅토르 브라우너Victor Brauner 등의 작품이 소장되어 있다. 마르세유 출신의 작가 앙토냉 아르토Antonin Artaud가 그린 일곱 점의 그림도 볼 수 있다. 그 외에 자코메티Giacometti, 베이컨Bacon의 작품도 볼 만하다. 현대 미술과 현대 문학에 관심이 있는 이들에게는 일종의 예술 순례지 같은 곳이다.

- 위치 19, rue Grignan
- ☎ (04)9154-7775
- 개관시간 6~9월 - 화~일 11:00~18:00, 10~5월 - 화~일 10:00~17:00
- 휴관일 월요일
- 입장료 성인 3유로, 학생 1.50유로, 노인 및 11세 미만 무료

▶ 마조르 대성당 Cathédrale de la Major

19세기 건축인 마조르 대성당은 유럽에 있는 성당 중 가장 규모가 크다고 알려져 있다. 건물 외부는 로마네스크 비잔틴 양식을 따르고 있으며, 내부는 유럽 각 지역에서 운반해온 값비싼 대리석과 모자이크로 장식되어 있어 화려하다.

- 위치 Place de la Major
- ☎ (04)9190-5287
- 교통편 지하철 Vieux Port-Hôtel de Ville 역
- 휴관일 월요일
- 입장료 무료

▶ 고대 로마 해양 박물관 Musée des Docks Romains

고대 로마 해양 박물관은 16세기부터 수집된 조각과 선박 모형 등을 전시하고 있

다. 항구 도시이자 무역의 중심지였던 마르세유의 역사를 증언해 주는 이러한 소장품들 중에서 옛 선원들이 그린 항해나 증기선에 대한 그림과 모형이 볼 만하다.

- 위치　　　　Place Vivaux
- ☎　　　　　(04)9191-2462
- 개관시간　　10~5월 - 화~일 10:00~17:00, 6~9월 - 화~일 11:00~18:00
- 휴관일　　　월요일, 국경일
- 입장료　　　2유로

▶ 마르세유 역사 박물관 Musée d'Histoire de Marseille

항구 도시 마르세유의 역사를 알 수 있게 해 주는 박물관이다. 기원전 6세기경 마르세유에 작은 항구 도시를 세운 페니키아 인들의 유물부터 오늘날 마르세유의 축제를 알리는 포스터까지 다양한 시대와 분야에 걸친 소장품들을 간직하고 있다. 1967년에 다수의 그리스 유적과 유물이 마르세유에서 발견되었는데, 오늘날 박물관이 서 있는 자리가 바로 그곳이다.

- 위치　　　　Square Belsunce-Centre Bourse
- ☎　　　　　(04)9190-4222
- 교통편　　　지하철 Vieux Port-Hôtel de Ville 역
- 개관시간　　월~토 12:00~19:00
- 휴관일　　　일요일, 국경일
- 입장료　　　성인 2유로, 11~18세 학생 및 어린이 1유로

| 이프 섬 |

If ★

마르세유에서 남서쪽으로 3km 지점에 있는 석회질의 작은 섬인 이프 섬은 가파른 절벽 위에 세워진 이프 성으로 유명한 곳이다. 멀리서 보면 마치 전설 속에 등장하는 성 같다. 1524년 프랑수아 1세가 이곳에 감옥을 세운 이후 17세기까지 앙시엥 레짐 즉, 프랑스 대혁명 이전 구 체제 하의 수많은 정치범들이 수용되었다. 알렉상드르 뒤마가 이 섬을 배경으로 한 소설 〈몬테크리스토 백작Le Comte de Monte-Cristo〉을 쓴 이후 이프 섬은 일약 세인들의 관심을 받기 시작했다. 비록 허구적 작품 속에 배경으로 등장하는 섬이었지만, 억울한 누명을 쓰고 이프 섬의 감옥에 갇힌 에드몽 당테스가 감옥에서 파리아 신부를 만나 엄청난 돈과 학식을 겸비한 몬테크리스토 백작으로 변신을 한 후 일대 복수극을 펼치는 이야기는 큰 인기를 끌었다. 현재는 마르세유의 주요 관광지로 벨주 부두에서 떠나는 유람선을 타고 직접 가볼 수 있다. 겨울에는 섬에 올라갈 수가 없어 섬 주위만 일주한다.

루이 14세에게 미움을 받은 철가면도 이곳에 갇혀 있었다는 이야기가 전해지지만 이는 사실과 다르다. 철가면은 뒤마의 소설 〈브라쥐롱 자작〉에서 루이 14세의 쌍둥

이 형제로 다루어져 전설이 된 인물인데 파리의 바스티유 감옥에서 사망했다. 또 철가면이 아니라 벨벳으로 된 가면으로 얼굴을 가리고 다녔던 인물이다.

마르세유에서 유람선 타고 이프 섬 가기

- 출발지 – 마르세유 구 항구에 있는 벨주 부두Quai des Belges
- 운행 스케줄 – 시즌에 따라 달라지지만 대체로 60~90분 간격으로 출발하고 이프 섬까지 20분 소요된다.
- 문의처 – Groupement des Amateurs Côtiers(사무실)
  벨주 부둣가에 위치, ☎ (04)9155-5009, 07:00~19:00 근무

[뒤마의 〈몬테크리스토 백작〉에 나오는 이프 섬]

© Photo Les Vacances 2007 / Office de Tourisme de Marseille

- 이프 성 Château d'If
- 4~9월 – 화~일 09:00~19:00, 10~3월 – 화~일 09:00~17:30까지 개방
- 입장료는 성인 5유로, 학생(26세 미만) 3.50유로, 17세 미만 무료

프랑스의 국가 〈라 마르세예즈 La Marseillaise〉

스트라스부르의 한 부대에 근무하던 클로드 조셉 루제 드 릴르라는 장교가 작사, 작곡한 프랑스 국가를 라 마르세예즈라고 하는 데는 약간의 사연이 있다. 1792년 4월 오스트리아와 전쟁 중이던 프랑스는 지원병들을 환영하는 노래가 필요했다. 상관의 명령을 받은 장교는 며칠 만에 〈라인 강 부대의 군가〉라는 곡을 썼고 이어 여러 사람들이 부르게 된다. 이 노래는 혁명 당시 보부상이나 여행객들의 입을 통해 마침내 남프랑스로 퍼지게 되었다. 마르세유를 방문 중이던 몽펠리에 출신의 한 청년이 이 노래를 마르세유에서 열린 자코뱅 파 회합에서 처음으로 연주한다. 이후 이 노래가 선풍적인 인기를 끌게 되었고, 이어 오스트리아 군으로부터 파리를 수호하기 위해 출정하는 500명의 지원군들이 파리를 향해 올라가면서 하루도 쉬지 않고 이 노래를 부르게 된다. 파리에 도착한 이들은 더욱 목청을 돋우어 노래를 불렀다. 이렇게 해서 비록 작사, 작곡은 북프랑스의 스트라스부르에서 다른 사람이 했지만 마르세유 사람들이 부르는 노래라는 뜻의 〈라 마르세예즈〉가 탄생한 것이다.

〈몬테크리스토 백작 Le Comte de Monte-Cristo〉

1845년에 출간된 프랑스 소설가 알렉상드르 뒤마의 장편소설로, 왕정복고 시대, 젊은 선원 에드몽 당테스의 일생을 다룬 대중소설이다. 에드몽은 사랑하는 약혼녀 메르세데스와의 결혼을 앞두고 악당들의 음모로 누명을 뒤집어쓴 채 마르세유 해안의 고도 이프 섬의 감옥에 갇힌다. 14년이란 오랜 세월, 아무 죄없이 수인 생활을 하면서 에드몽은 늙은 죄수 파리아 신부로부터 전 세계의 언어를 비롯해 지리와 역사 등 다양한 지식을 얻게 되고 마지막에는 그 죄수로부터 이탈리아 앞바다의 몬테크리스토 섬에 숨겨진 엄청난 재물에 관한 비밀을 알게 된다. 파리아는 비밀을 털어놓은 후 숨을 거둔다. 폭풍우가 몰아치는 어느 날 밤, 파리아의 시체 대신 관으로 쓰이는 자루 속에 들어가 기적적으로 탈출을 한 에드몽은 거액의 재물을 손에 쥔 뒤, 몬테크리스토 백작이라는 이름으로 파리 사교계에 모습을 나타낸다. 몬테크리스토라는 말은 이탈리아 어로 그리스도의 산이라는 뜻이다. 바야흐로 대복수극이 시작된다. 에드몽은 주도면밀한 계획을 세워 옛날의 원수들을 한 사람씩 쥐도 새도 모르게 처치해 나간다. 복수와 치밀한 계획, 그리고 긴장감, 정의감, 인간미 등 대중소설이 갖고 있어야 할 모든 요소를 골고루 갖추고 있는 소설이다. 영화로도 여러 번 제작되었고 한국에서도 박노식이 주연으로 등장하는 영화가 제작된 적이 있다. 초인 사상을 대중 소설로 표현한 작품으로 간주되기도 한다. 한국에서는 〈암굴왕〉이라는 제목으로 번역이 되기도 했고 얼마 전에는 뒤마 탄생 200주년을 맞아 원본이 새롭게 번역 출간되었다.

| 칸 느 |

Cannes ★★

칸느는 온화한 기후와 항상 축제 중인 것 같은 시가지 분위기 때문에 많은 관광객들로 붐비는 곳이다. 칸느가 전 유럽에 휴양지로 알려지게 된 것은 우연이었다. 1834년 프로방스 일대의 남프랑스는 콜레라가 번져 수만 명이 죽음을 당하는 비극을 겪는다. 당시 이탈리아에서 돌아오던 영국 수상 브로엄 경은 전염병으로 발길을 돌려 칸느 시를 경유해야만 했다. 수상은 칸느 시의 고요하고 우아한 풍광에 매혹당해 이후 겨울만 되면 이곳을 찾아와 휴양을 했고, 자연히 유명 인사들 사이에 칸느라는 이름이 널리 퍼지게 되었다.

칸느 시의 중심 번화가는 크루아제트 가Boulevard de la Croisette이다. 백사장에 인접해 있는 이 길은 고급 부티크들과 사시사철 꽃이 만발해 있는 정원들로 아무리 걸어도 피곤하지 않은 길이다. 길 양끝에는 요트 항들이 있어 요트를 즐길 수도 있다. 칸느 영화제를 비롯한 각종 국제 행사를 치르는 팔레 데 페스티발Palais des Festivals 즉, 축제 궁이라는 이름의 컨벤션 센터도 크루아제트 가에 있으며 바로 옆으로 구 항구가 지중해를 바라보며 자리잡고 있다. 관광객들은 칸느 국제 영화제 수상자들이 그랬던 것처럼 붉은색 양탄자 위에서 한껏 포즈를 취하며 사진을 찍곤 한다.

가는 방법

항공편

인근 공항인 니스 국제 공항은 칸느 북동쪽, 자동차로 20분 정도 거리에 위치해 있다. 칸느 공항은 전세기, 자가용 항공기 전용이다.

[연중 온화한 기후와 활기찬 분위기로 관광객을 끌어들이는 휴양 도시 칸느]

기차편

앙티브-칸느(15분), 니스-칸느(35분) 간 기차가 운행된다. 파리에서 출발한 TGV는 마르세유를 경유하여 칸느까지 들어오며 파리에서 약 3시간 소요된다.

버스편

니스 공항에서 칸느까지 가는 버스는 40분마다 운행한다. 앙티브에서도 30분마다 한 대 꼴로 출발한다. 버스 정류장은 구 항구를 지나 시가지 서쪽에 있다(Place Bernard Cornut-Gentille).

숙소

칸느 영화제 기간만 아니라면 칸느에서 숙소를 구하는 것은 그리 어려운 일은 아니다. 프랑스의 호텔 등급 중 가장 높은 별 4개짜리 방이 칸느의 전체 호텔방 4,900여 개 중 2,100여 개나 되며 가격 할인도 흔한 일이다. 하지만 영화제가 열리면 상황이 달라지기 때문에 영화제 기간 동안에는 피하는 것이 좋다.

`Services`

Eating & Drinking

| 레스토랑 |

▶ Gaston et Gastounette [R-1]

- 7, quai Saint Pierre • ☎ (04)9339-4792 • 12:00~14:00, 19:00~23:00
- 11월 30일~12월 19일 휴무 • 점심 23~35유로, 저녁 35유로, 정식 26~50유로 • 산책로를 보며 식사하고 싶다면 구 항구에 있는 이곳이 안성맞춤이다. 건물은 커다란 창과 오크 나무, 테라스는 꽃으로 치장되어 있다. 2가지 부이야베스 및 네덜란드 식 소스가 뿌려진 새끼 가자미 요리, 야생버섯을 곁들인 생선요리를 먹을 수 있다.

▶ La Mère Besson [R-2]

- 13, rue des Frères-Pradignac • ☎ (04)9339-5924 • 19:30~22:30
- 일요일 휴무 • 정식 20~30유로, 저녁 27~32유로 • 칸느 번화가에서 1930년대부터 전통을 지켜 온 프로방스 식 전통 요리점. 레드 와인, 마늘, 양파, 허브, 버섯을 넣고 졸인 소고기 요리인 Estouffade Provençal 추천. 생선 수프, 생선/야채 스튜인 Bourride Provençal, 토끼 등심 요리도 특별하다.

▶ Le Harem [R-4]

- 15, rue des Frères-Pradignac • ☎ (04)9339-6270 • 20:00~02:30
- 정식 30~40유로 • 칸느 중심부에 있는 훌륭한 모로코 식 레스토랑. 2002년에 문을 연 뒤로 축구, 음악, 영화계 스타들이 많이 방문했다. 3개의 방이 전통 카펫 등으로 사치스럽게 꾸며져 있다. 튀니지, 모나코, 알제리, 스페인, 이탈리아 요리를 제공한다.

▶ Le Monaco [R-5]

- 15, rue du 24-Août • ☎ (04)9338-3776 • 12:00~15:00, 19:00~22:30
- 일요일 휴무 • 정식 20유로 선 • 바 형식의 간이식당. 메뉴는 사우어크라우트를 곁들인 오소부코, 파에야, 쿠스쿠스, 겨자 소스를 곁들인 토끼구이, 홍합, 아몬드를 곁들인 송어, 그리고 토마토소스와 당근을 곁들인 프로방스 식 쇠고기 야채 스튜 등이다.

Accommodation

▶ Auberge de Jeunesse Le Chalit

- 27, avenue du Maréchal-Galliéni(칸느 해변과는 200m 떨어져 있지만 시내 중심가에 위치하고 있다.) • ☎ / F (04)9399-2211 • 15~25유로
- 방이 그다지 많지 않으므로 사전에 예약하는 것이 좋다.

| 호 텔 |

▶ Hôtel de Provence [H-1]

- 9, rue Molière • ☎ (04)9338-4435 / F (04)9337-6314
- www.hotel-de-provence.com • 더블룸 성수기 97~109유로
- 1930년대에 세워져 1992년에 보수 공사한 규모가 작고 단아한 호텔이다. 대부분의 객실에 발코니가 있고 아름다운 정원도 있다. 객실은 오래되었지만 편안한 느낌이며, 칸느에 있는 호텔 중에서 저렴한 편이다. 대부분 객실의 화장실이 넓고 샤워 시설이 있다. 날씨가 따뜻하면 정원에서의 식사도 가능하다.

▶ Hôtel Splendid [H-2]

- Rue Félix Faure • ☎ (04)9706-2222 / F (04)9399-5502

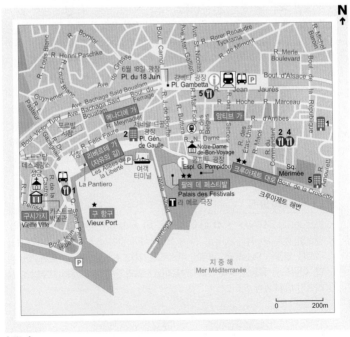

© Design Les Vacances 2007

[칸느]

- www.splendid-hotel-cannes.fr • 성수기 더블룸 144~244유로, 스위트룸 214~264유로 • 1871년에 문을 열었다. 학자, 정치가, 배우, 음악가들이 많이 찾는다. 화려한 느낌의 호텔이다. 객실은 고풍스런 가구와 그림들로 채워져 있으며, 그중 절반에는 부엌이 있다.

▶ **Noga Hilton Cannes** [H-5]

- 50, boulevard de la Croisette • ☎ (04)9299-7000 / F (04)9299-7011
- www.hiltoncannes.com • 더블룸 480유로~ • 힐튼 호텔 중에서 가장 뛰어난 곳으로 꼽힌다. 방음시설이 되어 있는 세련된 객실에는 발코니, 호화스런 침대, 각종 시설이 완비되어 있다. 가격은 전망에 따라 다르다.

Sights

관광 명소

▶ 리베르테 가 (자유의 길) Les Allées de la Liberté

드골 광장에서 시작해 길 끝에 있는 시청까지의 전형적인 산책로이자 광장이다. 오래된 플라타너스가 우거진 구 항구 앞에 있는 이 길은 특히 이른 아침 산책을 하기에 더없이 좋은 길이다. 월요일을 제외한 일주일 내내 꽃시장이 서서 굳이 꽃을 사지 않더라도 그 자체로 볼 만하다. 토요일에 골동품 시장이 서는 곳도 이곳이다.

▶ 구 항구 Vieux Port ★

고깃배와 요트들이 정박해 있는 구 항구는 바다를 바라보며 오른쪽에 있는 생 피에르 부두와 왼쪽에 있는 팔레 데 페스티발 건물로 둘러싸여 있다. 호화 요트는 보는 것만으로도 관광이 될 것이고, 팔레 데 페스티발 옆, 옛 디자인을 그대로 간직하고 있는 회전 목마가 있는 퐁피두 광장의 바닥에는 120여 명에 이르는 유명 스타들의 핸드프린팅이 있다. 이 인근에서 〈카르멘〉 같은 소설로 유명한 19세기 프랑스 소설가인 메리메가 숨을 거두었다.

▶ 팔레 데 페스티발 Palais des Festivals ★★

1982년 문을 연 팔레 데 페스티발(페스티발 궁)에서는 칸느 영화제를 비롯해 다양한 국제 회의가 열린다.

칸느 영화제

제2차 세계대전 직전에 창설되어, 1946년부터 본격적으로 운영된 세계 3대 국제 영화제 중 하나다. 매년 5월에 2주 동안 칸느에서 열리며 영화제와 함께 필름 마켓, 기자 회견, 세미나 등이 함께 열리는 종합 영화제의 성격을 띠고 있다. 상은 예선을 거친 공식 참가 작품을 대상으로 국제 심사 위원회에서 결정하며 장편, 단편으로 나뉘어 최우수상에는 대상인 황금 종려상이 수여된다. 그 외에도 감독상, 남녀 주연상, 심사 위원 특별상 등이 주어진다. 한국은 이두용 감독의 〈물레야 물레야〉가 특별상을 수상했고, 2002년에 임권택 감독이 〈취화선〉으로 감독상을 받았으며 2004년에는 박찬욱 감독의 〈올드 보이〉가 그랑프리(심사위원 대상)를 수상했다. 2007년에는 영화배우 전도연이 〈밀양〉으로 여우주연상을 수상했다.

[칸느 영화제가 열리는 팔레 데 페스티발]

[영화배우 샤론 스톤의 핸드프린팅]

▶ 앙티브 가 Rue d'Antibes

프랑스에서 인구 대비 가장 활발한 상거래가 이루어지는 곳이 바로 칸느다. 그중에서도 앙티브 가는 칸느 상권의 중심지로 많은 고급 부티크들이 들어서 있다. 파리의 유명한 패션거리인 생 토노레 가나 몽테뉴 가와 비교를 하기도 하는데 이는 조금 과장된 이야기이다. 하지만 가격은 파리 못지않게 비싸다.

▶ 메나디에 가 Rue Meynadier

구시가지와 연결되는 이 길은 옛날에는 칸느의 중심가였지만 오늘날에는 흥정이 가능한 중저가 옷과 치즈 등 먹거리를 파는 장이 서는 곳이 되어 있다. 포르빌Forville 시장과 메다니에 가가 연결된 곳에는 생선 요리를 하는 칸느의 비싼 식당들이 들어서 있다.

▶ 구시가지 Vieille Ville

구시가지에서는 노트르담 데스페랑스 성당과 카스트르 박물관이 볼 만하다. '소망의 성모'라는 뜻을 갖고 있는 노트르담 데스페랑스 성당은 칸느의 인구가 1,000명 정도였던 1627년에 세워진 약 400년 정도 된 고딕 양식의 성당이다. 내부에는 성당 건립 이전에 만들어진 제단화와 채색 목각 작품인 막달라 마리아 상이 있다. 일종의 민속 박물관인 카스트르 박물관에는 이집트, 페니키아, 그리스, 로마 등의 유물과 함께 프랑스에서 세 번째로 많은 민속 자료들이 소장되어 있다. 또한 19세기에 지역 화가들이 그린 그림을 통해 칸느의 역사를 조망해볼 수 있는 전시실도 갖추고 있다. 또 세계 각 대륙의 민속 악기도 전시하고 있다.

▶ 크루아제트 대로 Boulevard de la Croisette ★★

중심가와 구시가지 이외에 바닷가를 바라보며 길게 뻗어 있는 해변 산책로인 크루아제트 대로가 있어, 백만장자들을 위해 만들어진 듯한 고급 매장들을 구경하며 멋진 산책을 할 수 있다. 궁전 같은 건물들과 종려나무 가로수들 그리고 잘 정리된 화단 등이 늘어선 거리로 수많은 관광객들이 윈도우 쇼핑을 즐기며 산책을 즐긴다. 특히 겨울이 되면 인근 별장에 사는 돈 많은 노부부들이 보기만 해도 비싸 보이는 옷을 걸친 채 개를 한 마리씩 데리고 함께 산책을 하는 모습을 자주 볼 수 있다. 여름에는 그리 넓지 않은 해수욕장에 많은 젊은이들이 찾아와 남프랑스 특유의 분위기를 연출한다. 30개국의 언어로 된 일간지들이 팔릴 정도로 거의 전 유럽의 젊은이들이 모인다. 칸느 해변에서 1박을 해보고 싶다면, 인근의 호텔 중에서는 20세기 초 벨 에포크 양식으로 지어진 칼튼Carlton 호텔이 멋지지만, 가격을 고려하면 마제스틱Majestic에서 자는 것이 합리적일 것이다.

크루아제트 대로가 끝나가는 캉토Canto 항 인근의 베르덩Verdun 광장에는 멋진 정원이 있어 그곳까지 산책을 해보는 것이 좋다. 캉토 항에서 바라보는 시가지 야경은 멋진 추억을 선사할 것이다. 길 끝에는 온갖 루머가 떠도는 유명한 팜비치 카지노가 있다.

나폴레옹 루트 Route Napoléon

"독수리는 수많은 종탑 위를 날아 간 다음 노트르담 성당에 가서 쉬리라." 첫 번째 귀양지인 엘바 섬에서 탈출한 나폴레옹은 휘하 장군들에게 이렇게 말했다. 나폴레옹과 함께 길을 떠난 사람은 처음에는 고작 700명 뿐이었고 말도 몇 필 되지 않았다. 하지만 파리에 도착했을 때 700명은 무려 2만 명으로 늘어나 있었다.

1815년 2월 26일 엘바 섬을 탈출한 나폴레옹은 3월 1일 골프 주앙Golfe-Juan 해안에 도착한다. 3월 2일에는 칸느를 거쳐 산길로 접어든 다음, 3월 4일, 디뉴Digne에서 점심을 먹고, 말리제 성에 도착해 잠을 잔다. 3월 5일, 시스테롱Sisteron에서 점심, 가프Gap에서 잠을 잔다. 이때 이미 서서히 나폴레옹을 추종하는 세력이 늘어나기 시작한다. 3월 7일에는 그르노블에 입성해 대대적인 환영을 받는다.

나폴레옹은 그의 회고록에서 "그르노블까지는 모험가였지만, 그르노블을 떠나면서 난 다시 황제였다."고 적고 있다(골프 주앙에서 그르노블까지는 336km다).

흔히 나폴레옹의 백일천하를 가능케 한 이 탈출로를 '나폴레옹 루트'라고 부른다. 처음 이 이름이 생긴 것은 1932년이다. 지금은 국도 85번인데, 이 국도의 표지판에는 나폴레옹을 나타내는 날개 펼친 독수리들이 찍혀 있다.

| 아를르 |

Arles ★

인구 5만 2,000명 정도의 아를르는 면적이 7만 6,000ha에 달하는 넓은 도시다. 프랑스 행정 체제에서 가장 작은 지자체 단위가 코뮌Commune이고 프랑스에는 약 3만 6,000개에 달하는 코뮌이 있는데 아를르는 이 코뮌 중 가장 넓다. 하지만 아를르를 가장 넓은 면적을 갖고 있는 도시로 기억하는 사람은 아무도 없다. 1981년 유네스코가 지정한 세계유산 목록에 등록된 것도 시의 넓이 때문은 아니다. 아를르는 비제의 가곡으로도 널리 알려진 19세기 소설가 알퐁스 도데의 희곡 〈아를르의 여인〉과 1888년 2월에서 이듬해 5월까지 머물렀던 고흐가 그린 그림들, 특히 〈아를르에 있는 화가의 방〉, 〈밤의 카페〉 등과 관련된 예술의 고장이자 고대 로마의 원형 경기장이 있는 오래된 고도로 기억된다. 서기 1세기 때 지어진 극장, 서기 2세기 때의 원형 경기장, 그리고 성벽 등 로마 정복 시대의 중요한 유적지들이 시 여기저기에 흩어져 있다. 로마 시대 때의 공동묘지로 알리스캉(어원을 따지자면 파리의 유명한 거리 샹젤리제와 같은 뜻으로 그리스 신화에 나오는 극락 세계를 뜻한다)은 중세 말기까지 유럽에서 가장 큰 규모의 공동묘지였다. 이외에도 프로방스 로만 양식 성당의 백미인 11세기 때 세워진 생 트로핌므 성당도 아를르의 명물 중 하나다. 아를르에서는 각종 문화 행사가 연중 개최되며, 특히 국제 사진전은 상당한 명성을 얻고 있다. 아를르는 또한 철도와 고속도로 등이 교차하는 교통의 요지이기도 하다. 시가지는 고대의 성벽 자리에 난 원형의 환상도로를 따라 형성되어 있다. 주민은 남프랑스 특유의 지방 의상을 걸치고 축제와 투우 등의 전통을 지금도 이어가고 있다. 로마 시대에는 운하로 해안과 연결되어 있어서 론 강과 지중해를 항해하는 선박들이 이곳에서 화물을 싣고 내렸다. 아를르는 육상 교통의 요지로 프로방스 지방의 중심지였으며 5세기 전후 동방과 아프리카 등지의 산물들이 모이는 곳이기도 했다. 예부터 아를르는 서양에서 가장 아름다운 도시 중 하나로 꼽혀 흔히 '갈리아의 로마'라고 불렸다. 이러한 도시의 융성은 종교에도 그대로 반영되어 대주교좌가 설치되고 여러 번에 걸쳐 공의회가 개최되기도 했다. 329년 콘스탄티노플 건설 후에는 로마 제국 제3의 대도시로 번영을 구가하기도 했다. 중세 500년 동안 아를르는 프랑스 남부에 있는 모든 왕국의 수도이기도 했다. 그러나 론 강 하구가 토사의 퇴적으로 해운이 어렵게 되자 상권을 마르세유에 빼앗기고 만다.

아를르는 프랑스에서 논농사를 많이 짓는 지방 중 하나다. 논농사는 경작지의 반을

차지하고 있다. 주요 산업은 관광과 경공업이며 부분적으로 화학, 금속, 제지 공업
도 발달되어 있다.

관광 명소

▶ 원형 경기장 Arènes ★★★

인상주의 화가 반 고흐가 남긴 몇 점의 풍경화로 잘 알려진 아를르는 사실 고흐가
활동하기 이전부터 고대 로마 유적지로 많이 알려져 있었다. 아를르의 원형 극장은
로마가 론 강 유역을 식민지로 삼은 1세기경에 지어진 것으로 당시 약 2만 명의 인
원을 수용할 수 있었다. 검투사들이 맹수나 사람을 상대로 피를 쏟아내던 이곳은
현재 투우 경기장으로 쓰이고 있다. 현대 화가 피카소는 이곳에서 영감을 받아 약
50여 점의 데생 작품을 남겼고, 로버트 드니로가 주연한 영화 〈로닌Ronin〉 촬영의
배경지로도 쓰였다. 투우 경기 외에도 오페라나 연극 등의 공연이 펼쳐지기도 한다.

- 위치   1, Rond Point des Arènes
- ☎   (08)9170-0370

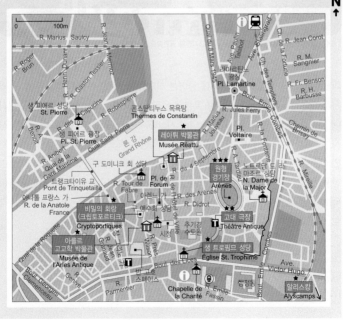

[아를르]

© Design Les Vacances 2007

- 개관시간　　11~2월 10:00~16:30,
　　　　　　　3~4월, 10월 09:00~17:30,
　　　　　　　5~9월 09:00~18:30
- 휴관일　　　1월 1일, 5월 1일, 11월 1일, 12월 25일, 9월 둘째 토, 일요일,
　　　　　　　부활절 주간 금~월요일
- 웹사이트　　www.arenes-arles.com
- 입장료　　　5.50유로

▶ 아를르 고고학 박물관 Musée de l'Arles Antique ★

© Photo Les Vacances 2007 / Office de Tourisme d'Arles

[1세기경 세워진 아를르 원형 경기장. 투우 경기장과 공연장으로 쓰인다.]

아를르 고고학 박물관은 아를르에 들어선 최초의 박물관으로 1574년에 문을 연 역사가 오래된 박물관이다. 오늘날 푸른색 유리판이 아를르의 아름다운 하늘을 반사해 내고 있는 이 현대적인 건물은 앙리 시리아니Henri Siriani의 작품으로, 보존, 전시, 교육이라는 박물관의 세 가지 모토를 삼각형의 축으로 형상화해 내고 있다. 자연 채광을 주로 이용하는 박물관의 내부나 로마 시대부터 최근에 이르는 다양한 소장품은 박물관학이나 전시 기획에 관심이 있는 사람이라면 눈여겨보아야 할 것들이다. 소장품 중에는 아우구스투스 황제의 대리석 석상과 고대 극장에서 옮겨온 조각상, 그리고 원형 경기장, 고대 극장, 포럼 등의 모형 건축물도 있다.

- 위치　　　　Presqu'île du Cirque Romain
- ☎　　　　　(04)9018-8888
- 개관시간　　11~3월 10:00~17:00, 4~10월 09:00~19:00
- 휴관일　　　1월 1일, 5월 1일, 11월 1일, 12월 25일
- 입장료　　　성인 5.50유로, 18세 미만 학생 및 어린이 4유로

▶ 생 트로핌므 성당 Église St. Trophime ★

12세기에 지어진 이 성당은 '프로방스 로마네스크'라고 불리는 다소 특이한 양식을 따르고 있다. 성당에는 4세기에 제작된 로마 양식의 석관 등 고대 유물이 보관되어 있으며, 내부 장식이 특이하다. 성당 내부를 장식하고 있는 조각 중에는 최후의 심판, 지옥과 천당의 모습을 묘사한 작품이 볼 만하며, 정문의 박공에 있는 예수와 사도들의 조각도 미술사적으로 대단한 평가를 받고 있는 작품이다. 현재 생 트로핌므 성당은 유네스코 세계문화유산으로 지정되어 있다.

© Photo Les Vacances 2007 / Office de Tourisme d'Arles

[생 트로핌므 성당]

- 위치　　　　Place de la République
- ☎　　　　　(04)9049-3353
- 개관시간　　11~2월 – 10:00~17:00, 3~4월, 10월 – 09:00~18:00,
　　　　　　　5~9월 – 09:00~18:30
- 휴관일　　　1월 1일, 5월 1일, 11월 1일, 12월 25일
- 입장료　　　성당 무료, 수도원 성인 3.50유로, 학생 2.60유로

▶ 레아튀 박물관 Musée Réattu ★

레아튀 박물관은 원래 몰타 기사단이 머물렀던 수도원으로, 프랑크 족 계통인 살리에르Salier 왕조의 영지에 속해 있다가 오늘날에는 미술품 수집가 자크 레아튀 Jacques Réattu(1760~1833)의 이름을 딴 박물관이 되었다. 원형 경기장과도 그리 멀지 않은 이 16세기 건물 안에는 이곳의 아틀리에에서 작업했거나 혹은 아를르 출신의 화가들이 그린 여러 작품들이 주로 소장되어 있다. 아를르가 예술과 문화의

도시임을 증명해 주는 또 하나의 이정표로, 레아튀가 수십 년 간 수집해 온 4천여 점의 작품들이 보관되어 있다. 아를르 전통 의상을 입은 여인들을 소재로 삼았던 작가 앙트완 라스파이Antoine Raspail, 뒤피Dufy, 자드킨Zadkine, 알친스키 Alchinsky 등의 작품들이 소장되어 있으며, 특히 투우를 좋아했던 예술가 피카소의 그림 또한 이곳에 소장되어 있다.

- 위치   10, rue du Grand Prieuré
- ☎   (04)9049-3758
- 개관시간   11~2월 - 13:00~17:30, 3~4월, 10월 - 10:00~17:30,
                      5~9월 - 10:00~12:00, 14:00~18:30
- 입장료   성인 4유로, 학생 3유로, 12세 미만 어린이 무료

▶ 고대 극장 Théâtre Antique ★★

반원형의 고대 극장은 아우구스투스 황제 치하인 기원전 1세기에 지어졌다. 당시에 는 33열의 좌석을 갖추고 있어 만 명에 가까운 인원을 수용할 수 있었지만, 현재에 는 대리석 포석이 깔린 반원 모양의 오케스트라 구역과 커튼을 올리거나 내리던 기계가 있었던 공간, 좌석이 있던 자리와 바깥 벽의 일부만이 남아 있다. 무대 뒤편의 높은 벽을 장식했던 기둥과 조상은 아를르 고고학 박물관에 보관되어 있다. 여름에 는 이곳에서 공연이나 축제 행사가 열리기도 한다.

- 위치   Rue du Cloître
- ☎   (04)9049-3625
- 개관시간   5~9월 - 09:00~19:00
                      3~4월, 10월 - 09:00~18:00
                      11~2월 - 10:00~16:30
- 입장료   성인 3유로, 12~18세 학생 및 어린이 2.20유로

▶ 비밀의 회랑 (크립토포르티크) Cryptoportiques ★

기원전 30년에 세운 이 건축물은 당시에 어떻게 사용되었는지는 정확히 알 수 없으나, 로마 제국이 서서히 기운을 다해갈 즈음에는 곡물 저장소로 쓰였으며, 2차 세계 대전 중에는 레지스탕스들의 은신처가 되기도 했다. 20세기 들어 상당량의 유물이 발굴되면서, 건물의 용도에 대한 호기심이 더욱 커졌다. 둥근 천장의 한 면에는 작은 창이 뚫려 있어 전체적으로 어두운 회랑에도 햇볕이 들어온다. 말편자 모양의 아치 와 기둥들이 중간에 길게 늘어서 390m 너비의 회랑을 두 개의 복도로 나누고 있다.

- 위치   Rue Balze

▶ 알리스캉 Alyscamps ★

알리스캉의 명성은 로마 시대의 학자 제네시우스Genesius의 순교에서 비롯되었다.

그는 기독교인들의 처형을 주장하는 칙령을 받아 적는 것을 거부하였는데, 그런 이유로 목이 잘린 다음 이곳에 묻혔다. 그 후로 이 공동묘지에서는 기적이 일어난다는 이야기가 퍼지면서 그는 성자의 반열에 오르게 되었다. 10세기에는 프랑스 최초의 서사시 〈롤랑의 노래La Chanson de Roland〉로 유명해진 롤랑Roland과 올리비에Olivier 또한 이곳에 묻혔다는 전설이 퍼졌는데, 단테조차도 그의 작품 〈신곡〉의 '지옥편'에서 이곳을 언급했을 정도다.

- 위치 　　　　Rue Pierre-Renaudel
- ☎ 　　　　　(04)9049-3687
- 개관시간 　　11~2월 – 10:00~17:00, 3~4월, 10월 – 09:00~18:00
　　　　　　　5~9월 – 09:00~18:30
- 휴관일 　　　1월 1일, 5월 1일, 11월 1일, 12월 25일
- 입장료 　　　성인 3.50유로, 12~18세 2.60유로, 11세 미만 무료

| 엑상 프로방스 |

Aix-en-Provence

인구 15만 명의 작은 도시 엑상 프로방스는 유럽 사람들이 일생에 한번쯤은 이곳의 고급 빌라에서 휴가를 보내고 싶어하는 남프랑스의 아름다운 도시이다. 아름다운 분수가 많아 '물의 도시'라고도 불리는 엑상 프로방스는 세잔느가 즐겨 그린 생트 빅투아르Ste. Victoire 산으로 더욱 유명하다. 구시가지에는 16~17세기에 지어진 바로크 양식의 건물을 개조한 고풍스러운 호텔과 레스토랑들이 들어서 있고, 고급 상점들과 올리브 오일, 라벤더 향수 같은 프로방스의 특산물을 파는 가게들이 언덕길을 따라 줄지어 있다. 20세기 현대 회화의 문을 연 화가 세잔느의 생가가 있고 관광안내소에는 그의 산책로를 따라가는 '세잔느의 발자취를 따라서Sur le pas de Cézanne'라는 투어 프로그램이 마련되어 있다.

Information

관광안내소

- 2, place du Général de Gaulle
- ☎ (04)4216-1161 / F (04)4216-1162
- www.aixenprovencetourism.com
- 투어 프로그램 '세잔느의 발자취를 따라서'가 마련되어 있다.

관광 명소

▶ 미라보 가 Cours Mirabeau ★

1649년에 마차가 다닐 수 있도록 마련된 이 길은 도심을 관통하는 최초의 대로였다. 오늘날에도 테라스가 있는 카페와 레스토랑, 서점과 박물관, 상점들이 들어서 있는 미라보 가는 여전히 도시의 중심이다. 로통드 분수에서 시작하여 도보로 20분이면 가로지를 수 있다. 거리의 왼편에는 좁은 골목이 언덕 위로 구불구불 펼쳐지고 오른편으로는 고급 빌라들이 늘어선 16세기 풍의 주택가를 볼 수 있다. 왼편의 골목길에는 아이스크림 가게, 카페 그리고 '퀴진 프로방살Cuisine Provançal'이라고 불리는 프로방스 지방 향토 요리를 내놓는 레스토랑들이 들어서 있다.

▶ 로통드 분수 Fontaine de la Rotonde

미라보 가가 시작되는 곳에 자리잡은 로통드 분수는 엑상 프로방스에 있는 40여 개의 분수 중에서 가장 크고 화려하다. 엑상 프로방스를 대표하는 농업과 정의 그리고 예술을 상징하는 세 명의 신들이 분수 가운데를 장식하고 있다. 19세기 후반, 번영을 누렸던 엑상 프로방스의 활기와 매력이 그대로 묻어난다.

▶ 폴 세잔느 아틀리에 Atelier Paul Cézanne

1839년 엑상 프로방스에서 출생한 화가 폴 세잔느는 1901년에 엑상 프로방스의 시 외곽에 건물을 한 채 구입하였다. 나무가 우거진 작은 정원으로 둘러싸인 이 건물은 세잔느 사후, 화가가 사용했던 작은 붓에서부터 그가 일상적으로 사용했던 물건들까지, 예술가의 자취를 따라갈 수 있는 소품들이 전시되어 있는 박물관으로 쓰이고 있다. 상설 전시 외에도 정원에서 기획전이나 시 낭송 같은 이벤트가 이루어지기도 하며, 매년 7월에는 문학 애호가와 미식가들의 모임이 매주 목요일에 열린다.

- 위치   9, avenue Paul-Cézanne
- ☎   (04)4221-0653
- 개관시간   4~9월 - 10:00~12:00, 14:30~18:00
       7~8월 - 10:00~18:00
       10~3월 - 10:00~12:00, 14:00~17:00
- 휴관일   1월 1일, 5월 1일, 12월 25일
- 웹사이트   www.atelier-cezanne.com
- 입장료   성인 5.50유로, 학생 및 어린이 2유로

엑상 프로방스의 여름 축제, 페스티발 덱스 Festival d'Aix

엑상 프로방스의 여름 축제는 1948년부터 시작되었다. 당시 이 축제의 목적은 모차르트의 작품을 새로운 시각으로 접근하여 일반 대중들에게 선보이는 것이었는데, 큰 인기를 얻어 엑상 프로방스를 대표하는 축제로 자리잡았다. 카를로 마리아 줄리니Carlo Maria Giulini 같은 유명 연출가나 지휘자들이 이 축제에 참가하기 위해 경쟁하였으며, 테레사 스티치 란델과 롤란도 파네레 같은 스타들이 이 축제를 통해 데뷔하였다. 발튀스, 카상드르 그리고 드랭 같은 현대 미술가들은 축제를 위한 세트를 디자인하기도 하였으며, 시간이 지날수록 축제는 더욱 견고한 명성을 쌓아 갔다. 이 축제의 가장 대표적인 특징은 축제가 시작된 당시의 실험 정신을 그대로 유지하면서도, 일반 대중들에게 쉽게 다가갈 수 있는 대중적인 공연을 기획하고 있다는 점이다. 7월에 열리는 축제 기간 동안에는 단편 영화제

© Photo Les Vacances 2007 / Ville d'Avignon-JP Campomar

[아비뇽 전경. 아래쪽에 보이는 다리가 민요 〈아비뇽 다리 위에서〉로 유명한 생 베네제 교이다.]

'World Premieres'가 열리기도 하며, 공연은 주로 아슈베세 극장, 죄 드 폼 극장 그리고 마이니에 오페드 호텔 등에서 열린다. 공식 사이트는 www.festival-aix.com으로 사이트를 통해 공연 스케줄을 미리 알 수 있고 온라인 티켓 구입도 가능하다.

| 아비뇽 |

Avignon ★★

인구 약 8만 7,000명의 아비뇽은 론 강과 뒤랑스 강이 만나는 지점에 위치해 있고, 파리에서 약 680km 떨어져 있다. 고대 로마의 지배를 받다가 그 후 프랑크 족과 사라센의 침입을 받는 등 남프랑스의 많은 도시들과 비슷한 역사를 갖고 있는 아비뇽은 이른바 아비뇽의 유수로 알려진 교황청 이전 사건으로 세계사에 그 이름을 알리게 된 특이한 역사를 간직하고 있는 도시다. 11~12세기에 독립하여 이탈리아와 스페인을 연결하는 교통의 요충지로서 남프랑스의 상업 중심지로 번성했다.

아비뇽의 유수 이전에도 아비뇽 사람들은 남프랑스의 알비에서 일어난 이단으로 인

해 가톨릭 계로부터 집단 살육을 당하는 종교적 비극을 경험했다. 1226년에 이단인 알비주아(혹은 알비 파)가 남프랑스에 나타났을 때 이에 적극 가담했기 때문에 프랑스 왕 루이 8세에 의해 점령당하고 만다. 이후 툴루즈 백작, 프로방스 백작 등의 지배를 받다가 1309~1377년에는 로마에서 피신해 온 클레멘스 5세를 비롯하여 7명의 교황이 머무는 교황청 소재지가 된다. 이후에도 교황에게 반기를 든 인사들은 아비뇽에 기거하곤 했다. 이 기간 중에 프로방스 백작 부인인 나폴리의 잔느 1세가 이곳을 교황에게 팔아 1791년 프랑스에 통합되기 전까지는 교황령이었다. 교황청을 중심으로 한 구시가지는 11세기에 교황이 건설한 성벽으로 둘러싸여 있으며 전형적인 중세 도시의 모습을 띠고 있다.

주요 산업은 관광을 비롯한 서비스 산업이며 과일, 채소 등 농업이 발달해 있다. 직물, 모자, 가정용품, 식품, 기계, 인쇄, 종이, 구리 세공, 보석 세공 등의 산업도 활발하다.

요새이기도 한 교황 궁은 전형적인 고딕 양식의 건물이다. 이외에 로마네스크 후기의 대성당 등을 비롯한 14~16세기의 성당, 17~18세기의 성 등 사적지들이 많다. 론 강에는 민요 〈아비뇽 다리 위에서〉로 유명한 생 베네제 교가 있다. 이 다리는 1680년에 붕괴된 채 그대로 남아 있다. 지금도 3개의 홍예 교각이 남아 있다.

아비뇽의 유수

1309~1377년까지 7대에 걸쳐 로마 교황청을 아비뇽으로 옮긴 사건을 말한다. 고대 유대인이 바빌론에 강제 이주된 고사를 본떠 후일 로마로 돌아간 교황들은 이 사건을 '바빌론 유수'라고도 불렀다. 13세기 말부터 막강한 세속 권력을 장악한 프랑스 왕 필리프 4세는 1303년 교황 보니파키우스 8세와 싸워 우위를 확인 했고, 그 후 1305년 선출된 프랑스 인 교황 클레멘스 5세는 프랑스 왕의 영향권 아래 놓이게 되어 결국 로마 교황청으로 들어가지 못한 채 프랑스에 남게 된다. 교황은 초기에는 아비뇽 북동쪽에 별도의 교황청을 설치하고 머물렀으나, 클레멘스 6세 때인 1348년 프로방스 백작 부인이자 나폴리 여왕인 잔느 1세로부터 아비뇽을 사들여 파리 왕궁을 모방한 호화스러운 교황청 궁전을 건조하였다. 우르바누스 5세 때 일시 로마로 복귀했으나 교황청의 주요 기능은 아비뇽에 남아 있었고, 그레고리우스 11세에 의해 본격적인 로마 복귀가 이루어질 때까지 프랑스 인 교황이 교황청 행정을 담당하였다. 교회 분열기인 1378년 로마에서 우르바누스 6세가 선출되자 프랑스 독립 교회파는 이에 불만을 품고 교황 클레멘스 7세를 옹립해 다시 아비뇽에 교황청을 열고 1417년까지 존속시켰다.

시내 교통

아비뇽 관광 기차

아비뇽에서는 두 종류의 관광 기차 서비스를 즐길 수 있다. 두 가지 투어 모두 교황 궁 광장에서 출발한다. 자세한 정보는 관광안내소에서 얻을 수 있다.

도시 순회

도시 순회 투어를 제공하는 관광 기차를 이용하여 쇼핑가를 둘러본다. 아비뇽에 있는 유명한 건축물과 골목길을 탐방할 수 있다. 투어 출발지는 교황 궁 광장이며 교황 궁 광장이나 관광안내소에서 기차를 타면 된다.

• 3월 15일~10월 15일 10:00~19:30

정원 순회

로셰 데 돔Rocher des Doms 정원을 구경한다. 또한 아비뇽을 가로지르는 론 강과 생 베네제 교를 비롯해 아름다운 풍경을 즐길 수 있다.

• 3~10월 10:00~19:30

관광안내소

• 41, cours Jean Jaurès • ☎ (04)3274-3272 / F (04)9085-3597
• www.ot-avignon.fr • 4~10월 - 월~토 09:00~17:00, 일요일 및 공휴일 10:00 ~17:00(단, 6월은 월~토 09:00~19:00, 일요일 및 공휴일 10:00~17:00), 11~3 월 - 월~금 09:00~18:00, 토 09:00~17:00, 일 10:00~12:00
• 프랑스 어와 영어로 구시가지 투어 제공(4~10월 매주 화, 목, 토 10:00, 11~3월 매주 토 10:00)

Avignon Passion Pass

Avignon Passion Pass는 관광안내소에 신청만 하면 무료로 받을 수 있다. 패스를 지닌 사람과 동행한 가족 구성원(모두 합쳐 5명까지)은 명소와 박물관 입장료를 할인받을 수 있다.

• 명소와 박물관의 입장 시 20~50% 할인
• 관광 기차 등 교통 수단을 이용해 투어를 할 때 20% 할인

Services

Eating & Drinking

| 레스토랑 |

▶ Tapalocas [R-2]

• 15, rue Galante • ☎ (04)9082-5684 • 연중무휴(단, 연말 축제 때 휴무)
• www.tapalocas.com • 8.50유로 선 • 지역의 향토 요리를 선보이며, 저렴한 가격에 음식을 즐길 수 있다. 샹그릴라, 스페인 와인, 데킬라 등의 술도 마실 수 있다.

▶ Le Caveau du Théâtre [R-3]

- 16, rue des Trois Faucons • ☎ (04)9082-6091
- 토요일 점심과 일요일 휴무 • 점심 메뉴 10~12유로, 저녁 코스 15~20유로
- 온화한 분위기의 이곳은 여러 종류의 프로방스 음식을 제공한다. 또한 따로 와인 저장소가 있어서 훌륭한 와인을 맛볼 수 있다.

▶ L'Epicerie [R-5]

- 10, place St. Pierre • ☎ (04)9082-7422
- 일요일 점심 휴무. 11~4월 정기 휴무 • 코스 요리 20유로 • 생 피에르St.

[아비뇽 거리의 야외 카페]

Pierre 광장을 바라보며 아침과 저녁식사를 할 수 있는 곳이다. 요리도 괜찮으며, 특히 전문인 프로방스 요리가 맛있다. 여름에는 예약을 해야 한다.

| 바 & 나이트 |

▶ Bistrot Utopia [N-1]

- 4, rue des Escaliers Sainte Anne, La Manutention • ☎ (04)9027-0496
- 입구에 실험적이고 예술적인 영화관이 있는 등 아비뇽 문화의 중심지에 위치해 있다.

Accommodation

| 호 텔 |

▶ **Hôtel de Blauvac** [H-2]

- 11, rue de la Bancasse • ☎ (04)9086-3411 / F (04)9086-2741
- www.hotel-blauvac.com • 1월 2주간, 11월 1주간, 12월 1주간 정기 휴무
- 성수기 더블룸 70~80유로, 아침식사 7유로

▶ **Hôtel Innova** [H-4]

- 100, rue Joseph Vernet • ☎ (04)9082-5410 / F (04)9082-5239
- 더블룸 38~48유로, 4인용 룸 42~70유로
- 아비뇽에서 가장 멋있는 거리에서 가장 저렴한 가격에 머물 수 있는 호텔이

© Photo Les Vacances 2007 / Ville d'Avignon-JP Campomar

[아비뇽 대표 명소인 교황 궁]

다. 약간 낡아 보이지만 그런대로 편안한 실내장식에, 조용한 곳이다. 인기가
좋으므로, 사전에 예약하는 것이 좋다.

▶ **Hôtel-Restaurant Le Magnan** [H-6]

- 63 rue du Portail Magnanen • ☎ (04)9086-3651 / F (04)9085-4890
- www.hotel-magnan.com • 연중무휴
- 성수기 더블룸 77유로, 아침식사 8유로 • 외관이 아주 멋지지는 않지만, 부
  드럽고 현대적인 룸과 산뜻하고 편안한 안뜰이 있다.

Sights

관광 명소

▶ **교황 궁** Palais des Papes ★★★

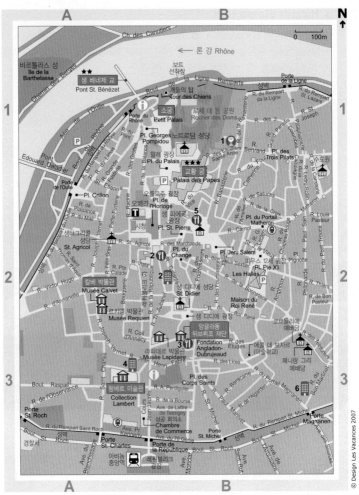

[아비뇽]

아비뇽을 대표하는 기념비적 건축물로 14세기에 로마의 교황이 잠시 이곳에 머무르면서 교황청 역할을 하였다. 프랑스 고딕 양식의 궁 중에서는 가장 큰 규모를 자랑하며, 내부에 남아 있는 프레스코화와 태피스트리가 당시의 화려한 모습을 일러준다. 내부 관람은 안뜰, 수도원, 접견실, 교황의 개인 내실 등 20여 개의 방을 둘러보는 코스로 이루어져 있다. 별도로 제공하는 가이드 레코더를 통해서 궁의 역사와 각 방에 대한 설명을 들을 수 있으며, 교황궁은 생 베네제 교와 함께 유네스코 세계문화유산에 등록되어 있다.

- 위치　　　　Place du Palais des Papes
- ☎　　　　(04)9027-5000

- 개관시간　　7월 – 09:00~20:00, 4~6월, 8~10월 – 09:00~19:00,
　　　　　　　11~3월 – 09:30~17:45
- 웹사이트　　www.palais-des-papes.com
- 입장료　　　성인 9.50유로, 학생 및 노인 7.50유로, 8세 미만 무료

▶ 와인 저장소 La Bouteillerie du Palais des Papes

교황 궁 내에 있는 저장소는 프랑스를 대표하는 와인 중 하나인 코트 뒤 론Côtes du Rhône 와인을 보관하고 있다. 가이드의 안내를 받아 관광을 하며 와인 시음도 할 수 있다. 아비뇽에서는 매년 가을 새롭게 주조한 코트 뒤 론 와인을 축하하는 축제가 열리기도 한다.

- 위치　　　　Place du Palais des Papes
- ☎　　　　　(04)9027-5085
- 개관시간　　7월 – 09:00~18:00, 4~6월, 9~10월 – 09:00~19:00,
　　　　　　　11~3월 – 09:30~17:45
- 입장료　　　무료

▶ 소궁 Petit Palais

교황 궁 광장의 북쪽에 위치한 이 건물은 1320년대에 지은 대주교의 저택으로 교황 궁과 구별하기 위해 프티 팔레Petit Palais 즉, 작은 궁이라는 명칭을 붙였다. 소궁은 백년전쟁이 계속되는 동안 요새로 쓰이면서 많은 피해를 입었지만, 15세기 초 주교와 후계자들이 오늘날과 같이 견고하면서 아름다운 모습으로 복구했다.

1976년에 소궁은 박물관으로 개조되어 중세, 르네상스 시기의 이탈리아 회화와 프로방스 지방, 특히 아비뇽에서 제작된 예술 작품을 소장하고 있다. 그중에서도 19세기의 수집가 지암피에트로 캄파냐의 이름을 딴 캄파냐 컬렉션에 포함된 300여 점의 이탈리아 회화가 볼 만하다.

- 위치　　　　Palais des Archevêques
- ☎　　　　　(04)9086-4458
- 개관시간　　10~5월 – 수~월 09:30~13:00, 14:00~18:00
　　　　　　　6~9월 – 수~월 10:00~18:00
- 휴관일　　　화요일
- 입장료　　　성인 6유로, 학생 3유로, 13세 미만 무료

▶ 생 베네제 교 Pont St. Bénézet ★★

〈아비뇽 다리 위에서Sur le Pont d'Avignon〉라는 프로방스 지방의 민요로 유명해진 생 베네제 교는 오늘날 일부 교각만이 남아 있는 아비뇽의 대표적인 건축물이다. 다리는 이단인 알비 파를 물리치기 위해 출정한 십자군의 공격을 받아 파괴되었다가 복구되었지만, 강물이 여러 차례 범람하면서 일부가 소실되었다.

프로방스 지방의 풍경을 아름답게 묘사하였던 알퐁스 도데Alphonse Daudet 역시

〈방앗간의 편지Lettres de Mon Moulin〉라는 작품에서 다리 위에서 춤을 추는 사람들을 아름답게 묘사하였다. 오늘날에도 론 강에 석양이 비칠 무렵 주변의 풍경과 어우러진 다리의 풍경은 상당히 아름답다. 강을 건널 수 있는 작은 보트가 운행되며 가을에는 강 건너편 둑에 펼쳐진 노란 해바라기밭을 볼 수 있다.

- ☎   (04)9027-5116
- 개관시간   4~10월 09:00~19:00(단, 7월 09:00~21:00, 8, 9월 09:00~20:00), 11~3월 09:30~17:30
- 입장료   성인 4유로, 학생 3.30유로

▶ 앙글라동 뒤브뤼조 재단
Fondation Angladon-Dubrujeaud

앙글라동 뒤브뤼조 재단은 1996년 문을 연 박물관으로 예술가 장Jean과 폴레트 Paulette 부부가 설립하였다. 19세기 말부터 20세기 초에 이르는 현대 미술 작품을 전시하고 있으며, 반 고흐가 아를르에 머물며 그렸던 〈기차Wagons de Chemin de Fer〉를 소장하고 있어 유명해졌다. 모딜리아니의 〈장밋빛의 블라우스La Blouse Rose〉, 고양이를 즐겨 그린 일본 화가 후지타의 자화상, 그리고 피카소의 몇몇 작품을 통해 1920년대의 경향을 확인할 수 있다. 드가, 도미에, 마네, 시슬리, 세잔느 같은 대가들의 작품도 소장되어 있다.

- 위치   5, rue Laboureur
- ☎   (04)9082-2903
- 개관시간   화~일 13:00~18:00
- 휴관일   월요일
- 웹사이트   www.angladon.com
- 입장료   성인 6유로, 학생 4유로, 7~14세 1.50유로

▶ 칼베 박물관 Musée Calvet

칼베 박물관은 신석기부터 20세기 초에 이르는 다양한 시대의 수집품을 자랑한다. 28,000여 점이 넘는 소장품 중에는 회화, 조각, 도자기를 포함해 태피스트리, 장신구 등 장식 예술품도 있다. 마르셀 퓌에쉬 컬렉션은 파이앙스 도자기, 가구, 청동과 금세공품 등 장식미술품을 선보이고 있으며, 현대 예술 전시실에서는 수틴, 마네, 시슬리, 글레즈, 카미유 클로델의 회화와 조각들이 소장되어 있다. 로마의 유적을 주요 소재로 삼았던 로베르, 해양화가라고 불리기도 하는 베르네의 작품 등 16세기의 풍경화, 17세기부터 18세기에 제작된 초상화와 더불어 신고전주의부터 낭만주의를 아우르는 프로방스 출신 화가들의 작품을 소장하고 있다.

- 위치   65, rue Joseph Vernet
- ☎   (04)9086-3384

- 개관시간   수~월 10:00~13:00, 14:00~18:00
- 휴관일   화요일, 1월 1일, 5월 1일, 12월 25일
- 웹사이트   www.musee-calvet.org
- 입장료   성인 6유로, 학생 3유로, 13세 미만 무료

▶ 랑베르 미술관 Collection Lambert

랑베르 미술관은 60년대 후반에서 현대에 이르는 450여 점의 현대 미술품을 전시하고 있다. 2000년 6월에 개관한 이 미술관에는 아비뇽의 다른 박물관과 마찬가지로 개인 수집가가 기증한 작품이 많다. 특히 이본 랑베르가 수집한 작품들은 독특한 위치를 점하고 있으며, 전시 작품 중에는 1960년대 후반 미니멀 아티스트의 작품도 있다.

- 위치   5, rue Violette
- ☎   (04)9016-5620 / F (04)9016-5621
- 개관시간   11:00~18:00(단, 7~8월 매일 11:00~19:00)
- 휴관일   월요일
- 웹사이트   www.collectionlambert.com
- 입장료   성인 5.50유로, 학생 4유로, 6~12세 2유로

아비뇽 연극제 Festival d'Avignon

1947년 연출가 장 빌라르Jean Vilar에 의해 창설된 연극제인 아비뇽 연극제는 매년 7월에 개최되는 행사로 1951년부터 1966년까지 프랑스 국립 민중 극단TNP의 중요한 활동 무대가 되어 왔다. 창설된 이후 발레와 음악 공연이 추가되면서 세계적인 안무가와 연극인, 그리고 음악인들이 모여 함께 무대 예술을 실험하고 연구하는 축제로 발전하였고, 오늘날에는 명실상부한 세계 문화 축제로 자리잡았다. 안무가이자 발레리노인 모리스 베자르, 뛰어난 현대 연극 연출가인 피터 부룩, 그리고 프랑스의 저명한 연극인 앙투안느 비테즈 등이 모두 아비뇽 연극제의 주요 멤버들이었으며, 상업성 또한 인정받아 프랑스 문화산업계에서는 '황금알을 낳는 거위'로 인식되고 있다.

| 오랑주 |

Orange

오랑주는 아우구스투스 시대 때 건립된 만 명을 수용할 수 있는 로마 극장과 개선문 등 고대 로마 유적지로 인해 1981년 유네스코 세계문화유산으로 지정된 남프랑스의 유명 관광지이다. 이들은 유럽에 있는 로마 유적 중 가장 잘 보존된 건축물들 중 하나이다.

인구 약 2만 7,000명의 오랑주는 아비뇽에서 북쪽으로 25km 정도 떨어져 있다. 아비뇽처럼 론 강 인근의 하류 평야에 위치해 있다. 서기 120년경에 건립된 로마의 원형 극장이 남아 있으며, 특히 서기 10년에서 25년 사이에 세워진 개선문은 문에

양각된 아름다운 조각뿐 아니라 3개의 아치가 있는 가장 오래된 개선문으로도 유명하다. 이외에 12세기에 건축된 로마네스크 양식의 성당도 볼 만하다. 론 강 유역 대부분의 도시들처럼 오랑주도 곡물, 채소, 과일, 포도주 등 농산물 집산지이고 공업도 제당, 양모, 신발 제조 등으로 농가공업이 주를 이룬다. 오랑주 역시 관광 산업의 비중이 높다. 원래는 오랑주 공국으로 독립 국가였지만 1673년 루이 14세에 의해 점령당해 궁도 파괴되고 1702년 프랑스 영토로 귀속된다.

Information

가는 방법

기차편

아비뇽-오랑주 : 매일 수차례 운행되며 약 14~24분 소요된다.
파리-오랑주 : 파리 리옹 역에서 오랑주까지는 TGV로 약 3시간 20분 소요된다.
마르세유-오랑주 : 매일 수차례 운행되며, 약 1시간 30분 소요된다.

Sights

관광 명소

▶ 고대 극장 Théâtre Antique

오랑주의 이 원형 극장은 건축 보존 상태가 뛰어나 오늘날까지도 뛰어난 음향 효과를 낼 수 있는 곳으로 유명하다. 좌석 뒷줄에서 오케스트라 석까지 어디라도 소리가 잘 전달되는 구조로 되어 있다. 유네스코 세계문화유산으로 지정되었다.

- 위치   Rue Madeleine Roch
- ☎   (04)9051-1760
- 개관시간   1~2월, 11~12월 – 09:00~16:30, 3~10월 – 09:00~17:30,
            4~5월, 9월 – 09:00~18:00, 6~8월 – 09:00~19:00
- 웹사이트   www.theatre-antique.com/fr/orange
- 입장료   성인 7.70유로, 학생 5.80유로

▶ 개선문 Arc de Triomphe

개선문은 고대 극장보다 더 오래된 건물이지만, 보존 상태는 고대 극장 못지않다. 카이사르 군대의 정복 사업을 기념하기 위한 이 건축물은 기원전 1세기경에 세워져 오늘날까지 이르고 있다. 문의 북쪽 면에는 전쟁 영웅의 업적을 묘사하고 있는 조각이 생생하게 남아 있으며, 세 개의 아치와 코린트 양식의 기둥이 당당한 위엄을 자랑하고 있다.

오랑주에서 시작하는 라벤더 길 드라이브

프로방스가 원산지인 라벤더(꽃말은 '정절')는 6월에서 9월 사이 연한 보라색이나 흰색으로 피는 꽃이다. 꽃에서 추출된 향유는 향수와 화장품의 원료로 사용된다. 고대 로마 사람들은 욕조 안에 라벤더를 넣고 목욕하는 것을 좋아하여 당시 프로방스 지방은 라벤더를 로마 제국에 공급하는 중요한 역할을 했다. 그러나 중세에 들어와서는 라벤더 향을 타고 돌림병이 전염된다는 근거 없는 속설 때문에 여러 마을에서 라벤더를 대량으로 불태우기도 했다.

라벤더 재배가 다시 활성화된 것은 르네상스 시대로 이때부터 라벤더 꽃에서 향유를 추출하기 시작했다. 오늘날 오랑주를 중심으로 한 인근 마을들은 라벤더 재배가 생활의 기반이 된 상태다. 이곳에서 재배된 라벤더는 '오트 프로방스Haute-Provence'라는 라벨이 붙는데 세계적으로 가장 품질이 좋은 것으로 통한다. 너른 평야 위에 흐드러지게 핀 라벤더 향을 맡으며 운전하는 것은 정말 멋진 경험이 될 것이다. 드문드문 보이는 어느 이름 모를 라벤더 농장에 찾아가는 것도 빼놓을 수 없는 일정이다. 아울러 대부분의 농장은 여름철 라벤더 수확기에만 개방되며 막 추출한 향유나 말린 라벤더를 살 수 있다. 라벤더 농장이 많기로 유명한 곳인 니옹Nyons은 오랑주 북동쪽 40km 지점에 있다(A7 이용). 니옹 시내에 있는 리베라시옹 광장Place Libération의 관광안내소(☎ (04)7526-1035)에서는 〈Les Routes de la Lavande(라벤더 길)〉라는 소책자를 무료로 얻을 수 있다. 이 책자는 라벤더 재배의 역사와 농장의 자세한 정보도 수록하고 있어 유용하다.

| 니 스 |

Nice ★★★

알프 마리팀 도청 소재지인 니스는 인구 35만 명의 지중해 도시다. 니스라는 도시이름은 승리를 뜻하는 그리스 어 니케에서 파생된 니카이아에서 왔다. 이 이름에서 알 수 있듯이 니스는 고대에는 그리스 식민지였고 이어 로마 시대에는 로마의 속지가 된다. 1860년 프랑스 영토로 통합된다. 그 이전에는 프랑크 왕국, 부르고뉴 왕국 등의 영토였다가 11세기에 들어와 사부아 백작령이 되고 15세기에 사르네냐 왕국의 수도였다.

니스는 연평균 기온이 섭씨 15℃ 정도 되는 해양 도시로 수많은 관광객들이 찾는 곳이지만 일급 박물관들이 많아 예술과 학문의 도시이기도 하다. 고고학 박물관, 현대 미술관, 나이브 아트 미술관, 마티스 미술관, 샤갈 미술관, 라울 뒤피 미술관 등이 니스에 모여 있다. 가장 유명한 거리는 해변을 따라 뻗어 있는 영국인 산책로라는 이름의 도로다. 2월에 열리는 니스 축제는 니스의 명물이며 사계절 내내 전 세계에서 가장 많은 관광객이 찾는 지중해 도시다. 온화한 기후와 아름다운 풍광은 예부터 많은 예술가들을 이곳으로 불러 모았고 현대 예술에 많은 영향을 미쳤다. 니스는 이탈리아 통일의 영웅인 가리발디가 태어난 곳이기도 하다.

최근에는 연금 생활자를 중심으로 한 노령 인구가 많아 시 당국이 고심을 하고 있다. 이를 타개하기 위해 시 인근에 소피아 앙티폴리스라는 첨단 산업 단지를 조성해 많은 국제 기업들을 유치하고 있다. IBM, 텍사스 인스트루먼트, 톰슨 군사 전자, 국립 과학 연구소 실험실 등이 이곳에 입주해 있다. 한편 전통 산업 육성도 소홀히 하지 않아 전통적인 화훼와 향수 산업도 니스의 자랑거리다. 이런 육성 정책에 힘입어 니스는 이제 첨단 산업과 전통 산업이 조화를 이룬 국제적인 도시가 되었다.

니스의 번화가는 니스 기차역을 나와 좌측 맞은편에서 시작하는 장 메드신느 가 Avenue Jean Médecine이다. 이곳에서 해변까지 도보로 이동이 가능하며 거리 좌측으로는 머큐리, 이비스 등의 호텔과 젊은층을 대상으로 한 의류 매장, 걀르리 라파이예트 백화점 등이 있고, 우측으로는 식당, 서점 등이 있다. 식당이나 카페 등은 해

[따뜻한 기후와 아름다운 풍광을 가진 지중해 휴양 도시 니스]

변가에 있는 메리디앙 호텔 뒷길에 모여 있다. 이탈리아에서 많은 관광객이 몰려오는 탓에 피자집과 이탈리아 식당이 많은 것도 특징이다.

Information

가는 방법

항공편

니스 국제 공항은 도심에서 서쪽으로 6km 떨어진 지점에 있다. 공항에서 도심으로 가기 위해서는 06:00~20:00에 운행하는 23번 시내버스를 이용하면 된다. 노란색의 공항버스는 20분마다 인터시티 버스 정류장과 영국인 산책로 근처의 네그레스코 호텔Hôtel Négresco에서 출발한다. 니스 국제공항에서 니스 시내로 들어가는 택시 중 일부는 바가지 요금을 받는 경우도 있어 주의해야 한다.

기차편

파리 리옹 역에서 출발하는 니스 행 TGV를 타면 약 5시간 25분 만에 니스에 도착한다. 마르세유에서 동쪽으로 65km 정도 떨어져 있는 툴롱Toulon을 경유하는 니스행 TGV는 5시간 35분~6시간 18분이 소요된다. 한편, 니스 중앙역에서는 지중해 해안을 따라 모나코, 생 라파엘, 이탈리아의 벤티미글리아, 산 레모, 제노마 간을 운행하는 기차를 탈 수 있다.

니스에서 모나코로 가는 방법

니스 역에서 기차로 가는 방법(매 시간 출발, 1시간 소요)과 자동차로 가는 방법이 있다. 기차는 많은 터널을 지나기 때문에 경치를 즐기기에는 아무래도 자동차로 가는 편이 좋다.

니스에서 에즈로 가는 방법

니스와 모나코 중간에 자리해 지중해 바다를 한눈에 볼 수 있는 에즈와 지중해의 소국 모나코는 니스 구 항구 방면으로 이동하여 테라아마타 박물관 방향으로 가면 된다.

버스편

런던, 브뤼셀, 암스테르담 등에서 유로라인을 이용한다.

Intercars

버스 터미널 안에 있으며 런던, 브뤼셀, 암스테르담 행 유로라인 승차권을 판매한다.

- ☎ (04)9380–0870 • 09:00~12:00, 14:30~18:00

선박편

니스-코르시카 섬 간 노선이 운항된다.

페리 사무소

- Quai de Commerce(여객 터미널 내)
- ☎ (04)9313–6666 • 08:00~19:00(토요일 11:45부터)

관광안내소

지점 1

- 기차역(티에르 가Avenue Thiers) 옆에 위치
- ☎ (04)9387–0707 / F (04)9316–8516 • www.nicetourism.com
- 08:00~19:00. 단, 7~9월에는 20:00까지 연장 운영

지점 2

- 5, promenade des Anglais(니스 해변가 인근)
- ☎ (04)9214–4800 / F (04)9214–4903

[니스 해변. 해변은 각 호텔이 운영하는 유료 해변과 자유롭게 이용할 수 있는 무료 해변으로 나뉜다.]

- 08:00~18:00. 단, 5~9월에는 20:00까지 연장 운영, 일요일 휴무

Services

Eating & Drinking

| 레스토랑 |

▶ **Restaurant Voyageur Nissart** [R-1] [B-2]
- 19, rue d'Alsace–Lorraine • ☎ (04)9382–1960
- 11:30~14:00, 18:30~22:00 • 월요일 휴무 • 정식 13~20유로

▶ **Bistrot Saint Germain** [R-2] [C-3]
- 9, rue Chauvain • ☎ (04)9313–4512

- 토요일 점심, 일요일 휴무. 7월 정기 휴무 • 12~25유로 선

▶ **La Table Alziari** [R-3] [C-3]

- 4, rue François-Zanin • ☎ (04)9380-3403 • 일, 월요일 휴무. 1월 20일~ 2월 10일, 8월 3주간 정기 휴무 • 식사 30~55유로 선

▶ **Lou Mourelec** [R-5] [C-3]

- 15, rue Biscarra • ☎ (04)9380-8011
- 일요일, 월요일 저녁 휴무. 8월, 12월 말 정기 휴무 • 점심 정식 15유로 선

[니스 거리의 카페 테라스]

[매년 2월에 열리는 니스 카니발]

| 바 & 나이트 |

호텔 앰버서더Hôtel Ambassador 근처의 L'Ambassade(18 rue des Congres, ☎ (04)9388-8887)는 두 개의 바와 댄스 플로어가 있다. Piano Bar Louis XV와 Disco Inferno는 같은 건물 안에 있는 것으로 피아노 바는 은은한 피아노 선율이 흐르는 바이고 Disco Inferno는 댄스 클럽이다. 기본 요금은 13유로로 조금 비싼 편이다. 구 항구의 부둣가에 있는 Club Nautique(20 quai Lunel, ☎ (04)9389-6800)는 분위기가 젊고 생동감이 넘친다. 영국인 산책로에 있는 카지노 룰Casino Ruhl(슬롯머신이 주종을 이룸) 내부의 카바레는 인근 모나코의 몬테 카를로나 미국 라스베가스만큼 화려하지는 않지만 항상 관광객으로 붐비는 곳이다. 간혹 카지노에서 공연이나 쇼를 하는데 손님 끌기로 하는 쇼라 가격이 저렴한 편이다. 주류 포함 기본 요금이 15유로이며 쇼는 매주 금, 토요일 저녁 10시에 있다. 니스의 해변대로인 영국인 산책로 근처 네그레스코 호텔 내부에는 니스에서 가장 아름다운 바로 꼽히는 Le Relais American Bar가 있다.

Accommodation

| 호 텔 |

▶ **Baccarat** [H-1] [B-2]
- 39, rue d'Angleterre • ☎ (04)9388-3573 / F (04)9316-1425
- 11월 휴무 • 더블룸 45유로

▶ **Avenida** [H-2] [B-2]
- 41, avenue Jean Médecin • ☎ (04)9388-5503 / F (04)9388-0288
- 더블룸 45~65유로

▶ **Hôtel Danemark** [H-3] [A-4]
- 3, avenue des Baumettes(영국인 산책로 인근)
- ☎ (04)9344-1204 / F (04)9344-5675 • www.hotel-danemark.com
- 성수기 50~75유로

▶ **Hôtel Beau Rivage** [H-6] [C-4]
- 24, rue St-François de Paule • ☎ (04)9247-8282 / F (04)9247-8283
- www.nicebeaurivage.com • 바다 풍경이 무척 아름다운 별 4개급 호텔. 가장 저렴한 객실이 180유로(비성수기), 300유로(성수기), 아침식사 16유로
- 1916년에는 화가 마티스가, 1891년에는 러시아의 유명한 극작가 안톤 체홉이 이 호텔에 투숙하였다.

Entertainment

| 공연장 |

▶ **Opéra de Nice**
- 4, rue St-François de Paule • ☎ (04)9217-4040
- 매표소는 화~토요일 10:00~17:30 운영 • www.opera-nice.org
- 니스 최대의 문화 공간인 오페라 드 니스는 파리 오페라 하우스를 설계한 갸르니에의 작품이며 대규모 오페라 공연뿐만 아니라 니스 필하모니 오케스트라의 협연이 자주 있는 곳이다.

Sights

관광 명소

▶ 샤갈 미술관
Musée National Méssage Biblique Marc-Chagall ★★

현대식 건물과 아담한 정원, 스테인드글라스로 장식된 샤갈 미술관은 샤갈 (1887~1985)의 명작들을 전시한 소규모 미술관이다. 시미에Cimiez 지구에 위치한 이 미술관에는 5개의 작은 방에 성서를 주제로 한 판화 작품 시리즈(1956년) 105점, 석판화 215점, 과슈화(1930년) 39점, 스케치 205점, 조각, 대형 스테인드글라스 등의 작품이 소장되어 있다. 450여 점의 판화 작품과 구약 성서의 이야기를 묘사한

© Photo Les Vacances 2007

[샤갈의 명작들을 볼 수 있는 샤갈 미술관]

17장의 유화 작품이 볼 만하다. 러시아 태생의 유대인 화가인 샤갈은 환상적이고 동화적인 작품으로 20세기 현대 미술사에서 독특한 자리를 차지하고 있다.

- 위치 　　　　 Avenue Dr. Ménard
- ☎ 　　　　　 (04)9353-8720
- 개관시간 　　 7~9월 수~월 10:00~18:00, 10~6월 수~월 10:00~17:00
- 휴관일 　　　 화요일, 1월 1일, 5월 1일, 12월 25일
- 웹사이트 　　 www.musee-chagall.fr
- 입장료 　　　 성인 6.50유로, 학생 4.50유로, 18세 미만 무료

▶ 현대 미술관
Musée d'Art Moderne et d'Art Contemporain ★★

1990년에 개관한 미술관으로 1960년대 이후 유럽의 아방가르드부터 미국의 현대 미술에 이르기까지 현대 미술사의 흐름을 쉽게 파악할 수 있는 곳이다. 팝 아트 계의 거장인 앤디 워홀과 리히텐슈타인, 그리고 프랑스의 이브 클랭, 아르망, 세자르의 작

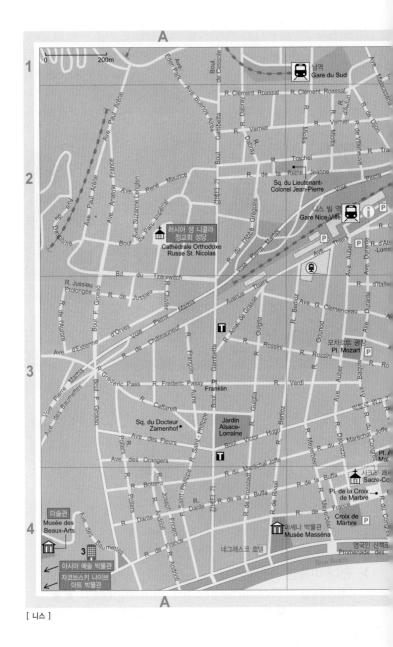

[니스]

C

N

사갈 미술관 ★★
Musée National Message Bilblique Marc-Chagall

마티스 미술관 ★★
Musée Matisse

Ave. Docteur Ménard

R. du Dodeur Robert Monez

알토 터널

Ave. de Savoie

Ave. de Brem

Ave. des Arènes de Cimiez Montée de Cimiez

Ave. de Bruxelles

R. el Nouzah

Collège Roland Garros

Collège Stanislas

Ave. d'Arvière

Ave. Emile Bieken

Mtee du Gr Palais

Ave. des Arènes

R. el Nouzah

Ave. des Arènes de Cimiez

Mtee de l'Hermitage

R. St-Charles

R. Pauliani

Mirabeau

R. Didero. Marceau

Boul. de Cimiez

Rue Rouget de l'Isle

Mamis

Raimbaldi

Yole

R. Pertinax

R. Assalit

R. de Paris

R. de Lamartine

Ave. Jean Medecin

R. Notre Dame

Ave. Notre Dame

Valperga

R. de Lepante

R. Notre Dame. Desambrois

de Massingy

Foch

First Church

Edf

Théâtre de l'Alphabet

Lycée Calmette

Boul. Devoiu

Carabacel

Ave. Emile Mtee

Médiath École

Pl. Sasserno

5

École

Hôpital St-Roch

현대 미술관 ★★
Musée d'Art Moderne et d'Art Contemporain

P

Ave. Marechal Foch

École

Centre Méico-Scol.

R. Gilfredo

P

자연사 박물관
Musée d'Histoire Naturelle

Sq. D. Durandy

R. Foncet

R. Tonduti de l'Escarène

Deroulède

R. Pastorelli

Pl. Wilson

R. Alfred Mortier

P

R. Gilfredo

R. Gubernatis

R. Foncet

Lycée d'Etat Masséna

3

Pl. St-Francois

3

R. de l'Hôtel des Postes

R. Chauvain

2

Prom. du Paillon

R. du Collet

R. Massacca

Pl. Magenta

Pl. Masséna

미세나 광장
Espace Masséna

Boul. Jean Jaures

la Boucherie

R. du Marché

구시가지

R. Rossetti

Pl. Masséna

Ave. des Phocéens

R. de l'Abbay

생 자크 성당
St. Jacques (Gésu)

R. du Château

Aree François

알베르 1세 정원
Jardin Albert 1er

P

R. Alex Mari

시청
Hôtel de Ville

R. St-François de Paule

6

Opéra

법원
R. de la Préfecture

Cours Saleya

미제리코르드 예배당

R. du Malonat

성
Château

4

St. Suaire

라울 뒤피 미술관
Musée Dufy Galeries des Ponchettes

R. de Ponchettes

벨랑다 탑
Tour Bellanda

Plage

Quai des États-Unis

Opéra Plage

C

© Design Les Vacances 2007

품들이 유명하며, 최근에는 조각가 니키 드 생팔이 170여 점의 작품을 기증하여 미술관의 볼거리를 더욱 풍부하게 해주고 있다. 니스에서 꼭 들러야 할 곳 중 한 곳이다.

- 위치 　　　　Promenade des Arts
- ☎ 　　　　　(04)9713-4201
- 교통편 　　　버스 1, 2, 3, 5, 6, 16, 25번
- 개관시간 　　화~일 10:00~18:00
- 휴관일 　　　월요일, 1월 1일, 부활절 일요일, 5월 1일, 12월 25일
- 웹사이트 　　www.mamac-nice.org
- 입장료 　　　성인 4유로, 학생 2.50유로

© Photo Les Vacances 2007

[마티스의 작품 600여 점이 있는 마티스 미술관]

▶ 마티스 미술관 Musée Matisse ★★

마티스 미술관은 프란체스코 수도원에서 멀지 않은 시미에 언덕 위에 있다. 니스 시내 북쪽에 위치한 이 언덕은 시내에서 버스를 타고 쉽게 오를 수 있으며, 미술관은 언덕 위 주택가에 있는 17세기 저택에 자리잡고 있다. 마티스 생전에 이미 기증받았던 작품들과 그의 가족들에 의해 기부된 작품들이 거의 600점에 이르며, 그중 회화 작품이 약 236점, 조각 및 공예품이 약 218점이다.

그중 〈푸른 누드Nu Bleu〉(1952) 시리즈는 미술 교과서에 나올 정도로 유명한 작품이고, 종이를 붙여 만든 작품 시리즈는 마티스가 몸이 쇠약해져 더 이상 회화 작업을 할 수 없게 되었을 때 창작한 작품이다. 〈꽃과 과일〉이라는 작품은 그가 세상을 떠나기 직전에 완성한 작품으로 놓쳐서는 안 될 명작이다. 마티스는 20세기 초에 이른바 강렬한 원색들을 사용한 야수파의 창시자로 피카소에 비견할 만한 20세기 최고의 프랑스 화가다.

- 위치　　　　164, avenue des Arènes de Cimiez
- ☎　　　　　(04)9381-0808
- 개관시간　　수~월 10:00~18:00
- 휴관일　　　화요일, 1월 1일, 5월 1일, 부활절 일요일, 12월 25일
- 웹사이트　　www.musee-matisse-nice.org
- 입장료　　　성인 4유로, 학생 2.50유로, 18세 미만 무료

▶ 미술관 Musée des Beaux-Arts

우크라이나 공주를 위해 세워진 이 건물은 17세기부터 20세기까지의 회화와 조각 작품들을 소장하고 있다. 쥘 셰레의 독창적인 회화, 네덜란드 출신의 화가 반 동겐이 그린 무녀들, 시슬레와 모네, 뒤피 같은 인상주의와 야수파 화가들의 그림과 로댕의 조각 등이 전시되어 있다. 최근에는 후기 인상주의 화가로 점묘파에 속하는 시냐크와 키슬링의 회화도 전시하고 있다.

- 위치　　　　33, avenue des Baumettes
- ☎　　　　　(04)9215-2828
- 교통편　　　버스 3, 8, 9, 10, 12, 22, 23, 38번
- 개관시간　　화~일 10:00~18:00
- 휴관일　　　월요일, 1월 1일, 부활절 일요일, 5월 1일, 12월 25일
- 웹사이트　　www.musee-beaux-arts-nice.org
- 입장료　　　성인 4유로, 학생 2.50유로, 18세 미만 무료

▶ 러시아 생 니콜라 정교회 성당
Cathédrale Orthodoxe Russe St. Nicolas

1902년에서 1912년 사이에 러시아의 알렉산드라 페오도로브나Alexandra Feodorovna 여왕이 니스에 머물면서 지은 성당으로, 모스크바에 있는 전통 성당들의 특징을 잘 살려내고 있다. 왕관 모양의 6개의 돔이 특징적이며, 성당 내부는 러시아 풍의 종교화와 장식품들로 장식되어 있다.

- 위치　　　　Avenue Nicolas II(Bd. Tzarewitch)
- ☎　　　　　(04)9396-8802
- 개관시간　　5~9월 - 09:00~12:00, 14:30~18:00
　　　　　　　11월~2월 15일 - 09:30~12:00, 14:30~17:00
　　　　　　　10월, 2월 16일~4월 - 09:15~12:00, 14:30~17:30
- 입장료　　　성인 3유로

▶ 아시아 예술 박물관 Musée des Arts Asiatiques

일본인 출신의 건축가 겐조 단게Kenzo Tange가 디자인한 박물관으로 흰 대리석

과 강철, 유리 등을 사용한 건물 전체의 외관이 독특하다. 이 박물관은 일본의 불상 및 베트남의 청동 조각 등, 아시아의 고대 예술품부터 오늘날의 공예, 회화, 전통 의상 창작품까지 다양한 작품을 전시하고 있다.

- 위치　　　405, promenade des Anglais
- ☎　　　　(04)9229-3700
- 개관시간　5월 초~10월 중순 10:00~18:00,
　　　　　　10월 중순~4월 말 10:00~17:00
- 휴관일　　화요일, 1월 1일, 5월 1일, 12월 25일
- 웹사이트　www.arts-asiatique.com
- 입장료　　성인 4.50유로, 학생 및 18세 미만 무료,
　　　　　　매월 첫째 일요일 무료

▶ 자코브스키 나이브 아트 박물관
Musée d'Art Näif A. Jakovsky

19세기 말 향수 제조자인 르네 코티 소유의 저택을 미술관으로 개조해 문을 열었다. 18세기부터 현대까지 전문적인 미술 교육을 받지 않고도 세상에 이름을 알린 나이브 아트Naïve Art 즉, 소박파(素朴派) 화가들의 작품이 소장되어 있다. 화가 자코브스키의 회화가 약 600여 점 있으며, 전시는 다양한 주제에 따라 이루어져 있다. 미술관 앞에 있는 정원에서 잠시 휴식을 취하기에도 좋다.

- 위치　　　Château St-Hélène, avenue de Fabron
- ☎　　　　(04)9371-7833
- 개관시간　수~월 10:00~18:00
- 휴관일　　화요일, 1월 1일, 부활절 일요일, 12월 25일
- 입장료　　성인 4유로, 학생 및 노인 2.50유로, 19세 미만 무료

인근 가볼 만한 곳

▶ 앙티브 Antibes

니스와 칸느 중간에 위치한 항구 도시 앙티브는 코트 다쥐르 해안을 장식하고 있는 또 하나의 숨겨진 보석 같은 도시이다. 지중해 도시들이라고 할 때 흔히 연상되는 칸느, 니스와 더불어 고급 휴양지로 꼽히는 앙티브는 피카소가 머물렀던 그리말디 성으로도 유명하다.

▶ 피카소 박물관 Musée Picasso
2차대전 직후 어수선한 파리의 분위기를 피해 앙티브로 내려온 피카소는 12세기에 지어진 그리말디 성에 머무르면서 왕성한 작품활동을 펼쳤다. 지중해의 아름다운

풍경이 내려다 보이는 성에서 그는 100여 점의 작품을 남겼으며, 그중 50여 점의 스케치와 32점의 석판화, 그리고 25점의 회화 작품이 지금까지 남아 있다. 미술관에는 이외에도 미로, 리시에, 칼더 등의 현대 조각가들의 작품도 전시하고 있으며, 약 80여 점의 도자기도 전시되어 있다. 지중해의 푸른 바다와 어우러진 현대 작가들의 작품은 지중해가 예부터 서양 문명의 발상지 역할을 했다는 사실을 새삼 깨닫게 한다.

- 위치 　　　Château Grimaldi 06600
- ☎ 　　　　(04)9290-5420

[중세풍 마을 에즈의 전경]

[에즈의 기념품 가게]

| 에즈 |

Èze ★★

에즈는 니스와 모나코 중간에 위치하고 있는 작고 아담한 중세풍 마을이다. 칸느에서 모나코를 거쳐 이탈리아 해안에 이르기까지 가장 아름다운 지중해 전경을 느낄 수 있는 곳이다. 427m의 높은 곳에 마치 매달려 있듯이 자리잡고 있는 에즈는 지중해 바다를 한눈에 내려다 볼 수 있는 곳이기도 하다.

인구 3,095명의 에즈는 해발 400m 이상의 깎아지른 절벽 위에 있다. 에즈 빌라주, 에즈 계곡, 라 르베르 등 세 지역으로 이루어져 있다. 공식 사이트는 www.ville-eze.fr, 관광 사이트는 www.eze-riviera.com이다.

마치 독수리 둥지처럼 깎아지른 절벽 위에 둥지를 틀고 있는 마을이 바로 에즈다. 절벽 높이 427m. 니스의 노트르담 뒤 포르Notre-Dame-du-Port 앞에서 표지판 라 므와옌느 코르니슈La Moyenne Corniche를 따라가면 산허리를 따라 나 있는 도로를 달리게 된다. 이 길을 달리면서 멋진 지중해를 감상하다 보면 어느새 에즈에 도착하게 된다.

프랑스의 유명한 관광 명소라 찾는 이들이 많기 때문에 가급적 오전 중에 관광을 하는 것이 바람직하다. 관광을 마치고 성당 쪽으로 걸어 내려오다 보면 아침 일찍 오길 잘했다는 사실을 절감할 수 있다. 에즈라는 마을 이름은 옛날 이곳에 살았던 고대 페니키아 인들이 신전을 지어 섬겼던 이집트의 이시스 여신에서 왔다. 현재와 같이 마을이 형성되기 시작한 것은 중세부터인데, 외적의 침입을 피해 접근하기 어려운 바위산으로 피난하면서부터다. 12세기에는 성벽을 쌓기도 했는데, 17세기 들어 태양왕 루이 14세가 '태양을 가린다'는 이유로 철거해버렸다.

에즈에서 꼭 보아야 할 곳들은 아름다운 이중 대문을 들어서면 시작되는 구시가지와 노트르담 드 라쏭시옹Notre-Dame de l'Assomption 즉, 성모 승천 성당 그리고 지중해 식물들을 모아 놓은 이국적인 식물원 등이다. 하지만 무엇보다 에즈 어디서나 볼 수 있는 지중해의 장관과 옛 성터 그리고 구시가지의 작고 아담한 광장 등에서 느껴지는 정취가 이곳의 최고 매력이다. 이곳에 하룻밤이라도 머물게 된 이들은 일생 기억에 남을 밤을 경험할 수 있다. 낮 동안의 소란스러운 관광객들이 떠나고 나면 마을은 돌연 깊은 정적에 휩싸여 모든 것을 최초의 순간으로 돌려놓은 것만 같은 착각이 들게 한다. 바로 이것이 에즈만이 갖고 있는 매력이다. 옛 마구간들은 기념품을 만들어 파는 아틀리에로 사용되고, 옛 집들은 모두 호텔이 되어 있지만 밤의 정적은 여전하다. 에즈 빌라주Èze-Village의 해변가에 프레데릭 니체 산책로가 있다. 니체가 〈차라투스트라는 이렇게 말했다〉의 3부를 집필하며 거닐었던 곳이다.

가는 방법

기차편

니스, 모나코에서 출발하는 기차는 에즈 쉬르 메르Èze-sur-Mer 역에 도착하는데, 마을까지 다시 버스, 택시를 이용하거나 걸어야 한다.

버스편

니스, 모나코에서부터 버스를 이용하면 기차와 달리 마을 입구에 내릴 수 있어 편리하다. 니스 시외버스 터미널Gare Routière에서 출발하는 니스-에즈 간 버스는 매시간 운행되며, 니스에서 에즈까지 약 20분 소요된다. 니스-에즈-모나코 간 버스는 1시간 45분~2시간 간격으로 운행한다. 모나코에서 에즈까지 약 20분 소요된다. 일요일에는 에즈-모나코 구간을 운행하지 않는다.

자동차편

- 고속도로 A8을 타고 니스 쪽으로 내려오다 므와옌느 코르니슈Moyenne Corniche 쪽으로 빠지면 된다.
- 니스 쪽에서 오는 경우에는, 57번 출구를 이용해 라 튀르비La Turbie로 나온 다음 에즈 빌라주Èze-Village로 가는 지방도 D45를 탄다.
- 이탈리아에서 오는 경우에는 모나코 출구로 나와 에즈 빌라주와 므와옌느 코르니슈 쪽으로 오면 된다.

© Photo Les Vacances 2007

[바다가 내려다보이는 에즈의 레스토랑]

Eating & Drinking

| 레스토랑 |

▶ Le Nid d'Aigle

- 1, rue du Château(식물원 인근) • ☎ (04)9341-1908
- 화요일, 1월 10일~2월 10일 휴무 • 정식 20유로부터 • 에즈의 지붕들을 내려다 보며 식사를 즐길 수 있는 곳이다. 테라스 주변의 나무들은 수령이 300년 이상 된 것이라고 한다. 돔 요리와 토끼 요리가 추천할 만하다.

▶ Château d'Èze

- 마을 정상에 위치해 있다. • ☎ (04)9341-1224
- 겨울철 화, 수요일은 문을 닫는다. 만성절인 11월 1일에서 크리스마스까지는

휴무 • 포도주와 커피가 포함된 점심 메뉴가 40유로 정도, 에즈에서 가장 고급 레스토랑에 속한다. • 스웨덴의 윌리엄 왕이 들르기도 한 이곳은 테라스의 전망이 압권이다. 생선과 토끼 요리가 일품이다.

| 생 트로페 |

Saint-Tropez

프랑스에서는 흔히 줄여서 '생 트로'라고 부른다. 도시의 기원이 된 생 트로페는 네로 황제 당시 순교한 성자로 원래 이름은 트로페티우스다. 참수를 당한 후 닭과 개 한 마리와 함께 조각배에 실려 바다에 버려졌는데, 현재의 도시 인근 해안으로 밀려왔다고 한다.

전체 인구는 약 5,500명 정도 되는 작은 지중해 도시지만 그 명성은 세계적이다. 많은 화가들이 이곳을 즐겨 찾았다. 앙리 마티스는 그의 최초의 걸작 〈호사, 고요 그리고 관능〉을 이곳에서 준비했고 그 외에도 〈생 트로페 전경〉 등을 그렸다. 점묘파 화가 폴 시냐크도 친구들과 함께 생 트로페의 풍경을 화폭에 담았다. 문학인으로서 가장 생 트로페를 사랑한 사람은 20세기 프랑스의 여류 작가 콜레트Colette이다. 인근에 별장을 갖고 있었던 그녀는 2차대전 후에 파괴된 도시를 옛날 모습 그대로 복원해야 한다고 목소리를 높였던 사람이기도 하다.

콜레트 이전에는 단편 작가 모파상이 생 트로페를 사랑했었다. 모파상은 몇 편 되지 않는 그의 장편소설 중 한 권인 〈벨 아미〉를 출간해 큰 성공을 거둔 후 요트를 구입해 소설 제목이자 주인공의 이름인 '벨 아미'라고 명명을 하고 생 트로페를 찾았었다. 1950년대 이후에는 거의 모든 문인들이 이곳에 와 글을 쓰곤 했다. 자연히 문학인들만이 아니라 영화인들도 몰려들었고, 도시도 서서히 세계적인 명성을 얻게 되었다.

Sights

관광 명소

▶ 항구

요트와 보트들이 정박해 있고 부두에는 카페, 레스토랑, 상점, 아이스크림 가게 등이 늘어서 있다. 부두를 산책하는 것만으로도 흥겹다.

▶ 해변

약 10km 정도 길게 펼쳐져 있는 해안에는 고운 모래가 깔려 있고 드문드문 소나무 그림자가 드리워진 바위들이 있어 풍경도 좋지만, 해수욕을 즐기며 쉬기도 안성맞춤이다. 라마튀엘르 구에 있는 타이티, 보라보라, 무레아, 클럽 55 등이 인기 있는 해수욕장이다. 지방도 D93을 이용하면 쉽게 갈 수 있는 곳들이다. 이외에 윈드 서핑은 라 부이야베스 해안이 적절하다. '그라니에', '팡플론느' 등도 낮에는 해수욕을 즐기고 밤에는 신나게 놀 수 있는 곳이다.

▶ 시가지

생 트로페는 걸어서 충분히 볼 수 있는 작은 도시다. 바다에 면한 퐁슈Ponche 지역을 본 후 성당과 16세기에 지어져 17세기에 보강된 옛 성벽Citadelle을 보면 된다.

▶ 박물관

아농시아드Annonciade 박물관, 나비 박물관, 해양 박물관이 있다. 아농시아드 박물관은 16세기 예배당이다. 안에는 조르주 그라몽이 기증한 19세기와 20세기 초의 회화 작품들이 있다. 거의 모두 생 트로페를 그린 풍경화들이다. 폴 시냐크의 〈폭풍우〉, 크로노의 〈생 클레르 해변〉, 피카비아 등의 작품을 볼 수 있다. 이외에 마티스, 드랭, 블라맹크, 마르케 등 야수파의 그림들도 있고 입체파의 대표적 화가 조르주 브라크의 그림도 있다. 보나르, 뷔야르 등 이른바 '나비Nabis 파'로 불리는 화가들의 작품도 소장되어 있다. 흔히 몽마르트르 화가로 알려진 위트릴로와 그의 어머니 수잔 발라동의 그림도 이곳에 소장되어 있다.

구 항구 뒤편에 있는 나비 박물관에는 약 4,500종의 나비가 전시되어 있다. 사진작가였던 라르티그와 그의 아들이 기증한 것이다. 두 사람 다 곤충학자이기도 했다. 해양 박물관은 성벽의 탑에 자리잡고 있다. 에펠 탑이 내려다 보이는 파리의 트로카데로 광장에 있는 해양 박물관의 부속 박물관이다. 이곳에서 바라보는 전경이 특히 아름답다.

▶ 아농시아드 박물관 Musée de l'Annonciade

- 위치   Quai de l'Épi Le Port
- ☎   (04)9417-8410
- 개관시간   12~6월 - 10:00~12:00, 14:00~18:00
             10월 - 10:00~13:00, 15:00~19:00
- 휴관일   화요일, 1월 1일, 5월 1일, 5월 17일, 12월 25일, 6월 27일~7월 1일, 11월
- 입장료   성인 5.50유로

Andorra / Monaco

안도라 / 모나코

[안도라] [모나코]

[면적 468km²의 소국 안도라. 주요 관광자원은 면세점과 스키장이다.]

| 안도라 |

Andorra ★

면세 국가라서 많은 관광객들이 쇼핑을 위해 찾는 안도라는 전 세계 몇 안 되는 소국 중 하나다. 면적 468km²에 인구 6만 9,160명인 안도라 공국은 프랑스와 스페인 국경 지대인 피레네 산맥 속에 위치해 있다. 해발 3,000m 남짓한 7개의 봉우리를 포함해 기복이 심한 지형을 갖고 있으며 8개의 호수가 있다. 종교는 거의 모두 가톨릭이며, 군대는 없고 치안은 안정되어 있으나 성인은 총기를 휴대할 수 있다.

프랑크 왕국과 사라센의 전쟁이 한창이던 903년경 독립이 이루어졌다. 중세 때 스페인 우르헬 교구의 주교가 통치했으나 12세기에 외부의 침략을 막기 위해 이 지역의 영주였던 프랑스 가문과 보호조약을 체결했고, 그 결과 프랑스 대통령과 스페인 측의 우르헬 교구 주교가 공동 국가 원수직을 맡고 있다. 1993년 프랑스와 스페인은 안도라를 주권 국가로 승인했고 이어 같은 해 7월 안도라는 UN에 가입했다. 이후 헌법에 따라 의회가 구성되고 1997년 4월 신 정부가 출범했으며, 마르크 포르네

모네가 정부 수반이 되었다.

하지만 군대 동원령과 군사 개입에 대한 권한은 프랑스가 갖고 있고, 형식적이지만 프랑스 대통령과 스페인 주교가 여전히 공동 국가 원수직에 기록되어 있다. 국내 총 생산의 80%에 달하는 관광 수입이 경제의 전부라고 할 정도로 관광에 의존해 있다. 주요 관광자원은 면세점, 스키장, 비밀 예금 취급 은행 등이다. 관광객 수는 600만 명이 넘어 관광객을 위한 호텔 수만 220여 개에 이른다. 1년 중 6개월 동안 눈이 내리는 산악 지대라 유럽 각국에서 스키를 즐기려는 관광객들이 많이 찾아온다.

| 모나코 |

Monaco ★★

도시 국가인 모나코의 공식명칭은 모나코 공국Principauté de Monaco이다. 언어와 화폐 모두 프랑스와 공통된 것을 사용한다. 인구는 3만 2천 명 정도이며 모나코 인구의 60%가 프랑스 인이고 이탈리아 인이 17% 정도 된다. 모나코 원주민인 모네가스크Monégasque는 전체 인구 3만 2천명 가운데 5천 명 정도밖에 안 된다. 남쪽으로 지중해 해안을 따라 길이 3km, 너비 500m의 땅을 국토로 하며, 바티칸에 이어 세계에서 두 번째로 작은 소국이다. 정치 체제는 입헌 군주국이며, 독립국이지만 군사 및 치안은 프랑스의 보호 하에 있다. 이탈리아의 벤티미글리아에서 서쪽으로 12km 정도, 프랑스 니스에서 동쪽으로 약 18km 정도 떨어져 있다. 모나코는 6개의 지역으로 나뉘어져 있다. 모나코 빌Monaco-Ville은 지중해까지 뻗어 있는 높은 암석 지대에 위치한 고대 도시로 성곽으로 둘러싸여 있다. 라 콩다민느La Condamine는 항구 지역으로, 매일 시장이 선다. 생트 데보트 성당Église Ste. Dévote과 세계적으로 유명한 예술가들(아르망Arman, 보테로Botero, 소스노Sosno, 아다미Adami, 마타Matta)의 작업실이 이곳에 자리잡고 있어 갤러리들과 레스토랑이 밀집되어 있는 예술가 지구를 이루고 있다.

몬테 카를로Monte-Carlo는 거주 지역이자 휴양 위락지이다. 퐁비에유Fontvieille는 바다를 매립하여 건설된 새로운 아파트들이 들어서 있는 산업 지대이다. 고가의 고층 아파트들이 들어서 있는데 이 아파트들은 대부분 간척지 위에 건축되었다. 이곳에는 퐁비에유 전망 정원과 그레이스 공녀를 기념하기 위해 조성한 장미 정원과 열대 정원이 자리한다.

전망 정원에는 40ha에 이르는 넓이에 전 세계 각 지역으로부터 가져온 식물들이 심어져 있고, 장미 정원에는 180종 4,000그루 장미가 심어져 있다. 가파른 암벽에 조성된 열대 정원에는 수명이 100년이 넘는 남미 선인장, 10m 높이의 아프리카 선인장 등이 있다. 전 세계에서 서식하는 선인장과 유사 식물 등 빽빽이 심어져 있는 열대 식물들이 모두 7,000여 종에 달한다. 그 외에 거주 및 상가인 레브와르와 라보트 지역으로 구성되어 있다.

모나코는 아름다운 자연 경관과 부드럽고 따뜻한 지중해성 기후로 유명하다. 1, 2월은 평균 기온이 8℃이며 7~8월은 26℃ 정도다. 가톨릭이 국교이며 프랑스 어 이외에 이탈리아 어와 영어도 함께 쓰인다.

가는 방법

[지중해에 자리한 매력적인 소국, 모나코. 오른쪽은 모나코 퐁비에유 항구]

버스편

니스에서 40분, 에즈에서 20분 소요된다. 모나코에는 버스 터미널이 없다. 대신 인터시티 버스가 도시 곳곳에 정차한다.

기차편

파리에서 가는 경우, TGV로 모나코까지 곧장 가거나 니스를 거쳐 가는 두 가지 방법이 있다. 파리–모나코는 TGV로 6시간 정도 걸린다. 니스에서 모나코까지는 20분 정도가 걸린다. 해안가를 따라가는 철도편을 이용하면 아름다운 경치를 구경할 수 있다.

자동차편

모나코에서는 국제면허증이 통용되지 않지만 큰 문제는 아니다. 모나코의 경찰(교통 경찰 포함)은 관광사무소 직원 이상으로 외국인에게 친절한 편이다. 승용차를 이용해서 왕궁으로 갈 때는 길이 복잡하기 때문에 이정표를 주의해야 하며, 왕궁에 주차하려면 대형 지하 주차장으로 가야 한다. 1시간 이내 주차는 무료이다.

© Photo Les Vacances 2007

[관광객들로 늘 붐비는 모나코 해안]

관광안내소

- 2a, boulevard des Moulins(카지노 앞 정원 맞은편에 위치)
- ☎ (0377)9216-6116 / F (0377)9216-6000 • www.visitmonaco.com
- 09:00~19:00(일요일에는 10:00~12:00), 6월 중순~9월 중순 사이 성수기에는 곳곳에 임시 관광안내소가 설치된다.

정치

1949년 즉위한 레니에 3세가 38년간 통치해왔다. 1962년 도입된 신헌법에 따라 의회의 권한이 강화돼 대공과 의회가 공동으로 입법권을 행사한다. 대공의 계승자는 알베르 왕자이다. 의회는 임기 5년의 국민회의(하원 18석)와 지역위원회(상원 15석)의 양원제다. 국무장관이 총리에 해당하며 프랑스와의 보호조약에 의해 프랑스가 추천하여 대공이 임명한다.

경제

모나코는 자국민은 물론 프랑스를 제외한 외국기업의 영업 활동에 대해 세금을 면제해 주는 정책으로 룩셈부르크, 지브롤터와 함께 유럽의 대표적인 조세 천국이다. 왕실은 몬테 카를로 카지노를 개설하고 그 수입으로 나라를 운영한다. 소득세가 없으며 영업세도 매우 낮으나 호텔, 금융기관, 산업체에 부가가치세는 적용하고 있다. 국가의 주요 세입원은 관광업(연평균 450만 명), 우표 판매업 등이다. 주로 소규모, 고부가가치 산업이 주 산업이다. 최근에는 관광과 도박 수입이 줄어들어 금융 도시로의 변신을 꾀하고 있다. 프랑스와 통화 및 관세협정을 체결하였고, 수출입은 모두

© Photo Les Vacances 2007 / Office de Tourisme de Monaco

[전 세계 부유층이 모여드는 몬테 카를로의 카지노]

프랑스를 통해 이루어지고 있다. EU와의 교역이 총 무역의 70%를 차지한다.
신문은 월간지 〈가제트 모나코-코트다쥐르〉가 있으며, 라디오 방송국 7국, 텔레비전 방송국은 5국이 있다. 하지만 불어권이기 때문에 모나코 언론을 따로 언급한다는 것은 의미가 없다. 유명한 프로 축구팀 모나코도 프랑스 리그에 소속되어 있다.

몬테 카를로 Monte-Carlo

카지노, 자동차 랠리, 초호화 별장, 최고급 부티크……. 이것이 몬테 카를로다. 그래서인지 세계의 부호들이 모이는 카지노에서 바라보는 해안 풍경은 다른 곳 못지않게 아름답지만, 다른 곳과는 달리 일반 관광객이 그리 많지 않다. 영화에도 자주 등장하는 카지노 앞 주차장은 고급차 전시장을 방불케 한다. 그 옆 부티크들의 쇼윈도는 수천만 원 하는 술도 있고, 수백만 원 하는 구두도 있어 박물관을 떠올리게 한다. 2000년 7월에는 자갈을 깔아 인공 해안을 만들어 놓기도 했다.

카지노 Casino

이탈리아 어로 작은 집이라는 뜻의 카지노는 원래는 이탈리아 귀족들이 당구나 놀음을 하는 작은 별채를 뜻했다. 사교장의 역할을 하던 이 별채는 재정 악화를 겪고 있던 유럽의 왕국들이 이를 타개하기 위해 18세기부터 온천장, 휴양지 등에 공공 도박장을 개설하면서 현재와 같은 의미를 지니게 되었다. 1861년에 문을 연 몬테 카를로의 카지노 건물은 파리 오페라 하우스를 설계한 샤를르 갸르니에에 의해 1878년 다시 건축되어 오늘에 이르고 있다. 관광 목적의 일반인 입장은 유료이다. 몬테 카를로의 카지노 앞 광장에는 페라리, 람보르기니, 롤스로이스 등 고가의 자동

[카지노 앞의 고급 자동차들]

© Photo Les Vacances 2007

차들이 줄지어 서 있고, 흰색 장갑을 낀 모나코 경관들이 교통을 통제하는 모습을 구경할 수 있다. 주민 60명당 1명 꼴로 경찰관이 배정되어 있으며, 300여 개의 감시카메라가 설치되어 있어 치안에 대한 정부의 관심을 반영한다. 성직자와 모나코인은 카지노 출입이 통제된다. 카지노 출입 시에는 정장을 해야 하며, 룰렛 게임의 경우 최소 5유로부터 시작할 수 있다. 블랙잭, 크랩 게임 등을 즐길 수 있다.

몬테 카를로 카지노 Casino de Monte-Carlo

- Place du Casino • ☎ (0377)9216-2000
- 매일 영업. 만 18세 미만 입장 불가(신분증 지참)

Salon Européens
- 정오에 개장해 늦게까지 영업. 슬롯머신은 월~금 오후 2시부터 늦게까지
- 입장료 10유로 • 룰렛, 블랙잭, 슬롯머신

Salons Privés
- 오전 3시부터 늦게까지 영업 • 입장료 20유로 • 룰렛, 크랩스, 블랙잭, 바카라

Club Anglais
- 오후 10시부터 늦게까지 영업 • 입장료 10유로 • 블랙잭, 룰렛

룰렛 즐기기

룰렛은 '작은 바퀴'라는 뜻의 프랑스 어 룰레트Roulette에서 유래했다. 0~36까지의 눈금으로 37등 분된 원반 가운데에 주사위 1개를 넣고 쿠르피에Courpier라는 직원이 빠른 속도로 원반을 돌린다. 원 반이 회전하기 이전에 각자 번호를 찍어 자신이 찍은 번호에 주사위가 들어가면 게임에서 이기는 식 으로 진행된다.

방법은 0~36까지의 어느 눈금 위에 주사위가 멎느냐에 거는 1/37 확률 게임 이외에, 두 가지 색으로 되어있는 원반의 색에 거는 1/2 확률 게임 등 총 12종류의 게임 방법이 있다. 19세기에는 금지하는 나라가 많이 늘어났지만, 모나코는 몬테 카를로 카지노의 룰렛으로부터 엄청난 수익을 올리고 있다.

블랙잭 즐기기

블랙잭은 카지노 테이블 게임 중 가장 인기가 높은 게임으로 '21'을 의미하는 '벵떼엉'이라는 프랑스 게임에서 유래한다. 블랙잭에선 카드 숫자의 합이 21을 넘지 않는 한도 내에서 가장 높은 수의 합이 나오는 쪽이 이긴다. A는 1 또는 11, J, Q, K는 10, 그 외의 카드(10 포함)는 숫자대로 계산된다. 고객 과 딜러는 서로 한 장씩 두 장의 카드를 받는다(고객은 두 장 모두 Face up, 딜러는 첫 장을 Face down, 둘째 장은 Face up). 고객은 총합 21을 얻기 위해 원하는 만큼 카드를 받을 수 있다.

추가를 원하면 'Hit', 아니면 'Stay'라고 한다. 딜러는 카드 두 장의 합이 16 이하이면 의무적으로 추 가 카드를 받아야 한다. 고객의 카드 합이 딜러의 카드 합보다 21에 가까우면 이긴다. 합이 같으면 비 긴 것이 되고, 21이 넘으면('Bust') 자동으로 진다.

슬롯머신 즐기기

슬롯은 동전투입구를 의미한다. 동전 투입구에 동전을 넣으면, 창 속에 몇 개의 짝지어진 그림이 그려 져 있는 원통이 보인다. 손잡이로 원통을 회전시키면 잠시 후 정지하게 되는데, 이때 그림들이 정해진 짝으로 맞으면 몇 배의 동전이 나오게 되어 있다. 일본의 파친코와 비슷하다. 1895년 미국에서 처음 시작되었으며, 그 후 미국의 라스베이거스를 비롯해 모나코의 카지노 등에 설치되어 관광호텔의 주요 수입원 역할을 한다.

모나코의 역사

전설에 의하면 12가지 과업을 완수하고 신으로 등극한 천하장사 헤라클레스가 모나 코를 세웠다고 한다. 하지만 지중해 인근의 모든 프랑스 도시와 마찬가지로 모나코 역시 그리스, 카르타고, 로마 등 강국의 식민지였다. 로마 시대에는 무역항으로 번 영하였으나, 게르만 민족 대이동 당시 크게 파괴되었다. 7세기 이래 모나코는 롬바 르디아 왕국, 아를르 왕국 등의 영토로 귀속되어 통치를 받다가 약 200년에 걸쳐

사라센 제국의 지배를 받기도 했다.

1070년, 제노바의 명문 그리말디 가가 프랑스의 후원을 받아 모나코에 진출하여 그리말디 가의 영지가 되었다. 이후 16세기에는 스페인의 보호국이 되고 다시 1641년 이후 프랑스의 보호를 받다가 나폴레옹의 제1제정 때 프랑스 영토로 귀속된다. 1814~1815년에 열린 빈 회의에서 모나코는 그리말디 가에 다시 반환되지만 니스를 수도로 하는 사르데냐 왕국의 통치를 받게 된다. 1848년 2월혁명 후, 모나코의 망통, 로크 브륀 두 도시가 반란을 일으켜 사르데냐 왕국의 속박에서 벗어나 프랑스에 통합할 것을 요구함으로써 모나코는 분열의 위기를 맞게 되었으나, 1861년 샤를

[모나코 왕궁의 야경. 1949년 왕위에 오른 레니에 3세는 배우 그레이스 켈리를 왕비로 맞아 세계적인 관심을 끌었었다.]

르 3세가 두 도시에 대한 권리를 프랑스에 팔아 넘기고, 모나코는 현재의 영토로 축소된 상태에서 사르데냐로부터 이탈하여 프랑스 보호 하의 독립국이 되었다.

독립과 예속이 점철된 역사 속에서 그리말디 가는 심각한 재정 악화를 겪게 되고 이에 따라 독립된 주권국가를 지탱하기 어려운 지경에 처한다. 그 해결책으로서 고안된 것이 1863년 개설한 카지노인데, 그것이 성공을 거두어, 숙박시설, 극장시설 등도 따라서 정비되어 새로운 도시 몬테 카를로가 크게 발전하는 계기를 마련한다. 모나코는 1911년 해양학자로도 유명한 알베르 1세가 헌법을 제정하고 국회가 국왕을 보좌하는 입헌 군주제를 도입한다. 알베르 1세는 이외에도 프랑스와 안전보장협약, 관세 동맹 등을 체결했다. 모나코 국민 전체가 일체의 세금을 내지 않는 면세 특별법이 제정된 것도 알베르 1세 때이다. 전 국왕 레니에 3세는 상공업을 발전시키는 개혁을 추진하여 국가의 정치적, 경제적 규모를 확대하였고, 1962년의 헌법개정으로 국민 의회가 입법권을 공유하고 있다.

한편, 1731년 남계(男系)의 대가 끊긴 그리말디 가에 이어 과용 마티뇽 가가 왕위를

계승하며 1949년에는 폴리냐크 가가 대를 이으며 다시 그리말디 가문의 이름을 쓴다. 1949년 왕위에 오른 레니에 3세는 1956년 할리우드의 여배우 그레이스 켈리를 왕비로 맞이해 세계적인 관심을 끈 적이 있다. 2005년 레니에 3세가 별세하고 그의 아들 알베르 2세가 왕위를 이어받았다.

문화

문화 유적으로는 근위병들의 절제된 모습을 볼 수 있는 왕궁과 나폴레옹의 제복, 검, 훈장 등을 볼 수 있는 왕궁 남쪽의 나폴레옹의 유물 박물관 등이 있다. 이외에 유럽에서 가장 유명한 대형 수족관을 갖고 있는 해양 박물관과 왕궁 옆의 성당 등이 볼 만하다. 왕궁 앞 광장에 놓여있는 청동 대포와 포탄은 루이 14세가 선물한 것이다. 왕궁은 프랑스의 유명한 장군 보방 원수의 부하들이 건설한 것이다.

모나코 왕자와 공주

세인의 관심을 끌었던 사건은 1956년 그리말디 왕가의 다페르 레니에 3세Dapper Rainier Ⅲ가 헐리우드 스타 그레이스 켈리Grace Kelly와 결혼한 것이다. 하지만 1982년 그레이스 왕비는 교통사고로 사망하고 만다. 모나코 왕가는 끊임없이 세인의 관심을 받게 되는데, 크고 작은 사건들이 그만큼 많았기 때문이다. 첫 번째 결혼에 실패한 캐롤라인(카롤린)Caroline 공주는 두 번째 남편을 1990년 스피드 보트 경주에서 잃고 이후 하노버 왕가의 어니스트 오거스트Prince Ernst-August of Hanover 왕자와 세 번째 결혼을 함으로써 유럽의 귀족 가문과 연을 맺게 된다. 그녀의 여동생이었던 스테파니 공주는 그녀의 보디가드와 또 한 번 화제를 남기더니 남편 다니엘 듀크레Daniel Ducret가 벨기에 여성 스트립퍼와 함께 있는 사진이 언론지상에 공개되면서 다시 온갖 루머에 시달려야만 했다. 이후 그녀의 행보는 많은 파파라치들의 표적이 되었고 한 때 스위스 출신의 코끼리 조련사와 열애를 하고 있다는 소문도 돌았다. 최근에는 캐롤라인 공주의 자녀인 안드레아 왕자와 샬롯 공주가 가장 많은 관심을 받고 있다.

Services

Eating & Drinking

| 레스토랑 |

▶ **Le Café de Paris** [R-1] [C-1]

- Place du Casino • ☎ (0377)9216-2020 • 07:00~01:00
- 정식 20~60유로 • 단골이 많은 레스토랑이다. 메뉴 중 모듬 요리는 신선한 배스 구이부터 감자튀김과 함께 나오는 스테이크까지 다양하다. 레스토랑 근처에는 슬롯머신과 부티크들이 많다.

▶ **Le Texan** [R-2] [B-3]

- 4, rue Suffren Reymond • ☎ (0377)9330-3454

- 티본 스테이크, 바베큐 립, 피자 등. 정식 20유로 선

▶ **Stars'n Bars** [R-3] [C-3]

- 6, quai Antoine 1er • ☎ (0377)9797-9595 • 11:00~24:00
- 10~5월 월요일 휴무 • 샐러드와 모듬요리 15~20유로, 샌드위치 10~15유로, 피자 12~15유로 • 미국에서 유행하는 스포츠 바를 모방했다. 미국식 식사를 제공하는 식사 공간과 운동선수들의 업적이 장식된 바로 나뉜다. 6월에서 9월 사이에는 매일 밤, 10월에서 5월까지는 금, 토요일 밤에 파티가 열린다.

Accommodation

| 유스호스텔 |

▶ **Centre de la Jeunesse Princesse Stéphanie**

- 24, avenue Prince Pierre de Monaco(기차역에서 언덕 쪽으로 120m 가량 올라가면 된다.) • ☎ (0377)9350-8320 / F (0377)9325-2982
- 1인당 15~20유로(조식 포함, 샤워 시설 이용 가능) • 16~31세 사이 여행객들만 투숙 가능하며 여름에는 최장 3일까지만 투숙 가능. 오전 9시에 번호표를 배포하고 11시부터 체크인이 가능하다(매일 아침 선착순).

| 호 텔 |

▶ **Hôtel de Paris** [H-1] [C-1]

- Place du Casino • ☎ (0377)9806-3016 / F (0377)9806-5913
- www.montecarloresort.com • 성수기 610유로부터
- 세계에서 가장 유명한 호텔 중 하나로 카지노 맞은편에 있다. 화려한 호텔 정면은 대리석으로 치장되어 있고, 로비에는 아르누보 식 창문이 있다. 내부는 대리석, 조각상, 크리스털 샹들리에, 고급 양탄자, 루이 16세 풍의 의자, 벽을 가득 채우는 벽화로 꾸며져 있다.

▶ **Hôtel Mirabeau** [H-2] [C-1]

- 1, avenue Princesse Grace
- ☎ (0377)9325-9300 / F (0377)9325-9325
- www.montecarloresort.com • 성수기 305유로부터
- 몬테 카를로의 중심에 있다. 카지노 옆에 위치한 호텔로 현대적 디자인의 세련된 호텔이다. 커다란 거울과 거대한 옷장, 그리고 값비싼 침대가 매우 멋지다. 대부분의 방에 지중해가 보이는 테라스가 있다.

▶ **Hôtel Alexandra** [H-4] [C-1]

- 35, boulevard Princesse Charlotte

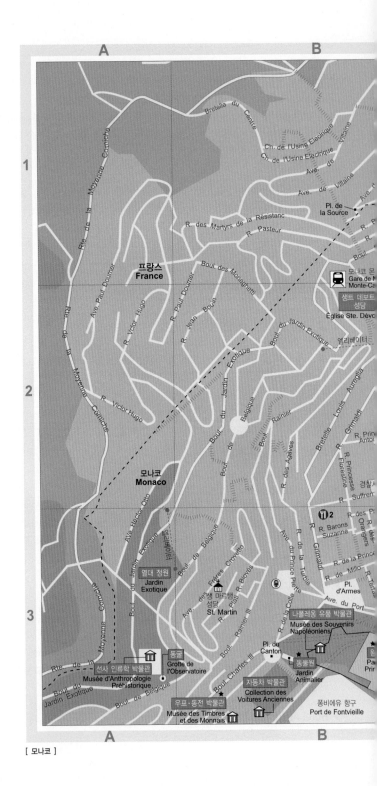

[모나코]

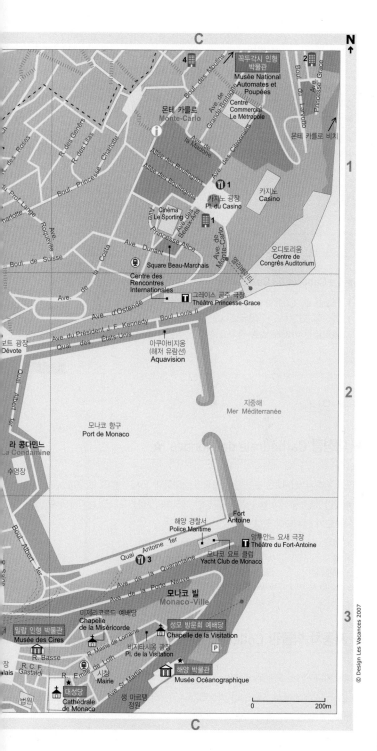

N

몬테 카를로
Monte-Carlo

꼭두각시 인형
박물관
Musée National
Automates et
Poupées

Centre
Commercial
Le Métropole

몬테 카를로 비치

Boul. des Moulins

Ave. de
Grande-Bretagne

Ave. de
la Madone

Ave. des Citronniers

Boul. Princesse Grace

Ave. du Larvotto

R. des Roses

R. des Genêts

R. des Lilas

Boul. Princesse-Charlotte

l. Prof Lange

harlotte Lange

Allée des Boulingrins

Allée des Boulingrins

Ave. des Beaux-Arts

Cinéma
Le Sporting

카지노 광장
Pl. du Casino

1

카지노
Casino

1

Ave.
Princesse Alice

Ave. de Monte-Carlo

Ave. Dunant

Ave. de la Costa

Roqueville

Square Beau-Marchais

Centre des
Rencontres
Internationales

오디토리움
Centre de
Congrès Auditorium

Boul. de Suisse

Ave.   de

Ave.

그레이스 공주 극장
Théâtre Princesse-Grace

Ave. d'Ostende

Ave. du Président J. F. Kennedy

Boul. Louis II

로트 광장
Dévote

Quai   des   États-Unis

아쿠아비지옹
(해저 유람선)
Aquavision

Quai   Albert   1er

지중해
Mer Méditerranée

2

모나코 항구
Port de Monaco

라 콩다민느
La Condamine

수영장

Boul. Albert 1er

해양 경찰서
Police Maritime

Fort
Antoine

앙투안느 요새 극장
Théâtre du Fort-Antoine

Quai   Antoine 1er

모나코 요트 클럽
Yacht Club de Monaco

Ave. de la Quarantaine

3

Ave. de la Porte-Neuve

모나코 빌
Monaco-Ville

미제리쿠르드 예배당
Chapelle
de la Miséricorde

성모 방문회 예배당
Chapelle de la Visitation

밀랍 인형 박물관
Musée des Cires

R. Basse

비지타시옹 광장
Pl. de la Visitation

P

R. Mairie de Lorraine

R. Émile de Loth

R. C. F.
Gastaldi

시청
Mairie

R. St Martin

샘 마르탱
정원

해양 박물관
Musée Océanographique

법원

대성당
Cathédrale
de Monaco

0   200m

© Design Les Vacances 2007

- ☎ (0377)9350–6313 / F (0377)9216–0648 • 더블룸 135유로부터
- 카지노 광장 근처에 있다. 부족함 없이 갖춰진 객실은 화려하지는 않지만, 편안하다. 이 호텔은 모나코의 다른 비싼 호텔들과 다르게 경제적인 여행을 원하는 여행객들에게 매력적인 곳이다.

▶ **Tulip Inn Monaco Terminus**

- 9, avenue Prince Pierre • ☎ (037)9205–6300 / F (037)9205–2010
- www.terminus.monte-carlo.mc • 더블룸 240유로

Entertainment

| 공연장 |

▶ **Le Cabaret du Casino**

- Place du Casino • ☎ (0377)9216–3636
- 화~일 23:30~ • 40유로 • 신용카드 가능
- 호화로운 카바레 쇼를 즐기고 싶다면 추천할 만하다.

Sights

관광 명소

▶ **대성당** Cathédrale de Monaco ★

1875년 건축된 로마네스크–비잔틴 양식의 성당이다. 15세기 루이 브레아Louis Bréa가 제작한 제단 장식이 볼 만하다. 웅장한 대리석의 제단, 모나코 왕자들의 묘, 그레이스의 묘가 안치되어 있다.

- 위치 4, rue Colonel Bellando de Castro
- ☎ (0377)9330–8770
- 개관시간 08:30~19:00
- 웹사이트 www.cathedrale.mc
- 입장료 무료

▶ **자동차 박물관** Collection des Voitures Anciennes

레니에 왕자Prince Rainier의 자동차 컬렉션을 볼 수 있다. 1903년산 드 디옹 부통 De Dion Bouton에서 1986년산 람보르기니 카운타크Lamborghini Countach까지 시대별로 다양한 차종을 구경할 수 있다.

- 위치　　　　　Terrasse de Fontvieille
- ☎　　　　　　(0377)9205-2856
- 개관시간　　　10:00~18:00
- 휴관일　　　　12월 25일
- 입장료　　　　성인 6유로, 8~14세 4유로, 8세 미만 무료

▶ 생트 데보트 성당 Église Ste. Dévote

1870년에 건축되었다. 전설에 따르면 모나코의 수호성인이 아프리카 항해 도중 배

[로마네스크-비잔틴 양식의 모나코 대성당]

가 난파되었으나, 비둘기의 인도를 받아 지금의 성당이 있는 해안 부지로 인도되었다고 전해진다. 중세 해적들이 성인의 유골을 훔쳐 달아났으나 곧 잡히고, 배는 화재로 소실되었다고도 한다. 이를 기념하기 위하여 매년 1월 26일, 똑같은 모형의 배를 성당 앞 광장에서 불태운다.

- 위치　　　　　Place Ste. Dévote
- ☎　　　　　　(0377)9350-2560
- 개관시간　　　08:00~18:30
- 입장료　　　　무료

▶ 동물원 Jardin Animalier ★

1954년 아프리카 방문 이후, 레니에 왕자가 다양한 종의 원숭이와 야생 동물, 열대산 조류들을 들여와 작은 동물원을 개장하였다.

- 위치　　　　　Terrasse de Fontvieille
- ☎　　　　　 (0377)9325-1831
- 개관시간　　 10~2월 - 10:00~12:00, 14:00~17:00,
　　　　　　　　 3~5월 - 10:00~12:00, 14:00~18:00,
　　　　　　　　 6~9월 - 09:00~12:00, 14:00~19:00
- 입장료　　　 성인 4유로, 8~14세 2유로

▶ 열대 정원과 동굴
Jardin Exotique / Grotte de l'Observatoire

[열대 식물 7천 여 종을 보유한 열대 정원]

1933년 개장한 열대 정원에는 선인장을 비롯한 열대 식물 7,000여 종이 심어져 있다. 거대한 아즈텍 용설란(멕시코 원산의 관상식물)에서부터 소형 선인장에 이르기까지 다양한 열대 식물들을 감상할 수 있다. 열대 정원 안에 자리한 동굴에서는 종유석과 석순을 구경할 수 있다. 60m의 지하 공간으로 신석기 시대의 거주지였다.

- 위치　　　　　Boulevard du Jardin Exotique
- ☎　　　　　 (0377)9315-2980
- 개관시간　　 5월 중순~9월 중순 - 09:00~19:00
　　　　　　　　 9월 중순~11월 14일, 12월 26일~5월 중순 - 09:00~18:00
- 휴관일　　　 11월 19일, 12월 25일
- 입장료　　　 성인 6.80유로, 6~18세 3.50유로, 6세 미만 무료

▶ 선사 인류학 박물관
Musée d'Anthropologie Préhistorique

리비에라Riviera(지중해에 속한 리구리아 해에 면한 이탈리아 령 라스페치아로부터

프랑스 령 칸느까지의 해안)에서 출토된 석기 시대의 유물들이 전시되어 있다. 멸종된 동물들의 유골과 크로마뇽 인의 해골이 전시되어 있다. 모두 그리말디 동굴에서 발굴된 것들이다. 그리말디 동굴은 이탈리아 국경선 넘어 발지 로시Balzi Rossi에 위치한다.

- 위치   Boulevard du Jardin Exotique
- ☎   (0377)9315-8006
- 개관시간   5월 15일~9월 15일 09:00~19:00,
  9월 16일~5월 14일 09:00~18:00
- 휴관일   11월 19일, 12월 25일
- 입장료   성인 6.60유로, 6~18세 3.30유로, 6세 미만 무료

▶ 성모 방문회 예배당 Chapelle de la Visitation

17세기 예배당으로 바로크 화가 루벤스, 스페인 화가 수르바란과 기타 이탈리아 바로크 대가들의 종교화를 감상할 수 있다.

- 위치   Place de la Visitation
- ☎   (0377)9350-0700
- 개관시간   화~일 10:00~16:00
- 휴관일   월요일
- 입장료   성인 3유로, 6~14세 1.50유로, 6세 미만 무료

▶ 밀랍 인형 박물관 Musée des Cires

화려한 예복을 입은 그리말디 왕가 일족의 밀랍 인형이 전시되어 있다. 실물 사이즈로 제작되어 있다.

- 위치   27, rue Basse
- ☎   (0377)9330-3905
- 개관시간   10~2월 11:00~17:00, 3~9월 10:00~18:00
- 입장료   성인 3.80유로, 8~14세 2유로

▶ 꼭두각시 인형박물관 Musée National Automates et Poupées

18, 19세기 인형과 장난감이 전시되어 있다.

- 위치   17, avenue Princesse Grace
- ☎   (0377)9330-9126
- 개관시간   4~9월 10:00~18:30,
  10~3월 10:00~12:15, 14:30~18:30
- 휴관일   1월 1일, 5월 1일, 11월 19일, 12월 25일, 모나코 그랑프리 기간 4일간
- 입장료   성인 6유로, 6~14세 4유로, 6세 미만 무료

▶ 해양 박물관 Musée Océanographique ★

1910년 7대양을 누비며 연구를 한 국왕 알베르 1세Albert I가 설립하였다. 수족관
에서는 희귀 해양 생물들과 각종 어류들을 구경할 수 있다.

- 위치 　　　　　Avenue St. Martin
- ☎ 　　　　　　(0377)9315-3600
- 개관시간 　　　7~8월 - 매일 09:30~19:30, 4~6월, 9월 - 매일 09:30~19:00,
  　　　　　　　10~3월 - 매일 10:00~18:00
- 입장료 　　　　성인 11유로, 6~18세 6유로, 6세 미만 무료

[희귀 해양 생물들이 있는 해양 박물관]

▶ 나폴레옹 유품 박물관
Musée des Souvenirs Napoléoniens

보나파르트 나폴레옹의 팬이라면 이곳에 전시되어 있는 제1제정 당시의 유품들과
고문서들에 매료될 것이다. 나폴레옹의 손수건, 양말, 제복, 검, 훈장 등이 진열되어
있다. 모나코 역사에 관심이 있다면 모나코의 역사 현장, 그리말디 가의 훈장이 볼
만하다.

- 위치 　　　　　Place du Palais
- ☎ 　　　　　　(0377)9325-1831
- 개관시간 　　　12월 중순~5월 - 10:30~12:00, 14:00~16:30(월요일 제외),
  　　　　　　　6~9월 - 09:30~18:00, 10월 1일~11월 11일 - 10:00~17:00
- 휴관일 　　　　1월 1일, 11월 12일~12월 16일, 12월 25일
- 입장료 　　　　성인 4유로, 8~14세 2유로, 8세 미만 무료

▶ 우표 · 동전 박물관
Musée des Timbres et des Monnais ★

가장 인상적인 전시품으로 모네가스크 화폐를 꼽을 수 있다.

- 위치   Terrasse de Fontvieille
- ☎   (0377)9898-4141
- 개관시간   10~6월 10:00~17:00, 7~9월 10:00~18:00
- 입장료   성인 3유로, 12~18세 1.50유로, 12세 미만 무료

[모나코 왕궁. 매일 오전에는 근위대 교대식이 왕궁 앞 광장에서 열린다.]

▶ 왕궁 Palais Princier ★★

13세기에 건축된 제노바 요새로, 왕자가 왕궁에 머무르고 있는 동안에는 일반 관람
이 금지된다(적색과 백색의 깃발로 표시된다). 30분 간의 왕궁 견학을 하는 동안 프
레스코화로 장식된 갤러리, 화려한 침실, 베네치아 가구들로 장식된 내실들, 옥좌,
모자이크로 장식된 안뜰을 관람하게 된다. 근위병 교대식이 궁전 앞 광장에서 오전
11시 15분에 있다.

- 위치   Place du Palais
- ☎   (0377)9325-1831
- 개관시간   6~9월 09:30~18:00, 10월 10:00~17:00
- 휴관일   11~5월
- 입장료   성인 6유로, 8~14세 3유로, 8세 미만 무료

INDEX

INDEX

ㅂ

INDEX

ㅇ

INDEX

ㅈ

ㅋ

INDEX

MEMO